# 《现代物理基础丛书》编委会

现代物理基础丛书·典藏版

# 激光光谱学

（原书第四版）

## 第1卷：基础理论

〔德〕 沃尔夫冈·戴姆特瑞德 著
姬 扬 译

科学出版社
北 京

图字：01-2011-6659

## 内 容 简 介

本书是 W. Demtröder 教授撰写的两卷本激光光谱学教科书的第 1 卷。这套教科书全面地介绍了激光光谱学的基本原理和实验技术，详尽描述了激光光谱学当前研究的全貌。作者多年从事激光光谱学的研究工作，对学科前沿动态了如指掌。全书的文笔简练、叙述翔实，更配有大量插图和实例，是一本非常优秀的教科书。

第 1 卷介绍了激光光谱学的基本原理。在简短的导论(第 1 章)之后，概述了光吸收和光发射(第 2 章)以及谱线的宽度和形状(第 3 章)中所涉及的基本概念，然后详细介绍了各种类型的光谱仪器(第 4 章)和激光器(第 5 章)，从理论和实验两个方面为深入理解激光光谱学奠定了坚实的基础。第 2 卷具体介绍激光光谱学的实验技术、最新进展以及多种应用范例。

本书可供物理系或光学工程系的高年级本科生和研究生使用；利用激光光谱技术开展研究工作的科研人员，包括物理学、化学和生物学领域的研究人员，光学工程、精密测量、环境监测甚至医药研究等领域中的工作人员也能够从本书中发现有用的实验方法和技术。



**图书在版编目(CIP)数据**

激光光谱学：原书第四版. 第 1 卷：基础理论/(德)戴姆特瑞德(Demtröder, W.)著；姬扬译. —北京：科学出版社, 2012
(现代物理基础丛书・典藏版)
ISBN 978-7-03-033167-0
Ⅰ. ①激… Ⅱ. ①戴… ②姬… Ⅲ.①激光光谱学 Ⅳ. ① O433.5
中国版本图书馆 CIP 数据核字(2011) 第 275816 号

责任编辑：钱 俊 鲁永芳／责任校对：张怡君
责任印制：吴兆东／封面设计：陈 敬

科学出版社 出版
北京东黄城根北街 16 号
邮政编码：100717
http://www.sciencep.com
北京中石油彩色印刷有限责任公司印刷
科学出版社发行 各地新华书店经销
*
2012 年 2 月第一版 开本：720 × 1000 1/16
2024 年 4 月印 刷 印张：25 3/4
字数：488 000

**定价：98.00 元**

(如有印装质量问题，我社负责调换)

# 译者的话

激光诞生于五十多年以前。随着激光的发明，各种新概念、新原理和新技术层出不穷，激光在基础科学研究和实际应用领域中的发展也是日新月异。只需要最简单的几个例子就可以说明激光的重要性：在基础研究方面，1997 年、2001 年和 2005 年的诺贝尔物理学奖分别授予激光研究领域的三组共九位科学家，分别表彰他们在激光冷却、玻色–爱因斯坦凝聚以及光的量子理论和光梳技术方面的贡献；在应用方面，激光光谱学正在物理研究、材料表征、化学分析、环境监测以及健康医疗方面大显身手，甚至辽阔的太空也正在见识它的本领——“嫦娥计划”中的月球地貌探测仅仅是激光光谱学的一个简单应用实例而已。

德国戴姆特瑞德教授 (W. Demtröder) 撰写的这本激光光谱学教科书，分为两卷，全面地介绍了激光光谱学的基本原理和实验技术，详尽地描述了激光光谱学当前研究的全貌。

本书历史悠久而又屡次增修，均由施普林格公司 (Springer-Verlag) 出版。1977 年出版了德文版 (*Grundlagen und Techniken der Laserspektroskopie*)；1981 年出版了英文版 (*Laser Spectroscopy Basic Concepts and Instrumentations*)；1996 年和 2003 年出版了英文版的第二版和第三版；2008 年出版英文第四版的时候，由于篇幅的原因，本书被拆分为两卷，分别讨论基本原理和实验技术 (*Laser Spectroscopy Vol. 1: Basic Principles* 和 *Vol. 2: Experimental Techniques*)。2008 年，世界图书出版公司获得施普林格公司授权，在中国大陆地区影印发行英文版第三版。

国内很早就有了本书的译本，但是，由于年代久远以及版权方面的原因，现在已经很难找到了。1980 年，科学出版社出版了黄潮根据德文版翻译的《激光光谱学的基础和技术》，该书的序言是在 1978 年 10 月完成的，表明翻译工作是在德文原著刚刚出版之后就开始了。1989 年，科学出版社出版了严光耀、沈珊雄和夏慧荣根据英文第一版翻译的《激光光谱学：基本概念和仪器手段》。在过去二十多年中，国内学者也编著了一些关于激光光谱学的图书，大多都在一定程度上参考了这本著作。

由于工作关系，我对于激光光谱学一直很感兴趣，但是直到 2008 年才接触到这本书。通读一遍之后，感觉受益良多，2009 年夏末秋初，决定用业余时间翻译这本书，原因大致如下：一方面觉得激光光谱学非常重要，对自己的研究工作有很大的启发价值，希望认真地学习一下；另一方面自己刚刚翻译完了一本书，兴犹未尽，自以为余勇可贾。现在看来，这个举动有些过于轻率冒昧，不免有头脑发热而一时冲动之嫌。实际上，在第三稿出来之前，我都不敢去调查一下是不是已经有过译本了，生怕自己泄气。在翻译过程中，时有鸡肋之感，屡兴投笔之意，但总算坚持下来了。侥幸的是，在全书翻译完了之后，我发现以前的译本已经无法跟上激光光谱学飞速发展的步伐，而且现在国内也有了英文第三版的影印本，许多人都觉得无需什么中文译本了，大约没有什么人再去做这种费力不讨好的事情了。回顾本书的翻译过程，当然感慨良多，但是，"此中有真意，欲辩已忘言"，正如托尔金在《魔戒》中所言，"历史往往就是这样：小人物不得不挺身而出，因为伟人们正在忙于他顾"。虽然我已经为本书的翻译工作投入了大量的时间和精力，但是限于个人能力，疏漏之处在所难免，请读者谅解。如有翻译不当之处，请多加指正，来信请寄 jiyang@semi.ac.cn。

感谢半导体超晶格国家重点实验室和中国科学院半导体研究所多年来的支持，感谢国家自然科学基金委员会、中国科学院和国家科学技术部的支持。感谢国家科学技术部对本书翻译出版工作的支持。我也感谢全家人多年来的鼓励和帮助，特别是妻女对我假翻译图书之名而行逃避家务之举所表现出来的无尽体谅和巨大耐心。

无论从科研教学还是实际应用的角度来看，这本译著都值得借鉴，衷心希望它的出版能够有助于我国激光光谱学研究领域的发展。

姬　扬

2011 年 8 月 25 日

转眼间，四年过去了，激光光谱学又得了两次诺贝尔奖，也该再次校对中译本了。

2015 年春季，我在中国科学院大学怀柔校区讲授《激光光谱学》，采用本书作为教材。教学过程中，在选课同学们的帮助下，我做了个勘误表 (http://blog.sciencenet.cn/blog-1319915-896501.html)。钱俊编辑说最近正在为重印做修订工作，正好用得上。

这次改正了三四百个错误。这些错误都算不上很大，不一定影响阅读的效果，但是有可能影响阅读的心情。在授课期间，总共有 50 位同学提供了 500 多条建议，感谢他们让我注意到这些可能出错的地方。感谢马健同学帮助我汇总并整理了纠错建议。

姬　扬

2015 年 8 月 9 日

# 第四版序言

自 1960 年第一台激光器诞生以来，已经将近五十年了，激光光谱学不仅仍然是一个热门的研究领域，而且还扩展到其他许多科学、医药和技术领域，获得了引人瞩目的进展，得到了越来越多的应用。激光光谱学的重要性及其得到的广泛认同，可以用下述事实来证明：在过去的十年里，诺贝尔物理学奖有三次授给激光光谱学和量子光学领域的九位科学家。

这种健康的发展部分地基于新实验技术，例如，改善了已有的激光器，发明了新型的激光器，研制了飞秒区域的光学参量振荡器和放大器，产生了阿秒脉冲，用光学频率梳实现了测量绝对光学频率和相位的革命，发展了不同的方法产生原子和分子的玻色–爱因斯坦凝聚体，验证了原子激光是光学激光的粒子等价物。

这些技术进步在化学、生物学、医药学、大气研究、材料科学、测量学、光学通讯网络和其他许多工业领域得到了大量的应用。

即使仅仅介绍这些新发展中的一部分成果，这本书也会变得太厚了。因此，我决定将本书分为两卷。第 1 卷讲述激光光谱学的基础知识，即基本光谱物理学、光学仪器和技术。此外还简短地介绍了激光物理学，并且讨论了光学共振腔的作用以及实现可调谐窄带激光器的技术，这些都是激光光谱学的主要工具。介绍了不同类型的可调谐激光器，实际上更新和扩充了第三版中前六章的内容。为了提高本书作为教材对于学生的价值，第 1 卷增加了一些习题并在末尾给出了解答。第 2 卷讨论的是激光光谱学的各种技术。与第三版相比，增添了许多新进展，尽量让读者能够紧跟当前激光光谱学的发展步伐。

我感谢所有为本书的新版本做出了贡献的人们。施普林格出版社的 Dr. Th. Schneider 总是支持我，在我不能按期完成时总是充满耐心。LE-TeX 公司的 Claudia Rau 负责排版，许多同事允许我使用他们研究工作的图表。一些读者给我指出了错误或者提出了可能的改进方案。我非常感谢他们。

我希望这个新版本将会和以前的几个版本一样得到大家的认可，希望它能够增进大家对激光光谱学这一引人入胜的领域的兴趣。如发现任何错误或提出改进的建议，请不吝指正。我将尽快地回答问题。

Wolfgang Demtröder
Kaiserslautern
2008 年 4 月

# 第三版序言

激光光谱学继续在快速地发展和扩张。自本书的上一版出版以来，出现了许多的新想法，建立发展了许多基于老想法的新技术。因此，为了跟上这些发展，有必要在第三版中将一些新技术包括进来。

首先，改进了外共振腔中的倍频技术，研制了更为可靠的大输出功率的连续参量振荡器，发展了可调谐的窄带紫外光源，它们拓展了相干光源在分子光谱学中的应用。此外，实现了用于分析低分子浓度或测量弱跃迁 (如分子中的谐波跃迁) 的新型灵敏探测技术。例如，共振腔环路衰减光谱学可以用极高的灵敏度测量绝对吸收系数，特殊的调制技术能够探测的最小吸收系数达到了 $10^{-14}\mathrm{cm}^{-1}$!

可调谐飞秒和亚飞秒激光器方面的发展更是令人印象深刻，经过放大之后，它们能够产生足够大的输出功率，可以用来产生高次谐波，其波长达到了 X 射线范围，脉冲宽度则在阿秒范围。用液晶阵列控制脉冲形状，可以相干地控制原子和分子的激发，在条件合适的情况下，利用这些经过整形的脉冲，可以影响和控制化学反应。

在测量学领域内，连续锁模飞秒激光器产生的频率梳的应用是一个巨大的进步。现在可以将铯原子钟的微波频率与光学频率进行直接比较，使用稳频激光在光学频率范围内进行频率测量的稳定性和绝对精度都远远超过了铯原子钟。这种频率梳也可以让两个独立的飞秒激光器同步。

原子和分子的激光冷却以及玻色–爱因斯坦凝聚体的许多实验有了飞速的发展，得到了引人瞩目的结果，极大地增进了我们对微观尺度上光与物质相互作用以及极低温下原子间相互作用的认识。相干物质波 (原子激光) 的实现以及物质波之间的干涉效应的研究已经证明了量子力学的一些基本要素。

激光光谱学的最大进展是在化学和生物学中的应用，以及作为诊断和治疗工具在医药学中的应用。此外，在解决技术问题方面，例如表面的检查、样品的纯度检验或者化学组分分析，激光光谱学都提供了新技术。

虽然有了很多的新进展，但是，在介绍激光光谱学的基本要素、解释基本技术的时候，新版本并没有什么改变。上面提到的新发展和新文献被添加进来，但不幸的是，篇幅显著增加了。因为这本教科书面对的是本领域的初学者以及对激光光谱学的某些特殊方面非常熟悉但想概要地了解整个领域的研究人员，所以我并不想改变教科书的一般写法。

许多读者指出了上一版中的错误，提出了改进的建议。我向他们表示感谢。如果能够对新版本提出类似的建议，我将不胜感谢。

许多同事允许我使用他们的研究结果和图表，我非常感谢他们。感谢 Dr. H. Becker 和 T. Wilbourn 认真地阅读了手稿，感谢施普林格出版社的 Dr. H. J. Koelsch 和 C.-D. Bachem 在编辑过程中给予的有益帮助，感谢 LE-TeX 的 Jelonek、Schmidt 和 Vöckler 在植字和排版中的帮助。负责以前几个版本的 Dr. H. Lotsch 为新版本提供了他的计算机文件，我非常感谢。最后，感谢我的夫人 Harriet，为了让我得到充足的时间来写作这个新版本，她付出了巨大的努力。

Wolfgang Demtröder<br>
Kaiserslautern<br>
2002 年 4 月

# 第二版序言

在本书第一版出版以后的 14 年间，激光光谱学领域有了显著的扩张，出现了许多新的光谱技术。时间分辨率已经达到了飞秒尺度，而激光的稳定度达到了毫赫兹的量级。

激光光谱学在物理学、化学、生物学和医药学中的各种应用，以及它在解决技术和环境问题方面的贡献更是引人瞩目。因此，有必要发行更新版来介绍一部分新进展。虽然新版本坚持了第一版中的理念，但是增加了一些新的光谱技术，如光热光谱学和速度调制光谱学。

整整一章用来介绍时间分辨光谱学，包括超短光脉冲的产生和探测。相干光谱学的原理已经获得了广泛的应用，有专门的一章来介绍它。将激光光谱学和碰撞物理学结合起来，为研究和控制化学反应提供了新的推动力，它也有专门的一章。此外还用了很多篇幅介绍原子和离子的光学冷却和陷俘。

我希望新版本能够像第一版那样受欢迎。当然，教科书永远不会完美无缺，总是可以改进的。因此，如果发现错误或者有任何关于改正和改进的建议，请不吝指教。如果本书有助于激光光谱学的教学，能够将过去 30 年间我在这一领域中进行研究所经历的一些快乐传递出去，我将非常高兴。

许多人帮助我完成了这个新版本。许多朋友和同事提供了工作成果的抽印本和图表，我非常感谢他们。感谢我组里的研究生，他们提供了许多用于说明各种技术的例子。Mrs. Wollscheid 绘制了许多图片，Mrs. Heider 输入了部分修正内容。特别感谢施普林格出版社的 Helmut Lotsch，他为本书付出了辛苦的工作，在我不能按时完成的时候，他表现出了极大的耐心。

最后，感谢我的夫人 Harriet，对于家庭损失的许多周末时间，她给予了充分的理解，帮助我获得了充足的时间来写作这本书的扩充版。

Wolfgang Demtröder<br>Kaiserslautern<br>1995 年 6 月

# 第一版序言

激光对光谱学的影响非常重要。激光是非常强的光源，它的谱能量密度要比其他非相干光源高好几个数量级。此外，因为它的带宽很窄，单模激光的谱分辨本领远远超过传统的光谱仪。在激光出现之前，因为其他光源强度不够高或者分辨率不够好，许多实验都不能做，现在都可以用激光来做了。

现在已经有了成千上万条激光谱线，它们覆盖了从真空紫外区到远红外区的整个光谱范围。特别有趣的是连续可调谐激光器，在许多情况下可以用它替代选择波长的器件，例如光谱仪或干涉仪。与光学混频技术结合起来，这种连续可调谐的单色相干光源几乎可以提供任何大于 100nm 的波长。

激光的高强度和单色性产生了一类新的光谱技术，可以更为详细地研究原子和分子的结构。激光为光谱学工作者提供了各种新的实验可能性，激励他们在此领域开展富有活力的研究工作，雪崩般出现的大量出版物证明了这一点。激光光谱学的近期进展可以参见各种激光光谱学会议的会议论文集 (*Springer Series in Optical Sciences*)，皮秒现象的会议论文集 (*Springer Series in Chemical Physics*) 以及关于激光光谱学的单行本 (*Topics in Applied Physics*)。

然而，对于普通人或者本领域的初学者来说，通常很难从散见于多种期刊的大量文章中找到关于激光光谱学原理的连贯介绍。在前沿的研究论文和基本原理与实验技术的基本表述之间有着一条鸿沟，本书就是为了缩小这一差距。它面向的是想要更为仔细地研究激光光谱学的物理和化学工作者。对原子和分子物理学、电动力学以及光学有所了解的学生，应该能够跟得上。

因为已经有了很多非常好的教科书，所以，对于激光的基本原理，本书只进行了简单的介绍。

另一方面，本书详细介绍了对于光谱学应用非常重要的那些激光特性，例如，不同类型激光器的频谱、线宽、振幅和频率的稳定性、可调节性和调节范围，广泛地讨论了许多光学元件和光谱学实验仪器，例如，反射镜、棱镜和光栅、单色仪、干涉仪和光探测器等。为了成功地开展一个实验，必须了解现代光谱仪器的详细知识。

每章都举例说明讨论的主题。每章末尾的习题可以检验读者的理解程度。虽然各章引用的文献还远谈不上齐备，但是应当可以激起读者进一步研究的兴趣。对于许多主题，本书仅仅是简要地介绍了一下，更多的细节以及更为深入地处理可以参见文献。文献的选择并非为了说明优先权，仅仅是为了教学的目的，是为了更加深入地说明各章的主题。

本书介绍的激光在光谱学中的应用仅仅限于自由的原子、分子或离子的光谱学。当然，它在等离子体物理学、固体物理学或者流体力学中也有着广泛的应用，但是它们超出了本书的范围，所以不予讨论。希望这本书会对学生和研究人员有所帮助。虽然本书旨在介绍激光光谱学，但是也有助于理解关于激光光谱学特殊问题的高深文章。因为激光光谱学是一个非常引人入胜的研究领域，如果本书能够将我在实验室中寻找新线索、发现新结果的过程中所体会到的激动和快乐之情传递给读者的话，我将会非常高兴。

有许多人帮助我完成了这本书，我感谢他们。特别是我的研究小组里的学生，他们的实验工作提供了许多示例，他们花费了很多时间来阅读清样。许多同事为我提供了他们论文中的图表，我非常感谢他们。特别感谢 Mrs. Keck 和 Mrs. Ofiiara，她们输入了手稿，感谢 Mrs. Wollscheid 和 Mrs. Ullmer，她们绘制了图片。最后，我要感谢 Dr. U. Hebgen 、Dr. H. Lotsch 、Mr. K.-H. Winter 以及施普林格出版社的其他同事，面对着一个力争在短时间内完成这本书但有些拖拉的作者，他们表现出了巨大的耐心。

Wolfgang Demtröder
Kaiserslautern
1981 年 3 月

# 目　　录

# 第1章 导　　论

关于原子和分子结构的大部分知识都来自于光谱学研究，因此，光谱学为原子和分子物理学、化学以及分子生物学做出了卓越的贡献。电磁波与物质相互作用时产生的吸收谱或发射谱，可以用多种方式给出关于分子结构和分子与周围环境相互作用的信息。

测量谱线的波长，可以确定原子或分子系统的能级。谱线强度正比于跃迁几率，它量度了分子跃迁的两个能级之间的耦合强度。因为跃迁几率依赖于两个能级上的波函数，强度测量可以证实被激发电子的空间电荷分布，而这只能从薛定谔方程的近似解中粗略地计算出来。利用特殊的技术，可以分辨出谱线的自然线宽，从而确定分子激发态的平均寿命。测量多普勒宽度可以给出发射或吸收光子的分子的速度分布，从而得到样品的温度。从谱线的压强展宽和压强移动中，可以得到关于碰撞过程和原子间势场的信息。外磁场或外电场引起的塞曼劈裂和斯塔克劈裂是测量磁矩或电偶极矩的重要方法，它们反映了原子或分子中不同角动量之间的耦合，即使电子构型非常复杂。谱线的超精细结构给出了关于原子核与电子云之间相互作用的信息，从而可以确定原子核的磁偶极矩、电四极矩甚至更高阶的矩，例如八极矩。时间分辨测量可以跟随基态和激发态分子的动力学过程，研究碰撞过程和各种能量传递机制的细节。单原子与辐射场的激光光谱学研究可以严格地检验量子电动力学，而高精度的频率标准可以检验基本的物理常数是否会随着时间而发生微小的变化。

在光谱学为研究原子和分子微观世界所提供的多种多样的可能性中，这些例子只是很小的一部分而已。然而，从光谱中提取的信息量在实质上依赖于光谱能够达到的谱精度、时间精度以及探测灵敏度。

新技术 (例如光谱仪中越来越大、越来越好的光栅，干涉仪使用的高反射率介电涂层，以及光学多通道分析仪、CCD 相机和图像增强器等) 在光学仪器中的应用显著地提高了探测的灵敏度。引入新型的光谱学技术，例如傅里叶光谱学、光学泵浦、能级交叉技术以及各种各样的双共振方法和分子束光谱学，也带来了巨大的进展。

虽然这些新技术带来了累累硕果，但是整个光谱学领域的真正推动力来自于激光器。在许多情况下，这些新光源可以将谱精度和灵敏度提高好几个数量级。与新的光谱技术结合起来，激光可以超越传统光谱学的基本限制。许多不能用非相干光源做的实验，现在可以做了，甚至已经成功了。本书分为两卷，讨论了这些激光光谱学的新技术，并介绍了必要的设备。

第 1 卷介绍激光光谱学的物理基础和光谱实验室中最重要的实验设备。首先讨论经典光谱学的基本定义和概念，例如热辐射、受激辐射和自发辐射、辐射功率和强度、跃迁几率以及原子与弱电磁场和强电磁场的相互作用。因为激光的相干性质对于几种光谱学技术都非常重要，所以，我们概述了相干辐射场的基本定义，并简要地描述了相干激发的原子能级。

为了理解经典光谱学中光谱精度的理论极限，第 3 章讨论了谱线展宽的不同机制，以及可以从线型测量中得到的信息。在每节的后面，用数值例子给出了不同效应的数量级。

第 4 章的内容对于激光光谱学实验是非常必要的，它讨论了光谱学仪器及其在波长测量和强度测量中的应用。光谱仪和单色仪曾经在经典光谱学中扮演过重要的角色，虽然现在已经被许多激光光谱学实验抛弃了，但是，在许多应用中，这些仪器仍然不可或缺。不同种类的干涉仪非常重要，它们不仅在激光共振腔中用来实现单模运行方式，还在许多精细的波长测量中被用于测量谱线的线型。因为确定波长是光谱学的一个中心问题，所以我们用整整一节来讨论精密波长测量的一些现代技术以及它们的精度。

强度不足是许多光谱学研究中的主要限制之一。因此，选择适当的光探测器非常重要。第 4.5 节讨论了几种光探测器和灵敏技术，例如光子计数，它的使用现在已经更加广泛。此外第 2 章到第 4 章讲述了一些不属于激光光谱学的主题 (它们是一般光谱学的概念)，第 5 章处理的是激光光谱学的基本工具：不同种类的激光器及其设计。它讨论了激光作为光谱辐射源的基本性质，简述了激光的基础知识，例如阈值条件、光学共振腔和激光模式。这里只讨论那些对于激光光谱学非常重要的激光特性。至于更为详细的讨论，请读者参考第 5 章中引用的文献，它们更为详尽地讨论了激光的性质和实验技术，它们使得激光成为非常有吸引力的光谱学光源。例如，讨论了波长稳定和连续调节波长的重要问题，描述了单模可调谐激光的实现以及激光线宽的限制等。本章的激光部分汇集了不同光谱范围内的不同种类的可调谐激光器，讨论了它们的优点和不足。光学倍频和混频过程可以极大地拓展可利用的光谱范围。第 5 章也讨论了与光谱学有关的这一非线性光学领域。

第 2 卷讲述了激光在光谱学研究中的各种应用，讨论了最近发展的不同方法。这些论述依赖于第 1 卷中讲述的一般性原理和光谱学仪器。首先讲述了激光光谱学的不同技术，然后介绍了近期进展以及激光光谱学在科学、技术、医药和环境研究中的各种应用。

本书旨在介绍光谱学的基本方法和仪器，重点在于激光光谱学。每章的例子都是为了说明正文并介绍其他一些可能的应用。它们主要与自由原子和分子的光谱学有关，而且，出于教学的目的，主要选自于文献或我们实验室的工作，并不代表发表日期的先后，当然，并非总是如此。关于激光光谱学这一广阔领域中更为详尽的成果汇集，读者可以参考激光光谱学的各种会议的会议文集 [1.1]~[1.10]、关于激光光谱学的教科书或文集 [1.11]~[1.31]。因为激光光谱学的发展主要由一些先驱者推动，回顾一下历史发展和历史人物是非常有趣的。在文献 [1.32] 和 [1.33] 中可以找到这样的个人回顾。本书尾部的参考文献清单可能有助于寻找某一特殊实验的更多细节，或者深化每章中的理论或实验。一本非常有用的“光谱学百科全书”[1.34,1.35] 详细地讨论了激光光谱学的不同方面。

# 第2章 光的吸收和发射

本章讨论与物质发生相互作用的电磁波, 讨论它们的吸收和发射。重点强调对于气态媒质的光谱非常重要的那些方面。首先讨论热辐射场和腔模的概念，以便澄清自发辐射和吸收与受激辐射和吸收之间的区别和联系。这就给出了爱因斯坦系数的定义及其相互关系。接下来的一节解释光测度学中的一些定义，例如辐射功率、强度和谱功率密度。

利用基于经典电动力学概念的经典模型，可以理解光学和光谱学中的许多现象。例如，利用原子中电子的阻尼谐振子模型，可以描述物质中电磁波的吸收和发射。在大多数情况下，不难给出经典结果的量子力学描述。第 2.7 节将简要介绍半经典方法。

激光光谱学中的许多实验依赖于辐射的相干性以及原子或分子能级的相干激发。因此，在本章的末尾，讨论了光场的时间相干性和空间相干性的基本概念，以及用于描述原子相干性的密度矩阵方法。

在正文中，经常用“光”这个词描述所有谱区中的电磁辐射。同样,“分子”这个词一般来说也包括原子。然而，我们的讨论和绝大多数的例子都是气态媒质，即自由的原子或分子。

关于本章主题的更为详尽或更为深入的描述，读者可以参考光谱学文献 [2.1]~[2.11]。对固体中的光散射感兴趣的读者，可以参考 Cardona 及其合作者们编辑的关于这一主题的系列图书[2.12]。

## 2.1 腔 模

考虑一个边长为 $L$ 的立方体腔，它的温度为 $T$。腔壁吸收和发射电磁辐射。在热平衡的时候，对于所有的频率 $\omega$ 来说，吸收的功率 $P_{\mathrm{a}}(\omega)$ 必然等于发射的功率 $P_{\mathrm{e}}(\omega)$。在腔里有一个静态辐射场 $\boldsymbol{E}$，在点 $\boldsymbol{r}$ 处，可以用平面波的叠加来描述这个场，平面波的振幅为 $\boldsymbol{A}_p$，波矢为 $\boldsymbol{k}_p$，角频率为 $\omega_p$

$$\boldsymbol{E}=\sum_p \boldsymbol{A}_p \exp[\mathrm{i}(\omega_p t-\boldsymbol{k}_p\cdot\boldsymbol{r})]+c.c. \tag{2.1}$$

这些波在腔壁上发生反射。对于每一个波矢 $\boldsymbol{k}=(k_x,k_y,k_z)$，有八种可能的组合方式 $\boldsymbol{k}_i=(\pm k_x,\pm k_y,\pm k_z)$，它们彼此相互干涉。只有当这些叠加产生了驻波的时候，

才会出现稳态场的构型 (图 2.1(a)、(b))。这就给出了波矢的边界条件

$$k_x=\frac{\pi}{L}n_1;\quad k_y=\frac{\pi}{L}n_2;\quad k_z=\frac{\pi}{L}n_3 \tag{2.2a}$$

这些公式表明，对于所有的三个分量，腔的边长 $L$ 必须是波长 $\lambda=2\pi/k$ 的半整数倍。

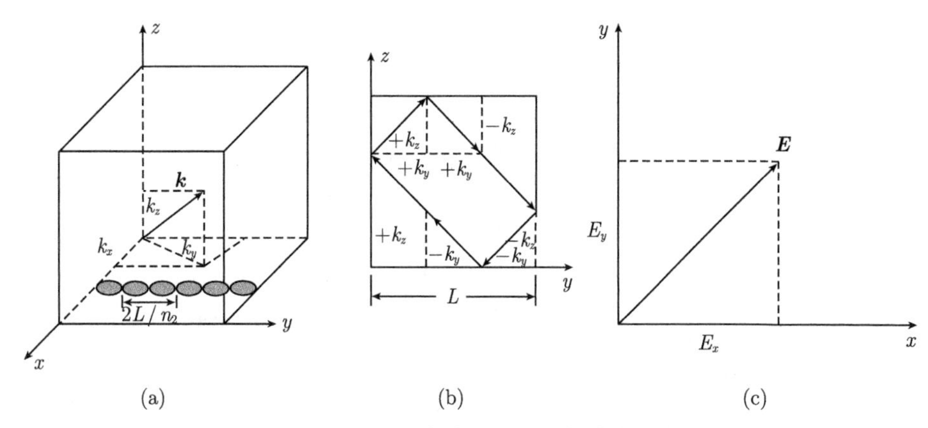


图 2.1　腔中静态电磁场的模式

(a) 立方体腔中的驻波；(b) 在二维坐标系中，形成驻波的波矢 $\boldsymbol{k}$ 的叠加；(c) 腔模的偏振

电磁波的波矢就等于

$$\boldsymbol{k}=\frac{\pi}{L}(n_1,n_2,n_3) \tag{2.2b}$$

其中，$n_1$，$n_2$ 和 $n_3$ 是正整数。

满足边界条件的波矢的振幅为

$$|\boldsymbol{k}|=\frac{\pi}{L}\sqrt{n_1^2+n_2^2+n_3^2} \tag{2.3}$$

它也可以写为波长 $\lambda=2\pi/|\boldsymbol{k}|$ 或频率 $\omega=c|\boldsymbol{k}|$ 的形式

$$\begin{aligned}\lambda&=2L/\sqrt{n_1^2+n_2^2+n_3^2}\\ \omega&=\frac{\pi c}{L}\sqrt{n_1^2+n_2^2+n_3^2}\end{aligned} \tag{2.4}$$

这些驻波被称为腔模 (图 2.1(b))。

因为横波 $\boldsymbol{E}$ 的振幅矢量 $\boldsymbol{A}$ 总是垂直于波矢 $\boldsymbol{k}$，它可以拆分为两个分量 $a_1$ 和 $a_2$，分别具有单位矢量 $\hat{\boldsymbol{e}}_1$ 和 $\hat{\boldsymbol{e}}_2$

$$\boldsymbol{A}=a_1\hat{\boldsymbol{e}}_1+a_2\hat{\boldsymbol{e}}_2\quad(\hat{\boldsymbol{e}}_1\cdot\hat{\boldsymbol{e}}_2=\delta_{12};\ \hat{\boldsymbol{e}}_1,\hat{\boldsymbol{e}}_2\perp\boldsymbol{k}) \tag{2.5}$$

复数 $a_1$ 和 $a_2$ 定义了驻波的偏振方向。式 (2.5) 表明，任意偏振都可以表示为两个相互正交的线偏振的线性组合。因此，每个波矢 $\boldsymbol{k}_p$ 定义的腔模都有两种可能的偏振状态。这意味着每个三重整数数组 $(n_1, n_2, n_3)$ 代表两个腔模。任意驻波场都可以用腔模的线性组合来表示。

我们现在来研究有多少个腔模满足频率条件 $\omega \leqslant \omega_{\mathrm{m}}$。因为边界条件 (式 (2.4))，这个数目等于满足下述条件的三重整数数组 $(n_1, n_2, n_3)$ 的数目

$$c^2k^2 = \omega^2 \leqslant \omega_{\mathrm{m}}^2$$

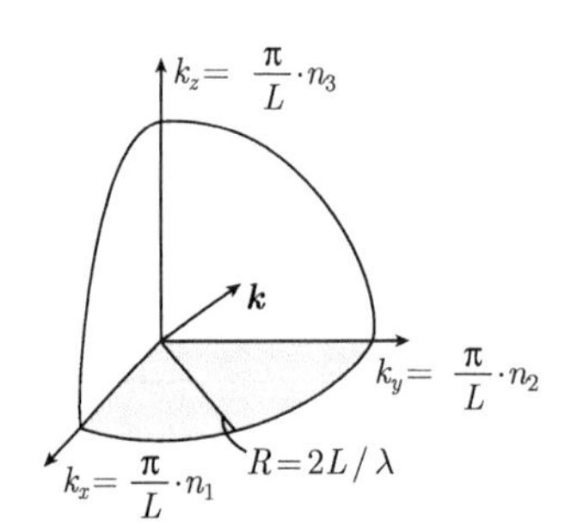


图 2.2　在动量空间 $(k_x, k_y, k_z)$ 中，满足 $|\boldsymbol{k}| \leqslant k_{\max}$ 的波矢 $\boldsymbol{k}$ 的最大数目

在一个坐标为 $(\pi/L)(n_1, n_2, n_3)$ 的系统里 (见图 2.2)，每个三重整数数组 $(n_1, n_2, n_3)$ 代表晶格常数为 $\pi/L$ 的三维晶格中的一个点。在此系统中，式 (2.4) 描述了半径为 $\omega/c$ 的球内所有可能的频率。如果这个半径远大于 $\pi/L$，也就是说，$2L \gg \lambda_{\mathrm{m}}$，那么，满足 $\omega^2 \leqslant \omega_{\mathrm{m}}^2$ 的格点 $(n_1, n_2, n_3)$ 的数目就大致决定于图 2.2 中八分之一球体的体积，其中，$|k| = \omega/c$。该体积为

$$V_k = \frac{1}{8}\frac{4\pi}{3}\left(\frac{k_{\max}}{\pi/L}\right)^3 \tag{2.6a}$$

因为每个腔模有两种可能的偏振状态，所以在体积为 $L^3$ 的立方体腔 $(L \gg \lambda)$ 中，频率位于 $\omega = 0$ 和 $\omega = \omega_{\mathrm{m}}$ 之间的模式的数目为

$$N(\omega_{\mathrm{m}}) = 2\frac{1}{8}\frac{4\pi}{3}\left(\frac{L\omega_{\mathrm{m}}}{\pi c}\right)^3 = \frac{1}{3}\frac{L^3\omega_{\mathrm{m}}^3}{\pi^2 c^3} \tag{2.6b}$$

空间模式密度 (单位体积中的模式数目) 为

$$n(\omega_{\mathrm{m}}) = N(\omega_{\mathrm{m}})/L^3 \tag{2.6c}$$

通常，希望知道在一定频率间隔 $\mathrm{d}\omega$ 之内 (例如，谱线的宽度之内) 的单位体积内的模式密度 $n(\omega)$。由式 (2.6)，将 $N(\omega)/L^3$ 对 $\omega$ 进行微分，就可以得到谱模式密度 $n(\omega)$。$N(\omega)$ 被假定为 $\omega$ 的连续函数，严格地说，这只有在 $L \to \infty$ 的情况下才成立。可以得到

$$n(\omega)\mathrm{d}\omega = \frac{\omega^2}{\pi^2 c^3}\mathrm{d}\omega \tag{2.7a}$$

在光谱学中，通常使用 $\nu = \omega/2\pi$，而不是圆频率 $\omega$。因为 $\mathrm{d}\omega = 2\pi\mathrm{d}\nu$，所以，频率间隔 $\mathrm{d}\nu$ 中单位体积内的模式数目为

$$n(\nu)\mathrm{d}\nu = \frac{8\pi\nu^2}{c^3}\mathrm{d}\nu \tag{2.7b}$$

图 2.3 用双对数坐标给出了谱模式密度随着频率的变化关系。

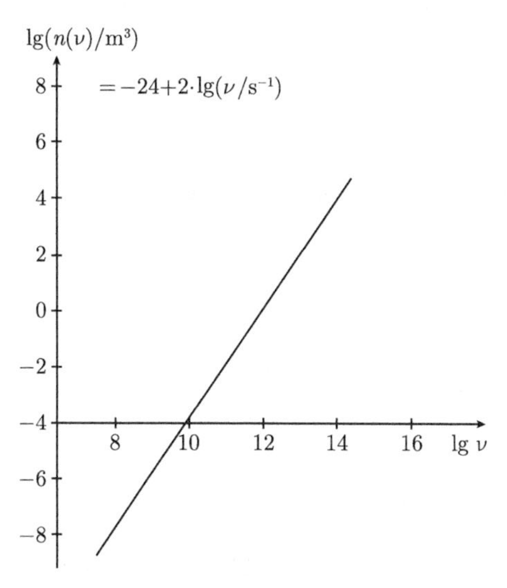


图 2.3 谱密度 $n(\nu)=N(\nu)/L^3$ 随着频率 $\nu$ 的变化关系

**例 2.1**

(a) 在光谱的可见光区间 ($\lambda=500\text{nm}$, $\nu=6\times10^{14}\text{Hz}$), 式 (2.7b) 给出，在谱线的多普勒宽度之内 ($\text{d}\nu=10^9\text{Hz}$), 每立方米中的模式数目为 $n(\nu)\text{d}\nu=3\times10^{14}\text{m}^{-3}$。

(b) 在微波区间 ($\lambda=1\text{cm}$, $\nu=3\times10^{10}\text{Hz}$), 在典型的多普勒宽度 $\text{d}\nu=10^5\text{Hz}$ 之内，每立方米中的模式数目只有 $n(\nu)\text{d}\nu=10^2\text{m}^{-3}$。

(c) 在 X 射线区间 ($\lambda=1\text{nm}$, $\nu=3\times10^{17}\text{Hz}$), 在 X 射线跃迁的典型自然线宽 $\text{d}\nu=10^{11}\text{Hz}$ 之内，可以得到，$n(\nu)\text{d}\nu=8.4\times10^{21}\text{m}^{-3}$。

## 2.2 热辐射和普朗克定律

在经典热力学中，在温度为 $T$ 的热平衡系统中，每个自由度都有平均能量 $kT/2$，其中，$k$ 为玻尔兹曼常数。因为经典谐振子既有动能也有势能，它们的平均能量是 $kT$。如果经典概念也可以应用于第 2.1 节中讨论的电磁场，那么每个模式就代表一个经典谐振子，其平均能量为 $kT$。根据式 (2.7b)，辐射场的能量谱密度为

$$\rho(\nu)\text{d}\nu=n(\nu)kT\text{d}\nu=\frac{8\pi\nu^2k}{c^3}T\text{d}\nu \tag{2.8}$$

这就是瑞利–金斯定律，它在低频区 (红外区) 与实验数据符合得很好，但是，在高频区 (紫外区) 与实验有着显著的差异。当 $\nu\rightarrow\infty$ 的时候，能量密度 $\rho(\nu)$ 实际上是发散的。

为了解释这一差异，马克斯·普朗克在 1900 年建议，辐射场的每个模式只能以分立的能量 $qh\nu$ 来发射或吸收能量，即最小能量量子 $h\nu$ 的整数 $q$ 倍。这些能量量子被称为光子。可以用实验来确定普朗克常数 $h$。因此，带有 $q$ 个光子的模式就包含能量 $qh\nu$ 。

在热平衡时，总能量在不同模式中的分布决定于麦克斯韦–玻尔兹曼分布，因此，一个模式中包含能量 $qh\nu$ 的几率 $p(q)$ 就是

$$p(q) = (1/Z)\mathrm{e}^{-qh\nu/kT} \tag{2.9}$$

其中，$k$ 是玻尔兹曼常数，而

$$Z = \sum_q \mathrm{e}^{-qh\nu/kT} \tag{2.10}$$

是对所有包含 $q$ 个光子 $h\nu$ 的模式求和得到的配分函数。$Z$ 是归一化因子，它使得 $\sum\limits_q p(q) = 1$， 将式 (2.10) 代入式 (2.9)，就可以看出这一点。这意味着每个模式都肯定会 $(p = 1)$ 带有一定数目 $(q = 0, 1, 2, \cdots)$ 的光子。

因此每个模式的平均能量为

$$\overline{W} = \sum_{q=0}^{\infty} p(q)qh\nu = \frac{1}{Z}\sum_{q=0}^{\infty} qh\nu\mathrm{e}^{-qh\nu/kT} = \frac{\sum qh\nu\mathrm{e}^{-qh\nu/kT}}{\sum \mathrm{e}^{-qh\nu/kT}} \tag{2.11}$$

计算这个求和，可以得到

$$\overline{W} = \frac{h\nu}{\mathrm{e}^{h\nu/kT} - 1} \tag{2.12}$$

在 $\nu$ 到 $\nu + \mathrm{d}\nu$ 的频率区间内，热辐射场的能量密度 $\rho(\nu)\mathrm{d}\nu$ 等于 $\mathrm{d}\nu$ 区间内的模式数目 $n(\nu)\mathrm{d}\nu$ 乘以每个模式的平均能量 $\overline{W}$。利用式 (2.7b)、式 (2.12)，可以得到

$$\rho(\nu)\mathrm{d}\nu = \frac{8\pi\nu^2}{c^3}\frac{h\nu}{\mathrm{e}^{h\nu/kT} - 1}\mathrm{d}\nu \tag{2.13}$$

这就是著名的普朗克辐射定律 (图 2.4)，它预言的热辐射谱能量密度与实验完全符合。“热辐射”的说法来自于这样的事实，即式 (2.13) 的谱能量分布具有与周围环境处于热平衡的辐射场一样的特性 (在 2.1 节中，环境决定于腔壁)。

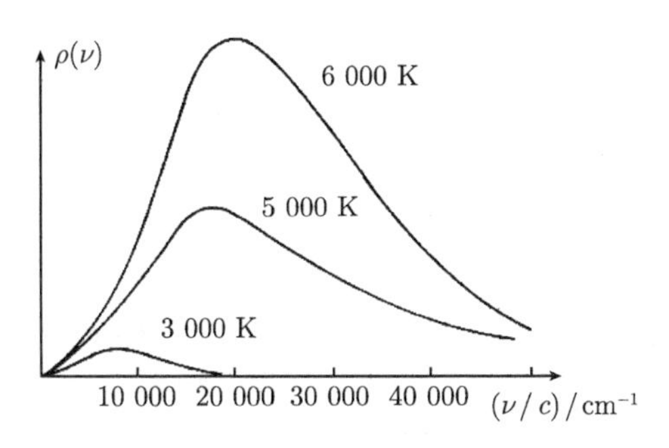


图 2.4 不同温度下的能量密度谱分布 $\rho(\nu)$

能量密度 $\rho(\nu)$ 描述的热辐射场是各向同性的。这意味着，通过包含热辐射场的一个球体的任何一个透明的表面元 d$A$，有相同的功率流 d$P$ 进入到与表面法线 $\boldsymbol{n}$ 夹角为 $\theta$ 的立体角 d$\Omega$ 内 (图 2.5)

$$\mathrm{d}P = \frac{c}{4\pi}\rho(\nu)\mathrm{d}A\mathrm{d}\nu\cos\theta\mathrm{d}\Omega \tag{2.14}$$

这样，测量腔壁上的一个小孔中的辐射的谱分布，就可以实验地确定 $\rho(\nu)$。如果这个孔足够小的话，通过这个孔损失的能量就可以忽略不计，它不会影响腔内的热平衡。

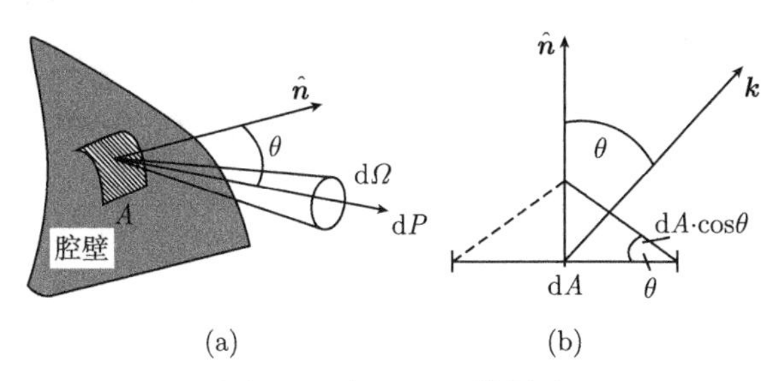


图 2.5 式 (2.14) 的图示

**例 2.2**

(a) 谱能量分布接近于普朗克分布 (式 (2.13)) 的辐射源有太阳、灯泡中明亮的钨丝、闪光灯以及高压放电灯。

(b) 发出分立谱线的谱线灯是非热辐射光源。在这种气体放电灯中，相对于平动能来说，发光的原子或分子可能处于热平衡，即它们的速度分布满足麦克斯韦分布。然而，不同原子激发能级上的占据数可不一定要服从玻尔兹曼分布。通常来说，原子与辐射场之间不存在热平衡。无论如何，辐射场可以是各向同性的。

(c) 激光是非热平衡的各向异性的辐射源 (第 5 章)。辐射场集中在几个模式之中，大部分的辐射能量集中在很小的一个立体角内。这意味着激光是一个各向异性非常显著的非热辐射的光源。

## 2.3　吸收、受激辐射和自发辐射

假定具有能级 $E_1$ 和 $E_2$ 的分子处于第 2.2 节讨论的热辐射场中。如果分子吸收一个能量为 $h\nu = E_2 - E_1$ 的光子，那么它就会从低能级 $E_1$ 激发到高能级 $E_2$ 上 (图 2.6)。这一过程被称为受激吸收。每秒钟内一个分子吸收一个光子的几率 $\mathrm{d}\mathcal{P}_{12}/\mathrm{d}t$ 正比于单位体积中能量为 $h\nu$ 的光子的数目，可以用辐射场的能量谱密度 $\rho(\nu)$ 来表示

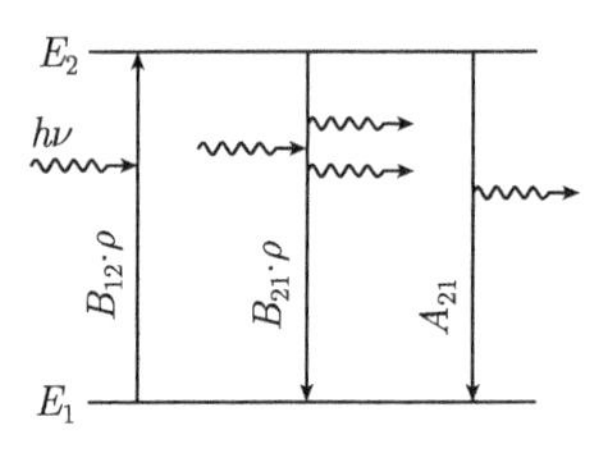

图 2.6　双能级系统与辐射场发生相互作用的示意图

$$\frac{\mathrm{d}}{\mathrm{d}t}\mathcal{P}_{12} = B_{12}\rho(\nu) \tag{2.15}$$

其中，常数 $B_{12}$ 是受激吸收的爱因斯坦系数。它依赖于原子的电子结构，也就是说，依赖于两个能级 $|1\rangle$ 和 $|2\rangle$ 的电子波函数。每吸收一个能量为 $h\nu$ 的光子，辐射场中该模式内的光子数目就减少了一个。

辐射场也可以诱导处于激发态 $E_2$ 的分子跃迁到较低的能级 $E_1$ 上去，同时发射出一个能量为 $h\nu$ 的光子。这一过程被称为受激辐射。受激辐射的能量为 $h\nu$ 的光子进入到产生这一辐射的同一个模式之中。也就是说，该模式中的光子数目增加了一个。单位时间内一个分子受激发射光子的几率 $\mathrm{d}\mathcal{P}_{21}/\mathrm{d}t$ 类似于式 (2.15),

$$\frac{\mathrm{d}}{\mathrm{d}t}\mathcal{P}_{21} = B_{21}\rho(\nu) \tag{2.16}$$

其中，常数 $B_{21}$ 是受激辐射的爱因斯坦系数。

处于激发态 $E_2$ 的分子也可以自发地将它的激发能转变为一个能量为 $h\nu$ 的光子并发射出去。这种自发辐射可以沿着任意方向 $\boldsymbol{k}$，将频率为 $\nu$ 而波矢为 $\boldsymbol{k}$ 的模式中的光子数目增加了一个。在辐射为各向同性的情况下，具有相同频率 $\nu$ 但方向 $\boldsymbol{k}$ 不同的所有模式获得一个自发辐射光子的几率都是相同的。

单位时间内一个分子自发辐射一个能量为 $h\nu = E_2 - E_1$ 的光子的几率 $\mathrm{d}\mathcal{P}_{21}^{\mathrm{spont}}/\mathrm{d}t$ 依赖于分子结构和所选择的跃迁 $|2\rangle \to |1\rangle$，但是不依赖于外辐射场

$$\frac{\mathrm{d}}{\mathrm{d}t}\mathcal{P}_{21}^{\mathrm{spont}} = A_{21} \tag{2.17}$$

其中，常数 $A_{21}$ 是自发辐射的爱因斯坦系数，通常被称为自发辐射几率。

现在看一下三个爱因斯坦系数 $B_{12}$、$B_{21}$ 和 $A_{21}$ 之间的关系。单位体积内的分子总数为 $N$，分布在不同的能级 $E_i$ 上的粒子数密度为 $N_i$，$\sum\limits_i N_i = N$。在热平衡

情况下，粒子数分布 $N_i(E_i)$ 由玻尔兹曼分布给出

$$N_i = N\frac{g_i}{Z}\mathrm{e}^{-E_i/kT} \tag{2.18}$$

$g_i = 2J_i + 1$ 是统计权重因子，它给出了总角动量为 $J_i$ 的能级 $|i\rangle$ 的简并子能级的数目，配分函数

$$Z = \sum_i g_i \mathrm{e}^{-E_i/kT}$$

是归一化因子，它保证了 $\sum\limits_i N_i = N$。

在稳态场中，总吸收率 $N_i B_{12}\rho(\nu)$ 给出了单位体积在单位时间内所吸收的光子数目，它一定等于总发射率 $N_2 B_{21}\rho(\nu) + N_2 A_{21}$ (否则的话，辐射场的谱能量密度 $\rho(\nu)$ 就会改变)。这就给出

$$[B_{21}\rho(\nu) + A_{21}]N_2 = B_{12}N_1\rho(\nu) \tag{2.19}$$

利用式 (2.18) 导出的关系式

$$N_2/N_1 = (g_2/g_1)\mathrm{e}^{-(E_2-E_1)/kT} = (g_2/g_1)\mathrm{e}^{-h\nu/kT}$$

用式 (2.19) 求解 $\rho(\nu)$ 就可以得到

$$\rho(\nu) = \frac{A_{21}/B_{21}}{\dfrac{g_1}{g_2}\dfrac{B_{12}}{B_{21}}\mathrm{e}^{h\nu/kT} - 1} \tag{2.20}$$

在第 2.2 节中，我们推导出了热辐射场的谱能量密度 $\rho(\nu)$ 的普朗克定律。因为式 (2.13) 和式 (2.20) 必须对所有温度 $T$ 和所有频率 $\nu$ 都成立，比较它们的系数，可以得到如下关系：

$$\boxed{B_{12} = \frac{g_2}{g_1}B_{21}} \tag{2.21}$$

$$\boxed{A_{21} = \frac{8\pi h\nu^3}{c^3}B_{21}} \tag{2.22}$$

式 (2.21) 表明，对于统计权重 $g_2 = g_1$ 的能级 $|1\rangle$ 和 $|2\rangle$ 来说，受激发射的几率等于受激吸收的几率。

从式 (2.22) 可以得出如下结论：因为给出了单位体积中模式的数目 $n(\nu) = 8\pi\nu^2/c^3$ 和频率间隔 $\mathrm{d}\nu = 1\mathrm{Hz}$ (见式 (2.7b))，所以式 (2.22) 可以写为

$$\frac{A_{21}}{n(\nu)} = B_{21}h\nu \tag{2.23a}$$

上式表明，每个模式的自发辐射 $A_{21}^{*}=A_{21}/n(\nu)$ 等于一个光子诱导出来的受激辐射。这可以推广如下，在任意一个模式中，受激辐射与自发辐射之比等于这个模式中的光子数 $q$:

$$\frac{B_{21}\rho(\nu)}{A_{21}^{*}}=q \tag{2.23b}$$

其中，在一个模式中，$\rho(\nu)=qh\nu$。

图 2.7 给出了不同绝对温度下的热辐射场中的每个模式的平均光子数随着频率 $\nu$ 的变化关系。该图表明，在实验室中能够达到的温度下，在可见光区域每个模式的平均光子数小于 1。也就是说，在热辐射场中，每个模式中的自发辐射要远大于受激辐射。然而，如果能够将绝大多数辐射能量集中到几个模式之中的话，这些模式中的光子数目就会非常大，在这些模式中，受激辐射将占据主导地位，尽管所有模式中的总自发辐射可能仍然大于受激辐射的速率。在激光器中实现了这样的模式选择 (第 5 章)。

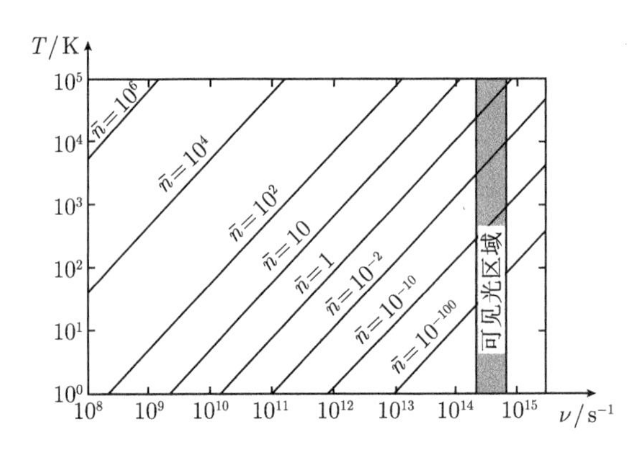


图 2.7　在热辐射场中，每个模式里的平均光子数随着温度 $T$ 和频率 $\nu$ 的变化关系

**评论**：注意，式 (2.21) 和式 (2.22) 对所有的辐射场都成立。虽然它们是针对热平衡条件下的稳态场推导出来的，爱因斯坦系数是一些常数，它们仅仅依赖于分子性质而不依赖于外场，只要这些外场不会改变分子的性质。因此，这些公式对于任意 $\rho_\nu(\nu)$ 都成立。

用角频率 $\omega=2\pi\nu$ 代替 $\nu$，单位频率间隔 $\mathrm{d}\omega=1\mathrm{s}^{-1}$ 就对应于 $\mathrm{d}\nu=1/2\pi\mathrm{s}^{-1}$。根据式 (2.7a)，谱能量密度 $\rho_\omega(\omega)=n(\omega)\hbar\omega$ 就等于

$$\rho_\omega(\omega)=\frac{\omega^2}{\pi^2c^3}\frac{\hbar\omega}{\mathrm{e}^{\hbar\omega/kT}-1} \tag{2.24}$$

其中，$\hbar$ 是普朗克常数 $h$ 除以 $2\pi$。爱因斯坦系数的比值

$$A_{21}/B_{21} = \frac{\hbar\omega^3}{\pi^2 c^3} \tag{2.25a}$$

上式包含 $\hbar$ 而非 $h$，还小了 $2\pi$ 倍。然而，比值 $A_{21}/[B_{21}\rho_\omega(\omega)]$ 保持不变，它给出了自发跃迁几率和受激跃迁几率的比值：

$$A_{21}/[B_{21}^{\nu}\rho_\nu(\nu)] = A_{21}/[B_{21}^{\omega}\rho_\omega(\omega)] \tag{2.25b}$$

**例 2.3**

(a) 在 100W 灯泡的热辐射场中，距离钨丝 10cm 的地方，波长为 $\lambda = 500\text{nm}$ 的光子在每个模式中的平均光子数约为 $10^{-8}$。如果将一个分子探针放置于这个场中，受激辐射完全可以忽略不计。

(b) 在气压很高的大电流汞放电灯的中心处，在最强的发光谱线的中心频率处，$\lambda = 253.6\text{nm}$，每个模式中的光子数目约为 $10^{-2}$。这就说明，即使在这种非常亮的光源里，受激辐射的影响也非常小。

(c) 在单模氦氖激光器的光学腔中 (输出功率 1mW，反射镜的透射率为 $T = 1\%$)，激光振荡模式中的光子平均数约为 $10^7$。在这个例子中，这个模式中的自发辐射完全可以忽略不计。然而，需要注意的是，在 $\lambda = 632.2\text{nm}$ 处，总自发辐射 (它指向所有的方向) 的功率要远大于受激辐射。这种自发辐射大致均匀地分布在所有的模式之中。假设气体放电部分的体积为 $1\text{cm}^3$，氖跃迁的多普勒宽度内的模式数目约为 $10^8$，也就是说，总自发辐射速率比受激辐射速率大 10 倍。

## 2.4　基本光度学量

在光源的光谱学应用中，定义一些特征量来描述发射和吸收辐射是非常有用的。这样就可以恰当地比较不同的光源和探测器，有助于在特定实验中恰当地选择仪器。

### 2.4.1　定义

辐射能 $W$(单位为焦耳) 指的是通过一个表面或者被一个探测器收集的光源发射出来的全部能量。辐射功率 $P = \text{d}W/\text{d}t$ (通常被称为辐射流 $\varPhi$[W]) 是每秒钟的辐射能量。辐射能密度 $\rho[\text{J/m}^3]$ 是单位体积内的辐射能量。

考虑光源的一个表面元 $\text{d}A$ (图 2.8(a))。从 $\text{d}A$ 发射出来并进入到与表面法线方向 $\boldsymbol{n}$ 成 $\theta$ 角的立体角 $\text{d}\varOmega$ 内的辐射能为

$$\text{d}P = L(\theta)\text{d}A\text{d}\varOmega \tag{2.26a}$$

其中，辐照度 $L[\text{W/m}^2\text{sr}^{-1}]$ 是单位面积表面元 $\text{d}A = 1\text{m}^2$ 向单位立体角 $\text{d}\varOmega = 1\text{sr}$ 内发射的功率。

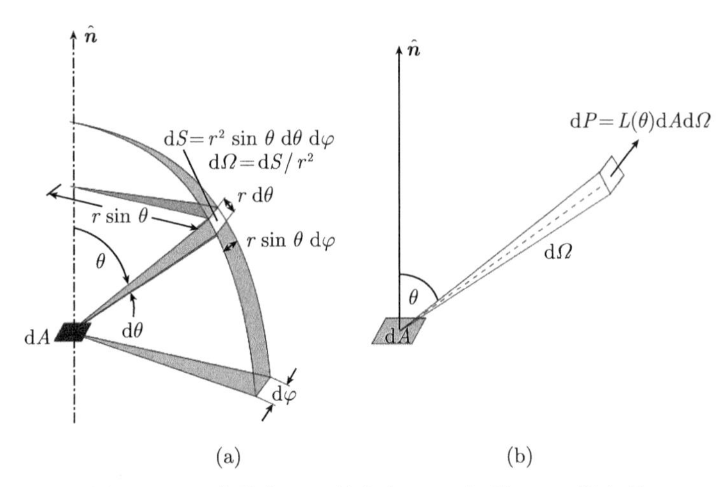


图 2.8　(a) 立体角 $\mathrm{d}\Omega$ 的定义; (b) 辐射 $L(\theta)$ 的定义

光源发射出来的总功率为

$$P = \int L(\theta)\mathrm{d}A\mathrm{d}\Omega \tag{2.26b}$$

上面三个量指的是对整个光谱进行积分所得到的总辐射。它们的谱形式 $W_\nu(\nu)$、$P_\nu(\nu)$、$\rho_\nu(\nu)$ 和 $L_\nu(\nu)$ 被称为谱密度，其定义为频率 $\nu$ 附近单位频率间隔 $\mathrm{d}\nu = 1\mathrm{s}^{-1}$ 内的 $W$、$P$、$\rho$ 和 $L$ 的数量:

$$W = \int_0^\infty W_\nu(\nu)\mathrm{d}\nu; \quad P = \int_0^\infty P_\nu(\nu)\mathrm{d}\nu; \quad \rho = \int_0^\infty \rho_\nu(\nu)\mathrm{d}\nu; \quad L = \int_0^\infty L_\nu(\nu)\mathrm{d}\nu \tag{2.27}$$

**例 2.4**

对于一个各向同性的半径为 $R$ 的球形辐射源来说 (如一个恒星)，其谱能量密度为 $\rho_\nu$，那么它的辐射谱密度 $L_\nu(\nu)$ 不依赖于 $\theta$ ，可以表示为

$$L_\nu(\nu) = \rho_\nu(\nu)c/4\pi = \frac{2h\nu^3}{c^2}\frac{1}{\mathrm{e}^{h\nu/kT}-1} \to P_\nu = \frac{8\pi R^2 h\nu^3}{c^2}\frac{1}{\mathrm{e}^{h\nu/kT}-1} \tag{2.28}$$

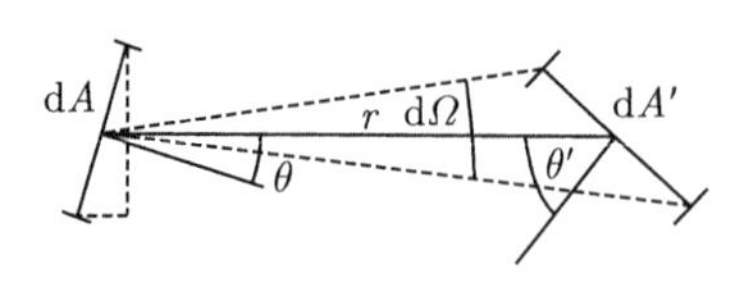


图 2.9　光源的辐射和探测器接收的入射

与光源的表面元 $\mathrm{d}A$ 距离为 $r$ 的探测器上的表面元 $\mathrm{d}A'$ 对光源所张开的立体角为 $\mathrm{d}\Omega = \mathrm{d}A'\cos\theta'/r^2$ (图 2.9)。如果 $r^2 \gg \mathrm{d}A$ 和 $\mathrm{d}A'$，那么，$\mathrm{d}A'$ 上接收到的辐射流 $\varPhi$ 就等于

$$\begin{aligned}\mathrm{d}\varPhi &= L(\theta)\mathrm{d}A\cos\theta\mathrm{d}\Omega \\ &= L(\theta)\mathrm{d}A\cos\theta\cos\theta'\mathrm{d}A'/r^2\end{aligned} \tag{2.29a}$$

表面 $A'$ 吸收的由表面 $A$ 所发射的总光流量就等于

$$\Phi = \int_A \int_{A'} \frac{1}{r^2} L(\theta) \cos\theta \cos\theta' \mathrm{d}A \mathrm{d}A' \tag{2.29b}$$

如果 $A'$ 是光源的话，表面 $A$ 所吸收的光流量同样是 $\Phi$。对于各向同性的光源来说，式 (2.29) 对于 $\theta$ 和 $\theta'$ 以及 $A$ 和 $A'$ 是对称的。交换探测器和光源的位置并不会改变式 (2.29)。因为这种倒易性质，$L$ 可以被解释为光源在与表面法线成 $\theta$ 角的方向上的辐射，也可以被解释为以 $\theta'$ 角照射到探测器表面的辐射。

对于各向同性的光源，$L$ 与角度 $\theta$ 无关，式 (2.29) 表明，进入单位立体角中的辐射流正比于 $\cos\theta$ (Lambert 定律)。这种光源的一个例子是黑体辐射腔上一个面积为 $\mathrm{d}A$ 的小孔 (图 2.5)。

照射到探测器单位面积上的辐射流被称为入射流，在光谱学文献中通常称之为强度。在真空中沿着 $z$ 方向传播的平面波 $\boldsymbol{E} = \boldsymbol{E}_0 \cos(\omega t - kz)$ 的流密度或强度 $I[\mathrm{W/m^2}]$ 等于

$$I = c \int \rho(\omega) \mathrm{d}\omega = c\epsilon_0 E^2 = c\epsilon_0 E_0^2 \cos^2(\omega t - kz) \tag{2.30a}$$

采用复数表达式

$$\boldsymbol{E} = \boldsymbol{A}_0 \mathrm{e}^{\mathrm{i}(\omega t - kz)} + \boldsymbol{A}_0^* \mathrm{e}^{-\mathrm{i}(\omega t - kz)} \quad \left( |\boldsymbol{A}_0| = \frac{1}{2} |\boldsymbol{E}_0| \right) \tag{2.30b}$$

则强度变为

$$I = c\epsilon_0 E^2 = 4c\epsilon_0 A_0^2 \cos^2(\omega t - kz) \tag{2.30c}$$

光波在可见光和近红外区域的角频率 $\omega$ 为 $10^{13} \sim 10^{15}\mathrm{Hz}$，绝大多数探测器跟不上这么快的振荡。它们的时间常数 $T \gg 1/\omega$，它们在固定位置 $z$ 处测量的是对时间平均后的强度

$$\langle I \rangle = \frac{c\epsilon_0 E_0^2}{T} \int_0^T \cos^2(\omega t - kz) \mathrm{d}t = \frac{1}{2} c\epsilon_0 E_0^2 = 2c\epsilon_0 A_0^2 \tag{2.31}$$

### 2.4.2 大面积上的照明

当探测器面积很大的时候，对探测器的所有面积元 $\mathrm{d}A'$ 进行积分，可以得到探测器收集的总功率 (图 2.10)。光源的面积元 $\mathrm{d}A$ 在角度 $-u \leqslant \theta \leqslant +u$ 内发出的辐射被探测器完全接收。同样的辐射穿过探测器前面的一个假想的球面。选择这个球面的面积元为圆环 $\mathrm{d}A' = 2\pi r \mathrm{d}r = 2\pi R^2 \sin\theta \cos\theta \mathrm{d}\theta$。由式 (2.29) 可以得出，当 $\cos\theta' = 1$ 的时候，照射到探测器上的总流量 $\Phi$ 等于

$$\Phi = 2\pi \int_u^0 L \mathrm{d}A \cos\theta \sin\theta \mathrm{d}\theta \tag{2.32}$$

如果光源的辐射是各向同性的，$L$ 与 $\theta$ 无关，式 (2.32) 给出

$$\Phi = \pi L \sin^2 u \mathrm{d}A \tag{2.33}$$

**评论**：注意，任何复杂的成像光学系统都不能增大一个光源的辐射度。也就是说，光源的像 $\mathrm{d}A^*$ 的辐照度不可能大于光源本身的辐照度。通过聚焦的确可以增大流密度，但是，来自于像 $\mathrm{d}A^*$ 的辐射的立体角也增加了相同的因子。因此，辐照度不会增大。实际上，因为成像光学系统中不可避免的折射、散射和吸收损耗，在实际情况下，像 $\mathrm{d}A^*$ 的辐照度总是小于光源的辐照度 (图 2.11)。

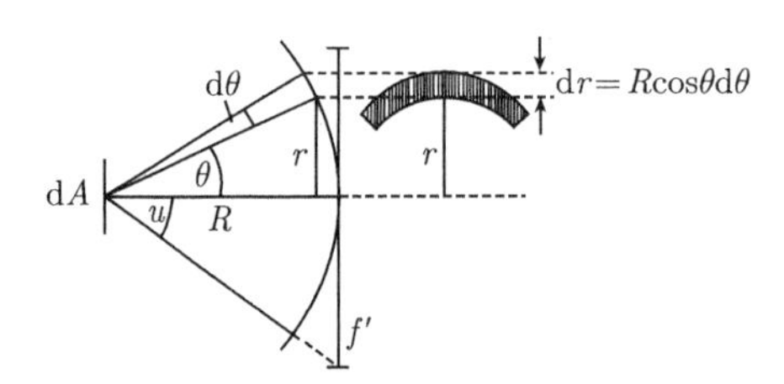


图 2.10　大面积探测器上的流密度

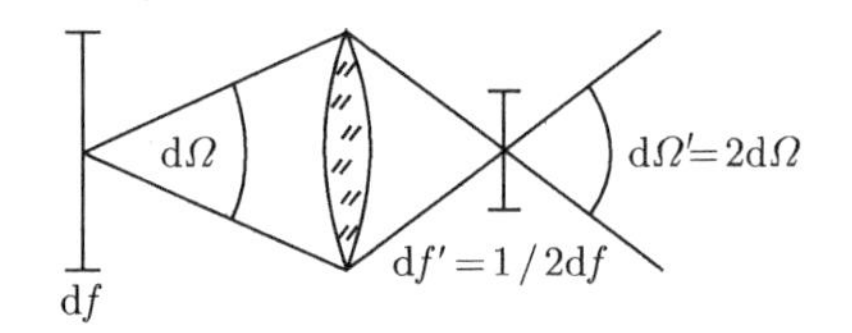


图 2.11　光学成像系统不可能增大光源的辐照度

一束严格平行的光束的立体角为 $\mathrm{d}\Omega = 0$。因为辐射功率是有限的，这意味着无限大的辐照度 $L$。这就说明，这样的光束不可能实现。严格平行光束的光源必须是位于透镜焦平面上的一个点光源。表面积为零的点光源不可能发出任何功率。更多的光度学知识可以参见文献 [2.13], [2.14]。

**例 2.5**

(a) 太阳的辐照度。在垂直照射的情况下，不考虑反射和大气层的吸收，地球表面 $1\mathrm{m}^2$ 的面积上接收到的入射辐射流 $I_\mathrm{e}$ 约为 $1.35\mathrm{kW/m}^2$ (太阳常数)。因为式 (2.32) 的对称性，我们可以把 $\mathrm{d}A'$ 视为光源，而将 $\mathrm{d}A$ 视为探测器。从地球上看去，太阳的视角约 $2u = 32$ 弧分。这意味着 $\sin u = 4.7 \times 10^{-3}$。将此数值代入式 (2.33)，可以得到太阳表面的辐照度为 $L_\mathrm{s} = 2 \times 10^7 \mathrm{W/(m^2 sr)}$。根据式 (2.32) 或者关系式 $\Phi = 4\pi R^2 I_\mathrm{e}$，其中，$R = 1.5 \times 10^{11}\mathrm{m}$ 为地球到太阳的距离，可以得出太阳的辐射总功率 $\Phi = 4 \times 10^{26}\mathrm{W}$。

(b) 氦氖激光器的辐照度。假设输出功率为 1mW，输出的光束为 $1\mathrm{mm}^2$，发散角为 4 弧分，对应的立体角为 $1 \times 10^{-6}\mathrm{sr}$。激光传输方向上的最大辐照度为 $L = 10^{-3}/(10^{-6} \cdot 10^{-6}) = 10^9 \mathrm{W/(m^2 sr)}$。这大约是太阳辐照度的 50 倍。对于辐照的谱密度来说，差别就更为显著了。因为一个稳定的单模激光器的发射谱宽度约为 1MHz，该激光的辐射谱密度为 $L_\nu = 1 \times 10^3 \mathrm{W \cdot s/(m^2 sr^{-1})}$，而太阳的平均谱宽度约为 $10^{15}\mathrm{Hz}$，所以它的辐射谱密度为 $L_\nu = 2 \times 10^{-8} \mathrm{W \cdot s/(m^2 sr^{-1})}$。

(c) 如果瞳孔的直径为 1mm 的话，直视太阳时，视网膜上接收到的辐射流为

1mW。这与例 2.5(b) 中的盯着看激光光束时视网膜所接收的辐射流密度完全相同。然而，对于视网膜上的入射 (irradiance) 来说，两者差别很大。太阳在视网膜上的成像要比激光束的焦点面积大 100 倍。这意味着激光照射在单个视网膜细胞上的功率密度要大 100 倍。

## 2.5 光的偏振

平面波

$$\boldsymbol{E} = \boldsymbol{A}_0 \cdot \mathrm{e}^{\mathrm{i}(\omega t - kz)} \tag{2.34}$$

的复振幅矢量 $\boldsymbol{A}_0$ 可以用它的分量表示

$$\boldsymbol{A}_0 = \left\{ \begin{array}{c} A_{0x}\mathrm{e}^{\mathrm{i}\phi_x} \\ A_{0y}\mathrm{e}^{\mathrm{i}\phi_y} \end{array} \right\} \tag{2.35}$$

对于非偏振光来说，相位 $\phi_x$ 和 $\phi_y$ 是彼此无关的，它们的差遵循统计地涨落。对于电场矢量沿着 $x$ 方向的线偏振光来说，$A_{0y} = 0$。当 $E$ 指向与 $y$ 轴夹角为 $\alpha$ 的特定方向时，$\phi_x = \phi_y$ 且 $\tan\alpha = A_{0y}/A_{0x}$ 。对于圆偏振光，$A_{0x} = A_{0y}$ 且 $\phi_x = \phi_y \pm \pi/2$。

这些不同的偏振态可以用 Jones 矢量来描述，其定义为

$$\boldsymbol{E} = \left\{ \begin{array}{c} E_x \\ E_y \end{array} \right\} = |\boldsymbol{E}| \cdot \left\{ \begin{array}{c} a \\ b \end{array} \right\} \mathrm{e}^{\mathrm{i}(\omega t - kz)} \tag{2.36}$$

其中，归一化的矢量 $\{a, b\}$ 是 Jones 矢量。表 2.1 给出了不同偏振态的 Jones 矢量。例如，对于 $\alpha = 45^\circ$ 的线偏振光，振幅 $A_0$ 可以写为

$$\boldsymbol{A}_0 = \sqrt{A_{0x}^2 + A_{0y}^2} \frac{1}{\sqrt{2}} \left\{ \begin{array}{c} 1 \\ 1 \end{array} \right\} = |\boldsymbol{A}_0| \frac{1}{\sqrt{2}} \left\{ \begin{array}{c} 1 \\ 1 \end{array} \right\} \tag{2.37}$$

对于圆偏振光 ( $\sigma^+$ 或 $\sigma^-$ 光)，因为 $\exp(-\mathrm{i}\pi/2) = -\mathrm{i}$，所以，

$$A_0^{(\sigma^+)} = \frac{1}{\sqrt{2}} |A_0| \left\{ \begin{array}{c} 1 \\ \mathrm{i} \end{array} \right\}; \quad A_0^{(\sigma^-)} = \frac{1}{\sqrt{2}} |A_0| \left\{ \begin{array}{c} 1 \\ -\mathrm{i} \end{array} \right\} \tag{2.38}$$

当我们考虑光穿过偏振片、四分之一波片或分束镜等光学元件的时候，Jones 表达式有很多优点。这些光学元件可以用 $2 \times 2$ 矩阵来描述，其中一些由表 2.1 给出。将光学元件的 Jones 矩阵乘以入射光的 Jones 矢量，就可以得到透射光的偏振态：

$$\boldsymbol{E}_\mathrm{t} = \left\{ \begin{array}{c} \boldsymbol{E}_{x\mathrm{t}} \\ \boldsymbol{E}_{y\mathrm{t}} \end{array} \right\} = \begin{pmatrix} a & b \\ c & d \end{pmatrix} \cdot \left\{ \begin{array}{c} E_{x0} \\ E_{y0} \end{array} \right\} \tag{2.39}$$

**表 2.1　沿着 $z$ 方向传播的光的 Jones 矢量和偏振片的 Jones 矩阵**

| Jones 矢量 | Jones 矩阵 |
| --- | --- |
| 线偏振光 | 线偏振片 |
| $x$ 方向 $\longleftrightarrow$　$\begin{pmatrix}1\\0\end{pmatrix}$ | $\longleftrightarrow$ $\begin{pmatrix}1&0\\0&0\end{pmatrix}$　$\updownarrow$ $\begin{pmatrix}0&0\\0&1\end{pmatrix}$　$\nearrow$ $\frac{1}{2}\begin{pmatrix}1&1\\1&1\end{pmatrix}$　$\searrow$ $\frac{1}{2}\begin{pmatrix}1&-1\\-1&1\end{pmatrix}$ |
| $y$ 方向 $\updownarrow$　$\begin{pmatrix}0\\1\end{pmatrix}$ | |
| $\alpha$　$\begin{pmatrix}\cos\alpha\\\sin\alpha\end{pmatrix}$ | 四分之一波片慢轴方向为 |
| | $x$　　　　$y$ |
| $\alpha=45^\circ$ : $\frac{1}{\sqrt{2}}\begin{pmatrix}1\\1\end{pmatrix}$ | $\mathrm{e}^{\mathrm{i}\pi/4}\begin{pmatrix}1&0\\0&-\mathrm{i}\end{pmatrix}$　　$\mathrm{e}^{-\mathrm{i}\pi/4}\begin{pmatrix}1&0\\0&\mathrm{i}\end{pmatrix}$ |
| $\alpha=-45^\circ$ : $\frac{1}{\sqrt{2}}\begin{pmatrix}1\\-1\end{pmatrix}$ | $=\frac{1}{\sqrt{2}}\begin{pmatrix}1+\mathrm{i}&0\\0&1-\mathrm{i}\end{pmatrix}$　　$=\frac{1}{\sqrt{2}}\begin{pmatrix}1-\mathrm{i}&0\\0&1+\mathrm{i}\end{pmatrix}$ |
| | 半波片 |
| | $x$　　　　$y$ |
| | $\mathrm{e}^{\mathrm{i}\pi/2}\begin{pmatrix}1&0\\0&-1\end{pmatrix}=\begin{pmatrix}\mathrm{i}&0\\0&-\mathrm{i}\end{pmatrix}$　　$\mathrm{e}^{-\mathrm{i}\pi/2}\begin{pmatrix}1&0\\0&-1\end{pmatrix}=\begin{pmatrix}-\mathrm{i}&0\\0&+\mathrm{i}\end{pmatrix}$ |
| 圆偏振光 | 圆偏振片(即90°)旋转器 |
| $\sigma^+$ : $\frac{1}{\sqrt{2}}\begin{pmatrix}1\\\mathrm{i}\end{pmatrix}$ | |
| $\sigma^-$ : $\frac{1}{\sqrt{2}}\begin{pmatrix}1\\-\mathrm{i}\end{pmatrix}$ | $\frac{1}{2}\begin{pmatrix}1&+\mathrm{i}\\-\mathrm{i}&1\end{pmatrix}$　　$\frac{1}{2}\begin{pmatrix}1&-\mathrm{i}\\\mathrm{i}&1\end{pmatrix}$ |

例如，沿着 45° 方向的线偏振入射光 ($\alpha=45^\circ$) 穿过一个慢轴位于 $x$ 方向的四分之一波片后

$$
\begin{aligned}
\boldsymbol{E}_\mathrm{t}&=\mathrm{e}^{\mathrm{i}\pi/4}\begin{pmatrix}1&0\\0&-\mathrm{i}\end{pmatrix}\cdot\frac{1}{\sqrt{2}}\begin{pmatrix}1\\1\end{pmatrix}|\boldsymbol{E}_0|=\mathrm{e}^{\mathrm{i}\pi/4}\frac{1}{\sqrt{2}}\begin{pmatrix}1\\-\mathrm{i}\end{pmatrix}|\boldsymbol{E}_0|\\
&=\frac{\mathrm{e}^{\mathrm{i}\pi/4}}{\sqrt{2}}(E_0\cdot\hat{\boldsymbol{e}}_x-\mathrm{i}E_0\cdot\hat{\boldsymbol{e}}_y)①
\end{aligned}
\tag{2.40}
$$

这是一个右圆偏振光 $\sigma^-$ 。在第二个例子中，$\sigma^+$ 光穿过一个慢轴位于 $x$ 方向的半波片。透射光为

$$
\boldsymbol{E}_\mathrm{t}=\frac{1}{\sqrt{2}}\begin{pmatrix}\mathrm{i}&0\\0&-\mathrm{i}\end{pmatrix}|\boldsymbol{E}_0|\sigma^+=\frac{1}{\sqrt{2}}\begin{pmatrix}\mathrm{i}\\1\end{pmatrix}|\boldsymbol{E}_0|=\frac{1}{\sqrt{2}}\mathrm{e}^{\mathrm{i}\pi/2}\begin{pmatrix}1\\-\mathrm{i}\end{pmatrix}|\boldsymbol{E}_0|
$$

① 译注：原书此公式有误，译者做了更正。

透射光是 $\sigma^-$ 光，而相位因子 $\pi/2$ 并不影响偏振的状态。更多的例子可以参见文献[2.15]~[2.17]。

## 2.6 吸收谱和发射谱

光源的辐射流的谱分布被称为发射谱。第 2.2 节讨论的热辐射有连续的谱分布，可以用它的谱分布密度式 (2.13) 来描述。在分立的发射谱中，辐射流在特定的频率 $\nu_{ik}$ 处有着分立的极大值，它来自于原子或分子的两个束缚态之间的跃迁，较高的能态为 $E_k$，较低的能态为 $E_i$，它们之间的关系为

$$h\nu_{ik} = E_k - E_i \tag{2.41}$$

在光谱仪 (详细的描述参见第 4.1 节) 中，入射狭缝 S 成像于相机透镜的焦平面 B 上。因为光谱仪中的色散元件，这个像的位置依赖于入射光的波长。在分立谱中，只要光谱仪的分辨率足够高，每个波长 $\lambda_{ik}$ 就在成像平面上产生一个单独的谱线 (图 2.12)。因此，分立光谱也被称为线状光谱，与之相对的是连续光谱，即使光谱仪具有无限大的分辨率，狭缝的像在焦平面上也会形成一个连续带。

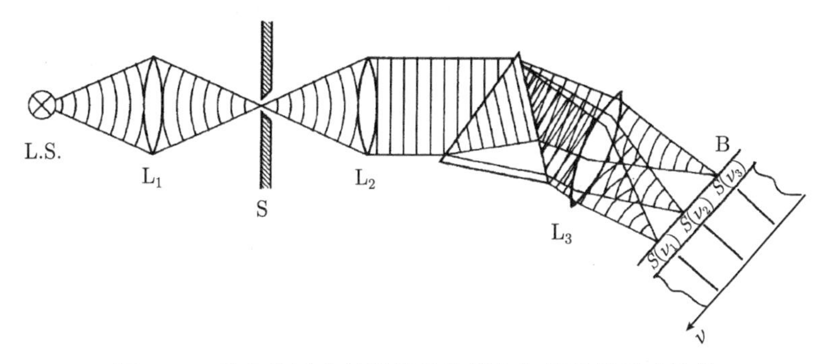


图 2.12 分立光谱中的谱线是光谱仪入射狭缝所成的像

如果具有连续光谱的辐射穿过气态分子样品，低能级 $E_i$ 上的分子可以在本征频率 $\nu_{ik} = (E_k - E_i)/h$ 处吸收辐射能，在透射光中，该频率的光就消失了。

入射光的谱分布减去透射光的谱分布所得到的差就是样品的吸收谱。吸收能量 $h\nu_{ik}$ 可以让分子跳到较高的能级 $E_k$ 上。如果这些能级是束缚能级，那么，得到的光谱就是分立的吸收谱。如果 $E_k$ 高于分解阈值或电离能，吸收谱就是连续的。图 2.13 示意地画出了原子和分子中的这两种情况。

分立吸收谱的例子有太阳光谱中的夫琅禾费谱线，它们表现为明亮的连续谱上的一些黑线 (图 2.14)。太阳大气层中的原子吸收了来自于太阳光球层的连续黑体辐射谱中的特定本征频率，从而产生了这些谱线。吸收强度的一种度量是吸收截

面 $\sigma_{ik}$ 。穿过原子附近的一个圆面积 $\sigma_{ik}=\pi r_{ik}^2$ 上的每个光子都被跃迁 $|i\rangle\to|k\rangle$ 所吸收。

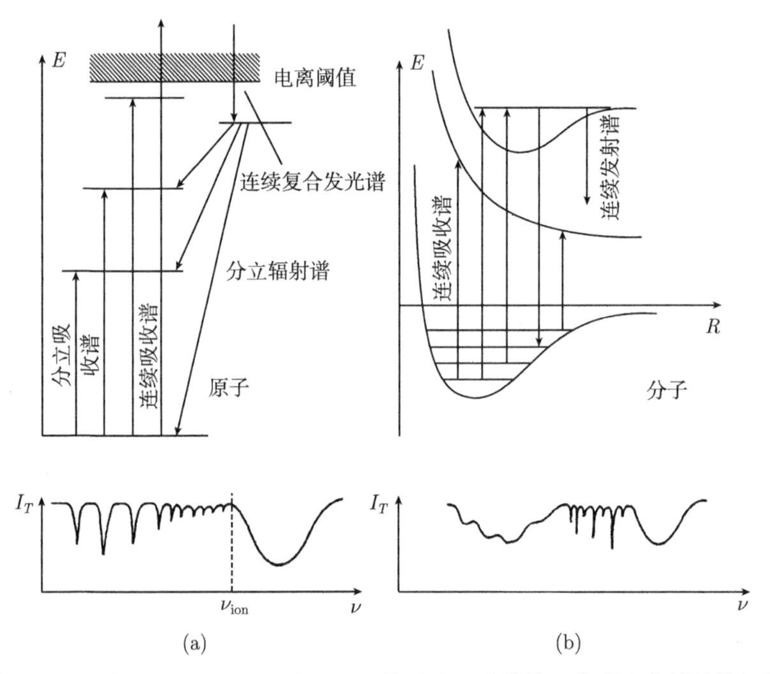


图 2.13　示意图: 原子 (a) 和分子 (b) 的分立和连续的吸收谱和发射谱的起源

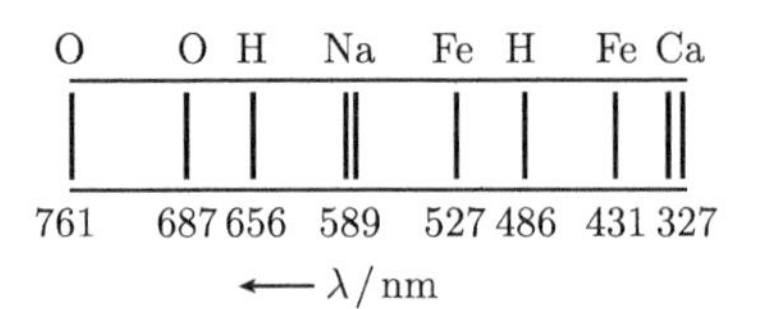


图 2.14　可见光和近紫外光区间内的主要的夫琅禾费吸收线

在圆频率 $\omega$ 附近频率间隔 $\mathrm{d}\omega$ 内，体积 $\Delta V=A\Delta z$ 中跃迁 $|i\rangle\to|k\rangle$ 所吸收的功率为

$$\mathrm{d}P_{ik}(\omega)\mathrm{d}\omega=P_0\left(N_i-\frac{g_i}{g_k}N_k\right)\sigma_{ik}(\omega)A\Delta z\mathrm{d}\omega=P_0\alpha_{ik}\Delta V\mathrm{d}\omega \tag{2.42}$$

它正比于入射光功率 $P_0$ 、吸收截面 $\sigma_{ik}$、上能级和下能级中的吸收分子的数目差 $(N_i-N_k)$(根据它们的统计权重 $g_i$ 和 $g_k$ 进行加权处理) 以及吸收路径的长度 $\Delta z$。比较式 (2.15) 和式 (2.21) 可以给出每立方厘米中跃迁 $|i\rangle\to|k\rangle$ 吸收的总功率

$$P_{ik}=P_0\int\alpha_{ik}\mathrm{d}\omega=\frac{\hbar\omega}{c}P_0B_{ik}\left(N_i-\frac{g_i}{g_k}N_k\right) \tag{2.43}$$

其中，要对整个吸收区域进行积分。这就给出了爱因斯坦系数 $B_{ik}$ 和吸收截面 $\sigma_{ik}$ 之间的关系式

$$B_{ik}=\frac{c}{\hbar\omega}\int\sigma_{ik}\mathrm{d}\omega \tag{2.44}$$

在热平衡的情况下，粒子数服从玻尔兹曼分布。将式 (2.18) 代入进来可以得到，在分子密度为 $N$、温度为 $T$ 的样品中，对于单色激光，$P_0(\omega)=P_0\delta(\omega-\omega_0)$，体积 $\Delta V=A\Delta z$ 对光束截面为 $A$ 的入射光的吸收为

$$\begin{aligned}P_{ik}&=(N/Z)g_i(\mathrm{e}^{-E_i/kT}-\mathrm{e}^{-E_k/kT})A\Delta z\int P_0\sigma_{ik}\mathrm{d}\omega\\&=P_0\sigma_{ik}(\omega_0)(N/Z)g_i(\mathrm{e}^{-E_i/kT}-\mathrm{e}^{-E_k/kT})\Delta V\end{aligned} \tag{2.45}$$

只有在吸收功率足够大的时候，才能够测量到吸收谱线，也就是说，密度 $N$ 或者吸收路径的长度 $\Delta z$ 必须足够大。此外，式 (2.45) 中的两个玻尔兹曼因子的差也必须足够大，这意味着 $E_i$ 不能够远大于 $kT$，但是，$E_k\gg kT$。因此，在热平衡状态中，只有被热占据的低能级 $E_i$ 上的跃迁所对应的气体吸收线才比较强。然而，利用不同的激发机制，例如光学泵浦或电子激发有可能将分子泵浦到较高的能级上。这样就可以测量从这些态到能量更高的能级上的跃迁所对应的吸收光谱 (第 2 卷 5.3 节)。

被激发的分子可以通过自发辐射、受激辐射或碰撞过程来释放能量 (图 2.15)。自发辐射的空间分布依赖于被激发分子的空间取向以及激发态 $E_k$ 的对称性。如果分子是随机取向的，自发辐射 (通常被称为荧光) 就是各向同性的。

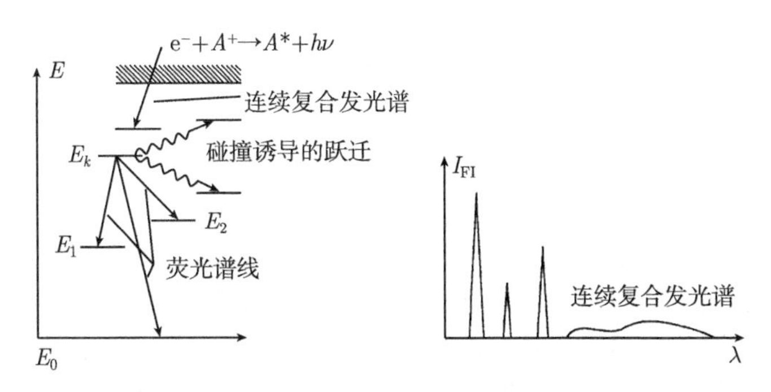


图 2.15 分立的发射谱和连续发射谱以及相应的能级结构图，同时还给出了非弹性碰撞引起的无辐射跃迁 (波纹线)

如果作为跃迁终态的低能级 $E_i$ 是束缚态，从高能级 $E_k$ 上发射的荧光谱 (发射谱) 就带有分立的谱线。如果 $E_i$ 是分子的排斥态，发射谱就是连续谱。例如，图

2.16 中的 NaK 分子的 $^3\Pi \rightarrow ^3\Sigma$ 跃迁的荧光谱，它来自于一个选择激发的束缚能级 $^3\Pi$，由一个氩离子激光器进行光学泵浦从而让电子占据该能级。荧光跃迁的终态是一个排斥态 $^3\Sigma$，由于范德瓦耳斯力，它具有一个很小的极小值。终态 $E_k$ 高于离解能的跃迁形成了光谱的连续部分，而终态为范德瓦耳斯势阱中较低的束缚能级时，产生的就是分立谱线。连续谱上的起伏反映了透射几率的起伏，它来自于高束缚能级的振动波函数 $\psi_{\mathrm{vib}}(R)$ 的极大值和波节[2.18]。

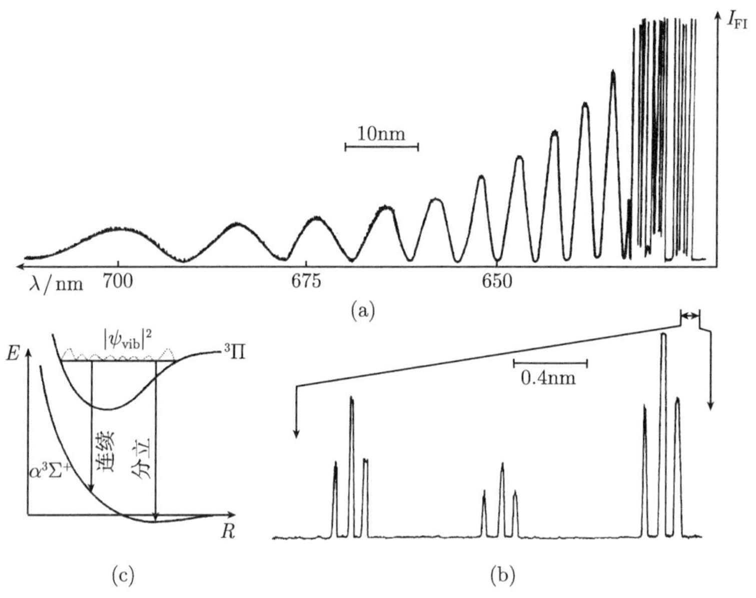


图 2.16 分子的连续的“束缚态–自由态”和分立的“束缚态–束缚态”荧光跃迁，用波长为 $\lambda = 488\mathrm{nm}$ 的激光激发[2.18]

(a) 光谱的一部分；(b) 三个分立的振动光谱带的放大图；(c) 能级示意图

## 2.7 跃 迁 几 率

谱线的强度不仅依赖于分子在吸收能级或发射能级上的占据数密度，还依赖于相应的分子跃迁的跃迁几率。如果知道这些跃迁几率，测量谱线的强度就可以得到占据数密度。这非常重要，如在天体物理学中，光谱线是地球之外世界信息的主要来源。测量吸收谱线和发射谱线的强度，可以确定恒星气体中或星级空间里的元素丰度。比较同一元素的不同谱线的强度 (例如，从不同的高能级 $E_i$ 和 $E_e$ 到同一个低能级 $E_k$ 的跃迁，$E_i \rightarrow E_k$ 和 $E_e \rightarrow E_k$)，根据式 (2.18)，由热平衡态下能级 $E_i$ 和 $E_e$ 的相对占据数密度，可以得到辐射源的温度。然而，所有这些实验都需要知道相应的跃迁几率。

测量跃迁几率具有很大吸引力的另一个原因是，它可以得到关于分子结构的更为详尽的知识。由计算得到的上能级和下能级的波函数推导出来的跃迁几率，与这些能级上的能量相比，对这些函数中的近似误差要敏感得多。因此，实验测量得到的跃迁几率就可以很好地检验计算得到的近似波函数的有效性。通过与计算几率进行比较，可以改善分子激发态中的电子电荷分布的理论模型[2.19,2.20]。

### 2.7.1 自发辐射跃迁和无辐射跃迁的寿命

位于能级 $E_i$ 上的激发态分子发射一个荧光量子 $h\nu_{ik} = E_i - E_k$ 跃迁到较低的能级 $E_k$ 上，根据式 (2.17)，这个过程的几率 $P_{ik}$ 与爱因斯坦系数 $A_{ik}$ 的关系为

$$\mathrm{d}P_{ik}/\mathrm{d}t = A_{ik}$$

从能级 $E_i$ 到 $E_k$ 可能存在着几条不同的跃迁途径 (图 2.17)，总跃迁几率为

$$A_i = \sum_k A_{ik} \tag{2.46}$$

辐射跃迁使得占据数密度 $N_i$ 在时间间隔 $\mathrm{d}t$ 内的减少了 $\mathrm{d}N_i$，它等于

$$\mathrm{d}N_i = -A_i N_i \mathrm{d}t \tag{2.47}$$

对式 (2.47) 求积分可以得到

$$N_i(t) = N_{i0}\mathrm{e}^{-A_i t} \tag{2.48}$$

其中，$N_{i0}$ 是 $t = 0$ 时刻的粒子数密度。

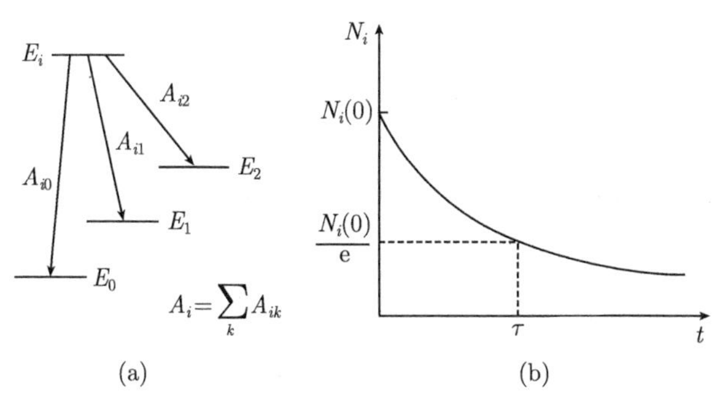


图 2.17 能级 $|i\rangle$ 的辐射跃迁

(a) 能级示意图；(b) 衰减曲线 $N_i(t)$

经过时间 $\tau_i = 1/A_i$ 之后，粒子数密度 $N_i$ 减小为 $t = 0$ 时刻的初始值的 1/e。时间 $\tau_i$ 表示能级 $E_i$ 的平均自发辐射寿命，这可以从平均时间的定义直接得到

$$\overline{t_i} = \int_0^\infty t\mathcal{P}_i(t)\mathrm{d}t = \int_0^\infty tA_i\mathrm{e}^{-A_it}\mathrm{d}t = \frac{1}{A_i} = \tau_i \tag{2.49}$$

其中，$\mathcal{P}_i(t)\mathrm{d}t$ 是能级 $E_i$ 上的原子在时刻 $t$ 到 $t+\mathrm{d}t$ 之间发生自发辐射跃迁的几率。

$N_i$ 个分子在跃迁 $E_i \to E_k$ 中发射出来的辐射功率为

$$P_{ik} = N_i h\nu_{ik} A_{ik} \tag{2.50}$$

如果从同一个高能级 $E_i$ 可以向几个不同的低能级 $E_k$ 发生跃迁 $E_i \to E_k$，相应谱线的辐射功率正比于爱因斯坦系数 $A_{ik}$ 和光子能 $h\nu_{ik}$ 的乘积。沿着特定方向的辐射的相对强度也可能依赖于荧光的空间分布，对于不同的跃迁可以是不同的。

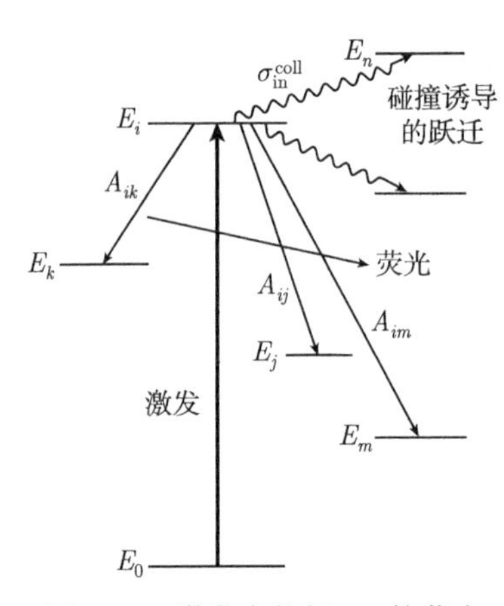


图 2.18　激发态能级 $|i\rangle$ 的荧光衰减通道和碰撞诱导衰减通道

不仅自发辐射可以减少分子 $A$ 的能级 $E_i$ 上的占据数密度，碰撞引起的无辐射跃迁也可以 (图 2.18)。这种跃迁的几率 $\mathrm{d}\mathcal{P}_{ik}^{\text{coll}}/\mathrm{d}t$ 依赖于碰撞过程的参与者 $B$ 的密度 $N_B$、$A$ 和 $B$ 的平均相对速度 $\bar{v}$ 以及引起分子 $A$ 发生跃迁 $E_i \to E_k$ 的非弹性碰撞过程的碰撞截面 $\sigma_{ik}^{\text{coll}}$

$$\mathrm{d}\mathcal{P}_{ik}^{\text{coll}}/\mathrm{d}t = \bar{v}N_B\sigma_{ik}^{\text{coll}} \tag{2.51}$$

当激发态分子 $A(E_i)$ 处于强辐射场中的时候，受激辐射可能变得显著起来。跃迁过程 $|i\rangle \to |k\rangle$ 减少了能级 $E_i$ 上的粒子数密度，它的几率为

$$\mathrm{d}\mathcal{P}_{ik}^{\text{ind}}/\mathrm{d}t = \rho(\nu_{ik})B_{ik} \tag{2.52}$$

决定能级 $E_i$ 的有效寿命的总跃迁几率等于自发辐射、受激辐射和碰撞过程的几率之和，有效寿命 $\tau_i^{\text{eff}}$ 就等于

$$\frac{1}{\tau_i^{\text{eff}}} = \sum_k [A_{ik} + \rho(\nu_{ik})B_{ik} + N_B\sigma_{ik}\bar{v}] \tag{2.53}$$

测量有效寿命 $\tau_i^{\text{eff}}$ 随着激发辐射强度的变化关系及其随着碰撞参与者 $B$ 的浓度 $N_B$ 的变化关系 (Stern-Vollmer 曲线图)，就可以分别确定三个跃迁几率 (第 2 卷第 8.3 节)。

### 2.7.2 半经典描述：基本方程

在半经典描述中，用经典电磁平面波描述照射到原子上的辐射

$$\boldsymbol{E}=\boldsymbol{E}_0\cos(\omega t-kz) \tag{2.54a}$$

而另一方面，用量子力学的方法来处理原子。为了简化方程，我们只考虑一个双能级系统，它具有本征态 $E_a$ 和 $E_b$ (图 2.19)。

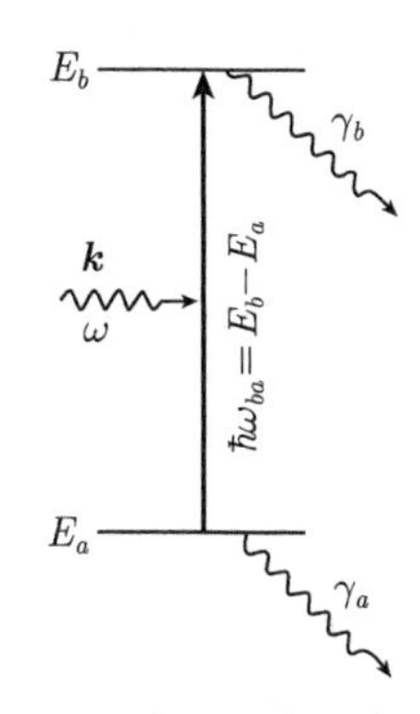


图 2.19 与电磁场相互作用的双能级系统，它能够通过开放的衰减通道到达其他能级

到目前为止，激光光谱学在光谱学区域中的波长 $\lambda$ 大于原子的直径 (例如，在可见光谱区，$\lambda$ 为 500nm，而 $d$ 大约只有 0.5nm)。当 $\lambda \gg d$ 的时候，电磁波的相位在一个原子的体积内没有变化，因为当 $z\leqslant d$ 的时候，$kz=(2\pi/\lambda)z\ll 1$。因此，我们可以忽略场振幅的空间微分 (偶极近似)。在原点位于原子中心的坐标系里，我们可以假设，在原子体积内，$kz\approx 0$，从而将式 (2.54a) 写成如下形式

$$\boldsymbol{E}=\boldsymbol{E}_0\cos(\omega t)=\boldsymbol{A}_0(\mathrm{e}^{\mathrm{i}\omega t}+\mathrm{e}^{-\mathrm{i}\omega t}) \tag{2.54b}$$

其中，$|\boldsymbol{A}_0|=\dfrac{1}{2}\boldsymbol{E}_0$。与光场作用的原子的哈密顿算符

$$\boldsymbol{\mathcal{H}}=\boldsymbol{\mathcal{H}}_0+\boldsymbol{\mathcal{V}} \tag{2.55}$$

可以写成未被扰动的、没有光场的自由原子哈密顿量 $\boldsymbol{\mathcal{H}}_0$ 与微扰算符 $\boldsymbol{\mathcal{V}}$ 之和，后者描述了原子与光场的相互作用，在偶极近似下，可以将它约化为

$$\boldsymbol{\mathcal{V}}=\boldsymbol{p}\cdot\boldsymbol{E}=\boldsymbol{p}\cdot\boldsymbol{E}_0\cos(\omega t) \tag{2.56}$$

其中，$\boldsymbol{\mathcal{V}}$ 是偶极算符 $\boldsymbol{p}=-e\cdot\boldsymbol{r}$ 与电场 $\boldsymbol{E}$ 的标量积。

辐射场引起了原子中的跃迁。也就是说，原子的本征波函数依赖于时间。含时薛定谔方程

$$\boldsymbol{\mathcal{H}}\psi=\mathrm{i}\hbar\frac{\partial\psi}{\partial t} \tag{2.57}$$

的一般解 $\psi(\boldsymbol{r},t)$ 可以表示为

$$\psi(\boldsymbol{r},t)=\sum_{n=1}^{\infty}c_n(t)u_n(\boldsymbol{r})\mathrm{e}^{-\mathrm{i}E_nt/\hbar} \tag{2.58}$$

它是未被扰动的原子的本征波函数

$$\phi_n(\boldsymbol{r},t)=u_n(\boldsymbol{r})\mathrm{e}^{-\mathrm{i}E_nt/\hbar} \tag{2.59}$$

的线性叠加。

这些本征波函数的空间部分 $u_n(\boldsymbol{r})$ 是不含时的薛定谔方程

$$\boldsymbol{\mathcal{H}}_0u_n(\boldsymbol{r})=E_nu_n(\boldsymbol{r}) \tag{2.60}$$

的解，它们满足正交条件①

$$\int u_i^*u_k\mathrm{d}\tau=\delta_{ik} \tag{2.61}$$

对于本征态为 $|a\rangle$ 和 $|b\rangle$ 、本征能量为 $E_a$ 和 $E_b$ 的双能级系统来说，式 (2.58) 约化为两项之和

$$\psi(\boldsymbol{r},t)=a(t)u_a\mathrm{e}^{-\mathrm{i}E_at/\hbar}+b(t)u_b\mathrm{e}^{-\mathrm{i}E_bt/\hbar} \tag{2.62}$$

系数 $a(t)$ 和 $b(t)$ 是原子态 $|a\rangle$ 和 $|b\rangle$ 的依赖于时间的几率振幅。也就是说，$|a(t)|^2$ 的数值给出了在时刻 $t$ 发现系统处于能级 $|a\rangle$ 上的几率。显然，如果忽略通向其他能级的衰变过程的话，那么，在任意时刻，$|a(t)|^2+|b(t)|^2=1$。

将式 (2.62) 和式 (2.55) 代入式 (2.57) 可以得到

$$\mathrm{i}\hbar\dot{a}(t)u_a\mathrm{e}^{-\mathrm{i}E_at/\hbar}+\mathrm{i}\hbar\dot{b}(t)u_b\mathrm{e}^{-\mathrm{i}E_bt/\hbar}=a\boldsymbol{\mathcal{V}}u_a\mathrm{e}^{-\mathrm{i}E_at/\hbar}+b\boldsymbol{\mathcal{V}}u_b\mathrm{e}^{-\mathrm{i}E_bt/\hbar} \tag{2.63}$$

其中，关系式 $\boldsymbol{\mathcal{H}}_0u_n=E_nu_n$ 被用来消去两侧相等的部分。将式 (2.63) 乘以 $u_n^*(n=a,b)$ 并对空间进行积分，可以得到如下两式：

$$\dot{a}(t)=-(\mathrm{i}/\hbar)[a(t)V_{aa}+b(t)V_{ab}\mathrm{e}^{\mathrm{i}\omega_{ab}t}] \tag{2.64a}$$

$$\dot{b}(t)=-(\mathrm{i}/\hbar)[b(t)V_{bb}+a(t)V_{ba}\mathrm{e}^{-\mathrm{i}\omega_{ab}t}] \tag{2.64b}$$

其中，$\omega_{ab}=(E_a-E_b)/\hbar=-\omega_{ba}$，空间积分

$$V_{ab}=\int u_a^*\boldsymbol{\mathcal{V}}u_bd\tau=-e\boldsymbol{E}\int u_a^*\boldsymbol{r}u_b\mathrm{d}\tau \tag{2.65a}$$

因为 $\boldsymbol{r}$ 具有奇宇称，当对所有的坐标由 $-\infty$ 积分到 $+\infty$ 的时候，积分 $V_{aa}$ 和 $V_{bb}$ 等于零。

$$\boldsymbol{D}_{ab}=\boldsymbol{D}_{ba}=-e\int u_a^*\boldsymbol{r}u_b\mathrm{d}\tau \tag{2.65b}$$

① 注意：在式 (2.58) ～式 (2.60) 中，考虑的是一个非简并的系统。

被称为原子偶极矩阵元。它依赖于两个态 $|a\rangle$ 和 $|b\rangle$ 的稳态波函数 $u_a$ 和 $u_b$，并决定于这些态的电荷分布。

应该将双能级系统的偶极矩阵元 $\boldsymbol{D}_{ab}$ 的期待值与特定态 $\psi$ 的电偶极矩的期待值区分开来，后者等于

$$\boldsymbol{D} = -e\int \psi^* \boldsymbol{r} \psi \mathrm{d}\tau = 0 \tag{2.66a}$$

$\boldsymbol{D}$ 等于零，这是因为被积分的函数是坐标的奇函数。利用式 (2.62) 以及缩写式 $\omega_{ba} = (E_b - E_a)/\hbar = -\omega_{ab}$，$\boldsymbol{D}$ 可以用系数 $a(t)$ 和 $b(t)$ 以及矩阵元 $\boldsymbol{D}_{ab}$ 表示出来

$$\boldsymbol{D} = -\boldsymbol{D}_{ab}(a^* b \mathrm{e}^{-\mathrm{i}\omega_{ba}t} + ab^* \mathrm{e}^{+\mathrm{i}\omega_{ba}t}) = \boldsymbol{D}_0 \cos(\omega_{ba}t + \varphi) \tag{2.66b}$$

其中，

$$\boldsymbol{D}_0 = \boldsymbol{D}_{ab}|a^* b|$$

且

$$\tan\varphi = -\frac{\mathrm{Im}\{a^* b\}}{\mathrm{Re}\{a^* b\}}$$

如果原子系统的波函数可以用式 (2.65) 中的叠加形式表示的话，即使没有外场，原子偶极矩的期待值也会以本征频率 $\omega_{ba}$ 和振幅 $|a^* \cdot b|$ 振荡。这个振荡的偶极矩的时间平均值等于零!

利用描述电磁场的式 (2.54b)、依赖于场的振幅以及偶极矩阵元 $\boldsymbol{D}_{ab}$ 的缩写式

$$\boldsymbol{\Omega}_{ab} = \boldsymbol{D}_{ab} E_0/\hbar = 2\boldsymbol{D}_{ab} A_0/\hbar = \boldsymbol{\Omega}_{ba} \tag{2.67}$$

可以将式 (2.64) 约化为

$$\boxed{\begin{aligned} \dot{a}(t) &= -(\mathrm{i}/2)\Omega_{ab}(\mathrm{e}^{\mathrm{i}(\omega-\omega_{ba})t} + \mathrm{e}^{-\mathrm{i}(\omega+\omega_{ba})t})b(t) \qquad (2.68\mathrm{a}) \\ \dot{b}(t) &= -(\mathrm{i}/2)\Omega_{ab}(\mathrm{e}^{-\mathrm{i}(\omega-\omega_{ba})t} + \mathrm{e}^{\mathrm{i}(\omega+\omega_{ba})t})a(t) \qquad (2.68\mathrm{b}) \end{aligned}}$$

其中，$\omega_{ba} = -\omega_{ab} > 0$。

求解这些基本方程，才能得到几率振幅 $a(t)$ 和 $b(t)$。频率 $\Omega_{ab}$ 被称为拉比频率。第 2.7.6 节将讨论它的物理意义。

### 2.7.3 弱场近似

假设原子在 $t = 0$ 时刻位于低能级 $E_a$ 上，即 $a(0) = 1$，$b(0) = 0$。假定场的振幅 $A_0$ 足够小，当 $t < T$ 的时候，能级 $E_b$ 上的占据数仍然远小于能级 $E_a$ 上的占据数，即 $|b(t < T)|^2 \ll 1$。在这种弱场条件下，可以用迭代方法求解式 (2.68)，初始值为 $a = 1$ 和 $b = 0$。热辐射源的光场振幅通常都非常小，迭代一次就足够精确了。

利用这些假设，式 (2.68) 的一级近似给出

$$\dot{a}(t) = 0 \tag{2.69a}$$

$$\dot{b}(t) = -(\mathrm{i}/2)\Omega_{ba}(\mathrm{e}^{\mathrm{i}(\omega_{ba}-\omega)t} + \mathrm{e}^{\mathrm{i}(\omega_{ba}+\omega)t}) \tag{2.69b}$$

利用初始条件 $a(0) = 1$ 和 $b(0) = 0$，从 0 到 $t$ 对式 (2.69) 积分可以得到

$$a(t) = a(0) = 1 \tag{2.70a}$$

$$b(t) = \left(\frac{\Omega_{ab}}{2}\right)\left(\frac{\mathrm{e}^{\mathrm{i}(\omega-\omega_{ba})t} - 1}{\omega - \omega_{ba}} - \frac{\mathrm{e}^{\mathrm{i}(\omega+\omega_{ba})t} - 1}{\omega + \omega_{ba}}\right) \tag{2.70b}$$

当 $E_b > E_a$ 的时候，$\omega_{ba} = (E_b - E_a)/\hbar$ 为正数。在 $E_a \to E_b$ 跃迁过程中，原子系统从辐射场中吸收能量。然而，只有当辐射场的频率 $\omega$ 接近于本征频率 $\omega_{ba}$ 的时候，才会发生显著的吸收。在光学频率范围内，这意味着 $|\omega_{ba} - \omega| \ll \omega_{ba}$。这样一来，式 (2.70b) 中的第二项就远小于第一项，可以忽略不计。这就是旋转波近似。在保留下来的项中，原子波函数和辐射场的相位因子 $\exp(-\mathrm{i}\omega_{ba}t)$ 和 $\exp(-\mathrm{i}\omega t)$ 是一起旋转的。

在旋转波近似下，可以从式 (2.70b) 得到系统在时刻 $t$ 处于上能级 $E_b$ 的几率

$$|b(t)|^2 = \left(\frac{\Omega_{ab}}{2}\right)^2\left(\frac{\sin(\omega - \omega_{ba})t/2}{(\omega - \omega_{ba})/2}\right)^2 \tag{2.71}$$

因为我们已经假定，在 $t = 0$ 时刻，原子位于低能级 $E_a$ 上，式 (2.71) 给出了原子在时间 $t$ 内由 $E_a$ 跃迁到 $E_b$ 上的几率。图 2.20(a) 给出了跃迁几率随着失谐 $\Delta\omega = \omega - \omega_{ba}$ 的变化关系。式 (2.71) 表明，$|b(t)|^2$ 依赖于光场频率 $\omega$ 与本征频率 $\omega_{ba}$ 之间失谐的绝对值 $\Delta\omega = |\omega - \omega_{ba}|$。调节频率 $\omega$ 使之与原子系统共振 $(\omega \to \omega_{ba})$，式 (2.71) 中的第二个因子接近于 $t^2$，因为 $\lim\limits_{x\to 0}[(\sin^2 xt)/x^2] = t^2$。共振处的跃迁几率为

$$|b(t)|^2 = \left(\frac{\Omega_{ab}}{2}\right)^2 t^2 \tag{2.72}$$

以正比于 $t^2$ 的形式增长。然而，推导式 (2.71) 使用的近似假定 $|b(t)^2| \ll 1$。根据式 (2.72) 和式 (2.67)，在共振条件下，这一假设等价于

$$\left(\frac{\Omega_{ab}}{2}\right)^2 t^2 \ll 1, \quad t \ll T = \frac{2}{\Omega_{ab}} = \frac{\hbar}{D_{ab}E_0} \tag{2.73}$$

只有当光场 (振幅为 $E_0$) 和原子 (矩阵元 $\boldsymbol{D}_{ab}$ ) 的相互作用时间 $t$ 满足 $t \ll T = \hbar/(D_{ab}E_0)$ 的时候，小信号近似才能够成立。因为在有限探测时间 $T$ 内对波进行频谱分析可以给出的谱宽 $\Delta\omega \approx 1/T$ (参见第 3.2 节)，单色性假设不成立，必须考虑相互作用项的频谱分布。

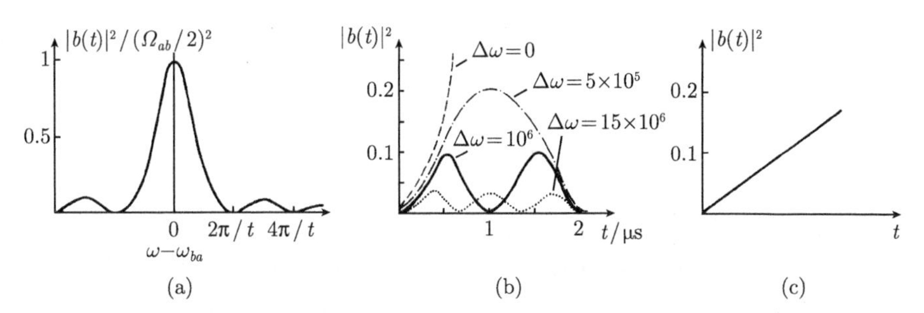


图 2.20 (a) 在旋转波近似下，单色光激发的归一化的跃迁几率随着失谐 $(\omega-\omega_{ba})$ 的变化关系；(b) 在不同的失谐条件下，到上能级的跃迁几率随着时间的变化关系；(c) 在宽带激发和弱场下的 $|b(t)|^2$

### 2.7.4 宽带激发下的跃迁几率

一般情况下，热光源的带宽 $\delta\omega$ 远大于傅里叶极限 $\Delta\omega=1/T$，因此，有限的作用时间并不会带来额外的限制。然而，在使用激光的时候，情况有可能不同 (第 2.7.5 节和第 3.4 节)。

在吸收谱线的频率范围内，利用下述关系式引入谱能量密度 $\rho(\omega)$ 来替代单位频率间隔内的场振幅 $E_0$(见式 (2.30))

$$\int\rho(\omega)\mathrm{d}\omega=\epsilon_0E_0^2/2=2\epsilon_0A_0^2$$

现在可以将式 (2.71) 推广，对所有的辐射场频率 $\omega$ 积分，就可以让它包括宽带辐射与双能级系统的相互作用。这样就给出了 $T$ 时间内的总跃迁几率 $\mathcal{P}_{ab}(t)$。如果 $\boldsymbol{D}_{ab}\parallel\boldsymbol{E}_0$，由 $\Omega_{ab}=D_{ab}E_0/\hbar$ 可以得到

$$\mathcal{P}_{ab}(t)=\int|b(t)|^2\mathrm{d}\omega=\frac{(D_{ab})^2}{2\epsilon_0\hbar^2}\int\rho(\omega)\left[\frac{\sin(\omega_{ba}-\omega)t/2}{(\omega_{ba}-\omega)/2}\right]^2\mathrm{d}\omega \tag{2.74}$$

对于热光源或宽带激光，$\rho(\omega)$ 在吸收谱线内缓慢地变化。在因子 $[\sin^2(\omega_{ba}-\omega)t/2]/[(\omega_{ba}-\omega)/2]^2$ 数值很大的频率范围内，$\rho(\omega)$ 实际上是个常数 (图 2.20(a))，因此，可以用共振数值 $\rho(\omega_{ba})$ 替换它。这样就可以进行积分，由此得到的数值为 $\rho(\omega_{ba})2\pi t$，因为

$$\int_{-\infty}^{\infty}\frac{\sin^2(xt)}{x^2}\mathrm{d}x=\pi t$$

在宽带激发下，在时刻 0 到 $t$ 的时间间隔内的跃迁几率为

$$\mathcal{P}_{ab}(t)=\frac{\pi}{\epsilon_0\hbar^2}D_{ab}^2\rho(\omega_{ba})t \tag{2.75}$$

它线性地依赖于 $t$ (图 2.20(c))。

在宽带激发下，每秒钟内的跃迁几率不依赖于时间！

$$\frac{\mathrm{d}}{\mathrm{d}t}P_{ab}(t)=\frac{\pi}{\epsilon_0\hbar^2}D_{ab}^2\rho(\omega_{ba}) \tag{2.76}$$

为了将这个结果与第 2.3 节得到的爱因斯坦系数 $B_{ab}$ 进行比较，必须清楚，黑体辐射是各向同性的，而在推导式 (2.76) 时使用的电磁波式 (2.54) 是沿着一个方向传播的。对于偶极矩 $\boldsymbol{p}$ 随机取向的原子来说，$\boldsymbol{p}^2$ 在 $z$ 方向上的分量的平均值为 $\langle p_z^2\rangle=p^2\langle\cos^2\theta\rangle=p^2/3$。

当辐射是各向同性的时候，相互作用项 $D_{ab}^2\rho(\omega_{ba})$ 必须除以 3。将式 (2.16) 与修改后的式 (2.76) 进行比较，可以得到

$$\frac{\mathrm{d}}{\mathrm{d}t}\mathcal{P}_{ab}=\frac{\pi}{3\epsilon_0\hbar^2}\rho(\omega_{ba})D_{ab}^2=\rho(\omega_{ba})B_{ab} \tag{2.77}$$

利用电偶极矩阵元 $\boldsymbol{D}_{ik}$ 的定义式 (2.65)，受激吸收 $E_i\to E_k$ 的爱因斯坦系数 $B_{ik}$ 就是

$$B_{ik}^{\omega}=\frac{\pi e^2}{3\epsilon_0\hbar^2}\left|\int u_i^* r u_k\mathrm{d}\tau\right|^2,\quad B_{ik}^{\nu}=B_{ik}^{\omega}/2\pi \tag{2.78}$$

式 (2.78) 给出了单电子系统的爱因斯坦系数，其中，$\boldsymbol{r}=(x,y,z)$ 是由原子核指向电子的矢量，$u_n(x,y,z)$ 是单电子波函数①。由式 (2.78) 可知，爱因斯坦系数 $B_{ik}$ 正比于跃迁偶极矩的平方。

到目前为止，我们假定能级 $E_i$ 和 $E_k$ 是非简并的，它们的统计权重因子是 $g=1$。当 $|k\rangle$ 是简并能级的时候，跃迁 $E_i\to E_k$ 的总跃迁几率 $\rho B_{ik}$ 是

$$\rho B_{ik}=\rho\sum_n B_{ik_n}$$

对 $|k\rangle$ 的所有子能级 $|k_n\rangle$ 的跃迁进行求和。如果能级 $|i\rangle$ 也是简并的，还需要对所有的子能级 $|i_m\rangle$ 进行求和，每个子能级 $|i_m\rangle$ 上的粒子数只有 $N_i/g_i$ 个。

因此，两个简并能级 $|i\rangle$ 和 $|k\rangle$ 之间的跃迁 $E_i\to E_k$ 的爱因斯坦系数 $B_{ik}$ 就是

$$B_{ik}=\frac{\pi}{3\epsilon_0\hbar^2}\frac{1}{g_i}\sum_{m=1}^{g_i}\sum_{n=1}^{g_k}|D_{im}k_n|^2=\frac{\pi}{3\epsilon_0\hbar^2 g_i}S_{ik} \tag{2.79}$$

两次求和的结果被称为原子跃迁 $|i\rangle\leftarrow|k\rangle$ 的谱线强度 $S_{ik}$。

① 注意：当使用频率 $\nu=\omega/2\pi$ 而非 $\omega$ 的时候，因为单位频率间隔 $\mathrm{d}\nu=1\mathrm{Hz}$ 对应于 $\mathrm{d}\omega=2\pi[\mathrm{Hz}]$，单位频率间隔上的谱能量密度 $\rho(\nu)$ 是 $\rho(\omega)$ 的 $2\pi$ 倍。因为 $B_{ik}^{\nu}\rho(\nu)=B_{ik}^{\omega}\rho(\omega)$，式 (2.78) 的右边就必须除以 $2\pi$。

### 2.7.5 唯象地考虑衰减现象

到目前为止，我们忽略了一点，即外场引起的跃迁将能级 $|a\rangle$ 和 $|b\rangle$ 耦合在一起，它们还会通过自发辐射或其他弛豫过程而衰变，例如碰撞引起的跃迁。为了将这些衰变现象考虑进来，在式 (2.68) 中唯象地引入衰减项，可以用衰减常数 $\gamma_a$ 和 $\gamma_b$ 来表示 (图 2.19)。严格的处理需要使用量子电动力学[2.23]。

在旋转波近似中，频率 $(\omega_{ba}+\omega)$ 的项被忽略不计，式 (2.68) 变为

$$\dot{a}(t) = -\frac{1}{2}\gamma_a a - \frac{\mathrm{i}}{2}\Omega_{ab}\mathrm{e}^{-\mathrm{i}(\omega_{ba}-\omega)t}b(t) \tag{2.80a}$$

$$\dot{b}(t) = -\frac{1}{2}\gamma_b b - \frac{\mathrm{i}}{2}\Omega_{ab}\mathrm{e}^{+\mathrm{i}(\omega_{ba}-\omega)t}a(t) \tag{2.80b}$$

当电场振幅 $E_0$ 足够小的时候 (见式 (2.73)) 我们可以采用第 2.7.3 节中的弱信号近似。这意味着，$|a(t)|^2=1$，$|b(t)|^2\ll 1$，以及 $aa^*-bb^*\approx 1$。利用这一近似，采用与推导式 (2.71) 时类似的方法，可以得到跃迁几率

$$\mathcal{P}_{ab}(\omega) = |b(t,\omega)|^2 = \int \gamma_{ab}\mathrm{e}^{-\gamma_{ab}t}|b(t)|^2\mathrm{d}t = \frac{1}{2}\frac{\Omega_{ab}^2}{(\omega_{ba}-\omega)^2+\left(\dfrac{1}{2}\gamma_{ab}\right)^2} \tag{2.80c}$$

它是洛伦兹线形 (图 2.21)，半高宽为 $\gamma_{ab}=\gamma_a+\gamma_b$。

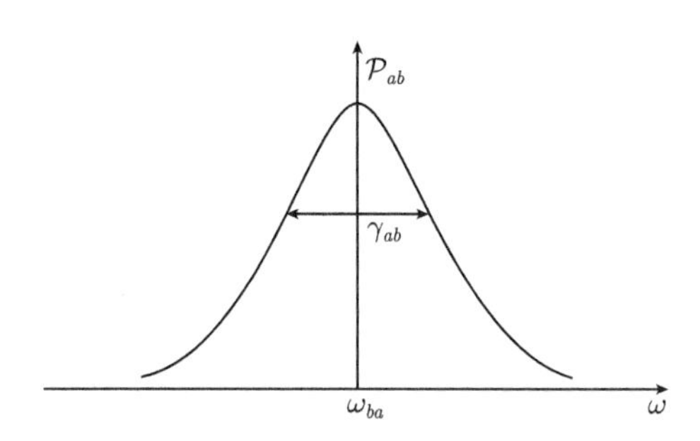


图 2.21 阻尼系统在宽带弱激发下的跃迁几率

计算式 (2.66b) 对时间的二次导数，再利用式 (2.80)，就得出辐射场作用下的偶极矩 $D$ 的运动方程

$$\ddot{D}+\gamma_{ab}\dot{D}+(\omega_{ba}^2+\gamma_{ab}^2/4)D = (\Omega_{ab})[(\omega_{ba}+\omega)\cos\omega t+(\gamma_{ab}/2)\sin\omega t] \tag{2.81a}$$

齐次方程

$$\ddot{D}+\gamma_{ab}\dot{D}+(\omega_{ba}^2+\gamma_{ab}^2/4)D = 0 \tag{2.81b}$$

上式描述的是没有驱动场时 $(\Omega_{ab}=0)$ 的原子偶极矩，它在弱阻尼 $(\gamma_{ab}\ll\omega_{ba})$ 情况下的解为

$$D(t)=D_0\mathrm{e}^{(-\gamma_{ab}/2)t}\cos\omega_{ba}t \tag{2.82}$$

非齐次方程式 (2.81a) 表明，与单色辐射场发生相互作用的原子的诱导偶极矩的行为类似于一个受迫简谐振子，本征频率为 $\omega_{ba}=(E_b-E_a)/\hbar$，阻尼常数为 $\gamma_{ab}=(\gamma_a+\gamma_b)$，外场的驱动频率为 $\omega$。

利用近似条件 $(\omega_{ba}+\omega)\approx 2\omega$ 和 $\gamma_{ab}\ll\omega_{ba}$，即弱阻尼和近共振情况，可以得到解的形式为

$$D=D_1\cos\omega t+D_2\sin\omega t \tag{2.83}$$

其中，因子 $D_1$ 和 $D_2$ 包括了频率依赖关系

$$D_1=\frac{\Omega_{ab}(\omega_{ba}-\omega)}{(\omega_{ba}-\omega)^2+(\gamma_{ab}/2)^2} \tag{2.84a}$$

$$D_2=\frac{\frac{1}{2}\Omega_{ab}\gamma_{ab}}{(\omega_{ab}-\omega)^2+(\gamma_{ab}/2)^2} \tag{2.84b}$$

$D_1$ 和 $D_2$ 的这两个方程描述了电磁波的色散和吸收。前者是由辐射场与诱导的偶极振荡之间的相位延迟引起的，而后者则是由于低能级 $E_a$ 到高能级 $E_b$ 的原子跃迁，电场能量转化为势能 $(E_b-E_a)$。

在一个样品中，每立方厘米中有 $N$ 个原子，该样品的宏观极化 $\boldsymbol{P}$ 与诱导产生的电偶极矩 $\boldsymbol{D}$ 的关系是 $\boldsymbol{P}=N\boldsymbol{D}$。

### 2.7.6　与强场的相互作用

在上一节中，我们假定了弱场条件，即原子与场的相互作用并不会改变在初态中发现原子的几率。也就是说，在相互作用时间内，初态上的粒子数目近似保持不变。在宽带辐射的情况下，这种近似给出的跃迁几率不依赖于时间。将 $\gamma_{ab}\ll\omega_{ba}$ 的弱阻尼项考虑进来，也不会影响初态中粒子数保持不变这一假设。

用强激光束激发原子跃迁的时候，弱场近似就不再成立了。因此，本节考虑“强场情况”。拉比理论给出的原子位于上能级或下能级的几率依赖于时间。下面将按照文献 [2.21] 来讲述。

考虑频率为 $\omega$ 的单色光，由旋转波近似下的几率振幅的基本方程式 (2.68) 出发，$\omega_{ba}=-\omega_{ab}$

$$\dot{a}(t)=-\frac{\mathrm{i}}{2}\Omega_{ab}\mathrm{e}^{-\mathrm{i}(\omega_{ba}-\omega)t}b(t) \tag{2.85a}$$

$$\dot{b}(t)=-\frac{\mathrm{i}}{2}\Omega_{ab}\mathrm{e}^{+\mathrm{i}(\omega_{ba}-\omega)t}a(t) \tag{2.85b}$$

将试探解

$$a(t) = e^{i\mu t} \Rightarrow \dot{a}(t) = i\mu e^{i\mu t}$$

代入式 (2.85a) 得到

$$b(t) = \frac{2\mu}{\Omega_{ab}} e^{i(\omega_{ba}-\omega+\mu)t} \Rightarrow \dot{b}(t) = \frac{2i\mu(\omega_{ba}-\omega+\mu)}{\Omega_{ab}} e^{i(\omega_{ba}-\omega+\mu)t}$$

将此式代回到式 (2.85b)，就给出关系式

$$2\mu(\omega_{ba}-\omega+\mu) = \Omega_{ab}^2/2$$

这是未知量 $\mu$ 的二次方程，它有两个解

$$\mu_{1,2} = -\frac{1}{2}(\omega_{ba}-\omega) \pm \frac{1}{2}\sqrt{(\omega_{ba}-\omega)^2+\Omega_{ab}^2} \tag{2.86}$$

振幅 $a$ 和 $b$ 的通解是

$$a(t) = C_1 e^{i\mu_1 t} + C_2 e^{i\mu_2 t} \tag{2.87a}$$

$$b(t) = (2/\Omega_{ab}) e^{i(\omega_{ba}-\omega)t}(C_1\mu_1 e^{i\mu_1 t} + C_2\mu_2 e^{i\mu_2 t}) \tag{2.87b}$$

由初始条件 $a(0)=1$ 和 $b(0)=0$，可以得到系数

$$C_1 + C_2 = 1, \quad C_1\mu_1 = -C_2\mu_2$$

$$\Rightarrow C_1 = -\frac{\mu_2}{\mu_1-\mu_2}, \quad C_2 = +\frac{\mu_1}{\mu_1-\mu_2}$$

由式 (2.86) 可以得到，$\mu_1\mu_2 = -\Omega_{ab}^2/4$。利用缩写

$$\Omega = \mu_1 - \mu_2 = \sqrt{(\omega_{ba}-\omega)^2+\Omega_{ab}^2}$$

可以得到几率振幅

$$b(t) = i(\Omega_{ab}/\Omega) e^{i(\omega_{ba}-\omega)t/2} \sin(\Omega t/2) \tag{2.88}$$

发现系统处于能级 $E_b$ 上的几率 $|b(t)|^2 = b(t)b^*(t)$ 为

$$|b(t)|^2 = (\Omega_{ab}/\Omega)^2 \sin^2(\Omega t/2) \tag{2.89}$$

其中，

$$\Omega = \sqrt{(\omega_{ba}-\omega)^2 + (\boldsymbol{D}_{ab}\cdot\boldsymbol{E}_0/\hbar)^2} \tag{2.90}$$

它被称为非共振情况下的拉比翻转频率，$\omega \neq \omega_{ba}$。式 (2.89) 表明，跃迁几率是时间的周期性函数。因为

$$|a(t)|^2 = 1 - |b(t)|^2 = 1 - (\Omega_{ab}/\Omega)^2 \sin^2(\Omega t/2) \tag{2.91}$$

系统以频率 $\Omega$ 在能级 $E_a$ 和 $E_b$ 之间振荡，其中，能级翻转频率 $\Omega$ 依赖于失谐 $(\omega_{ba}-\omega)$、电场振幅 $E_0$ 和矩阵元 $D_{ab}$ (图 2.20(b))。

一般的拉比翻转频率 $\Omega$ 给出了位于振幅为 $E_0$ 的电磁场中的双能级系统中粒子数振荡的频率。

值得注意的是，在文献中，"拉比频率"这个词通常被限制于共振情况，$\omega=\omega_{ba}$。

在共振处，$\omega_{ba}=\omega$，式 (2.89) 和式 (2.91) 约化为

$$|a(t)|^2=\cos^2(\boldsymbol{D}_{ab}\cdot\boldsymbol{E}_0t/2\hbar) \tag{2.92a}$$

$$|b(t)|^2=\sin^2(\boldsymbol{D}_{ab}\cdot\boldsymbol{E}_0t/2\hbar) \tag{2.92b}$$

经过时间

$$T=\pi\hbar/(\boldsymbol{D}_{ab}\cdot\boldsymbol{E}_0)=\pi/\Omega_{ab} \tag{2.93}$$

之后，发现系统处于能级 $E_b$ 上的几率 $|b(t)|^2=1$。也就是说，初始系统的粒子数几率 $|a(0)|^2=1$ 和 $|b(0)|^2=0$ 已经变成了 $|a(T)|^2=0$ 和 $|b(T)|^2=1$ (图 2.22)。

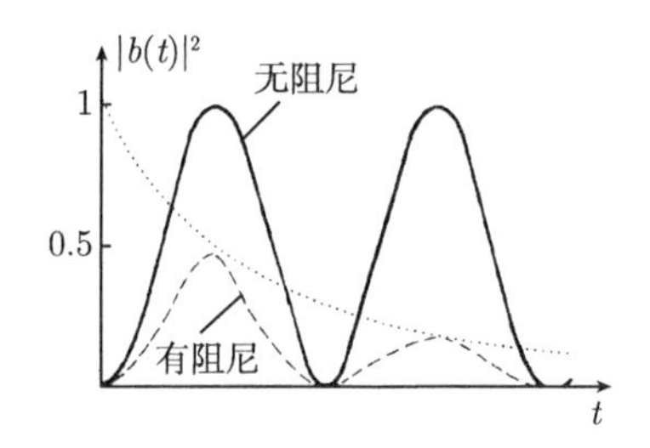


图 2.22　因为与强场的相互作用，能级 $E_b$ 上的粒子数几率 $|b(t)|^2$ 以拉比翻转频率而变化

图中给出了无阻尼和有阻尼的共振情况，阻尼来自于通往其他能级的衰变通道。衰减曲线表示因子 $\exp[-(\gamma_{ab}/2)t]$

因为它将几率振幅 $a(t)$ 和 $b(t)$ 的相位改变了 $\pi$，与原子系统发生共振作用的时间正好等于 $T=\pi\hbar/(\boldsymbol{D}_{ab}\cdot\boldsymbol{E}_0)$ 的、振幅为 $A_0$ 的辐射被称为 $\pi$ 脉冲，见式 (2.87) 和式 (2.88)。

现在将阻尼项 $\gamma_a$ 和 $\gamma_b$ 包括进来，仍然将试探解

$$a(t)=\mathrm{e}^{\mathrm{i}\mu t}$$

代入式 (2.80a) 和式 (2.80b)。利用类似于无阻尼情况下的程序，可以得到参数 $\mu$ 的二次方程的两个复数解

$$\mu_{1,2}=-\frac{1}{2}(\omega_{ba}-\omega-\frac{\mathrm{i}}{2}\gamma_{ab})\pm\frac{1}{2}\sqrt{\left(\omega_{ba}-\omega-\frac{\mathrm{i}}{2}\gamma\right)^2+\Omega_{ab}^2}$$

其中，

$$\gamma_{ab}=\gamma_a+\gamma_b \quad 和 \quad \gamma=\gamma_a-\gamma_b \tag{2.94}$$

由通解

$$a(t)=C_1\mathrm{e}^{\mathrm{i}\mu_2 t}+C_2\mathrm{e}^{\mathrm{i}\mu_2 t}$$

利用初始条件 $|a(0)|^2=1$ 和 $|b(0)|^2=0$，可以由式 (2.80a) 得到跃迁几率

$$|b(t)|^2=\frac{\Omega_{ab}^2\mathrm{e}^{(-\gamma_{ab}/2)t}[\sin(\Omega/2)t]^2}{(\omega_{ba}-\omega)^2+(\gamma/2)^2+\Omega_{ab}^2} \tag{2.95}$$

这是一个阻尼振动 (图 2.22)，阻尼常数为 $\frac{1}{2}\gamma_{ab}=(\gamma_a+\gamma_b)/2$，拉比翻转频率为

$$\Omega=\mu_1-\mu_2=\sqrt{\left(\omega_{ba}-\omega-\frac{\mathrm{i}}{2}\gamma\right)^2+\Omega_{ab}^2} \tag{2.96}$$

包络是 $\Omega_{ab}^2\mathrm{e}^{-(\gamma_{ab}/2)t}/[(\omega_{ba}-\omega)^2+(\gamma/2)^2+\Omega_{ab}^2]$。跃迁几率的谱线是洛伦兹型 (第 3.1 节)，它的半高宽依赖于 $\gamma=\gamma_a-\gamma_b$ 和相互作用的强度。因为 $\Omega_{ab}^2=(\boldsymbol{D}_{ab}\cdot\boldsymbol{E}_0/\hbar)^2$ 正比于电磁波的强度，线宽随着强度的增大而增加 (饱和展宽，第 3.5 节)。注意，当 $t>0$ 的时候，$|a(t)|^2+|b(t)|^2<1$，因为能级 $a$ 和 $b$ 可以衰变到其他能级。

在一些情况下，可以认为双能级系统是与周围环境隔离开来的。因此，弛豫过程就只发生在能级 $|a\rangle$ 和 $|b\rangle$ 之间，不会将系统与其他能级联系起来。也就是说，$|a(t)|^2+|b(t)|^2=1$。式 (2.80) 就必须修改为

$$\dot{a}(t)=-\frac{1}{2}\gamma_a a(t)+\frac{1}{2}\gamma_b b(t)+\frac{\mathrm{i}}{2}\Omega_{ab}\mathrm{e}^{-\mathrm{i}(\omega_{ba}-\omega)t}b(t) \tag{2.97a}$$

$$\dot{b}(t)=-\frac{1}{2}\gamma_b b(t)+\frac{1}{2}\gamma_a a(t)+\frac{\mathrm{i}}{2}\Omega_{ab}\mathrm{e}^{+\mathrm{i}(\omega_{ba}-\omega)t}a(t) \tag{2.97b}$$

对于共振情况 $\omega=\omega_{ba}$，试探解 $a=\exp(\mathrm{i}\mu t)$ 给出两个解

$$\mu_1=\frac{1}{2}\Omega_{ab}+\frac{\mathrm{i}}{2}\gamma_{ab},\quad \mu_2=-\frac{1}{2}\Omega_{ab}$$

对于跃迁几率 $|b(t)|^2$，由 $|a(0)|^2=1$ 和 $|b(0)|^2=0$ 可以得到一个阻尼振动，它达到了稳态数值

$$|b(t=\infty)|^2 = \frac{1}{2}\frac{\Omega_{ab}^2 + \gamma_a\gamma_b}{\Omega_{ab}^2 + \left(\frac{1}{2}\gamma_{ab}\right)^2} \tag{2.98}$$

图 2.23 给出了 $\gamma_a = \gamma_b$ 的特殊情况，此时，$|b(\infty)|^2 = 1/2$，它意味着两个能级具有相同的占据数。

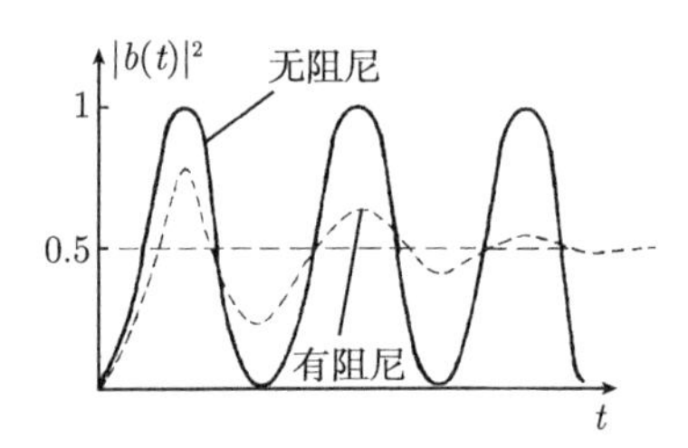


图 2.23　在一个封闭的二能级系统中，能级 $|b\rangle$ 上的占据数

此时，只有 $|a\rangle$ 和 $|b\rangle$ 之间的跃迁可以作为弛豫通道

更为详细的处理请参见文献 [2.21]~[2.24]。

### 2.7.7　跃迁几率、吸收系数和谱线强度之间的关系

在本节中，我们总结一下前面讨论的不同物理量之间的重要关系。

能级 $|i\rangle$ 和 $|k\rangle$ 的粒子数密度为 $N_i$ 和 $N_k$，统计权重为 $g_i$ 和 $g_k$，这两个能级之间的跃迁的吸收系数 $\alpha(\omega)$ 与吸收截面 $\sigma_{ik}(\omega)$ 的关系是

$$\alpha(\omega) = [N_i - (g_i/g_k)N_k]\sigma_{ik}(\omega) \tag{2.99}$$

吸收的爱因斯坦系数 $B_{ik}$ 是

$$B_{ik} = \frac{c}{\hbar\omega}\int_0^\infty \sigma_{ik}(\omega)\mathrm{d}\omega = \frac{c\bar{\sigma}_{ik}}{\hbar\omega}\int_0^\infty g(\omega-\omega_0)\mathrm{d}\omega \tag{2.100}$$

其中，$g(\omega-\omega_0)$ 是中心频率 $\omega_0$ 的吸收跃迁的谱线。根据式 (2.15)，每秒钟的跃迁几率就是

$$P_{ik} = B_{ik}\cdot\varrho = \frac{c}{\hbar\omega\cdot\Delta\omega}\int \varrho(\omega)\cdot\sigma_{ik}(\omega)\mathrm{d}\omega \tag{2.101}$$

其中，$\Delta\omega$ 是跃迁的谱线宽度。

跃迁的谱线强度 $S_{ik}$ 决定于

$$S_{ik} = \sum_{m_i,m_k}|D_{m_i,m_k}|^2 = |D_{ik}|^2 \tag{2.102}$$

对能级 $|i\rangle$ 和 $|k\rangle$ 的所有分量 $m_i$ 和 $m_k$ 之间的偶极允许的所有跃迁进行求和。振子强度 $f_{ik}$ 给出了跃迁 $|i\rangle\to|k\rangle$ 中一个分子吸收的功率与一个经典谐振子在其本征频率 $\omega_{ik} = (E_k - E_i)/\hbar$ 处吸收的功率的比值。

表 2.2 汇集了这些关系式。

**表 2.2 跃迁矩阵元 $D_{ik}$ 与爱因斯坦系数 $A_{ki}$ 和 $B_{ik}$、振子强度 $f_{ik}$、吸收截面 $\sigma_{ik}$ 以及谱线强度 $S_{ik}$ 之间的关系**

| | | |
|---|---|---|
| $A_{ki}=\frac{1}{g_k}\frac{16\pi^2\nu^3}{3\varepsilon_0 hc^3}\|D_{ik}\|^2$ | $B_{ik}^{\nu}=\frac{1}{g_i}\frac{2\pi^2}{3\varepsilon_0 h^2}\|D_{ik}\|^2$ | $B_{ik}^{\omega}=\frac{1}{g_i}\frac{\pi}{3\varepsilon_0 \hbar^2}\|D_{ik}\|^2$ |
| $=\frac{2.82\times 10^{45}}{g_k\cdot\lambda^3}\|D_{ik}\|^2 s^{-1}$ | $=6\times 10^{31}\lambda^3\frac{g_k}{g_i}A_{ki}$ | $=\frac{g_k}{g_i}B_{ki}$ |
| $f_{ik}=\frac{1}{g_i}\frac{8\pi^2 m_e\nu}{e^2 h}\|D_{ik}\|^2$ | $S_{ik}=\|D_{ik}\|^2$ | $\sigma_{ik}=\frac{1}{\Delta\nu}\frac{2\pi^2\nu}{3\varepsilon_0 chg_i}\cdot S_{ik}$ |
| $=\frac{g_k}{g_i}\cdot 4.5\times 10^4\lambda^2 A_{ki}$ | $=(7.8\times 10^{-21}g_i\lambda)f_{ik}$ | $B_{ik}=\frac{c}{h\nu}\int_0^\infty \sigma_{ik}(\nu)\mathrm{d}\nu$ |

数值计算时采用的单位是：$\lambda$[m]，$B_{ik}$[$\mathrm{m^3s^{-2}J^{-1}}$]，$D_{ik}$[Asm]，$m_e$[kg]

## 2.8 辐射场的相干性质

一个扩展光源 S 发出的光在点 $P$ 处产生了总的场振幅 $A$，它是无数个分波叠加的结果，这些分波来自于不同的表面元 $\mathrm{d}S$，振幅为 $A_n$，相位为 $\phi_n$ (图 2.24)，即

$$A(P)=\sum_n A_n(P)\mathrm{e}^{\mathrm{i}\phi_n(P)}=\sum_n[A_n(0)/r_n^2]\mathrm{e}^{\mathrm{i}(\phi_{n_0}+2\pi r_n/\lambda)} \tag{2.103}$$

其中，$\phi_{n0}(t)=\omega t+\phi_n(0)$ 是光源的表面元 $\mathrm{d}S$ 处的第 $n$ 个分波的相位。相位 $\phi_n(r_n,t)=\phi_{n,0}(t)+2\pi r_n/\lambda$ 依赖于到光源的距离 $r_n$ 和角频率 $\omega$。

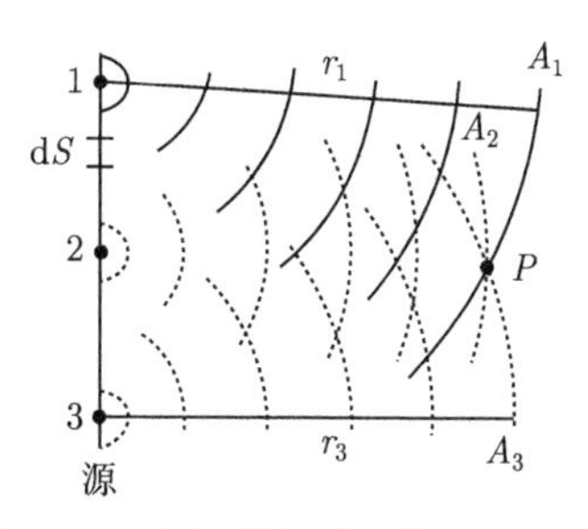


图 2.24 在辐射场中，位置 $P$ 处的场振幅 $A_n$ 是扩展光源的无数个不同表面元 $\mathrm{d}S_i$ 所发出的辐射的叠加

在给定点 $P$ 处，如果对于所有的分波，两个不同时刻 $t_1$ 和 $t_2$ 的相位差 $\Delta\phi_n=\phi_n(P,t_1)-\phi_n(P,t_2)$ 基本上都相等，该辐射场在 $P$ 点处就是时间相干的。所有分波之间的相位差别 $\Delta\phi_n$ 都小于 $\pi$ 的最大时间间隔 $\Delta t=t_2-t_1$ 被称为辐射源的相干时间。光在相干时间 $\Delta t$ 内传播的路程长度 $\Delta s_c=c\Delta t$ 就是相干长度。

在 $P_1$ 和 $P_2$ 两个不同的位置，如果总振幅 $A=A_0\mathrm{e}^{\mathrm{i}\phi}$ 的相位差 $\Delta\phi=\phi(P_1)-\phi(P_2)$ 与时间无关，是一个常数，那么该辐射场就是空间相干的。在所有的时刻 $t$ 都满足条件 $|\phi(P_m,t)-\phi(P_n,t)|<\pi$ 的所有位置 $P_m$ 和 $P_n$，它们到光源的距离就都有接近相同的光程差。它们构成了相干体积。

相干光的叠加产生了干涉现象，但是，只有在相干体积内，才能观测到这一现象。相干体积的尺度依赖于光源的大小、谱宽度以及光源到观测点 $P$ 之间的距离。

下面的例子说明了辐射场相干性质的不同表示方式。

### 2.8.1 时间相干性

考虑一个点光源 PS，它位于透镜的焦平面上，在透镜后形成了一束平行光，用分光镜 $S$ 将它分为两束光 (图 2.25)，经过反射镜 $M_1$ 和 $M_2$ 反射后它们在观测面 $B$ 上叠加起来。这种构型就是迈克耳孙干涉仪 (第 4.2 节)。波长为 $\lambda$ 的两束光经过了不同的路径 $SM_1SB$ 和 $SM_2SB$，在平面 $B$ 上，不同路径之间的光程差为

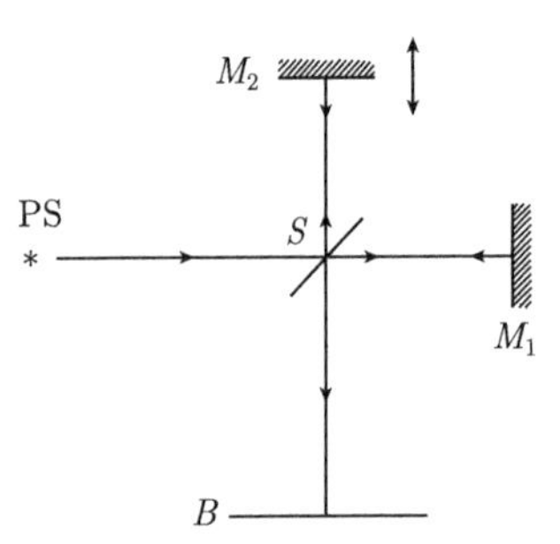


图 2.25 迈克耳孙干涉仪：用来测量光源 $S$ 发出的辐射的时间相干性

$$\Delta s = 2(SM_1 - SM_2)$$

反射镜 $M_2$ 位于一个移动台上，移动它可以连续地改变 $\Delta s$。在平面 $B$ 上，当两个振幅具有相同相位的时候，即 $\Delta s = m\lambda$，强度达到最大值，如果 $\Delta s = (2m+1)\lambda/2$，那么强度最小。随着 $\Delta s$ 的增加，对比度 $V = (I_{\max} - I_{\min})/(I_{\max} + I_{\min})$ 减小 (图 2.26)，如果 $\Delta s$ 大于相干长度 $\Delta s_{\mathrm{c}}$，那么对比度就等于零 (第 2.8.4 节)。实验表明，$\Delta s_{\mathrm{c}}$ 依赖于入射光的谱宽度 $\Delta\omega$

$$\Delta s_{\mathrm{c}} \approx c/\Delta\omega = c/(2\pi\Delta\nu) \tag{2.104}$$

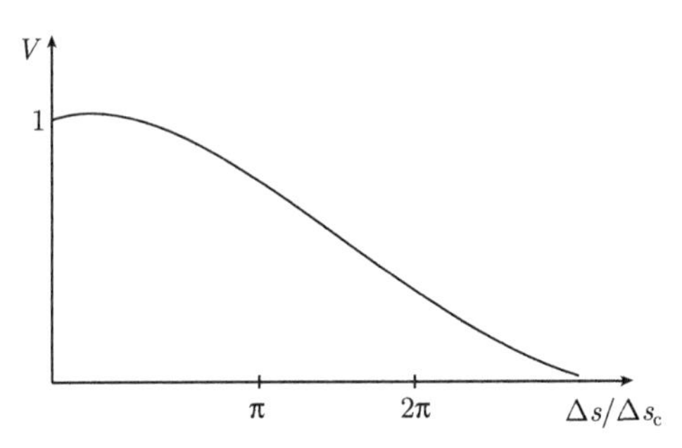


图 2.26 迈克耳孙干涉仪的对比度 $V$ 随着路径差 $\Delta s$ 的变化关系，光源的谱宽是 $\Delta\omega$

这个结果可以这样解释：

谱宽为 $\Delta\omega$ 的点光源发出的光可以被看作许多准单色分量的叠加，它们的频率 $\omega_n$ 位于间隔 $\Delta\omega$ 之内。叠加的结果是产生了有限长度 $(\Delta s_{\mathrm{c}} = c\Delta t = c/\Delta\omega)$ 的波列，这是因为频率 $\omega_n$ 略为不同的分量会在时间间隔 $\Delta t$ 时变为反相，从而相消地干涉，减小了总振幅 (第 3.1 节)。如果迈克耳孙干涉仪中的光程差 $\Delta s$ 大于 $\Delta s_{\mathrm{c}}$，平面 $B$ 上不同的波列就不再相互重叠。因此，光源的相干长度 $\Delta s_{\mathrm{c}}$ 就随着谱宽 $\Delta\omega$ 的减小而增大。

**例 2.6**

(a) 一个低压汞灯带有一个滤光片，只有 $\lambda = 546\text{nm}$ 的绿光通过，由于多普勒宽度 $\Delta\omega_{\text{D}} = 4\times10^9\text{Hz}$，它的相干长度为 $\Delta s_{\text{c}} \approx 8\text{cm}$。

(b) 一个单模氦氖激光器的带宽为 $\Delta\omega = 2\pi\cdot 1\text{MHz}$，它的相干长度大约是50m。

### 2.8.2 空间相干性

尺寸为 $b$ 的扩展光源 LS 发出的光照射在平面 $A$ 上的两个狭缝 $S_1$ 和 $S_2$ 上，狭缝之间的距离为 $d$(杨氏双缝干涉实验，图 2.27(a))。每个狭缝上的总振幅和相位都是由光源上的不同表面元 $\mathrm{d}f$ 所发出的分波叠加而成的，需要考虑不同的路径 $\mathrm{d}f - S_1$ 和 $\mathrm{d}f - S_2$。

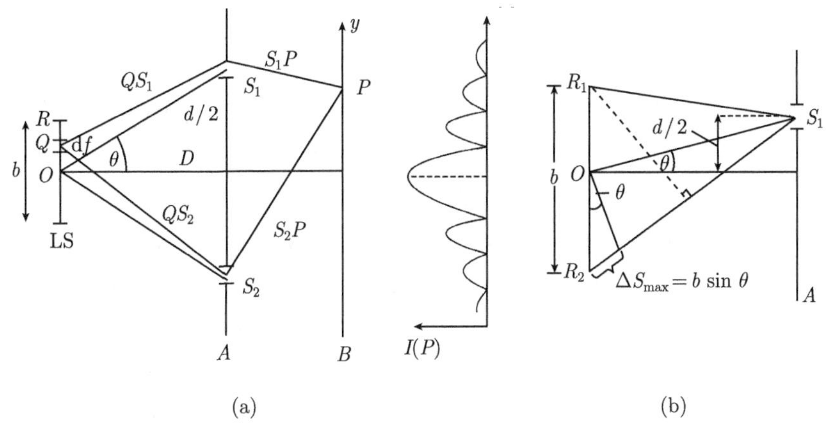


图 2.27 (a) 杨氏双缝实验：用于来测量空间相干性；(b) 狭缝 $S_1$ 和扩展光源上的不同点之间的路径差

在平面 $B$ 上观测点 $P$ 处的光强依赖于路径差 $S_1P - S_2P$ 以及 $S_1$ 和 $S_2$ 处的场振幅的相位差 $\Delta\phi = \phi(S_1) - \phi(S_2)$。如果光源的不同表面元 $\mathrm{d}f$ 发射的光具有独立无关的随机相位 (热辐射源)，$S_1$ 和 $S_2$ 处的场振幅的相位也会是随机涨落的。但是，只要这些涨落在 $S_1$ 和 $S_2$ 处是同步发生的，就不会影响到 $P$ 点的光强，因为相位差 $\Delta\phi$ 仍然保持不变。在这种情况下，两个狭缝构成了两个相干光源，它们在平面 $B$ 上产生出干涉条纹。

对于光源中心 $O$ 处发射出来的光来说，这是正确的，因为路径 $OS_1$ 和 $OS_2$ 相等，$O$ 处的相位涨落同时到达 $S_1$ 和 $S_2$。然而，对于光源上的其他点 $Q$ 来说，存在着路径差 $\Delta s_Q = QS_1 - QS_2$，在光源的边缘 $R_1$ 和 $R_2$ 处，差别最大。

当 $b \ll r$ 的时候，由图 2.27 可以得到关系式

$$\Delta s_R = \Delta s_{\max} = R_2S_1 - R_1S_1 \approx b\sin\theta = R_1S_2 - R_2S_2$$

当 $\Delta s_{\max} > \lambda/2$ 的时候，$S_1$ 和 $S_2$ 处的分波振幅的相位差 $\Delta\phi$ 就会大于 π。光源不同表面元 $\mathrm{d}f$ 处发出的光的相位是随机的，平面 $B$ 上的干涉图案就模糊掉了。因为 $R_2S_1 = R_1S_2$，所以，尺寸为 $b$ 的光源在 $S_1$ 和 $S_2$ 处形成相干照射的条件就是

$$\Delta s = b\sin(\theta) < \lambda/2$$

利用 $2\sin\theta = d/D$，可以将这个条件写为

$$bd/D < \lambda \tag{2.105a}$$

将这个相干条件推广到二维情况可以得到，面积为 $A_{\mathrm{s}} = b^2$ 的光源可以相干照明的最大面积 $A_{\mathrm{c}} = d^2$ 满足下述条件：

$$b^2d^2/D^2 \leqslant \lambda^2 \tag{2.105b}$$

因为 $\mathrm{d}\Omega = d^2/D^2$ 是被照明表面 $A_{\mathrm{c}} = d^2$ 所张开的立体角，可以将上式写为

$$\boxed{A_{\mathrm{s}}\mathrm{d}\Omega \leqslant \lambda^2} \tag{2.105c}$$

光源面积 $A_{\mathrm{s}} = b^2$ 决定了最大固体角 $\mathrm{d}\Omega \leqslant \lambda^2/A_{\mathrm{s}}$，在此固体角内的辐射场具有空间相干性。式 (2.105c) 说明，点光源发出的辐射 (球面波) 在整个固体角 $\mathrm{d}\Omega = 4\pi$ 内都是空间相干的。相干表面是球心位于光源所在处的球面。类似地，位于透镜焦点的点光源所产生的平面波在光束的整个孔径上都是空间相干的。对于给定的光源尺寸，相干表面 $A_{\mathrm{c}} = d^2$ 随着到光源距离的平方而增加。因为星星之间的距离非常远，虽然辐射源的直径非常大，但是，在整个望远镜的孔径上接收到的星光都是空间相干的。

上述论证可以总结如下：相干表面积 $S_{\mathrm{c}}$ 就是一个距离为 $r$、面积为 $A_{\mathrm{s}}$、波长为 $\lambda$ 的扩展准单色光源能够相干照明的最大面积，它决定于

$$\boxed{S_{\mathrm{c}} = \lambda^2r^2/A_{\mathrm{s}}} \tag{2.106}$$

### 2.8.3　相干体积

谱宽为 $\Delta\omega$ 的光在传播方向上的相干长度为 $\Delta s_{\mathrm{c}} = c/\Delta\omega$，相干面积为 $S_{\mathrm{c}} = \lambda^2r^2/A_{\mathrm{s}}$，由此可以得到，相干体积 $V_{\mathrm{c}} = S_{\mathrm{c}}\Delta s_{\mathrm{c}}$ 是

$$V_{\mathrm{c}} = \frac{\lambda^2r^2c}{\Delta\omega A_{\mathrm{s}}} \tag{2.107}$$

光谱辐照度为 $L_\omega[\mathrm{W/(m^2\ sr)}]$ 的单位面积光源在频率间隔 $\mathrm{d}\omega = 1\mathrm{Hz}$ 内发出 $L_\omega/\hbar\omega$ 个光子，进入到 1sr 的单位立体角中。

因此，在立体角为 $\Delta\Omega=\lambda^2/A_s$ 和相干长度为 $\Delta s_c=c\Delta t_c$ 所定义的相干体积内，面积为 $A_s$ 的光源在光谱范围 $\Delta\omega$ 内发出的平均光子数 $\overline{n}$ 就是

$$\overline{n}=(L_\omega/\hbar\omega)A_s\Delta\Omega\Delta\omega\Delta t_c$$

由 $\Delta\Omega=\lambda^2/A_s$ 和 $\Delta t_c\approx 1/\Delta\omega$，可以得到

$$\overline{n}=(L_\omega/\hbar\omega)\lambda^2 \tag{2.108}$$

**例 2.7**

对于一个热辐射源，由 $\cos\phi=1$ 和 $L_\nu\mathrm{d}\nu=L_\omega\mathrm{d}\omega$，线偏振光的谱辐照度 (由式 (2.28) 除以 2 后得到) 是

$$L_\nu=\frac{h\nu^3/c^2}{\mathrm{e}^{h\nu/kT}-1}$$

利用 $\lambda=c/\nu$ 可知，相干体积内的平均光子数就是

$$\overline{n}=\frac{1}{\mathrm{e}^{h\nu/kT}-1}$$

这与第 2.2 节推导出来的热辐射场中每个模式里的平均光子数目完全相同。图 2.7 和例 2.3 给出了不同条件下 $n$ 的数值。

每个模式中的平均光子数 $\overline{n}$ 通常被称为辐射场的简并参数。本例说明，相干体积与辐射场的模式有关。这种关系也可以用下述方式来说明：

如果方向 $\boldsymbol{k}$ 相同的所有模式中的光都可以从共振腔壁上面积为 $A_s=b^2$ 的小孔中出射，由 $A_s$ 发出的光不会是严格平行的，而是在 $\boldsymbol{k}$ 方向上有一个衍射限制的发散角 $\theta\approx\lambda/b$。这意味着光在立体角 $\mathrm{d}\Omega=\lambda^2/b^2$ 内传播。它就是式 (2.105c) 中限制空间相干性的那个立体角。

方向 $\boldsymbol{k}$(假定为 $z$ 方向) 相同的模式仍然可以具有不同大小的 $|\boldsymbol{k}|$，也就是说，它们可以具有不同的频率 $\omega$。相干长度决定于 $A_s$ 发出的光的谱宽 $\Delta\omega$。因为 $|\boldsymbol{k}|=\omega/c$，谱宽 $\Delta\omega$ 对应于 $k$ 值的间隔 $\Delta k=\Delta\omega/c$。这个光照射在一个最小“衍射表面”上

$$A_D=r^2\mathrm{d}\Omega=r^2\lambda^2/A_s$$

与相干长度 $\Delta s_c=c/\Delta\omega$ 相乘就又给出了式 (2.107) 中的相干体积 $V_c=A_Dc/\Delta\omega=r^2\lambda^2c/(\Delta\omega A_s)$。 现在我们证明， 相干体积完全等同于相空间元胞的空间部分。

由原子物理学可知，光的衍射可以用海森伯测不准关系解释。通过宽度为 $\Delta x$ 的狭缝的光子，它们的动量 $p$ 的 $x$ 分量 $p_x$ 具有不确定性 $\Delta p_x$，它决定于 $\Delta p_x\Delta x\geqslant\hbar$ (图 2.28)。

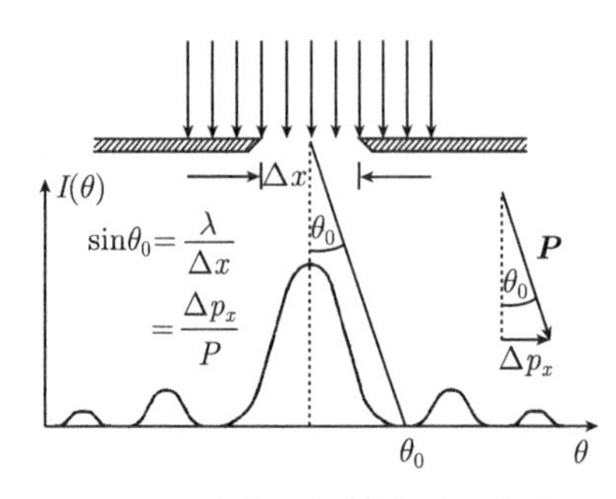


图 2.28　狭缝光衍射的测不准原理

将测不准原理推广到三维，同时测量光子的动量和位置的不确定度就会有一个最小值

$$\Delta p_x \Delta p_y \Delta p_z \Delta x \Delta y \Delta z \geqslant \hbar^3 = V_{\mathrm{ph}} \tag{2.109}$$

其中，$V_{\mathrm{ph}} = \hbar^3$ 是相空间的元胞体积。位于相空间中同一元胞内的光子是不可区分的，因此，它们可以被视为全同光子。

由 $A_{\mathrm{s}} = b^2$ 发射出来的与表面法线 (可以是 $z$ 方向) 夹角为 $\theta = \lambda/b$ 的光子 (图 2.29)，它的 $p_x$ 和 $p_y$ 分量具有最小的不确定性

$$\Delta p_x = \Delta p_y = |p|\lambda/(2\pi b) = (\hbar\omega/c)\lambda/(2\pi b) = (\hbar\omega/c)d/(2\pi r) \tag{2.110}$$

其中，最后一个等式由式 (2.105b) 得到。

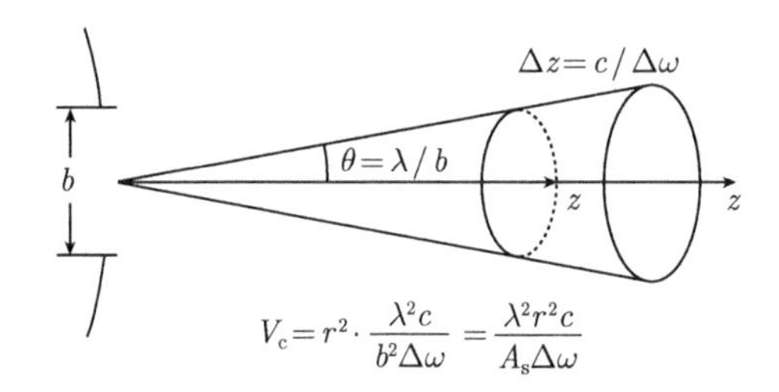


图 2.29　相干体积和相空间元胞

不确定性 $\Delta p_z$ 主要来自于谱宽 $\Delta\omega$。因为 $p = \hbar\omega/c$，可以得到

$$\Delta p_z = (\hbar/c)\Delta\omega \tag{2.111}$$

将式 (2.110) 和式 (2.111) 代入式 (2.109)，可以得到基本相空间单元的空间部分

$$\Delta x \Delta y \Delta z = \frac{\lambda^2 r^2 c}{\Delta\omega A_{\mathrm{s}}} = V_{\mathrm{c}}$$

它与式 (2.107) 定义的相干体积完全一致。

### 2.8.4　相干函数和相干度

在前面几节中，我们用更加形象的方式描述了辐射场的相干性质。现在我们简要地进行更为定量的描述，可以用它来定义部分相干性并测量相干度。

在讨论时间相干性和空间相干性的时候，我们关心的是光场之间的关联，它们可以是位于同一点 $P_0$ 但处于不同的时刻 ($E(P_0, t_1)$ 和 $E(P_0, t_2)$)，也可以是发生在

同一时刻 $t$ 但处于不同的位置上 ($E(P_1,t)$ 和 $E(P_2,t)$)。下面的描述根据的是文献 [2.3]、[2.25] 和 [2.26]。

假定发出辐射场的扩展光源具有窄带宽 $\Delta\omega$，我们用复数形式的平面波来描述

$$\boldsymbol{E}(\boldsymbol{r},t) = A_0\mathrm{e}^{\mathrm{i}(\omega t-\boldsymbol{k}\cdot\boldsymbol{r})} + c.c.$$

那么，空间中两个位置 $S_1$ 和 $S_2$ 上的场 (即杨氏实验中的两个小孔) 就是 $E(S_1,t)$ 和 $E(S_2,t)$。两个小孔是二次光源 (图 2.27)，在时刻 $t$，它们在观测点 $P$ 产生的场振幅为

$$E(P,t) = k_1E_1(S_1,t-r_1/c) + k_2E_2(S_2,t-r_2/c) \tag{2.112}$$

其中，虚数 $k_1$ 和 $k_2$ 依赖于小孔的大小以及距离 $r_1 = S_1P$ 和 $r_2 = S_2P$。

如果测量的持续时间远大于相干时间的话，在 $P$ 处照度的时间平均值就是

$$I_p = \epsilon_0 c\langle E(P,t)E^*(P,t)\rangle \tag{2.113}$$

其中，角括号 $\langle\cdots\rangle$ 表示时间平均值。利用式 (2.112)，可以将它写作

$$\begin{aligned}I_p = c\epsilon_0\Big[&k_1k_1^*\langle E_1(t-t_1)E_1^*(t-t_1)\rangle + k_2k_2^*\langle E_2(t-t_2)E_2^*(t-t_2)\rangle\\&+k_1k_2^*\langle E_1(t-t_1)E_2^*(t-t_2)\rangle + k_1^*k_2\langle E_1^*(t-t_1)E_2(t-t_2)\rangle\Big]\end{aligned} \tag{2.114}$$

如果场是稳态的，那么时间平均值不依赖于时间。因此，移动时间原点并不会改变式 (2.113) 中的照度。相应地，式 (2.114) 中的头两个时间平均值也可以变换为 $\langle E_1(t)E_1^*(t)\rangle$ 和 $\langle E_2(t)E_2^*(t)\rangle$。将最后两项中的时间原点移动 $t_2$ 并用 $\tau = t_2 - t_1$ 将它们写作

$$\begin{aligned}&k_1k_2^*\langle E_1(t+\tau)E_2^*(t)\rangle + k_1^*k_2\langle E_1^*(t+\tau)E_2(t)\rangle\\&=2\mathrm{Re}\{k_1k_2^*\langle E_1(t+\tau)E_2^*(t)\rangle\}\end{aligned} \tag{2.115}$$

其中，

$$\varGamma_{12}(\tau) = \langle E_1(t+\tau)E_2^*(t)\rangle \tag{2.116}$$

它被称为互相干函数，描述的是 $S_1$ 和 $S_2$ 处的场振幅的交叉关联。当 $E_1$ 和 $E_2$ 的振幅和相位在时间间隔 $\Delta t < \tau$ 内涨落的时候，如果这两个处于不同的位置和时刻的场之间完全没有关联的话，时间平均值 $\varGamma_{12}(\tau)$ 就等于零。如果位于 $S_1$ 处的 $t+\tau$ 时刻的场与位于 $S_2$ 处的 $t$ 的场完全相关的话，它们之间的相对相位就不会因为各自的涨落而发生变化，$\varGamma_{12}$ 就与 $\tau$ 无关。

将式 (2.116) 代入式 (2.114) 可以得到 $P$ 处的照度 (注意，$k_1$ 和 $k_2$ 是纯虚数，$2\mathrm{Re}\{k_1\cdot k_2\} = 2|k_1|\cdot|k_2|$)

$$I_p = \epsilon_0 c[|k_1|^2 I_{S1} + |k_2|^2 I_{S2} + 2|k_1||k_2|\mathrm{Re}\{\varGamma_{12}(\tau)\}] \tag{2.117}$$

第一项 $I_1 = \epsilon_0 c|k_1|^2 I_{S1}$ 给出只打开 $S_1$ 小孔时的 $P$ 处的照度 $(k_2 = 0)$；第二项 $I_2 = \epsilon_0 c|k_2|^2 I_{S2}$ 是只打开 $S_2$ 小孔时的 $P$ 处的照度 $(k_1 = 0)$。

引入一阶关联函数

$$\begin{aligned} \Gamma_{11}(\tau) &= \langle E_1(t+\tau)E_1^*(t)\rangle \\ \Gamma_{22}(\tau) &= \langle E_2(t+\tau)E_2^*(t)\rangle \end{aligned} \tag{2.118}$$

它将同一点处不同时刻的场振幅关联起来。当 $\tau = 0$ 的时候，自相干函数

$$\begin{aligned} \Gamma_{11}(0) &= \langle E_1(t)E_1^*(t)\rangle = I_1/(\epsilon_0 c) \\ \Gamma_{22}(0) &= I_2/(\epsilon_0 c) \end{aligned}$$

分别正比于 $S_1$ 和 $S_2$ 处的照度 $I$。

利用互相干函数的归一化形式的定义

$$\gamma_{12}(\tau) = \frac{\Gamma_{12}(\tau)}{\sqrt{\Gamma_{11}(0)\Gamma_{22}(0)}} = \frac{\langle E_1(t+\tau)E_2^*(t)\rangle}{\sqrt{\langle |E_1(t)|^2 |E_2(t)|^2\rangle}} \tag{2.119}$$

式 (2.117) 可以写为

$$\boxed{I_p = I_1 + I_2 + 2\sqrt{I_1 I_2}\mathrm{Re}\{\gamma_{12}(\tau)\}} \tag{2.120}$$

这是部分相干光的干涉定律；$\gamma_{12}(\tau)$ 被称为复数相干度。其含意如下，将复数量 $\gamma_{12}(\tau)$ 表示为

$$\gamma_{12}(\tau) = |\gamma_{12}(\tau)|\mathrm{e}^{\mathrm{i}\phi_{12}(\tau)}$$

其中，相位角 $\phi_{12}(\tau) = \phi_1(\tau) - \phi_2(\tau)$ 与式 (2.116) 中的场 $E_1$ 和 $E_2$ 的相位有关。

当 $|\gamma_{12}(\tau)| = 1$ 的时候，式 (2.122) 描述了两束完全相干光的干涉，它们来自于 $S_1$ 或 $S_2$，相位差是 $\phi_{12}(\tau)$。当 $|\gamma_{12}(\tau)| = 0$ 的时候，干涉项消失了。这两束光被称为完全非相干的。当 $0 < |\gamma_{12}(\tau)| < 1$ 的时候，得到的是部分相干性。因此，$\gamma_{12}(\tau)$ 量度了相干度。将它应用到第 2.8.1 节和第 2.8.2 节中说明互相干函数 $\gamma_{12}(\tau)$ 。

**例 2.8**

在迈克耳孙干涉仪中，$S$ 将入射的近平行光束分为两束 (图 2.25)，它们在平面 $B$ 处重新叠加。如果两束分波的振幅完全相同 $E = E_0\mathrm{e}^{\mathrm{i}\phi(t)}$，那么相干度就等于

$$\gamma_{11}(\tau) = \frac{\langle E(t+\tau)E^*(t)\rangle}{|E(t)|^2} = \langle \mathrm{e}^{\mathrm{i}\phi(t+\tau)}\mathrm{e}^{-\mathrm{i}\phi(t)}\rangle$$

对于很长的平均时间 $T$，由 $\Delta\phi = \phi(t+\tau) - \phi(t)$ 可以得到

$$\gamma_{11}(\tau) = \lim_{T\to\infty}\frac{1}{T}\int_0^T (\cos\Delta\phi + \mathrm{i}\sin\Delta\phi)\mathrm{d}t \tag{2.121}$$

对于相干长度 $\Delta s_{\mathrm{c}}$ 无限长的严格单色光来说，相位函数为 $\phi(t)=\omega t-\boldsymbol{k}\cdot\boldsymbol{r}$ 和 $\Delta\phi=+\omega\tau$，其中，$\tau=\Delta s/c$。这就给出

$$\gamma_{11}(\tau)=\cos\omega\tau+\mathrm{i}\sin\omega\tau=\mathrm{e}^{\mathrm{i}\omega\tau},\quad |\gamma_{11}(\tau)|=1$$

如果光的谱宽 $\Delta\omega$ 非常大，$\tau>\Delta s_{\mathrm{c}}/c=1/\Delta\omega$，那么相位差 $\Delta\phi$ 就在 0 和 $2\pi$ 之间随机变化，积分的平均值为零，从而得到 $\gamma_{11}(\tau)=0$。在图 2.30 中，在迈克耳孙干涉仪后面的观测面上，干涉条纹 $I(\Delta\phi)\propto|E_1(t)\cdot E_2(t+\tau)|^2$ 随着相位差 $\Delta\phi=(2\pi/\lambda)\Delta s$ 而发生变化，两个光强相等，$I_1=I_2$，但是 $|\gamma_{12}(\tau)|$ 的数值有变化。对于完全相干光来说，$|\gamma_{12}(\tau)|=1$，光强 $I(\tau)$ 在 $4I_1$ 和 0 之间变化；而对于 $|\gamma_{12}(\tau)|=0$ 的情况，干涉项消失了，总光强 $I=2I_1$ 不依赖于 $\tau$。

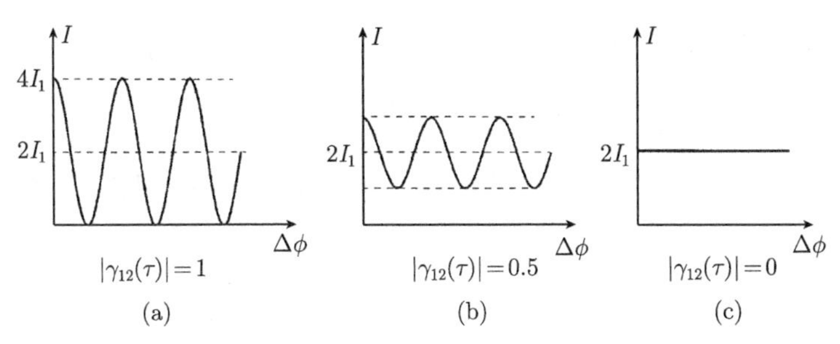


图 2.30 在不同相干度的条件下，两束光干涉所产生的干涉图案 $I(\Delta\phi)$

**例 2.9**

对于准单色平面波 $\boldsymbol{E}=\boldsymbol{E}_0\exp(\mathrm{i}\omega t-\mathrm{i}\boldsymbol{k}\cdot\boldsymbol{r})$ 照明的情况，光程差 $(\boldsymbol{r}_2-\boldsymbol{r}_1)$ 会产生相应的相位差

$$\phi_{12}(\tau)=\boldsymbol{k}\cdot(\boldsymbol{r}_2-\boldsymbol{r}_1)$$

利用 $\mathrm{Re}\{\gamma_{12}(\tau)\}=|\gamma_{12}(\tau)|\cos\phi_{12}$，可以将式 (2.120) 表示为

$$I_p(\tau)=I_1+I_2+2\sqrt{I_1I_2}|\gamma_{12}(\tau)|\cos\phi_{12}(\tau) \tag{2.122}$$

当 $|\gamma_{12}(\tau)|=1$ 的时候，干涉项使得照度 $I_p(\tau)$ 发生了完全调制。当 $|\gamma_{12}(\tau)|=0$ 的时候，干涉消失了，总光强不依赖于两束光之间的时间延迟 $\tau$。

**例 2.10**

考虑杨氏实验 (图 2.27)，如果采用窄带的扩展光源，那么空间相干性效应将占主导地位。平面 $B$ 上的干涉条纹依赖于 $\Gamma(S_1,S_2,\tau)=\Gamma_{12}(\tau)$。在中心条纹附近，$(r_2-r_1)=0$，$\tau=0$，可以用干涉条纹的对比度来确定 $\Gamma_{12}(0)$ 和 $\gamma_{12}(0)$ 的数值。为了得到图 2.27 中的平面 $B$ 上的任意点 $P$ 处的 $\gamma_{12}(\tau)$ 的数值，在两个狭缝都打开的情况下，测量时间平均的强度值 $I(P)$，然后再测量关上一个狭缝之后的

$I_1(P)$ 和 $I_2(P)$。根据这些测量值，可以由式 (2.120) 得到相干度

$$\mathrm{Re}\{\gamma_{12}(P)\} = \frac{I(P) - I_1(P) - I_2(P)}{2\sqrt{I_1(P)I_2(P)}}$$

这样就给出了光源的空间相干性，它依赖于光源的大小和到针孔的距离。

$P$ 处的干涉条纹的对比度的定义是

$$V(P) = \frac{I_{\max} - I_{\min}}{I_{\max} + I_{\min}} = \frac{2\sqrt{I_1(P)}\sqrt{I_2(P)}}{I_1(P) + I_2(P)}|\gamma_{12}(\tau)| \tag{2.123}$$

其中，最后一个等式来自于式 (2.122)。如果 $I_1 = I_2$ (两个针孔大小相等)，可以看到

$$V(P) = |\gamma_{12}(\tau)|$$

对比度就等于相干度。图 2.31(a) 给出了 $P$ 处的干涉条纹的对比度 $V$ 随着图 2.27 中狭缝间距 $d$ 的变化关系，此时用均匀扩展光源发出的单色光进行照明，光源的尺寸是 $b \times b$，从 $S_1$ 看到的单色光的入射角度是 $\theta$。图 2.31(b) 给出了迈克耳孙干涉仪的对比度随着光程差 $\Delta s$ 的变化关系，照明来自于氖放电灯的多普勒展宽的谱线，$\lambda = 632.8\text{nm}$。

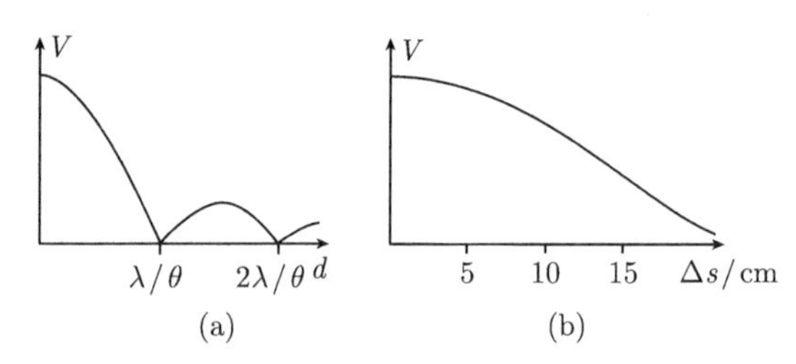


图 2.31　(a) 用单色扩展光源照射图 2.27 中的两条狭缝得到的干涉条纹的对比度，横轴是狭缝之间的距离 $d$，单位为 $\lambda/\theta$；(b) 迈克耳孙干涉仪中的多普勒展宽谱线的对比度随着光程差 $\Delta s$ 的变化关系

关于相干性的更多说明，请参见文献 [2.5] 和 [2.26]~[2.28]。

## 2.9　原子系统的相干性

如果原子的两个能级的相应波函数在被激发的时刻是相同的，这两个能级就被称为是相干激发的。持续时间为 $\Delta t$ 的短激光脉冲的傅里叶限制带宽为 $\Delta\omega \approx 1/\Delta t$，如果两个能级 $a$ 和 $b$ 之间的能量差 $\Delta E$ 小于 $\hbar\Delta\omega$，它们就可以被同时激发 (图 2.32)。被激发的原子的波函数就是两个波函数 $\psi_a$ 和 $\psi_b$ 的线性叠加，原子就处于两个态 $|a\rangle$ 和 $|b\rangle$ 的相干叠加态上。

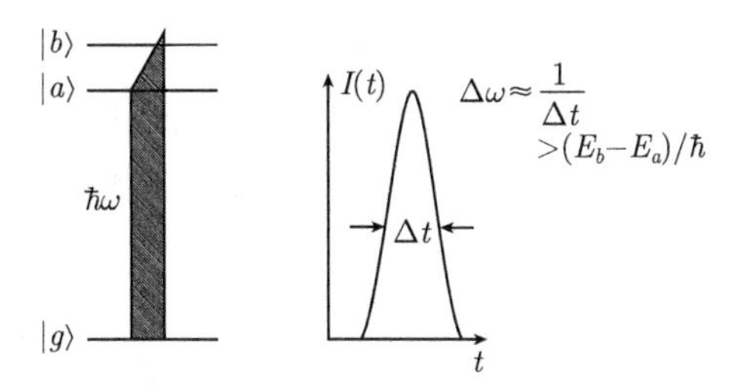


图 2.32 用宽带激光脉冲 ($\hbar\Delta\omega \geqslant (E_b - E_a)$) 将原子从同一个低能级 $|g\rangle$ 相干地激发到两个原子能级 $|a\rangle$ 和 $|b\rangle$ 上

如果被激发的原子的波函数在一个特定时刻 $t$ 都具有相同的相位，那么这个原子系综就是被相干地激发的。这种相位关系可以发生变化，原因可能是激发态波函数中与时间有关的部分 $\exp(\mathrm{i}\omega t)$ 由于频率 $\omega$ 的不同而发生变化，也可能是由于不同原子的弛豫过程的差别引起的。这会引起"相位扩散"，使得相干度随着时间而减小。

为了实现这样的相干系统，需要特殊的实验准备，可以用相干激光光谱学的几种技术来实现 (第 2 卷第 7 章)。一种基于密度矩阵理论的精巧理论方法可以描述相干或非相干激发的原子分子系统。

### 2.9.1 密度矩阵

为了简单起见，假定系综中的每个原子都可以用二能级系统来描述 (第 2.7 节)，它们的波函数是

$$\psi(r,t) = \psi_a + \psi_b = a(t)u_a \mathrm{e}^{-\mathrm{i}E_a t/\hbar} + b(t)u_b \mathrm{e}^{-\mathrm{i}[(E_b/\hbar)t-\phi]} \tag{2.124a}$$

每个原子的相位 $\phi$ 可以不同。可以将 $\boldsymbol{\psi}$ 写为态矢量

$$\begin{pmatrix} \psi_a \\ \psi_b \end{pmatrix} \quad \text{或} \quad \begin{pmatrix} \psi_a, & \psi_b \end{pmatrix} \tag{2.124b}$$

密度矩阵 $\tilde{\boldsymbol{\rho}}$ 被定义为两个态矢量的乘积

$$\begin{aligned}\tilde{\boldsymbol{\rho}} = |\psi\rangle\langle\psi| &= \begin{pmatrix} \psi_a \\ \psi_b \end{pmatrix}\begin{pmatrix} \psi_a, & \psi_b \end{pmatrix} \\ &= \begin{pmatrix} |a(t)|^2 & ab\mathrm{e}^{-\mathrm{i}[(E_a-E_b)t/\hbar+\phi]} \\ ab\mathrm{e}^{+\mathrm{i}[(E_a-E_b)t/\hbar+\phi]} & |b(t)|^2 \end{pmatrix} = \begin{pmatrix} \rho_{aa} & \rho_{ab} \\ \rho_{ba} & \rho_{bb} \end{pmatrix}\end{aligned} \tag{2.125}$$

因为矢量表示的归一化的波函数为

$$u_a = \begin{pmatrix} 1 \\ 0 \end{pmatrix} \quad \text{和} \quad u_b = \begin{pmatrix} 0 \\ 1 \end{pmatrix}$$

其中，对角元 $\rho_{aa}$ 和 $\rho_{bb}$ 分别表示发现原子系综处在能级 $|a\rangle$ 和 $|b\rangle$ 上的几率。

如果原子波函数 (式 (2.124)) 的相位 $\phi$ 对于系综里的不同原子是随机分布的，密度矩阵 (式 (2.125)) 的非对角元经过平均后等于零，那么，非相干激发的系统由对角矩阵描述

$$\widetilde{\boldsymbol{\rho}}_{\text{incoh}} = \begin{pmatrix} [a(t)]^2 & 0 \\ 0 & [b(t)]^2 \end{pmatrix} \tag{2.126}$$

如果原子波函数之间存在着确定的相位关系，系统就处于相干态。式 (2.125) 的非对角元描述了系统的相干度，因此通常被称为“相干性”。

一个足够强的电磁场与原子系综的强烈相互作用可以诱导原子的电偶极矩，如果所有的原子偶极矩都以相同的相位振荡，它们相加之后形成一个宏观的振荡电偶极矩，这样就可以产生相干态。这种原子偶极矩的期望值 $\boldsymbol{D}$ 为

$$\boldsymbol{D} = -\mathrm{e}\int \psi^* \boldsymbol{r} \psi \mathrm{d}\tau \tag{2.127}$$

由式 (2.66b) 可知

$$\boldsymbol{D} = -\boldsymbol{D}_{ab}(a^* b \mathrm{e}^{-\mathrm{i}\omega_{ba}t} + ab^* \mathrm{e}^{\mathrm{i}\omega_{ba}t}) = \boldsymbol{D}_{ab}(\rho_{ab} + \rho_{ba}) \tag{2.128}$$

因此，密度矩阵的非对角矩阵元正比于偶极矩的期望值。

### 2.9.2　相干激发

在第 2.9.1 节中我们看到，在相干激发的原子系统中，原子能级的含时波函数之间存在着确定的相位关系。在本节中，我们将用几个例子来说明这种相干激发。

(1) 全同的顺磁性原子的磁矩为 $\boldsymbol{\mu}$，总角动量为 $\boldsymbol{J}$，将它们放入均匀磁场 $\boldsymbol{B}_0 = \{0, 0, B_z\}$ 中，原子的角动量矢量 $\boldsymbol{J}_i$ 就会以拉莫尔频率 $\omega_{\mathrm{L}} = \gamma B_0$ 绕着 $z$ 方向进动，其中，$\gamma = \mu/|J|$ 是旋磁比 (图 2.33(a))。不同的原子具有不同的进动相位 $\varphi_i$，一般来说，相位是随机分布的 (图 2.33(b))。$N$ 个原子的偶极矩 $\boldsymbol{\mu}$ 相加起来构成了一个宏观的“纵向”磁化

$$M_z = \sum_{i=1}^{N} \mu \cos\theta_i = N\mu\cos\theta$$

但是，“横向”磁化的平均值等于零。

施加一个射频磁场 $\boldsymbol{B}_1 = \boldsymbol{B}_{10}\cos\omega t$，其中，$\boldsymbol{B}_1 \perp \boldsymbol{B}_0$，如果 $\omega = \omega_{\mathrm{L}}$，偶极子就会被迫与 $x$-$y$ 平面内的射频场 $\boldsymbol{B}_1$ 同步进动，这样就产生了一个宏观磁矩 $\boldsymbol{M} = N\boldsymbol{\mu}$，它以频率 $\omega_{\mathrm{L}}$ 在 $x$-$y$ 平面内旋转，与 $\boldsymbol{B}_1$ 的相位夹角为 $\pi/2$ (图 2.33(c))。原子与射频场的耦合使得它们的进动变为相干的。用量子力学的语言来说，射频场

引起了塞曼子能级之间的跃迁 (图 2.33(d))。如果射频场 $\boldsymbol{B}_1$ 足够强的话，原子就处于两个塞曼能级的波函数的相干叠加态之中。

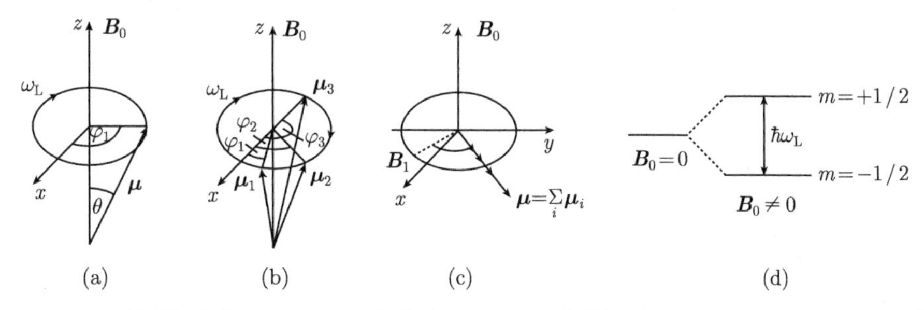


图 2.33 (a) 磁偶极在均匀磁场 $\boldsymbol{B}_0$ 中进动；(b) 不同磁偶极的非相干进动；(c) 射频场使得偶极矩同步起来；(d) 两个塞曼子能级的相干叠加，这是经典图像 (c) 的量子力学等价物

(2) 可见光和紫外光的激发也可以产生塞曼子能级的相干叠加。作为一个例子，我们考虑 Hg 原子在 $\lambda = 253.7\text{nm}$ 处的跃迁过程 $6^1S_0 \to 6^3P_1$ (图 2.34)。在磁场 $\boldsymbol{B} = \{0, 0, B_z\}$ 中，上能级 $6^3P_1$ 劈裂为三个塞曼子能级，它们的磁量子数为 $m_z = 0, \pm 1$。用线偏振光 ($\boldsymbol{E} \parallel \boldsymbol{B}$) 激发，只能占据 $m_J = 0$ 的能级。该塞曼能级发出的荧光也是线偏振的。

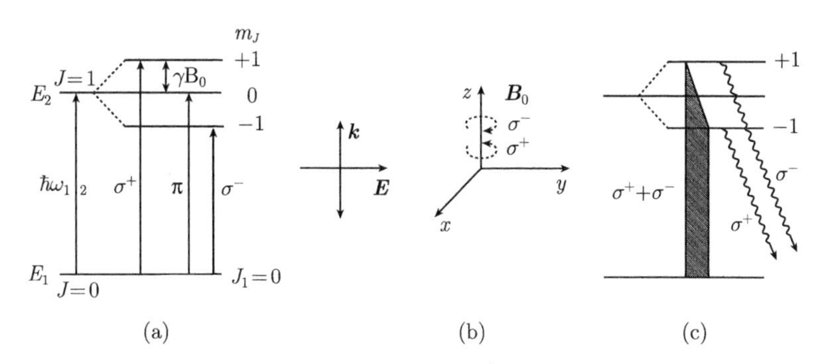


图 2.34 (a) 相干地激发 $m = \pm 1$ 的塞曼子能级，激发光是 (b) 线偏振光 $\boldsymbol{E} \perp \boldsymbol{B}$；(c) 荧光是 $\sigma^+$ 和 $\sigma^-$ 光的叠加

然而，如果激发光的偏振垂直于磁场 ($\boldsymbol{E} \perp \boldsymbol{B}$)，可以将它视为沿着 $z$ 方向传播的 $\sigma^+$ 光和 $\sigma^-$ 光的叠加，$z$ 轴是量子化轴。

在这种情况下，$m = \pm 1$ 的能级被占据。只要塞曼劈裂小于塞曼能级的均匀宽度 (即自然线宽 $\Delta\omega = 1/\tau$)，两个分量就会被相干地激发 (即使使用的是单色光！)。激发态的波函数由两个塞曼子能级 $m = \pm 1$ 的波函数的相干叠加态 $\psi = a\psi_a + b\psi_b$ 表示。荧光不是各向同性的，它的角分布依赖于系数 $a$、$b$ (第 2 卷第 7.1 节)。

(3) 如果分子的两个相邻能级 $|a\rangle$ 和 $|b\rangle$ 都能够由一个共同的基态 $|g\rangle$ 通过光学跃迁到达，那么，只要 $\Delta T < \hbar/(E_a - E_b)$，就可以用一个持续时间为 $\Delta T$ 的光脉冲相干地激发，即使能级 $|a\rangle$ 和 $|b\rangle$ 是不同电子态的不同振动能级，而且它们之间的距离大于其均匀宽度。

这些相干激发态发出的荧光依赖于时间，除了指数衰减部分 $\exp(-t/\tau)$ 之外，还有一个拍周期 $\tau_{QB} = \hbar/(E_a - E_b)$，它来自于两个荧光分量的不同频率 $\omega_a$ 和 $\omega_b$ (量子拍，见第 2 卷第 7.2 节)。

### 2.9.3　相干激发系统的弛豫

式 (2.57) 中的含时薛定谔方程可以写成密度矩阵的形式

$$\mathrm{i}\hbar\dot{\tilde{\boldsymbol{\rho}}} = [\boldsymbol{\mathcal{H}}, \tilde{\boldsymbol{\rho}}] \tag{2.129}$$

为了区分受激吸收或发射以及弛豫过程的不同贡献，将哈密顿量 $\boldsymbol{H}$ 写为和的形式

$$\boldsymbol{\mathcal{H}} = \boldsymbol{\mathcal{H}}_0 + \boldsymbol{\mathcal{H}}_1(t) + \boldsymbol{\mathcal{H}}_R \tag{2.130}$$

它包括孤立的二能级系统的“内”哈密顿量

$$\boldsymbol{\mathcal{H}}_0 = \begin{pmatrix} E_a & 0 \\ 0 & E_b \end{pmatrix}$$

系统与电磁场 $E = E_0 \cdot \cos\omega t$ 的相互作用哈密顿量

$$\boldsymbol{\mathcal{H}}_1(t) = -\boldsymbol{\mu}E(t) = \begin{pmatrix} 0 & -D_{ab}E_0(t) \\ -D_{ba}E_0(t) & 0 \end{pmatrix}\cos\omega t \tag{2.131}$$

以及弛豫部分

$$\boldsymbol{\mathcal{H}}_R = \hbar\begin{pmatrix} \gamma_a & \gamma_\varphi^a \\ \gamma_\varphi^b & \gamma_b \end{pmatrix} \tag{2.132}$$

后者描述了所有的弛豫过程，例如自发辐射或碰撞引起的跃迁。能级 $|b\rangle$ 上的粒子数弛豫过程的衰减常数为 $\gamma_b$，从而给出了有效寿命 $T_b = 1/\gamma_b$，该过程可以描述为

$$\mathrm{i}\hbar\rho_{bb}\gamma_b = [\boldsymbol{\mathcal{H}}_R, \tilde{\boldsymbol{\rho}}]_{bb} \Rightarrow T_b = \frac{1}{\gamma_b} = \frac{\mathrm{i}\hbar\rho_{bb}}{[\boldsymbol{\mathcal{H}}_R, \tilde{\boldsymbol{\rho}}]_{bb}} \tag{2.133}$$

非对角元 $\rho_{ab}$ 和 $\rho_{ba}$ 的衰减描述了相干性的衰减，也就是原子偶极矩之间的相位关系的衰减。

退相位速率由相位弛豫常数 $\gamma_\varphi^a$ 和 $\gamma_\varphi^b$ 表示，非对角元的衰减决定于

$$\frac{\mathrm{i}\hbar\rho_{ab}}{T_2} = -[\boldsymbol{\mathcal{H}}_R, \boldsymbol{\rho}]_{ab} \tag{2.134}$$

其中,“横向弛豫时间” $T_2$ (退相位时间) 的定义是

$$\frac{1}{T_2}=\frac{1}{2}\left(\frac{1}{T_a}+\frac{1}{T_b}\right)+\gamma_\phi \tag{2.135}$$

一般来说，相位弛豫要快于弛豫时间 $T_1$ 定义的粒子数弛豫，也就是说，非对角元的弛豫要快于对角元的弛豫 (第 2 卷第 7 章)。

关于原子分子系统的相干激发的更多信息，请参见文献 [2.29]~[2.31] 和第 2 卷第 7 章。

## 2.10 习 题

**2.1** 假设 1W 的氩激光器的输出发散角为 $4\times10^{-3}$rad。计算激光束的辐照亮度 $L$ 和辐射强度 $I^*$，在镜子上的激光束直径为 2mm，在距离端镜 1m 处的光强 $I$ 是多少？如果激光带宽为 1MHz，那么谱功率密度 $\rho(\nu)$ 是多少？

**2.2** 光强为 $I_0$ 的非偏振光通过一个厚度为 1mm 的二色性偏振片。两种偏振的吸收系数为 $\alpha_\parallel=100\text{cm}^{-1}$ 和 $\alpha_\perp=5\text{cm}^{-1}$，计算透射的光强。

**2.3** 假设脉冲式闪光灯的发光是各向同性的，光谱宽度为 $\Delta\lambda=100$nm，中心波长为 $\lambda=400$nm，峰值功率为 100W，体积为 $1\text{cm}^3$。在距离发光中心 2cm 的球面上，计算谱功率密度 $\rho(\nu)$ 和谱强度 $I(\nu)$。在此辐射场中，每个模式里有多少个光子？

**2.4** 单色激光束穿过一个长度为 $L=5$cm 的原子蒸气吸收盒。如果将激光频率调节到吸收跃迁 $|i\rangle\to|k\rangle$ 的中心频率处，吸收截面为 $\sigma_0=10^{-14}\text{cm}^2$，透射光的衰减为 10%。计算位于吸收能级 $|i\rangle$ 上的原子密度 $N_i$。

**2.5** 激发态能级 $|E_i\rangle$ 与三个能量更低的能级 $|n\rangle$ 和基态 $|0\rangle$ 通过辐射跃迁相联系，自发辐射几率为 $A_{i0}=4\times10^7\text{s}^{-1}$，$A_{i1}=3\times10^7\text{s}^{-1}$，$A_{i2}=1\times10^7\text{s}^{-1}$，$A_{i3}=5\times10^7\text{s}^{-1}$ 相应波长取为 400nm。

(a) 自发寿命为 $\tau_i$，用连续光激发 $|i\rangle$，计算相对粒子数密度 $N_n/N_i$，$\tau_1=500$ns，$\tau_2=6$ns，$\tau_3=10$ns。

(b) 激发光的波长为 400nm, 激发由基态到 $|i\rangle$，$\tau_0=\infty$，统计权重为 $g_0=1$ 和 $g_1=3$，确定爱因斯坦系数 $B_{0i}$。当能级 $|i\rangle$ 的受激吸收速率等于自发辐射速率时，谱能量密度 $\rho_\nu$ 是多少？在此辐射密度下，如果激光谱宽为 10MHz，它的强度是多大？

(c) 激发光的波长为 400nm, 如果吸收线宽完全决定于上能级的寿命，那么吸收截面 $\sigma_{0i}$ 有多大？

**2.6** 在习题 2.5 的条件下，能级 $|i\rangle$ 和 $|2\rangle$ 之间存在粒子数反转，它使得激光可以在此跃迁上产生。如果要在能级 $|i\rangle$ 和 $|2\rangle$ 之间产生拉比振荡，使得其周期 $T=1/\Omega$ 小于能级 $|2\rangle$ 的寿命，那么，电场振幅 $E_0$ 的最小值是多少？这一跃迁的能量密度 $\rho$ 是多少, 相应波长取为 600mm？

**2.7** 用两个焦距不同的透镜可以将激光扩束 (图 2.35)。在焦平面上放置一个光阑，可以消除棱镜表面的灰尘或其他缺陷引起的衍射效应带来的影响、改善扩束后的波前质量，为什么？

**2.8** 在下述情况下，如果杨氏干涉实验仍然可以给出可分辨的干涉条纹，那么狭缝的最大宽度是多少？

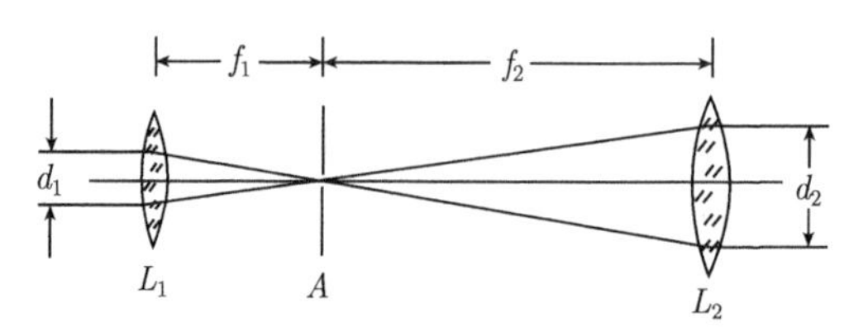


图 2.35　扩束望远镜，在焦平面上有一个光阑

(a) 照明来自于直径为 1mm 的小洞中透过的 $\lambda = 500\text{nm}$ 的非相干光，小孔到狭缝的距离为 1m；
(b) 照明来自于直径为 $10^6\text{km}$ 的恒星的星光，距离为 4 光年；
(c) 照明来自于氦氖激光器的两束光，激光谱宽为 1MHz(图 2.36)。

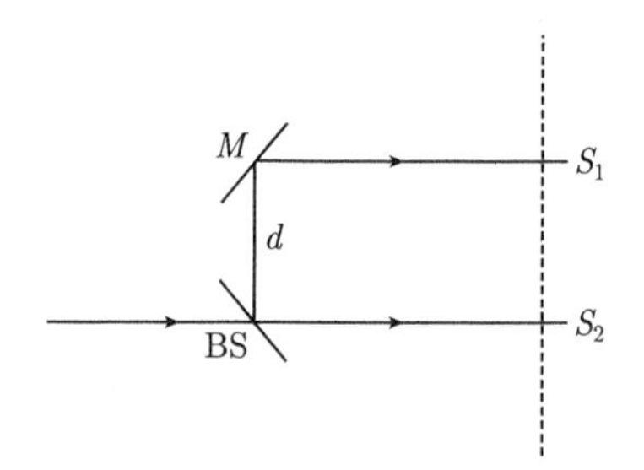


图 2.36　迈克耳孙星光干涉仪的示意图

**2.9** 将一个钠原子置于体积为 $V = 1\text{cm}^3$ 的腔体中，腔壁的温度为 $T$，热辐射场的谱能量密度为 $\rho(\nu)$。在多高温度下，自发跃迁几率等于受激跃迁几率？
(a) 跃迁 $3P \to 3S(\lambda = 589\text{nm})$，$\tau(3P) = 16\text{ns}$；
(b) 超精细跃迁 $3S(F = 3 \to F = 2)$，$\tau(3F) \approx 1\text{s}$，$\nu = 1772\text{MHz}$。

**2.10** 将光学激发的一个钠原子 Na($3P$) 置于一个气体盒中，自发寿命为 $\tau(3P) = 16\text{ns}$，盒中充有 10mbar 的氮气，温度为 $T = 400\text{K}$。如果 Na($3P$)-$N_2$ 碰撞过程的淬灭截面为 $\sigma_q = 4 \times 10^{-15}\text{cm}^2$，计算有效寿命 $\tau_{\text{eff}}(3P)$。

# 第 3 章　谱线的宽度和形状

分立的吸收谱和发射谱中的谱线从来都不是严格单色的。中心频率 $\nu_0 = (E_i - E_k)/h$ 对应于分子跃迁中上能级和下能级的能量差 $\Delta E = E_i - E_k$，在中心频率附近，即使利用高精度的干涉仪，也可以观测到吸收谱或发射谱的谱分布 $I(\nu)$。在 $\nu_0$ 附近的函数 $I(\nu)$ 被称为线形 (图 3.1)。满足 $I(\nu_1) = I(\nu_2) = I(\nu_0)/2$ 的两个频率 $\nu_1$ 和 $\nu_2$ 之间的频率差 $\delta\nu = |\nu_2 - \nu_1|$ 是谱线的半高宽 (full-width at half-maximum, FWHM)，通常也被简称为谱线的线宽或半宽。

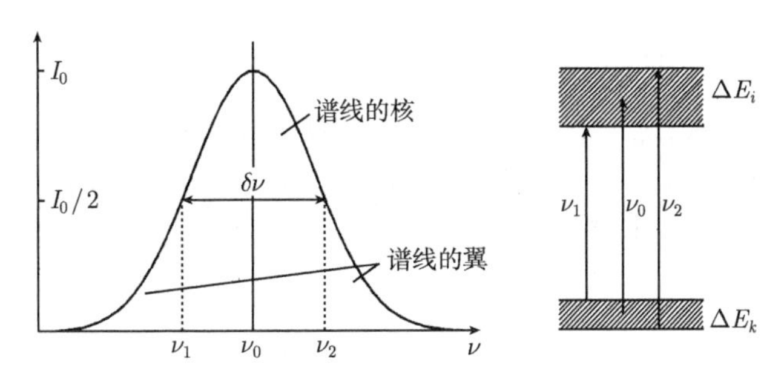


图 3.1　谱线的线形、半宽、核与翼

有时候也用角频率 $\omega = 2\pi\nu$ 的形式来描述半高宽 $\delta\omega = 2\pi\delta\nu$，或者用波长 $\lambda$ (单位为 nm 或 Å) 的形式来描述，即 $\delta\lambda = |\lambda_1 - \lambda_2|$。根据 $\lambda = c/\nu$，可以得到

$$\delta\lambda = -(c/\nu^2)\delta\nu \tag{3.1}$$

然而，在所有这三种形式中，相对半宽是完全相同的：

$$\left|\frac{\delta\nu}{\nu}\right| = \left|\frac{\delta\omega}{\omega}\right| = \left|\frac{\delta\lambda}{\lambda}\right| \tag{3.2}$$

半高宽以内的谱区被称为谱线的核 (kernel of the line)，这以外的区域 ($\nu < \nu_1$ 和 $\nu > \nu_2$) 被称为谱线的翼 (line wings)。

以下各节将讨论线宽的各种起源。用几个例子来说明不同谱区内各种线宽展宽效应的数量级以及它们对高分辨率光谱学的重要性[3.1~3.4]。按照习惯，我们将经常使用角频率 $\omega = 2\pi\nu$，从而避免公式中的因子 $2\pi$ 。

## 3.1 自然线宽

一个激发态原子可以通过自发辐射来释放掉它的激发能 (第 2.7 节)。为了研究跃迁 $E_i \to E_k$ 的自发辐射的谱分布，我们用阻尼谐振子的经典模型来描述激发态原子中的电子，它的频率为 $\omega$，质量为 $m$，回复力常数为 $k$。辐射损失了能量，使得振荡逐渐衰减，这可以用阻尼常数 $\gamma$ 来描述。然而，我们将会看到，对于真实原子来说，阻尼非常小，也就是说，$\gamma \ll \omega$。

求解运动微分方程

$$\ddot{x} = -\gamma\dot{x} - \omega_0^2 x \tag{3.3}$$

可以得到振荡的振幅 $x(t)$，其中 $\omega_0^2 = k/m$。

在初始条件 $x(0) = x_0$ 和 $\dot{x}(0) = 0$ 下，式 (3.3) 的实数解为

$$x(t) = x_0 \mathrm{e}^{(-\gamma/2)t}[\cos\omega t + (\gamma/2\omega)\sin\omega t] \tag{3.4}$$

阻尼振荡的频率 $\omega = (\omega_0^2 - \gamma^2/4)^{1/2}$ 略小于无阻尼情况下的频率 $\omega_0$。然而，在阻尼很小的情况下 ($\gamma \ll \omega_0$)，可以认为 $\omega \approx \omega_0$，还可以忽略掉式 (3.4) 中的第二项。在这个对于真实原子来说非常精确的近似之下，可以得到式 (3.3) 的解为

$$x(t) = x_0 \mathrm{e}^{-(\gamma/2)t}\cos\omega_0 t \tag{3.5}$$

振子频率 $\omega_0 = 2\pi\nu_0$ 对应于原子跃迁 $E_i \to E_k$ 的中心频率 $\omega_{ik} = (E_i - E_k)/\hbar$ 。

### 3.1.1 发射谱的洛伦兹线形

因为振荡的振幅 $x(t)$ 逐渐减小，发射谱的频率不是单色的，否则的话它就会是振幅不变的振荡了。它的频率分布与式 (3.5) 中的函数 $x(t)$ 的傅里叶变换有关 (图 3.2)。

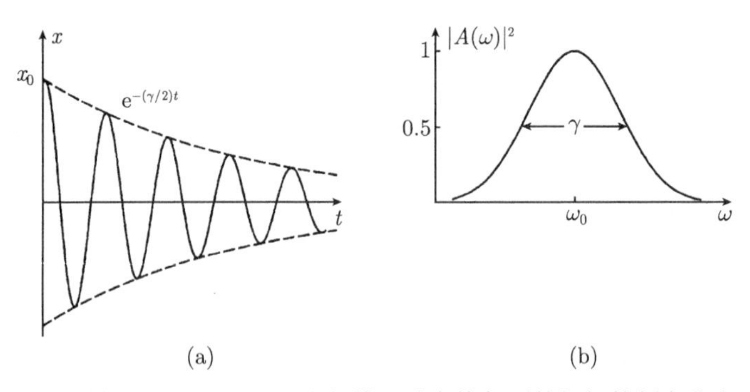


图 3.2　(a) 阻尼谐振子；(b) 对 $x(t)$ 进行傅里叶变换得到的振幅的频率分布，其线形为 $I(\omega-\omega_0) \propto |A(\omega)|^2$

可以将阻尼振荡 $x(t)$ 描述为频率 $\omega$ 和振幅 $A(\omega)$ 略有不同的单色振荡 $\mathrm{e}^{\mathrm{i}\omega t}$ 的线性叠加

$$x(t)=\frac{1}{2\sqrt{2\pi}}\int_0^{\infty}A(\omega)\mathrm{e}^{\mathrm{i}\omega t}\mathrm{d}\omega \tag{3.6}$$

计算式 (3.5) 和式 (3.6) 的傅里叶变换，可以得到 $A(\omega)$

$$A(\omega)=\frac{1}{\sqrt{2\pi}}\int_{-\infty}^{+\infty}x(t)\mathrm{e}^{-\mathrm{i}\omega t}\mathrm{d}t=\frac{1}{\sqrt{2\pi}}\int_0^{+\infty}x_0\mathrm{e}^{-(\gamma/2)t}\cos(\omega_0 t)\mathrm{e}^{-\mathrm{i}\omega t}\mathrm{d}t \tag{3.7}$$

积分下限取为 0，因为当 $t<0$ 的时候，$x(t)=0$。对式 (3.7) 进行积分，可以得到

$$A(\omega)=\frac{x_0}{\sqrt{8\pi}}\left(\frac{1}{\mathrm{i}(\omega-\omega_0)+\gamma/2}+\frac{1}{\mathrm{i}(\omega+\omega_0)+\gamma/2}\right) \tag{3.8}$$

强度 $I(\omega)\propto A(\omega)A^*(\omega)$ 在分母中包含 $(\omega-\omega_0)$ 和 $(\omega+\omega_0)$ 的项。在原子跃迁的中心频率 $\omega_0$ 附近，$(\omega-\omega_0)^2\ll\omega_0^2$，可以忽略 $(\omega+\omega_0)$ 的项，谱线的强度分布就是

$$I(\omega-\omega_0)=\frac{C}{(\omega-\omega_0)^2+(\gamma/2)^2} \tag{3.9}$$

可以用两种不同的方法来定义常数 $C$：

为了比较不同的线形，通常定义归一化的强度线形 $L(\omega-\omega_0)=I(\omega-\omega_0)/I_0$，其中，$I_0=\displaystyle\int I(\omega)\mathrm{d}\omega$ ，它满足下述条件

$$\int_0^{\infty}L(\omega-\omega_0)\mathrm{d}\omega=\int_{-\infty}^{+\infty}L(\omega-\omega_0)\mathrm{d}(\omega-\omega_0)=1$$

利用这种归一化条件，对式 (3.9) 进行积分可以得到 $C=I_0\gamma/2\pi$。

$$\boxed{L(\omega-\omega_0)=\frac{\gamma/2\pi}{(\omega-\omega_0)^2+(\gamma/2)^2}} \tag{3.10}$$

它被称为归一化的洛伦兹线形。它的半高宽等于

$$\delta\omega_n=\gamma \quad 或 \quad \delta\nu_n=\gamma/2\pi \tag{3.11}$$

这样，洛伦兹线形的强度分布为

$$I(\omega-\omega_0)=I_0\frac{\gamma/2\pi}{(\omega-\omega_0)^2+(\gamma/2)^2}=I_0L(\omega-\omega_0) \tag{3.10a}$$

峰值强度为 $I(\omega_0)=2I_0/(\pi\gamma)$。

**注**: 在文献中, 通常选择式 (3.9) 中的归一化条件使得 $I(\omega_0) = I_0$; 此外, 完全的半宽 (full halfwidth) 标记为 $2\Gamma$ 。在这种记号体系中, 跃迁 $|k\rangle \leftarrow |i\rangle$ 的线形为

$$I(\omega) = I_0 g(\omega - \omega_{ik})$$

其中, $I_0 = I(\omega_0)$, 以及

$$g(\omega - \omega_{ik}) = \frac{\Gamma^2}{(\omega_{ik} - \omega)^2 + \Gamma^2} \tag{3.10b}$$

其中, $\Gamma = \gamma/2$。利用 $x = (\omega_{ik} - \omega)/\Gamma$, 可以将它约化为

$$g(\omega - \omega_{ik}) = \frac{1}{1 + x^2} \tag{3.10c}$$

其中, $g(0) = 1$。在这种表示下, 线形以下的面积为

$$\int_0^{\infty} I(\omega)\mathrm{d}\omega = \Gamma \int_{-\infty}^{+\infty} I(x)\mathrm{d}x = \pi I_0 \Gamma \tag{3.10d}$$

### 3.1.2　线宽与寿命之间的关系

可以从式 (3.3) 得到阻尼谐振子的辐射功率: 将等式的两端都乘以 $m\dot{x}$ , 重新整理各项, 就可以得到

$$m\ddot{x}\dot{x} + m\omega_0^2 x\dot{x} = -\gamma m\dot{x}^2 \tag{3.12}$$

式 (3.12) 的左侧是总能量 $W\left(\text{动能 } \frac{1}{2}m\dot{x}^2 \text{ 与势能 } Dx^2/2 = m\omega_0^2 x^2/2 \text{ 之和}\right)$ 对时间的微分, 因此可以写为

$$\frac{\mathrm{d}}{\mathrm{d}t}\left(\frac{m}{2}\dot{x}^2 + \frac{m}{2}\omega_0^2 x^2\right) = \frac{\mathrm{d}W}{\mathrm{d}t} = -\gamma m\dot{x}^2 \tag{3.13}$$

将式 (3.5) 中的 $x(t)$ 代入并忽略掉带有 $\gamma^2$ 的项, 就可以得到

$$\frac{\mathrm{d}W}{\mathrm{d}t} = -\gamma m x_0^2 \omega_0^2 \mathrm{e}^{-\gamma t} \sin^2 \omega_0 t \tag{3.14}$$

因为时间平均值 $\overline{\sin^2 \omega t} = 1/2$, 平均辐射功率 $\overline{P} = \overline{\mathrm{d}W/\mathrm{d}t}$ 就是

$$\overline{\frac{\mathrm{d}W}{\mathrm{d}t}} = -\frac{\gamma}{2} m x_0^2 \omega_0^2 \mathrm{e}^{-\gamma t} \tag{3.15}$$

式 (3.15) 表明, 经过衰减时间 $\tau = 1/\gamma$ 之后, $\overline{P}$ 以及谱线的强度 $I(t)$ 衰减到初始值 $I(t=0)$ 的 $1/\mathrm{e}$。

在第 2.8 节我们看到, 自发辐射使得分子能级 $E_i$ 指数地衰减, 它的平均寿命 $\tau_i$ 与爱因斯坦系数 $A_i$ 的关系为 $\tau_i = 1/A_i$。用自发跃迁几率 $A_i$ 替换经典的阻尼常

数 $\gamma$，经典式 (3.9)~ 式 (3.11) 可以正确地描述自发辐射的频率分布及其线宽。根据式 (3.11)，由能级 $E_i$ 自发辐射的谱线的自然半宽为

$$\delta\nu_n = A_i/2\pi = (2\pi\tau_i)^{-1} \quad \text{或} \quad \delta\omega_n = A_i = 1/\tau_i \tag{3.16}$$

$N_i$ 个激发态原子在跃迁 $E_i \to E_k$ 上发射出来的辐射功率为

$$\mathrm{d}W_{ik}/\mathrm{d}t = N_i A_{ik}\hbar\omega_{ik} \tag{3.17}$$

如果一个体积为 $\Delta V$ 的光源发出的辐射是各向同性的，那么，距离为 $r$ 处的一个面积为 $A$ 的探测器在立体角 $\mathrm{d}\Omega = A/r^2$ 内接收到的辐射功率为

$$P_{ik} = \left(\frac{\mathrm{d}W_{ik}}{\mathrm{d}t}\right)\frac{\mathrm{d}\Omega}{4\pi} = N_i A_{ik}\hbar\omega_{ik}\frac{A}{4\pi r^2} \tag{3.18}$$

也就是说，如果知道 $A_{ik}$，就可以根据探测到的功率推断发射源的密度 $N_i$ (第 2 卷第 6.3 节)。

**注：**也可以用测不准原理来推导式 (3.16)(图 3.3)。激发态 $E_i$ 的平均寿命为 $\tau_i$，它的能量 $E_i$ 只能够确定到如下的程度[3.5]，即 $\Delta E_i \approx \hbar/\tau_i$。因此，对于终态为稳定基态 $E_k$ 的跃迁，频率 $\omega_{ik} = (E_i - E_k)/\hbar$ 的不确定度就等于

$$\delta\omega_n = \Delta E_i/\hbar = 1/\tau_i \tag{3.19}$$

如果低能级 $E_k$ 不是基态而是寿命为 $\tau_k$ 的激发态，那么两个能级的不确定度 $\Delta E_i$ 和 $\Delta E_k$ 都对线宽有贡献。这就给出了如下的不确定度

$$\Delta E = \sqrt{\Delta E_i^2 + \Delta E_k^2} \to \delta\omega_n = \sqrt{(1/\tau_i^2 + 1/\tau_k^2)}^{\,*} \tag{3.20}$$

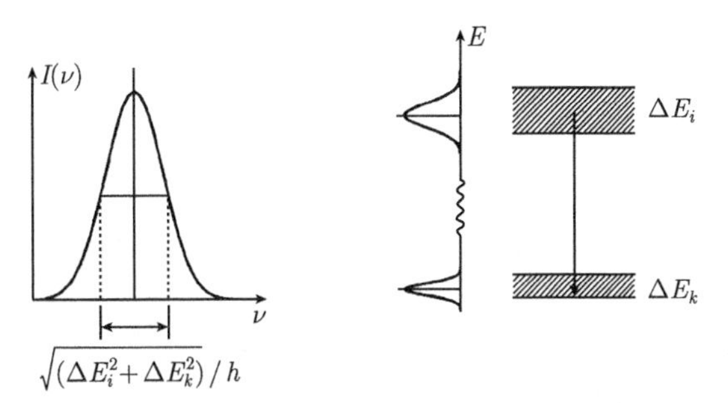


图 3.3 测不准原理的示意图，它将自然线宽与上能级和下能级的能量不确定度联系了起来

*实际上经常用的。—— 译者注

### 3.1.3 吸收跃迁的自然线宽

可以类似地推导出静止原子的吸收谱线的线形: 一束平面波沿着 $z$ 方向通过一个吸收样品，其强度 $I$ 在 $\mathrm{d}z$ 长度上的减小量为

$$\mathrm{d}I = -\alpha I \mathrm{d}z \tag{3.21}$$

跃迁 $|i\rangle \to |k\rangle$ 的吸收系数 $\alpha_{ik}[\mathrm{cm}^{-1}]$ 依赖于下能级和上能级的粒子数密度 $N_i$ 和 $N_k$，以及每种吸收原子的光学吸收截面 $\sigma_{ik}[\mathrm{cm}^2]$，参见式 (2.42):

$$\alpha_{ik}(\omega) = \sigma_{ik}(\omega)[N_i - (g_i/g_k)N_k] \tag{3.22}$$

当 $N_k \ll N_i$ 的时候，它约化为 $\alpha_{ik} = \sigma_{ik}N_i$ (图 3.4)。当强度 $I$ 足够小的时候，受激吸收速率小于能级 $|i\rangle$ 的再填充速率，粒子数密度 $N_i$ 不依赖于强度 $I$ (线性吸收)。对式 (3.21) 进行积分，就可以得到比尔定律 (Beer's law)

$$I = I_0\mathrm{e}^{-\alpha(\omega)z} = I_0\mathrm{e}^{-\sigma_{ik}N_i z} \tag{3.23}$$

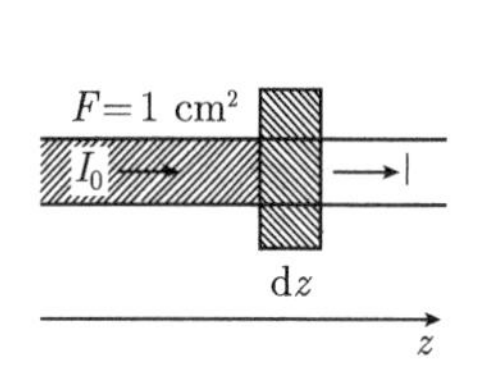

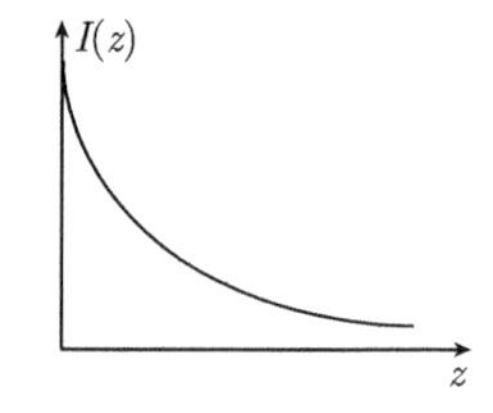

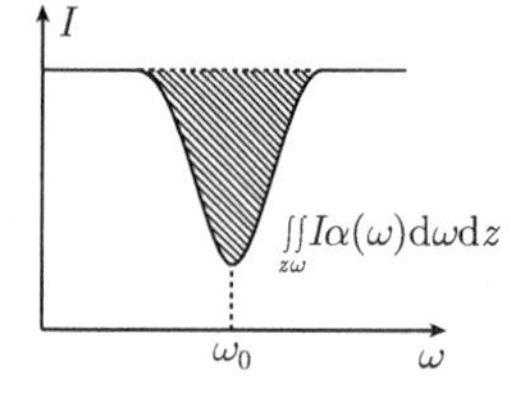


图 3.4　一个薄吸收层对平行光的吸收

利用阻尼谐振子的经典模型，可以得到吸收线形 $\alpha(\omega)$。振幅为 $E = E_0\mathrm{e}^{\mathrm{i}\omega t}$ 的入射波的电场作为驱动力 $qE$，影响了电荷 $q$。如果电场振幅为 $\boldsymbol{E} = \{E_x, 0, 0\}$，则对应的微分方程

$$m\ddot{x} + b\dot{x} + kx = qE_0\mathrm{e}^{\mathrm{i}\omega t} \tag{3.24}$$

具有如下形式的解

$$x = \frac{qE_0\mathrm{e}^{\mathrm{i}\omega t}}{m(\omega_0^2 - \omega^2 + i\gamma\omega)} \tag{3.25}$$

其中，$\gamma = b/m$，$\omega_0^2 = k/m$。电荷 $q$ 的受迫振动产生了一个诱导的电偶极矩

$$p = qx = \frac{q^2E_0\mathrm{e}^{\mathrm{i}\omega t}}{m(\omega_0^2 - \omega^2 + \mathrm{i}\gamma\omega)} \tag{3.26}$$

如果样品单位体积内含有 $N$ 个谐振子，那么宏观极化 $P$ 就等于

$$P = Nqx \tag{3.27}$$

它是单位体积内所有偶极矩之和。另一方面，采用介电常数 $\epsilon_0$ 和响应率 $\chi$，可以用经典电动力学从麦克斯韦方程来推导极化，

$$\boldsymbol{P} = \epsilon_0(\epsilon - 1)\boldsymbol{E} = \epsilon_0\chi\boldsymbol{E} \tag{3.28}$$

相对介电常数 $\epsilon$ 和折射率 $n$ 的关系为

$$n = \epsilon^{1/2} \tag{3.29}$$

由下述的光速关系式

$$v = (\epsilon\epsilon_0\mu\mu_0)^{-1/2} = c/n \quad 和 \quad c = (\epsilon_0\mu_0)^{-1/2} \Rightarrow n = \sqrt{\epsilon\mu}$$

可以很容易地证明这一点。在介电常数 $\epsilon\epsilon_0$ 和磁导率 $\mu_0\mu$ 的介质中，由麦克斯韦公式可以得到该介质中的光速。除了铁磁材料外，相对磁导率 $\mu \approx 1 \rightarrow n = \epsilon^{1/2}$。

将式 (3.25)～式 (3.29) 结合起来，可以将折射率 $n$ 写为

$$n^2 = 1 + \frac{Nq^2}{\epsilon_0 m(\omega_0^2 - \omega^2 + \mathrm{i}\gamma\omega)} \tag{3.30}$$

在压强足够小的气态介质中，折射率接近于 1(例如，在一个大气压的空气中，$\lambda =$ 500nm 的折射率为 $n = 1.000\,28$)。在这种情况下，对于绝大多数应用来说，近似关系式

$$n^2 - 1 = (n+1)(n-1) \approx 2(n-1)$$

都是足够精确的。因此，可以将式 (3.30) 约化为

$$n = 1 + \frac{Nq^2}{2\epsilon_0 m(\omega_0^2 - \omega^2 + \mathrm{i}\gamma\omega)} \tag{3.31}$$

为了弄清楚复折射率的物理意义，我们将实部与虚部分开，将它写为

$$n = n' - \mathrm{i}\kappa \tag{3.32}$$

在折射率为 $n$ 的介质中，沿着 $z$ 方向传播的电磁波 $E = E_0 \exp[\mathrm{i}(\omega t - kz)]$ 的频率与真空中相同，$\omega_n = \omega_0$，但是，它们的波矢不同，$k_n = k_0 n$。将 $|\boldsymbol{k}| = 2\pi/\lambda$ 代入式 (3.32) 可以得到

$$E = E_0 \mathrm{e}^{-k_0\kappa z}\mathrm{e}^{\mathrm{i}(\omega t - k_0 n' z)} = E_0\mathrm{e}^{-2\pi\kappa z/\lambda_0}\mathrm{e}^{\mathrm{i}k_0(ct - n'z)} \tag{3.33}$$

式 (3.33) 表明，复折射率 $n$ 的虚部 $\kappa(\omega)$ 描述了电磁波的吸收。在穿透深度 $z = \lambda_0/(2\pi\kappa)$ 的位置，振幅 $E_0\exp(-k_0\kappa z)$ 减小为 $z = 0$ 处的初始值的 $1/\mathrm{e}$。实部 $n'(\omega)$

表示波的色散，也就是说，相速度 $\nu(\omega) = c/n'(\omega)$ 的频率依赖关系。强度 $I \propto EE^*$ 就减小为

$$I = I_0 \mathrm{e}^{-2\kappa k_0 z} \tag{3.34}$$

与式 (3.23) 作比较，可以得到如下关系

$$\alpha = 2\kappa k_0 = 4\pi\kappa/\lambda_0 \tag{3.35}$$

吸收系数 $\alpha$ 正比于复折射率 $n = n' - i\kappa$ 的虚部 $\kappa$。

将式 (3.32) 和式 (3.35) 代入式 (3.31)，可以得到 $\alpha$ 和 $n'$ 的频率依赖关系。将实部和虚部分开，可以得到

$$\boxed{\alpha = \frac{Nq^2\omega_0}{c\epsilon_0 m}\frac{\gamma\omega}{(\omega_0^2-\omega^2)^2+\gamma^2\omega^2}} \tag{3.36a}$$

$$\boxed{n' = 1 + \frac{Nq^2}{2\epsilon_0 m}\frac{\omega_0^2-\omega^2}{(\omega_0^2-\omega^2)^2+\gamma^2\omega^2}} \tag{3.37a}$$

式 (3.36a) 和式 (3.37) 是克拉默斯–克勒尼希 (Kramers-Kronig) 色散关系。它们利用复折射率 $n = n' - \mathrm{i}\kappa = n' - \mathrm{i}\alpha/(2k_0)$ 将吸收和色散联系起来。

在分子跃迁频率 $\omega_0$ 的附近，$|\omega_0 - \omega| \ll \omega_0$，利用 $q = \mathrm{e}$ 和 $\omega_0^2 - \omega^2 = (\omega_0 + \omega)(\omega_0 - \omega) \approx 2\omega_0(\omega_0 - \omega)$，可以将色散关系约化为

$$\alpha(\omega) = \frac{N\mathrm{e}^2}{4\epsilon_0 mc}\frac{\gamma}{(\omega_0-\omega)^2+(\gamma/2)^2} \tag{3.36b}$$

$$n' = 1 + \frac{N\mathrm{e}^2}{4\epsilon_0 m\omega_0}\frac{\omega_0-\omega}{(\omega_0-\omega)^2+(\gamma/2)^2} \tag{3.37b}$$

吸收线形 $\alpha(\omega)$ 是洛伦兹线形，它的半高宽是 $\delta\omega_n = \gamma$，等于自然线宽。气体和真空的折射率之差 $n' - n_0 = n' - 1$ 产生了一个色散线形。

在原子跃迁的本征频率 $\omega_0$ 附近，$\alpha(\omega)$ 和 $n'(\omega)$ 的频率依赖关系如图 3.5 所示。

**注**: 只有对于那些在观测者坐标系中保持静止的谐振子，本节中推导出来的关系式才成立。气体原子的热运动为谱线引入了额外的展宽，即多普勒展宽，这一点将在第 3.2 节中讨论。因此，只有利用没有多普勒效应的技术，才能够观测到式 (3.36) 和 (3.37) 中的线形 (第 2 卷第 2 章和第 4 章)。

**例 3.1**

(a) 钠原子在波长 $\lambda = 589.1\mathrm{nm}$ 处的 $D_1$ 谱线对应于 $3P_{3/2}$ 能级 ($\tau = 16\mathrm{ns}$) 和 $3S_{1/2}$ 基态之间的跃迁，它的自然线宽是

$$\delta\nu_n = \frac{10^9}{16 \times 2\pi} = 10^7\mathrm{s}^{-1} = 10\mathrm{MHz}$$

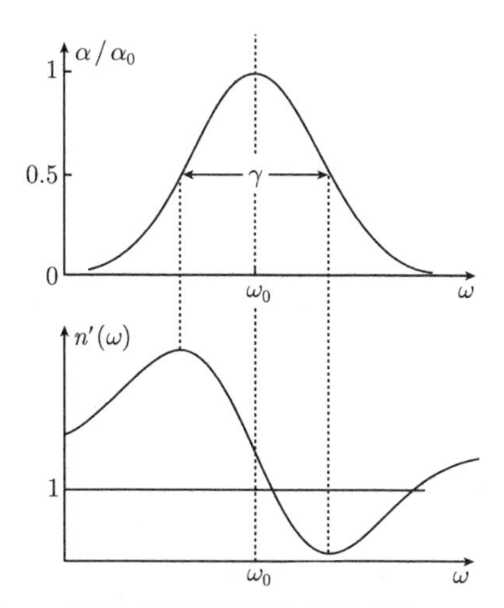


图 3.5 在中心频率 $\omega_0$ 的原子跃迁附近的吸收系数 $\alpha = 2k\kappa(\omega)$ 和色散 $n'(\omega)$

注意，当中心频率 $\nu_0 = 5 \times 10^{14}$Hz 而寿命为 16ns 的时候，相应的经典谐振子的衰减非常慢。在 $8 \times 10^6$ 个振荡周期之后，振幅才减小为初始值的 1/e。

(b) 当波长位于红外区的时候，振动能级的自发辐射寿命特别长，因此，在电子基态的两个振动能级之间，分子跃迁的自然线宽非常小。对于典型寿命值 $\tau = 10^{-3}$s 来说，自然线宽等于 $\delta\nu_n = 160$Hz。

(c) 即使在可见区和紫外区，原子或分子也存在几率非常小的电子跃迁。在偶极近似下，它们是“禁戒”跃迁。一个例子是氢原子的 $2s \leftrightarrow 1s$ 跃迁。上能级 $2s$ 不能够以电偶极跃迁的方式衰变，但是可以通过双光子过程跃迁到基态 $1s$ 上。自然寿命为 $\tau = 0.12$s，因此，这个双光子谱线的自然线宽为 $\delta\nu_n = 1.3$Hz。

## 3.2 多普勒宽度

一般来说，如果不采用特殊技术的话，就观测不到第 3.1 节所讨论的以自然线宽 $\delta\nu_n$ 为半宽的洛伦兹线形，因为其他展宽效应完全掩盖了它。低压气体中谱线线宽的一个主要来源是多普勒线宽，它产生于发射或吸收光子的分子的热运动。

考虑一个激发态分子，它以速度 $\boldsymbol{v} = \{v_x, v_y, v_z\}$ 在观察者所处的静止坐标系中运动。在分子坐标系中，分子发射谱线的中心频率为 $\omega_0$，而对于一个朝着分子运动方向观测的人来说 (也就是说，与被发射光子的波矢 $\boldsymbol{k}$ 相反的方向，见图 3.6(a))，多普勒效应将这个频率移动到

$$\omega_e = \omega_0 + \boldsymbol{k} \cdot \boldsymbol{v} \tag{3.38}$$

对于观察者来说，如果分子朝着观察者运动 ($\boldsymbol{k} \cdot \boldsymbol{v} > 0$)，那么，表观的发射频率 $\omega_e$

增大；如果分子背离观察者运动 ($\boldsymbol{k}\cdot\boldsymbol{v}<0$)，那么，表观的发射频率 $\omega_{\rm e}$ 减小。

类似地，当分子以速度 $\boldsymbol{v}$ 穿过平面电磁波 $E=E_0\exp(\mathrm{i}\omega t-\boldsymbol{k}\cdot\boldsymbol{r})$ 的时候，它的吸收频率也会变化。静止坐标系中的频率 $\omega$ 在运动分子的坐标系中表现为

$$\omega'=\omega-\boldsymbol{k}\cdot\boldsymbol{v}$$

只有当 $\omega'$ 与分子的本征频率 $\omega_0$ 相同的时候，分子才能够吸收光子。吸收频率 $\omega=\omega_{\rm a}$ 就是

$$\omega_{\rm a}=\omega_0+\boldsymbol{k}\cdot\boldsymbol{v} \tag{3.39a}$$

与发射光子时的情况相同，当 $\boldsymbol{k}\cdot\boldsymbol{v}>0$ 的时候，例如，当分子运动的方向平行于光传播方向的时候，吸收频率 $\omega_{\rm a}$ 增大 (图 3.6(b))。当 $\boldsymbol{k}\cdot\boldsymbol{v}<0$ 的时候，例如，当分子运动的方向与光传播方向相反的时候，吸收频率 $\omega_{\rm a}$ 减小。如果选择光传播方向为 $+z$ 方向，$\boldsymbol{k}=\{0,0,k_z\}$，$|\boldsymbol{k}|=2\pi/\lambda$，那么，式 (3.39(a)) 就变为

$$\omega_{\rm a}=\omega_0(1+v_z/c) \tag{3.39b}$$

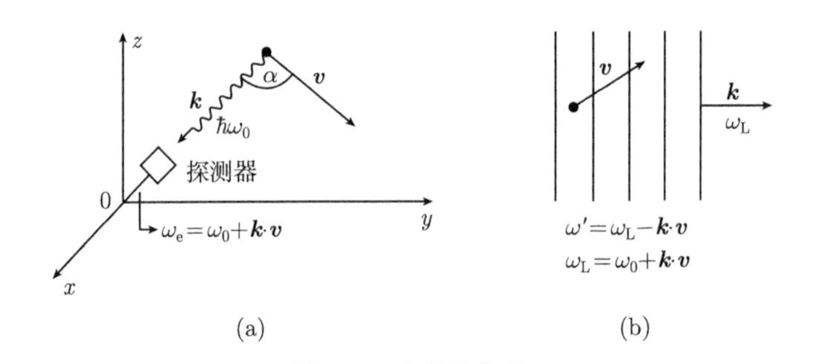


图 3.6　多普勒位移

(a) 单色的发射谱线；(b) 吸收谱线

**注**：式 (3.38) 和式 (3.39) 描述了线性多普勒效应。为了更高的精确度，需要考虑二阶多普勒效应 (第 2 卷第 9.1 节)。

在热平衡情况下，气体分子服从麦克斯韦速度分布。当温度为 $T$ 时，单位体积中位于能级 $E_i$ 上的、速度分量介于 $v_z$ 和 $v_z+\mathrm{d}v_z$ 之间的分子数目 $n_i(v_z)\mathrm{d}v_z$ 等于

$$n_i(v_z)\mathrm{d}v_z=\frac{N_i}{v_{\rm p}\sqrt{\pi}}\mathrm{e}^{-(v_z/v_{\rm p})^2}\mathrm{d}v_z \tag{3.40}$$

其中，$N_i=\int n_i(v_z)\mathrm{d}v_z$ 是能级 $E_i$ 上所有分子的密度，$v_{\rm p}=(2kT/m)^{1/2}$ 是最可几速度，$m$ 是分子的质量，$k$ 是玻尔兹曼常数。将速度分量和频率移动的关系式

(3.39b) 和 $\mathrm{d}v_z = (c/\omega_0)\mathrm{d}\omega$ 代入式 (3.40)，可以得到吸收频率由 $\omega_0$ 变到从 $\omega$ 到 $\omega + \mathrm{d}\omega$ 的区间里的分子数目为

$$n_i(\omega)\mathrm{d}\omega = N_i \frac{c}{\omega_0 v_\mathrm{p}\sqrt{\pi}} \exp\left[-\left(\frac{c(\omega-\omega_0)}{\omega_0 v_\mathrm{p}}\right)^2\right]\mathrm{d}\omega \tag{3.41}$$

因为发射或吸收的辐射功率 $P(\omega)\mathrm{d}\omega$ 正比于区间 $\mathrm{d}\omega$ 中发射分子或吸收分子的密度 $n_i(\omega)\mathrm{d}\omega$，多普勒展宽谱线的强度线形就变为

$$I(\omega) = I_0 \exp\left[-\left(\frac{c(\omega-\omega_0)}{\omega_0 v_\mathrm{p}}\right)^2\right] \tag{3.42}$$

它是高斯线形，半高宽等于

$$\delta\omega_\mathrm{D} = 2\sqrt{\ln 2}\,\omega_0 v_\mathrm{p}/c = \left(\frac{\omega_0}{c}\right)\sqrt{8kT\ln 2/m} \tag{3.43a}$$

它被称为多普勒宽度。将式 (3.43a) 代入式 (3.42)，利用 $1/(4\ln 2) = 0.36$，可以得到

$$\boxed{I(\omega) = I_0 \exp\left(-\frac{(\omega-\omega_0)^2}{0.36\delta\omega_\mathrm{D}^2}\right)} \tag{3.44}$$

注意，$\delta\omega_\mathrm{D}$ 随着频率 $\omega_0$ 线性地增长，它正比于 $(T/m)^{1/2}$。因此可以预期，高温下的氢原子 $(M=1)$ 的高频 $\omega$ 莱曼 (Lyman) $\alpha$ 谱线具有最大的多普勒宽度。

利用阿伏伽德罗常数 $N_\mathrm{A}$ (每摩尔分子的数目)、摩尔质量 $M = N_\mathrm{A}m$ 和气体常数 $R = N_\mathrm{A}k$，可以更加方便地改写式 (3.43a)。将这些关系式代入多普勒宽度的式 (3.43a)，可以得到

$$\delta\omega_\mathrm{D} = (2\omega_0/c)\sqrt{2RT\ln 2/M} \tag{3.43b}$$

利用 $c$ 和 $R$ 的数值，也可以将它写为频率的单位

$$\delta\nu_\mathrm{D} = 7.16\times 10^{-7}\nu_0\sqrt{T/M}\ [\mathrm{Hz}] \tag{3.43c}$$

**例 3.2**

(a) 真空紫外区：在温度为 $T = 1000\mathrm{K}$ 的气体放电中，莱曼 $\alpha$ 谱线 (氢原子的 $2p \to 1s$ 跃迁)，$M = 1$，$\lambda = 121.6\mathrm{nm}$，$\nu_0 = 2.47\times 10^{15}\mathrm{s}^{-1} \to \delta\nu_\mathrm{D} = 5.6\times 10^{10}\mathrm{Hz}$，$\delta\lambda_\mathrm{D} = 2.8\times 10^{-3}\mathrm{nm}$。

(b) 可见光谱区：在温度为 $T = 500\mathrm{K}$ 的钠气体盒中，钠的 $D$ 谱线 (钠原子的 $3p \to 3s$ 跃迁)，$\lambda = 589.1\mathrm{nm}$，$\nu_0 = 5.1\times 10^{14}\mathrm{s}^{-1} \to \delta\nu_\mathrm{D} = 1.7\times 10^9\mathrm{Hz}$，$\delta\lambda_\mathrm{D} = 1\times 10^{-3}\mathrm{nm}$。

(c) 红外区: 在室温 ($T = 300\text{K}$) 的 $CO_2$ 气体盒中, 量子数为 $J$ 和 $\nu$ 的 $CO_2$ 分子的转动振动能级之间的跃迁 $(J_i, \nu_i) \leftrightarrow (J_k, \nu_k)$, $\lambda = 10\mu\text{m}$, $\nu = 3\times 10^{13}\text{s}^{-1}$, $M = 44$ $\rightarrow \delta\nu_D = 5.6 \times 10^7\text{Hz}$, $\delta\lambda_D = 1.9 \times 10^{-2}\text{nm}$。

这些例子表明，在可见光区和紫外区，多普勒宽度大约比自然线宽大两个数量级。然而，需要注意的是，当变量 $\nu - \nu_0$ 很大的时候，高斯线形的强度 $I$ 要比洛伦兹线形更快地趋近于零 (图 3.7)。因此，即使多普勒宽度远大于自然线宽，也有可能从非常远的侧翼部分得到洛伦兹线形的信息 (见下文)。

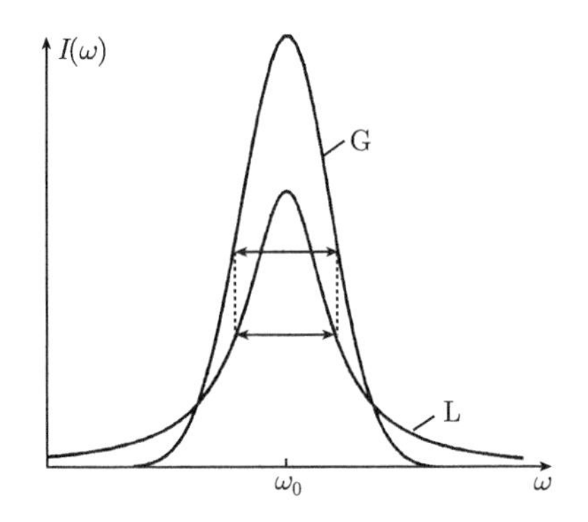


图 3.7　半宽相同的洛伦兹线形 (L) 和高斯线形 (G) 的比较

更为仔细的考虑表明，上述的纯粹高斯线形并不能够严格地描述多普勒展宽的谱线，因为具有确定的速度分量 $v_z$ 的分子并非都能够在完全相同的频率 $\omega = \omega_0(1 + v_z/c)$ 处发射或吸收光子。由于分子能级的寿命有限，分子的频率响应可以用一个中心频率为 $\omega'$ 的洛伦兹线形来表示 (图 3.8)，见式 (3.10)

$$L(\omega - \omega') = \frac{\gamma/2\pi}{(\omega - \omega')^2 + (\gamma/2)^2}$$

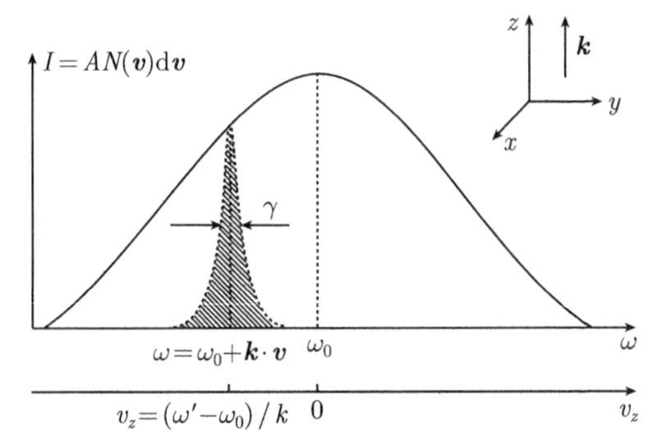


图 3.8　中心位于 $\omega' = \omega_0 + \boldsymbol{k}\cdot\boldsymbol{v} = \omega_0(1 + v_z/c)$ 的洛伦兹线形，分子具有确定的速度分量 $v_z$

令 $n(\omega)\mathrm{d}\omega = n(v_z)\mathrm{d}v_z$ 是单位体积中速度分量位于 $v_z$ 到 $v_z + \mathrm{d}v_z$ 区间中的分子数目。分子在跃迁 $E_i \to E_k$ 处吸收或发射的谱强度分布 $I(\omega)$ 就等于

$$I(\omega) = I_0 \int n(\omega')L(\omega - \omega')\mathrm{d}\omega' \tag{3.45}$$

将 $L(\omega - \omega')\mathrm{d}\omega$ 的式 (3.10) 和 $n(\omega')$ 的式 (3.41) 代入，可以得到

$$I(\omega) = C \int_0^{\infty} \frac{\exp\{-[(c/v_{\mathrm{p}})(\omega_0 - \omega)'/\omega_0]^2\}}{(\omega - \omega')^2 + (\gamma/2)'^2}\mathrm{d}\omega' \tag{3.46}$$

其中，

$$C = \frac{\gamma N_i c}{2v_{\mathrm{p}}\pi^{3/2}\omega_0}$$

这种强度线形被称为佛赫特 (Voigt) 线形，它是洛伦兹线形和高斯线形的卷积 (图 3.9)。在星际气体光谱学中，佛赫特线形非常重要：精确地测定谱线的侧翼，可以区分多普勒宽度、自然线宽和谱线碰撞展宽的贡献 (见文献 [3.6] 和第 3.3 节)。根据这些测量，可以得到恒星大气层中发射层或吸收层的温度和压强[3.7]。

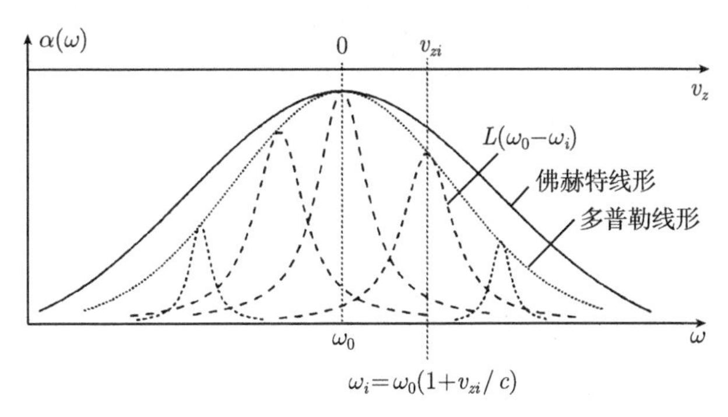


图 3.9　佛赫特线形是许多分子的洛伦兹线形 $L(\omega_0 - \omega_i)$ 的卷积，这些分子的速度分量 $v_{zi}$ 和中心吸收频率 $\omega_i = \omega_0(1 + v_{zi}/c)$ 各不相同

## 3.3　谱线的碰撞展宽

当一个具有能级 $E_i$ 和 $E_k$ 的原子 $A$ 与另一个原子 $B$ 靠近的时候，$A$ 和 $B$ 之间的相互作用使得 $A$ 原子的能级发生移动。这一变化依赖于 $A$ 和 $B$ 的电子构型以及这两个碰撞物之间的距离 $R(A,B)$，即 $A$ 和 $B$ 的质心之间的距离。

一般来说，能级 $E_i$ 和 $E_k$ 的变化 $\Delta E$ 是不同的，可正可负。如果 $A$ 和 $B$ 之间的相互作用是排斥性的，那么能量变化 $\Delta E$ 是正的，如果相互作用是吸引性的，那么能量变化就是负的。不同能级的能量 $E(R)$ 随着原子间距离 $R$ 的变化关系就是势能曲线，如图 3.10 所示。

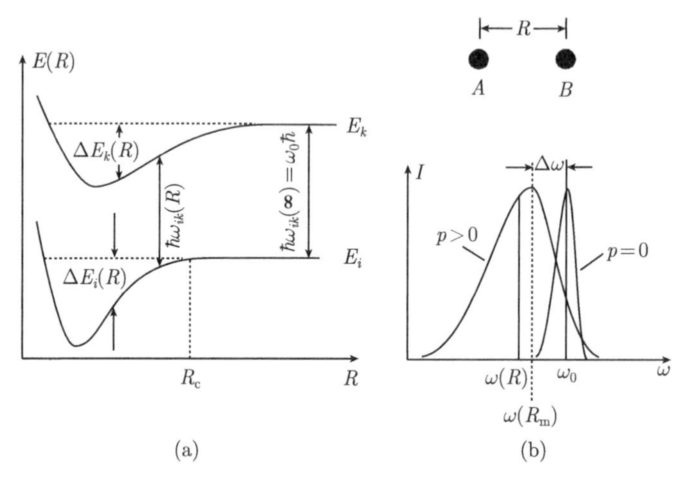


图 3.10　用碰撞粒子对 $AB$ 的势能曲线 (a) 解释谱线的碰撞展宽 (b)

两个粒子在距离 $R \leqslant R_{\mathrm{c}}$ 处的相互作用被称为碰撞，$R_{\mathrm{c}}$ 是碰撞半径。如果在碰撞过程中粒子不存在非辐射跃迁形式的内能传递，就称之为弹性碰撞。如果没有额外的稳定机制 (复合过程)，在碰撞时间 $\tau_{\mathrm{c}} \approx R_{\mathrm{c}}/v$ 之后，两个粒子就会再度分开，碰撞时间依赖于相对速度 $v$。

**例 3.3**

热运动速度为 $v = 5 \times 10^2 \mathrm{m/s}$，典型碰撞半径为 $R_{\mathrm{c}} = 1\mathrm{nm}$，那么，碰撞时间就等于 $\tau_{\mathrm{c}} = 2 \times 10^{-12}\mathrm{s}$。在此时间内，电子电荷分布一般会“绝热地”跟随着微扰，这就验证了图 3.10 中势能曲线模型的正确性。

### 3.3.1　唯象描述

如果在碰撞时间内，$A$ 原子通过辐射跃迁由能级 $E_i$ 到达能级 $E_k$，吸收或发射的频率

$$\omega_{ik} = |E_i(R) - E_k(R)|/\hbar \tag{3.47}$$

依赖于两者在跃迁时刻的距离 $R(t)$。假定辐射跃迁发生的时间小于碰撞时间，那么，距离 $R$ 在跃迁过程中就不会发生变化。这一假设导致了垂直的辐射跃迁，如图 3.10 所示。

在 $A$ 原子和 $B$ 原子的混合气体中，相互距离 $R(A,B)$ 随机分布在平均值 $R$ 附近，这个平均值依赖于压强和温度。根据式 (3.47)，荧光会在最可几频率值 $\omega_{ik}(R_{\mathrm{m}})$ 附近有着相应的频率分布，相对于原子未被扰动时的 $\omega_0$，最可几值有可能会发生变化。这个变化 $\Delta\omega = \omega_0 - \omega_{ik}$ 依赖于两个能级 $E_i$ 和 $E_k$ 在发射几率最大的位置 $R_{\mathrm{m}}(A,B)$ 处的相对变化。频率改变而且被碰撞展宽的谱线的强度 $I(\omega)$ 为

$$I(\omega) \propto \int A_{ik}(R)P_{\mathrm{col}}(R)[E_i(R) - E_k(R)]\mathrm{d}R \tag{3.48}$$

其中，$A_{ik}(R)$ 是自发跃迁几率，它依赖于 $R$，因为碰撞粒子对 $AB$ 的电子波函数依赖于 $R$，$P_{\mathrm{col}}(R)$ 是单位时间内粒子间距离位于 $R$ 到 $R+\mathrm{d}R$ 的区间之内的几率。

从式 (3.48) 可以看出，碰撞展宽谱线的强度线形反映了势能曲线之间的差别

$$E_i(R) - E_k(R) = V[A(E_i), B] - V[A(E_k), B]$$

令 V$(R)$ 等于 $A$ 原子基态和 $B$ 粒子之间的相互作用势。$A$ 与 $B$ 之间的距离位于 $R$ 和 $R+\mathrm{d}R$ 之间的几率正比于 $4\pi R^2\mathrm{d}R$ 和玻尔兹曼因子 $\exp[-V(R)/kT]$ (在热平衡状态下)。到 $A$ 的距离为 $R$ 的 $B$ 原子的数目 $N(R)$ 就等于

$$N(R)\mathrm{d}R = N_0 4\pi R^2 \mathrm{e}^{-V(R)/kT}\mathrm{d}R \tag{3.49}$$

其中，$N_0$ 是原子 $B$ 的平均密度。因为吸收谱线的强度正比于形成碰撞对子的吸收原子的密度，所以吸收谱线的强度线形可以写为

$$I(\omega)\mathrm{d}\omega = C^*\left\{R^2\exp\left(-\frac{V_i(R)}{kT}\right)\frac{\mathrm{d}}{\mathrm{d}R}[V_i(R) - V_k(R)]\right\}\mathrm{d}R \tag{3.50}$$

其中，利用了 $\hbar\omega(R) = [V_i(R) - V_k(R)] \to \hbar\mathrm{d}\omega/\mathrm{d}R = \mathrm{d}[V_i(R) - V_k(R)]/\mathrm{d}R$。测量线形随温度的变化关系，可以得到

$$\frac{\mathrm{d}I(\omega,T)}{\mathrm{d}T} = \frac{V_i(R)}{kT^2}I(\omega,T)$$

因此就可以得到基态的势 $V_i(R)$。

通常会将各种不同的球模型势 $V(R)$ 代入式 (3.50)，例如 Lennard-Jones 势

$$V(R) = a/R^{12} - b/R^6 \tag{3.51}$$

选择系数 $a$ 和 $b$ 的数值，使得实验和理论符合得最好[3.8~3.16]。

弹性碰撞引起的谱线位移对应于自由原子 $A^*$ 的激发态能量 $\hbar\omega_0$ 与光子能量 $\hbar\omega$ 之间的能量差 $\Delta E = \hbar\Delta\omega$。这个能量差由碰撞粒子的动能提供。所以，在正位移的时候 $(\Delta\omega > 0)$，碰撞之后的动能减小了。

除了弹性碰撞之外，还可能存在非弹性碰撞，$A$ 原子的激发能 $E_i$ 部分或全部地转变为碰撞粒子 $B$ 的内能，或者转化为两个碰撞粒子的平动能。这种非弹性碰撞通常被称为淬灭碰撞，因为它们减少了能级 $E_i$ 上的激发原子数，从而减弱了荧光强度。能级 $E_i$ 上粒子数减少的总跃迁几率是辐射跃迁几率和碰撞诱导跃迁几率之和 (图 2.15)

$$A_i = A_i^{\mathrm{rad}} + A_i^{\mathrm{coll}} \tag{3.52}$$

其中，$A_i^{\mathrm{coll}} = N_B \sigma_i v$。将平均相对速度 $v$ 与相应的压强 $p_B$ 和气体温度 $T$ 之间的关系式

$$v = \sqrt{\frac{8kT}{\pi\mu}}, \quad \mu = \frac{M_A \cdot M_B}{M_A + M_B}, \quad p_B = N_B kT$$

代入式 (3.52)，可以得到总的跃迁几率

$$A_i = \frac{1}{\tau_{\mathrm{sp}}} + a p_B \tag{3.53}$$

其中，$a = 2\sigma_{ik}\sqrt{\frac{2}{\pi\mu kT}}$。从式 (3.16) 显然可以看出，依赖于压强的跃迁几率使得线宽 $\delta\omega$ 也依赖于压强，可以用两个衰变项之和来描述它

$$\delta\omega = \delta\omega_n + \delta\omega_{\mathrm{col}} = \gamma_n + \gamma_{\mathrm{col}} = \gamma_n + a p_B \tag{3.54}$$

因此，碰撞引起的谱线的额外展宽 $a p_B$ 被称为压强展宽。

根据第 3.1 节的推导，可以得到非弹性碰撞引起的展宽谱线是半宽为 $\gamma = \gamma_n + \gamma_{\mathrm{col}}$ 的洛伦兹线形：

$$I(\omega) = \frac{C^*}{(\omega - \omega_0)^2 + [(\gamma_n + \gamma_{\mathrm{col}})/2]^2} \tag{3.55}$$

弹性碰撞不会改变幅度，但是碰撞过程中的频率变化 $\Delta\omega(R)$ 会改变阻尼振子的相位。它们通常被称为扰动相位的碰撞 (图 3.11)。考虑到弹性碰撞引起的谱线变化 $\Delta\omega$，当谱线仍然可以用洛伦兹线形描述的时候，

$$I(\omega) = \frac{C}{(\omega - \omega_0 - \Delta\omega)^2 + (\gamma/2)^2} \tag{3.56}$$

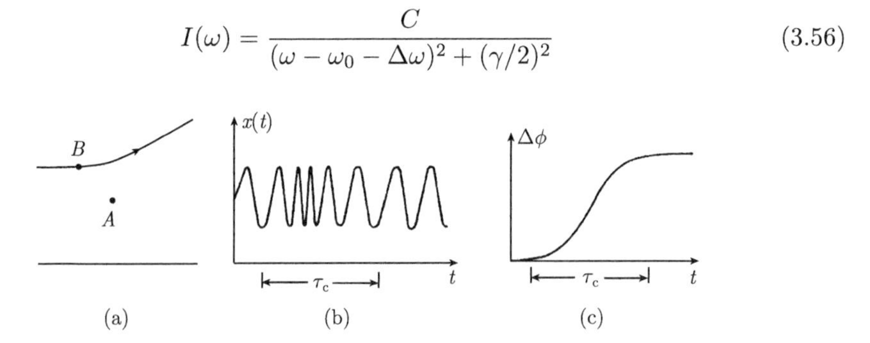


图 3.11　碰撞改变了振子相位

(a) 碰撞粒子的经典近似路径；(b) 在碰撞过程中振子 $A(t)$ 的频率变化；(c) 由此产生的相位变化

其中，谱线位移 $\Delta\omega = N_B \cdot \bar{v} \cdot \sigma_s$ 和谱线展宽 $\gamma = \gamma_n + N_B \cdot \bar{v} \cdot \sigma_b$ 决定于碰撞体 $B$ 的粒子数密度 $N_B$，谱线位移还决定于碰撞截面 $\sigma_s$，展宽还决定于 $\sigma_b$ (图 3.12)。当 $N_B = 0$ 的时候，式 (3.56) 变得与式 (3.10) 完全相同，常数 $C^* = (I_0/2\pi)(\gamma + N_B v \sigma_b)$ 变为 $I_0\gamma/2\pi$。

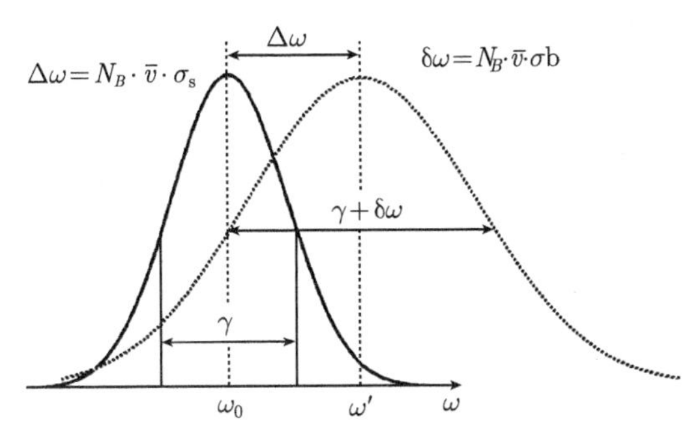


图 3.12 碰撞让洛伦兹线形移动并展宽

**注**：碰撞引起的真实线形依赖于 $A$ 和 $B$ 之间的相互作用势。在大多数情况下，它不再是洛伦兹线形，而是一个非对称线形，因为跃迁几率依赖于原子核之间的距离，而且，能量差 $\Delta E(R) = E_i(R) - E_k(R)$ 通常并不是单调上升或下降的函数，可以有极值点。

图 3.13 给出了几个例子，不同的惰性气体原子引起了锂原子共振谱线的压强展宽和位移，单位为 $\mathrm{cm}^{-1}$。表 3.1 总结了不同的碱金属原子谱线的压强展宽和谱线位移的数据。

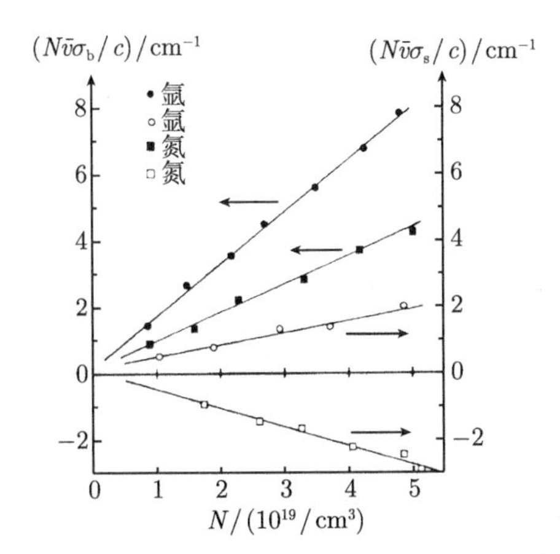


图 3.13 不同的惰性气体引起的锂原子共振谱线的压强展宽 (左侧纵轴) 和位移 (右侧纵轴)[3.17]

**表 3.1　惰性气体和氮气引起的碱金属原子共振谱线的展宽 (半高宽 $\gamma/n$) 和位移 $\Delta\omega/n$。(所有数据的单位都是 $10^{-20}\text{cm}^{-1}/\text{cm}^{-3}\approx 10\text{MHz/torr}$，温度为 $T=300\text{K}$)**

| | 跃迁 | λ/nm | 本征宽度 | 氦宽度 | 位移 | 氖宽度 | 位移 | 氩宽度 | 位移 | 氪宽度 | 位移 | 氙宽度 | 位移 | 氮宽度 | 位移 |
|---|---|---|---|---|---|---|---|---|---|---|---|---|---|---|---|
| Li | $2S-2P$ | 670.8 | $2.5\times10^2$ | 2.2 | −0.08 | 1.5 | -0.2 | 2.4 | −0.7 | 2.9 | −0.8 | 3.3 | −1.0 | | |
| Na | $3S_{1/2}-3P_{1/2}$ | 598.6 | $1.6\times10^2$ | 1.6 | 0.00 | 1.3 | −0.3 | 2.9 | −0.85 | 2.8 | −0.6 | 3.0 | −0.6 | 1.8 | −0.8 |
| | $-P_{3/2}$ | 598.0 | $2.7\times10^2$ | 3.0 | −0.06 | 1.5 | −0.75 | 2.3 | −0.7 | 2.5 | −0.7 | 2.5 | −0.7 | | |
| K | $4S_{1/2}-4P_{1/2}$ | 769.9 | $3.2\times10^2$ | 1.5 | +0.24 | 0.9 | −0.22 | 2.6 | −1.2 | 2.4 | −0.9 | 2.9 | −1.0 | 2.6 | −1.0 |
| | $-4P_{3/2}$ | 766.5 | $2.2\times10^2$ | 2.1 | +0.13 | 1.2 | −0.33 | 2.1 | −0.8 | 2.5 | −0.6 | 2.9 | −1.0 | 2.6 | −0.7 |
| | $-5P_{1/2}$ | 404.7 | $0.8\times10^1$ | 3.8 | +0.74 | 1.6 | 0.0 | 7.2 | −2.0 | 6.6 | −2.0 | 6.6 | | | |
| Rb | $5S_{1/2}-5P_{1/2}$ | 794.7 | $3.7\times10^2$ | 2.0 | 1.0 | 1.0 | −0.04 | 2.0 | −0.8 | 2.3 | −0.8 | | | | |
| | $-6P_{1/2}$ | 421.6 | $1.6\times10^1$ | | | | | | | | | | | | |
| | $-10P_{1/2}$ | 315.5 | $0.4\times10^1$ | 5.0 | | | | | −9.5 | | | | −6 | | |
| Cs | $6S_{1/2}-6P_{1/2}$ | 894.3 | | 2.0 | +0.67 | 1.0 | −0.29 | 2.0 | −0.9 | 2.0 | −0.27 | 2.1 | −0.8 | 3.1 | −0.7 |
| | $-7P_{1/2}$ | 459.0 | | 8.8 | +1.0 | 3.5 | 0.0 | 8.6 | −1.6 | | −1.5 | 6.3 | −1.7 | | |

注：在文献中，这些数值的差异很大。因此，在表 3.1 中使用了一些平均值。

参考文献：N. Allard, J. Kielkopf: Rev. Med. Phys. 54, 1103 (1982)

M. J. O'Callaghan, A. Gallagher: Phys. Rev. 39, 6190 (1989)

E. Schüler, W. Behmenburg: Phys. Rep. 12C, 274 (1974)

### 3.3.2 相互作用势与谱线展宽和位移的关系

为了更加深入地理解散射截面 $\sigma_s$ 和 $\sigma_b$ 的物理意义，必须寻找相移 $\eta(R)$ 和势场 $V(R)$ 之间的关系。假设位于能级 $E_i$ 或 $E_k$ 上的 $A$ 原子与扰动原子 $B$ 之间的势场的形式为

$$V_i(R) = C_i/R^n, \quad V_k(R) = C_k/R^n \tag{3.57}$$

跃迁 $E_i \to E_k$ 的频率变化 $\Delta\omega$ 就是

$$\hbar\Delta\omega(R) = \frac{C_i - C_k}{R^n} \tag{3.58}$$

谱线展宽来自于两个方面的贡献：

(a) 相位变化，它来自于碰撞过程中振子的频率变化；

(b) 淬灭碰撞，它减小了 $A$ 原子的上能级的有效寿命。

忽略 $B$ 原子的散射，假设 $B$ 的路径没有偏转而是保持直线运动 (图 3.14)，那么，碰撞参数为 $R_0$ 的碰撞使得振子 $A$ 的相位改变了

$$\begin{aligned}\Delta\phi(R_0) &= \int_{-\infty}^{+\infty} \Delta\omega \mathrm{d}t \\ &= \frac{1}{\hbar}\int_{-\infty}^{+\infty} \frac{(C_i - C_k)\mathrm{d}t}{[R_0^2 + \bar{v}^2(t-t_0)^2]^{n/2}} \\ &= \frac{\alpha_n(C_i - C_k)}{vR_0^{n-1}}\end{aligned} \tag{3.59}$$

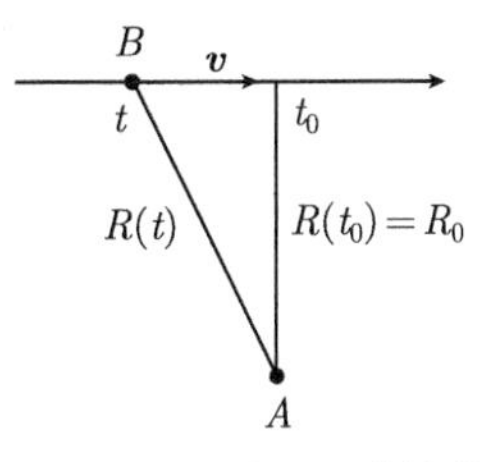


图 3.14 $A$ 和 $B$ 碰撞的线形路径近似

式 (3.59) 给出了相移 $\Delta\phi(R_0)$ 和相互作用势的差别式 (3.58) 之间的关系，其中，$\alpha_n$ 是一个常数，它依赖于式 (3.58) 中的幂指数 $n$。

相移可正 $(C_i > C_k)$ 可负，它依赖于自旋和角动量的相对取向。图 3.15 说明了这一点，在大碰撞参数的 Na–H 碰撞过程中，在 $3s - 3p$ 跃迁上振动的 Na 原子的相移如图所示[3.12]。

谱线展宽截面 $\sigma_b$ 的主要贡献来自于小碰撞参数的碰撞过程，而谱线位移截面 $\sigma_s$ 在大碰撞参数下的数值仍然很大。这说明远距离的弹性碰撞不会引起可观测到的谱线展宽，但是它仍然可以有效地移动谱线的中心位置[3.18]。氩原子碰撞引起的 Cs 原子共振谱线的展宽和频移如图 3.16 所示。

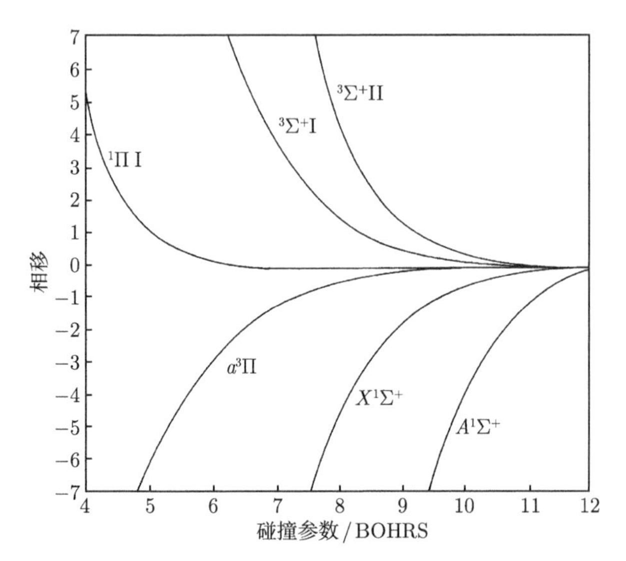


图 3.15　在 Na*−H 碰撞中，Na*(3p) 振荡的相移随碰撞参数的变化关系

图中标出了不同的 Na*−H 绝热分子态[3.12]

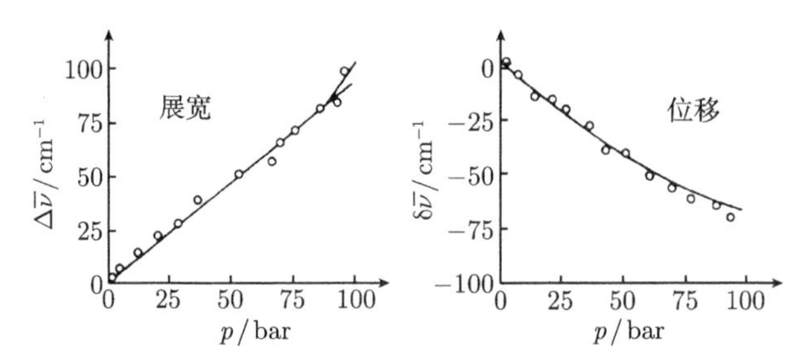


图 3.16　氩原子碰撞引起的铯原子 $\lambda = 894.3$nm 共振谱线的展宽和频移

非单调的相互作用势 $V(R)$，例如 Lennard-Jones 势 (式 (3.51))，可以在被展宽的线形的侧翼上产生卫星峰 (图 3.17)。根据卫星峰的结构，可以推导出相互作用势[3.19]。

荷电粒子 (电子和离子) 之间的长程库仑相互作用由幂指数 $n = 1$ 的势场式 (3.57) 描述，在等离子体和气体放电中，压强展宽和频移就特别大[3.20,3.21]。对于气体放电激光器如氦氖激光器或氩离子激光器来说，这是非常有趣的[3.22,3.23]。荷电粒子之间相互作用可以用线性斯塔克效应和二次斯塔克效应来描述。可以证明，线性斯塔克效应只能引起谱线展宽，而二次斯塔克效应还可以引起谱线的频移。测量等离子体的谱线线形，可以确定等离子体的详细特征，例如电子或离子的密度和温度。因此，等离子体光谱就成为一个非常广泛的研究领域[3.24]，它不仅仅对天体物理学有用，而且对高温等离子体中的核聚变研究有益[3.25]。激光在等离子体线形的精确测量中起着重要的作用[3.26~3.29]。

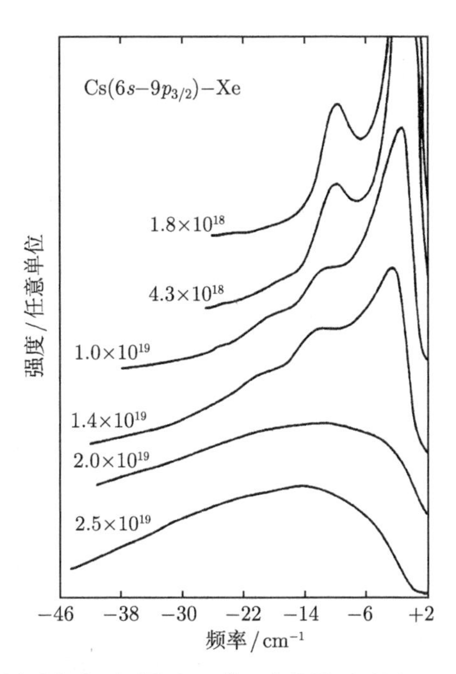


图 3.17 在不同的氙原子密度下 [原子/$cm^3$]，在铯原子跃迁 $6s \to 9p_{3/2}$ 的谱线上，在 Cs–Xe 碰撞引起的压强展宽的谱线上有一些卫星峰[3.14]

利用量子力学计算，可以改进解释谱线的碰撞展宽和频移的经典模型。然而，它们超出了本书的范围，读者可以参阅文献 [3.1]，[3.14]，[3.22]~[3.34]。

**例 3.4**

(a) 氩原子引起的钠原子 $D$ 线 $\lambda = 589$nm 的压强展宽为 $2.3 \times 10^{-5}$nm/mbar，等价于 0.228MHz/Pa。频移大约是 −1MHz/torr。钠原子之间的碰撞引起的自展宽要大得多，它等于 150MHz/torr。然而，在几个 torr 的压强下，压强展宽仍然小于多普勒宽度。

(b) 波长 $\lambda \approx 5\mu$m 的分子振动–转动跃迁的压强展宽为几个 MHz/torr。在一个大气压下，碰撞展宽大于多普勒宽度。例如，常压 (760torr) 空气中的水蒸汽的 $\nu_2$ 带的转动谱线的多普勒宽度为 150MHz，而压强展宽的谱线宽度为 930MHz。

(c) 在氦氖激光器的低压放电室中，$\lambda = 633$nm 的氖原子红色谱线的碰撞宽度为 $\delta\nu = 150$MHz/torr，压强引起的频移为 $\delta\nu = 20$MHz/torr。在大电流的放电室中，如氩离子激光器的放电室，电离的程度远高于氦氖激光器，离子和电子之间的库仑相互作用非常重要。因此，压强展宽就要大得多：$\delta\nu = 1500$MHz/torr。因为等离子体的温度很高，多普勒宽度还要更大，$\delta\nu_D \approx 5000$MHz[3.23]。

### 3.3.3　碰撞引起的谱线变窄

在红外区和微波波段，碰撞有时候会使得线宽变窄而非变宽 (Dicke 变窄)[3.35]。其原因如下：如果分子的上能级 (例如电子基态中被激发的振动能级) 寿命大于相继碰撞的平均间隔时间，弹性碰撞通常会改变振子的速度，分子的平均速度分量就比没有碰撞时要小，所以多普勒移动也就小一些。当多普勒宽度大于压强展宽的时候，如果平均自由程小于分子跃迁的波长，这一效应就会使得压强展宽的谱线变窄[3.36]。在波长 $\lambda = 5.34\mu m$ 处，$H_2O$ 分子旋转跃迁的 Dicke 变窄如图 3.18 所示。随着压强的增加，线宽变窄，直到压强达到 100 ~ 150torr，这个值依赖于碰撞粒子，压强决定了平均自由程的长度 $\Lambda$。当压强更大的时候，压强展宽超过了 Dicke 变窄，线宽就又开始增大了。

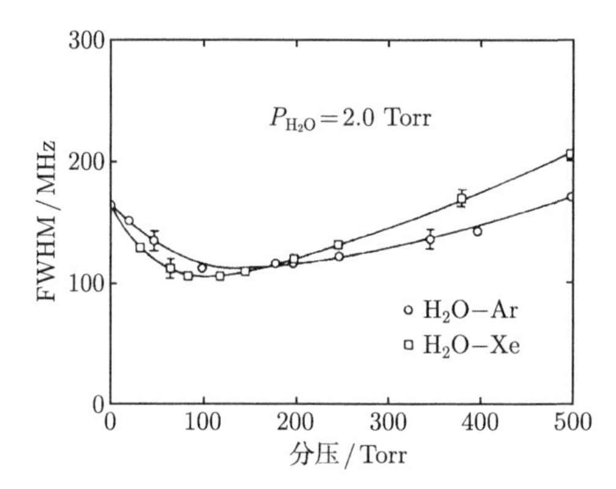


图 3.18　在 $1871cm^{-1}(\lambda = 5.3\mu m)$ 处，$H_2O$ 分子转动跃迁的 Dicke 变窄和压强展宽与 Ar 原子和 Xe 原子气压的变化关系[3.36]

还有一个效应可以使得谱线产生碰撞变窄。如果与电磁跃迁相联系的能级的寿命非常长，线宽就不再决定于寿命，而是决定于原子逃离激光束的扩散时间 (第 3.4 节)。在样品室中加入惰性气体，可以减小扩散速度，从而增加样品原子与激光场的相互作用时间，这样就减小了线宽[3.37]，直到压强展宽超过了这一变窄效应。

## 3.4　渡越时间展宽

在激光光谱学的许多实验中，分子和辐射场之间的相互作用时间小于激发态能级的自发寿命。分子的转动–振动能级之间的跃迁更是如此，自发寿命通常在毫秒量级，平均热速度为 $v$ 的分子穿过直径为 $d$ 的激光束所需的渡越时间为 $T = d/|v|$，它比自发寿命要小好几个数量级。

**例 3.5**

(a) 热速度为 $|v| = 5\times 10^4\text{cm/s}$ 的分子穿过直径为 0.1cm 的激光束，平均渡越时间为 $T = 2\mu\text{s}$。

(b) 速度为 $v = 3\times 10^8\text{cm/s}$ 的快速离子，穿越直径为 $d = 0.1\text{cm}$ 的激光束所需要的时间小于 $10^{-9}$s，它小于大多数原子能级的自发寿命。

在这种情况下, 没有多普勒效应的分子跃迁的线宽不再受限于自发跃迁几率(第 3.1 节)，是受限于穿越激光束的飞行时间，后者决定了分子与辐射场的相互作用时间。这一问题可以这样来看，考虑一个无阻尼的谐振子 $x = x_0\cos\omega_0 t$，它在时间间隔 $T$ 内以不变的振幅进行振动，然后突然停止了振动。由傅里叶变换得到的频谱

$$A(\omega) = \frac{1}{\sqrt{2}\pi}\int_0^T x_0\cos(\omega_0 t)\mathrm{e}^{-\mathrm{i}\omega t}\mathrm{d}t \tag{3.60}$$

根据第 3.1 节的讨论，当 $(\omega-\omega_0)\ll\omega_0$ 的时候，谱强度线形 $I(\omega) = A^*A$ 为

$$I(\omega) = C\frac{\sin^2[(\omega-\omega_0)T/2]}{(\omega-\omega_0)^2} \tag{3.61}$$

这个函数的中央极大值的半高宽为 $\delta\omega_T = 5.6/T$ (图 3.19(a))，中央极大值两侧的零点之间的宽度为 $\delta\omega_b = 4\pi/T \approx 12.6/T$。

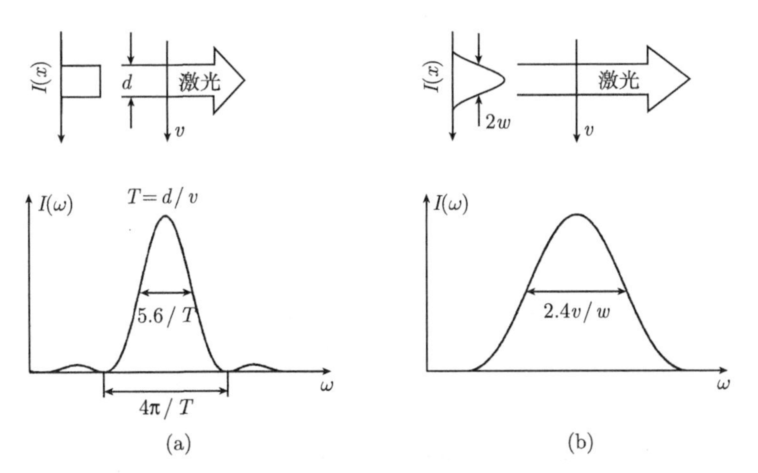


图 3.19 穿越激光束的原子的跃迁几率

(a) 矩形强度分布 $I(x)$ 的激光束；(b) 高斯型强度分布的激光束，$\gamma < 1/T = v/d$。吸收谱线的强度分布线形 $I(\omega)$ 正比于 $P(\omega)$

这个例子可以用于穿越一个矩形强度分布的激光束的原子 (图 3.19(a))。谐振子振幅 $x(t)$ 正比于光场振幅 $E = E_0(r)\cos\omega t$。如果相互作用时间 $T = d/v$ 小于阻

尼时间 $T = 1/\gamma$，那么，在此时间 $T$ 内，可以认为谐振子的振幅是常数。吸收谱线的半高宽就等于 $\delta\omega = 5.6v/d \to \delta\nu \approx v/d$。

实际上，基模振荡的激光的场分布为 (第 5.3 节)

$$E = E_0 \mathrm{e}^{-r^2/w^2} \cos\omega t$$

其中，$2w$ 是高斯光束的直径，在该直径端点上的电场强度为 $E = E_0/\mathrm{e}$。将受迫谐振子振幅 $x = \alpha E$ 代入式 (3.60)，可以得到一个高斯线形 (图 3.19(b))

$$I(\omega) = I_0 \exp\left[-(\omega - \omega_0)^2 \frac{w^2}{2v^2}\right] \tag{3.62}$$

其中，渡越时间引起的半高宽

$$\delta\omega_{\mathrm{tt}} = 2(v/w)\sqrt{2\ln(2)} \approx 2.4v/w \to \delta\nu \approx 0.4v/w \tag{3.63}$$

物理量 $w = (\lambda R/2\pi)^{1/2}$(第 5.23 节) 被称为高斯型光束的束腰。

有两种方法可以减小渡越时间引起的展宽：扩大激光束的直径 $2w$，或者减小分子速度 $v$。这两种方法都已被实验证明，并将在第 2 卷第 2.3 节和第 9.2 节中讨论。最有效的方法是直接用光学冷却技术降低原子的速度 (第 2 卷第 9 章)。

**例 3.6**

(a) 速度为 $v = 600\mathrm{m/s}$ 的一束 $NO_2$ 分子穿过 $w = 0.1\mathrm{mm}$ 的聚焦光束。它们的渡越时间展宽为 $\delta\nu \approx 1.2\mathrm{MHz}$，大于它们的自然线宽 $\delta\nu_n \approx 10\mathrm{kHz}$。

(b) $CH_4$ 分子在 $\lambda = 3.39\mu\mathrm{m}$ 处的转动–振动能级被用于频率标准 (第 2 卷第 2.3 节)。为了让速度为 $v = 7\times10^4\mathrm{cm/s}$ 的 $CH_4$ 分子的渡越时间展宽小于它们的自然线宽 $\delta\nu = 10\mathrm{kHz}$，必须增大激光光束的直径，$2w \geqslant 6\mathrm{cm}$。

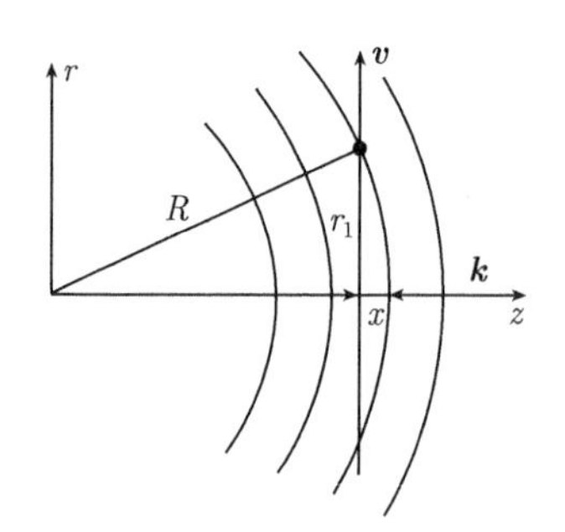

图 3.20　波前曲率引起的谱线展宽

到目前为止，我们假定激光辐射场的波前是平面波，分子的运动平行于这些平面。然而，除非在焦点处，聚焦的高斯光束的等相位面是曲面。如图 3.20 所示，当原子沿着 $r$ 方向垂直于激光束 $z$ 轴运动的时候，在点 $r = 0$ 和 $r = r_1$ 之间，它会经历一个相移最大值 $\Delta\phi = x2\pi/\lambda$。利用 $r^2 = R^2 - (R-x)^2$ 可以得到，当 $r \ll R$ 的时候，有近似关系 $x \approx r^2/2R$。这就给出了相移

$$\Delta\phi = kr^2/2R = \omega r^2/(2cR) \tag{3.64}$$

其中，$k = \omega/c$ 是波矢的大小，$R$ 是波前的曲率半径。这个相移依赖于原子的位置，因此，不同的原子具有不同的相移，它可以产生额外的谱线展宽 (第 3.3.1 节)。计

算表明[3.38]，考虑到波前曲率，渡越时间展宽的半宽度为

$$\begin{aligned}\delta\omega &= \frac{2v}{w}\sqrt{2\ln 2}\left[1+\left(\frac{\pi w^2}{R\lambda}\right)^2\right]^{1/2} \\ &= \delta\omega_{\mathrm{tt}}\left[1+\left(\frac{\pi w^2}{R\lambda}\right)^2\right]^{1/2} \approx \delta\omega_{\mathrm{tt}}(1+\Delta\phi^2)^{1/2}\end{aligned} \tag{3.65}$$

为了减小这种额外展宽，必须尽可能地增大曲率半径。在距离 $r = w$ 处，如果 $\Delta\phi \ll \pi$，那么，波前曲率引起的展宽就要小于渡越时间引起的展宽。这就要求曲率半径 $R \gg w^2/\lambda$。

**例 3.7**

$\lambda = 1\mu\mathrm{m} \to \omega = 2\times 10^{15}\mathrm{Hz}$。若 $w = 1\mathrm{cm}$，根据式 (3.64)，最大相移为 $\Delta\phi = 2\times 10^{15}/(6\times 10^{10}R[\mathrm{cm}])$。为了使得 $\Delta\phi \ll 2\pi$，曲率半径应该满足 $R \gg 5\times 10^3\mathrm{cm}$。$R = 5\times 10^3\mathrm{cm} \to \Delta\phi = 2\pi$，波前曲率使得线宽增大了约 6.5 倍。

## 3.5 谱线的均匀展宽和非均匀展宽

对于样品中位于 $E_i$ 能级上的所有分子来说，如果跃迁 $E_i \to E_k$ 吸收或发射频率为 $\omega$ 的辐射的几率 $\mathcal{P}_{ik}(\omega)$ 都相等，这种跃迁的谱线就被称为是均匀展宽的。自然线宽就是均匀展宽谱线的一个例子。此时，跃迁 $E_i \to E_k$ 发射频率为 $\omega$ 的光子的几率是一个中心频率为 $\omega_0$ 的归一化洛伦兹线形 $L(\omega-\omega_0)$

$$\mathcal{P}_{ik}(\omega) = A_{ik}L(\omega-\omega_0)$$

位于能级 $E_i$ 上的所有原子都具有相同的几率。

非均匀展宽谱线的标准例子就是多普勒展宽。此时，所有分子对单色光 $E(\omega)$ 的吸收或发射几率依赖于它们的速度，并不完全相同 (第 3.2 节)。将位于能级 $E_i$ 上的分子分为许多小组，速度分量位于 $v_z$ 到 $v_z+\Delta v_z$ 之间的分子属于同一个小组。选择 $\Delta v_z = \delta\omega_{\mathrm{n}}/k$，其中，$\delta\omega_{\mathrm{n}}$ 是自然线宽，这样就可以认为频率间隔 $\delta\omega_{\mathrm{n}}$ 是均匀展宽的，它位于宽度更大的非均匀展宽的多普勒宽度之内。也就是说，同一小组中的所有分子都可以发射或吸收波矢为 $\boldsymbol{k}$、频率为 $\omega = \omega_0 + v_z|\boldsymbol{k}|$ 的光子 (图 3.8)，这是因为在运动分子的坐标系中，这个频率位于 $\omega_0$ 附近的自然线宽 $\delta\omega_{\mathrm{n}}$ 之内 (第 3.2 节)。

在第 3.3 节中我们看到，两种类型的碰撞可以改变谱线的线形：非弹性碰撞和弹性碰撞。非弹性碰撞引起了额外的阻尼，导致了洛伦兹线形的纯粹展宽。这种非弹性碰撞引起的展宽是均匀展宽的洛伦兹线形。可以将弹性碰撞视为扰动了相位

的碰撞。具有随机位相的振动序列的傅里叶变换给出的也是洛伦兹形式的谱线，如第 3.3 节所述。简而言之，如果弹性碰撞和非弹性碰撞只改变振荡原子的相位或振幅，而不改变它的速度，那么，它们就只能均匀地展宽谱线。

到目前为止，我们忽略了这样一个事实，即碰撞还会改变两个碰撞体的速度。如果在碰撞过程中分子的速度分量 $v_z$ 变化了 $u_z$，分子就从多普勒宽度中的一个小组 $(v_z \pm \Delta v_z)$ 转移到另一个小组 $(v_z + u_z \pm \Delta v_z)$。这样，它的吸收或发射的频率就由 $\omega$ 改变为 $\omega + ku_z$(图 3.21)。不能将这种频移与改变相位的弹性碰撞引起的谱线位移混淆，当振子的速度并没有发生可以观测到的变化时，弹性碰撞仍然可以引起谱线的位移。

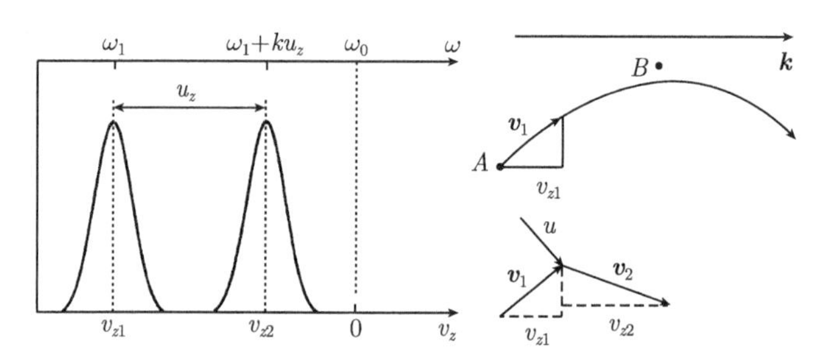


图 3.21　改变速度的碰撞过程对多普勒线宽内的均匀展宽组的频移的影响

在热平衡态中，碰撞引起的 $v_z$ 的变化 $u_z$ 是随机分布的。因此，一般来说，整个多普勒线形并不会受到影响，在多普勒限制的光谱学中，这些碰撞的效果彼此抵消了。然而，在没有多普勒效应的激光光谱学中，改变速度的碰撞过程具有不可忽视的作用。它们的效果依赖于碰撞平均间隔时间 $T = \Lambda/\bar{v}$ 和辐射场相互作用时间 $\tau_\mathrm{c}$ 的比值。当 $T > \tau_\mathrm{c}$ 的时候，改变速度的碰撞过程所引起的分子重新分布只能使得不同小组内的粒子数分布 $n_i(v_z)\mathrm{d}v_z$ 发生微小的变化，但不会显著地改变这个小组的均匀线宽。如果 $T \ll \tau_\mathrm{c}$，不同的小组就被均匀地混合了，这就展宽了每个小组的均匀线宽，从而减小了分子与单色激光场的有效作用时间，因为改变速度的碰撞过程使得分子不再与激光共振。可以利用饱和光谱监测这种谱线线形的变化 (第 2 卷第 2.3 节)。

在特定条件下，如果分子平均自由程小于辐射场的波长，改变速度的碰撞过程还有可能使得多普勒展宽的谱线变窄 (Dicke 窄化，第 3.3.3 节)。

## 3.6　饱和展宽和功率展宽

当激光强度足够大的时候，吸收跃迁的光学泵浦速率变得比弛豫速率大，这样就显著地减少了吸收能级上的粒子数。这种粒子数密度的饱和也会引起额外的谱线展宽。对于均匀展宽的谱线和不均匀展宽的谱线来说，这种部分饱和的谱线线形是不同的[3.39]。这里考虑均匀展宽谱线的情况，第 2 卷第 2 章将讨论不均匀展宽谱线的饱和效应。

### 3.6.1 光学泵浦引起的能级粒子数饱和

可以用一个粒子数密度为 $N_1$ 和 $N_2$ 的二能级系统说明光学泵浦对粒子数密度饱和的影响。这两个能级通过吸收或发射以及弛豫过程耦合在一起，但是它们并不会跃迁到其他能级上 (图 3.22)。这种“真正的”二能级系统出现在许多没有超精细结构的原子共振跃迁中。

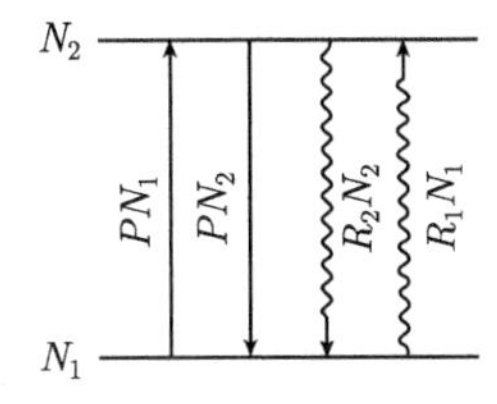


图 3.22 不会弛豫到其他能级上的二能级系统

吸收一个光子 $\hbar\omega$ 的跃迁过程 $|1\rangle \to |2\rangle$ 的几率为 $\mathcal{P}_{12} = B_{12}\rho(\omega)$，能级 $|i\rangle$ 的弛豫几率为 $R_i$，能级上粒子数的速率方程为

$$\frac{\mathrm{d}N_1}{\mathrm{d}t} = -\frac{\mathrm{d}N_2}{\mathrm{d}t} = -\mathcal{P}_{12}N_1 - R_1N_1 + \mathcal{P}_{12}N_2 + R_2N_2 \tag{3.66}$$

其中，我们假设能级是非简并的，统计权重因子 $g_1 = g_2 = 1$。在稳态条件下 $(\mathrm{d}N_i/\mathrm{d}t = 0)$，利用 $N_1 + N_2 = N$ 和缩写 $\mathcal{P}_{12} = P$，根据式 (3.66) 可以得到

$$(P + R_1)N_1 = (P + R_2)(N - N_1) \Rightarrow N_1 = N\frac{P + R_2}{2P + R_1 + R_2} \tag{3.67a}$$

$$(P + R_2)N_2 = (P + R_1)(N - N_2) \Rightarrow N_2 = N\frac{P + R_1}{2P + R_1 + R_2} \tag{3.67b}$$

当泵浦速率 $P$ 远大于弛豫速率 $R_i$ 的时候，粒子数 $N_1$ 接近于 $N/2$，即 $N_1 = N_2$。这就表明，吸收系数 $\alpha = \sigma(N_1 - N_2)$ 变为零 (图 3.23)。介质变得完全透明。

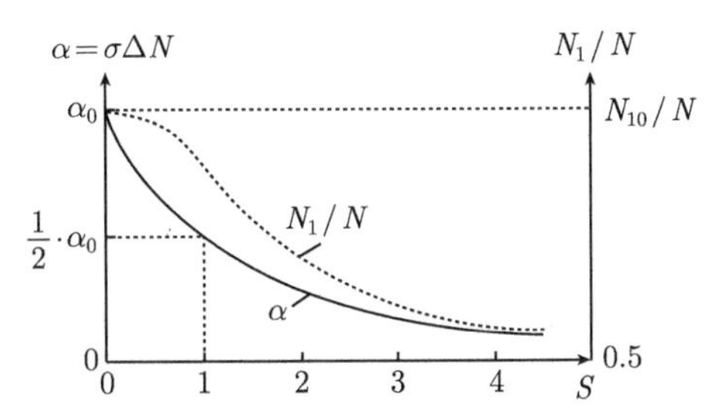


图 3.23 饱和粒子数密度 $N_1$ 和吸收系数 $\alpha = \sigma(N_1 - N_2)$ 随饱和参数 $S$ 的变化关系 (见正文)

没有辐射场的时候 $(P = 0)$，根据式 (3.67)，热平衡时的粒子数密度为

$$N_{10} = \frac{R_2}{R_1 + R_2} N, \quad N_{20} = \frac{R_1}{R_1 + R_2} N \tag{3.67c}$$

利用 $\Delta N = N_1 - N_2$ 和 $\Delta N_0 = N_{10} - N_{20}$，可以由式 (3.67) 和式 (3.67c) 得到

$$\Delta N = N \frac{R_2 - R_1}{2P + R_1 + R_2} \quad 和 \quad \Delta N_0 = N \frac{R_2 - R_1}{R_2 + R_1}$$

由此可知，

$$\Delta N = \frac{\Delta N_0}{1 + 2P/(R_1 + R_2)} = \frac{\Delta N_0}{1 + S} \tag{3.67d}$$

饱和参数

$$S = 2P/(R_1 + R_2) = P/\overline{R} = B_{12}\rho(\omega)/\overline{R} \tag{3.67e}$$

表示泵浦速率 $P$ 与平均弛豫速率 $\overline{R} = (R_1 + R_2)/2$ 的比值。如果上能级 $|2\rangle$ 的自发辐射是唯一的弛豫机制，那么，$R_1 = 0$，$R_2 = A_{21}$。因为强度为 $I(\omega)$ 的单色光的泵浦速率为 $P = \sigma_{12}(\omega)I(\omega)/\hbar\omega$，可以得到饱和参数

$$S = \frac{2\sigma_{12}I(\omega)}{\hbar\omega A_{21}} \tag{3.67f}$$

根据式 (3.67d)，饱和吸收系数 $\alpha(\omega) = \sigma_{12}\Delta N$ 为

$$\boxed{\alpha = \frac{\alpha_0}{1 + S}} \tag{3.68}$$

其中，$\alpha_0$ 是没有泵浦时的吸收系数。

### 3.6.2 均匀展宽谱线的饱和展宽

根据式 (2.15) 和式 (3.67d)，在谱能量密度为 $\rho$ 的宽光谱辐射场中，当粒子数密度为 $N_1$ 和 $N_2$ 的原子发生跃迁 $|1\rangle \rightarrow |2\rangle$ 的时候，单位体积吸收的功率为

$$\frac{\mathrm{d}W_{12}}{\mathrm{d}t} = \hbar\omega B_{12}\rho(\omega)\Delta N = \hbar\omega B_{12}\rho(\omega)\frac{\Delta N_0}{1 + S} \tag{3.69}$$

利用 $S = B_{12}\rho(\omega)/\overline{R}$，见式 (3.67e)，可以将上式写为

$$\frac{\mathrm{d}W_{12}}{\mathrm{d}t} = \hbar\omega\overline{R}\frac{\Delta N_0}{1 + S^{-1}} \tag{3.70}$$

因为均匀展宽谱线的吸收线形 $\alpha(\omega)$ 是洛伦兹线形 (见式 (3.36b))，频率为 $\omega$ 的单色光的吸收几率也是洛伦兹线形 $(B_{12}\rho(\omega)\cdot L(\omega-\omega_0))$，因此，可以为跃迁 $E_1 \to E_2$ 引入一个依赖于频率的谱饱和参数 $S_\omega$，

$$S_\omega = \frac{B_{12}\rho(\omega)}{\overline{R}} L(\omega-\omega_0) \tag{3.71}$$

我们假定平均弛豫速率 $\overline{R}$ 在谱线的频率范围内不依赖于 $\omega$。利用洛伦兹线形 $L(\omega-\omega_0)$ 的定义式 (3.36b)，可以得到谱饱和参数

$$S_\omega = S_0 \frac{(\gamma/2)^2}{(\omega-\omega_0)^2+(\gamma/2)^2} \tag{3.72}$$

其中，$S_0 = S_\omega(\omega_0)$。将式 (3.72) 代入式 (3.70)，可以得到单位频率间隔 $\mathrm{d}\omega = 1\mathrm{s}^{-1}$ 内吸收的辐射功率对频率的依赖关系

$$\frac{\mathrm{d}}{\mathrm{d}t}W_{12}(\omega) = \frac{\hbar\omega\overline{R}\Delta N_0 S_0(\gamma/2)^2}{(\omega-\omega_0)^2+(\gamma/2)^2(1+S_0)} = \frac{C}{(\omega-\omega_0)^2+(\gamma_s/2)^2} \tag{3.73}$$

这是一个半高宽增大了的洛伦兹线形

$$\gamma_s = \gamma\sqrt{1+S_0} \tag{3.74}$$

饱和展宽的谱线的半高宽 $\gamma_s = \delta\omega_s$ 随着谱线中心 $\omega_0$ 处饱和参数 $S_0$ 的增大而增大。如果在 $\omega_0$ 处诱导的跃迁速率等于总弛豫速率 $\overline{R}$，那么，饱和参数 $S_0 = [B_{12}\rho(\omega_0)]/\overline{R}$ 就变为 $S_0 = 1$，与弱辐射场 $(\rho \to 0)$ 中未饱和的线宽 $\delta\omega_0$ 相比，饱和线宽增大了一个因子 $\sqrt{2}$。

因为单位体积吸收的功率 $\mathrm{d}W_{12}/\mathrm{d}t$ 等于强度为 $I$ 的入射波在每厘米上损失的强度 $\mathrm{d}I = -\alpha_\mathrm{s} I$ ，我们可以从式 (3.73) 中推导出吸收系数 $\alpha$。利用 $I = c\rho$ 和式 (3.72) 中的 $S_\omega$，可以得到

$$\alpha_s(\omega) = \alpha_0(\omega_0)\frac{(\gamma/2)^2}{(\omega-\omega_0)^2+(\gamma_s/2)^2} = \frac{\alpha_0(\omega)}{1+S_\omega} \tag{3.75}$$

其中，未饱和的吸收谱线线形为

$$\alpha_0(\omega) = \alpha_0(\omega_0)\frac{(\gamma/2)^2}{(\omega-\omega_0)^2+(\gamma/2)^2} \tag{3.76}$$

其中，$\alpha_0(\omega_0) = 2\hbar\omega B_{12}\Delta N_0/\pi c\gamma$。

这就说明，饱和效应将吸收系数 $\alpha(\omega)$ 减小了一个因子 $(1+S_\omega)$。在谱线中心处，这个因子具有最大值 $(1+S_0)$，随着 $(\omega-\omega_0)$ 的增大，它趋近于 1，见式 (3.72)。因此，饱和效应在谱线中心处最强，当 $(\omega-\omega_0) \to \infty$ 的时候，它趋近于零 (图

3.24)。这就是谱线展宽的原因。关于饱和展宽的更为仔细的讨论，请看第 2 卷第 2 章和参考文献 [3.38]~[3.40]。

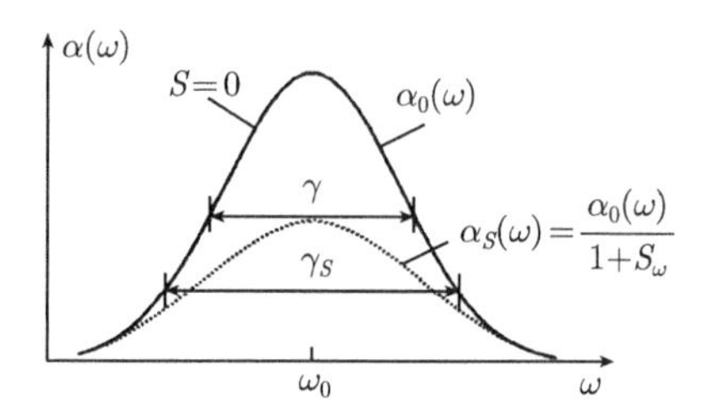


图 3.24　均匀展宽谱线的饱和展宽

### 3.6.3　功率展宽

也可以从另一个角度来看强激光场引起的均匀谱线的展宽。当一个二能级系统暴露在辐射场 $E = E_0\cos\omega t$ 中的时候，根据式 (2.67) 和式 (2.89)，上能级 $|b\rangle$ 上的粒子数几率为

$$\begin{aligned}|b(\omega,t)|^2 =& \frac{D_{ab}^2E_0^2}{\hbar^2(\omega_{ab}-\omega)^2+D_{ab}^2E_0^2}\\ &\times\sin^2\left[\frac{1}{2}\sqrt{(\omega_{ab}-\omega)^2+(D_{ab}E_0/\hbar)^2}\cdot t\right]\end{aligned} \tag{3.77}$$

它是一个随时间振荡的函数，在共振频率 $\omega=\omega_{ab}$ 处以拉比翻转频率 $\Omega_R=\Omega_{ab}=D_{ab}E_0/\hbar$ 振荡。

如果上能级 $|b\rangle$ 能够以弛豫常数 $\gamma$ 自发地衰变，那么它的平均粒子数几率为

$$\mathcal{P}_b(\omega)=\overline{|b(\omega,t)|}^2=\int_0^\infty \gamma\mathrm{e}^{-\gamma t}|b(\omega_1,t)|^2\mathrm{d}t \tag{3.78}$$

将式 (3.77) 代入并进行积分，可以得到

$$\mathcal{P}_b(\omega)=\frac{1}{2}\frac{D_{ab}^2E_0^2/\hbar^2}{(\omega_{ab}-\omega)^2+\gamma^2(1+S)} \tag{3.79}$$

其中，$S=D_{ab}^2E_0^2/(\hbar^2\gamma^2)$。因为 $\mathcal{P}_b(\omega)$ 正比于吸收线形，我们可以像式 (3.73) 那样得到功率展宽的洛伦兹线形，其线宽为

$$\gamma_s=\gamma\sqrt{1+S}$$

根据式 (2.41) 和式 (2.77)，在谱间隔 $\gamma$ 内的诱导吸收速率为

$$B_{12}\rho\gamma=B_{12}I\gamma/c\approx D_{12}^2E_0^2/\hbar^2 \tag{3.80}$$

式 (3.79) 中的物理量 $S$ 和式 (3.67e) 中的饱和参数 $S$ 完全相同。

如果两个能级 $|a\rangle$ 和 $|b\rangle$ 分别以弛豫常数 $\gamma_a$ 和 $\gamma_b$ 衰变，那么，均匀展宽的跃迁 $|a\rangle \rightarrow |b\rangle$ 的谱线线形也可以用式 (3.79) 来描述 (第 2 卷第 2.1 节和文献 [3.40])，此时

$$\gamma = \frac{1}{2}(\gamma_a + \gamma_b), \quad S = D_{ab}^2 E_0^2/(\hbar^2 \gamma_a \gamma_b) \tag{3.81}$$

如果将强泵浦光的频率调节到跃迁中心位置 $\omega_0 = \omega_{ab}$，用一束弱的可调节的探测光来探测吸收线形，那么线形看起来不一样。这是因为粒子数以拉比翻转频率 $\Omega$ 变化，在 $\omega_0 \pm \Omega$ 处产生了两个均匀线宽为 $\gamma_s$ 的侧带。这些侧带的叠加 (图 3.25) 给出的线形依赖于比值 $\Omega/\gamma_s$，其中，$\Omega$ 是拉比翻转频率，$\gamma_s$ 是线宽。当泵浦光足够强的时候 ($\Omega > \gamma_s$)，侧带之间的距离大于它们的宽度，在中心 $\omega_0$ 处就会出现一个凹坑。

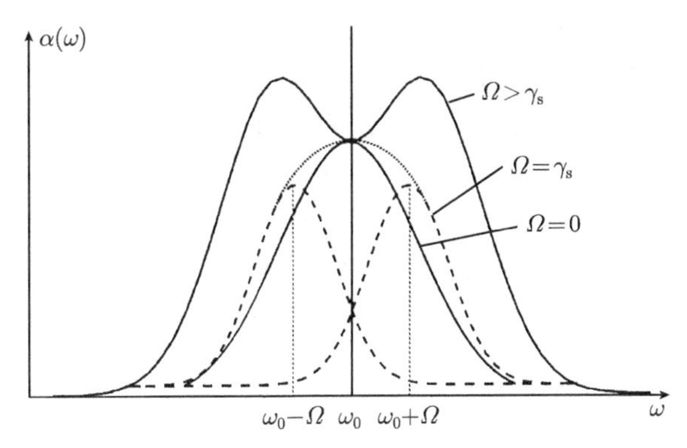


图 3.25 比值 $\Omega/\gamma_s$ 不同的均匀跃迁的吸收谱线，强泵浦光的频率保持为 $\omega_0$，用弱的可调探测光来探测，$\Omega$ 是拉比翻转频率，$\gamma_s$ 是线宽

## 3.7 液体和固体中的谱线形状

许多激光器利用液体或固体作为增益介质。因为激光的谱特征在激光光谱学里起着非常重要的作用，我们简要地概述一下液体和固体中光学跃迁的谱线线宽。液体和固体的密度远大于气体，原子或分子 $A$ 与周围粒子 $B_j$ 之间的平均距离 $R(A, B_j)$ 非常小，典型值为零点几个纳米，因此，$A$ 和相邻粒子 $B_j$ 之间的相互作用就很强。

一般来说，用于激光过程的原子或分子在液体或固体中的密度是很小的。例如，在染料激光器中，染料分子被溶解在有机溶剂中，密度约为 $10^{-4} \sim 10^{-3}$mol/L，在红宝石激光器中，$Al_3O_3$ 中 $Cr^{3+}$ 离子的相对密度约为 $10^{-3}$。被光学泵浦的激

光分子 $A^*$ 和它们周围的宿主分子 $B$ 发生相互作用，因此，$A^*$ 激发态能级的展宽依赖于该位置周围所有相邻分子 $B_j$ 产生的总电场，还依赖于 $A^*$ 的偶极矩或极化度。跃迁 $A^*(E_i) \to A^*(E_k)$ 的线宽 $\Delta\omega_{ik}$ 决定于能级差的变化 $(\Delta E_i - \Delta E_k)$。

在液体中，距离 $R_j(A^*, B_j)$ 是随机涨落的，与高压气体的情况类似。因此，线宽 $\Delta\omega_{ik}$ 决定于间距 $R_j(A^*, B_j)$ 的几率分布 $P(R_j)$，以及能级 $E_i$ 和 $E_k$ 寿命内弹性散射引起的 $A^*$ 处的相位扰动 (见第 3.3 节中的类似讨论)。

$A^*$ 和液体中的分子 $B$ 之间的非弹性碰撞可以使得 $A^*$ 从光学泵浦的 $E_i$ 能级发生非辐射跃迁到达较低的能级 $E_n$。这些非辐射跃迁减小了 $E_i$ 能级的寿命，引起了谱线的碰撞展宽。在液体中，相继的非弹性碰撞的平均间隔时间为 $10^{-11} \sim 10^{-13}$s，因此，跃迁 $E_i \to E_k$ 的谱线宽度就发生了均匀展宽。当谱线宽度远大于不同谱线之间的间距时，就产生了很宽的连续谱。在分子光谱中，电子跃迁中存在着很多间距很小的转动–振动谱线，不可避免地出现这种连续谱，因为液体中的展宽总是远大于谱线间隔。

这种连续的吸收谱或发射谱的例子是有机溶剂中的染料光谱，例如图 3.26 所示的若丹明 6G 的光谱，同时还给出了能级示意图[3.41]。被光学泵浦的能级 $E_i$ 有时会通过非辐射跃迁到达电子激发态的最低振动能级 $E_m$ 上，此时，荧光就会来自于 $E_m$ 而非 $E_i$，并且最终会到达电子基态的不同的振动能级上 (图 3.26(a))。因此，与吸收谱相比，发射光谱就会移动到更长的波长上 (图 3.26(b))。

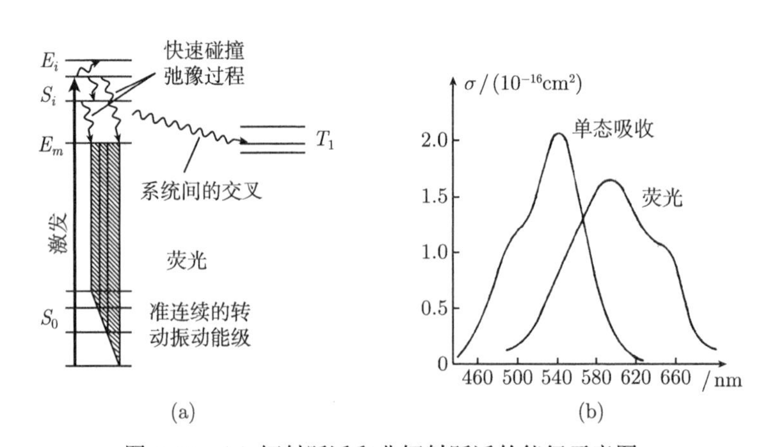


图 3.26 (a) 辐射跃迁和非辐射跃迁的能级示意图；
(b) 溶解在乙醇中的若丹明 6G 的吸收截面和发射截面

在晶体中，被激发的分子 $A^*$ 所处位置 $R$ 上的电场 $E(R)$ 具有对称性，它依赖于宿主晶格的对称性。因为晶格原子的振动幅度依赖于温度 $T$，电场也会随着时间改变，其时间平均值 $\langle E(T,t,R)\rangle$ 依赖于温度和晶体结构[3.42~3.44]。因为振动周期小于 $A^*(E_i)$ 的平均寿命，这些振动使得 $A$ 原子发射或吸收的谱线发生均匀展宽。如果所有的原子都位于理想晶格的完全等价的晶格位置上，所有原子在跃迁 $E_i \to E_k$ 上的总发射谱或吸收谱就会均匀地展宽。

然而，不同的原子 $A$ 实际上位于不等价的晶格位置上，它们感受到的电场是不同的。在非晶固体或超冷液体中，没有规则的晶格结构，情况就更是如此：不同原子 $A_j$ 的均匀展宽谱线的中心位置具有不同的频率 $\omega_{0j}$。总发射谱或总吸收谱形成了非均匀展宽的线形，它由许多均匀展宽的小组构成。这完全类似于气体的多普勒展宽，虽然固体中的线宽要大好几个数量级。谱线非均匀展宽的例子是玻璃中钕离子激发态的发射谱，它被用于钕玻璃激光器中。当温度足够低的时候，振动幅度减小，线宽变窄。当 $T < 4\text{K}$ 的时候，在合适的条件下，固体中的光学跃迁的线宽也可以小于 10MHz[3.45,3.46]。

## 3.8 习　题

**3.1** 在氦氖放电灯中，$p_{\text{He}} = 2\text{mbar}$，$p_{\text{Ne}} = 0.2\text{mbar}$，气体温度为 400K。氖原子在 $\lambda = 632.8\text{nm}$ 处的跃迁为 $3s_2 \to 2p_4$，确定该跃迁的自然线宽、多普勒宽度、压强展宽和位移。相关的数据是：$\tau(3s_2) = 58\text{ns}$，$\tau(2p_4) = 18\text{ns}$，$\sigma_B$ (Ne–He) $\hat{=}\ 6 \times 10^{-14}\text{cm}^2$，$\sigma_S$ (Ne–He) $\simeq 1 \times 10^{-14}\text{cm}^2$，$\sigma_B$ (Ne–Ne) $= 1 \times 10^{-13}\text{cm}^2$，$\sigma_S$ (Ne–Ne) $= 1 \times 10^{-14}\text{cm}^2$。

**3.2** 确定下列各例中吸收谱线的主要展宽机制：

(a) $CO_2$ 激光器的输出为 50W，波长为 $\lambda = 10\mu\text{m}$，将输出光聚焦到压强为 $p$ 的 $SF_6$ 分子的样品上。在焦平面上，激光束的束腰为 0.25mm。使用如下参数，$T = 300\text{K}$，$p = 1\text{mbar}$，展宽截面 $\sigma_{\text{b}} = 5 \times 10^{-14}\text{cm}^2$，吸收截面 $\sigma_{\text{a}} = 10^{-14}\text{cm}^2$。

(b) 恒星发出的辐射穿过星际之间的氢原子气体，氢原子在 $\lambda = 21\text{cm}$ 的超精细跃迁处和 $\lambda = 121.6\text{nm}$ 的莱曼-$\alpha$ 跃迁 $1S \to 2P$ 处有吸收。$\lambda = 21\text{cm}$ 谱线处的爱因斯坦系数为 $A_{ik} = 4 \times 10^{-15}\text{s}^{-1}$，莱曼-$\alpha$ 跃迁的爱因斯坦系数为 $A_{ik} = 1 \times 10^9\text{s}^{-1}$。氢原子的密度为 $n = 10\text{cm}^{-3}$，温度为 $T = 10\text{K}$。对于这两种跃迁，当路程为多长的时候，辐射强度会减小到初始值 $I_0$ 的 10%？

(c) 氦氖激光的波长为 $\lambda = 3.39\mu\text{m}$，功率为 10mW，经扩束后穿过一个甲烷气体盒 ($T = 300\text{K}$，$p = 0.1\text{mbar}$，光束直径为 1cm)。$CH_4$ 的吸收跃迁是从振动基态 ($\tau \simeq \infty$) 到振动激发态 ($\tau \simeq 20\mu\text{s}$)。取碰撞截面为 $\sigma_b = 10^{-16}\text{cm}^2$，计算多普勒线宽与渡越时间线宽、自然线宽和压强展宽线宽的比值。

(d) 如果要让习题 3.2(c) 中的渡越时间展宽小于自然线宽，计算光束直径的最小值。如果吸收截面为 $\sigma = 10^{-10}\text{cm}^2$，那么，饱和展宽重要吗？

**3.3** 钠原子在 $\lambda = 589\text{nm}$ 处的 $D$ 谱线的自然线宽为 10MHz。

(a) 如果用 $I(\omega_0) = I_0$ 归一化洛伦兹线形和 $T = 500\text{K}$ 的多普勒线形，那么，在距离中心位置多远的地方，前者会大于后者？

(b) 在此频率 $\omega_c$ 处，洛伦兹线形的强度等于高斯线形的强度，计算该处强度 $I(\omega - \omega_0)$ 与谱线中心位置 $\omega_0$ 处的强度比。

(c) 两种线形都在 $\omega = \omega_0$ 处归一化为 1，在距离中心 $0.1(\omega_0 - \omega_c)$ 的位置上，比较二者的强度。

(d) 将激光频率调节到谱线中央 $\omega_0$，忽略压强展宽，那么，当激光强度为多大的时候，功率展宽等于 $T = 500\text{K}$ 时的多普勒宽度？

**3.4** 估计 $\lambda = 670.8\text{nm}$ 处的锂原子 $D$ 谱线的碰撞展宽线宽

(a) Li–Ar 碰撞，$p\,(\text{Ar}) = 1\text{bar}$ (图 3.13)；

(b) Li–Li 碰撞，$p\,(\text{Li}) = 1\text{mbar}$。这种共振展宽的原因是相互作用势 $V(r) \sim 1/r^3$，通过计算可以得到，$\gamma_{\text{res}} = \text{N}e^2 f_{ik}/(4\pi\epsilon_0 m\omega_{ik})$，其中，振子强度 $f_{ik}$ 为 0.65。将结果与表 3.1 中的数值进行比较。

**3.5** 碰撞可以淬灭自发寿命为 $\tau$ 的激发态原子。证明谱线仍然是洛伦兹线形，如果两次碰撞之间的平均时间为 $\bar{t}_c = \tau$，那么，线宽加倍。淬灭截面为 $\sigma_a = 4 \times 10^{-15}\text{cm}^2$，在 $\text{Na}^* + \text{N}_2$ 碰撞过程中，为了让 $\bar{t}_c = \tau$，计算氮气分子在 $T = 400\text{K}$ 下的压强。

**3.6** 用 100MHz 的连续激光泵浦低压钾原子气体盒中的钾原子，氖缓冲气体的压强为 10mbar，温度为 $T = 350\text{K}$。估计总线宽中的不同贡献。上能级的寿命为 $\tau_{\text{sp}} = 25\text{ns}$，当激光强度为多大的时候，低压下的功率展宽会大于 10mbar 时的压强展宽？必须将激光束聚焦到何种程度，才能让 10mbar 时的功率展宽大于多普勒宽度？

# 第4章　光 谱 仪 器

本章讨论用于测量波长和线形、精密地探测辐射的重要仪器和技术。恰当地选择仪器或者采用新技术，对于实验研究的成功具有决定性的作用。因为近年来光谱仪器有了显著的进步，了解当前最先进仪器的灵敏度、光谱分辨本领和信噪比，对于任何一个光谱学研究工作者来说都是非常重要的。

首先讨论光谱仪和单色仪的基本性质。虽然在许多激光光谱学的实验中，这些仪器已经被单色可调谐激光替代了 (第 5 章和第 2 卷第 1 章)，但是对于相当数量的光谱学问题来说，它们仍然是不可或缺的。

激光光谱学中最重要的仪器可能就是干涉仪了，它有多种变形，可用于许多问题。因此，我们将更为仔细地讨论这些仪器。近年来，已经开发出了高精度测量激光波长的新技术。因为它们与激光光谱学密切相关，所以将用单独的一节来讨论。

弱信号测量方面的进展也非常大。新的光电倍增管具有更大的光谱敏感范围和更高的量子效率，此外，还发明了新的探测仪器，例如，图像增强器、红外探测器、电荷耦合器件 (charge coupled device，CCD) 或光学多通道分析仪，它们的应用已经从保密的军事研究进入到开放市场中。在许多光谱学应用领域内，它们都非常有用。

## 4.1　光谱仪和单色仪

光谱仪是最早用于测量波长的仪器，现在仍然在光谱学实验室中占有一席之地，在配备了现代化的配件之后，更是如此，如计算机控制的微型光密度计或光学多通道分析仪。光谱仪是用来成像的光学仪器，它将入射狭缝 $S_1$ 成像为 $S_2(\lambda)$，不同入射波长 $\lambda$ 的像在水平方向上分开 (图 2.12)。水平方向色散的原因是棱镜的光谱色散或者是平面 (曲面) 反射光栅的衍射。

图 4.1 给出了棱镜光谱仪中光学元件的安置示意图。光源 $L$ 照射在入射狭缝 $S_1$ 上，该狭缝位于准直透镜 $L_1$ 的焦平面上。经过 $L_1$ 准直后的平行光束通过棱镜 $P$ 后被折射了一个角度 $\theta(\lambda)$，折射角依赖于波长 $\lambda$。透镜 $L_2$ 将入射狭缝 $S_1$ 成像为 $S_2(\lambda)$。像在 $L_2$ 的焦平面上的位置 $x(\lambda)$ 是波长 $\lambda$ 的函数。光谱仪的线性色散 $\mathrm{d}x/\mathrm{d}\lambda$ 依赖于棱镜材料的光谱色散 $\mathrm{d}n/\mathrm{d}\lambda$ 和透镜 $L_2$ 的焦距。

在利用反射光栅分离谱线 $S_2(\lambda)$ 的时候，通常用两个球面镜 $M_1$ 和 $M_2$ 来替换透镜 $L_1$ 和 $L_2$，它们将入射狭缝成像到出射狭缝 $S_2$ 上，或者通过镜子 $M$ 成像到观测平面上的 CCD 阵列上 (图 4.2)。两种系统都可以用照相记录或者用光电记录。根据探测的种类，我们将它们分为光谱仪和单色仪。

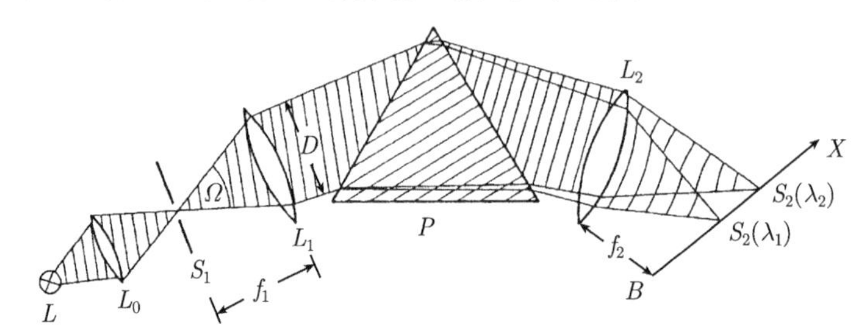


图 4.1　棱镜光谱仪

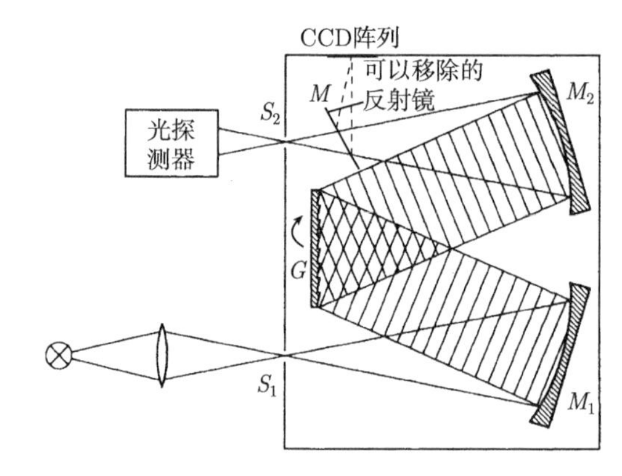


图 4.2　光栅单色仪

在光谱仪中，一个 CCD 阵列被置于 $L_2$ 或 $M_2$ 的像平面上。二极管阵列 $\Delta x = x_1 - x_2$ 覆盖的整个光谱范围 $\Delta\lambda = \lambda_1(x_1) - \lambda_2(x_2)$ 可以被同时记录下来。被冷却的 CCD 阵列可以在很长的时间内 (20 小时) 累积入射的辐射功率。CCD 探测既可以用于脉冲光源，也可以用于连续光源。受限于 CCD 材料的光谱敏感度，其光谱范围大致是 200~1000nm。

另一方面，单色仪利用光电探测来记录选定的一小段光谱。出射狭缝 $S_2$ 选定了焦平面 $B$ 上的一小段 $\Delta x_2$，只让有限范围 $\Delta\lambda$ 内的光照射到光电探测器上。通过在 $x$ 方向移动狭缝 $S_2$，可以探测到不同的光谱范围。更方便的方法 (也是更容易制作的方法) 是用一个齿轮盒转动棱镜或光栅，从而使得不同的光谱区间成像在固定不动的出射狭缝 $S_2$ 上。现代化的仪器利用步进电机直接驱动光栅的轴，并利用电子角度解码器直接记录转动的角度。与光谱仪不同的是，不同的光谱范围不是同时测量的，而是相继测量的。探测器上的信号正比于高度为 $h$ 的出射狭缝的面积 $h\Delta x_2$ 和光谱强度 $\int I(\lambda)\mathrm{d}\lambda$ 的乘积，其中的积分覆盖了狭缝 $S_2$ 的宽度 $\Delta x_2$ 内的光谱范围。

虽然光谱仪可以用中等的时间精度来同时测量很大范围内的光谱，光电探测可以有更高的时间精度，但是对于给定的光谱精度，每次只能测量很小的光谱范围 $\Delta\lambda$。当积分时间小于几分钟的时候，光电探测的灵敏度更高，但是，当探测时间长达几个小时的时候，光学底片更为方便一些，虽然冷却的 CCD 的积分时间已经长达几个小时。

在光谱学文献中，这两种仪器通常都被称为光谱仪。现在我们讨论光谱仪与激光光谱学有关的基本性质。更为详细的讨论可以参见文献 [4.1]~[4.10]。

### 4.1.1 基本性质

特定实验所需的最佳光谱仪决定于光谱仪的基本特性及其与特定应用的相关属性。下面给出了一些基本性质，它们对于所有的色散光学仪器都很重要：

1) *光谱仪的速度*

固体角 $\mathrm{d}\Omega = 1\mathrm{sr}$ 内的谱强度 $I_\lambda^*$ 照射到面积为 $A$ 的入射狭缝上，接收角度为 $\Omega$ 的光谱仪将谱间隔为 $\mathrm{d}\lambda$ 内的辐射传递过去

$$\phi_\lambda \mathrm{d}\lambda = I_\lambda^*(A/A_\mathrm{s})T(\lambda)\Omega\mathrm{d}\lambda \tag{4.1}$$

其中，$A_\mathrm{s} \geqslant A$ 是入射狭缝处光源像的面积 (图 4.3)，$T(\lambda)$ 是光谱仪的透射率。

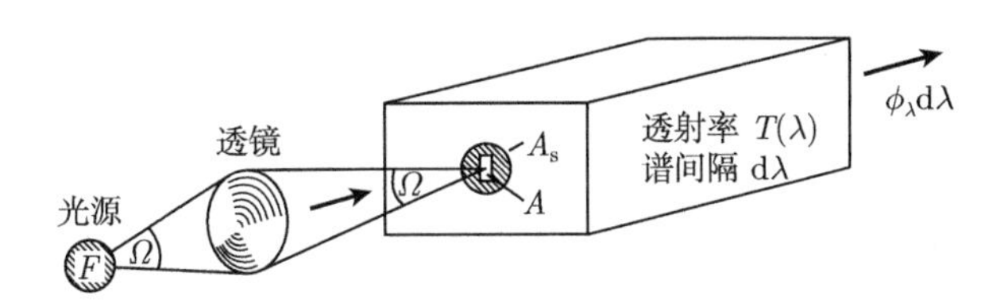


图 4.3 光谱仪收集光的本领

乘积 $U = A\Omega$ 通常被称为采光本领。对于棱镜光谱仪来说，收集光的最大固体角 $\Omega = F/f_1^2$ 受限于平行光束穿过棱镜的有效面积 $F = hD$，通光孔径的高度为 $h$，宽度为 $D$ (图 4.1)。对于光栅光谱仪来说，光栅和镜子的尺寸限制了光接收的立体角 $\Omega$。

**例 4.1**

*棱镜* $h = 6\mathrm{cm}$，$D = 6\mathrm{cm}$，$f_1 = 30\mathrm{cm}$，$\to D/f = 1:5$，$\Omega = 0.04\mathrm{sr}$。*若入射狭缝的面积为* $5 \times 0.1\mathrm{mm}^2$，*采光本领就是* $U = 5 \times 10^{-3} \times 4 \times 10^{-2} = 2 \times 10^{-4}\mathrm{cm}^2\mathrm{sr}$。

为了实现最优速度，应该让光源到入射狭缝的像完全利用光收集的立体角 $\Omega$ (图 4.4)。用汇聚透镜减小入射狭缝上的光源所成的像，虽然可以让扩展光源进入狭缝的光功率更多，但是发散角度增大了。位于接收角 $\Omega$ 之外的光功率不能够被探测到，却有可能因为镜架和光谱仪内壁上的散射而增大背景噪音。

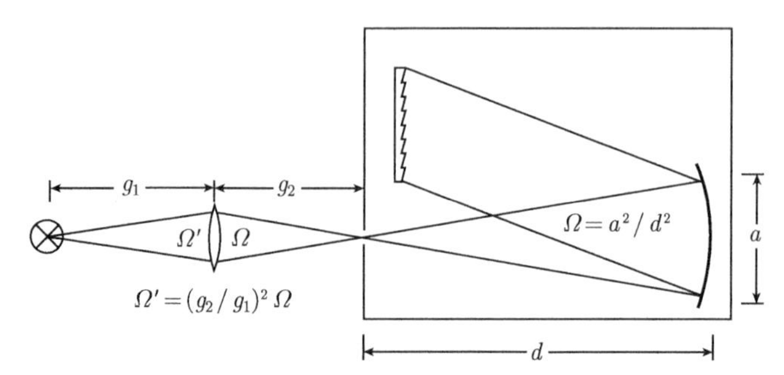


图 4.4　当入射光的立体角 $\Omega$ 等于光谱仪的接收角 $\Omega=(a/d)^2$ 的时候，光源在光谱仪的入射狭缝上成像最佳

通常用光谱仪测量激光波长。此时，不要将激光直接照射到入射狭缝上，因为它不能均匀地照射棱镜或者光栅。这样会减小光谱分辨率。而且，这种实验构型不能保证光路相对于光谱仪的光轴是对称的，如果激光束不能和光谱仪的轴精确重合的话，就会造成波长测量的系统误差。最好是用激光照射毛玻璃片，利用非相干散射的激光作为二次光源，再用通常的方式将它成像 (图 4.5)。

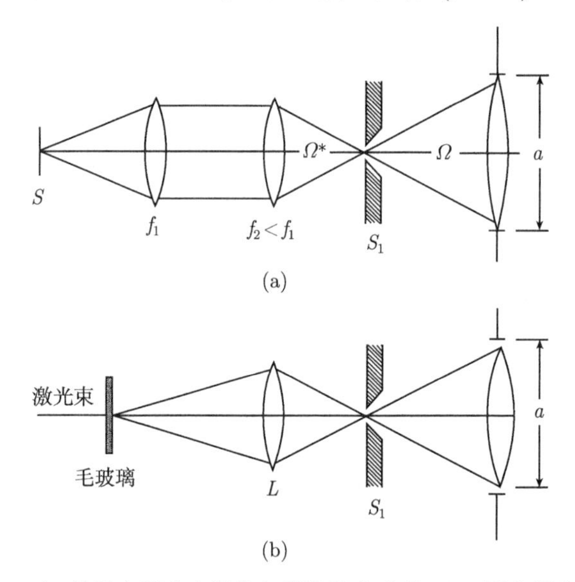


图 4.5　(a) $\Omega^*=\Omega$ 时，扩展光源在光谱仪入射狭缝上成像；(b) 用光谱仪测量激光波长的正确方法。用毛玻璃散射的激光作为光源成像于入射狭缝上

2) 光谱透射率

棱镜光谱仪的光谱透射率决定于棱镜和透镜的材料。熔融石英的透射光谱大约覆盖了从 180nm 到 3000nm 的光谱范围. 当波长低于 180nm 的时候 (真空紫外区)，必须将整个光谱仪抽成真空，而且要用氟化锂或氟化钙来制备棱镜和透镜，但

是绝大部分真空紫外光谱仪用的是反射光栅和反射镜。

在红外区，有几种材料 (如 $CaF_2$、NaCl 和 KBr 晶体) 直至 30μm 都是透明的，而 CsI 和金刚石直到 80μm 都是透明的 (图 4.6)。然而，因为金属镀膜的反射镜和光栅在红外区的反射率很高，采用反射镜的光栅光谱仪要比棱镜光谱仪多得多。

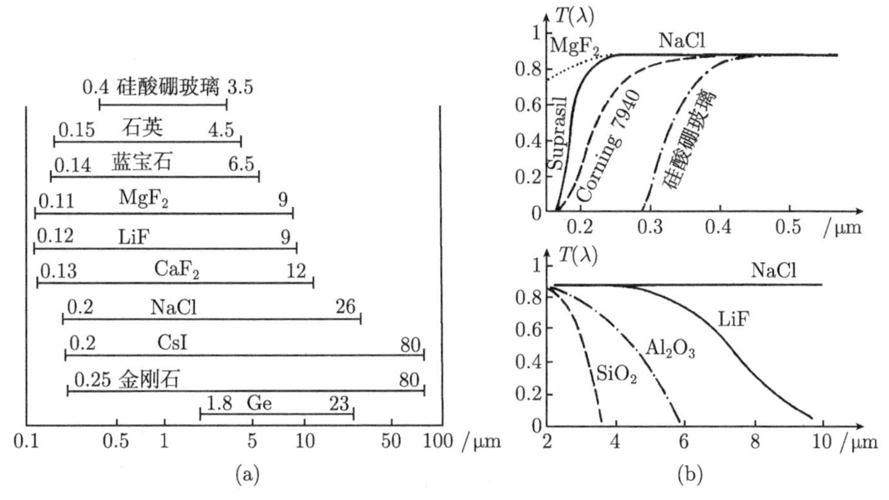


图 4.6 (a) 不同光学材料的有用光谱范围；(b) 1cm 厚的不同材料的透射率[4.5b]

许多分子 (如 $H_2O$ 和 $CO_2$) 的振动–转动能级位于 3 ~ 10μm 的区域，它们有效地吸收了该波长范围内的辐射。因此，红外光谱仪必须抽真空或者吹冲干燥的氮气。色散和吸收是密切相关的，弱吸收材料的色散也小，因此，它们的分辨本领也比较弱 (见下文)。

机械刻划或全息方法制备的高质量光栅已经达到了非常高的技术水平，因此，目前使用的绝大多数光谱仪使用的都是衍射光栅，而不是棱镜。光栅光谱仪的透射区覆盖了从真空紫外到远红外的整个范围。需要根据特定的波长范围来优化光学元件的设计、镀膜以及光路的几何构型。

3) 光谱分辨本领

下述表达式定义了任何色散仪器的光谱分辨本领

$$R = |\lambda/\Delta\lambda| = |\nu/\Delta\nu| \tag{4.2}$$

其中，$\Delta\lambda = \lambda_1 - \lambda_2$ 表示两个非常靠近但又刚刚能够分辨出来的谱线之间的最小间距，它们的中心波长分别为 $\lambda_1$ 和 $\lambda_2$。强度线形为 $I_1(\lambda - \lambda_1)$ 和 $I_2(\lambda - \lambda_2)$ 的两条谱线叠加为总强度谱线 $I(\lambda) = I_1(\lambda - \lambda_1) + I_2(\lambda - \lambda_2)$，在这个谱线上，如果两个极大值之间有一个明显的凹坑，就认为这两条谱线是可以分辨的 (图 4.7)。当然，强度分布 $I(\lambda)$ 依赖于比值 $I_1/I_2$ 和两个分量的线形。因此，对于不同的线形，

可分辨的最小间隔 $\Delta\lambda$ 也不同。

瑞利勋爵引入了一种判据，用来区分受限于衍射效应的两条谱线：如果谱线 $I_1(\lambda-\lambda_1)$ 的中心衍射极大值正好位于第二条谱线 $I_2(\lambda-\lambda_2)$ 的第一阶极小值的位置上，就认为这两条谱线是可以区分的。

现在讨论光谱仪的最大分辨本领。在通过色散元件 (棱镜或光栅) 之后，包含波长为 $\lambda$ 和 $\lambda+\Delta\lambda$ 的两个单色分量的平行光束分解为两束平行光束，它们相对于初始方向的偏转角度为 $\theta$ 和 $\theta+\Delta\theta$ (图 4.8)。角度差为

$$\Delta\theta=(\mathrm{d}\theta/\mathrm{d}\lambda)\Delta\lambda \tag{4.3}$$

其中，$\mathrm{d}\theta/\mathrm{d}\lambda$ 被称为角度色散 [rad/nm]。因为焦距为 $f_2$ 的成像透镜将入射狭缝 $S_1$ 成像于平面 $B$ 上 (图 4.1)，根据图 4.8，两个像 $S_2(\lambda)$ 和 $S_2(\lambda+\Delta\lambda)$ 之间的距离为

$$\Delta x_2=f_2\Delta\theta=f_2\frac{\mathrm{d}\theta}{\mathrm{d}\lambda}\Delta\lambda=\frac{\mathrm{d}x}{\mathrm{d}\lambda}\Delta\lambda \tag{4.4}$$

因子 $\mathrm{d}x/\mathrm{d}\lambda$ 被称为仪器的线性色散，其测量单位通常为 mm/nm。为了区分波长为 $\lambda$ 和 $\lambda+\Delta\lambda$ 的两条谱线，它们之间的距离 $\Delta x_2$ 必须大于两个狭缝像的宽度之和 $\delta x_2(\lambda)+\delta x_2(\lambda+\Delta\lambda)$。宽度 $\delta x_2$ 与入射狭缝的宽度 $\delta x_1$ 有关，因此，根据几何光学

$$\delta x_2=(f_2/f_1)\delta x_1 \tag{4.5}$$

减小 $\delta x_1$ 可以增大分辨本领 $\lambda/\Delta\lambda$。不幸的是，衍射效应设定了一个理论极限。因为这个分辨极限非常重要，下面更加仔细地讨论这一点。

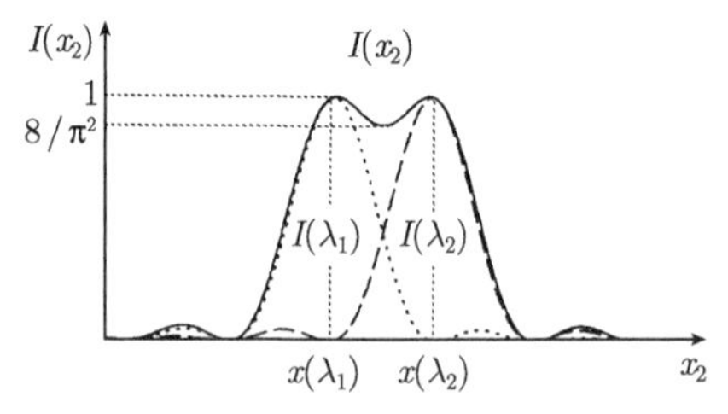


图 4.7　区分非常靠近、彼此重叠的两个谱线的瑞利判据

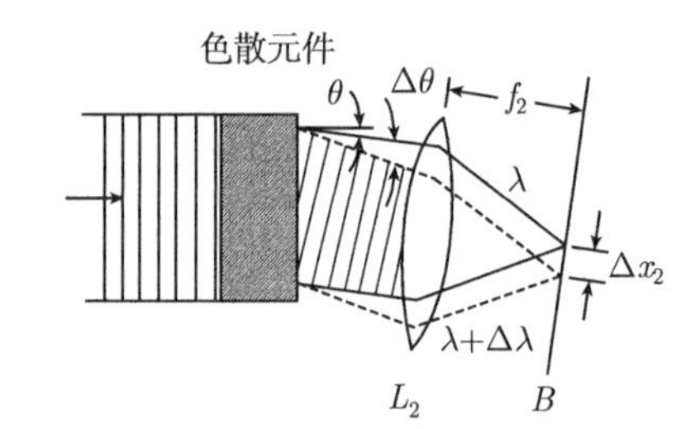


图 4.8　平行光束的角色散

平行光束通过一个直径为 $a$ 的限制光阑，就会在汇聚到透镜 $L_2$ 的焦平面上产生夫琅禾费衍射 (图 4.9)。强度分布 $I(\phi)$ 是光传播方向与系统光学轴夹角 $\phi$ 的函数，其公式众所周知[4.3]

$$I(\phi)=I_0\left(\frac{\sin(a\pi\sin\phi/\lambda)}{(a\pi\sin\phi)/\lambda}\right)^2\simeq I_0\left(\frac{\sin(a\pi\phi/\lambda)}{(a\pi\phi)/\lambda}\right)^2 \tag{4.6}$$

前两个衍射极小值位于 $\phi = \pm\lambda/a \ll \pi$，它们相对于 $\phi = 0$ 处的中心极大值 (零阶极大值) 是对称的。衍射中心极大值的强度为

$$I(0) = \int_{-\lambda/a}^{+\lambda/a} I(\phi)\mathrm{d}\phi$$

它大约占据了总强度的 90%。

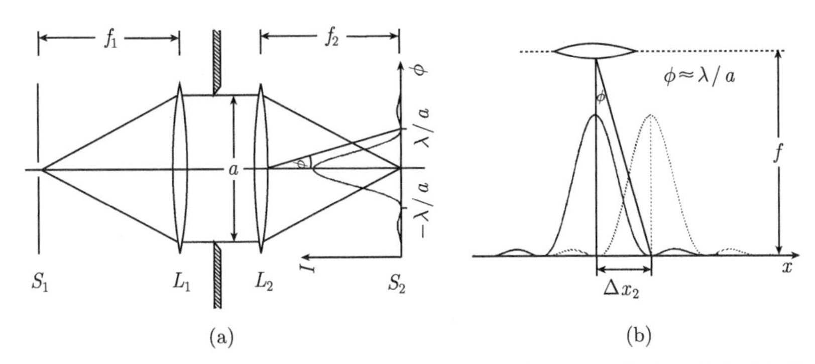


图 4.9 (a) 光谱仪中直径为 $a$ 的限制光阑引起的衍射；(b) 衍射对光谱分辨率的限制

即使入射狭缝的宽度无限窄，它也会产生一个宽度为

$$\delta x_{\mathrm{s}}^{\mathrm{diffr}} = f_2(\lambda/a) \tag{4.7}$$

的像，它决定于中心衍射极大值和第一阶衍射极小值之间的距离，大约等于中心极大值的半高宽。

根据瑞利判据，对于波长为 $\lambda$ 和 $\lambda + \Delta\lambda$ 的两条强度相等的谱线，如果 $S_2(\lambda)$ 的中心极大值正好位于 $S_2(\lambda + \Delta\lambda)$ 的中心极小值上，它们就正好可以分辨开 (见上文)。这说明它们的极大值之间的距离正好等于 $\delta x_{\mathrm{s}}^{\mathrm{diffr}} = f_2(\lambda/a)$。根据式 (4.6) 可以得到，此时两个谱线是部分重叠的，在两个极大值之间有一个凹坑，强度为 $(8/\pi^2)I_{\max} \approx 0.8I_{\max}$。这样一来，根据式 (4.7)，就可以得到两个狭缝像之间的距离 (图 4.9(b))

$$\Delta x_2 = f_2(\lambda/a) \tag{4.8a}$$

色散式 (4.4) 确定的两个谱线之间的距离 $\Delta x_2 = f_2(\mathrm{d}\theta/\mathrm{d}\lambda)\Delta\lambda$ 必须大于这个极限值。这就给出了分辨本领的基本限制

$$|\lambda/\Delta\lambda| \leqslant a(\mathrm{d}\theta/\mathrm{d}\lambda) \tag{4.9}$$

显然，它只依赖于限制光阑的尺寸和仪器的角色散。

对于宽度为 $b$ 的入射狭缝，两个像 $I(\lambda - \lambda_1)$ 和 $I(\lambda - \lambda_2)$ 的中心极大值之间的距离 $\Delta x_2$ 必须大于式 (4.8a)。为了满足瑞利判据，必须有 (图 4.10)

$$\Delta x_2 \geqslant f_2\frac{\lambda}{a} + b\frac{f_2}{f_1} \tag{4.8b}$$

利用 $\Delta x_2 = f_2(\mathrm{d}\theta/\mathrm{d}\lambda)\Delta\lambda$ 可以得到，最小可分辨波长间隔 $\Delta\lambda$ 为

$$\Delta\lambda \geqslant \left(\frac{\lambda}{a} + \frac{b}{f_1}\right)\left(\frac{\mathrm{d}\theta}{\mathrm{d}\lambda}\right)^{-1} \tag{4.10}$$

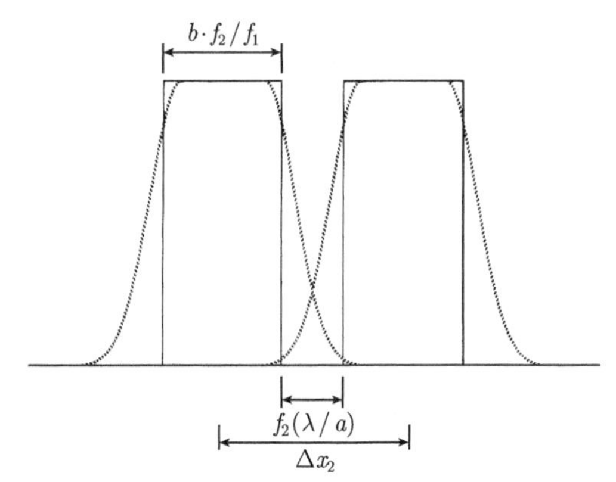


图 4.10　在 $L_2$ 的焦平面上测量得到的两个单色谱线的强度线形 I

入射狭缝的宽度为 $b \gg f_1 \cdot \lambda/a$，像放大因子为 $f_2/f_1$。实线：没有衍射；虚线：有衍射。

谱线中心的最小可分辨距离为 $\Delta x_2 = f_2(b/f_1 + \lambda/a)$

**注**：光谱分辨率所受的限制并非来自于入射狭缝的衍射，而是来自于尺寸大得多的光阑 $a$ 的限制，它决定于棱镜或光栅的尺寸。

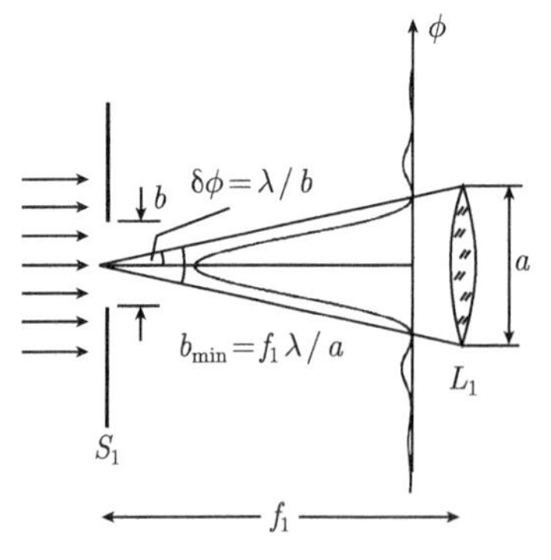


图 4.11　入射狭缝引起的衍射

尽管入射狭缝的衍射不会影响光谱分辨率，但是它限制了狭缝的透过光强。可以这样来理解：用平行光照射的时候，宽度为 $b$ 的入射狭缝产生了夫琅禾费衍射图案，类似于式 (4.6) 中用 $b$ 来替换 $a$ 的结果。衍射中心极大值的发散角为 $\delta\phi = \pm\lambda/b$ (图 4.11)，只有当 $2\delta\phi$ 小于光谱仪的光接收角度 $a/f_1$ 的时候，它才可以完全通过限制光阑 $a$。这就设定了入射狭缝的有效宽度的下限值

$$b_{\min} \geqslant 2f_1\lambda/a \tag{4.11}$$

实际上，所有的入射光都是发散的，这就要求发散角与衍射角之和要小于 $a/f$，狭缝的最小宽度 $b$ 也要相应地大一些。

宽度 $b$ 不同的狭缝在平面 $B$ 上的强度分布 $I(x)$ 如图 4.12(a) 所示。狭缝像 $S_2$

的宽度 $\delta x_2$ 对入射狭缝宽度 $b$ 的依赖关系如图 4.12(b) 所示，该图考虑了光阑 $a$ 的衍射效应。这个图表明，当 $b < b_{\min}$ 的时候，再减小 $b$ 并不能将分辨率增大多少。平面 $B$ 上的峰值强度 $I(b)$ 图随狭缝宽度 $b$ 的变化关系如式 (2.12c) 所示。根据式 (4.1)，透射的辐射流 $\phi(\lambda)$ 依赖于入射狭缝面积 $A$ 与光接收固体角 $\Omega = (a/f_1)^2$ 的乘积 $U = A\Omega$。因此，如果没有衍射效应的话，平面 $B$ 上的照度线性地依赖于狭缝宽度 $b$。这就说明，对于单色光来说，虽然透射光强随着 $b$ 线性增长，但是平面 $B$ 上的峰值强度 $[\mathrm{W/m^2}]$ 应该是一个常数 (曲线 $1m$)。对于连续光谱来说，它应该随着狭缝宽度的减小而线性地减小 (曲线 $1c$)。因为 $S_1$ 的衍射，单色光 ($2m$) 和连续谱 ($2c$) 的强度都随着狭缝宽度 $b$ 的减小而减小。注意，当 $b < b_{\min}$ 的时候，下降很快。

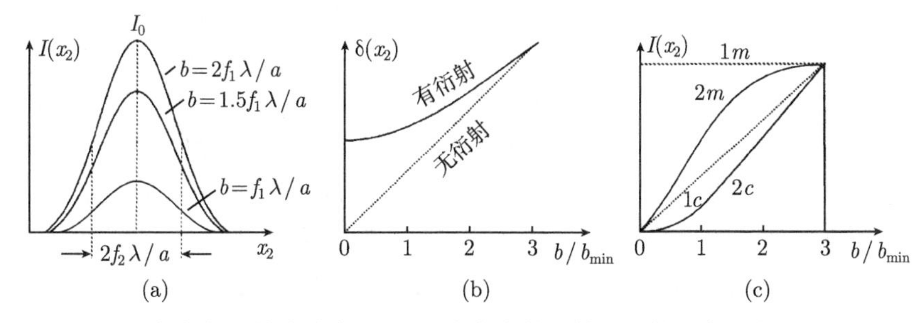


图 4.12 (a) 不同宽度的入射狭缝在平面 $B$ 上产生的衍射受限的强度分布 $I(x_2)$；(b) 当光阑 $a$ 的衍射效应存在 (与不存在) 的时候，入射狭缝的像 $S_2(x_2)$ 的宽度 $\delta x_2(b)$；(c) 在观测平面上，连续光谱 $c$ 和单色谱线 $m$ 的峰值强度 $I(x_2)$ 随入射狭缝宽度 $b$ 的变化关系，存在衍射的时候为实线 $2c$ 和 $2m$，不存在衍射的时候为虚线 $1c$ 和 $1m$

将 $b = b_{\min} = 2f_1\lambda/a$ 代入式 (4.10)，可以得到 $S_1$ 和宽度为 $a$ 的限制光阑引起的衍射对 $\Delta\lambda$ 的实际限制

$$\Delta\lambda = 3f_2(\lambda/a)\mathrm{d}\lambda/\mathrm{d}x \tag{4.12}$$

与光阑 $a$ 衍射的理论极限值式 (4.9) 不同的是，式 (4.12) 给出的实际分辨本领要略小一些，它考虑了强度对狭缝的最小可能宽度的限制，

$$\boxed{R = \lambda/\Delta\lambda = (a/3)\mathrm{d}\theta/\mathrm{d}\lambda} \tag{4.13}$$

**例 4.2**

$a = 10\mathrm{cm}$，$\lambda = 5\times10^{-5}\mathrm{cm}$，$f = 100\mathrm{cm}$，$\mathrm{d}\lambda/\mathrm{d}x = 1\mathrm{nm/mm}$：当 $b = 10\mu\mathrm{m}$ 的时候，可以得到 $\Delta\lambda = 0.015\mathrm{nm}$；当 $b = 5\mu\mathrm{m}$ 的时候，$\Delta\lambda = 0.01\mathrm{nm}$。然而，从图 4.12 可以看出，$b = 5\mu\mathrm{m}$ 时的透射强度只有 $b = 10\mu\mathrm{m}$ 时的 25%。

**注：** 在用胶片来探测光谱线的时候，实际上最好让入射狭缝的宽度等于下限值 $b_{\min}$，因为胶片显影后的强度只依赖于光谱辐射的时间积分 $[\mathrm{W/m^2}]$ 而非辐射功率

[W]。当狭缝宽度大于衍射极限 $b_{\min}$ 的时候，实际上并不能增大胶片上强度的对比度，只会减小光谱的分辨本领。

光电探测器的信号依赖于透过光谱仪的辐射功率 $\phi_\lambda \mathrm{d}\lambda$，因此它随着狭缝宽度的增大而增加。当谱线可以完全分辨的时候，这种增大正比于狭缝宽度 $b$，因为 $\phi_\lambda \propto b$。对于连续谱来说，它甚至正比于 $b^2$，因为透射的谱间隔 $\mathrm{d}\lambda$ 也随着宽度 $b$ 线性地增长，因此，$\phi_\lambda \mathrm{d}\lambda \propto b^2$。用二极管阵列作为探测器，像 $\Delta x_2 = (f_2/f_1)b$ 应该与单个二极管的宽度相同，这样才能以最大分辨率得到最佳信号。

在保持宽度 $b$ 不变的同时，增大入射狭缝的高度，可以增大乘积 $\Omega A$，但是，这种方法的效果极为有限，因为光谱仪的像差会使得狭缝的像变得弯曲，从而降低了分辨本领。来自于狭缝边缘的光线与棱镜的主轴之间有一个小角度，它导致了更大的入射角 $\alpha_2$，大于最小偏转角。因此，这些光线的折射角 $\theta$ 也就大一些，笔直的狭缝就形成了像短波方向弯曲的像 (图 4.13)。由于平面 $B$ 上的偏转等于 $f_2\theta$，曲率半径与成像透镜的焦距是同一个数量级，随着波长的增大而增大，因为光谱的色散是相反的。在光栅光谱仪中，直狭缝的弯曲像是来自于球面镜的像差。利用弯曲的入射狭缝可以部分地补偿这种像差[4.9]。另一种方法利用非对称的光学系统来矫正像差，图 4.2 中的第一个镜子 $M_1$ 放在离入射狭缝距离 $d_1 < f_1$ 的位置上，而出射狭缝离 $M_2$ 的距离为 $d_2 > f_2$。在这种构型中[4.11]，用略微发散的光来照射光栅。

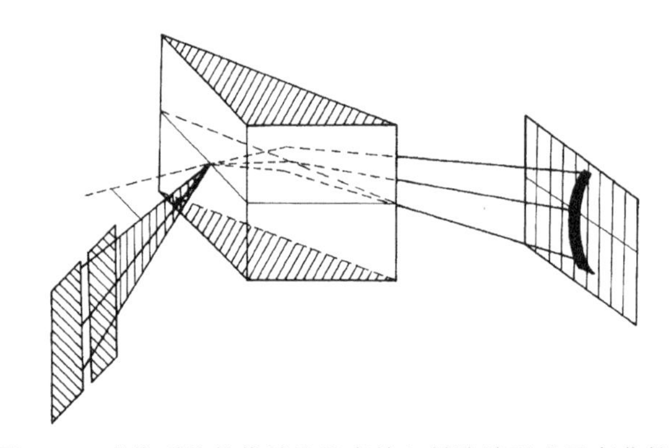

图 4.13　成像系统的像差让笔直的入射狭缝形成了弯曲的像

当光谱仪作为单色仪使用的时候，入射狭缝宽度为 $b_1$，出射狭缝宽度为 $b_2$，在匀速转动光栅的同时记录功率 $P(t)$ 随时间的变化关系，当 $b_1 \gg b_{\min}$ 的时候，它的形状是梯形 (图 4.14(a))，底边长度为 $(f_2/f_1)b_1 + b_2$。当 $b_2 = (f_2/f_1)b_1$ 的时候，分辨率达到最优。线形 $P(t) = P(x_2)$ 变成一个三角形。

4) 自由光谱区

光谱仪的自由光谱区指的是入射光的波长间隔 $\delta\lambda$，在此区间内，波长和入射

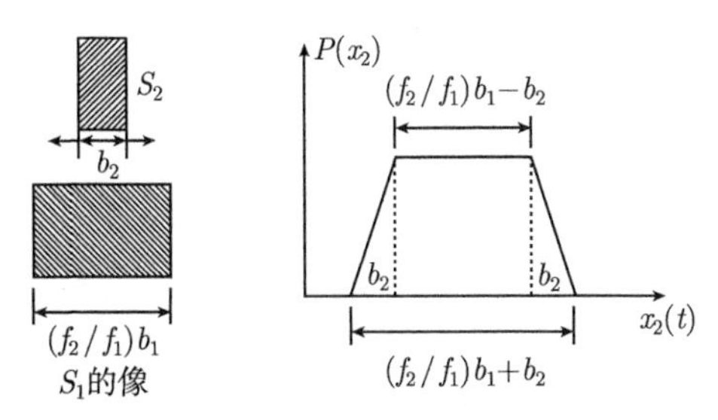


图 4.14 在单色仪出射狭缝处的信号线形 $P(t) \propto P(x_2(t))$，入射光是单色的，$b \gg b_{\min}$，$b_2 < (f_2/f_1)b_1$，光栅是均匀转动的

狭缝的成像位置之间有着一一对应关系。当没有更多信息的时候，波长为 $\lambda_1$ 和 $\lambda_2 = \lambda_1 \pm \delta\lambda$ 的两条谱线是不可区分的。这就表明，必须事先知道该仪器测量的波长的不确定度 $\Delta\lambda < \delta\lambda$。棱镜光谱仪的自由光谱区覆盖了该棱镜材料的整个正常色散区，而光栅光谱仪的 $\delta\lambda$ 决定于衍射阶数 $m$，它随着 $m$ 的增大而减小 (第 4.1.3 节)。

干涉仪通常使用非常高的干涉阶数 ($m = 10^4 \sim 10^8$)，它们的谱分辨本领很大，但是自由光谱区 $\delta\lambda$ 很小。为了确定波长，需要一个预选择器，用来将波长确定到高精度仪器的自由光谱区 $\delta\lambda$ 以内 (第 4.2.4 节)。

### 4.1.2 棱镜光谱仪

光束通过棱镜的时候会发生折射，折射角 $\theta$ 依赖于棱镜角 $\epsilon$、入射角 $\alpha_1$ 和棱镜材料的折射率 $n$ (图 4.15)。由图 4.15 可知,

$$\theta = \alpha_1 - \beta_1 + \alpha_2 - \beta_2 \tag{4.14a}$$

利用总偏转角 $\theta$ 和棱镜角 $\epsilon$ 之间的关系式

$$\theta = \alpha_1 + \alpha_2 - \epsilon \tag{4.14b}$$

上式取微分可以得到最小偏转角为

$$\frac{\mathrm{d}\theta}{\mathrm{d}\alpha_1} = 1 + \frac{\mathrm{d}\alpha_2}{\mathrm{d}\alpha_1} = 0 \Rightarrow \mathrm{d}\alpha_1 = -\mathrm{d}\alpha_2 \tag{4.14c}$$

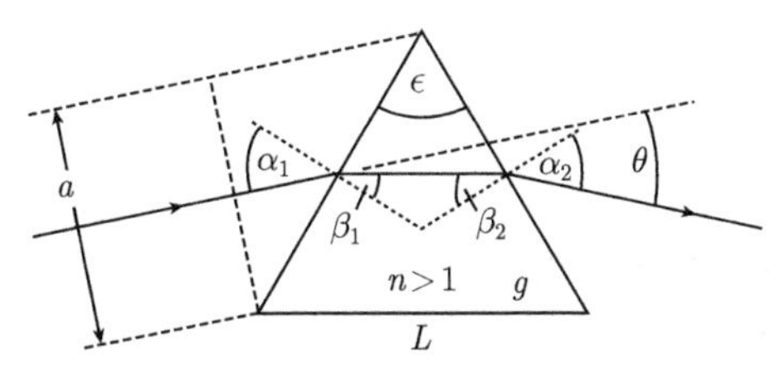


图 4.15 当 $\alpha_1 = \alpha_2 = \alpha$ 和 $\theta = 2\alpha - \epsilon$ 的时候，光线被棱镜折射的角度最小

根据斯涅尔定律 $\sin\alpha = n\sin\beta$ 可以得到:

$$\cos\alpha_1 \mathrm{d}\alpha_1 = n\cos\beta_1 \mathrm{d}\beta_1 \tag{4.14d}$$

$$\cos\alpha_2 \mathrm{d}\alpha_2 = n\cos\beta_2 \mathrm{d}\beta_2 \tag{4.14e}$$

因为 $\beta_1 + \beta_2 = \epsilon \Rightarrow \mathrm{d}\beta_1 = -\mathrm{d}\beta_2$，式 (4.14d) 除以式 (4.14e) 可以得到

$$\frac{\cos\alpha_1 \mathrm{d}\alpha_1}{\cos\alpha_2 \mathrm{d}\alpha_2} = -\frac{\cos\beta_1}{\cos\beta_2}$$

对于最小偏转角 $\theta$，有 $\mathrm{d}\alpha_1 = -\mathrm{d}\alpha_2$，得到如下结果

$$\frac{\cos\alpha_1}{\cos\alpha_2} = \frac{\cos\beta_1}{\cos\beta_2} = \left(\frac{1-\sin^2\beta_1}{1-\sin^2\beta_2}\right)^{1/2} \tag{4.14f}$$

对等式求平方，可以得到

$$\frac{1-\sin^2\alpha_1}{1-\sin^2\alpha_2} = \frac{n^2-\sin^2\alpha_1}{n^2-\sin^2\alpha_2} \tag{4.14g}$$

对于 $n \neq 1$ 的情况, 只有 $\alpha_1 = \alpha_2$ 才能够成立。当光线对称的时候，$\alpha_1 = \alpha_2 = \alpha$，偏转角度最小。最小偏转角度为

$$\theta_{\min} = 2\alpha - \epsilon \tag{4.14h}$$

此时通过棱镜的光线平行于棱镜的底边 $g$。在这种情况下，由斯涅尔定律可以得到

$$\sin\left(\frac{\theta_{\min}+\epsilon}{2}\right) = \sin\alpha = n\sin\beta = n\sin(\epsilon/2) \tag{4.14i}$$

$$\sin(\frac{\theta+\epsilon}{2}) = n\sin(\epsilon/2) \tag{4.14j}$$

由式 (4.14j) 可以得到导数 $\mathrm{d}\theta/\mathrm{d}n = (\mathrm{d}n/\mathrm{d}\theta)^{-1}$

$$\frac{\mathrm{d}\theta}{\mathrm{d}n} = \frac{2\sin(\epsilon/2)}{\cos[(\theta+\epsilon)/2]} = \frac{2\sin(\epsilon/2)}{\sqrt{1-n^2\sin^2(\epsilon/2)}} \tag{4.15}$$

因此，角色散 $\mathrm{d}\theta/\mathrm{d}\lambda = (\mathrm{d}\theta/\mathrm{d}n)(\mathrm{d}n/\mathrm{d}\lambda)$ 就是

$$\boxed{\frac{\mathrm{d}\theta}{\mathrm{d}\lambda} = \frac{2\sin(\epsilon/2)}{\sqrt{1-n^2\sin^2(\epsilon/2)}}\frac{\mathrm{d}n}{\mathrm{d}\lambda}} \tag{4.16}$$

这就表明，角色散随着棱镜角的增大而增大，但是它并不依赖于棱镜的尺寸。

可以用小棱镜来偏转小束径激光，不会损失任何角色散。然而，在棱镜光谱仪中，棱镜的尺寸决定了限制光阑 $a$，从而决定了衍射；它必须很大，才能获得高光

谱分辨率 (见上一节)。当角色散给定的时候，$\epsilon = 60^\circ$ 的等边棱镜所用的材料量最小，棱镜材料有可能非常昂贵。因为 $\sin 30^\circ = 1/2$，所以式 (4.16) 可以约化为

$$\frac{\mathrm{d}\theta}{\mathrm{d}\lambda} = \frac{\mathrm{d}n/\mathrm{d}\lambda}{\sqrt{1-(n/2)^2}} \tag{4.17}$$

根据式 (4.9)，分辨率的衍射极限 $\lambda/\Delta\lambda$ 为

$$\lambda/\Delta\lambda \leqslant a(\mathrm{d}\theta/\mathrm{d}\lambda)$$

棱镜光谱仪中的限制光阑的直径 $a$ 是 (图 4.16)

$$a = \mathrm{d}\cos\alpha_1 = \frac{g\cos\alpha_1}{2\sin(\epsilon/2)} \tag{4.18}$$

将式 (4.16) 中的 $\mathrm{d}\theta/\mathrm{d}\lambda$ 代入可得，

$$\lambda/\Delta\lambda = \frac{g\cos\alpha_1}{\sqrt{1-n^2\sin^2(\epsilon/2)}}\frac{\mathrm{d}n}{\mathrm{d}\lambda} \tag{4.19}$$

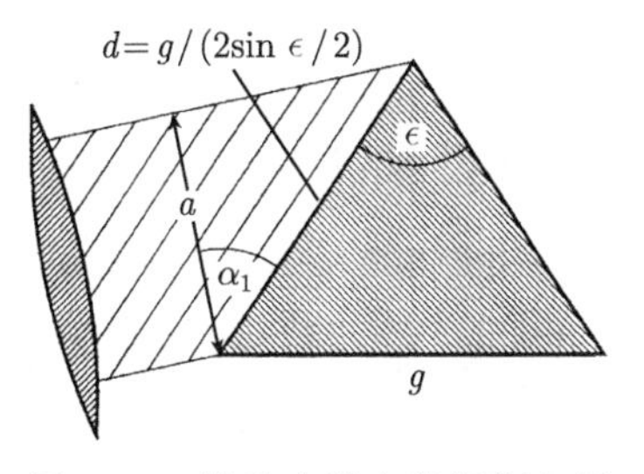


图 4.16 棱镜光谱中的限制光阑

当偏转角最小的时候，式 (4.14) 给出 $n\sin(\epsilon/2) = \sin[(\theta+\epsilon)/2] = \sin\alpha_1$，因此式 (4.19) 约化为

$$\lambda/\Delta\lambda = g(\mathrm{d}n/\mathrm{d}\lambda) \tag{4.20a}$$

根据式 (4.20a)，分辨率的理论最大值只依赖于底边长度 $g$ 和棱镜材料的光谱色散。因为狭缝的宽度 $b \geqslant b_{\min}$，实际中能够达到的分辨率要略低一些。相应的分辨率可以由式 (4.11) 推导出来，它的最大值是

$$\boxed{R = \frac{\lambda}{\Delta\lambda} \leqslant \frac{1}{3}g\left(\frac{\mathrm{d}n}{\mathrm{d}\lambda}\right)} \tag{4.20b}$$

谱色散 $\mathrm{d}n/\mathrm{d}\lambda$ 是棱镜材料和波长 $\lambda$ 的函数。图 4.17 给出了一些棱镜常用材料的

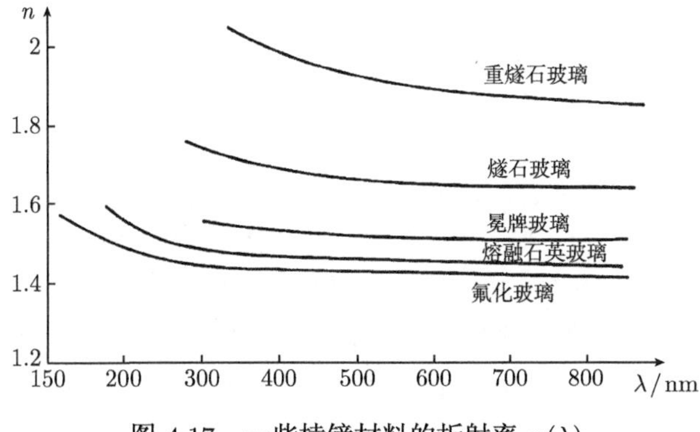


图 4.17 一些棱镜材料的折射率 $n(\lambda)$

色散曲线 $n(\lambda)$。因为折射率在吸收线附近上升得很快，在可见光和近紫外区，玻璃的色散要大于石英，而石英在紫外到 180nm 更为有利。在真空紫外区，$CaF_2$、$MgF_2$ 或 LiF 棱镜是足够透明的。表 4.1 总结了一些棱镜材料的光学特性和有用的光谱范围。

**表 4.1 用于棱镜光谱仪的一些材料的折射率和色散**

| 材料 | 有用的光谱范围/μm | 折射率 $n$ | 色散 $-\mathrm{d}n/\mathrm{d}\lambda/\mathrm{nm}^{-1}$ |
|---|---|---|---|
| 玻璃 (BK7) | 0.35 ~ 3.5 | 1.516 | $4.6\times10^{-5}$ 在 589nm 处 |
| | | 1.53 | $1.1\times10^{-4}$ 在 400nm 处 |
| 重燧石 (Heavy flint) | 0.4 ~ 2 | 1.755 | $1.4\times10^{-4}$ 在 589nm 处 |
| | | 1.81 | $4.4\times10^{-4}$ 在 400nm 处 |
| 熔融石英 | 0.15 ~ 4.5 | 1.458 | $3.4\times10^{-5}$ 在 589nm 处 |
| | | 1.470 | $1.1\times10^{-4}$ 在 400nm 处 |
| NaCl | 0.2 ~ 26 | 1.79 | $6.3\times10^{-3}$ 在 200nm 处 |
| | | 1.38 | $1.1\times10^{-4}$ 在 20μm 处 |
| $CaF_2$ | 0.12 ~ 9 | 1.44 | $6.6\times10^{-4}$ 在 200nm 处 |
| | | 1.09 | $8.6\times10^{-5}$ 在 10μm 处 |

如果不使用消色差透镜 (红外区和紫外区的消色差透镜非常贵)，两个透镜的焦距随着波长的增加而变小。将平面 $B$ 向主轴倾斜，可以部分地补偿这一效应，从而使得它在长波范围内近似地接近于 $L_2$ 的焦平面 (图 4.1)。

**小结**：因为位置 $S_2(\lambda)$ 是 $\lambda$ 的单调函数，棱镜光谱仪可以确凿无疑地测量波长，这是它的优点。缺点是光谱分辨率比较一般。它多用于扩展光谱区的扫描测量。

**例 4.3**

(a) *在 $\lambda=400\mathrm{nm}$ 处，熔融石英的折射率为 $n=1.47$，$\mathrm{d}n/\mathrm{d}\lambda=1100\mathrm{cm}^{-1}$。这就给出 $\mathrm{d}\theta/\mathrm{d}\lambda=1.6\times10^{-4}\mathrm{rad/nm}$。由狭缝宽度 $b_{\min}=2f\lambda/a$ 和 $g=5\mathrm{cm}$，可以用式 (4.20b) 得到，$\lambda/\Delta\lambda\leqslant1830$。在 $\lambda=500\mathrm{nm}$ 处，$\Delta\lambda\geqslant0.27\mathrm{nm}$。*

(b) *在 400nm 处，重燧石玻璃的折射率为 $n=1.81$，$\mathrm{d}n/\mathrm{d}\lambda=4400\mathrm{cm}^{-1}$，所以，$\mathrm{d}\theta/\mathrm{d}\lambda=1.0\times10^{-3}\mathrm{rad/nm}$。它比石英要大六倍。如果成像透镜的焦距为 $f=100\mathrm{cm}$，那么燧石棱镜的线性色散为 $\mathrm{d}x/\mathrm{d}\lambda=1\mathrm{mm/nm}$，石英棱镜只有 0.15mm/nm。*

### 4.1.3 光栅光谱仪

在光栅光谱仪中 (图 4.2)，球面反射镜 $M_1$ 替换了准直透镜 $L_1$，入射狭缝 $S_1$ 位于 $M_1$ 的焦平面上。$M_1$ 将入射光准直并反射到反射光栅上，该光栅包括许多 (约 $10^5$ 个) 与入射狭缝平行的沟槽。沟槽刻划在光学平整的玻璃衬底上，或者由全息技术制成[4.12~4.18]。整个光栅表面镀有高反射膜 (金属膜或者介质膜)。球面镜 $M_2$ 将光栅反射回来的光汇聚到出射狭缝 $S_2$ 上，或者是位于 $M_2$ 焦平面上的感光片上。

1) 基本考虑

这些沟槽被相干地照明，可以将它们视为小辐射源，每一个宽度为 $\mathrm{d} \approx \lambda$ 的沟槽将入射光衍射到几何反射角 $r$ 附近约 $\Delta r \approx \lambda/d$ 的范围内 (图 4.18(a))。所有这些分波贡献就构成了总反射光。只有当衍射沟槽所发出的所有分波都具有相同相位的方向时，才会发生相长干涉，从而反射强度变大，而在其他方向上，相消干涉使得不同部分的贡献彼此抵消了。

图 4.18(b) 给出了照射在两个相邻沟槽上的一束平行光。入射光与光栅法线的夹角为 $\alpha$(光栅的法线与光栅表面垂直，但并不一定垂直于沟槽)，在一些反射光方向 ($\beta$) 上，光程差 $\Delta s = \Delta s_1 - \Delta s_2$ 是波长 $\lambda$ 的整数倍，从而产生相长干涉。利用 $\Delta s_1 = \mathrm{d}\sin\alpha$ 和 $\Delta s_2 = \mathrm{d}\sin\beta$，可以得到光栅公式

$$\boxed{d(\sin\alpha \pm \sin\beta) = m\lambda} \tag{4.21}$$

如果 $\beta$ 和 $\alpha$ 位于法线的同一侧，就取正号；否则的话，就取负号，如图 4.18(b) 所示。

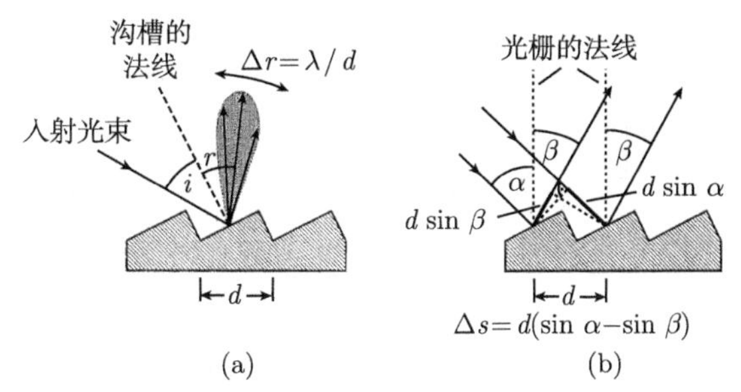


图 4.18 (a) 入射光被单个沟槽反射，位于反射角 $r = i$ 附近的衍射角 $\lambda/d$ 之内；(b) 光栅公式 (4.21) 的示意图

刻划光栅的反射率 $R(\beta,\theta)$ 依赖于衍射角 $\beta$ 和光栅的闪烁角 $\theta$，后者是沟槽的法线和光栅法线之间的夹角 (图 4.19)。如果衍射角 $\beta$ 等于沟槽表面的反射角 $r$，那么 $R(\beta,\theta)$ 达到最佳值 $R_0$，具体数值依赖于沟槽镀膜的反射率。由图 4.19 可以看出，当 $\alpha$ 和 $\beta$ 位于光栅法线的相对两侧时，$i = \alpha - \theta$，$r = \theta + \beta$，为了达到最佳的光谱反射 $i = r$，最佳闪烁角 $\theta$ 应该是

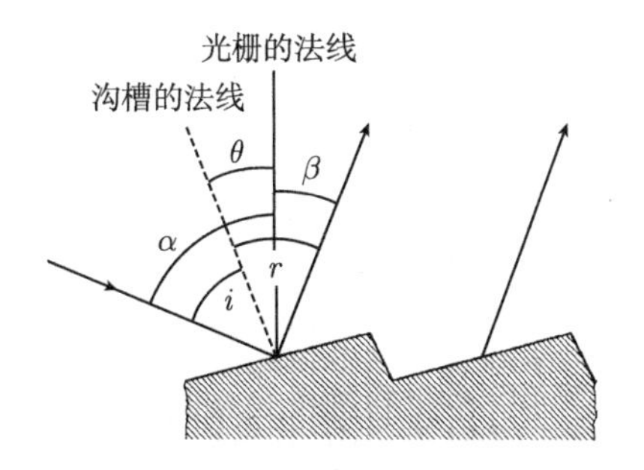


图 4.19 闪烁角 $\theta$ 的示意图

$$\theta = (\alpha - \beta)/2 \tag{4.22}$$

因为每个分波的衍射都位于很大的一个角范围内，反射率 $R(\beta)$ 在 $\beta = \alpha - 2\theta$ 处

并没有一个尖锐的极大值，而是在这个最佳角度附近有一个很宽的分布。入射角 $\alpha$ 取决于光谱仪的具体结构，而相长干涉发生的角度 $\beta$ 依赖于波长 $\lambda$。因此，必须根据所希望的光谱范围和光谱仪的类型来确定闪烁角 $\theta$。

在激光光谱学的应用中，经常出现 $\alpha=\beta$ 的情况，入射光被原路反射回去。这种构型被称为利特罗光栅构型，如图 4.20 所示，相长干涉的光栅方程式 (4.21) 简化为

$$2d\sin\alpha = m\lambda \tag{4.21a}$$

利特罗光栅的反射率在 $i=r=0$ 时达到最大，即 $\theta=\alpha$，如图 4.20(b) 所示。利特罗光栅可以作为一个波长选择式的反射镜，因为只有当入射波长满足条件式 (4.21a) 的时候，才会发生反射。

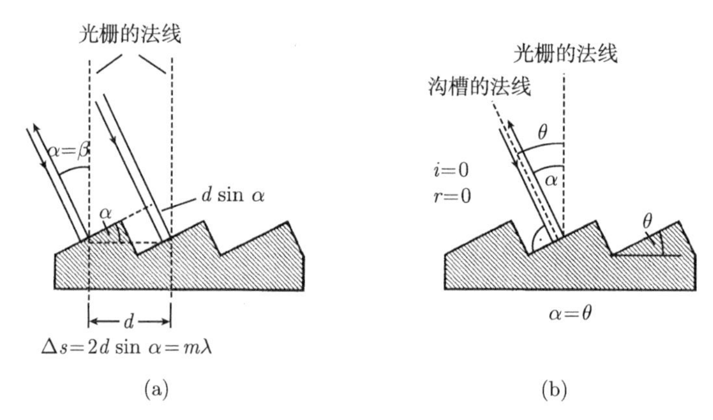


图 4.20　(a) 利特罗光栅，$\beta=\alpha$；(b) 利特罗光栅的闪烁角的示意图

2) *反射光的强度分布*

现在研究单色平面波照射到任意光栅上所得到的反射光的强度分布 $I(\beta)$。

根据式 (4.21)，被相邻沟槽反射的分波之间的光程差为 $\Delta s=d(\sin\alpha\pm\sin\beta)$，相应的相位差等于

$$\phi=\frac{2\pi}{\lambda}\Delta s=\frac{2\pi}{\lambda}d(\sin\alpha\pm\sin\beta) \tag{4.23}$$

全部 $N$ 个沟槽反射的振幅在 $\beta$ 方向的叠加给出了反射的总振幅

$$A_\mathrm{R}=\sqrt{R}\sum_{m=0}^{N-1}A_\mathrm{g}\mathrm{e}^{\mathrm{i}m\phi}=\sqrt{R}A_\mathrm{g}\frac{1-\mathrm{e}^{\mathrm{i}N\phi}}{1-\mathrm{e}^{-\mathrm{i}\phi}} \tag{4.24}$$

其中，$R(\beta)$ 是光栅的反射率，它依赖于反射角 $\beta$，$A_\mathrm{g}$ 是入射到每个沟槽上的分波振幅。因为反射光的强度与振幅之间的关系是 $I_\mathrm{R}=\epsilon_0 cA_\mathrm{R}A_\mathrm{R}^*$ (见式 (2.30c))，利用 $\mathrm{e}^{\mathrm{i}x}=\cos x+\mathrm{i}\sin x$，可以从式 (4.24) 得到

$$I_\mathrm{R}=RI_0\frac{\sin^2(N\phi/2)}{\sin^2(\phi/2)} \tag{4.25}$$

其中，$I_0 = c\epsilon_0 A_{\rm g} A_{\rm g}^*$。

图 4.21 给出了两种不同的沟槽总数 $N$ 所对应的强度分布。注意，对于真实光栅来说，$N \approx 10^5$！主极大值出现的条件为 $\phi = 2m\pi$，根据式 (4.23)，这个条件等价于光栅公式 (4.21)，当角度 $\alpha$ 固定不变的时候，在某个角度 $\beta_m$ 处，相邻沟槽的分波之间的相位差是波长的整数倍，整数 $m$ 被称为干涉的阶数。函数式 (4.25) 有 $(N-1)$ 个 $I_{\rm R} = 0$ 的极小值，位于相邻的两个主极大值之间。这些极小值出现的角度 $\phi$ 满足条件 $N\phi/2 = l\pi$，其中 $l = 1, 2, \cdots, N-1$，对于光栅的每一个沟槽来说，都有另一个沟槽在 $\beta$ 方向发出相移为 $\pi$ 的光，所有的这种成对的分波就相互抵消了。

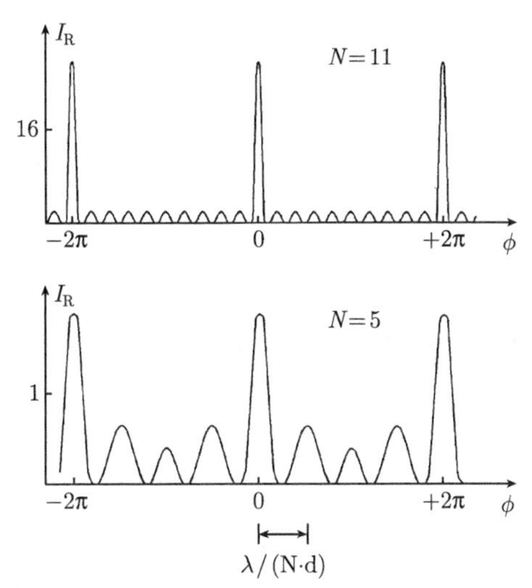


图 4.21 两个不同的沟槽数目 $N$ 所对应的强度分布 $I(\beta)$

注意，坐标的尺度是完全不同的

将 $\beta = \beta_m + \epsilon$ 代入式 (4.25)，可以得到位于衍射角 $\beta_m$ 附近的第 $m$ 阶主极大值的线形 $I(\beta)$。当 $N$ 很大的时候，$I(\beta)$ 非常尖锐，中心位于 $\beta_m$，因此，可以假定 $\epsilon \ll \beta_m$。利用关系式

$$\sin(\beta_m + \epsilon) = \sin\beta_m \cos\epsilon + \cos\beta_m \sin\epsilon \sim \sin\beta_m + \epsilon\cos\beta_m$$

而且，因为 $(2\pi d/\lambda)(\sin\alpha + \sin\beta_m) = 2m\pi$，由式 (4.23) 可以得到

$$\phi(\beta) = 2m\pi + 2\pi(d/\lambda)\epsilon\cos\beta_m = 2m\pi + \delta_1 \tag{4.26}$$

其中，

$$\delta_1 = 2\pi(d/\lambda)\epsilon\cos\beta_m \ll 1$$

式 (4.25) 可以进一步写为

$$I_{\mathrm{R}} = RI_0 \frac{[\sin(Nm\pi + N\delta_1/2)]^2}{[\sin(m\pi + \delta_1/2)]^2}$$
$$= RI_0 \frac{\sin^2(N\delta_1/2)}{\sin^2(\delta_1/2)} \simeq RI_0 N^2 \frac{\sin^2(N\delta_1/2)}{(N\delta_1/2)^2} \tag{4.27}$$

在 $\beta_m$ 的中央极大值的两侧，$I_{\mathrm{R}} = 0$ 的两个极小值位于

$$N\delta_1 = \pm 2\pi \tag{4.28a}$$

由式 (4.26) 可以计算出 $\beta_m$ 处中央极大值的角宽度

$$\frac{2\pi d}{\lambda} \epsilon \cos\beta_m = \delta_1 = \frac{2\pi}{N} \Rightarrow \tag{4.28b}$$

$$\epsilon_{1,2} = \frac{\pm\lambda}{Nd\cos\beta_m} \Rightarrow \Delta\beta = \frac{2\lambda}{Nd\cos\beta_m} \tag{4.28c}$$

因此，第 $m$ 阶的中央极大值的谱线形式为式 (4.27)，它的半高宽为 $\Delta\beta = 2\lambda/(Nd\cos\beta_m)$。这对应于宽度为 $b = Nd\cos\beta_m$ 的光阑所产生的衍射图案，该宽度正好是整个光栅在与 $\beta_m$ 垂直的平面上的投影尺寸 (图 4.18)。

**例 4.4**

$N \cdot d = 10\mathrm{cm}$，$\lambda = 5 \times 10^{-5}\mathrm{cm}$，$\cos\beta_m = \frac{1}{2}\sqrt{2}$，$\Rightarrow \varepsilon_{1/2} = 7 \times 10^{-6}\mathrm{rad}$。

**注**：根据式 (4.28)，干涉极大值的半角宽度 $\Delta\beta = 2\epsilon$ 以 $1/N$ 的形式减小，根据式 (4.27)，峰值强度随着被照亮的沟槽数目增加而增大，它正比于 $N^2 I_0$，其中 $I_0$ 是照射到单个沟槽上的强度。因此，极大值下的面积正比于 $NI_0$，这是因为光集中到 $\beta_m$ 方向上了。当然，每个沟槽上的入射强度以 $1/N$ 的方式减少。因此，反射的总强度与 $N$ 无关。

位于两侧的 $N-2$ 个较小的极大值来自于不完全的相消干涉，其强度正比于 $1/N$，随着沟槽数目的增加而减少。图 4.21 用 $N = 5$ 和 $N = 11$ 说明了这一点。实际光谱测量中使用的光栅的沟槽数目大约是 $10^5$，给定波长 $\lambda$ 的反射强度 $I_{\mathrm{R}}(\lambda)$ 只在 $\beta_m$ 方向有着非常锐利的极大值，如式 (4.21) 所述。对于这么大的 $N$ 值来说，如果沟槽间距 $d$ 在整个光栅上都保持不变，那么两侧的极大值就可以完全忽略不计。

3) *光谱分辨本领*

将光栅方程式 (4.21) 对 $\lambda$ 求微分，可以得到给定角度 $\alpha$ 上的角色散

$$\frac{\mathrm{d}\beta}{\mathrm{d}\lambda} = \pm\frac{m}{d\cos\beta} \tag{4.29a}$$

由式 (4.21) 代入 $m/d = (\sin\alpha \pm \sin\beta)/\lambda$，可以得到

$$\frac{\mathrm{d}\beta}{\mathrm{d}\lambda} = \pm\frac{\sin\alpha \pm \sin\beta}{\lambda\cos\beta} \tag{4.29b}$$

这就说明，角色散只决定于角度 $\alpha$ 和 $\beta$，而不决定于沟槽的数目！对于 $\alpha=\beta$ 的利特罗光栅来说，在式 (4.29b) 中取 + 号可以得到

$$\frac{\mathrm{d}\beta}{\mathrm{d}\lambda}=\frac{2\tan\alpha}{\lambda} \tag{4.29c}$$

可以由式 (4.29a) 得到光谱分辨本领，主衍射极大值的半高宽为 $\Delta\beta=\epsilon=\lambda/(Nd\cos\beta)$，应用瑞利判据，对于两条谱线 $\lambda$ 和 $\lambda+\Delta\lambda$，如果 $I(\lambda)$ 的极大值正好位于 $I(\lambda+\Delta\lambda)$ 的相邻极小值处，那么这两条谱线刚好可以分辨。它等价于下述条件

$$\frac{\mathrm{d}\beta}{\mathrm{d}\lambda}\Delta\lambda=\frac{\lambda}{Nd\cos\beta}$$

或者，代入式 (4.29b)

$$\frac{\lambda}{\Delta\lambda}=\frac{Nd(\sin\alpha\pm\sin\beta)}{\lambda} \tag{4.30}$$

利用式 (4.21) 可以将它简化为

$$\boxed{R=\frac{\lambda}{\Delta\lambda}=mN} \tag{4.31}$$

谱线的理论分辨本领是衍射阶数 $m$ 和被照明的沟槽的总数目 $N$ 的乘积。如果考虑狭缝的有限宽度 $b_1$ 和限制光阑的衍射，根据式 (4.13)，实际上能够达到的分辨本领大约要小 $2\sim3$ 倍。

通常，在二阶衍射 $(m=2)$ 处使用光谱仪是有好处的，正确地选择闪烁角 $\theta$，使之满足 $m=2$ 的式 (4.21) 和式 (4.22)，就可以让谱线分辨本领加倍，而且还不会损失太多的光强。

**例 4.5**

光栅的沟槽覆盖面积为 $10\times10\mathrm{cm}^2$，沟槽密度为每毫米 $10^3$ 个沟槽，利用二阶衍射 $(m=2)$，光谱的理论分辨率为 $R=2\times10^5$。在 $\lambda=500\mathrm{nm}$ 处，可以区分波长差别为 $\Delta\lambda=2.5\times10^{-3}\mathrm{nm}$ 的两条谱线。因为衍射效应，实际的分辨极限为 $\Delta\lambda\approx5\times10^{-3}\mathrm{nm}$。当 $\alpha=\beta=30°$ 而焦距为 $f=1\mathrm{m}$ 的时候，色散为 $\mathrm{d}x/\mathrm{d}\lambda=f\mathrm{d}\beta/\mathrm{d}\lambda=2\mathrm{mm/nm}$。狭缝宽度为 $b_1=b_2=50\mu\mathrm{m}$，可以达到的光谱分辨精度为 $\Delta\lambda=0.025\mathrm{nm}$。为了将狭缝像的宽度减小到 $5\times10^{-3}\mathrm{mm}$，入射狭缝的宽度 $b$ 必须减小到 $10\mu\mathrm{m}$。在同样的角度 $\beta$ 里，将会出现 $\lambda=1\mu\mathrm{m}$ 附近的一阶谱线。必须用滤光片抑制它们。

一种特殊的设计是所谓的中阶梯光栅，它由间距非常宽的沟槽构成了直角台阶 (图 4.22)。入射光垂直于沟槽的短边。以入射角 $\alpha=90°-\theta$ 照射在相邻两个沟槽上的光的反射分波的光程差为 $\Delta s=2d\cos\theta$。光栅公式 (4.21) 给出了第 $m$ 阶衍射的角度

$$d(\cos\theta+\sin\beta)\approx2d\cos\theta=m\lambda \tag{4.32}$$

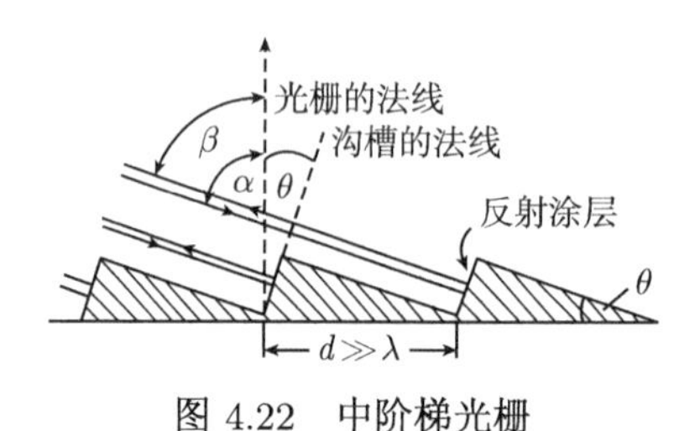


图 4.22　中阶梯光栅

其中，$\beta$ 接近于 $\alpha=90^\circ-\theta$。

因为 $d\gg\lambda$，光栅使用的是阶数非常高的衍射 ($m\simeq10\sim100$)，根据式 (4.31) 可知，分辨本领非常高。因为相邻沟槽之间的距离 $d$ 更大，所以，刻划的相对精度也就更高，可以制作面积更大的光栅 (可以达到 30cm)。中阶梯光栅的缺点是，相邻衍射阶之间的自由光谱区 $\delta\lambda=\lambda/m$ 很小。

**例 4.6**

$N=3\times10^4$，$d=10\mu m$，$\theta=30^\circ$，$\lambda=500nm$，$m=34$。光谱分辨本领为 $R=10^6$，但是自由光谱区只有 $\delta\lambda=15nm$。这就是说，在相同方向 $\beta$ 上，波长 $\lambda$ 和 $\lambda+\delta\lambda$ 是重叠的。

4) 光栅的鬼影

在刻划过程中，相邻光栅的间距会有微小的差异，这一差异可能会使得光栅的一部分产生相长干涉，从而得到“错误的”波长。这类不期而遇的最大值让特定角度 $\alpha$ 的入射光进入到“错误的”方向。虽然这些鬼影的强度通常都非常小，但是，波长为 $\lambda_i$ 的强入射光产生的鬼影可能会和光谱的其他弱谱线的强度相仿。在激光光谱学中，入射的激光强度很高，它被墙壁或窗口散射从而到达单色仪的入射狭缝，这一问题就特别严重。

为了能够避免这种鬼影，刻划精度必须很高。为了说明这一问题，假定在刻划 $10\times10cm^2$ 光栅的过程中，刻划机器的起落架因为温度的变化而膨胀了 1μm。因此，后半部分的沟槽间距 $d$ 与前半部分的差别为 $5\times10^{-6}d$。$N=10^5$ 个沟槽，后半部分的反射波正好和前半部分相位相反。在光栅的这两个部分，不同的波长可以满足条件式 (4.21)，这样一来就在错误的位置 $\beta$ 上出现了并不想要的波长。在激光拉曼光谱学 (第 2 卷第 3 章) 或弱信号荧光光谱学中，必须在激发谱线特别强的情况下检测极其微弱的谱线信号，这种鬼影就非常讨厌。激发谱线产生的鬼影可能会和荧光或拉曼谱线重合，使得光谱的认定变得更加困难。

5) 全息光栅

利用干涉仪控制长度的现代刻划技术已经极大地提高了刻划光栅的质量 [4.12~4.15]，但是，制造完全没有鬼影的光栅的最佳方法是全息术。全息光栅的制作过程如下：在制作光栅的空白表面 $(x,y)$ 上涂上光敏层，用波矢为 $\boldsymbol{k}_1$ 和 $\boldsymbol{k}_2(|\boldsymbol{k}_1|=|\boldsymbol{k}_2|, \boldsymbol{k}=\{k_x,0,k_z\})$ 的两束相干的平面光波来照射它，两束光与平面法线的夹角为 $\alpha$ 和 $\beta$(图 4.23)。两束光干涉后在 $z=0$ 平面的光敏层上的强度分布构成了亮条纹和暗条纹，形成了一个理想的光栅，经过显影、定影后就变得清晰可见。光栅常数

$$d=\frac{\lambda}{\sin\alpha+\sin\beta}$$

依赖于波长 $\lambda=2\pi/|k|$，也依赖于角度 $\alpha$ 和 $\beta$。这种全息光栅完全没有鬼影。然而，它的反射率 $R$ 小于刻划光栅，而且强烈地依赖于入射光的偏振。这是因为全息法制作的沟槽不是平面型的，而是具有正弦型的表面，“闪烁角”$\theta$ 在每个沟槽上都发生变化[4.17]。

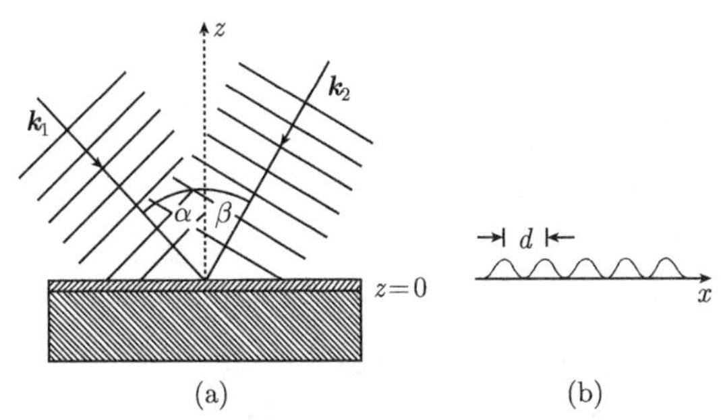


图 4.23 (a) 用光学成像方法制作全息光栅；(b) 全息光栅的表面

对于作为波长选择反射镜的利特罗光栅来说，它希望某个选定的 $m$ 阶具有高反射率，而其他阶的反射率低。正确地选择沟槽宽度和闪烁角，可以实现这一点。因为宽度为 $d$ 的沟槽的衍射，到达角度 $\beta$ 的光介于 $\beta_0\pm\lambda/d$ 之间 (图 4.18(a))。

**例 4.7**

闪烁角 $\theta=\alpha=\beta=30°$，台阶高度 $h=\lambda$，光栅可以工作于第二阶，而第三阶衍射出现在 $\beta=\beta_0+37°$。$d=\lambda/\tan\theta=2\lambda$，中心衍射瓣只能延伸到 $\beta_0\pm30°$，第三阶的强度非常小。

对上述考虑进行总结，我们发现光栅是一个选择波长的反射镜，它将给定波长的光反射到确定方向 $\beta_m$ 上 (第 $m$ 阶衍射)，由式 (4.21) 决定。一个衍射阶的强度线形对应于宽度为 $b=Nd\cos\beta_m$ 的狭缝的衍射谱线，该宽度表示整个光栅在 $\beta_m$ 方向上的投影大小。因此，谱线分辨本领 $\lambda/\Delta\lambda=mN=Nd(\sin\alpha+\sin\beta)/\lambda$ 受限于以波长为单位的光栅有效尺寸。

关于光栅单色仪的特殊设计的更为详细的讨论，例如远紫外光谱仪使用的凹面光栅，读者可以参看关于这一问题的相关文献 [4.12]~[4.18]。在文献 [4.12] 中，可以找到关于刻划光栅的设计和制作的精彩讨论。

## 4.2 干 涉 仪

干涉仪非常适于研究第 3 章讨论的各种不同的谱线线形，因为它的光谱分辨本领很高，甚至远远高于大光谱仪。在激光光谱学中，不同类型的干涉仪不仅可以用来测量发射谱线或吸收谱线，还可以用来窄化激光的谱宽度、监视激光的线宽以及控制和稳定单模激光器的波长 (第 5 章)。

本节将使用一些有说服力的例子讨论干涉仪的一些基本性质。我们将更为仔细地讨论不同干涉仪的那些对于光谱学研究非常重要的特性。没有镜面、干涉仪和滤光片的介质镀膜，就不可能有激光技术，所以专门有一节用来讨论介质多层膜。关于干涉仪的大量文献[4.20~4.23] 给出了与特殊设计和应用有关的信息。

### 4.2.1 基本概念

干涉仪的基本原理可以总结如下 (图 4.24)。强度为 $I_0$ 的入射光被分为振幅为 $A_k$ 的两个或多个分波，它们在干涉仪出口处重新叠加之前，走过了不同的光学路径，其长度也不尽相同，$s_k = nx_k$ (其中 $n$ 是折射率)。因为所有的分波都来自于同一个光源，所以，只要最大光程差小于相干长度，它们就是相干的 (第 2.8 节)。透射波的总振幅是所有分波的叠加，它依赖于每个分波的振幅 $A_k$ 和相位 $\phi_k = \phi_0 + 2\pi s_k/\lambda$。因此，它对波长 $\lambda$ 的依赖性很大。

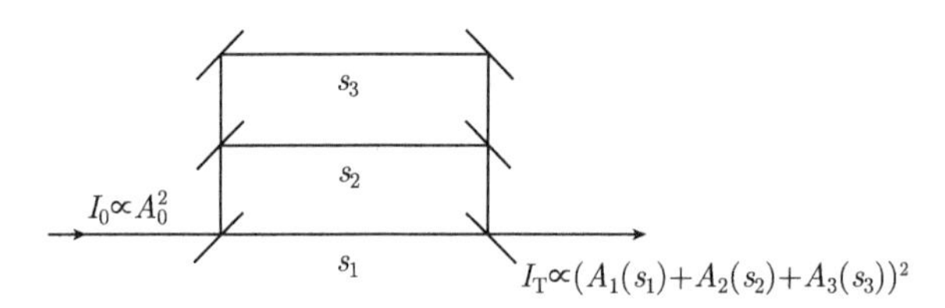


图 4.24 所有干涉仪的基本原理的示意图

当所有的分波都是相长干涉的时候，透射光的强度最大。这就给出了光程差 $\Delta s_{ik} = s_i - s_k$ 需要满足的条件

$$\Delta s_{ik} = m\lambda, \quad m = 1, 2, 3, \cdots \tag{4.33}$$

干涉仪的最大透射率条件 (式 (4.33)) 不仅可以用于单个波长 $\lambda$，也适用于满足条件

$$\lambda_m = \Delta s/m, \quad m = 1, 2, 3, \cdots$$

的所有波长 $\lambda_m$。波长间隔

$$\delta\lambda = \lambda_m - \lambda_{m+1} = \frac{\Delta s}{m} - \frac{\Delta s}{m+1} = \frac{\Delta s}{m^2 + m} \tag{4.34a}$$

被称为干涉仪的自由光谱区。利用平均波长 $\bar{\lambda} = \frac{1}{2}(\lambda_m + \lambda_{m+1}) = \frac{1}{2}\Delta s\left(\frac{1}{m} + \frac{1}{m+1}\right)$，可以将自由光谱区写为

$$\delta\lambda = \frac{2\bar{\lambda}}{2m+1} \tag{4.34b}$$

更便利的方法是用频率来表示。由 $\nu = c/\lambda$，式 (4.33) 可以得到 $\Delta s = mc/\nu_m$，自由光谱频率区为

$$\boxed{\delta\nu = \nu_{m+1} - \nu_m = c/\Delta s} \tag{4.34c}$$

它与阶数 $m$ 无关。

利用干涉测量，只能够确定到 $\lambda$ modulo $(m\cdot\delta\lambda)$，因为所有的波长 $\lambda = \lambda_0 + m\delta\lambda$ 对于干涉仪的透射来说都是等价的。认识到这一点很重要。因此，首先必须用其他方法将 $\lambda$ 确定到一个自由光谱区以内，然后才能够用干涉仪得到绝对波长。

只有两个分波发生干涉的例子有迈克耳孙干涉仪和马赫–曾德尔干涉仪。多光束干涉用于光栅光谱仪、法布里–珀罗干涉仪和高反射率镜的多层介质膜涂层上。

某些干涉仪利用了特定晶体的光学双折射效应产生偏振相互垂直的两个分波。两种偏振的折射率不同，两个分波之间就存在相位差。这种“偏振干涉仪”的一个例子是利奥滤光片[4.24]，在染料激光器中，它被用来减小光谱的线宽 (第 4.2.11 节)。

### 4.2.2 迈克耳孙干涉仪

迈克耳孙干涉仪的基本原理如图 4.25 所示。入射平面波

$$E = A_0 e^{i(\omega t - kx)}$$

被分光镜 $S$ (反射率为 $R$，透射率为 $T$) 分为两束

$$E_1 = A_1 \exp[i(\omega t - kx + \phi_1)]$$

$$E_2 = A_2 \exp[i(\omega t - ky + \phi_2)]$$

如果分光镜的吸收可以忽略不计 $(R+T=1)$，振幅 $A_1$ 和 $A_2$ 就是 $A_1 = \sqrt{T}A_0$ 和 $A_2 = \sqrt{R}A_0$，它们满足 $A_0^2 = A_1^2 + A_2^2$。

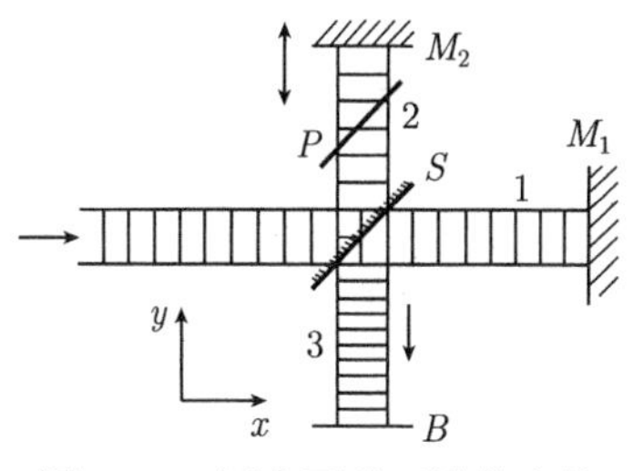


图 4.25 迈克耳孙干涉仪中的双光束干涉

被平面反射镜 $M_1$ 和 $M_2$ 反射之后，两束光在观测面 $B$ 上叠加起来。为了补偿光束 1 两次通过分光镜 $S$ 的玻璃片所产生的色散，通常在干涉仪的一个臂上放置一个补偿片 $P$。平面 $B$ 上的两束光的振幅为 $\sqrt{TR}A_0$，因为每束光都被分光镜 $S$ 反射和透射了一次。两束光之间的相位差 $\phi$ 是

$$\phi = \frac{2\pi}{\lambda} 2(SM_1 - SM_2) + \Delta\phi \tag{4.35}$$

其中，$\Delta\phi$ 表示反射引起的额外相移。平面 $B$ 上的总复数场振幅就是

$$E = \sqrt{RT} A_0 e^{i(\omega t + \phi_0)} (1 + e^{i\phi}) \tag{4.36}$$

$B$ 处的探测器跟不上频率为 $\omega$ 的快速振荡，只能够测量时间平均后的强度 $\bar{I}$，根据式 (2.30c)，它等于

$$\begin{aligned}\bar{I} &= \frac{1}{2}c\epsilon_0 A_0^2 RT(1+\mathrm{e}^{\mathrm{i}\phi})(1+\mathrm{e}^{-\mathrm{i}\phi}) = c\epsilon_0 A_0^2 RT(1+\cos\phi) \\ &= \frac{1}{2}I_0(1+\cos\phi) \quad \left(\text{当 } R=T=\frac{1}{2} \text{ 时,} \quad I_0 = \frac{1}{2}c\epsilon_0 A_0^2\right)\end{aligned} \tag{4.37}$$

如果反射镜 $M_2$(被安置在一个移动架上) 移动了一段距离 $\Delta y$，光程差的变化就是 $\Delta s = 2n\Delta y$ ($n$ 是 $S$ 和 $M_2$ 之间的折射率)，相位差 $\phi$ 就是 $2\pi\Delta s/\lambda$。图 4.26 给出了单色入射光在平面 $B$ 处的光强 $I_\mathrm{T}(\phi)$ 随着 $\phi$ 的变化关系。对于 $\phi = 2m\pi(m = 0,1,2,\cdots)$ 的极大值，透射强度 $I_\mathrm{T}$ 等于入射强度 $I_0$，也就是说，当 $\phi = 2m\pi$ 的时候，干涉仪的透射率为 $T = 1$。对于 $\phi = (2m+1)\pi$ 的极小值来说，透射强度 $I_\mathrm{T}$ 等于零！入射平面波被完全反射，回到光源去了。

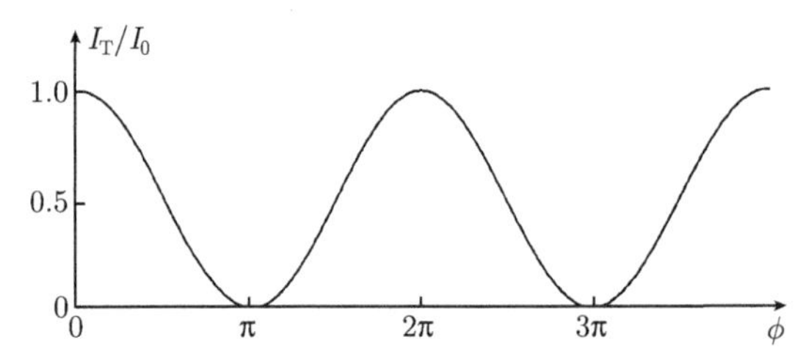


图 4.26 当 $R = T = 0.5$ 的时候，通过迈克耳孙干涉仪的透射光强随着两束干涉光之间的相位差 $\phi$ 的变化关系

这就说明，可以将迈克耳孙干涉仪看作是依赖于波长的透射滤光片，也可以将它视为一个选择波长的反射镜。后一种功能通常用于激光器中的模式选择 (Fox-Smith 选择器，第 5.4.3 节)。

对于发散的入射光来说，两束光之间的光程差依赖于倾角 (图 4.27)。在平面 $B$ 处，产生了一个圆环形的干涉图案，与系统的对称轴同心。移动反射镜 $M_2$，可以改变圆环的直径。在一个小孔光阑的后面，光强仍然近似满足图 4.26 中的变化关系 $I(\phi)$。利用平行的入射光，轻微地倾斜反射镜 $M_1$ 或 $M_2$，干涉图案由平行条纹组成，当改变 $\Delta s$ 的时候，条纹沿着与条纹垂直的方向运动。

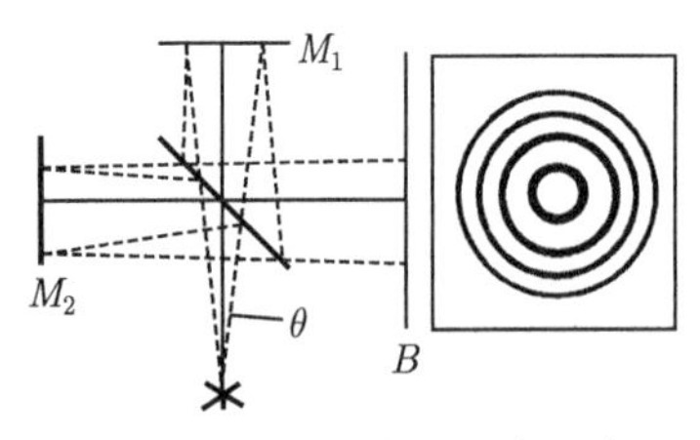


图 4.27 发散的入射光经过迈克耳孙干涉仪后产生的圆环形条纹

可以用迈克耳孙干涉仪来测量绝对波长，当反射镜 $M_2$ 移动一段已知距离 $\Delta y$ 的时候，在平面 $B$ 上对极大值的数目 $N$ 进行计数。由

$$\lambda = 2n\Delta y/N$$

就可以得到波长 $\lambda$。这一技术已经用来非常精确地测量激光波长 (第 4.4 节)。

另一种等价的方式也可以描述迈克耳孙干涉仪，它很有启发性。假定图 4.25 中的反射镜 $M_2$ 以恒定的速度移动，$v = \Delta y/\Delta t$。频率为 $\omega$、波矢为 $\boldsymbol{k}$ 的入射光垂直照射在移动的反射镜上，经过反射后，它就会产生多普勒位移

$$\Delta\omega = \omega - \omega' = 2\boldsymbol{k}\cdot\boldsymbol{v} = (4\pi/\lambda)v \tag{4.38}$$

将路程差 $\Delta s = \Delta s_0 + 2vt$ 和相应的相位差 $\phi = (2\pi/\lambda)\Delta s$ 代入式 (4.37)，由式 (4.38) 和 $\Delta s_0 = 0$，可以得到

$$\bar{I} = \frac{1}{2}\bar{I}_0(1 + \cos\Delta\omega t), \quad \Delta\omega = 2\omega v/c \tag{4.39}$$

可以看到，式 (4.39) 是时间平均后的拍频信号，它是由频率为 $\omega$ 和 $\omega' = \omega - \Delta\omega$ 的两束光叠加后产生的，它们的平均强度为

$$\bar{I} = I_0(1 + \cos\Delta\omega t)\overline{\cos^2[(\omega' + \omega)t/2]} = \frac{1}{2}\bar{I}_0(1 + \cos\Delta\omega t)$$

注意，只要知道透镜移动的速度 $v$，就可以根据拍频的频率 $\Delta\omega$ 得到入射光的频率 $\omega = (c/v)\Delta\omega/2$。反射镜 $M_2$ 匀速运动的迈克耳孙干涉仪就可以被看作是这样一种器件，它将光波的高频率 $\omega(10^{14} \sim 10^{15}\text{s}^{-1})$ 转换到容易测量的射频区域，$(v/c)\omega$。

**例 4.8**

$v = 3\text{cm/s} \rightarrow (v/c) = 10^{-10}$。频率 $\omega = 3\times10^{15}\text{Hz}(\lambda = 0.6\mu\text{m})$ 被变换到 $\Delta\omega = 6\times10^5\text{Hz} \simeq \Delta\nu \sim 100\text{kHz}$。

能够在平面 $B$ 处给出干涉条纹的最大路程差 $\Delta s$ 受限于入射光的相干长度 (第 2.8 节)。光谱灯的相干长度受限于谱线的多普勒宽度，通常只有几厘米。然而，稳定的单模激光的相干长度可以达到几公里。在这种情况下，迈克耳孙干涉仪的最大路程差通常并不受限于光源，而是受到实验设施的技术限制。

在干涉仪的一臂上放置一个光学延迟线，可以显著地增大路程差 $\Delta s$ (图 4.28)。它由一对反射镜 $M_3$ 和 $M_4$ 构成，可以将光往返地反射许多次。为了使得衍射损耗保持很小，最好是用球形反射镜，它可以补偿衍射引起的光束发散。将整个干涉仪放置在一个稳定的基座上，已经实现了长达 350m 的光程差[4.25]，能够测量的谱精度达到 $\nu/\Delta\nu \simeq 10^{11}$。测量在 $\nu = 5\times10^{14}\text{Hz}$ 处振荡的氦氖激光的线宽随着放电电流的变化关系，就可以证明这一点。得到的精度优于 5kHz。

为了探测引力波[4.26]，已经建造了臂长约 1km 的迈克耳孙干涉仪，利用高反射率的球面镜和相干长度 $\Delta s_c \gg \Delta s$ 的非常稳定的固态激光器，光程差可以增加到 $\Delta s > 100\text{km}$(第 2 卷第 9.8 节)[4.27]。

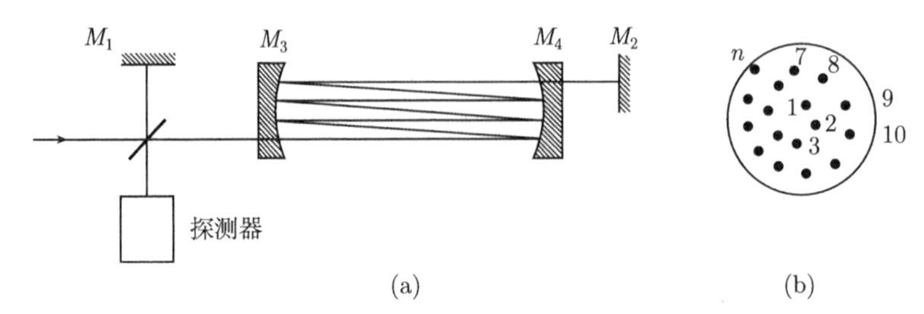


图 4.28　带有光学延迟线的迈克耳孙干涉仪，可以让两束干涉光之间的路程差变得很大

(a) 实验装置示意图；(b) 反射光束在反射镜 $M_3$ 上的光点位置

### 4.2.3　傅里叶光谱

当入射光包含有频率为 $\omega_k$ 的几种成分的时候，探测器所在平面 $B$ 处的总振幅是所有干涉振幅 (式 (4.36)) 之和

$$E = \sum_k A_k \mathrm{e}^{\mathrm{i}(\omega_k t+\phi_{0k})}(1+\mathrm{e}^{\mathrm{i}\phi_k}) \tag{4.40}$$

如果探测器的时间常数远大于最大周期 $1/(\omega_i-\omega_k)$，它就跟不上频率 $\omega_k$ 或差分频率 $(\omega_i-\omega_k)$ 处的振幅的快速振荡，它的信号正比于式 (4.37) 中的强度 $I_k$ 之和。因此，就可以得到依赖于时间的总强度

$$\bar{I}(t) = \sum_k \frac{1}{2}\bar{I}_{k0}(1+\cos\phi_k) = \sum_k \frac{1}{2}\bar{I}_{k0}(1+\cos\Delta\omega_k t) \tag{4.41a}$$

其中，声频频率 $\Delta\omega_k = 2\omega_k v/c$ 为决定于分量的频率 $\omega_k$ 和反射镜的运动速度 $v$。测量这些频率 $\Delta\omega_k$，可以重构频率 $\omega_k$ 的入射光的谱分量 (傅里叶变换光谱[4.28,4.29])。

例如，当入射光包括频率 $\omega_1$ 和 $\omega_2$ 的两个分量的时候，干涉图案随着时间发生变化

$$\begin{aligned}\bar{I}(t) &= \frac{1}{2}\bar{I}_{10}[1+\cos 2\omega_1(v/c)t] + \frac{1}{2}\bar{I}_{20}[1+\cos 2\omega_2(v/c)t]\\ &= \bar{I}_0\{1+\cos[(\omega_1-\omega_2)vt/c]\cos[(\omega_1+\omega_2)vt/c]\}\end{aligned} \tag{4.41b}$$

其中假定了 $I_{10}=I_{20}=I_0$。这是一个拍信号，其中，$(\omega_1+\omega_2)(v/c)$ 处的干涉信号的振幅以差频 $(\omega_1-\omega_2)v/c$ 进行变化 (图 4.29)。由二者之和

$$(\omega_1+\omega_2)+(\omega_1-\omega_2)=2\omega_1$$

可以得到频率 $\omega_1$，由二者之差

$$(\omega_1+\omega_2)-(\omega_1-\omega_2)=2\omega_2$$

可以得到频率 $\omega_2$。

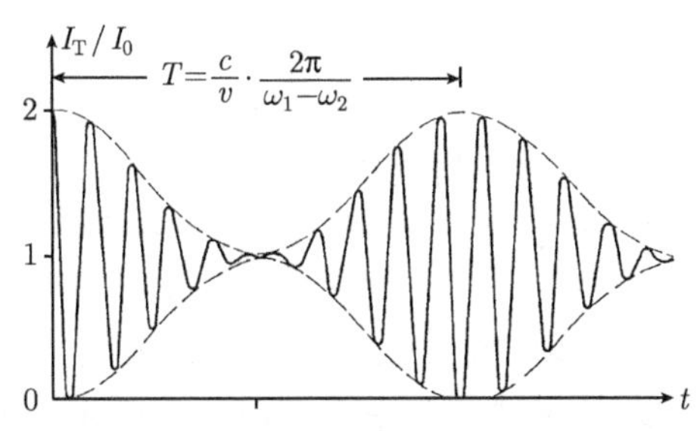


图 4.29 当入射光包括频率 $\omega_1$ 和 $\omega_2$ 的振幅相等的两个分量的时候，匀速移动反射镜 $M_2$，在迈克耳孙干涉仪后面观测到的干涉信号

可以用下述方法大致估计谱分辨精度：如果 $\Delta y$ 是图 4.25 中运动反射镜移动的距离，探测器测量到的干涉极大值的数目就是 $N_1 = 2\Delta y/\lambda_1$，入射光的波长为 $\lambda_1$，$N_2 = 2\Delta y/\lambda_2$，$\lambda_2 < \lambda_1$。当 $N_2 \geqslant N_1 + 1$ 的时候，就可以清楚地分开这两个波长。这样，由 $\lambda_1 = \lambda_2 + \Delta\lambda$ 和 $\Delta\lambda \ll \lambda$，就可以得到谱分辨本领

$$\frac{\lambda}{\Delta\lambda} = \frac{2\Delta y}{\lambda} = N = \frac{\Delta s}{\lambda} \tag{4.42a}$$

其中，$\lambda = (\lambda_1 + \lambda_2)/2$，$N = \frac{1}{2}(N_1 + N_2)$。同样的考虑也适用于频域。为了确定两个频率 $\omega_1$ 和 $\omega_2$，必须在至少一个调制周期上测量

$$T = \frac{c}{v}\frac{2\pi}{\omega_1 - \omega_2} = \frac{c}{v}\frac{1}{\nu_1 - \nu_2}$$

能够分辨出来的频率差就是

$$\Delta\nu = \frac{c}{vT} = \frac{c}{\Delta s} = \frac{c}{N\lambda} \Rightarrow \frac{\Delta\nu}{c/\lambda} = \frac{1}{N} \quad 或者 \quad \frac{\nu}{\Delta\nu} = N = \frac{\Delta s}{\lambda} \tag{4.42b}$$

迈克耳孙干涉仪的谱分辨本领 $\lambda/\Delta\lambda$ 等于以波长 $\lambda$ 为单位的最大路程差 $\Delta s/\lambda$。

**例 4.9**

(a) $\Delta y = 5\text{cm}$, $\lambda = 10\mu\text{m} \rightarrow N = 10^4$,

(b) $\Delta y = 100\text{cm}$, $\lambda = 0.5\mu\text{m} \rightarrow N = 4 \times 10^6$。

后一个例子只能够用相干长度足够大的激光器来实现 (第 4.4 节)。

(c) $\lambda_1 = 10\mu\text{m}$, $\lambda_2 = 9.8\mu\text{m} \rightarrow (\nu_2 - \nu_1) = 6 \times 10^{11}\text{Hz}$; $v = 1\text{cm/s} \rightarrow T = 50\text{ms}$。为了分辨两条谱线的最小测量时间为 50ms，最小光程差为 $\Delta s = vT = 5\times10^{-2}\text{cm} = 500\mu\text{m}$。

### 4.2.4 马赫–曾德尔干涉仪

与迈克耳孙干涉仪类似，马赫–曾德尔干涉仪剖分了入射光的振幅，从而实现双光束干涉。两束光沿着不同的路径传播，光程差为 $\Delta s = 2a\cos\alpha$ (图 4.30(b))。将

一个透明物体插入干涉仪的一臂，就可以改变两个光束之间的光程差。这样就改变了干涉图案，可以非常精确地得到样品的折射率及其局部变化。因此，马赫–曾德尔干涉仪是一个非常灵敏的折射率测量器。

如果分光镜 $B_1$ 和 $B_2$ 与反射镜 $M_1$ 和 $M_2$ 是严格平行的，那么分出来的两束光之间的路程差就不依赖于入射角 $\alpha$，因为光束 1 和 3 之间的路程差精确地等于 $M_2$ 和 $B_2$ 之间的光束 4 的路程 (图 4.30(a))。这就意味着，在对称的干涉仪 (没有样品)，干涉光在图 4.30(a) 中实线路径上的路程差完全等于虚线路径上的路程差。因此，在没有样品的时候，总的路程差就是零；当折射率为 $n$ 的样品位于干涉仪的一臂上的时候，光程差是 $\Delta s=(n-1)L$。

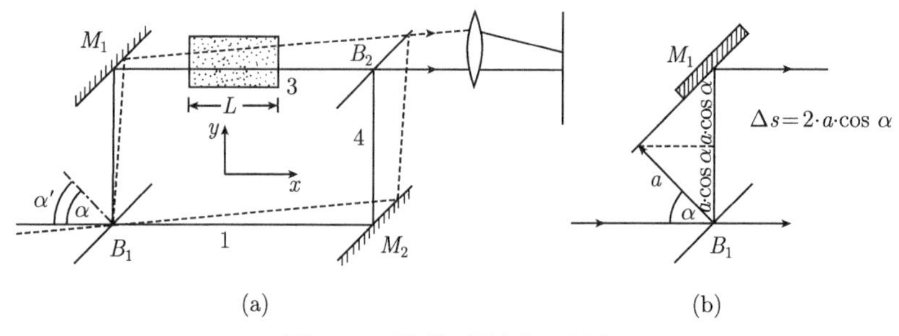


图 4.30　马赫–曾德尔干涉仪

(a) 实验装置示意图；(b) 两个平行光束之间的光程差

将路径 3 上的光束扩束，可以得到扩展的干涉条纹图案，它给出了折射率的局部变化。利用激光作为相干长度很长的光源，干涉仪两臂的路程可以不同，但并不会减小干涉图案的对比度 (图 4.31)。利用一个扩束器 (透镜 $L_1$ 和 $L_2$)，可以将激光光束扩大到 $10\sim20$cm，这样就可以测量大型物体。干涉图案可以直接拍摄下来，也可以用肉眼或电视摄像头来直接观察[4.30]。这种激光干涉仪的优点是，除了在两个扩束透镜之间，干涉仪内各处的激光光束直径都很小。为了获得良好的干涉图案，镜子表面被照明的部分与理想平面的偏离不能够大于 $\lambda/10$，较小的光束直径具有优势。

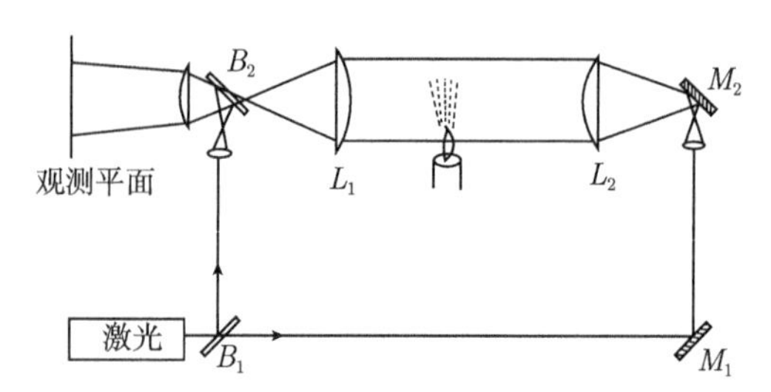


图 4.31　激光干涉仪，用于灵敏地测量大样品中折射率的局部变化

如蜡烛火苗上方的空气

马赫–曾德尔干涉仪的应用范围非常广泛。这种技术可以用来观测层流或湍流的气流密度变化，或者以极高的灵敏度检测镜子基底或干涉仪玻片的光学质量[4.30,4.31]。

为了得到样品内光程局部变化的定量信息，略微倾斜图 4.31 中的玻片 $B_1$、$M_1$ 和 $B_2$、$M_2$，使得干涉仪略微有些不对称，从而产生干涉条纹，用来帮助校准，这是非常有用的。假定 $B_1$ 和 $M_1$ 绕着 $z$ 方向顺时针倾斜了一个很小的角度 $\beta$，而 $B_2$ 和 $M_2$ 沿着逆时针方向倾斜了相同的角度 $\beta$。$B_1$ 和 $M_1$ 之间的光程就是 $\Delta_1 = 2a\cos(\alpha+\beta)$，而 $B_2M_2 = \Delta_2 = 2a\cos(\alpha-\beta)$。因此，重新汇合之后，这两束光之间的光程差就是

$$\Delta = \Delta_2 - \Delta_1 = 2a[\cos(\alpha-\beta) - \cos(\alpha+\beta)] = 4a\sin\alpha\sin\beta \tag{4.43}$$

它依赖于入射角 $\alpha$。在观测平面上，干涉图案是一组平行条纹，条纹之间的光程差为 $\Delta = m\cdot\lambda$，对应的角度差为 $\Delta\epsilon$，$m$ 和 $m+1$ 决定于 $\Delta\epsilon = \alpha_m - \alpha_{m+1} = \lambda/(4a\sin\beta\cos\alpha)$。

路径 3 中的样品引入了额外的光程差

$$\Delta s(\beta) = (n-1)L/\cos\beta$$

它依赖于样品的局部折射率 $n$ 和路径 $L$。相应的相位差将干涉图案移动了一个角度 $\gamma = (n-1)(L/\lambda)\Delta\varepsilon$。利用一个焦距为 $f$ 的透镜，可以将干涉图案成像在平面 $O$ 上，相邻条纹之间的距离为 $\Delta y = f\Delta\varepsilon$。样品引起的额外光程差将这个干涉图案移动了 $N = (n-1)(L/\lambda)$ 个干涉条纹。

图 4.32 给出了蜡烛火苗上方的热空气对流区的干涉图，该火苗位于图 4.31 中的激光干涉仪的一臂的下方。可以看到，通过该区域的光程改变了许多个波长。

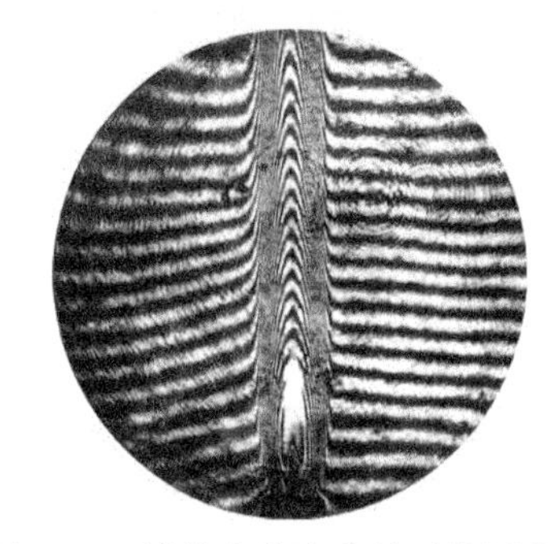

图 4.32 蜡烛火苗上方的对流区内的密度分布的干涉图案[4.30]

马赫–曾德尔干涉仪用来在光谱学中测量谱线附近的原子蒸气的折射率 (第 3.1 节)。实验装置 (图 4.33) 包括一台光谱仪和一台干涉仪，在没有样品的时候，玻片 $B_1$ 和 $M_1$ 与 $B_2$ 和 $M_2$ 的倾斜方向使得间距为 $\Delta y = f\Delta\varepsilon$ 平行干涉条纹与平行于 $y$ 方向的入射狭缝垂直。光谱仪将不同波长的干涉条纹色散到 $z$ 方向。因为原子蒸气的折射率 $n(\lambda)$ 依赖于波长 (第 3.1.3 节)，根据条纹的移动就可以得到谱线附近的色散曲线 (图 4.34)。在吸收谱线附近，色散条纹看起来就像钩子，所以这种技

术被称为钩法。为了补偿吸收盒窗口所引起的背景移动，在另一臂中插入一个补偿片。1912 年，Rozhdestvenski[4.33] 在圣彼得堡发明了这一技术。关于钩法的更多细节，请参见文献 [4.31]~[4.33]。

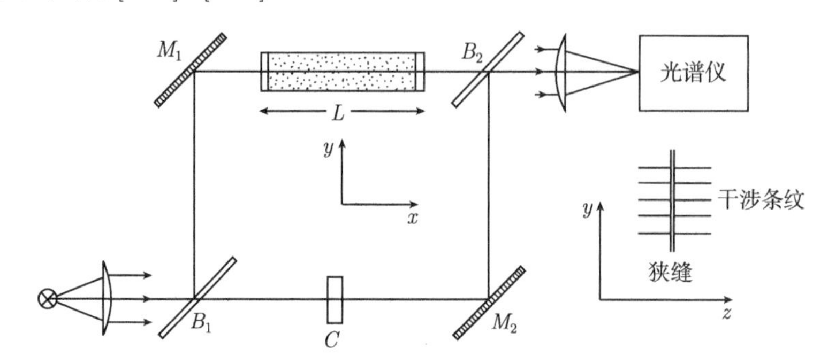


图 4.33　钩法将马赫-曾德尔干涉仪和光谱仪组合起来

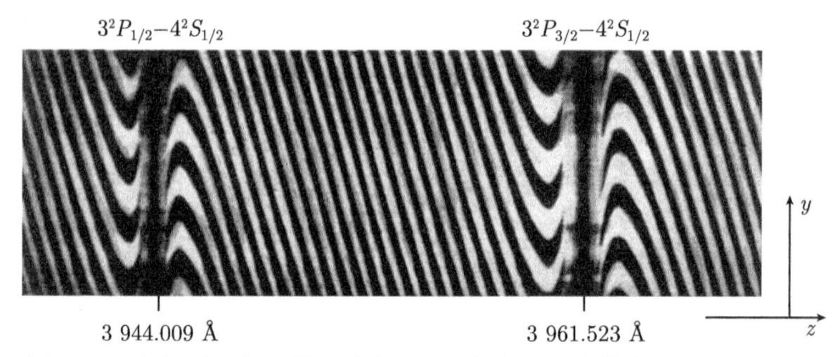


图 4.34　在铝原子的吸收双谱线附近，条纹位置随着波长的变化关系，在光谱仪后面进行观测[4.32]

### 4.2.5　萨格纳克干涉仪

在萨格纳克干涉仪中 (图 4.35)，分光镜 BS 将入射光分为透射光束和反射光束。这两束光在 $x$-$y$ 平面内沿着相反的方向通过环形干涉仪。如果整个干涉仪绕着 $z$ 轴顺时针旋转，$z$ 轴位于光束环绕的 $x$-$y$ 区域的中心，那么顺时针方向运动的光束的光程就大于逆时针运动的光束 (萨格纳克效应)，在观测平面处测量得到的干涉束的强度就随着旋转角速度 $\boldsymbol{\Omega}$ 而发生变化。两束分波的相移是

$$\Delta\phi = 8\pi A \cdot \boldsymbol{n} \cdot \boldsymbol{\Omega}/(\lambda \cdot c) \tag{4.44}$$

其中，$A$ 是光束包围的面积，$\boldsymbol{n}$ 是垂直于面积 $A$ 的单位矢量，$\lambda$ 是光波长，$c$ 是光速。利用这种器件，可以探测小于 0.1°/h ($5\times10^{-7}$rad/s) 的角速度。利用光纤可以让光束绕着面积 $A$ 环绕 $N$ 次 ($N = 100 \sim 10\ 000$)，式 (4.44) 中的有效面积就变为 $N \times A$，这从而显著地提高了灵敏度。

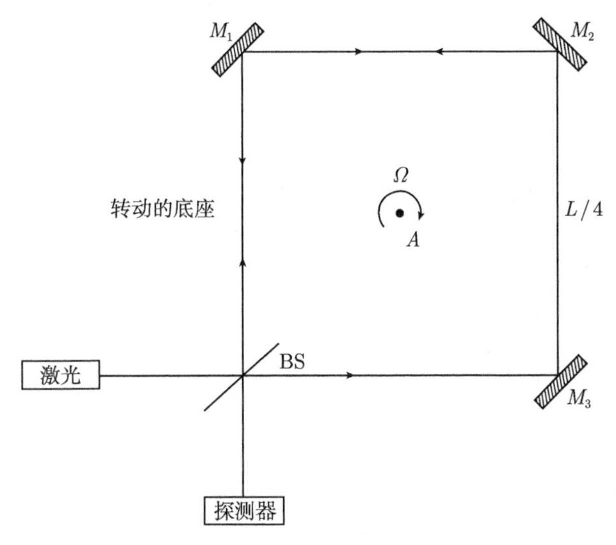


图 4.35 萨格纳克干涉仪

由三个正交的萨格纳克干涉仪组成的器件可以用于导航系统，地球的旋转使得萨格纳克效应依赖于表面法线 $\boldsymbol{n}$ 和地球旋转轴 $\boldsymbol{\omega}$ 之间的夹角，即依赖于纬度。

萨格纳克效应也可以用多普勒效应来解释：当光在速度为 $v$ 的反射镜上反射的时候，反射光的频率 $\nu$ 改变了 $\Delta\nu = 2\nu \times v/c$。因此，沿着相反方向绕动的两束光的频率差就是

$$\Delta\nu = 4A/(L\cdot\lambda)\boldsymbol{n}\cdot\boldsymbol{\Omega} \tag{4.45}$$

其中，$L$ 是环形干涉仪的周长。虽然探测技术不同，但是，因为 $\Delta\phi = (2\pi L/c)\Delta\nu$，所以，两个方程彼此等价。确定相位利用的是探测器上的强度变化，而拍频频率 $\Delta\nu$ 可以高精度地直接计数[4.34]。

### 4.2.6 多光束干涉

在光栅光谱仪中，光栅的不同沟槽发射出来的干涉分波都具有相同的振幅。与此不同的是，在多光束干涉仪中，这些分波来自于平面或曲面上的多次反射，它们的振幅随着反射次数的增加而减小。因此，最终的总光强不同于式 (4.25)。

1) 透射光强和反射光强

假定平面波 $E = A_0\exp[\mathrm{i}(\omega t - kx)]$ 以角度 $\alpha$ 入射到一个透明平板上，该板具有两个彼此平行且部分反射的表面 (图 4.36)。在每个表面处，如果忽略吸收的话，振幅 $A_i$ 被分为两部分，反射部分 $A_\mathrm{R} = A_i\sqrt{R}$ 和折射部分 $A_\mathrm{T} = A_i\sqrt{1-R}$。反射率 $R = I_\mathrm{R}/I_i$ 依赖于入射角 $\alpha$ 和入射光的偏振。只要知道了折射率 $n$，就可以根据菲涅耳公式计算出 $R$[4.3]。根据图 4.36，可以得到上表面反射光的振幅 $A_i$ 和折射

光的振幅 $B_i$ 以及下表面的反射光的振幅 $C_i$ 和透射光的振幅 $D_i$ 之间的关系式

$$
\begin{aligned}
&|A_1| = \sqrt{R}|A_0| && |B_1| = \sqrt{1-R}|A_0| \\
&|C_1| = \sqrt{R(1-R)}|A_0| && |D_1| = (1-R)|A_0| \\
&|A_2| = \sqrt{1-R}|C_1| = (1-R)\sqrt{R}|A_0| && |B_2| = R\sqrt{1-R}|A_0| \\
&|C_2| = R\sqrt{R(1-R)}|A_0| && |D_2| = R(1-R)|A_0| \\
&|A_3| = \sqrt{1-R}|C_2| = R^{3/2}(1-R)|A_0| && \cdots
\end{aligned}
\tag{4.46}
$$

这一图像可以推广为下述方程

$$|A_{i+1}| = R|A_i|, i \geqslant 2 \tag{4.47a}$$

$$|D_{i+1}| = R|D_i|, i \geqslant 1 \tag{4.47b}$$

两束相继反射的分波 $E_i$ 和 $E_{i+1}$ 的光程差为 (图 4.37)

$$\Delta s = (2nd/\cos\beta) - 2d\tan\beta\sin\alpha$$

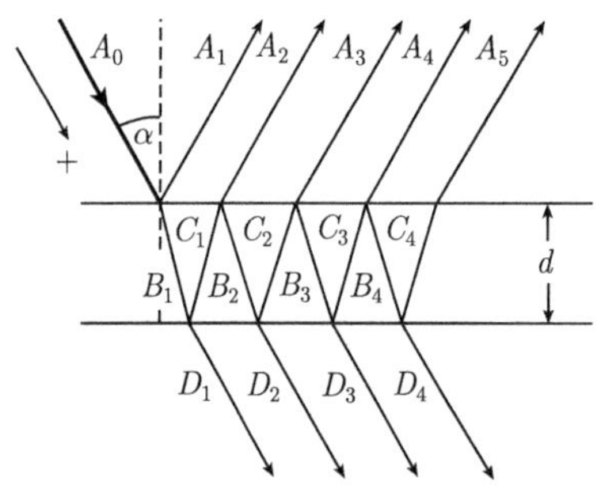


图 4.36　两个部分反射的平行平面之间的多光束干涉

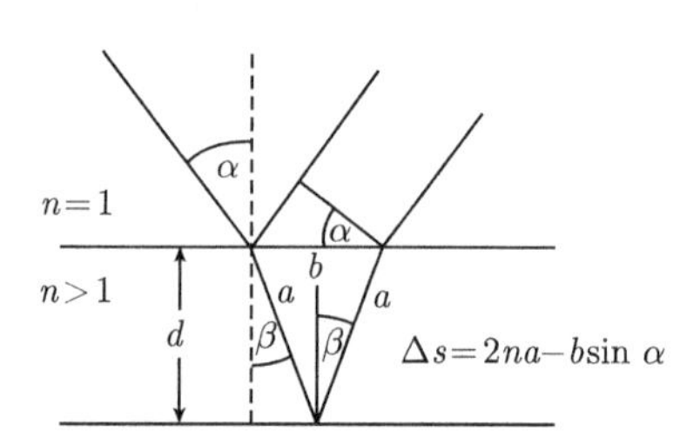


图 4.37　玻片的两个平行表面反射出来的两束光之间的光程差

因为 $\sin\alpha = n\sin\beta$，如果两面平行的玻片内的折射率为 $n>1$，玻片外面为 $n=1$，那么，上式可以约化为

$$\Delta s = 2nd\cos\beta = 2dn\sqrt{1-\sin^2\beta} \tag{4.48a}$$

这一路程差引起了相应的相位差

$$\phi = 2\pi\Delta s/\lambda + \Delta\phi \tag{4.48b}$$

其中，$\Delta\phi$ 考虑了反射可能引起的相位变化。例如，振幅为 $A_1$ 的入射光被 $n>1$ 的介质反射的时候，就会产生相位跃变 $\Delta\phi = \pi$。将这种相位跃变考虑进来，可以得到

$$A_1 = \sqrt{R}A_0 \exp(\mathrm{i}\pi) = -\sqrt{R}A_0$$

考虑到不同的相移，将所有的分波振幅 $A_i$ 进行求和，就可以得到发射光的总振幅 $A$

$$\begin{aligned} A &= \sum_{m=1}^{p} A_m \mathrm{e}^{\mathrm{i}(m-1)\phi} = -\sqrt{R}A_0 + \sqrt{R}A_0(1-R)\mathrm{e}^{\mathrm{i}\phi} + \sum_{m=3}^{p} A_m \mathrm{e}^{\mathrm{i}(m-1)\phi} \\ &= -\sqrt{R}A_0 \left[1 - (1-R)\mathrm{e}^{\mathrm{i}\phi} \sum_{m=0}^{p-2} R^m \mathrm{e}^{\mathrm{i}m\phi}\right] \end{aligned} \tag{4.49}$$

对于垂直入射 $(\alpha = 0)$ 或者是无限大扩展玻片的情况，反射的次数无限多。式 (4.49) 中的几何级数在 $p \to \infty$ 的时候具有极限值 $(1 - R\mathrm{e}^{\mathrm{i}\phi})^{-1}$。可以得到总振幅

$$A = -\sqrt{R}A_0 \frac{1 - \mathrm{e}^{\mathrm{i}\phi}}{1 - R\mathrm{e}^{\mathrm{i}\phi}} \tag{4.50}$$

由 $I_0 = 2c\epsilon_0 A_0 A_0^*$，反射光的强度 $I = 2c\epsilon_0 AA^*$ 就是

$$\boxed{I_{\mathrm{R}} = I_0 R \frac{4\sin^2(\phi/2)}{(1-R)^2 + 4R\sin^2(\phi/2)}} \tag{4.51a}$$

用类似的方法，可以得到总透射振幅

$$D = \sum_{m=1}^{\infty} D_m \mathrm{e}^{\mathrm{i}(m-1)\phi} = (1-R)A_0 \sum_{0}^{\infty} R_m \mathrm{e}^{\mathrm{i}m\phi}$$

它可以给出总透射强度

$$\boxed{I_{\mathrm{T}} = I_0 \frac{(1-R)^2}{(1-R)^2 + 4R\sin^2(\phi/2)}} \tag{4.52a}$$

式 (4.51a, 4.52a) 被称为艾里公式。因为我们忽略了吸收，所以，应当有 $I_{\mathrm{R}} + I_{\mathrm{T}} = I_0$，从式 (4.51a, 4.52a) 可以容易地推导出来。

通常使用缩写 $F = 4R/(1-R)^2$，这样就可以将艾里公式写为

$$\boxed{I_{\mathrm{R}} = I_0 \frac{F\sin^2(\phi/2)}{1 + F\sin^2(\phi/2)}} \tag{4.51b}$$

$$\boxed{I_{\mathrm{T}} = I_0 \frac{1}{1 + F\sin^2(\phi/2)}} \tag{4.52b}$$

图 4.38 给出了不同的反射率 $R$ 对应的式 (4.52)。当 $\phi = 2m\pi$ 的时候，透射率最大，$T = 1$。在最大值处，$I_{\mathrm{T}} = I_0$，因此，反射强度 $I_{\mathrm{R}}$ 等于零。最小透射率为

$$T^{\min}=\frac{1}{1+F}=\left(\frac{1-R}{1+R}\right)^2$$

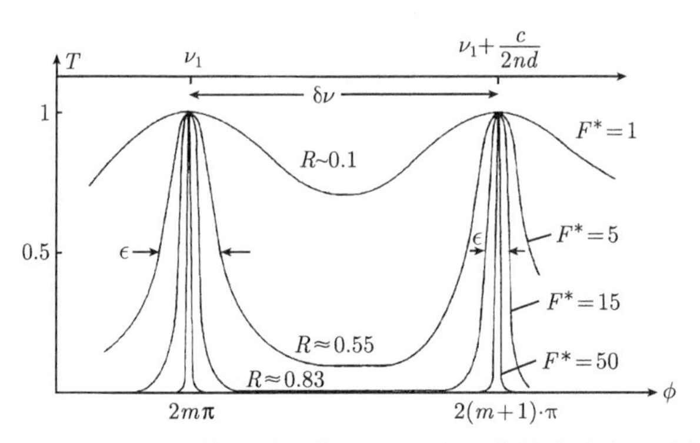


图 4.38 对于不同的品质因数 $F^*$，没有吸收的多光束干涉仪的透射率随着相位差 $\phi$ 的变化关系

**例**

$R=0.98\Rightarrow T^{\min}=10^{-4}$；

$R=0.90\Rightarrow T^{\min}=2.8\times10^{-3}$。

2) **自由光谱区和品质因数**

两个极大值之间的频率范围 $\delta\nu$ 是干涉仪的自由光谱区。由 $\phi=2\pi\Delta s/\lambda$ 和 $\lambda=c/\nu$，可以从式 (4.48a) 得到

$$\delta\nu=\frac{c}{\Delta s}=\frac{c}{2d\sqrt{n^2-\sin^2\alpha}} \tag{4.53a}$$

对于垂直入射 $(\alpha=0)$ 的情况，自由光谱区变为

$$\boxed{|\delta\nu|_{\alpha=0}=\frac{c}{2nd}} \tag{4.53b}$$

用相位差表示图 4.38 中透射极大值峰的半高宽 $\epsilon=|\phi_1-\phi_2|$ $(I(\phi_1)=I(\phi_2)=I_0/2$ 之间)，可以从式 (4.52) 中计算得到

$$\epsilon=4\arcsin\left(\frac{1-R}{2\sqrt{R}}\right) \tag{4.54a}$$

当 $R\approx1\Rightarrow(1-R)\ll R$ 的时候，上式约化为

$$\epsilon=\frac{2(1-R)}{\sqrt{R}}=\frac{4}{\sqrt{F}} \tag{4.54b}$$

采用频率的单位，自由光谱区 $\delta\nu$ 对应于相位差 $\delta\phi=2\pi$。因此半高宽 $\Delta\nu$ 变为

$$\Delta\nu=\frac{\epsilon}{2\pi}\delta\nu\approx\frac{2\delta\nu}{\pi\sqrt{F}}$$

在垂直入射的情况下，由式 (4.53b) 得到

$$\Delta\nu = \frac{c}{2nd}\frac{1-R}{\pi\sqrt{R}} \tag{4.54c}$$

自由光谱区 $\delta\nu$ 和半高宽 $\Delta\nu$ 的比值 $\delta\nu/\Delta\nu$ 被称为干涉仪的品质因数 $F^*$。由式 (4.53b) 和式 (4.54c) 可以得到"反射率品质因数" $F^*_{\mathrm{R}}$ 为

$$F^*_{\mathrm{R}} = \frac{\delta\nu}{\Delta\nu} = \frac{\pi\sqrt{R}}{1-R} = \frac{\pi}{2}\sqrt{F} \tag{4.55a}$$

透射峰的半高宽就是

$$\Delta\nu = \frac{\delta\nu}{F^*_{\mathrm{R}}} \tag{4.55b}$$

品质因数量度了干涉仪中干涉分波的有效数目。对于垂直入射来说，干涉分波之间的最大程差为 $\Delta S_{\max} = F^* 2nd$。图 4.39 给出了品质因数 $F^*$ 随着镜子反射率的变化关系。

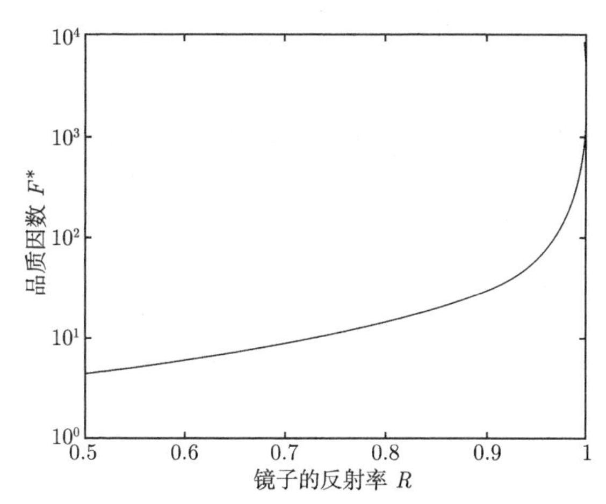


图 4.39 法布里–珀罗干涉仪的品质因数 $F^*$ 随着镜子反射率 $R$ 的变化关系

因为我们假定理想的两面平行的玻片具有完美的表面质量，品质因数 (式 (4.55a)) 只取决于表面的反射率 $R$。然而，在实际中，表面相对于理想平面的偏离以及两个表面之间的微小倾斜都会使得干涉光的叠加不再完美。这样就减小了透射极大值，并使之展宽，从而减小了总品质因数。如果一个反射面与理想平面偏离了 $\lambda/q$，那么品质因数就不可能大于 $q$。可以将一台干涉仪的总品质因数 $F^*$ 定义为

$$\frac{1}{F^{*2}} = \sum_i \frac{1}{F_i^{*2}} \tag{4.55c}$$

其中，不同的项 $F_i^*$ 表示干涉仪的各种非完美性对降低品质因数的贡献。

例如，如果反射镜的表面与理想平面的偏离是抛物面型的，即

$$S(r, \alpha) = S_0 + \alpha r^2$$

那么，品质因数就变为 (利用 $k = 2\pi/\lambda$[4.35])

$$F^* = \frac{\pi}{[(1-R)^2/R + k^2\alpha^2]^{1/2}} \tag{4.56}$$

它给出

$$\frac{1}{F^{*2}} = \frac{(1-R)^2}{\pi^2 R} + \frac{4\alpha^2}{\lambda^2} = \frac{1}{F_{\mathrm{R}}^{*2}} + \frac{1}{F_{\mathrm{p}}^{*2}} \tag{4.57}$$

其中，$F_{\mathrm{p}}^*$ 是由反射镜表面的曲率所决定的品质因数。

**例 4.10**

近平行的平面玻片的直径是 $D = 5\text{cm}$，厚度是 $d = 1\text{cm}$，楔形夹角 $= 0.2''$。两个反射面的反射率为 $R = 95\%$。表面的平整度在 $\lambda/50$ 以内，即表面上任何一点与理想平面的偏离都小于 $\lambda/50$。对品质因数的不同贡献有:

(a) 反射率品质因数: $F_{\mathrm{R}}^* = \pi\sqrt{R}/(1-R) \approx 60$;

(b) 表面品质因数: $F_{\mathrm{S}} \approx 50$;

(c) 楔形品质因数: 当楔形夹角为 $0.2''$ 的时候，两个反射面之间的光程在玻片直径的范围内变化了 $0.1\lambda$ ($\lambda = 0.5\mu\text{m}$)。对于单色的入射光来说，这使得干涉不再完美，最大值展宽，与此对应的品质因数大约是 20。

总品质因数就是 $F^{*2} = 1/(1/60^2 + 1/50^2 + 1/20^2) \rightarrow F^* \approx 17.7$。

这就说明，为了获得高的总品质因数，光学表面的质量必须很高[4.35]。增加反射率而不相应地增加表面品质因数，是毫无意义的。在上例中，平行度不够完美是品质因数低的主要原因。将楔形夹角减小到 $0.1''$，就可以将楔形品质因数增大到 40，总品质因数增大为 27.7。

利用球面镜可以实现大得多的品质因数，因为它对平行度没有要求。如果对准精度足够高，发射率也足够高，可以达到 $F^* > 50\,000$ (第 4.2.10 节)。

3) 光谱分辨率

干涉仪的光谱分辨率 $\nu/\Delta\nu$ 或 $\lambda/\Delta\lambda$ 决定于自由光谱区 $\delta\nu$ 和品质因数 $F^*$。频率为 $\nu_1$ 和 $\nu_2 = \nu_1 + \Delta\nu$ 的两束入射光能够分辨出来，只要它们的频率差 $\Delta\nu$ 大于 $\delta\nu/F^*$，也就是说，它们的峰间距应该大于它们的半高宽。

定量地说，可以这样来看: 假定入射光有两个分量，它们的强度线形为 $I_1(\nu-\nu_1)$ 和 $I_2(\nu-\nu_2)$，峰值光强相等，$I_1(\nu_1) = I_2(\nu_2) = I_0$。当峰间距为 $\nu_2 - \nu_1 = \delta\nu/F^* = 2\delta\nu/\pi\sqrt{F}$ 的时候，总透射强度 $I(\nu) = I_1(\nu) + I_2(\nu)$ 可以由式 (4.52a) 得到

$$I(\nu) = I_0\left(\frac{1}{1 + F\sin^2(\pi\nu/\delta\nu)} + \frac{1}{1 + F\sin^2[\pi(\nu + \delta\nu/F^*)/\delta\nu]}\right) \tag{4.58}$$

其中，式 (4.52b) 中的相移 $\phi = 2\pi\Delta s/\lambda = 2\pi\Delta s(\nu/c) = 2\pi\nu/\delta\nu$ 用自由光谱区 $\delta\nu = c/2nd = c/\Delta s$ 来表示，$\Delta s$ 是图 4.36 中 $\alpha = 0$ 时的相继两次分波之间的光程差。频率 $\nu = (\nu_1 + \nu_2)/2$ 附近的光强 $I(\nu)$ 如图 4.40 所示。当 $\nu = \nu_1 = mc/2nd$ 的时候，式 (4.58) 中的第一项变为 1，而第二项可以由 $\sin[\pi(\nu_1 + \delta\nu/F^*)/\delta\nu) = \sin(\pi/F^*) \simeq \pi/F^*$ 和 $F(\pi/F^*)^2 = 4$ 导出，它等于 0.2。将这一数值代入式 (4.58) 得到 $I(\nu = \nu_1) = 1.2I_0$，$I(\nu = (\nu_1 + \nu_2)/2) \simeq I_0$，$I(\nu = \nu_2) = 1.2I_0$。这正好对应于分辨两条谱线的瑞利判据。因此，干涉仪的分辨本领就是

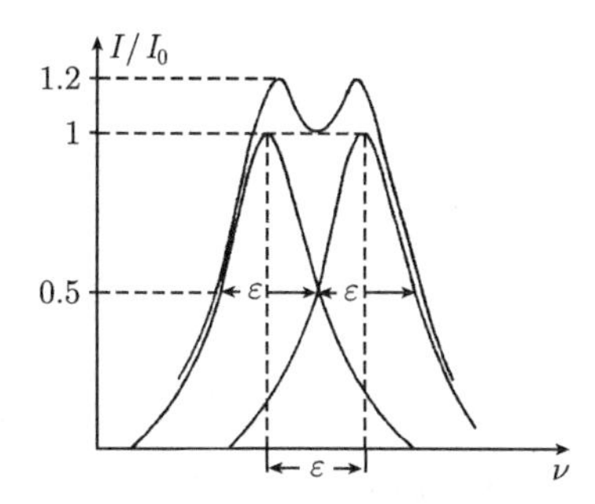

图 4.40 在谱分辨极限处，两个空间上非常靠近的谱线的透射强度 $I_T(\nu)$，此时，谱线间隔等于谱线的半高宽

$$\boxed{\nu/\Delta\nu = (\nu/\delta\nu)F^* \rightarrow \Delta\nu = \delta\nu/F^*} \tag{4.59}$$

这也可以用相继两个干涉分波的光程差 $\Delta s$ 来表示

$$\boxed{\frac{\nu}{\Delta\nu} = \frac{\lambda}{\Delta\lambda} = F^*\frac{\Delta s}{\lambda}} \tag{4.60}$$

干涉仪的分辨本领是品质因数 $F^*$ 和以波长 $\lambda$ 为单位的光程差 $\Delta s/\lambda$ 的乘积。

将此结果与带有 $N$ 个沟槽的光栅光谱仪的分辨本领 $\nu/\Delta\nu = mN = N\Delta s/\lambda$ 进行比较，可以看出，的确可以将品质因数 $F^*$ 视为干涉分波的有效数目，$F^*\Delta s$ 就是这些分波的最大光程差。

**例 4.11**

$d = 1\text{cm}$, $n = 1.5$, $R = 0.98$, $\lambda = 500\text{nm}$。如果干涉仪的斜劈可以忽略不计，表面质量很高，那么品质因数就主要取决于反射率，由 $F^* = \pi\sqrt{R}/(1-R) = 155$ 可以得到，分辨本领为 $\lambda/\Delta\lambda = 10^7$。这意味着该仪器的线宽大约是 $\Delta\lambda \sim 5 \times 10^{-5}\text{nm}$，以频率为单位，就是 $\Delta\nu = 60\text{MHz}$。

4) 吸收损耗的影响

考虑到每个反射表面的吸收 $A = (1 - R - T)$，就必须将式 (4.52) 修改为

$$I_0\frac{T^2}{(A+T)^2}\frac{1}{[1 + F\sin^2(\delta/2)]} = I_0\frac{T^2}{1 + R^2 - 2R\cos\delta} \tag{4.61a}$$

其中，$T^2 = T_1T_2$ 是两个反射表面的透射率的乘积。吸收产生了三种效应：

(a) 最大透射率减小了一个因子

$$\frac{I_T}{I_0} = \frac{T^2}{(A+T)^2} = \frac{T^2}{(1-R)^2} < 1 \tag{4.61b}$$

注意，即使每个表面的吸收很小，总透射率也会显著地减小。$A = 0.05, R = 0.9 \to T = 0.05$，$T^2/(1-R)^2 = 0.25$。

(b) 当透射因子 $T$ 给定的时候，反射率 $R = 1 - A - T$ 随着吸收的增大而减小。物理量

$$F = \frac{4R}{(1-R)^2} = \frac{4(1-T-A)}{(T+A)^2} \tag{4.61c}$$

随着 $A$ 的增大而减小。对于上一个例子可以得到 $F = 360$。这就让透射峰变宽了，因为干涉分波的数目减小了。透射强度的对比度也减小了

$$\frac{I_{\mathrm{T}}^{\max}}{I_{\mathrm{T}}^{\min}} = 1 + F \tag{4.61d}$$

(c) 吸收使得每次反射都产生一个相移 $\Delta\phi$，它依赖于波长 $\lambda$、偏振和入射角 $\alpha$[4.3]。这一效应使得极大值的移动依赖于波长。

### 4.2.7　平面法布里–珀罗干涉仪

本节讨论一种具体的多光束干涉方式，它可以是一个固体玻璃板或熔融石英片，彼此平行的两个表面都带有反射膜 (法布里–珀罗标准具，图 4.41(a))，也可以是两片单独的平板，每个平板的一个表面上带有反射膜，这两个反射表面彼此相对，并且尽可能地相互平行 (法布里–珀罗干涉仪，FPI，图 4.41(b))。外表面带有增透膜以避免这些表面上的反射，否则的话，它们有可能与干涉图案交叠。此外，它们与内表面有一个很小的倾角 (光楔)。

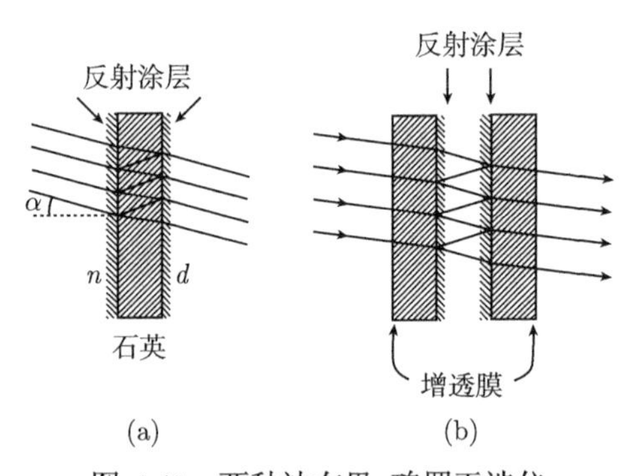


图 4.41　两种法布里–珀罗干涉仪

(a) 固体标准具；(b) 带有空气隙的反射表面彼此平行的法布里–珀罗干涉仪

这两种器件既可以用于平行的入射光，也可以用于发散的入射光。从现在开始，我们将更为仔细地讨论它们，首先考虑平行光照射的情况。

1) 用平面法布里–珀罗干涉仪作为透射滤光器

在激光光谱学中，标准具主要用在激光共振腔中，作为选择波长的透射滤光器

来缩减激光的带宽 (第 5.4 节)。波长 $\lambda_m$ 或频率 $\nu_m$ 是第 $m$ 阶的透射极大值，相继光束的光程差为 $\Delta \mathrm{s} = m\lambda$，由式 (4.48a) 和图 4.37 可以推导出来

$$\lambda_m = \frac{2d}{m}\sqrt{n^2 - \sin^2\alpha} = \frac{2nd}{m}\cos\beta \tag{4.62a}$$

$$\nu_m = \frac{mc}{2nd\cos\beta} \tag{4.62b}$$

对于入射光的所有波长 $\lambda = \lambda_m$ $(m = 0, 1, 2, \cdots)$，透射分波之间的相位差为 $\delta = 2m\pi$，根据式 (4.61) 可知，透射强度为

$$I_{\mathrm{T}} = \frac{T^2}{(1-R)^2} I_0 = \frac{T^2}{(A+T)^2} I_0 \tag{4.63}$$

其中，$A = 1 - T - R$ 是标准具的吸收 (基片的吸收加上一个反射面的吸收)。对于 $\lambda = \lambda_m$ 的反射光分波是相消干涉的，其反射强度等于零。

然而，需要注意的是，只有当 $A \ll 1$ 而且入射光是无限扩展的平面波的时候，即不同的反射分波完全重合的时候，这一点才成立。如果入射光是直径 $D$ 有限的激光光束，不同的反射分波并不会完全重合，因为它们在平面上会移动一定的距离 $\Delta = b\cos\alpha$，其中，$b = 2d\tan\beta$ (图 4.42)。对于直方形强度分布的激光光束，一部分 $(\Delta/D)$ 反射分波振幅并不重合，因此就不会发生相消干涉。这意味着，即使对于最大的透射率来说，反射光的强度也不会等于零，而是保持一个非零的背景反射，不再出现在透射光里面。当角度 $\alpha$ 很小的时候，一个直方形强度分布的光束，每次往返因为反射带来的损耗[4.36] 是

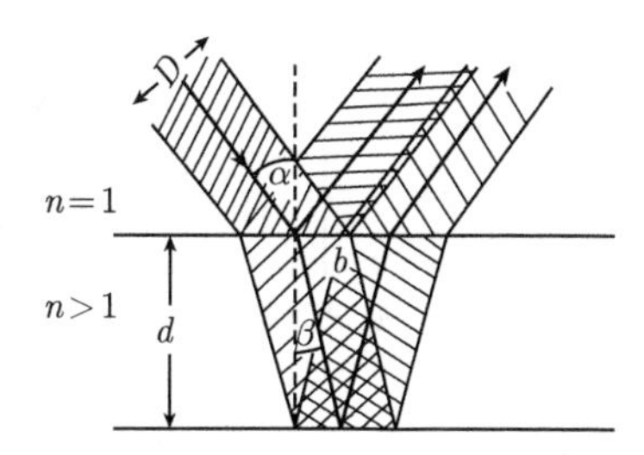


图 4.42 直径 $D$ 有限的两束反射光的不完全干涉，透射强度的极大值减小了

$$\frac{I_{\mathrm{R}}}{I_0} = \frac{4R}{(1-R)^2}\left(\frac{2\alpha d}{nD}\right)^2 \tag{4.64a}$$

对于高斯光束，计算要更为困难一些，只能采用数值方法。半径为 $w$ 的高斯光束的结果是 (第 5.3 节)[4.37]

$$\frac{I_{\mathrm{R}}}{I_0} \simeq \frac{8R}{(1-R)^2}\left(\frac{2d\alpha}{nw}\right)^2 \tag{4.64b}$$

当直径为 $D$ 的平行光束以入射角 $\alpha$ 通过两面平行的平板的时候，除了吸收损耗之外，它还会受到反射损耗。反射损耗随着 $\alpha^2$ 增加，它还正比于标准具的厚度 $d$ 和光束的比值的平方 $(d/D)^2$ (走失损耗)。

**例 4.12**

$d = 1\text{cm}$, $D = 0.2\text{cm}$, $n = 1.5$, $R = 0.3$, $\alpha = 1° \hat{=} 0.017\text{rad} \rightarrow I_\text{R}/I_0 = 0.05$, 也就是说，走失损耗是 5%。

倾斜标准具，可以移动标准具的透射峰 $\lambda_m$。根据式 (4.62)，波长 $\lambda_m$ 随着倾角 $\alpha$ 的增大而减小。然而，走失损耗限制了激光共振腔内的倾斜标准具的可调谐范围。随着倾角 $\alpha$ 的增大，损耗可能会大得无法容忍。

2) 用发散光照明

用发散的单色光 (例如，扩展光源或者是位于发散透镜后面的激光束) 照明法布里–珀罗干涉仪，那么，法布里–珀罗干涉仪接收到的光的入射角 $\alpha$ 就是一个连续的分布。对于波长 $\lambda_m$ 的透射光，当它的方向 $\alpha_m$ 满足式 (4.62a) 的时候，我们就可以观察到明亮的环状干涉图案 (图 4.43)。因为反射光强 $I_\text{R} = I_0 - I_\text{T}$ 与透射光强互补，在反射光里，在相同的入射角 $\alpha_m$ 位置处，就会出现一个对应的暗环。

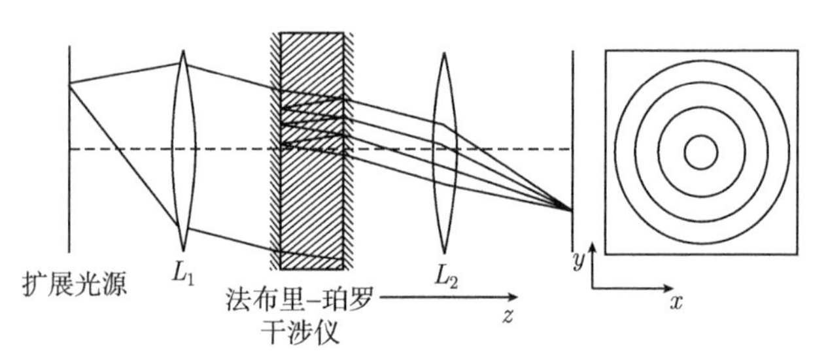


图 4.43　可以将透射光强的干涉环视为拓展光源的相应环区的波长选择的像

如果 $\beta$ 是入射光与法布里–珀罗干涉仪光轴的夹角，根据式 (4.62)，透射强度达到极大值的条件是

$$m\lambda = 2nd\cos\beta \tag{4.65}$$

其中，$n$ 是反射面之间的折射率。用整数 $p$ 来标记圆环，最中心的圆环是 $p = 0$。令 $m = m_0 - p$，对于小角度 $\beta_p$，可以将式 (4.65) 重写为

$$(m_0 - p)\lambda = 2nd\cos\beta_p \sim 2nd(1 - \beta_p^2/2) = 2nd\left[1 - \frac{1}{2}\left(\frac{n_0\alpha_p}{n}\right)^2\right] \tag{4.66}$$

其中，$n_0$ 是空气的折射率，此外，还利用了斯涅耳定律，$\sin\alpha \approx \alpha = (n/n_0)\beta$ (图 4.44)。

用焦距为 $f$ 的透镜将干涉图案成像到底片上，可以得到圆环直径 $D_p = 2f\alpha_p$ 的关系式

$$(m_0 - p)\lambda = 2nd[1 - (n_0/n)^2 D_p^2/(8f^2)] \tag{4.67a}$$

$$(m_0 - p - 1)\lambda = 2nd[1 - (n_0/n)^2 D_{p+1}^2/(8f^2)] \tag{4.67b}$$

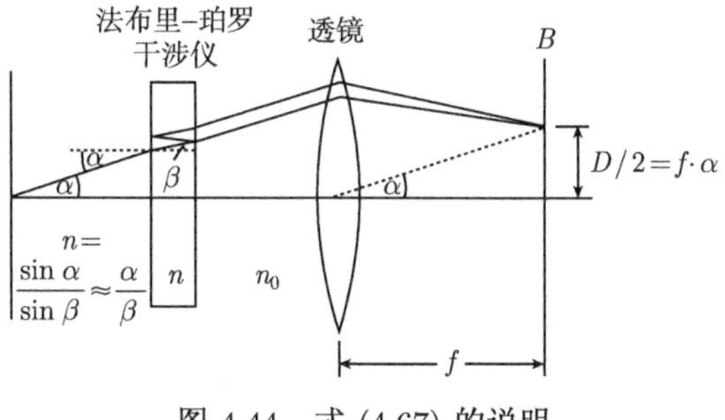


图 4.44 式 (4.67) 的说明

用第一式减去第二式，可以得到

$$D_{p+1}^2 - D_p^2 = \frac{4nf^2}{n_0^2 d}\lambda \tag{4.68}$$

对于最小的环，$p=0$，式 (4.66) 变为

$$m_0\lambda = 2nd(1-\beta_0^2/2) \Rightarrow m_0\lambda + \mathrm{n}\mathrm{d}\beta_0^2 = 2nd \tag{4.69}$$

可以将它写为

$$(m_0+\epsilon)\lambda = 2nd \tag{4.70}$$

富裕量 $\epsilon < 1$ 也被称为分数干涉阶，通过比较式 (4.69) 和式 (4.70), 可以得到

$$\epsilon = nd\beta_0^2/\lambda = (n_0/n)d\alpha_0^2/\lambda \tag{4.71}$$

将式 (4.70) 代入式 (4.67a)，可以得到关系式

$$D_p^2 = \frac{8n^2f^2}{n_0^2(m_0+\epsilon)}(p+\epsilon) \tag{4.72}$$

将测量得到的圆环直径的平方值 $D_p^2$ 对圆环的序数 $p$ 进行线性拟合，可以得到富裕量 $\epsilon$ (见图 4.45)。只要事先在校准干涉仪的时候知道了折射率 $n$ 和反射面之间的距离 $d$，就可以由式 (4.70) 得到波长 $\lambda$。然而，由式 (4.70) 得到的波长仅仅能确定到自由光谱区 $\delta\lambda=\lambda^2/(2nd)$ 的模。也就是说，所有相差 $m$ 个自由光谱区的波长 $\lambda_m$ 都会产生完全一样的环形。为了绝对地确定 $\lambda$，必须知道整数阶 $m_0$。

在所谓的交叉构型中，利用法布里–珀罗干涉仪和光谱仪来绝对地确定波长 $\lambda$ 的实验装置如图 4.46 所示，其中法布里–珀罗干涉仪的环形图案成像在光谱仪的入射狭缝上。该光谱仪以中等程度将狭缝的像 $S(\lambda)$ 在 $x$ 方向上色散开来 (第 4.1 节)，法布里–珀罗干涉仪在 $y$ 方向上提供高度的色散。光谱仪的分辨本领必须恰好能够将相差一个法布里–珀罗干涉仪自由光谱区的两个波长的像区分开来。图 4.47 给出了用氩激光谱线激发的 $Na_2$ 荧光谱的一部分。纵坐标表示法布里–珀罗干涉仪的色散，横坐标是光谱仪的色散[4.38]。法布里–珀罗干涉仪的角色散 $\mathrm{d}\beta/\mathrm{d}\lambda$ 可以由式 (4.66) 得到

$$\frac{\mathrm{d}\beta}{\mathrm{d}\lambda}=\left(\frac{\mathrm{d}\lambda}{\mathrm{d}\beta}\right)^{-1}=m/(2nd\sin\beta)=\frac{1}{\lambda_m\sin\beta} \tag{4.73}$$

其中, $\lambda_m=2nd/m$. 式 (4.73) 表明，当 $\beta\to 0$ 的时候，角色散变为无穷大。底片上的环形系统的色散关系为

$$\frac{dD}{\mathrm{d}\lambda}=f\frac{\mathrm{d}\beta}{\mathrm{d}\lambda}=\frac{f}{\lambda_m\sin\beta} \tag{4.74}$$

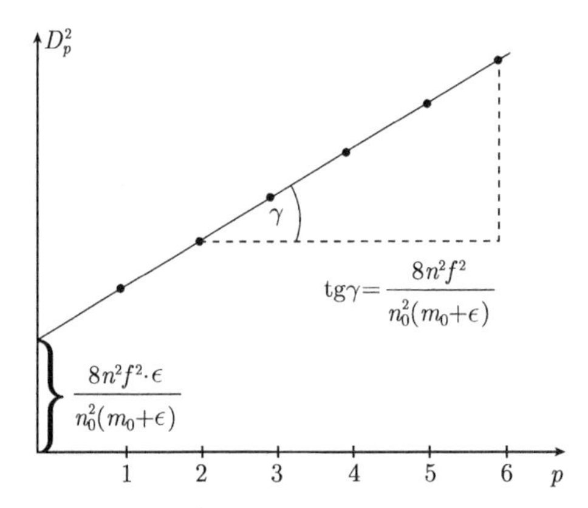


图 4.45　由 $D_p^2$ 和 $p$ 的关系图来确定富裕量 $\epsilon$

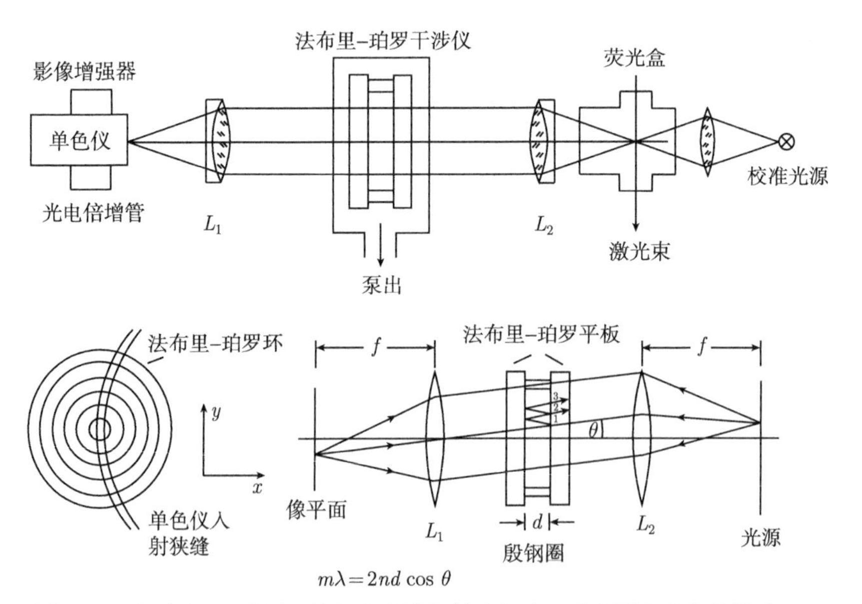


图 4.46　将法布里–珀罗干涉仪和光谱仪结合起来，后者用来确定整数阶 $m_0$

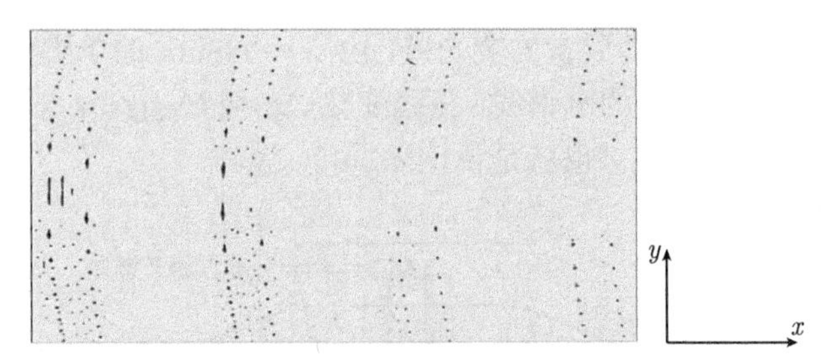


图 4.47 利用图 4.46 所示的交叉构型的法布里–珀罗干涉仪和光谱仪，测量得到的氩激光谱线激发的 $Na_2$ 荧光谱的一部分[4.38]

**例 4.13**

$f=50\text{cm}$，$\lambda=0.5\mu\text{m}$。在距离环中心 1mm 的位置上，$\beta=0.1/50$，可以得到线性色散为 $\mathrm{d}D/\mathrm{d}\lambda=500\text{mm/nm}$。它比大光谱仪的色散程度至少要大一个数量级。

3) 气隙型法布里–珀罗干涉仪

固体标准具是一个平板，它的两个表面彼此平行且都带有反射层，平面型法布里–珀罗干涉仪则由两个斜劈板构成，每个板的一侧是高反射层，而另一侧是高透射层 (图 4.41(b))。法布里–珀罗干涉仪的品质因数不仅依赖于反射率 $R$ 以及表面的光学质量，还强烈地依赖于这两个反射面的平行程度。气隙型法布里–珀罗干涉仪的优点在于，恰当地选择平板间距 $d$，可以实现任何想要的自由光谱区，但是必须仔细地调节，很不方便。除了改变入射角 $\alpha$ 以外，在 $\alpha=0$ 的时候，也可以通过改变光程差 $\Delta s=2nd$ 来调节波长，利用压电陶瓷改变两个平板之间的距离 $d$、或者改变装有法布里–珀罗干涉仪的容器中的气压，均可以实现这一目标。

可调谐的法布里–珀罗干涉仪用于谱线线形的高分辨率光谱学测量。透射光强 $I_{\mathrm{T}}(\nu)$ 随着光程差 $nd$ 的变化关系是

$$I_{\mathrm{T}}(\nu)=I_0(\nu)T(nd,\lambda)$$

其中，法布里–珀罗干涉仪的透射率 $T(nd,\lambda)=T(\phi)$ 可以由式 (4.52) 得到。

通过光电记录 (图 4.48)，可以利用环中心处的大色散。光源 LS 在一个小针孔 $P_1$ 上成像，就可以作为一个位于 $L_1$ 焦平面上的点光源。平行光通过法布里–珀罗干涉仪，透镜 $L_2$ 将透射光成像在探测器前方的另一个针孔 $P_2$ 上。根据式 (4.66)，位于锥体 $\cos\beta_0\leqslant m_0\lambda/(nd)$ 内的所有光线都对中央条纹有贡献，其中，$\beta$ 是光线与干涉仪光轴的夹角。如果调节光程 $nd$，波长 $\lambda$ 的光的不同透射阶 $m=m_0,m_0+1,m_0+2,\cdots$ 就相继透射过来，$m\lambda=2nd$。当聚焦的激光束通过样品盒的时候，激光诱导的荧光来自于光束中很小的一部分，接近于一个点光源，它经过法布里–珀罗干涉仪后成像在单色仪的入射狭缝上，该单色仪被调节到想要的波长 $\lambda_m$ 附近，间隔为 $\Delta\lambda$ (图 4.46)。如果单色仪能够分辨的谱间隔 $\Delta\lambda$ 小于法布里–珀罗干涉仪的自由光谱区 $\delta\lambda$，那么就可以完全确定 $\lambda$。为了说明这一点，图 4.49 给

出了一个 $Na_2$ 分子的多普勒展宽的荧光谱，由 $\lambda = 488\text{nm}$ 的单模氩离子激光来激发，同时还给出了散射激光的窄谱线。压强变化 $\Delta p \hat{=} 2d\Delta n_L = a$ 对应于法布里–珀罗干涉仪的一个自由光谱区，也就是说，$2d\Delta n_L = \lambda$。

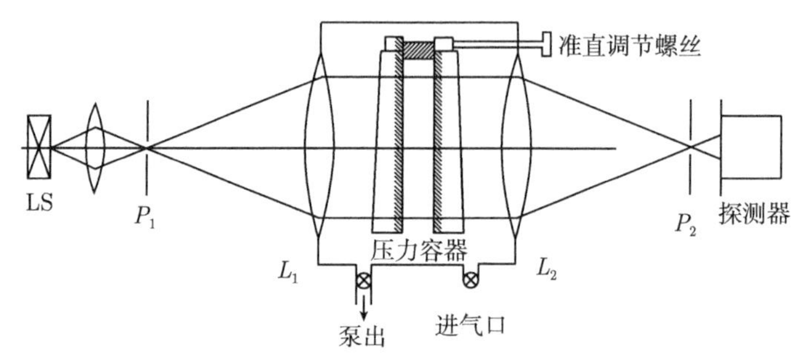


图 4.48 利用平面型法布里–珀罗干涉仪来光电记录一个点光源发射出来的谱分辨的透射光强度 $I_T(nd, \lambda)$

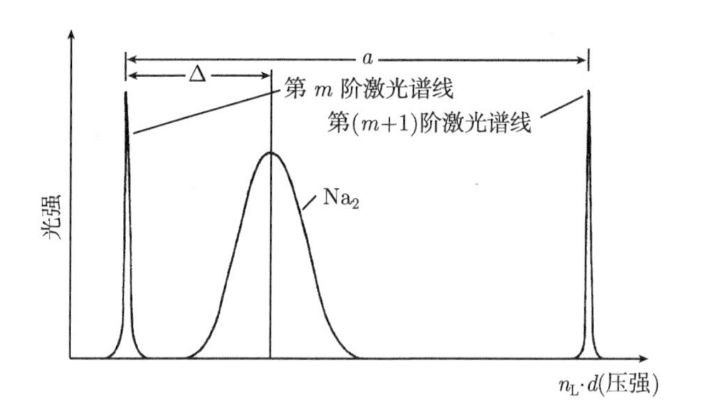


图 4.49 多普勒展宽的激光激发蒸气盒中 $Na_2$ 分子的的荧光谱线和没有多普勒效应的散射激光谱线。压强扫描 $\Delta p = a$ 对应于法布里–珀罗干涉仪的一个自由光谱区

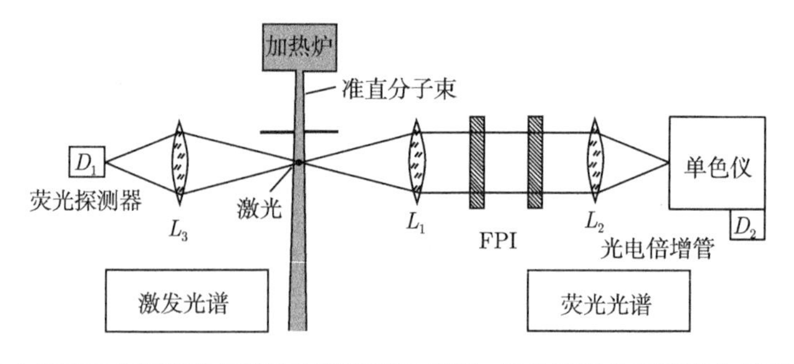


图 4.50 光电记录高分辨率荧光谱的实验装置示意图。用单模激光在准直分子束中激发出荧光谱线，利用法布里–珀罗干涉仪和单色仪来测量

为了以没有多普勒效应的精度测量荧光谱线 (第 2 卷第 4 章)，可以将激光在准直的分子束中诱导出来的分子荧光通过法布里–珀罗干涉仪后成像在一个单色仪的入射狭缝上 (图 4.50)。在这种情况下，激光束和分子束的交叉点基本上就是一个点源。

### 4.2.8 共焦型法布里–珀罗干涉仪

共焦型法布里–珀罗干涉仪有时也被不那么正确地称为球型法布里–珀罗干涉仪，它包括两个球面反射镜 $M_1$ 和 $M_2$，二者具有相同的曲率 (半径为 $r$)，相对地放置在距离 $d = r$ 的位置上 (图 4.51a)[4.39~4.43]。这种干涉仪在激光物理学中非常重要，作为高精度光谱分析仪来探测激光的模式结构和线宽[4.41~4.43]，而且，它的近共焦形式可以用作激光共振腔 (第 5.2 节)。

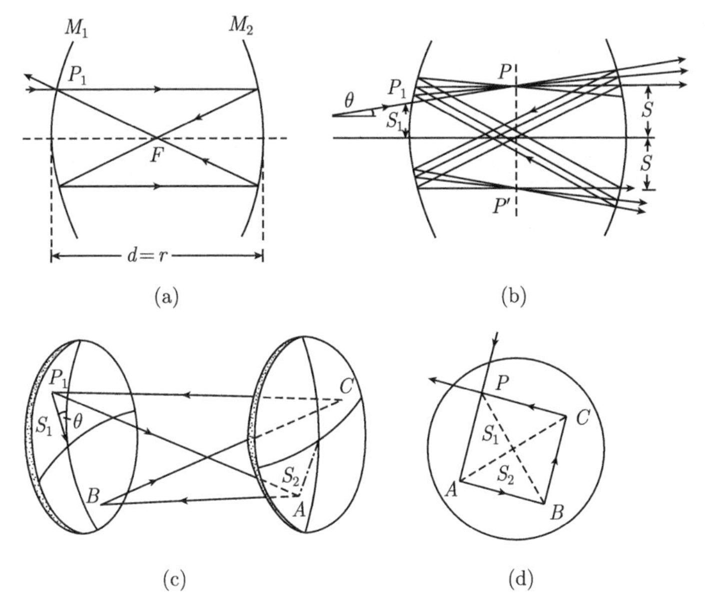


图 4.51 共焦型法布里–珀罗干涉仪中的光线轨迹

(a) 入射光束平行于法布里–珀罗干涉仪的光轴；(b) 倾斜入射的光线；(c) 用于说明偏角的立体图；(d) 偏折光线在反射镜表面的投影

当忽略球型像差的时候，平行于干涉仪光轴入射的所有光线都会通过焦点 $F$，并且在四次穿过共焦式法布里–珀罗干涉仪之后到达入射点 $P_1$。图 4.51 给出了一般形式的光线，它以很小的倾角 $\theta$ 进入共焦型法布里–珀罗干涉仪，然后相继地通过点 $P_1, A, B, C, P_1$，它们的投影如图 4.51(d) 所示。角度 $\theta$ 是入射光线的偏角。

因为球差的缘故，到光轴距离 $\rho_1$ 不同的光线不会全都通过 $F$，而是与光轴交叉于一个不同的位置 $F'$，后者依赖于 $\rho_1$ 和 $\theta$。此外，每个光线在四次通过共焦型法布里–珀罗干涉仪后并不能够精确地到达入射点 $P_1$，因为每次通过的时候都会略有移动。然而，可以证明[4.39,4.42]，当角度 $\theta$ 足够小的时候，所有的光线都汇聚在光轴附近 $\rho(\rho_1,\theta)$ 的距离之内，位于共焦型法布里–珀罗干涉仪的中心面上的两个点 $P$ 和 $P'$ 附近 (图 4.51b)。

可以用几何光学方法计算通过 $P$ 点的两个相继光线的光程差 $\Delta s$。当 $\rho_1 \ll r$ 和 $\theta \ll 1$ 的时候，在近共焦的情况下，$d \approx r$，可以得到[4.42]

$$\Delta s = 4d + \rho_1^2\rho_2^2\cos 2\theta/r^3 + \text{高阶项} \tag{4.75}$$

因此，直径为 $D = 2\rho_1$ 的入射光束就在共焦型法布里–珀罗干涉仪的中央平面上产生了共心条纹干涉图案。类似于第 4.2.7 节的处理，将所有的振幅按照正确的相位 $\delta = \delta_0 + (2\pi/\lambda)\Delta s$ 相加起来就得到光强 $I(\rho,\lambda)$。由式 (4.52) 得到

$$I(\rho,\lambda) = \frac{I_0T^2}{(1-R)^2 + 4R\sin^2[(\pi/\lambda)\Delta s]} \tag{4.76}$$

其中，$T = 1 - R - A$ 是每个反射镜的透射率。当 $\delta = 2m\pi$ 的时候，光强达到最大值，忽略式 (4.75) 中的高阶项，令 $\theta = 0$，$\rho^2 = \rho_1\rho_2$，它就等价于

$$4d + \rho^4/r^3 = m\lambda \tag{4.77}$$

对于 $\rho \ll d$ 的近共焦型法布里–珀罗干涉仪，相继的干涉极大值之间的频率间隔即自由光谱区 $\delta\nu$ 是

$$\delta\nu = \frac{c}{4d + \rho^4/r^3} \tag{4.78}$$

它不同于平面型法布里–珀罗干涉仪的表达式 $\delta\nu = c/2d$。

从式 (4.77) 可以得到第 $m$ 阶干涉环的半径 $\rho_m$

$$\rho_m = [(m\lambda - 4d)r^3]^{1/4} \tag{4.79}$$

上式表明，$\rho_m$ 强烈地依赖于球面反射镜之间的间隔 $d$。将 $d$ 变化一个很小的数值，由 $d = r$ 变到 $d = r + \epsilon$，就会引起路程差的变化

$$\Delta s = 4(r+\epsilon) + \rho^4/(r+\epsilon)^3 \sim 4(r+\epsilon) + \rho^4/r^3 \tag{4.80}$$

对于给定的波长 $\lambda$，可以选择 $\epsilon$ 的数值使得 $4(r+\epsilon) = m_0\lambda$。在这种情况下，中心圆环的半径就是零。我们可以用整数 $p$ 来计数外面的圆环，由 $m = m_0 + p$，可以得到第 $p$ 个圆环的半径为

$$\rho_p = (p\lambda r^3)^{1/4} \tag{4.81}$$

由式 (4.79)，径向色散

$$\frac{\mathrm{d}\rho}{\mathrm{d}\lambda} = \frac{mr^3/4}{[(m\lambda - 4d)r^3]^{3/4}} \tag{4.82}$$

在 $m\lambda = 4d$ 时变为无穷大，根据式 (4.79)，它发生在 $\rho = 0$ 的中心位置处。

这样大的色散可以让扫描式共焦型法布里–珀罗干涉仪和光电探测器测量窄谱线的高分辨率光谱 (图 4.52)。

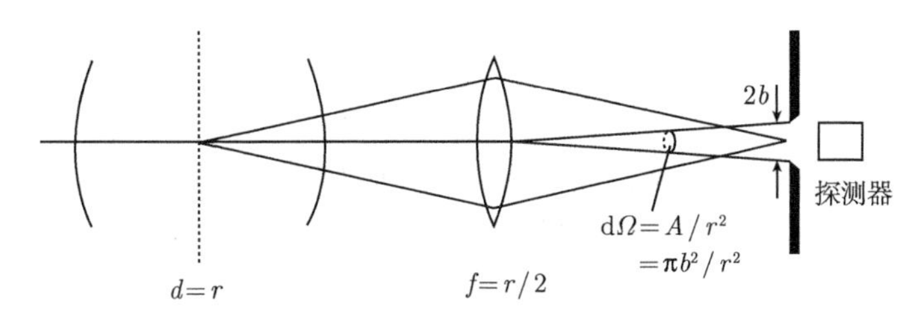


图 4.52 扫描式共焦型法布里–珀罗干涉仪得到的透射光谱

如果用透镜将近共焦型法布里–珀罗干涉仪的中心面成像在半径足够小的圆孔上，$b < (\lambda r^3)^{1/4}$，只有中心干涉阶可以透过并照射到探测器上，而其他所有阶都被挡住了。当 $\rho$ 很小的时候，径向色散很大，因此就可以得到很大的谱分辨本领。利用这种构型，不仅可以测量谱线的形状，在使用单色的入射光的时候 (来自于一个稳定的单模激光器)，还可以测量仪器的带宽。轻微地改变反射镜之间的距离 $d = r + \epsilon$，保持 $\lambda$ 和 $b$ 不变，测量通过小孔的功率

$$P(\lambda, b, \epsilon) = 2\pi \int_{\rho=0}^{b} \rho I(\rho, \lambda, \epsilon)\mathrm{d}\rho \tag{4.83}$$

随着 $\epsilon$ 的变化关系。

被积分的函数 $I(\rho, \lambda, \epsilon)$ 可以由式 (4.76) 得到，其中，相位差 $\delta(\epsilon) = 2\pi\Delta s/\lambda$ 由式 (4.80) 得到。

为了选择小孔半径 $b$ 的最佳值，需要在谱分辨率和透射强度之间进行权衡。当干涉仪的品质因数为 $F^*$ 的时候，透射峰的谱半宽为 $\delta\nu/F^*$ (见式 (4.55b))，最大的谱分辨本领为 $F^*\Delta s/\lambda$ (见式 (4.60))。当小孔半径为 $b = (r^3\lambda/F^*)^{1/4}$ 的时候，它正好是式 (4.81) 中 $p = 1$ 的干涉条纹半径 $\rho_1$ 与 $(F^*)^{1/4}$ 的乘积，谱分辨本领大约下降为最大值的 70%。将 $b$ 的数值代入式 (4.83) 并计算透射峰 $P(\lambda_1, F^*, \epsilon)$ 的半宽，就可以证明这一点。

一般来说，共焦型法布里–珀罗干涉仪的总品质因数要高于平面型法布里–珀罗干涉仪，其原因如下：

(a) 球面镜的准直要求远小于平面镜，因为在一阶近似下球面镜的倾斜不会改变共焦式法布里–珀罗干涉仪中的光程 $4r$，所有入射光的光程都近似相等 (图 4.53)。

然而，对于平面型法布里–珀罗干涉仪来说，干涉仪光轴以下的光线的光程增大了，而光轴以上的光线的光程减小了。

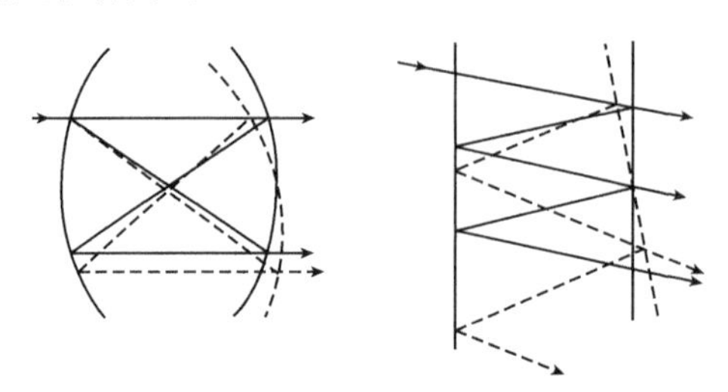

图 4.53　与球型法布里–珀罗干涉仪相比，非准直性对平面型法布里–珀罗干涉仪的灵敏度的影响更大

(b) 与平面镜相比，球面镜的抛光可以达到更高的精度。也就是说，球面镜与理想球面的偏差要小于平面镜与理想平面的偏差。此外，这种偏差不会消除干涉图案，而只是扭曲圆环系统，因为根据式 (4.75)，$d$ 的变化可以对应于另一个 $\rho$ 值的程差 $\Delta s$。

因此，共焦型法布里–珀罗干涉仪的品质因数主要决定于镜子的反射率 $R$。若 $R = 0.99$，品质因数可以达到 $F^* = \pi\sqrt{R}/(1-R) \approx 300$，远大于平面型法布里–珀罗干涉仪能够达到的数值，它因为其他因素减小了后者的 $F^*$。当镜间距为 $r = d = 3\text{cm}$ 的时候，自由光谱区频率是 $\delta\nu = 2.5\text{GHz}$，当品质因数为 $F^* = 300$ 的时候，光谱分辨率为 $\Delta\nu = 7.5\text{MHz}$。这就足以测量许多光学跃迁的自然线宽。利用现代的高反射率涂层，可以达到 $R = 0.999\,5$，共焦型法布里–珀罗干涉仪的品质因数已经达到了 $F^* \geqslant 10^4$[4.44]。

从图 4.52 可以看出，在半径为 $b$ 的小孔后面，探测器的接收立体角为 $\varOmega = \pi b^2/r^2$。通过小孔照射到探测器上的光功率正比于立体角 $\varOmega$ 和与中心平面上由透镜成像通过小孔的面积 $A$ 的乘积，通常被称为采光本领 $U$。由小孔半径 $b = (r^3\lambda/F^*)^{1/4}$ (见上文)，采光本领就是

$$U = A\varOmega = \pi^2 b^4/r^2 = \pi^2 r\lambda/F^* \tag{4.84}$$

对于给定的品质因数 $F^*$，共焦型法布里–珀罗干涉仪的采光本领随着反射镜间距 $d = r$ 的增加而增大。共焦型法布里–珀罗干涉仪的谱分辨本领

$$\frac{\nu}{\Delta\nu} = 4F^*\frac{r}{\lambda} \tag{4.85}$$

正比于镜间距 $r = d$ 与波长 $\lambda$ 的比值和品质因数 $F^*$ 的乘积。对于给定的采光本领 $U = \pi^2 r\lambda/F^*$，将 $r = UF^*/(\pi^2\lambda)$ 代入式 (4.84)，可以得到共焦型法布里–珀罗

干涉仪的谱分辨本领

$$\frac{\nu}{\Delta\nu}=\left(\frac{2F^*}{\pi\lambda}\right)^2 U \tag{4.86}$$

将此结果与反射镜直径为 $D$、间距为 $d$ 的平面型法布里–珀罗干涉仪进行比较，后者用近平行光线照明 (图 4.48)。根据式 (4.66)，平行于光轴的光线和倾角 $\beta$ 很小的光线之间的光程差为 $\Delta s=2nd(1-\cos\beta)\approx nd\beta^2$。

为了用光电记录得到品质因数 $F^*$，通过干涉仪的不同光线之间的光程差不能够大于 $\lambda/F^*$，这样就将探测器接收的立体角 $\Omega=\beta^2$ 限制为 $\Omega\leqslant\lambda/(d\cdot F^*)$。因此，采光本领就是

$$U=A\Omega=\pi\frac{D^2}{4}\frac{\lambda}{d\cdot F^*} \tag{4.87}$$

将此方程给出的 $d$ 值带入谱分辨本领 $\nu/\Delta\nu=2dF^*/\lambda$ 中，可以得到平面型法布里–珀罗干涉仪的谱分辨本领

$$\frac{\nu}{\Delta\nu}=\frac{\pi D^2}{2U} \tag{4.88}$$

共焦型法布里–珀罗干涉仪的谱分辨本领正比于 $U$，平面型法布里–珀罗干涉仪的谱分辨本领反比于 $U$。这是因为共焦型法布里–珀罗干涉仪的采光本领正比于 $d$，而平面型法布里–珀罗干涉仪的采光本领正比于 $1/d$。当反射镜半径 $r>D^2/4d$ 的时候，共焦型法布里–珀罗干涉仪的采光本领大于相同谱分辨本领的平面型法布里–珀罗干涉仪。也就是说，当 $r>D^2/4d$ 的时候，共焦型法布里–珀罗干涉仪的透射功率大。

**例 4.14**

$r=d=5\text{cm}$ 的共焦型法布里–珀罗干涉仪在 $\lambda=500\text{nm}$ 处的采光本领为 $U=(2.47\times10^{-3}/F^*)\text{cm}^2/\text{sr}$。这与 $d=5\text{cm}$ 和 $D=10\text{cm}$ 的平面型法布里–珀罗干涉仪的采光本领完全相同。然而，球面镜的直径可以小得多 (小于 5mm)。如果品质因数为 $F^*=100$，采光本领就是 $U=2.5\times10^{-5}[\text{cm}^2\text{sr}]$，谱分辨本领为 $\nu/\Delta\nu=4\times10^7$。采光本领相同的平面型法布里–珀罗干涉仪的谱分辨本领是 $6\times10^6$，它要求整个反射镜表面的平整度能够让表面品质因数达到 $F^*\geqslant100$。在实际中，对于直径 $D=10\text{cm}$ 的平面镜来说，这是非常难以实现的。但是，小的球面镜可以实现 $F^*>10^4$。

这个例子说明，在给定采光本领的时候，共焦型法布里–珀罗干涉仪要比平面型具有更高的谱分辨本领。

关于平面型和球型法布里–珀罗干涉仪的历史、理论、实践和应用方面更为详尽的信息，可以在文献 [4.45]~[4.47] 中找到。

### 4.2.9 多层介质膜

当光被两个平行的界面 (位于两种不同的折射率材料之间) 反射的时候，可以发生相长干涉，这种现象可以用来制作高反射率的几乎没有吸收的反射镜。这种改善的介质膜反射率技术的极大地促进了可见光和紫外激光系统的发展。

复折射率为 $n_1 = n_1' - \mathrm{i}\kappa_1$ 和 $n_2 = n_2' - \mathrm{i}\kappa_2$ 的两个区域之间的界面反射率 $R$ 可以用菲涅耳公式计算[4.16]。它依赖于入射角 $\alpha$ 和偏振的方向。对于电场矢量 $\boldsymbol{E}$ 平行于入射面 (由入射光和反射光决定) 的偏振分量，反射率为

$$R_{\mathrm{p}} = \left(\frac{n_2\cos\alpha - n_1\cos\beta}{n_2\cos\alpha + n_1\cos\beta}\right)^2 = \left[\frac{\tan(\alpha-\beta)}{\tan(\alpha+\beta)}\right]^2 \tag{4.89a}$$

其中，$\beta$ 是折射角 $(\sin\beta = (n_1/n_2)\sin\alpha)$。对于垂直分量 ($E$ 垂直于入射平面)，可以得到

$$R_{\mathrm{s}} = \left(\frac{n_1\cos\alpha - n_2\cos\beta}{n_1\cos\alpha + n_2\cos\beta}\right)^2 = \left[\frac{\sin(\alpha-\beta)}{\sin(\alpha+\beta)}\right]^2 \tag{4.89b}$$

对于三种不同的材料，当入射光偏振平行 ($R_{\mathrm{p}}$) 或垂直 ($R_{\mathrm{s}}$) 于入射面的时候，反射率 $R_{\mathrm{p}}$ 和 $R_{\mathrm{s}}$ 如图 4.54 所示。

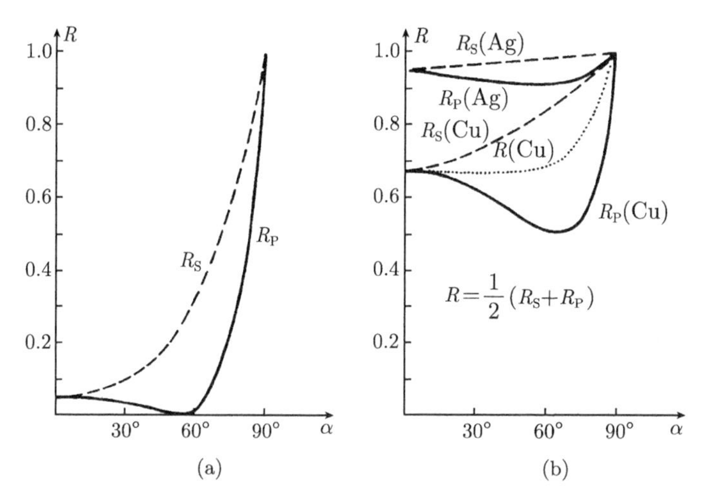


图 4.54　偏振分量平行和垂直于入射面的光的反射率 $R_{\mathrm{p}}$ 和 $R_{\mathrm{s}}$ 随着入射角 $\alpha$ 的变化关系
(a) 空气和玻璃之间的界面 $(n_1 = 1, n_2 = 1.5)$；(b) 空气和金属之间的界面，$\mathrm{Cu}(n' = 0.76, \kappa = 3.32)$ 和 $\mathrm{Ag}(n' = 0.055, \kappa = 3.32)$

在垂直入射的时候 $(\alpha = 0, \beta = 0)$，可以由菲涅耳公式得到两种偏振的反射率

$$R|_{\alpha=0} = \left(\frac{n_1 - n_2}{n_1 + n_2}\right)^2 \tag{4.89c}$$

因为这是激光反射镜中最常出现的情况，以后我们只讨论垂直入射的情况。

为了让反射率达到最大，分子 $(n_1-n_2)^2$ 应该最大，而分母应该最小。因为 $n_1$ 总是大于 1，所以 $n_2$ 应该尽可能地大。不幸的是，色散关系式 (3.36) 和式 (3.37) 表明，$n$ 的数值越大，吸收也就越大。例如，高度抛光的金属表面在可见光区的最大反射率为 $R=0.95$，其他的 5% 的入射光强被吸收了，也就损失了。

选择低吸收率的反射材料 (它的折射率很小)，但是利用很多层折射率 $n$ 高低交错的多层材料，可以改善这一情况。恰当地选择每层的光学厚度 $nd$，可以在不同的反射振幅之间实现相长干涉。已经实现了高达 $R=0.9999$ 的反射率[4.48~4.51]。

图 4.55 用两层涂膜作为例子来说明这种相长干涉。每层的折射率为 $n_1$ 和 $n_2$，厚度为 $d_1$ 和 $d_2$，蒸发在折射率为 $n_3$ 的光学平整的基片上。为了实现相长干涉，所有反射分量的相位差必须是 $\delta_m=2m\pi(m=1,2,3,\cdots)$。考虑到光从低折射率材料到高折射率材料的界面处反射所带来的相移 $\delta=\pi$，可以得到条件

$$n_1d_1=\lambda/4,\quad n_2d_2=\lambda/2,\quad n_1>n_2>n_3\text{ 时} \tag{4.90a}$$

和

$$n_1d_1=n_2d_2=\lambda/4,\quad n_1>n_2,\quad n_3>n_2\text{ 时} \tag{4.90b}$$

可以用菲涅耳公式来计算反射振幅。用正确的相位对所有的反射振幅进行求和，就可以得到总发射强度。选择折射率使得 $\sum A_i$ 达到最大值。对于这个两层涂层的例子，这种计算也适用，对于三个反射振幅 (忽略了二次反射)，可以得到

$$A_1=\sqrt{R_1}A_0;\quad A_2=\sqrt{R_2}(1-\sqrt{R_1})A_0$$
$$A_3=\sqrt{R_3}(1-\sqrt{R_2})(1-\sqrt{R_1})A_0$$

其中，反射率 $R_i$ 由式 (4.89) 给出。

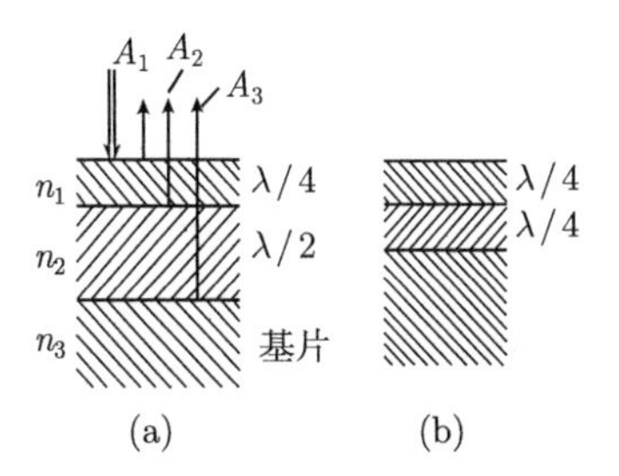


图 4.55 波长为 $\lambda$ 的光被两层介质膜反射的最大反射率

(a) $n_1>n_2>n_3$; (b) $n_1>n_2<n_3$

**例 4.15**

$|n_1|=1.6$，$|n_2|=1.2$，$|n_3|=1.45$；$A_1=0.231A_0$，$A_2=0.143A_0$，$A_3=0.094A_0$。只要正确地选择路径差，就有 $A_{\rm R}=\sum A_i=0.468A_0\to I_{\rm R}=0.22I_0\to R=0.22$。

这个例子说明，为了实现高反射率，需要很多层介质膜。图 4.56(a) 展示了一个多层介质膜反射镜。计算并优化多达 20 层的介质膜是件非常琐碎而又费时的事，因此，现在都是用计算机来做[4.49,4.51]。图 4.56(b) 给出了 17 层介质膜的高反射镜的反射率曲线 $R(\lambda)$。

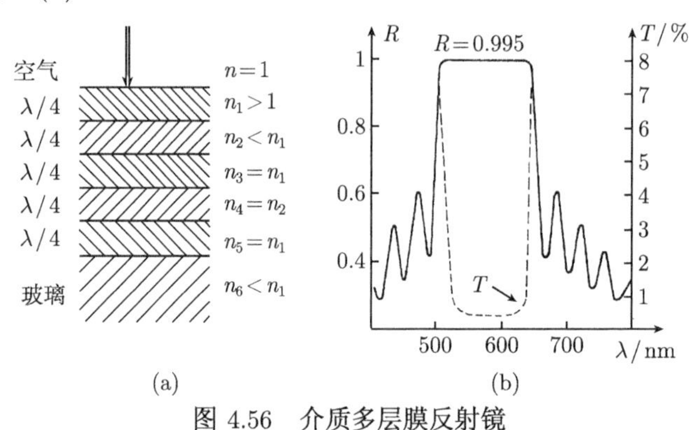


图 4.56　介质多层膜反射镜

(a) 多层膜的构成；(b) 由 17 层材料构成的多层膜高反射镜的反射率随着入射波长 $\lambda$ 的变化关系

恰当地选择不同的材料，使得它们的光程略有差异，就可以在一个比较宽的光谱范围内实现高反射率。现在，可以买到在光谱范围 $\lambda_0 \pm 0.2\lambda_0$ 内反射率 $R \geqslant 0.99$ 的“宽带”反射镜，而吸收损耗小于 0.2%[4.48,4.50]。在吸收损耗这样小的情况下，非完美镜面造成的光散射是损耗的主要贡献。在要求总损耗小于 0.5% 的时候，反射镜基片必须具有很高的光学质量 (优于 $\lambda/20$)，蒸发的介质膜必须非常均匀，反射镜表面必须非常干净，没有灰尘或污点[4.51]。最好的反射镜是使用离子注入的方法制作的。这种具有交替的高、低折射率材料的多个 $\lambda/4$ 层的介质膜反射镜通常被称为“布拉格反射镜”，因为它们的工作方式类似于 X 射线在完美晶面上的布拉格反射。利用吸收率非常低的非常纯净的材料，反射率可以达到 $R > 0.99999$[4.52]。在垂直入射的情况下，布拉格反射率在 $\lambda = 1000\text{nm}$ 附近的反射率 $R(\lambda)$ 如图 4.57 所示。

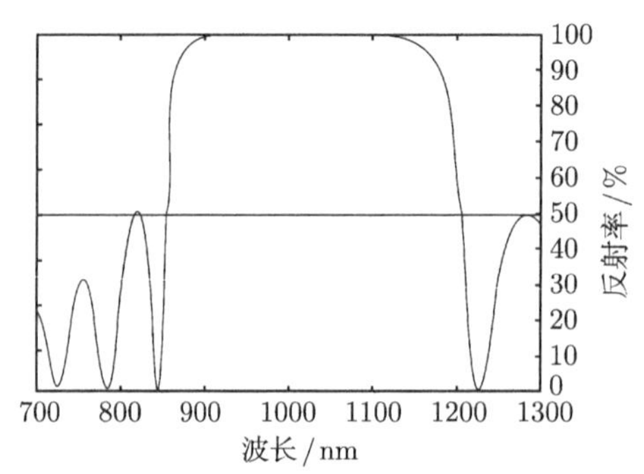


图 4.57　八层交替的 $TiO_2$ 和 $SiO_2$ 材料构成的布拉格反射镜

除了通过相长干涉使得介质多层膜的反射率达到最大以外，当然还可以通过相消干涉使得反射率达到最小。这种增透膜通常用于照相机物镜，尽量减小多个透镜表面的反射，否则就会在感光材料上出现讨厌的背景照明。在激光光谱学中，为了尽量减少激光共振腔内光学元件的反射损耗，避免来自于输出镜背面的反射，这种增透膜非常重要，否则就会引入不想要的耦合，降低单模激光器的频率稳定度。

利用单层增透膜 (图 4.58(a))，反射率只能在选定的波长 $\lambda$ 处达到最大 (图 4.59)。如果从界面 $(n_1, n_2)$ 和 $(n_2, n_3)$ 处反射回来的两个振幅 $A_1$ 和 $A_2$ 相等，当

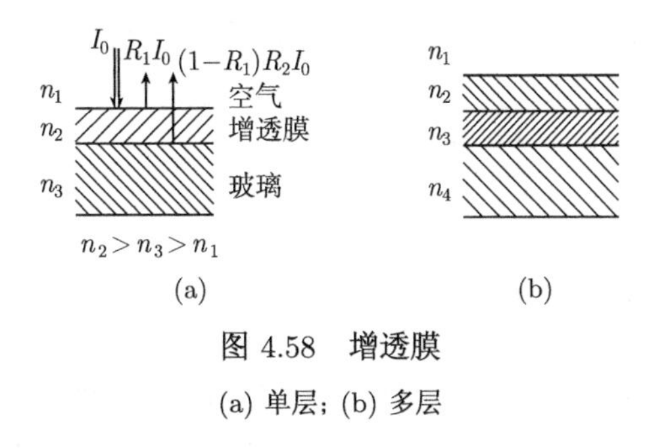


图 4.58 增透膜

(a) 单层；(b) 多层

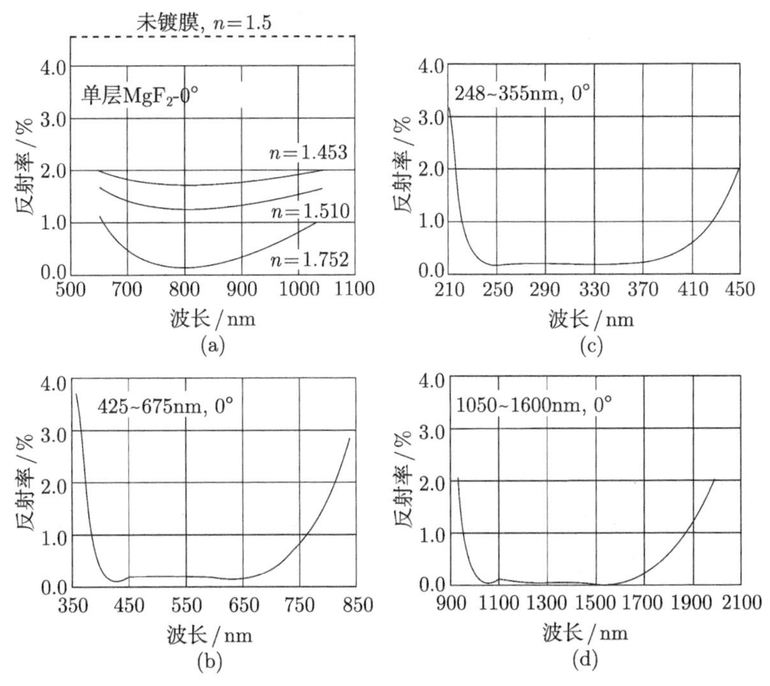


图 4.59 增透膜

(a) 单层 $MgF_2$，位于折射率 $n$ 不同的衬底上；(b)~(d) 宽带多层增透膜，针对不同的光谱范围进行了优化

$\delta = (2m+1)\pi$ 的时候，$I_{\mathrm{R}} = 0$。对于垂直入射，条件是

$$R_1 = \left(\frac{n_1 - n_2}{n_1 + n_2}\right)^2 = R_2 = \left(\frac{n_2 - n_3}{n_2 + n_3}\right)^2 \tag{4.91}$$

它可以约化为

$$n_2 = \sqrt{n_1 n_3} \tag{4.92}$$

对于玻璃衬底上的单层膜来说，$n_1 = 1$，$n_3 = 1.5$。根据式 (4.92)，$n_2$ 应当是 $n_2 = \sqrt{1.5} = 1.23$。并不存在折射率这么低的耐久涂层。通常使用的是 $MgF_2$，它的折射率为 $n_2 = 1.38$，可以将反射率由 4% 降低到 1.2% (图 4.59)。

利用多层增透膜，可以在很宽的光谱范围内将反射率降低到 0.2% 以下[4.51]。例如，利用三层 $\lambda/4$ 层 ($MgF_2$、SiO 和 $CeF_3$)，在 420nm 到 840nm 之间的整个光谱范围内，反射率低于 1%[4.48,4.53,4.54]。

### 4.2.10　干涉滤光片

干涉滤光片用来在很窄的光谱范围内选择性地透射。波长位于这一透射范围之外的入射光，或者被反射，或者被吸收。有谱线滤光片，也有带通滤光片。

谱线滤光片实际上就是一个法布里–珀罗标准具，它的两个反射表面之间的光程 ($nd$) 非常小。实现的方法是用一个折射率很低的无吸收层将两个高反射率涂层 (银膜或者多层介质膜) 表面分开 (图 4.60)。例如，当 $nd = 0.5\mu\mathrm{m}$ 的时候，根据式 (4.62a)，垂直入射的透射极大值出现在 $\lambda_1 = 1\mu\mathrm{m}$、$\lambda_2 = 0.5\mu\mathrm{m}$、$\lambda_3 = 0.33\mu\mathrm{m}$，等等。因此，在可见光范围内，这个滤光片只有一个透射峰，位于 $\lambda = 500\mathrm{nm}$，它的半高宽依赖于品质因数 $F^* = \pi\sqrt{R}/(1-R)$ (图 4.38)。

干涉滤光片有以下几个特征量：

(a) 透射峰值处的波长 $\lambda_m$；

(b) 最大透射率；

(c) 对比因子，即透射率最大值与最小值的比值；

(d) 带宽 $\Delta\nu = \nu_1 - \nu_2$，其中，$T(\nu_1) = T(\nu_2) = \dfrac{1}{2}T_{\max}$。

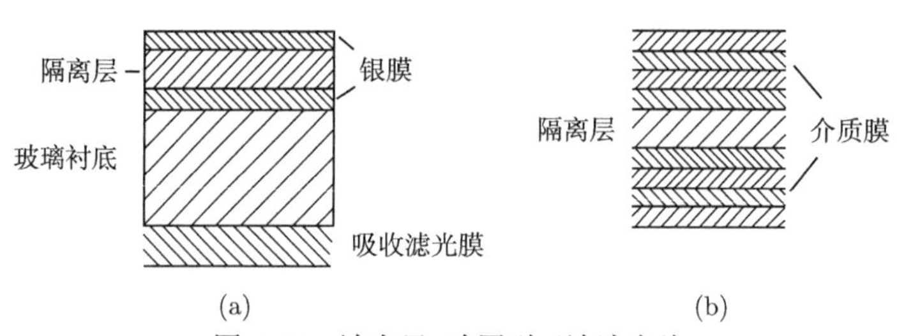


图 4.60　法布里–珀罗型干涉滤光片

(a) 两个单层银膜；(b) 介质多层膜

根据式 (4.61)，最大透射率为 $T_{\max} = T^2/(1-R)^2$。利用薄银膜或铝膜，$R = 0.8$，$T = 0.1$，$A = 0.1$，滤光片的透射率只有 $T_{\max} = 0.25$，品质因数为 $F^* = 15$。这个例子，它意味着在 $10^4\text{cm}^{-1}$ 的自由光谱区中，半高宽只有 $660\text{cm}^{-1}$。在 $\lambda = 500\text{nm}$ 处，它对应的自由光谱区为 250nm，半高宽大约是 16nm。对于许多激光光谱学应用来说，利用吸收性金属涂层的干涉滤光片的峰值透射率很小，无法容忍。必须使用高反射率、无吸收的多层介质膜涂层 (图 4.60(b))，它具有很高的品质因数，因此带宽更窄、透射峰值更高 (图 4.61)。

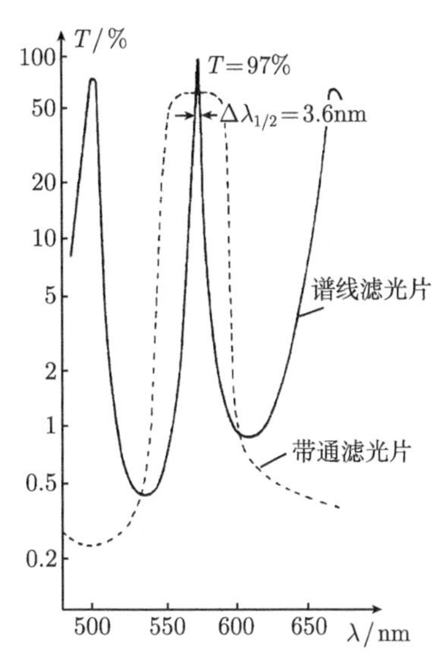


图 4.61 干涉滤光片的透射谱

实线：谱线滤光片；虚线：带通滤光片；采用的是对数坐标

**例 4.16**

由 $R = 0.95$、$A = 0.01$ 和 $T = 0.04$，根据式 (4.61)，可以得到透射峰值为 64%，如果 $A = 0.005$，$T = 0.045$，则透射峰值增大到 81%。对比度变为 $\gamma = I_{\text{T}}^{\max}/I_{\text{T}}^{\min} = (1+F) = 1+4F^{*\,2}/\pi^2 = 1520$。利用厚度为 $nd = 5\mu\text{m}$ 的分隔层，在 $\lambda = 500\text{nm}$ 处，自由光谱区等于 $\delta\nu = 3\times10^{13}\text{Hz}\hat{=}25\text{nm}$。

反射膜的反射率越高，品质因数 $F^*$ 也就越高，这不仅会减小带宽，还可以增大对比因子。由 $R = 0.98 \to F = 4R/(1-R)^2 = 9.8\times10^3$，也就是说，透射极小值处的强度大约只有峰值透射率的 $10^{-4}$。

将两干涉滤光片串联起来可以使得带宽进一步变窄。然而，更好的方法是做一个双滤光片，它包括三层高发射率表面，用两层相同厚度的非吸收层隔开。如果让这两层的厚度略有差异，它就会成为一个带通滤光片，透射率曲线中间很平，两侧很陡。现在可以买到的商业滤光片的峰值透射率至少是 90%，带宽小于 2nm[4.49,4.55]。特殊的窄带滤光片甚至可以达到 0.3nm，但是透射率会减小。

倾斜干涉滤光片使得入射角增大，就可以将透射峰的波长 $\lambda_m$ 移动到较小的数值，见式 (4.62a)。然而，倾角的范围是有限的，因为多层膜涂层的反射率也依赖于角度 $\alpha$，而且一般来说，已经在 $\alpha = 0$ 达到最优值。对于发散的入射光，透射带宽随着发散角的增大而增大。倾斜滤光片的透射波长 $\lambda(\alpha)$ 可以由式 (4.62a) 得到

$$\lambda = \frac{2nd}{m}\cos\beta = \lambda_0\cos\beta \approx \lambda_0\left(1-\frac{\beta^2}{2}\right) \approx \lambda_0\left(1-\frac{\alpha^2}{2n^2}\right) \tag{4.93}$$

**例 4.17**

$\lambda_0 = 1500\text{nm}$，$n = 1.5$，$\alpha = 15° \hat{=} 0.25\text{rad} \Rightarrow \lambda(\alpha) = 1389\text{nm} \Rightarrow \Delta\lambda = \lambda_0 - \lambda(\alpha) = 111\text{nm}$

在紫外区，用来制作干涉滤光片的大多数材料的吸收率都变得很大，利用干涉滤光片的选择性反射，可以实现低损耗的窄带滤光片 (图 4.62)。更为仔细的处理，请参见文献 [4.48]~[4.55]。

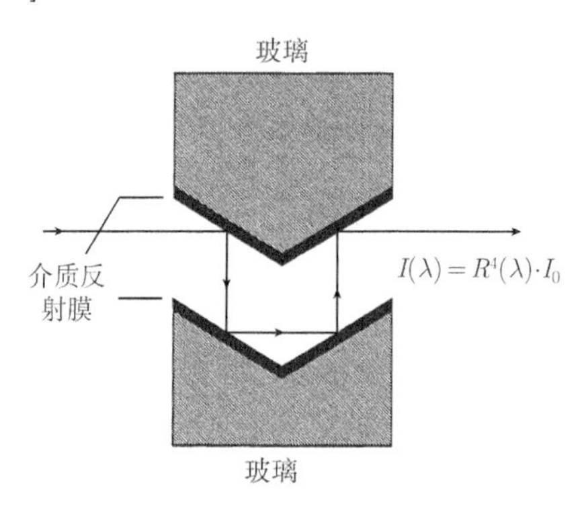


图 4.62　反射式干涉滤光片

在弱信号荧光光谱学或拉曼光谱学中，强激发激光的散射光通常会掩盖住荧光谱线。有一种特殊的干涉滤光片 (陷波滤光片)，它在激光波长处有非常窄的的最小透射率，而在其他光谱范围内的透射率很高。

### 4.2.11　双折射干涉仪

双折射干涉仪或者利奥滤光片[4.24,4.56] 的基本原理是偏振光通过一个双折射晶体后的干涉。假定一个线偏振的平面波入射到双折射晶体上 (图 4.63)

$$\boldsymbol{E} = \boldsymbol{A} \cdot \cos(\omega t - kx)$$

其中，

$$\boldsymbol{A} = \{0, A_y, A_z\}, \quad A_y = |A| \sin\alpha, \quad A_z = |A| \cos\alpha$$

电矢量 $\boldsymbol{E}$ 与 $z$ 方向的光轴的夹角为 $\alpha$。在晶体中，光分成了两束，寻常光束的波数为 $k_o = n_o k$，相速度为 $v_o = c/n_o$，非寻常光束为 $k_e = n_e k$ 和 $v_e = c/n_e$。这两束分波的偏振彼此垂直，分别平行于 $z$ 轴和 $y$ 轴。将长度为 $L$ 的晶体置于 $x = 0$ 和 $x = L$ 之间。因为寻常光和非寻常光的折射率 $n_o$ 和 $n_e$ 不同，在 $x = L$ 处的两束光

$$E_y(L) = A_y \cos(\omega t - k_e L) \quad \text{和} \quad E_z(L) = A_z \cos(\omega t - k_o L)$$

有一个相位差

$$\Delta\phi = k(n_o - n_e)L = (2\pi/\lambda)\Delta n L, \quad \Delta n = n_o - n_e \tag{4.94}$$

一般来说，这两束光叠加的结果是椭偏光，其中，椭圆的主轴相对于 $\boldsymbol{A}_0$ 方向转动了角度 $\beta = \phi/2$。

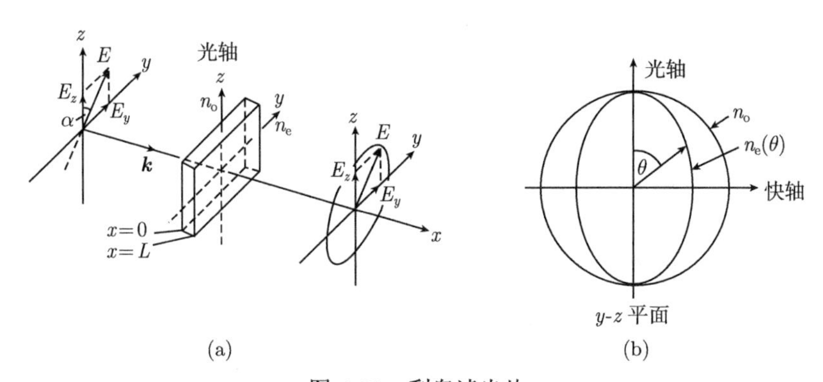


图 4.63 利奥滤光片

(a) 示意图；(b) 双折射晶体的折射率椭球

当相位差 $\Delta\phi = 2m\pi$ 的时候，得到的是 $\boldsymbol{E}(L) \parallel \boldsymbol{E}(0)$ 的线偏振光。然而，当 $\Delta\phi = (2m+1)\pi$ 和 $\alpha = 45°$ 的时候，透射光也是线偏振的，但是 $\boldsymbol{E}(L) \perp \boldsymbol{E}(0)$。

普通的利奥滤波片包含一个双折射晶体，它位于两个线偏振片之间 (图 4.63(a))。假定这两个偏振片都平行于入射光的电矢量 $E(0)$。平行于 $E(0)$ 的第二个偏振片只让振幅的投影通过

$$E = E_y \sin\alpha + E_z \cos\alpha = A[\sin^2\alpha\cos(\omega t - k_e L) + \cos^2\alpha\cos(\omega t - k_o L)]$$

由式 (4.91) 得到时间平均的透射强度为

$$\bar{I}_T = \frac{1}{2}c\epsilon_0 \bar{E}^2 = \bar{I}_0(\sin^4\alpha + \cos^4\alpha + 2\sin^2\alpha\cos^2\alpha\cos\Delta\phi) \tag{4.95}$$

利用关系式 $\cos\phi = 1 - 2\sin^2\frac{1}{2}\phi$ 和 $2\sin\alpha\cos\alpha = \sin 2\alpha$，可以将它约化为

$$\bar{I}_T = I_0\left[1 - \sin^2\frac{1}{2}\Delta\phi\sin^2(2\alpha)\right] \tag{4.96}$$

当 $\alpha = 45°$ 的时候，

$$I_T = I_0\left[1 - \sin^2\frac{\Delta\phi}{2}\right] = I_0\cos^2\frac{\Delta\phi}{2} \tag{4.96a}$$

因此，利奥滤光片的透射率是相位延迟的函数，即

$$\boxed{T(\lambda) = \frac{I_T}{I_0} = T_0\cos^2\left(\frac{\pi\Delta n L}{\lambda}\right)} \tag{4.97}$$

它依赖于波长 $\lambda$。

**注**：根据式 (4.96)，只有当 $\alpha = 45°$ 的时候，才能实现透射的最大调制 ($T_{\max} = T_0$ 和 $T_{\min} = 0$)！

考虑到吸收损耗和反射损耗，最大透射率 $I_T/I_0 = T_0 < 1$ 小于 100%。在很小的波长范围内，可以认为折射率之差 $\Delta n = n_o - n_e$ 是一个常数。因此，式 (4.97) 给出了透射率对波长的依赖关系，$\cos^2\phi$，对于双光束干涉仪来说，这是典型的 (图 4.26 所示)。对于比较宽的光谱范围，必须考虑 $n_o(\lambda)$ 和 $n_e(\lambda)$ 的色散关系的差别，这样就会引起波长依赖关系，$\Delta n(\lambda)$。

由式 (4.97) 可以得到自由光谱区 $\delta\nu$，因为

$$\frac{\Delta n \cdot L}{\lambda_1} - \frac{\Delta n \cdot L}{\lambda_2} = 1$$

利用 $\nu = c/\lambda$，上式变为

$$\delta\nu = c/(n_o - n_e)L \tag{4.98}$$

**例 4.18**

**对于一个磷酸二氢钾 (KDP) 晶体，$n_e = 1.51$，$n_o = 1.47 \to$ 当 $\lambda = 600\text{nm}$ 时，$\Delta n = 0.04$。长度为 $L = 2\text{cm}$ 的晶体的自由光谱区为 $\delta\nu = 3.75 \times 10^{11}\text{Hz} \hat{=} \delta\bar{\nu} = 12.5\text{cm}^{-1} \to$ 在 $\lambda = 600\text{nm}$ 处，$\Delta\lambda = 0.45\text{nm}$。**

如果将 $N$ 个不同长度 $L_m$ 的普通利奥滤光片排成一列，总透射率 $T$ 就是不同透射率 $T_m$ 的乘积，即

$$T(\lambda) = \prod_{m=1}^{N} \mathrm{T}_{0m} \cos^2\left(\frac{\pi \Delta n L_m}{\lambda}\right) \tag{4.99}$$

图 4.64 给出了一种可能的实验装置以及由三个长度分别为 $L_1 = L$、$L_2 = 2L$ 和 $L_3 = 4L$ 的元件构成的利奥滤光片系统的透射率。这个滤光片的自由光谱区 $\delta\nu$ 等于最短元件的自由光谱区。然而，透射峰的半高宽 $\Delta\nu$ 主要决定于最长的元件。类似于法布里–珀罗干涉仪，将利奥滤光片的品质因数 $F^*$ 定义为自由光谱区 $\delta\nu$ 和半高宽的 $\Delta\nu$ 比值，可以得到，对于由 $N$ 个长度为 $L_m = 2^{m-1}L_1$ 的元件构成的复合利奥滤光片，它的品质因数大约是 $F^* = 2^N$。

改变折射率之差 $\Delta n = n_o - n_e$，就可以调节透射峰值的波长。可以用两种不同的方法来实现：

(a) 改变光轴和波矢 $\boldsymbol{k}$ 之间的夹角 $\theta$，从而改变折射率 $n_e$。这可以用折射率椭球 (图 4.63(b)) 来说明，它给出了特定波长的折射率随着 $\theta$ 的变化关系。因此，差值 $\Delta n = n_o - n_e$ 依赖于 $\theta$。椭球的短轴为 $n_e$ (对于负的双折射晶体，$\theta = 90°$)，长轴为 $n_o$ ($\theta = 0°$)，它们通常被称为快轴和慢轴。绕着图 4.63(a) 中的 $x$ 轴转动晶体，该轴垂直于图 4.63(b) 中的 $y - z$ 平面，就可以连续地改变 $\Delta n$，从而调节

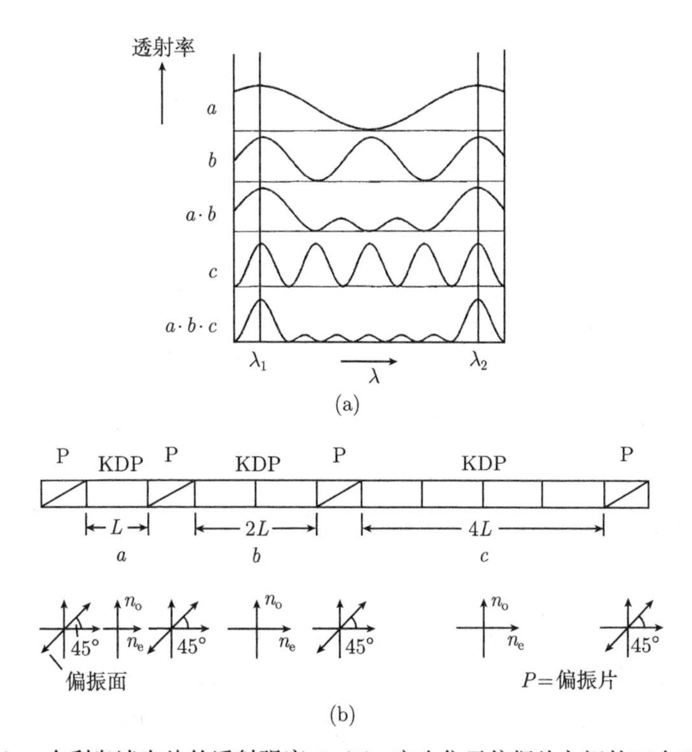


图 4.64 (a) 一个利奥滤光片的透射强度 $I_{\mathrm{T}}(\lambda)$，它由位于偏振片之间的三个双折射晶体构成，长度分别为 $L$、$2L$ 和 $4L$；(b) 晶体的安置图和透射光的偏振状态

透射峰值的波长 $\lambda$ (第 5.7.4 节)。

(b) 利用折射率 $n_{\mathrm{o}}$ 和 $n_{\mathrm{e}}$ 对外加电场的不同依赖关系[4.58]。这种“诱导双折射”依赖于晶轴在电场中的取向。一种常用的安置方式利用了 KDP 晶体，电场方向平行于光轴 ($z$ 轴)，入射光的波矢 $\boldsymbol{k}$ 垂直于 $z$ 方向 (横向电光效应，图 4.65)。边长为 $d$ 的长方形晶体的两侧带有金电极，外加电压控制了电场 $E=U/d$。

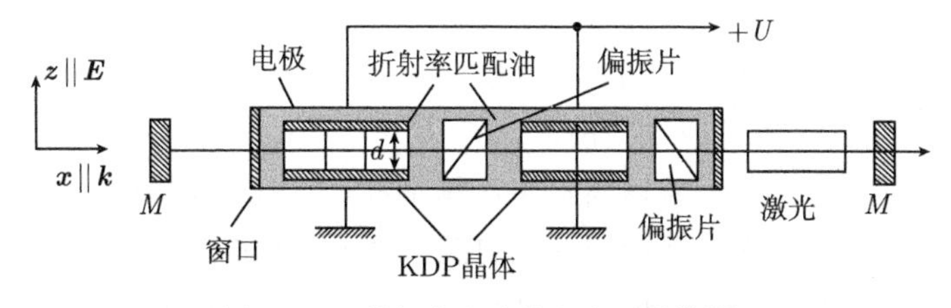


图 4.65 利奥滤光片的电光调节[4.57]

在外电场中，单轴晶体变为双轴晶体。除了单轴晶体的天然双折射之外，还产生了电场诱导的双折射，它大致正比于电场强度 $E$[4.59]。电场引起的 $n_{\mathrm{o}}$ 或 $n_{\mathrm{e}}$ 的变化依赖于晶体的对称性、外加电场的方向以及电光系数的大小。对于 KDP 晶体来说，

如果外电场平行于光轴，那么有用的电光系数就只有一个，$d_{36} = -10.7\times 10^{-12}\text{m/V}$ (见第 5.8.1 节)。

差值 $\Delta n = n_\text{o} - n_\text{e}$ 就变为

$$\Delta n(E_z) = \Delta n(E=0) + \frac{1}{2}n_1^3 d_{36} E_z \tag{4.100}$$

最大透射率位于

$$\Delta n L = m\lambda (m = 0, 1, 2\cdots)$$

上式给出了透射率最大值处的波长 $\lambda$ 随着外加电场的变化关系

$$\lambda = (\Delta n(E=0) + 0.5 n_1^3 d_{36} E_z)L/m \tag{4.101}$$

虽然利奥滤光片的电光调节可以快速地改变透射峰值，但是许多应用并不需要很高的调节速度，机械式调谐更方便、也更容易实现。

### 4.2.12　可调谐的干涉仪

对于激光光谱学的许多应用来说，在给定时间间隔 $\Delta t$ 以内，用高分辨率的干涉仪扫描一段有限的谱范围 $\Delta\nu$，是非常有用的。扫描速度 $\Delta\nu/\Delta t$ 依赖于调节方法，而光谱范围 $\Delta\nu$ 受限于仪器的自由光谱区 $\delta\nu$。在干涉仪的透射峰上调节波长 $\lambda_m = 2nd/m$ 的所有技术都是基于连续地改变相继干涉光束之间的光程差。可以用不同的方法来实现这一目标：

(a) 改变法布里–珀罗干涉仪的反射镜之间的气压，从而改变折射率 $n$ (压强扫描式法布里–珀罗干涉仪)；

(b) 用压电器件或磁致伸缩器件改变反射镜之间的距离 $d$；

(c) 相对于入射平面波的方向倾斜厚度为 $d$ 的固体标准具；

(d) 通过电光调节或转动晶体的光轴 (利奥滤光片) 改变双折射晶体中的光程差 $\Delta s = \Delta n L$。

虽然在低扫描速率的高分辨率荧光探测中或可调谐脉冲染料激光器中经常使用方法 (a)，在扫描式共焦型法布里–珀罗干涉仪 (用作光谱分析仪) 监视激光的模式结构的时候，已经实现了方法 (b)。

利用一台商用频谱仪，将锯齿形电压施加在一个压电调距台上，可以在多于一个自由光谱区的范围内连续地扫描透射波长 $\lambda$ (图 4.66)[4.41,4.60]。扫描速率可以达到几千赫兹。虽然这种器件的品质因数可以大于 $10^3$，但是，压电晶体的回滞行为限制了波长绝对校准的精度。这时，压强调节式法布里–珀罗干涉仪可能很有用。气压的变化必须慢得足以避免湍流和温度漂移。在数字化压强扫描式法布里–珀罗干涉仪中，干涉仪中的气压以很小但是分立的步伐改变，重复扫描的精度小于自由光谱区的 $10^{-3}$[4.61]。

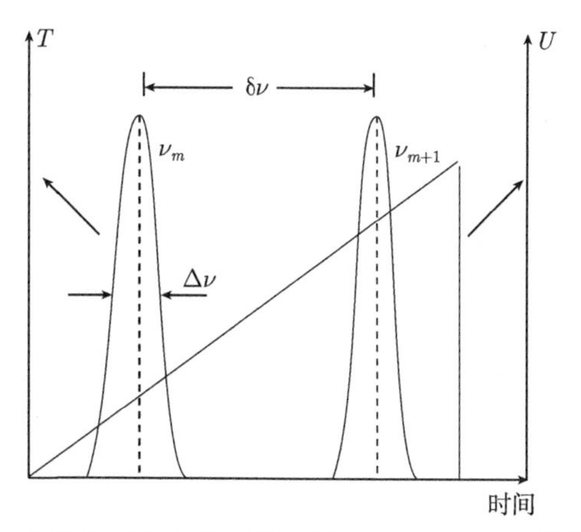


图 4.66 扫描式共焦型法布里–珀罗干涉仪，以及一个基模激光的透射峰和施加在一个镜子后面的压电陶瓷上的锯齿状电压

为了快速地调节染料激光器的波长，在激光共振腔腔里安置一个电光调谐的利奥滤光片。可以重复地扫描几个纳米的调谐范围，扫描速度达到每秒钟 $10^5$ 个周期[4.62]。

## 4.3 光谱仪和干涉仪的比较

在比较用于光谱分析的不同色散元件的优缺点的时候，前面各节讨论过的仪器特性对于最佳选择是非常重要的，例如光谱分辨本领、采光本领、光谱透射率和自由光谱区。同样重要的问题是怎样才能精确地测量谱线的波长。为了回答这一问题，需要进一步的指标，例如单色仪驱动器的影响、光谱仪的像差、以及压电调制干涉仪的回滞等。本节将通过比较不同的器件来说明这些问题，以便读者了解这些仪器的长处和不足。

### 4.3.1 谱分辨本领

可以用更为一般的形式来描述前面几节中讨论过的不同仪器的谱分辨本领，这种方式适用于所有基于干涉效应的谱色散器件。令 $\Delta s_m$ 为仪器中干涉光之间的最大光程差，即光栅中第一条沟槽与最后一条沟槽上的光线之间的光程差 (图 4.67(a))，或者是法布里–珀罗干涉仪中直接通过的光束和经过 $m$ 次反射的光束之间的光程差 (图 4.67(b))。对于两个波长 $\lambda_1$ 和 $\lambda_2 = \lambda_1 + \Delta\lambda$，如果两者在这个最大光程差上的波长数目

$$\Delta s_m = 2m\lambda_2 = (2m+1)\lambda_1, \quad m = \text{整数}$$

至少相差 1 的话，这两个波长就仍然可以分辨出来。在这种情况下，$\lambda_1$ 的干涉极

大值与 $\lambda_2$ 的第一个极小值重合。从上述公式中可以得到，分辨本领的理论上限是

$$\boxed{\frac{\lambda}{\Delta\lambda}=\frac{\Delta s_m}{\lambda}} \tag{4.102}$$

它等于以波长 $\lambda$ 为单位的最大光程差。

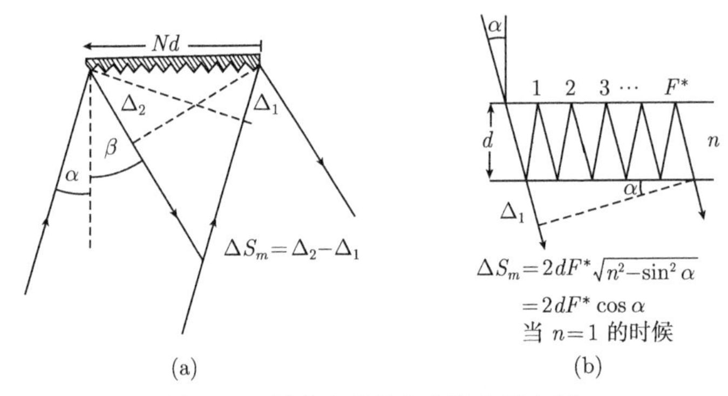


图 4.67　最大光程差和光谱分辨本领

(a) 光栅光谱仪；(b) 法布里–珀罗干涉仪

光程差为 $\Delta s_m$ 的两条路径对应于最大的时间差为 $\Delta T_m=\Delta s_m/c$，利用 $\nu=c/\lambda$，从式 (4.102) 可以得到，对于最小的可分辨间隔 $\Delta\nu=-(c/\lambda^2)\Delta\lambda$

$$\Delta\nu=1/\Delta T_m\Rightarrow\Delta\nu\cdot\Delta T_m=1 \tag{4.103}$$

最小可分辨频率间隔 $\Delta\nu$ 和通过光谱仪器的最大透射时间差的乘积等于 1。

**例 4.19**

(a) 光栅光谱仪：根据式 (4.30) 和图 4.67，最大光程差是

$$\Delta s_m=Nd(\sin\alpha-\sin\beta)=mN\lambda$$

因此，根据式 (4.102)，最大分辨率的上限是

$$R=\lambda/\Delta\lambda=mN$$

其中，$m$ 为衍射级数，$N$ 为被照明的光栅数。

对于 $m=2$ 和 $N=10^5$，它给出 $R=2\times10^5$ 或者 $\Delta\lambda=5\times10^{-6}\lambda$。因为衍射效应依赖于光栅的尺寸 (第 4.1.3 节)，可以达到的分辨本领要小 $2\sim3$ 倍。也就是说，在 $\lambda=500\text{nm}$ 处，能够分辨出 $\Delta\lambda\geqslant10^{-2}\text{nm}$ 的两条谱线。

(b) 迈克耳孙干涉仪：两束干涉光之间的光程差 $\Delta s$ 由 $\Delta s=0$ 到 $\Delta s=\Delta s_m$ 变化。对两个分量 $\lambda_1$ 和 $\lambda_2$ 的干涉极大值计数 (第 4.2.4)。如果 $m_1=\Delta s/\lambda_1$ 和 $m_2=\Delta s/\lambda_2$ 相差为 1 以上，就可以区分 $\lambda_1$ 和 $\lambda_2$。这样就立刻给出式 (4. 102)。采

用现代设计方案，已经实现的最大光程差 $\Delta s$ 达到了几米，用于测量被稳定的激光器 (第 4.5.3 节) 的波长。对于 $\lambda = 500\text{nm}$ 和 $\Delta s = 1\text{m}$，可以得到 $\lambda/\Delta\lambda = 2 \times 10^6$，比光栅光谱仪好一个数量级。

(c) 法布里–珀罗干涉仪：路程差决定于相邻两个分波的光程差 $(2nd)$ 与有效反射次数的乘积，可以用反射率品质因数 $F^* = \pi\sqrt{R}/(1-R)$ 来表示。对于理想的反射面和完美的准直性，最大路程差为 $\Delta s_m = 2ndF^*$，根据式 (4. 102)，光谱分辨本领为

$$\lambda/\Delta\lambda = F^* 2nd/\lambda$$

因为准直并非完美，反射平面也不是绝对理想，有效品质因数小于反射品质因数。数值 $F^*_{\text{eff}} = 50$ 是可以实现的，由此可以得到，对于 $nd = 1\text{cm}$

$$\lambda/\Delta\lambda = 2 \times 10^6$$

它与 $\Delta s_m = 100\text{cm}$ 的迈克耳孙干涉仪相仿。然而，共焦型法布里–珀罗干涉仪可以达到的品质因数为 $F^*_{\text{eff}} = 1000$。由 $r = d = 4\text{cm}$ 就可以得到

$$\lambda/\Delta\lambda = F^* 4d/\lambda \approx 5 \times 10^8$$

它表明，在 $\lambda = 500\text{nm}$ 的时候，只要谱线的线宽足够小，差别为 $\Delta\lambda = 1 \times 10^{-6}\text{nm}$ $(\Delta\nu = 1\text{MHz},\ \nu = 5 \times 10^{14}\text{s}^{-1})$ 的两条谱线仍然可以分辨出来。利用高反射涂层，已经实现了品质因数 $F^*_{\text{eff}} = 10^5$。由 $r = d = 1\text{m}$ 可以得到，$\lambda/\Delta\lambda = 8 \times 10^{11}$[4.47]。

### 4.3.2 采光本领

第 4.1.1 节将采光本领定义为光谱仪器的入射面积 $A$ 和接收固体角 $\Omega$ 的乘积 $U = A\Omega$。对于绝大多数光谱应用来说，为了获得足够的强度，采光本领 $U$ 越大越好。一个同样重要的目标是达到最大的分辨本领 $R$。然而，如下述例子所示，$U$ 和 $R$ 这两个量不是独立的，它们彼此相关。

**例 4.20**

(a) 光谱仪：宽度为 $b$、高度为 $h$ 的入射狭缝的面积为 $A = b \cdot h$。接收角 $\Omega = (a/f)^2$ 决定于汇聚透镜或反射镜的焦长 $f$ 以及光谱仪中限制光阑的直径 $a$ (图 4.68(a))。可以将采光本领 $U = bha^2/f^2$ 写为面积 $A = bh$ 和立体角 $\Omega = (a/f)^2$ 的乘积。

利用一台中等尺寸光谱仪的典型数据 ($b = 10\mu\text{m}$，$h = 0.5\text{cm}$，$a = 10\text{cm}$，$f = 100\text{cm}$)，可以得到 $\Omega = 0.01$，$A = 5 \times 10^{-4}\text{cm}^2 \rightarrow U = 5 \times 10^{-6}\text{cm}^2\text{sr}$。利用分辨本领 $R = mN$，乘积

$$RU = mNA\Omega \approx mN\frac{bha^2}{f^2} \tag{4.104a}$$

随着衍射级数 $m$、光栅尺寸 $a$、被照明的沟槽数 $N$ 以及狭缝面积 $bh$(只要像差可以忽略不计) 的增加而增大。若 $m=1$，$N=10^5$，$h$、$b$、$a$ 和 $f$ 为上述数据，可以得到 $RU=0.5\text{cm}^2\text{sr}$。

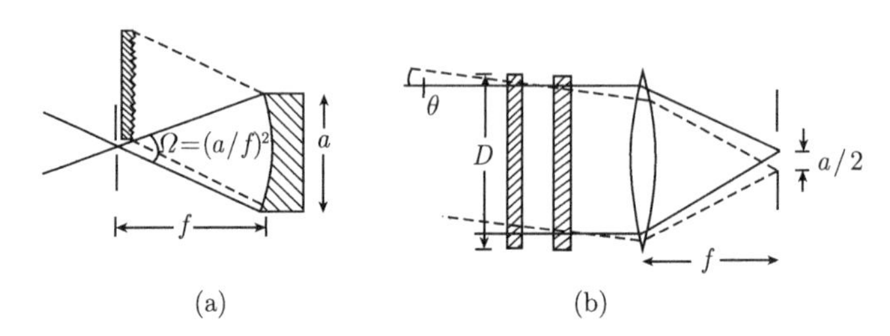


图 4.68　光谱仪 (a) 和法布里–珀罗干涉仪 (b) 的接收角

(b) 干涉仪: 对于迈克耳孙和法布里–珀罗干涉仪，光电探测器的接收角受限于探测器前方的、用于选择中心圆环的小孔光阑。从图 4.52 和 4.68(b) 可以看出，直径为 $a$ 的限制光阑的中心处和边缘处的条纹像是由彼此夹角为 $\theta$ 的入射光束干涉形成的。由 $a/2=f\theta$ 可以得到，法布里–珀罗干涉仪的接收固体角为 $\Omega=a^2/(4f^2)$。对于直径 $D$ 的玻片，采光本领就是 $U=\pi(D^2/4)\Omega$。根据式 (4.88)，平面型法布里–珀罗干涉仪的谱分辨本领 $R=\nu/\Delta\nu$ 与采光本领 $U$ 的关系是 $R=\pi D^2(2U)^{-1}$。因此，对于平面型法布里–珀罗干涉仪来说，乘积

$$RU=\pi D^2/2 \tag{4.104b}$$

仅仅取决于玻片的直径。若 $D=5\text{cm}$，$RU$ 大约是 $40\text{cm}^2\text{sr}$，因此，它比光栅光谱仪大两个数量级。

在第 4.2.12 节，我们看到，对于给定的分辨本领，当 $r>D^2/4d$ 的时候，球型法布里–珀罗干涉仪的采光本领比较大。在例 4.20 中，$D=5\text{cm}$，$d=1\text{cm}$，因此，当 $r>6\text{cm}$ 的时候，共焦型法布里–珀罗干涉仪的乘积 $RU$ 在所有干涉仪中最大。即使在镜间距更小的时候，因为总品质因数较高，共焦型法布里–珀罗干涉仪仍然要比其他仪器更为优越。

总之，可以说，干涉仪的采光效率大于分辨率与之相似的光谱仪。

## 4.4　波长的精确测量

测量谱线的波长是光谱学工作者的主要任务之一。它可以确定分子能级和分子结构。波长测量的精度不仅依赖于测量系统的光谱分辨本领，还依赖于信噪比和待测波长的绝对数值的可重复性。

理论上，可以用单模可调谐激光实现非常高的精度 (第 2 卷第 1~5 章)，传统方法无法达到这种测量得到的绝对波长的精度。已经发明了新的方法，主要基于激

光波长的干涉测量。为了分子光谱学的应用，可以将激光稳定在一个分子跃迁的中心位置上。测量这种方法稳定的激光波长，能够用相仿的精度得到分子跃迁的波长。我们将简要地讨论这些被称为波长计的器件，将它们与一个稳定的参考激光源的参考波长 $\lambda_R$ 进行比较，可以确定待测激光的波长。大多数提案利用氦氖激光器作为参考，后者被稳定在一个碘分子谱线的一个超精细分量上，与基准波长标准进行直接比较，其精度已经优于 $10^{-10}$[4.63]。

另一种方法是测量一个稳定激光的绝对频率 $\nu_L$，并利用关系式 $\lambda_L = c/\nu_L$ 推导出波长 $\lambda_L$，它是实验结果的最佳平均值，因为光速[4.64~4.66] 定义了米和波长 $\lambda$：光在真空中行进 1m 的时间为 $\Delta t = 1/299\ 792\ 458\text{s}^{-1}$，即光速的定义为

$$c = 299\ 792\ 458\text{m/s} \tag{4.105}$$

这种方法将长度的测量转变为时间或频率的测量，而后者的测量要比长度的测量精确得多[4.67]。近年来，利用可见光的飞秒激光所产生的宽频光梳，已经可以在微波区域内直接比较光学频率和铯原子标准。这些频率梳具有相等的频率间隔，大约为 100MHz，它们覆盖了很宽的频率范围，通常超过 $10^{14}$Hz。利用它们可以测量绝对波长。第 2 卷第 9.7 节将讨论这种方法。

### 4.4.1 波长测量的精密度与准确度①

分辨率和采光本领并非衡量波长色散仪器的唯一判据。一个非常重要的问题是绝对波长测量的精密度和准确度。

测量一个物理量意味着将它与一个参考标准进行比较。这种比较涉及统计误差和系统误差。对同一个量进行 $n$ 次测量，得到的数值 $X_i$ 将散布于平均值附近

$$\overline{X} = \frac{1}{n}\sum_{i=1}^{n} Xi$$

这种测量的精密度取决于统计误差，主要受制于单次测量的信噪比和测量的次数 $n$ (例如，总测量时间)。精密度可以用标准偏差来表示[4.68,4.69]，

$$\sigma = \left(\sum_{i=1}^{n} \frac{(\overline{X} - X_i)^2}{n}\right)^{1/2} \tag{4.106}$$

此处采用的平均值 $\overline{X}$ 是对许多测量值 $X_i$ 进行平均后的结果，声称有着一定的准确度，它是该数值可靠性的一个量度，用它与未知的"真值" $X$ 的可能偏差 $\Delta\overline{X}$ 来表示。$\overline{X}/\Delta\overline{X}$ 标示的准确度意味着对于真值 $X$ 位于 $\overline{X} \pm \Delta\overline{X}$ 之内的某种信心。因为准确度不仅取决于统计误差，还取决于仪器和测量过程的系统误差，所以，它总

① 译注：precision：精密度；accuracy：准确度。

是要低于精密度，也依赖于参考标准的精密度，以及它与 $\overline{X}$ 进行比较的准确度。虽然能够获得的准确度依赖于实验付出的努力和花费，但是，实验工作者的技术、想象力和判断力总是非常重要的。

我们将用测量值 $X$ 的相对不确定度来表征精密度和准确度，它们分别用下述比值表示

$$\frac{\sigma}{X} \text{ 或 } \frac{\Delta\overline{X}}{X}$$

标准偏差为 $\sigma = 10^{-8}\overline{X}$ 的一系列测量的相对不确定度是 $10^{-8}$，即精密度为 $10^8$。通常也会说精密度是 $10^{-8}$，这种说法的缺点是，数字越小，它表示的精密度却越高。

简要地考察一下上述不同仪器测量波长所能达到的精密度和准确度。虽然这两个量都与分辨本领和信噪比有关，许多其他的仪器条件也会进一步地影响它们，如单色仪驱动器的反冲、像差引起的谱线形状的非对称性、或者是底片冲洗过程中感光膜的收缩等等。如果没有这些额外的误差来源，精密度可以远大于分辨本领，因为对称谱线的中心可以精确到半高宽的很小一部分。$\epsilon$ 的数值依赖于信噪比，除了其他因素之外，信噪比取决于光谱仪的采光本领。为了准确地测量波长，上一节中讨论过的分辨本领 $R$ 和采光本领 $U$ 的乘积 $RU$ 扮演了非常重要的角色。

对于带有光电记录的扫描式单色仪来说，准确度的主要限制是光栅驱动器的反冲以及齿轮的非均匀性，后者限制了在两条校准谱线之间进行插值的可靠性。精心设计的单色仪由于驱动引起的误差小于 $0.1\text{cm}^{-1}$，在可见光范围内的相对不确定性为 $10^{-5}$，或者说精密度大约是 $10^5$。

在利用可调谐激光器测量吸收光谱的时候，谱线位置的准确度还受限于激光器扫描速度 $\mathrm{d}\lambda/\mathrm{d}t$ 的不均匀性 (第 5.6 节)。为了校正 $\mathrm{d}\lambda/\mathrm{d}t$ 的非均匀性，在测量光谱的时候，必须同时记录参考波长的位置。

扫描式光谱仪或扫描式激光器的一个非常严重的误差来源是，记录仪器的时间常数所引起的谱线线形的扭曲和谱线中心的移动。如果时间常数 $\tau$ 与扫描通过谱线半高宽 $\Delta\lambda$(它依赖于光谱分辨率) 所需要的时间 $\Delta t = \Delta\lambda/v_{\text{sc}}$ 相仿，谱线就会变宽，最大值就会减小，中心波长也会移动。谱线的移动 $\delta\lambda$ 依赖于扫描速度 $v_{\text{sc}}[\text{nm/min}]$，大致是 $\delta\lambda = v_{\text{sc}}\tau = (\mathrm{d}\lambda/\mathrm{d}t)\tau$[4.9]。

**例 4.21**

*若扫描速度为 $v_{\text{sc}} = 10\text{nm/min}$，记录仪器的时间常数为 $\tau = 1\text{s}$，谱线的移动就是 $\delta\lambda = 0.15\text{nm}$!*

*额外的谱线展宽效应降低了分辨本领。如果这种减小低于 10%，扫描速度必须小于 $v_{\text{sc}} < 0.24\Delta\lambda/\tau$。$\Delta\lambda = 0.02\text{nm}$，$\tau = 1\text{s} \rightarrow v_{\text{sc}} < 0.3\text{nm/min}$。*

光学成像记录避免了这些问题，可以更为精确地测量波长，代价是底片的显

影、定影过程以及随后的谱线位置的测量过程都不方便。一台 3m 光谱仪的典型数据是 $0.01\text{cm}^{-1}$。主要的误差来源是，像差导致了谱线弯曲、准直不佳导致了谱线形状不对称、以及用于测量底片上谱线位置的微型光密度计的反冲等。

现代器件使用光电二极管或电荷耦合器件的阵列 (第 4.5.2 节) 来代替照相底片。如果二极管的宽度为 25μm，如果一个对称谱线延展到 $3\sim5$ 个二极管上，那么，依赖于信噪比，用最小方差法将它拟合到一个模型谱线上，就可以将它的峰位确定到 $1\sim5\mu\text{m}$ 的范围内。将阵列置于一个色散为 1mm/nm 的光谱仪的后面，谱线的中心位置的可以精确到 $10^{-3}$nm 以内。因为信号是用电子学的方法读出来的，器件中没有移动部件，任何的力学误差源 (反冲) 都可以被消除。

可以用现代波长计来实现最高的准确度 (也就是说最低的不确定度)，第 4.4.2 节将对此进行讨论。

### 4.4.2 当代的波长计

非常准确地测量激光波长的各种波长计都是基于迈克耳孙干涉仪 [4.70]、菲索干涉仪 [4.71] 的某种变型，或者是自由光谱区不同的几个法布里–珀罗干涉仪的组合 [4.72~4.74]。波长测量可以用光电二极管阵列检测干涉图案的空间分布，也可以用移动性器件对干涉条纹进行电子计数。现在可以买到几种类型的波长计，它们的不确定度达到了 ±0.2pm (准确度 $\nu/\delta\nu$ 大约是 $10^7$)。它们通常工作在从 300nm 到 5μm 的很宽的光谱范围内。

1) *迈克耳孙波长计*

我们实验室中所用的行波迈克耳孙干涉仪的原理如图 4.69 所示。这种波长计最早是由 Hall 和 Lee [4.70] 以及 Kowalski 等 [4.75] 实现的，其形式略有不同。参考激光 $B_R$ 和波长 $\lambda_x$ 未知的激光 $B_x$ 沿着相同路径但以相反方向穿过干涉仪。两束入射光分别被分光镜 BS1 和 BS2 分为两束分波。参考光的一束分波沿着长度不

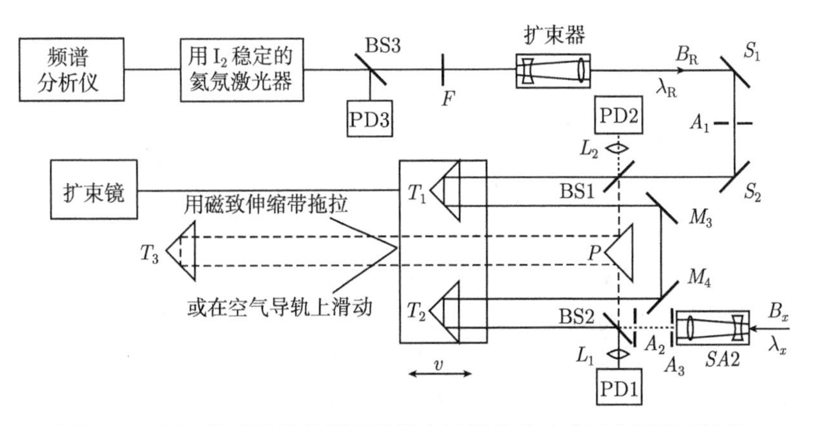


图 4.69 用于精确测量单模连续激光波长的移动式迈克耳孙干涉仪

变的路径 BS1 − $P$ − $T_3$ − $P$ − BS2 行进，而光束 $B_x$ 的分波则沿着相反的方向行进。$B_{\mathrm{R}}$ 的另一束分波沿着长度可变的路径 BS1 − $T_1$ − $M_3$ − $M_4$ − $T_2$ − BS2 行进，而 $B_x$ 分波的方向相反。移动安置在平移台上的角锥反射镜 $T_1$ 和 $T_2$，它们依靠杆子上的轮子来运动，或者在气垫导轨上运动。

角锥反射镜确保入射光总是精确地平行于入射方向反射回去，不会受到运动反射镜的移动或偏离准直的影响。参考激光的两个分波 (BS1 − $T_1$ − $M_3$ − $M_4$ − $T_2$ − BS2 和 BS1 − $P$ − $T_3$ − $P$ − BS2) 在探测器 PD1 处干涉，待测激光的两束分波 BS2 − $T_2$ − $M_4$ − $M_3$ − $T_1$ − BS1 和 BS2 − $P$ − $T_3$ − $P$ − BS1 在探测器 PD2 处干涉。当平移台以速度 $v = \mathrm{d}x/\mathrm{d}t$ 运动的时候，两束干涉光之间的相位差 $\delta(t)$ 就是

$$\delta(t) = 2\pi\frac{\Delta s}{\lambda} = 2\pi \cdot 4\frac{\mathrm{d}x}{\mathrm{d}t}\frac{t}{\lambda} = 8\pi\frac{vt}{\lambda} \tag{4.107}$$

其中，因子 4 出现的原因是两个角锥反射镜使得光程差 $\Delta s$ 加倍了，干涉极大值出现在 $\delta = m2\pi$ 的时候，用 PD2 为待测波长 $\lambda_x$ 计数，而 PD1 为参考波长 $\lambda_{\mathrm{R}}$ 计数。如果对空气的色散 $n(\lambda_{\mathrm{R}}) - n(\lambda_x)$ 进行恰当的校正，就可以根据两个计数率的比值得到未知波长 $\lambda_x$。每当零点处的干涉条纹强度发生变化的时候，电子仪器就会产生一个电压短脉冲。对这些脉冲进行计数。

探测器 PD2 刚好给出一个触发信号的时候，即 $t_0$ 时刻，同时打开两个计数器的信号线。当 PD2 达到某个预先设定的数值 $N_0$ 的时候，即 $t_1$ 时刻，同时停止两个计数器。由

$$\Delta t = t_1 - t_0 = N_0\lambda_x/4v = (N_{\mathrm{R}} + \epsilon)\lambda_{\mathrm{R}}/4v$$

可以得到真空波长 $\lambda_x^0$

$$\lambda_x^0 = \frac{N_{\mathrm{R}} + \epsilon}{N_0}\lambda_{\mathrm{R}}^0\frac{n(\lambda_x, P, T)}{n(\lambda_{\mathrm{R}}, P, T)} \tag{4.108a}$$

未知数值 $\epsilon < 2$，它考虑的是用于定义开始和结束时刻 $t_0$ 和 $t_1$ (图 4.69) 的 $\mathrm{PD}_1$ 的触发信号可能并不完全重合于第二个通道中的脉冲上升时间。最糟糕的两种情况如图 4.70 所示。在情况 a 中，$t_0$ 时刻的触发脉冲刚好错过了信号脉冲的上升沿，而 $t_1$ 时刻的触发脉冲刚好与信号脉冲符合。这就意味着信号通道的计数要比正确的数值少一个脉冲。在情况 b 中，$t_0$ 的开始脉冲与信号脉冲的上升时刻重合，但是停止脉冲刚好错过了一个信号脉冲。在这种情况下，信号通道的计数要比正确值多一个。

当最大光程差为 $\Delta s = 4\mathrm{m}$ 的时候，$\lambda = 500\mathrm{nm}$ 的计数是 $8 \times 10^6$，如果计数误差不大于 1 的话，由此得到的准确度大约是 $10^7$。只要信噪比足够高，利用锁相环对两个相继计数进行内插，就可以提高准确度[4.76,4.77]。锁相环是这样一种电子仪器，它将输入信号的频率乘以一个因子 $M$，而且它与输入信号的相位总是保持锁定。假定参考通道中的计数率 $f_{\mathrm{R}} = 4v/\lambda_{\mathrm{R}}$ 乘上了 $M$。那么，未知波长 $\lambda_x$ 就是

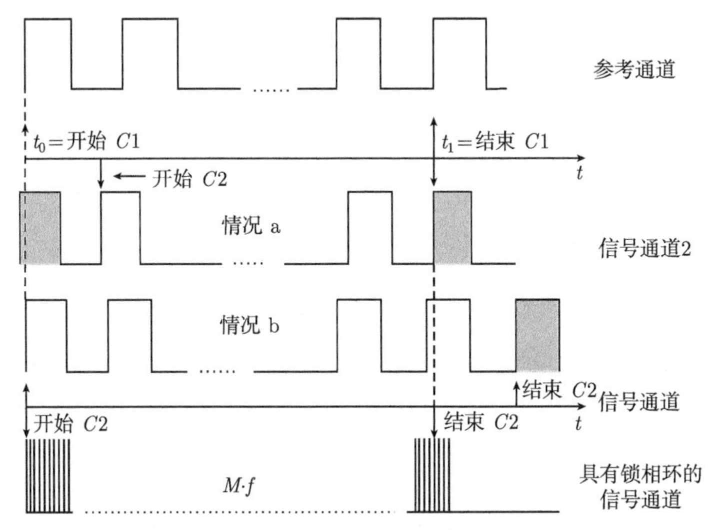


图 4.70 移动式迈克耳孙波长计的两个探测通道中的信号序列

灰色的信号脉冲没有被计数

$$\lambda_X^0 = \frac{MN_{\mathrm{R}} + \epsilon}{MN_0}\lambda_{\mathrm{R}}^0 \frac{n_X}{n_{\mathrm{R}}} = \frac{N_{\mathrm{R}} + \varepsilon/M}{N_0}\lambda_{\mathrm{R}}^0 \frac{n_X}{n_{\mathrm{R}}} \tag{4.108b}$$

当 $M = 100$ 的时候，计数误差引起的限制就缩小了 100 倍。

除了锁相环之外，还可以利用符合电路。在选定的时刻 $t_0$ 和 $t_1$ 打开和关闭两个计数器的信号路径，此时，来自于 PD2 和 PD1 的两个触发信号都位于同一个很小的时间间隔内，如 $10^{-8}$s。这两种方法都把计数的不确定度降低到 $2\times10^{-9}$ 以下。

然而，一般来说，能够得到的精度要差一些，因为它受到几种系统误差来源的影响。一个是干涉仪的准直性不够理想，它会使得两束光的行程略有不同。另外一点必须考虑的是，衍射受限的高斯光束的波前曲率 (第 5.3 节)。用望远镜扩束可以减小这一曲率 (图 4.69)。参考波长 $\lambda_{\mathrm{R}}$ 的不确定度以及空气折射率 $n(\lambda)$ 的测量准确度也都会带来误差。

绝对真空波长 $\lambda_x$ 的相对不确定度的最大值可以写为五项之和

$$\left|\frac{\Delta\lambda_x}{\lambda_x}\right| \leqslant \left|\frac{\Delta\lambda_{\mathrm{R}}}{\lambda_{\mathrm{R}}}\right| + \left|\frac{\epsilon}{MN_{\mathrm{R}}}\right| + \left|\frac{\Delta r}{r}\right| + \left|\frac{\delta s}{\Delta s}\right| + \left|\frac{\delta\phi}{2\pi N_0}\right| \tag{4.109}$$

其中，$r = n(\lambda_x)/n(\lambda_{\mathrm{R}})$ 是折射率的比值，$\delta s$ 是参考光和信号光的行程差，$\delta\phi$ 是探测器平面内的相位波前的变化。让我们简要地估计一下式 (4.109) 中各项的大小：

(a) 用 $\mathrm{I}_2$ 稳定的氦氖激光器的波长 $\lambda_{\mathrm{R}}$ 的不确定度是 $|\Delta\lambda_{\mathrm{R}}/\lambda_{\mathrm{R}}| < 10^{-10}$[4.67]。它的频率稳定度优于 100kHz，即，$|\Delta\nu/\nu| < 2\times10^{-10}$。也就是说，式 (4.109) 中第

一项对 $\lambda_x$ 不确定度的贡献至多是 $3\times10^{-10}$。

(b) 由 $\epsilon=1.5$、$M=100$ 和 $N_{\mathrm{R}}=8\times10^6$ 可以得到，第二项大约是 $2\times10^{-9}$。

(c) 折射率 $n(\lambda,p,T)$ 依赖于波长 $\lambda$、总气压、$H_2O$ 和 $CO_2$ 的分压以及温度。如果总气压的测量准确度是 0.5mbar，温度 $T$ 的准确度是 0.1K，相对湿度的准确度是 5%，折射率可以用 Edlen[4.78] 和 Owens[4.79] 给出的公式计算。

利用给出的准确度，式 (4.109) 中的第三项变为

$$|\Delta r/r|\approx1\times10^{-3}|n_0(\lambda_x)-n_0(\lambda_{\mathrm{R}})| \tag{4.110}$$

其中，$n_0$ 是干燥空气在标准条件 ($T_0=15°\mathrm{C}$, $p_0=1.013\times10^5\mathrm{Pa}$) 下的折射率。第三项的贡献依赖于波长差 $\Delta\lambda=\lambda_{\mathrm{R}}-\lambda_x$。当 $\Delta\lambda=1\mathrm{nm}$ 的时候，可以得到，$|\Delta r/r|<10^{-11}$，当 $\Delta\lambda=200\mathrm{nm}$ 的时候，$|\Delta r/r|\approx5\times10^{-9}$，这一项就严重地限制了 $|\Delta\lambda_x/\lambda_x|$ 的准确度。

(d) 第四项的大小 $|\delta s/\Delta s|$ 依赖于为了准直干涉仪内的两束激光所付出的努力。如果两束光之间有一个微小的夹角 $\alpha$，那么 $\lambda_x$ 和 $\lambda_{\mathrm{R}}$ 的路程差就是

$$\delta s=\Delta s(\lambda_{\mathrm{R}})-\Delta s(\lambda_x)=\Delta s_{\mathrm{R}}(1-\cos\alpha)\approx(\alpha^2/2)\Delta s_{\mathrm{R}}$$

若 $\alpha=10^{-4}\mathrm{rad}$，系统的相对误差就是

$$|\delta s/\Delta s|\approx5\times10^{-9}$$

因此，有必要非常仔细地准直两束光。

(e) 如果所有的反射镜和分光镜的表面质量都是 $\lambda/10$，在干涉图案中就可以看到波前的扭曲。然而，平面波是聚焦在探测器上的，探测得到的信号相位是在扩束后的光束截面 ($\approx1\mathrm{cm}^2$) 上的平均结果。这种平均最大限度地减小了波前扭曲对 $\lambda_x$ 精度的影响。如果干涉强度的调制 (式 (4.37)) 超过了 90%，这一项就可以忽略不计。

利用恰当的设计，所有的光学表面都具有很高的光学质量，并精确地记录 $p$、$T$ 和 $P_{\mathrm{H_2O}}$，就可以将 $\lambda_x$ 的总不确定度降低到 $10^{-8}$ 以下。对于可见光频率 $\nu_x=5\times10^{14}\mathrm{s}^{-1}$，当 $\lambda_{\mathrm{R}}$ 和 $\lambda_x$ 的波长差为 $\Delta\lambda\approx120\mathrm{nm}$ 的时候，得到的绝对不确定度就是 $\Delta\nu_x\approx3\mathrm{MHz}$。这个数值应该与独立测量的波长 $\lambda_x=514.5\mathrm{nm}$ ($I_2$ 稳定的氩激光器) 和 $\lambda_{\mathrm{R}}=632.9\mathrm{nm}$ ($I_2$ 稳定的氦氖激光器) 进行比较[4.80]。

在测量连续染料激光波长的时候，还有另一种外界误差来源。由于染料池中的气泡或者共振腔束腰处的灰尘，染料激光器发出的光可能会中断几个微秒。如果在计数的时候发生了这种情况，就会丢掉几个计数。在 $\mathrm{PD}_x$ 计数通道上利用一个额外的乘数因子为 $M_x=1$ 的锁相环，就可以避免这种情况。如果锁相环的时间常数大于 10μs，那么在染料激光束中断的几个微秒中，它还会继续以计数频率振荡。

在商用产品中，迈克耳孙波长计有几种不同的设计方案，在文献 [4.81]~[4.83] 中有相应的描述。

2) **西格玛波长计**

移动式迈克耳孙干涉仪只能用于连续激光，Jacquinot 等设计了一种静止的迈克耳孙干涉仪[4.84]，它没有任何运动部件，可以用于连续激光和脉冲激光。图 4.71 描述了它的工作方式。基本部分是一台光程差 $\delta$ 保持不变的迈克耳孙干涉仪。进入干涉仪的激光光束的偏振方向相对于图 4.71 中的平面是 45°。将一个棱镜放入干涉仪的一臂上，该棱镜将光束完全地反射回去，偏振与全内反射面平行和垂直的分量之间就产生了一个相位差 $\Delta\varphi$。根据菲涅耳公式[4.16]，$\Delta\varphi$ 的数值依赖于入射角 $\alpha$，当 $\alpha = 55°19'$ 和 $n = 1.52$ 的时候，它等于 $\pi/2$。分别记录干涉仪出口处的干涉信号的两个偏振分量，因为相位差是 $\pi/2$，可以得到 $I_{\|} = I_0(1+\cos 2\pi\delta/\lambda)$ 和 $I_{\perp} = I_0(1+\sin 2\pi\delta/\lambda)$。根据这些信号，可以推导出波数 $\sigma = 1/\lambda$ modulo $1/\delta$，因为所有的波数 $\sigma_m = \sigma_0 + m/\delta(m = 1, 2, 3, \cdots)$ 都给出相同的干涉信号。使用几个相同

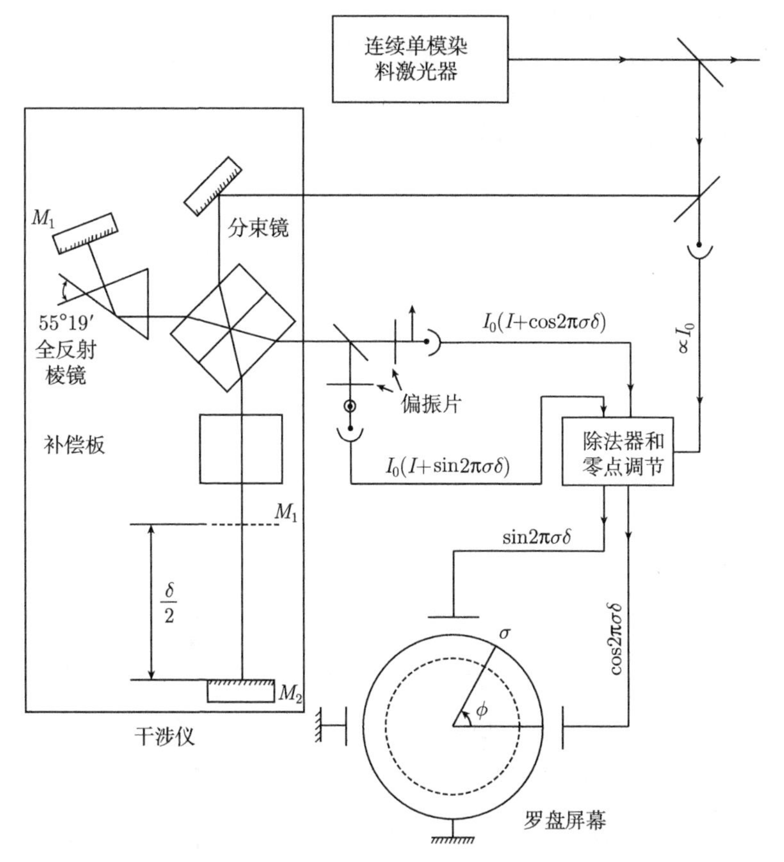


图 4.71 西格玛波长计[4.84]

类型的干涉仪，它们具有相同的反射镜 $M_1$，但 $M_2$ 的位置不同，它们的路程差构成了几何级数，如 50cm、5cm、0.5cm 和 0.05cm，就可以毫无疑义地得出波数 $\sigma$，其准确度决定于路程差最大的干涉仪。可以用一条参考谱线来校正实际的路程差 $\delta_i$，并用伺服系统锁定在这条谱线上。这种仪器的精密度大约是 5MHz，与移动式迈克耳孙干涉仪相近。然而，测量时间要短得多，因为不同的路程差 $\delta_i$ 可以同时确定。这种仪器制作起来更为困难，但是使用起来更加容易。因为它测量的是波数 $\sigma = 1/\lambda$，所以发明者称之为西格玛波长计。

3) 计算机控制的法布里–珀罗波长计

另一种精确测量脉冲和连续激光的方法将一个小光栅单色仪和三个法布里–珀罗标准具结合起来, 它也可以用于非相干光源[4.72~4.74]。入射的激光光束同时通过单色仪和三个温度稳定的法布里–珀罗干涉仪，它们具有不同的自由光谱区 $\delta\nu_i$ (图 4.72)。为了使得激光光束尺寸与二极管线阵 (25mm×50μm) 匹配起来，用柱透镜 $Z_i$ 进行聚焦。用几个不同的球状透镜来优化图 4.72 中平面内的光束发散度，使得二极管阵列可以探测 4 ~ 6 个法布里–珀罗干涉条纹 (图 4.73)。必须恰当地准直线阵使之与直径重合并通过环形系统的中心。只要知道整数阶 $m_0$ 的数值，也就是说，必须事先将 $\lambda$ 确定到自由光谱区的一半的范围内 (第 4.3 节)，根据式 (4.72)，可以由环形的直径 $D_p$ 和富裕量 $\epsilon$ 确定波长 $\lambda$。

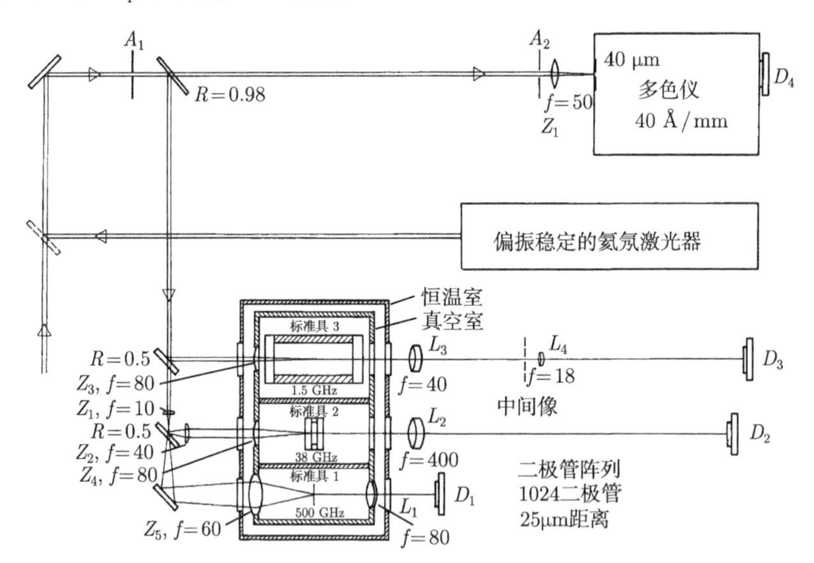


图 4.72　用于测量脉冲和连续激光的波长计，它结合了一个小单色仪和自由光谱区相差很大的三个法布里–珀罗干涉仪[4.80]

用连续染料激光器的不同谱线对该器件进行校准，用一个移动式迈克耳孙波长计同时测量 (见上文)，这种校准可以：

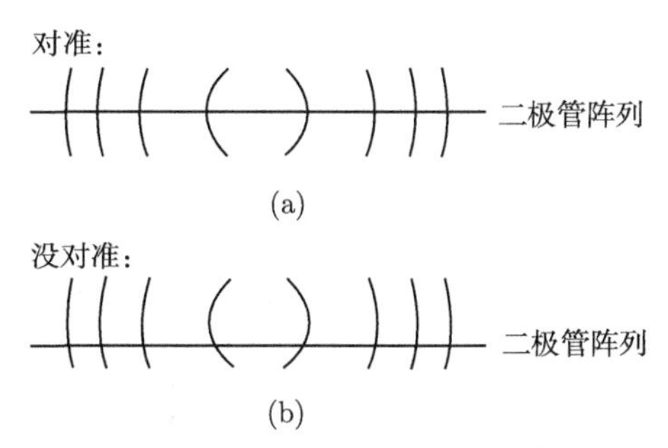


图 4.73 用二极管线阵来测量干涉环的直径

(a) 正确的准直方式；(b) 没有准直好的二极管阵列

(a) 将波长 $\lambda$ 和单色仪后面的二极管阵列 1 上的位置之间的关联确定到 $\pm0.1\text{nm}$ 的精度，这就足以将波长 $\lambda$ 确定到标准具 1 的自由光谱区的 0.5 以内；

(b) 精确地确定所有三个法布里–珀罗干涉仪的 $nd$。

如果薄的法布里–珀罗干涉仪的自由光谱区 $\delta\nu_1$ 至少是单色仪测量的不确定度 $\Delta\nu$ 的两倍，就可以毫无疑义地确认 FBI1 的整数阶 $m_0$。测量圆环直径将准确度改善了大约 20 倍。这就足以确定更大的 FBI2 的整数阶 $m_0$；由它的圆环直径测量得到的 $\lambda$ 的准确度比 FPI1 的准确度高 20 倍。用大的 FPI3 的圆环直径来确定最终波长。它的准确度达到了 FPI3 的自由光谱区的 1%。

一台计算机控制着整个测量过程。对于脉冲激光，一个脉冲 (能量 $\geqslant 5\mu\text{J}$) 就足以启动这个器件，而对于连续激光，几微瓦的输入功率就足够了。计算机读出阵列中的数据并将信号显示在屏幕上。阵列 $D_1 \sim D_4$ 的信号如图 4.74 所示，测量的是在两个纵向模式上振荡的氦氖激光器和一台染料激光器。

因为法布里–珀罗干涉仪的光学距离 $n_i d_i$ 强烈依赖于温度和气压，所有的法布里–珀罗干涉仪都必须安置在恒温、气密的容器中。此外，必须用一台稳定的氦氖激光器来控制法布里–珀罗干涉仪的长期漂移[4.80]。

**例 4.22**

当自由光谱区为 $\delta\nu = 1\text{GHz}$ 的时候，校准和确定未知波长的不确定度都是约 10MHz。这样给出的绝对的不确定度小于 20MHz。对于光学频率 $\nu = 6 \times 10^{14}\text{Hz}$ 来说，相对不确定度就是 $\Delta\nu/\nu \leqslant 3 \times 10^{-8}$。

4) 斐索波长计

Snyder 制作的斐索波长计[4.85] 可以用于脉冲激光和连续激光。它的光学设计要比西格玛波长计和法布里–珀罗干涉仪波长计更为简单，但是它的精度要略差一些。它的基本原理如图 4.75(b) 所示。入射激光光束经过一个无色差的显微透镜系统聚焦到一个小针孔上，它就近似为一个点光源。一个抛物面反射镜将发散光转换为扩束平行光，后者以入射角 $\alpha$ 照射在斐索干涉仪上 (图 4.75(a))。斐索干涉仪

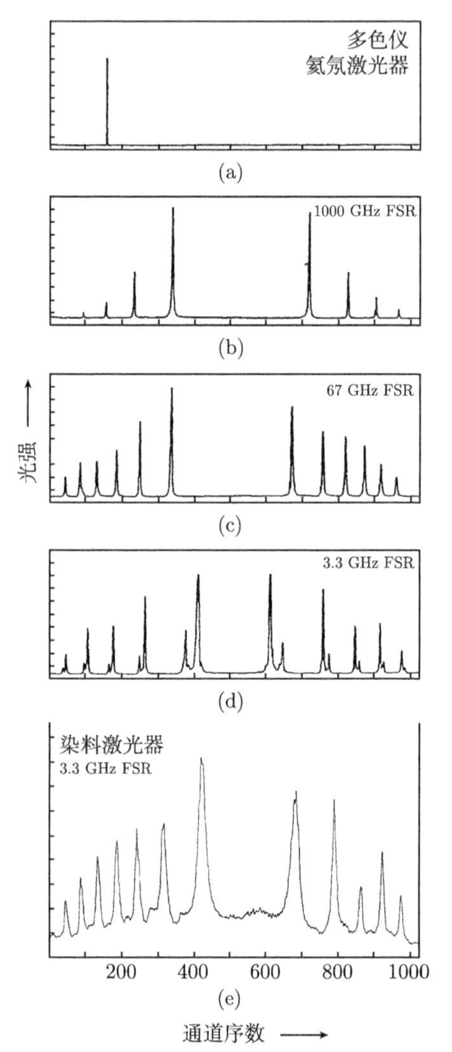


图 4.74　多色仪和法布里–珀罗干涉仪波长计的三个二极管阵列上的输出信号，照明采用的是在两个纵向模式上振荡的连续氦氖激光器 (a∼d)。最下方的图 (e) 是在自由光谱区为 3.3GHz 的法布里–珀罗干涉仪后面测量得到的单模染料激光器的强度图案，用准分子激光器进行泵浦[4.73]

包括两个熔融石英玻片，二者之间有一个微小的楔形气隙 ($\phi \approx 1/20°$)。当楔形角 $\phi$ 很小的时候，相长干涉光束 1 和 $1'$ 之间的光程差 $\Delta s$ 近似等于式 (4.48(a)) 给出的两面平行的玻片之间的光程差，即

$$\Delta s_1 = 2nd(z_1)\cos\beta = m\lambda.$$

光束 2 和 $2'$ 属于下一阶干涉，它们之间的光程差是 $\Delta s_2 = (m+1)\lambda$。反射光的干

涉产生了平行干涉条纹 (图 4.76)，条纹间距是

$$\Delta = z_2 - z_1 = \frac{d(z_2) - d(z_1)}{\tan\phi} = \frac{\lambda}{2n\tan\phi\cos\beta} \tag{4.111}$$

它依赖于波长 $\lambda$、光楔角 $\phi$、入射角 $\alpha$ 和空气的折射率 $n$。

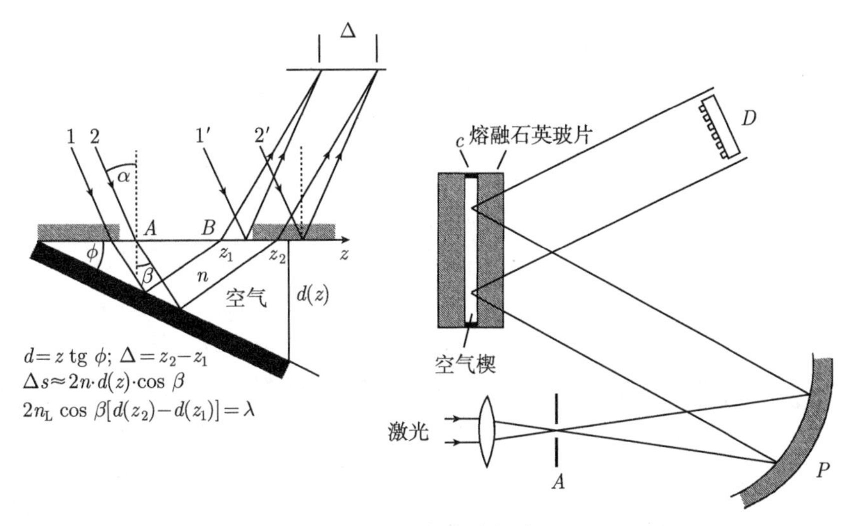


图 4.75 斐索波长计

(a) 光楔处的干涉 (光楔角 $\phi$ 被大大地夸张了)；(b) 设计示意图；$A$，作为空间滤波器的小孔光阑；$P$，抛物型反射镜；$C$，零膨胀玻璃 (zerodur) 垫片；$D$，二极管阵列

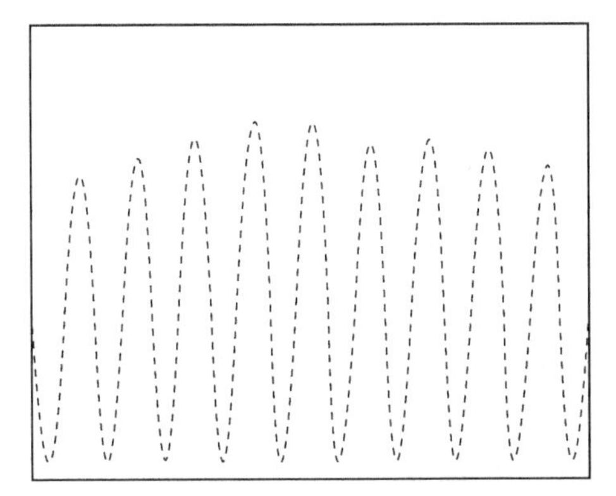

图 4.76 斐索波长计中的反射图案的光密度计测量结果[4.71]

改变波长 $\lambda$，条纹图案就会移动 $\Delta z$，而且条纹间距发生微小的变化 $\Delta$。当 $\lambda$ 的变化量等于一个自由光谱区的时候

$$\delta\lambda = \frac{\lambda^2}{2nd\cos\beta} \tag{4.112}$$

$\Delta z$ 等于条纹间隔 $\Delta$。除了微小的差别 $\Delta$ 之外，$\lambda$ 和 $\lambda+\delta\lambda$ 的两个条纹图案看起来完全一样。因此，必须将 $\lambda$ 确定到 $\pm\delta\lambda/2$ 以内。这可以通过测量 $\Delta$ 来实现。用带有 1024 个二极管的阵列，利用最小二乘法拟合测量得到的强度分布 $I(z)$，可以得到条纹间距 $\Delta$，相对精度为 $10^{-4}$，由此得到的 $\lambda$ 绝对值的准确度在 $\pm10^{-4}\lambda$ 以内[4.86]。

如果气隙为 $d=1\text{mm}$，在 $\lambda=500\text{nm}$ 处的干涉阶数 $m$ 大约是 3000。因此，准确度达到 $10^{-4}$ 就足以确定 $m$。因为干涉条纹的位置可以精确到条纹间隔的 0.3% 以内，波长 $\lambda$ 就可以确定到自由光谱区的 0.3%，它的准确度为 $\lambda/\Delta\lambda\approx10^{7}$。由条纹间隔 $\Delta$ 得到的 $\lambda$ 的初始值和由条纹位置确定的最终值，都是由同一个斐索干涉仪测量得到的，已经用已知波长校准了这个干涉仪。

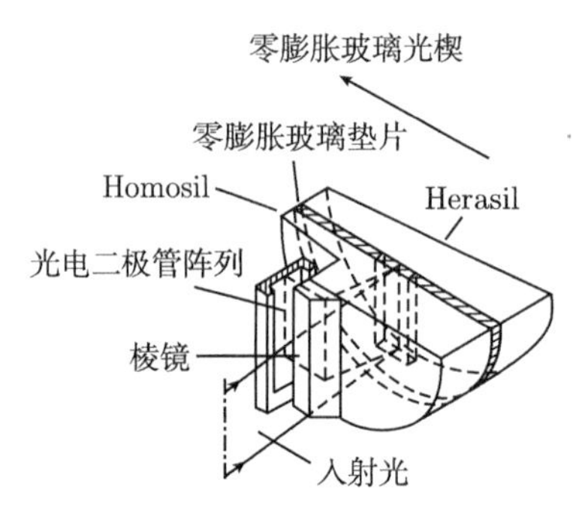


图 4.77　斐索波长计的紧凑设计图[4.87]

斐索波长计的优点是设计紧凑、价格低廉。Gardner 的精巧设计[4.87,4.88] 如图 4.77 所示。楔形气隙被位于干涉仪的两个玻片之间的 Cerodur 垫片固定，形成了一个密闭的空间。因此，周围气压的变化不会改变气隙中的折射率 $n$。全反射棱镜将光反射到二极管阵列上。用一台小型计算机来处理数据。

# 4.5　光的探测

在许多光谱学应用工作中，光的灵敏探测和强度的精确测量对于实验的成功是至关重要的。选择适当的探测器，对于探测光具有最佳的探测灵敏度和准确度，必须考虑下面这些特性，它们可能随着探测器类型而有所差别：

(a) 探测器的光谱相对响应 $R(\lambda)$，它决定了探测器的波长范围。为了比较不同波长处的光强 $I(\lambda_1)$ 和 $I(\lambda_2)$ 的真实相对强度，必须知道 $R(\lambda)$。

(c) 绝对灵敏度 $S(\lambda)=V_{\text{s}}/P$，它的定义是输出信号 $V_{\text{s}}$ 和入射光功率 $P$ 的比值。对于光电压器件或热耦合器件，输出的是电压，灵敏度的单位是伏特每瓦。对于光电倍增管这样的光电流器件，$S(\lambda)$ 的单位是安培每瓦。考虑探测器的面积 $A$，可以将灵敏度表达为照度 $I$ 的函数：

$$S(\lambda)=V_{\text{s}}/(AI)\tag{4.113}$$

(c) 信噪比 $V_{\text{s}}/V_{\text{n}}$，原则上说，它受限于入射光的噪音。实际上，探测器的内禀噪音可能会进一步减小这一数值。探测器噪音通常用噪音等效输入功率 (NEP) 来表示，它意味着入射光功率产生的输出信号等于探测器的噪音，信噪比为 $S/N=1$。

在红外物理中，表征红外探测器的一个有用的物理量是探测率

$$D^* = \frac{\sqrt{A\Delta f}}{P}\frac{V_{\mathrm{s}}}{V_{\mathrm{n}}} = \frac{\sqrt{A\Delta f}}{NEP} \tag{4.114}$$

当入射光功率为 $P = 1\mathrm{W}$ 的时候，探测率 $D^*[\mathrm{cm{\cdot}s^{-1}/2W^{-1}}]$ 给出了探测器在敏感面积 $A = 1\mathrm{cm}^2$ 和探测器带宽 $\Delta f = 1\mathrm{Hz}$ 上的有效信噪比 $V_{\mathrm{s}}/V_{\mathrm{n}}$。因为噪音等效输入功率为 $\mathrm{NEP} = P \cdot V_{\mathrm{n}}/V_{\mathrm{s}}$，面积为 $1\mathrm{cm}^2$、带宽为 1Hz 的探测器的探测率为 $D^* = 1/\mathrm{NEP}$。

(d) 探测器保持线性响应的最大光强范围。也就是说，输出信号 $V_{\mathrm{s}}$ 正比于入射光功率 $P$。在应用中, 当需要测量的光强范围非常大的时候，这一点特别重要。例如，脉冲激光器的输出功率的测量、拉曼光谱学以及谱线宽度的光谱学研究，谱线侧翼的强度可能要比中央处小好多个数量级。

(e) 探测器的时间响应或者频率响应，用时间常数 $\tau$ 来表征。许多探测器的频率响应可以用电容模型描述，该电容通过一个电阻 $R_1$ 充电，通过另一个电阻 $R_2$ 放电 (图 4.78(b))。当一个非常短的光脉冲照射到探测器上的时候，它产生的输出脉冲是弥散的。如果输出电流 $i(t)$ 正比于入射光功率 $P(t)$ (例如，光电倍增管)，那么这一电流就会为输出电容 $C$ 充电，输出表现为一个电压上升和下降的过程，由下式决定

$$\frac{\mathrm{d}V}{\mathrm{d}t} = \frac{1}{C}\left[\mathrm{i}(t) - \frac{V}{R_2}\right] \tag{4.115}$$

如果电流脉冲 $i(t)$ 持续的时间为 $T$，电容上的电压 $V(t)$ 就会增加，直到 $t = T$ 时刻，如果 $R_2C \gg T$，可以达到的峰值电压为

$$V_{\max} = \frac{1}{C}\int_0^T i(t)\mathrm{d}t$$

它由电容 $C$ 决定，而不依赖于 $R_2$! 经过时间 $T$ 之后，电压开始指数式地衰减，时间常数为 $\tau = CR_2$。因此, $R_2$ 的数值将脉冲的重复频率 $f$ 限制为 $f < (R_2C)^{-1}$。

探测器的时间常数 $\tau$ 使得输出信号的上升慢于入射光脉冲。以频率 $f$ 调制连续的入射光，可以确定这一数值。这种器件的输出信号决定于 (见习题 4.12)

$$V_{\mathrm{s}}(f) = \frac{V_{\mathrm{s}}(0)}{\sqrt{1 + (2\pi f\tau)^2}} \tag{4.116}$$

其中，$\tau = CR_1R_2/(R_1 + R_2)$。在调制频率 $f = 1/(2\pi\tau)$ 处，输出信号减小为直流数值的 $1/\sqrt{2}$。在研究瞬态现象的时候，必须了解探测器的时间常数 $\tau$，例如，原子寿命或高速激光脉冲的时间依赖关系 (第 2 卷第 6 章)。

(f) 探测器的价格也不容忽视，不幸地是，它通常限制了最佳的选择。

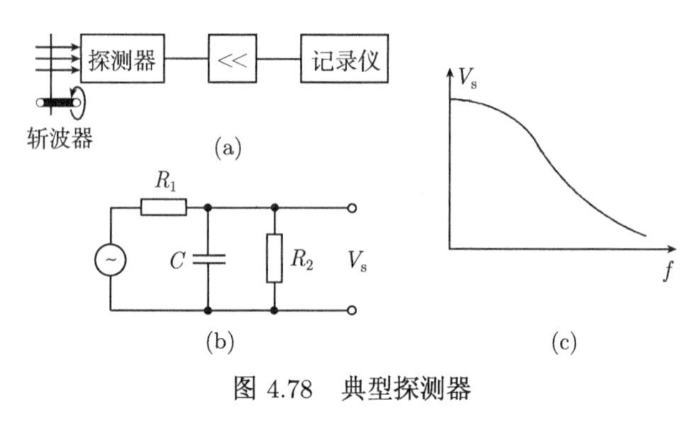


图 4.78　典型探测器

(a) 结构示意图；(b) 等效电路；(c) 频率响应 $V_s(f)$

在本节中，我们简要地讨论激光光谱学中经常使用的一些探测器。各种探测器可以分为两类，即热探测器和直接的光探测器。在热探测器中，从入射光吸收的能量使得探测器温度升高，改变了探测器依赖于温度的某种性质，从而可以检测出来。直接的光探测器基于的是光阴极的光电子发射，也可以是入射光引起的半导体电导的变化，还可以是光伏器件中由于内光电效应引起的电压变化。热探测器的灵敏度与波长无关，但是光探测器具有光谱响应，它依赖于发射面的功函数或者半导体的能隙。

近年来，影像增强器、影像转换器、CCD 照相机和光导摄像管探测器的发展引人瞩目。这些仪器最初是被军事需求推动的，现在已经应用于弱光探测中，如拉曼光谱学，或者是用于监视寄生分子成分的微弱荧光。因为这些器件的重要性日益增加，我们简要地介绍它们的原理及其在激光光谱学中的应用。在时间分辨光谱学中，现在将瞬态数字计与光电管相连进行亚纳秒的探测，测量的时间间隔小于 100ps。因为第 2 卷第 6 章讨论了如何用条纹相机和关联技术进行激光光谱学中的这种时间分辨实验，这里仅仅从光谱仪器的角度讨论这些现代仪器。关于各种探测器的特性和功能的更为详细而又广泛的介绍，请参见关于探测器的单行本 [4.89]~[4.98]。关于激光物理学中的光探测技术的综述文章，还可以参见文献 [4.99]~[4.101]。

### 4.5.1　热探测器

因为热探测器的灵敏度与波长无关，所以它们在校准方面非常有用，例如，绝对地测量连续激光器的辐射功率或者脉冲激光器的输出能量。作为耐用型的中等灵敏度的经过校准的热探测器，它们是任何一个激光实验室都必需的便利器件。经过更为复杂和精巧的设计，它们已经成为整个光谱范围内的灵敏探测器，对于红外光谱区更是如此，在那里，其他的灵敏探测器没有可见光谱区里那么多。

为了简单地估计灵敏度及其对探测器参数 (例如热容量和热损耗) 的依赖关系，考虑如下模型[4.102]。假定热容为 $H$ 的热探测器吸收了功率为 $P$ 的入射光的一部

分 $\beta$，该探测器与一个恒温 $T_s$ 的热沉相连 (图 4.79(a))。当探测器与热沉之间的连接热导率为 $G$ 的时候，探测器在光照下的温度 $T$ 可以由下式得到

$$\beta P = H\frac{\mathrm{d}T}{\mathrm{d}t} + G(T - T_s) \tag{4.117}$$

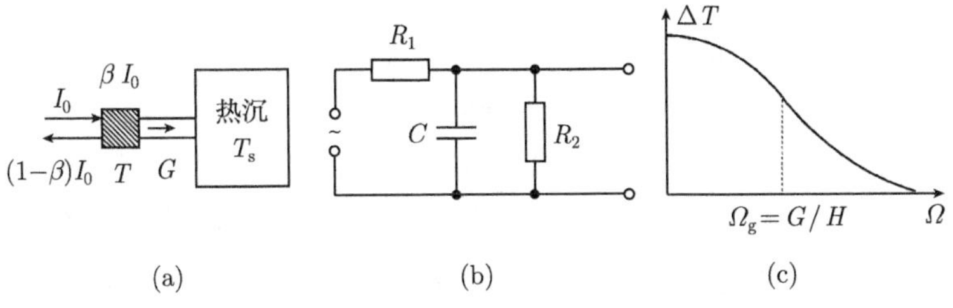


图 4.79 热探测器模型

(a) 示意图；(b) 等效电路；(c) 频率响应 $\Delta T(\Omega)$

如果在 $t=0$ 时刻开启与时间无关的辐射功率 $P_0$，那么式 (4.117) 的随时间变化的解就是

$$T = T_s + \frac{\beta P_0}{G}(1 - \mathrm{e}^{-(G/H)t}) \tag{4.118}$$

温度 $T$ 由 $t=0$ 时刻的初始值 $T_s$ 上升到 $t=\infty$ 时的 $T = T_s + \Delta T$。温度升高量

$$\Delta T = \frac{\beta P_0}{G} \tag{4.119}$$

反比于热损失 $G$，而且不依赖于热容 $H$，但是，上升过程的时间常数 $\tau = H/G$ 依赖于这两个量的比值。$G$ 越小，热探测器的灵敏度越高，但是响应越慢！因此，有必要使得两个量 ($H$ 和 $G$) 都很小。

一般来说，$P$ 依赖于时间。假定它是周期性函数

$$P = P_0(1 + a\cos\Omega t), \quad |a| \leqslant 1 \tag{4.120}$$

将式 (4.120) 代入式 (4.117)，可以得到探测器的温度

$$T(\Omega) = T_s + \Delta T(1 + \cos(\Omega t + \phi)) \tag{4.121}$$

它依赖于调制频率 $\Omega$，而且有一个滞后相位 $\phi$

$$\tan\phi = \Omega H/G = \Omega\tau \tag{4.122a}$$

温度变化的幅度为

$$\Delta T = \frac{a\beta P_0}{\sqrt{G^2 + \Omega^2 H^2}} = \frac{a\beta P_0}{G\sqrt{1 + \Omega^2\tau^2}} \tag{4.122b}$$

在频率 $\Omega_{\mathrm{g}} = G/H = 1/\tau$ 处，与直流情况下的数值相比，振幅 $\Delta T$ 减小了一个因子 $\sqrt{2}$。

**注**：这个问题等价于通过电阻 $R_1$ 对一个电容器 $(C \leftrightarrow H)$ 充电、同时通过另一个电阻 $R_2$ 放电 $(R_2 \leftrightarrow 1/G)$ 的情况，充电电流 $i$ 对应于辐射功率 $P$。比值 $\tau = H/G(H/G \leftrightarrow R_2C)$ 决定了器件的时间常数 (图 4.79(b))。

由式 (4.122b) 可以知道，让 $G$ 和 $H$ 尽可能小，灵敏度 $S = \Delta T/P_0$ 就大。当调制频率 $\Omega > G/H$ 的时候，振幅 $\Delta T$ 近似反比于 $\Omega$ 地减小。时间常数 $\tau = H/G$ 限制了探测器的频率响应，因此, 高速灵敏探测器的热容 $H$ 必须很小。

对于校准连续激光器的输出功率来说，因为激光的输出功率一般都很大对于高灵敏度的要求并不很高。一个简单的自制热功率计及其电路图如图 4.80 所示。辐射通过小孔照射到内表面为黑色的金属锥体中。因为多次反射的缘故，光逃离锥体的几率非常小，从而保证所有的光都被吸收了。被吸收的功率加热了位于锥体之中的一个热偶或依赖于温度的电阻 (热敏电阻)。为了进行校准，可以用一段电线来加热这个锥体。探测器是桥式电路的一部分 (图 4.80(c))，该电路由电功率 $W = UI$ 平衡，在没有入射辐射的时候，必须将加热功率减小一些，$\Delta W = P$，才能够保持与入射光功率 $P$ 的平衡。

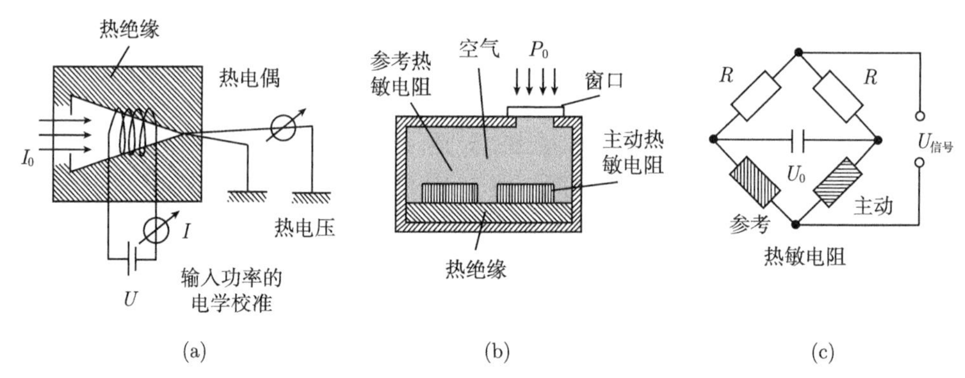


图 4.80　用于测量连续激光器的输出功率或脉冲激光器的输出能量的辐射热计
(a) 实验设计；(b) 辐射热计，它带有被光照的主动热敏电阻和没有被光照的参考热敏电阻；(c) 平衡的桥式电路

精度更高的系统使用两个全同锥体的输出信号之差，其中只有一个锥体被光照射 (图 4.80(b))。

为了测量脉冲激光的输出能量，必须要对辐射热计在整个脉冲持续时间内的吸收功率进行积分。由式 (4.117) 可以得到

$$\int_0^{t_0} \beta P \mathrm{d}t = H\Delta T + \int_0^{t_0} G(T - T_{\mathrm{s}})\mathrm{d}t \tag{4.123}$$

当探测器被热隔离的时候，热导率 $G$ 很小，因此，对于足够短的脉冲持续时间 $t_0$，第二项可以完全忽略不计。升高的温度

$$\Delta T = \frac{1}{H}\int_0^{t_0} \beta P \mathrm{d}t \tag{4.124}$$

就直接正比于输入能量。除了用于校准的连续电输入之外 (图 4.80(a))，还有一个充电电容 $C$ 通过加热线圈放电。如果放电时间与激光脉冲时间匹配，两种情况下的热导是相同的，而且不会进入到校准中去。如果电容放电引起的温度升高等于激光脉冲引起的温度升高，那么脉冲能量就是 $\frac{1}{2}CU^2$。

为了更灵敏地探测低入射光功率，使用辐射热计和 Golay 盒。一种特殊设计的辐射热计包括 $N$ 个串联的热电偶，其中，热电偶的一个结与入射光照射的电绝缘的薄片的背面接触 (图 4.81(a))，而另一个结与热沉相连。输出电压为

$$U = N\frac{\mathrm{d}U}{\mathrm{d}T}\Delta T$$

其中，$\mathrm{d}U/\mathrm{d}T$ 是单个热耦的灵敏度。

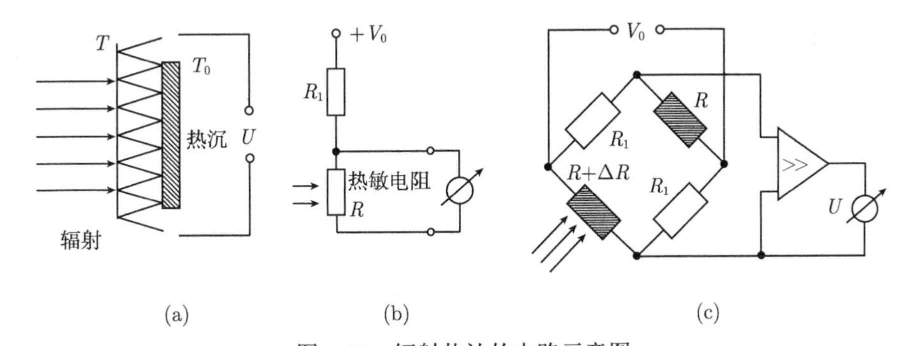


图 4.81 辐射热计的电路示意图

(a) 热电堆；(b) 热敏电阻；(c) 带有差分放大器的桥式电路

另一种方式采用了热电阻，后者是由温度系数 $\alpha = (\mathrm{d}R/\mathrm{d}T)/R$ 很大的材料制成的电阻 $R$。如果恒流 $i$ 通过 $R$ (图 4.81(b))，入射光功率 $P$ 就会使温度升高 $\Delta T$，产生电压输出信号

$$\Delta U = i\Delta R = iR\alpha\Delta T = \frac{V_0 R}{R+R_1}\alpha\Delta T \tag{4.125}$$

其中，$\Delta T$ 由式 (4.121) 确定，$\Delta T = \beta P(G^2 + \Omega^2 H^2)^{-1/2}$。因此，探测器的响应 $\Delta U/P$ 正比于 $i$、$R$ 和 $\alpha$，随着 $H$ 和 $G$ 的增大而减小。当 $\Delta R \ll R + R_1$ 的时候，在恒定电压 $V_0$ 下，光照引起的电流变化 $\Delta i$ 是

$$\Delta i = V_0\left(\frac{1}{R_1+R} - \frac{1}{R_1+R+\Delta R}\right) \approx V_0\frac{\Delta R}{(R_1+R)^2} \tag{4.126}$$

通常可以忽略不计。

因为跟随放大器的输入阻抗必须大于 $R$，这就设定了 $R$ 的上限。因为电流 $i$ 的涨落引起了噪音信号，通过辐射热计的电流 $i$ 必须非常稳定。这个要求以及焦耳热引起的温升必须很小的事实限制了辐射热计的最大电流。

式 (4.125) 和式 (4.121) 再次证明，$G$ 和 $H$ 的数值最好很小。即使热绝缘非常完美，也还存在着热辐射，它设定了 $G$ 数值的下限。当辐射热计和周围环境的温差为 $\Delta T$ 的时候，斯特藩–玻尔兹曼定律给出，发射面积为 $A^*$、发射率 $\epsilon \leqslant 1$ 的探测器到周围环境的净辐射流 $\Delta P$ 为

$$\Delta P = 4A\epsilon\sigma T^3\Delta T \tag{4.127}$$

其中，$\sigma = 5.77\times10^{-8}\mathrm{W/m^2K^{-4}}$ 是斯特藩–玻尔兹曼常数。因此，即使在没有与环境的其他热连接的理想情况下，热导的最小值为

$$G_m = 4A\sigma\epsilon T^3 \tag{4.128}$$

这样就限制了室温下带宽为 1Hz 的探测灵敏度，最小入射光功率大约为 $10^{-10}$W。因此，有必要冷却辐射热计，它可以进一步减小热容。

冷却的额外优点是，低温 $T$ 下的斜率 $\mathrm{d}R/\mathrm{d}T$ 变大了。可以采用两种不同的材料，如下所述。

在半导体中，电导率正比于导带中的电子密度 $n_\mathrm{e}$。当能隙为 $\Delta E_g$ 的时候，由玻尔兹曼关系式可知，密度等于

$$\frac{n_\mathrm{e}(T)}{n_\mathrm{e}(T+\Delta T)} = \exp\left(-\frac{\Delta E_g\Delta T}{2kT^2}\right) \tag{4.129}$$

它对温度非常敏感。

在超导材料的临界温度 $T_\mathrm{c}$ 处，$\mathrm{d}R/\mathrm{d}T$ 变得非常大。如果总是将辐射热计的温度控制在 $T_\mathrm{c}$，用于补偿吸收光功率的反馈控制信号的幅度可以非常灵敏地探测入射光的功率 $P$[4.103~4.105]。

**例 4.23**

$\int P\mathrm{d}t = 10^{-12}\mathrm{Ws}$，$\beta = 1$，$H = 10^{-11}\mathrm{Ws/K}$，由式 (4.124) 可以得到：$\Delta T = 0.1\mathrm{K}$。由 $\alpha = 10^{-4}/\mathrm{K}^{-1}$ 和 $R = 10\Omega$，$R_1 = 10\Omega$，$V_0 = 1\mathrm{V}$，电流的变化是 $\Delta i = 2.5\times10^{-6}\mathrm{A}$，电压的变化是 $\Delta V = R\Delta i = 2.5\times10^{-5}\mathrm{V}$，这是可以探测的。

另一种用来制作灵敏的辐射热计的材料是一小片非常薄的掺杂硅材料，掺杂杂质是施主原子，它的能级略低于导带。升高很小的温度 $\Delta T$ 就会指数地增加被

电离的施主原子，从而增加了导带中的自由电子。为了提高这种辐射热计的灵敏度，它必须工作在非常低的温度下。工作在液氦温度下的辐射热计的整个装置如图 4.82 所示，它包括了液氮容器和液氦容器。用抽气泵将蒸发的氦气抽走，可以将温度降低到 1.5K 以下。位于辐射热计前方的冷小孔可以防止真空容器的器壁上的热辐射照射到探测器上。利用这种器件，可以测量的辐射功率在 $10^{-13}$W 以下。

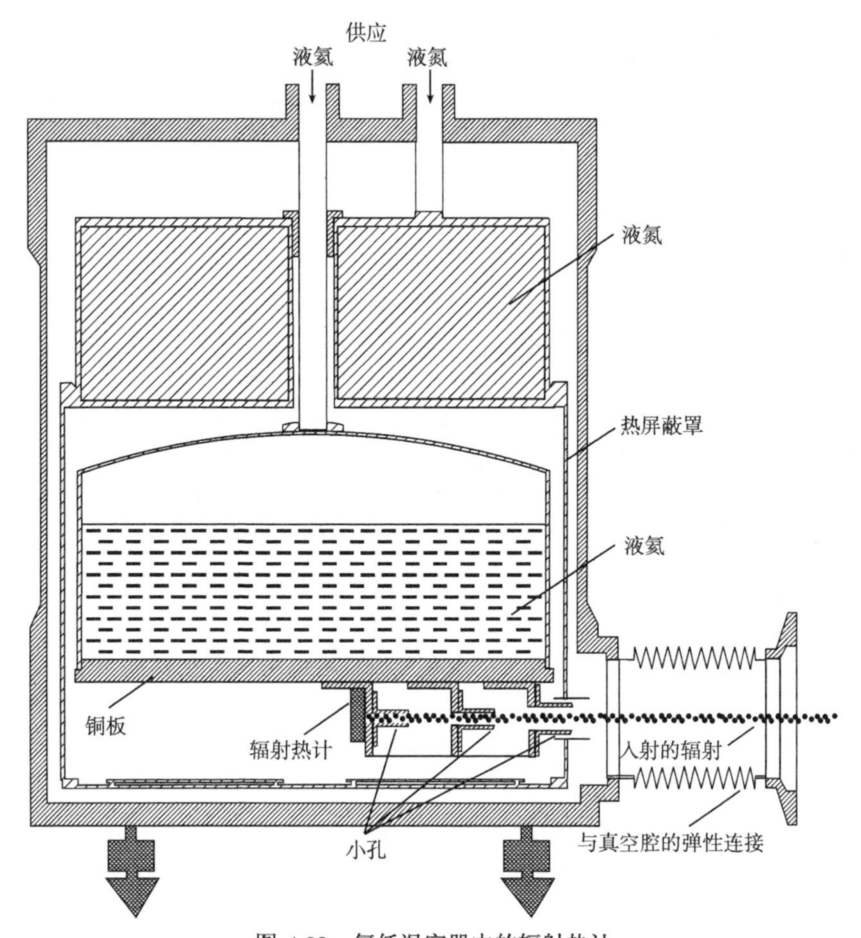


图 4.82 氦低温容器中的辐射热计

Golay 盒利用另一种方法检测辐射热，即封闭气体盒吸收的辐射。根据理想气体定律，将温度升高 $\Delta T$，气压就会升高 $\Delta p = N(R/V)\Delta T$ (其中，$N$ 是摩尔数，$R$ 是气体常数)，从而伸张了一个沾有反射镜的弹性膜 (图 4.83(a))。通过观测发光二极管的光束的偏折，就可以监视反射镜的运动[4.106]。

在现代器件中，弹性膜是电容器的一个极板，该电容器的另一个极板固定不动。气压的升高使得电容器发生相应的变化，后者可以被转化为一个交流电压 (图

4.83(b))。这种灵敏的探测器实际上是一个电容式麦克风，现在被广泛地应用在光声光谱学 (第 2 卷第 1.3 节) 中，用于探测分子气体的吸收谱，因为压强的升高正比于吸收系数。

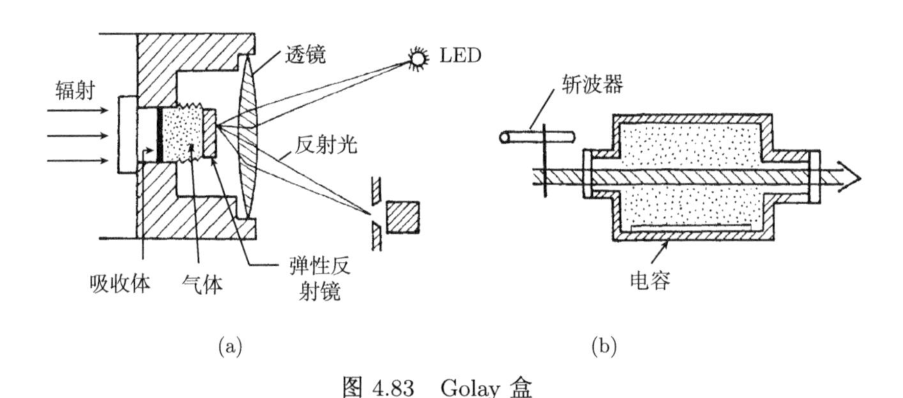


图 4.83　Golay 盒

(a) 利用了弹性反射镜对光的偏转效应；(b) 监视带有一个弹性膜的电容器 C 的电容变化 $\Delta C$

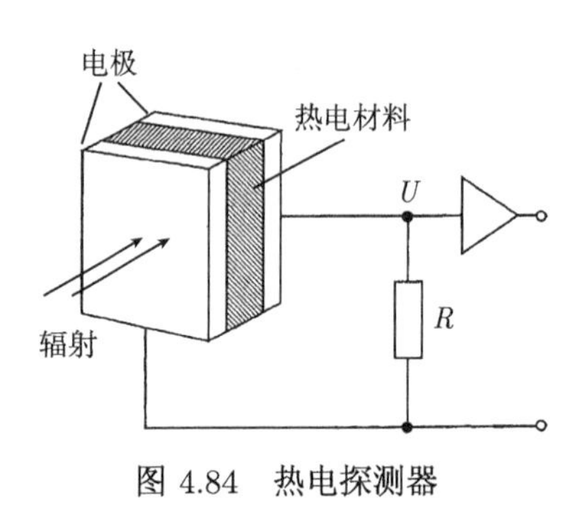


图 4.84　热电探测器

最近开发出来的一种用于红外辐射的热探测器基于的是热电效应[4.107~4.109]。热电材料是很好的电绝缘体，它的内部宏观电偶极矩强烈地依赖于温度。晶体通过相应的表面电荷分布来中和这种介电极化产生的电场。温度升高改变了内部极化，从而引起表面电荷的可测量的变化，后者可以用安置在样品上的一对电极测量 (图 4.84)。因为电偶极矩变化的传输是电容式的，所以，热电探测器只能检测输入功率的变化。因此，必须对连续的入射光进行斩波。

虽然好的热电探测器的灵敏度与 Golay 盒或者高灵敏辐射热计相近，但是它们更坚固、更不容易损坏。它们的时间分辨率要好得多，可以达到纳秒的范围[4.108]。

### 4.5.2　光电二极管

光电二极管是可以用作光伏器件或光电导器件的掺杂半导体。当二极管的 pn 结被光照的时候，在二极管的输出端就会产生电压 $V_{\rm ph}$ (图 4.85(a))；在一定范围内，该电压正比于吸收的入射光功率。用作光电导器件的二极管在被光照的时候内阻会发生变化，因此可以用作光电阻，与一个外部电源结合起来使用 (图 4.85(b))。

作为辐射探测器使用的时候，它们的吸收系数的光谱依赖关系非常重要。在未掺杂的半导体中，吸收一个光子 $h\nu$ 就会将一个电子从价带激发到导带 (图 4.86(a))。

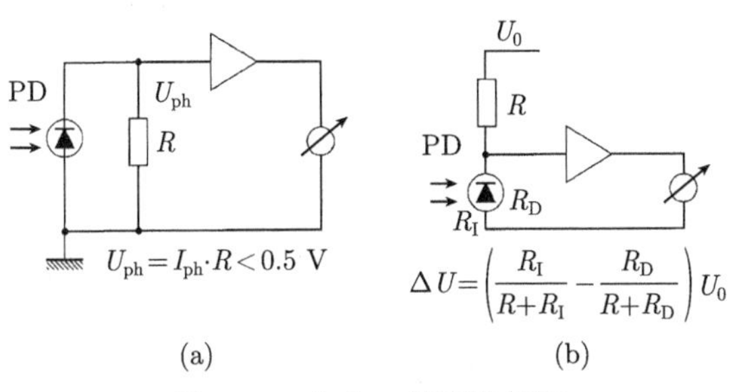


图 4.85 光电二极管的使用

(a) 光伏器件; (b) 光电阻

价带和导带之间的能隙为 $\Delta E_g = E_c - E_v$，只有 $h\nu \geqslant \Delta E_g$ 的光子才能够被吸收。不同的非掺杂材料的本征吸收系数

$$\alpha_{\text{intr}}(\nu) = \begin{cases} \alpha_0(h\nu - \Delta E_g)^{1/2}, & h\nu > \Delta E_g \\ 0, & h\nu < \Delta E_g \end{cases} \tag{4.130}$$

如图 4.87 所示。$\alpha_0$ 依赖于材料，通常来说，直接跃迁的半导体 ($\Delta k = 0$) 要大于间接跃迁的半导体 ($\Delta k \neq 0$)。$h\nu > \Delta E_g$ 时出现的 $\alpha(\nu)$ 的跃变只能够在直接跃迁中观测到，而间接跃迁的 $\alpha(\nu)$，则要平坦得多。

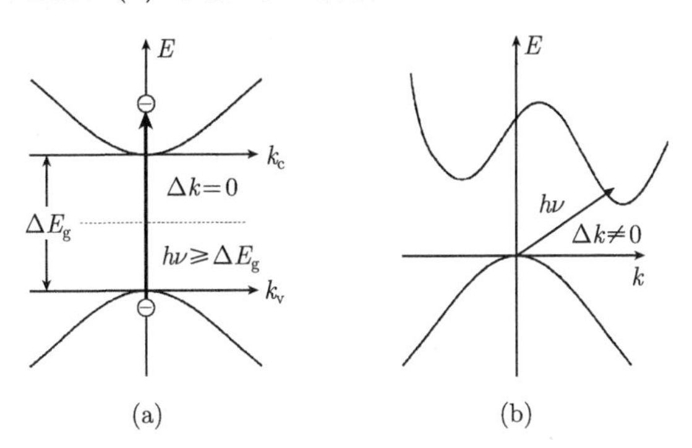


图 4.86 用能带图 $E(k)$ 来说明非掺杂半导体的 (a) 带间直接吸收和 (b) 间接跃迁

在掺杂半导体中，光子诱导的电子跃迁可以在施主能级和导带之间或者价带和受主能级之间发生 (图 4.88)。因为能量差 $\Delta E_d = E_c - E_d$ 或 $\Delta E_a = E_v - E_a$ 远小于能隙 $E_c - E_v$，掺杂半导体可以吸收能量 $h\nu$ 非常小的光子，因此用来检测中红外区的较长的波长。为了将电子的热激发降至最低，这些探测器必须在低温下工作，当 $\lambda \leqslant 10\mu\text{m}$ 的时候，液氮制冷通常就足够了，当 $\lambda > 10\mu\text{m}$ 的时候，需要 $4 \sim 10\text{K}$ 左右的液氦制冷。

图 4.89 给出了常用的光探测器的探测率的光谱依赖关系，图 4.90 给出了它们的适用光谱范围以及对能隙 $\Delta E_g$ 的依赖关系。

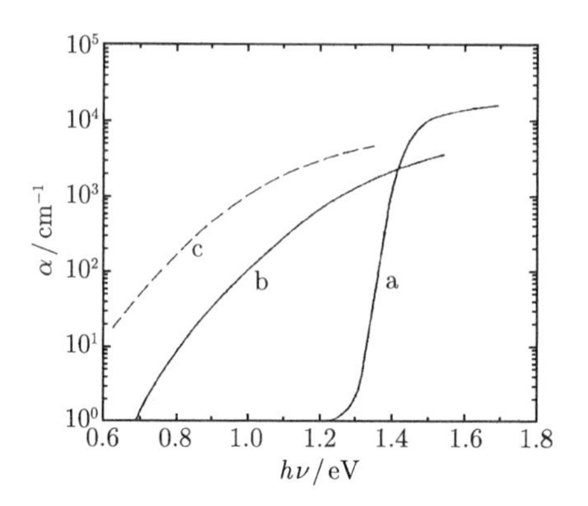


图 4.87　吸收系数 $\alpha(\nu)$

(a) 带间直接跃迁的 GaAs；(b) 间接跃迁的晶体硅；(c) 非晶硅

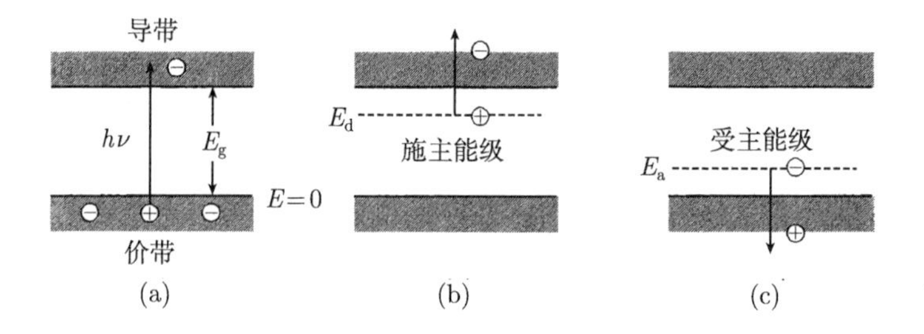


图 4.88　(a) 非掺杂半导体中的光吸收；(b) n 型掺杂半导体中施主杂质原子的光吸收；(c) p 型掺杂半导体中受主杂质原子的光吸收

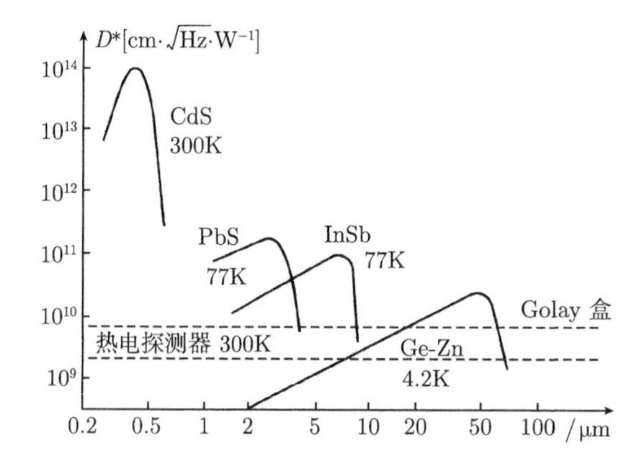


图 4.89　一些光探测器的探测率 $D^*(\lambda)$[4.99]

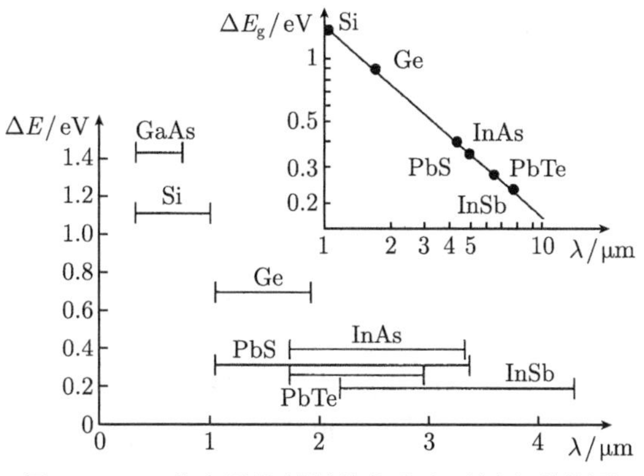


图 4.90　一些半导体材料的能隙和适用光谱范围

1) 光电导二极管

当一个光电二极管被光照明的时候，它的电阻由“暗阻值” $R_D$ 变为照明下的数值 $R_I$。在图 4.85(b) 所示的电路中，输出电压的变化为

$$\Delta U = \left(\frac{R_D}{R_D + R} - \frac{R_I}{R_I + R}\right)U_0 = \frac{R(R_D - R_I)}{(R + R_D)(R + R_I)}U_0 \tag{4.131}$$

在给定照明的情况下，当

$$R \approx \sqrt{R_D R_I}$$

的时候，达到最大值。

光电导二极管的时间常数决定于 $\tau \geqslant RC$，其中，$C = C_{PD} + C_a$ 是二极管的电容加上电路的输入电容，如图 4.91 所示。它的下限由电子从 pn 结到电极的扩散时间决定。例如，PbS 探测器的典型时间常数为 0.1 ~ 1ms，而 InSb 探测器要快得多 ($\tau \simeq 10^{-7} \sim 10^{-6}$s)。虽然光电导器件通常要更为灵敏，但是，光伏探测器更适于测量高速信号。

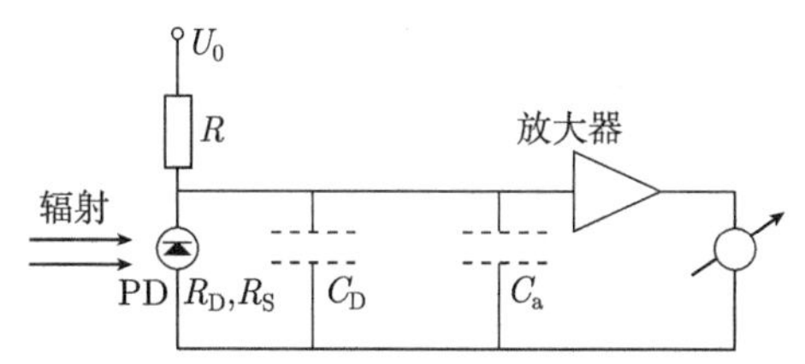


图 4.91　带有放大器的光电导探测器的电子线路示意图

$C_D$ 是光电二极管的电容，$C_a$ 是放大器的电容

2) 光伏探测器

光电导器件是无源元件，它们需要一个外部电源，而光伏二极管是有源元件，被光照明的时候可以自行产生光电压，尽管它们工作时通常需要在施加外部偏压。光生电压的原理如图 4.92 所示。

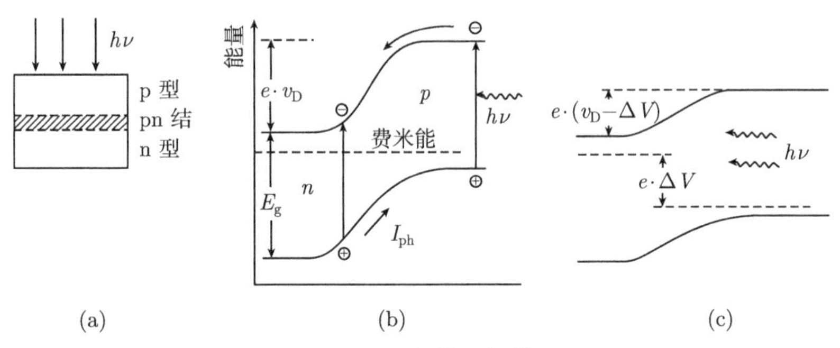


图 4.92　光伏二极管

(a) 结构示意图；(b) pn 结里的扩散电压以及吸收光子产生的电子–空穴对；

(c) 在开路条件下，光的照射减小了扩散电压 $V_D$

在没有被光照的二极管中，电子由 n 区到 p 区的扩散 (以及空穴的反向扩散) 产生了一个空间电荷区，pn 结两端的符号相反，这样就在 pn 结上产生了扩散电压 $V_D$ 以及相应的电场 (图 4.92(b))。注意，二极管两端的电极并不能探测到这一扩散电压，因为它刚好被二极管两端与电极之间的接触电势差补偿了。

当探测器被光照明的时候，pn 结就会吸收光子、产生电子–空穴对。电子被扩散电压驱动到 n 区，而空穴进入到 p 区。这就降低了扩散电压 $\Delta V_D$，表现为光电二极管的开路电极之间的光电压 $V_{ph} = \Delta V_D$。用安培计将这些电极连接起来，测量得到的光电流就是

$$i_{ph} = -\eta e \phi A \tag{4.132}$$

它等于量子效率 $\eta$、被照明的光电二极管的敏感面积 $A$ 与入射光子流密度 $\phi = I/h\nu$ 的乘积。

因此，被光照的 pn 结光探测器可以用来作为电流源或者电压源，它依赖于电极之间的外电阻。

**注：** 光生电压 $U_{ph} < \Delta E_g/e$ 总是受限于能隙 $\Delta E_g$。相对比较小的光子流就可以在光电二极管的开路两端产生电压 $U_{ph}$，而光电流在很大的范围内都是线性的 (图 4.93(b))。在使用光伏探测器来测量辐射功率的时候，负载电阻 $R_L$ 必须小得足以保证输出电压 $U_{ph} = i_{ph} R_L < U_s = \Delta E_g/e$，即总是小于饱和值 $U_s$。否则的话，输出信号就不再正比于输入功率。

在二极管上施加一个外电压 $U$，当没有光照的时候，二极管电流为

$$i_D(U) = CT^2 e^{-eV_D/kT}(e^{eU/kT} - 1) \tag{4.133a}$$

它表现出典型的二极管特性，如图 4.93(a) 所示。当负电压 $U$ 更大的时候 ($\exp(Ue/kT) \ll 1$)，就会有一个反向的暗电流

$$i_{\mathrm{s}} = -CT^2 \mathrm{e}^{-eV_{\mathrm{D}}/kT} \tag{4.133b}$$

流过二极管。在被照明的时候，暗电流 $i_{\mathrm{D}}$ 叠加在相反方向的光电流之上

$$i_{\mathrm{ill}}(U) = i_{\mathrm{D}}(U) - i_{\mathrm{ph}} \tag{4.134}$$

当使用开路二极管的时候，$i=0$，因此，由式 (4.133a,b) 可知，光电压是

$$U_{\mathrm{ph}}(i=0) = \frac{kT}{e}\left[\ln\left(\frac{i_{\mathrm{ph}}}{i_{\mathrm{s}}}\right)+1\right] \tag{4.135}$$

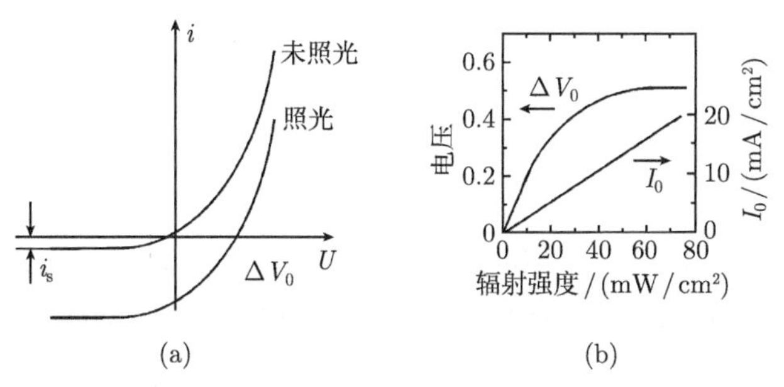


图 4.93 (a) 二极管在黑暗中和被照明时的电流–电压特性；(b) 开路时的扩散电压和光电压以及短路二极管中的光电流随着入射光功率的变化关系

高速的光电二极管总是工作在反向偏压 $U<0$ 下，其中，二极管在黑暗中的饱和反向电流非常小 (图 4.93(a))。由式 (4.133) 和 $\exp(eU/kT) \ll 1$，可以得到二极管的总电流为

$$i = i_{\mathrm{s}} - i_{\mathrm{ph}} = -CT^2\mathrm{e}^{-eV_{\mathrm{D}}/kT} - i_{\mathrm{ph}} \tag{4.136}$$

它与外加电压 $U$ 无关。

用于探测器的材料有硅、硫化镉 (CdS) 和砷化镓 (GaAs)。硅探测器给出的光电压可以达到 550mV，光电流达到 $40\mathrm{mA/cm^2}$[4.89]。能量转换效率 $\eta = P_{\mathrm{el}}/P_{\mathrm{ph}}$ 达到 10%～14%。晶体缺陷最小的新器件甚至可以达到 20%～30%。砷化镓 (GaAs) 探测器的光电压更大，达到了 1V，但是光电流略小一些，大约是 $20\mathrm{mA/cm^2}$。

3) 高速光电二极管

在几个数量级的强度范围内，只要 $V_{\mathrm{s}} < \Delta E_{\mathrm{g}}/e$，光电流在负载电阻 $R_{\mathrm{L}}$ 上产生的信号电压 $V_{\mathrm{s}} = U_{\mathrm{ph}} = R_{\mathrm{L}} i_{\mathrm{ph}}$ 就正比于吸收的辐射功率 (图 4.93b)。从图 4.94 的电路图中的半导体电容值 $C_{\mathrm{S}}$ 以及它的串联电阻和并联电阻 $R_{\mathrm{S}}$ 和 $R_{\mathrm{p}}$，可以得到频率上限[4.110]

$$f_{\max} = \frac{1}{2\pi C_{\mathrm{s}}(R_{\mathrm{s}}+R_{\mathrm{L}})(1+R_{\mathrm{s}}/R_{\mathrm{p}})} \tag{4.137}$$

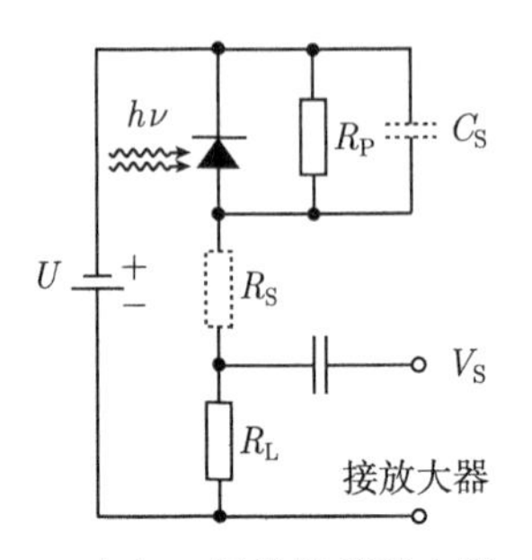


图 4.94　光电二极管的等效电路，内电容为 $C_S$，串联内电阻为 $R_S$，并联内电阻为 $R_P$，外部负载电阻为 $R_L$

当二极管具有大 $R_p$ 和小 $R_s$ 的时候，上式约化为

$$\boxed{f_{max}=\frac{1}{2\pi C_s R_L}} \tag{4.138}$$

使用阻值很小的电阻 $R_L$，可以实现很高的频率响应，它仅仅受限于载流子通过 pn 结的边界层所需要的渡越时间。施加外部偏压可以减小这一渡越时间。使用大偏压下的二极管并使之与连接电缆实现 50Ω 负载匹配，上升时间可以达到亚纳秒。

**例 4.24**

$C_s=10^{-11}\text{F}$，$R_L=50\Omega\Rightarrow f_{max}=300\text{MHz}$，$\tau=\dfrac{1}{2\pi f_{max}}\approx 0.6\text{ns}$。

当光子能量 $h\nu$ 接近于带隙的时候，吸收系数减小，见式 (4.130)。辐射的穿透深度和能够收集载流子的体积就会变大。这样就增大了收集时间，使得二极管变慢。

PIN 二极管具有确定大小的收集体积，其中，一个由本征半导体构成的非掺杂区 I 将 p 区和 n 区分开 (图 4.95)。因为在本征区内没有空间电荷，施加在二极管上的电压就产生了一个不变的电场，可以加速电子。可以将本征区做得很宽，这样就使得 pn 结的电容很小，为制作高速灵敏的探测器奠定了基础。然而，响应时间还受限于载流子通过本征区的渡越时间 $\tau=w/v_{th}$，它取决于本征区的宽度 $w$ 和载流子的热速度 $v_{th}$。本征区宽度为 700μm 的硅 PIN 二极管的响应时间大约是 10ns，灵敏度最大值位于 $\lambda=1.06\mu\text{m}$；而本征区宽度为 10μm 的二极管达到了 100ps，灵敏度最大值位于较短的波长处，大约是 $\lambda=0.6\mu\text{m}$[4.111]。当入射光由侧面被聚焦到本征区上的时候，可以实现高速响应和高灵敏度 (图 4.95(b))。实验上的唯一缺

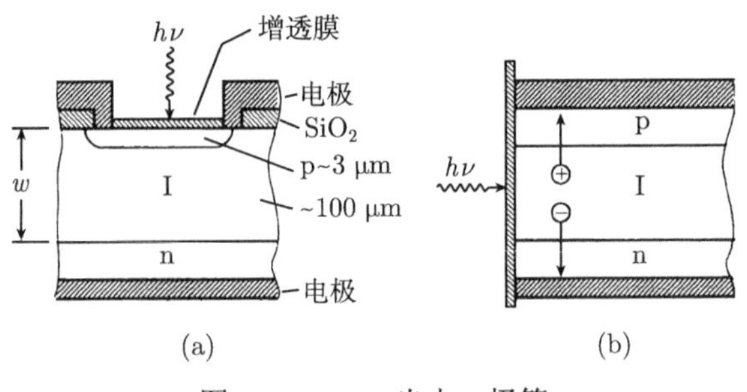


图 4.95　PIN 光电二极管

(a) 顶部照明；(b) 侧面照明

点是需要把光精确地瞄准到很小的工作区上。

利用金属–半导体界面 (肖特基势垒) 的光电效应，可以实现非常快的响应时间。因为金属和半导体具有不同的功函数 $\phi_m$ 和 $\phi_s$，电子可以从功函数低的材料隧穿到功函数高的材料中去 (图 4.96)。这就会在金属和半导体之间产生一个空间电荷层和一个势垒

$$V_B = \phi_B/e \quad (\text{其中}，\phi_B = \phi_m - \chi) \tag{4.139}$$

电子亲和能是 $\chi = \phi_s - (E_c - E_F)$。如果金属吸收 $h\nu > \phi_B$ 的光子，金属中的电子就会获得足够的能量来克服势垒并“落”到半导体中去，从而产生一个负的光电压。光电流来自于多子载流子，因此响应时间很快。

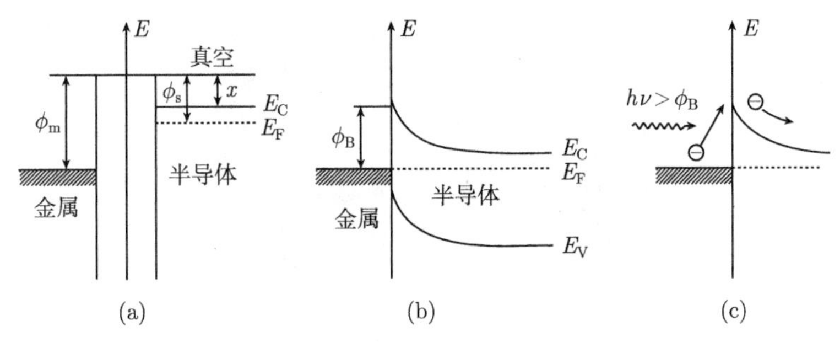


图 4.96 (a) 金属的功函数 $\phi_m$，半导体的功函数 $\phi_s$ 和电子亲和势 $\chi$，$E_c$ 是导带底的能量，$E_F$ 是费米能量；(b) 金属和半导体的接触处的肖特基势垒；(c) 光电流的产生

为了测量光学频率，开发了高速的金属–绝缘体–金属 (MIM) 二极管[4.113]，它可以在高达 88THz ($\lambda = 3.39\mu m$) 的频率处工作。在这些二极管中，用电化学方法将直径为 25μm 的钨丝腐蚀为直径小于 200nm 的点接触元件，表面被抛光到光学平整度的镍板带有一薄层氧化物，它构成了二极管的基电极 (图 4.97)。

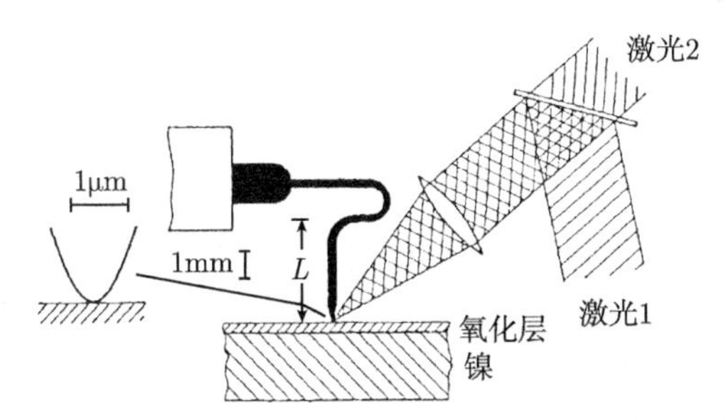


图 4.97 金属–绝缘体–金属 (MIM) 二极管的构型

用于激光频率的光学混频

这种 MIM 二极管可以用作光学频率处的混频器件。用聚焦的 $CO_2$ 激光照射接触点，测量 $CO_2$ 激光的 88THz 的三次谐波，证明响应时间可以达到 $10^{-14}$s

甚至更快。如果将频率为 $f_1$ 和 $f_2$ 的两束激光聚焦在镍氧化物和钨丝针尖之间的结上，MIM 二极管就表现为一个整流器，钨丝就是一根天线，可以产生差频信号 $f_1 - f_2$。可以检测到的差频达到了太赫兹区[4.114] (第 5.8.7 节)。这些 MIM 二极管的基本过程是固体物理学中非常有趣的现象，直到最近才理解清楚[4.114]。

将此差频与同样聚焦在肖特基二极管上的 90GHz 微波辐射的谐波混合，已经测量了两台可见光染料激光器之间高达 900GHz 的差频 (图 4.98)[4.115]。同时，已经制备出了可以覆盖 1~10THz 频谱范围的肖特基势垒混频二极管[4.115]。

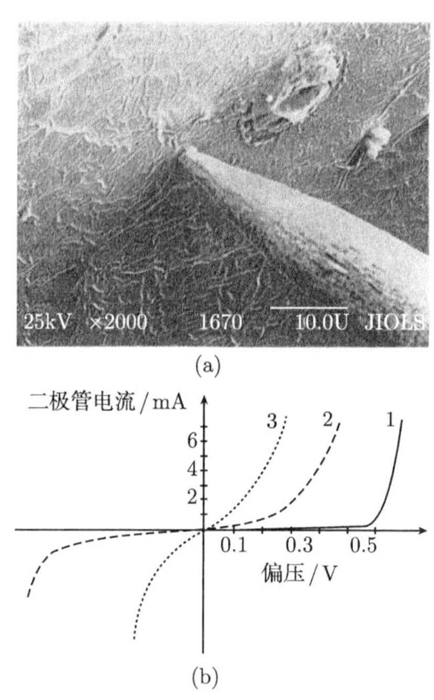


图 4.98　点接触型二极管

(a) 电子显微镜照片；(b) 电流–电压特性[4.115]

4) 雪崩二极管

可以用雪崩二极管实现光电流的内放大，雪崩二极管是反向偏置的半导体二极管，自由载流子在加速电场中获得足够大的能量，与晶格碰撞的时候可以产生额外的载流子 (图 4.99)。放大因子 $M$ 定义为单个光生电子–空穴对引起的雪崩放大过程中产生的电子–空穴对的平均数目，它随着反向偏置电压的增大而增大。放大因子

$$M = 1/[1 - (V/V_{\mathrm{br}})^n] \tag{4.140}$$

依赖于外部偏置电压 $V$ 和击穿电压 $V_{\mathrm{br}}$。$n(2 \sim 6)$ 的数值依赖于雪崩二极管的材

料。$M$ 也可以用电子的倍增系数 $\alpha$ 和空间电荷区的长度 $L$ 来表示

$$M=\frac{1}{1-\int_0^L \alpha(x)\mathrm{d}x} \tag{4.141}$$

已经报道过的硅中的 $M$ 数值达到了 $10^6$，它的灵敏度与光电倍增管相似。这种雪崩二极管的优点是响应时间非常快，随着偏置电压的增大而减小。在这种器件中，如果击穿电压足够高的话，增益和带宽的乘积可以超过 $10^{12}$Hz[4.90]。$M$ 的数值也依赖于温度 (图 4.99(b)).

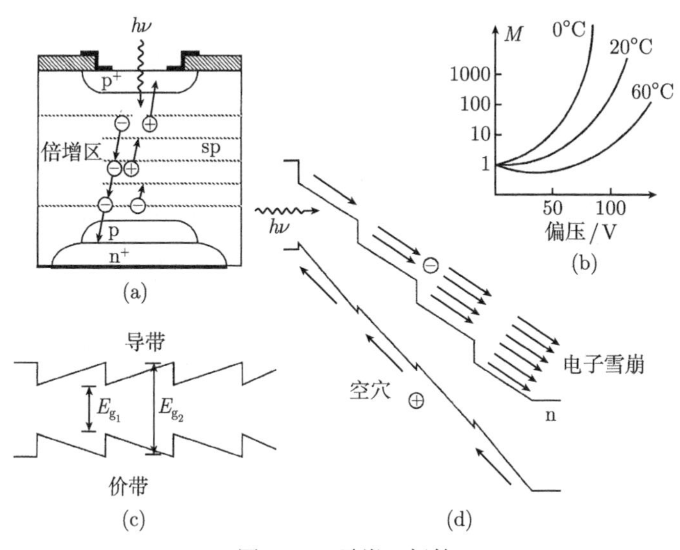


图 4.99 雪崩二极管

(a) 雪崩产生的示意图 ($n^+$ 和 $p^+$ 是重掺杂层)；(b) 在一个硅雪崩二极管中，放大因子 $M(V)$ 随着偏置电压 $V$ 的变化关系；(c) 在没有外电场的时候，带边和带隙的空间变化情况；(d) 在有外电场的时候，带边和带隙的空间变化情况

沿着相反方向加速的空穴引起的电子雪崩会引起额外的背景噪音，为了避免这一效应，空穴的放大因子必须远小于电子。通过特殊设计的层状结构可以实现这一目标，它在电场的 $x$ 方向上具有阶梯型变化的锯齿状带隙 $\Delta E_{\mathrm{g}}(x)$ (图 4.99(c), (d))。在外电场中，这种结构可以让电子的放大因子 $M$ 比空穴大 $50\sim100$ 倍[4.116]。

可以将这种现代的雪崩二极管看作是光电倍增管的固体类比物 (第 4.5.5 节)。它们的优点在于高量子效率 (高达 40%) 和低偏置电压 ($10\sim100$V)。对于荧光探测来说，它们的缺点是敏感区面远小于光电倍增管的阴极面积[4.117,4.118]。

关于雪崩光电二极管的详细数据可以参看 Hamamatsu 公司的主页。

### 4.5.3 光电二极管阵列

可以将许多个小光电二极管集成到一个芯片上，构成光电二极管阵列。如果所有的二极管都位于同一条直线上，得到的就是一维的二极管阵列，可以包含多达 2048 个二极管。如果二极管的宽度为 $b = 15\mu\mathrm{m}$，两个二极管之间的间隙为 $d = 10\mu\mathrm{m}$，1024 个二极管构成的阵列的长度 $L$ 就是 25mm，高度大约是 40μm[4.119]。

基本原理以及电子读出电路如图 4.100 所示。在敏感面积为 $A$ 和内部电容为 $C_\mathrm{s}$ 的 pn 二极管上，施加一个外部偏压 $U_0$。在强度为 $I$ 的光的照射下，在照明时间 $\Delta T$ 内，光电流是 $i_\mathrm{ph} = \eta AI$，它叠加在暗电流 $i_\mathrm{D}$ 之上，使得二极管电容 $C_\mathrm{s}$ 放电

$$\Delta Q = \int_t^{t+\Delta T} (i_\mathrm{D} + \eta AI)\mathrm{d}t = C_\mathrm{s}\Delta U \tag{4.142}$$

每个光电二极管都通过一个多路 MOS 开关连接到电压线上，并被再次充电至初始偏置电压 $U_0$。将再充电脉冲 $\Delta U = \Delta Q/C_\mathrm{s}$ 送给与所有二极管相连的视频线。根据式 (4.142)，如果量子效率 $\eta$ 已知、并且减去暗电流 $i_\mathrm{D}$，这些脉冲就给出了入射光能量 $\int AI\mathrm{d}t$。

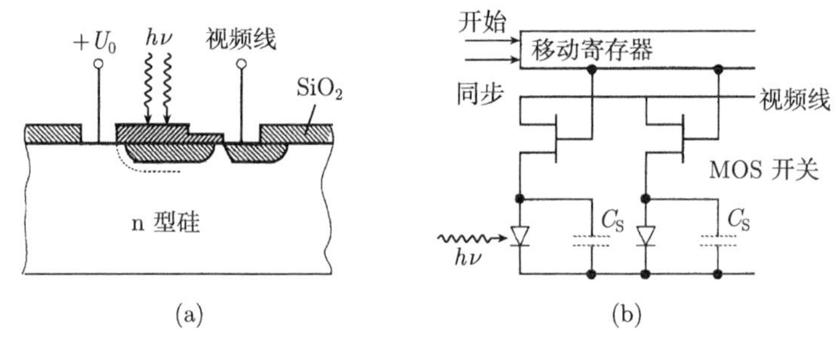


图 4.100　(a) 阵列中单个二极管的示意图；(b) 一维二极管阵列的电路示意图

最大积分时间 $\Delta T$ 受限于暗电流 $i_\mathrm{D}$，因此也就限制了能够达到的信噪比。在室温下，典型的积分时间是毫秒量级。用佩尔捷元件将二极管阵列冷却到 $-40°\mathrm{C}$，可以显著地减小暗电流，积分时间达到 $1 \sim 100\mathrm{s}$。可探测的最小入射光功率决定于能够清楚地与噪音脉冲区分开来的最小电压脉冲 $\Delta U$。因为积分时间增大了，所以，探测灵敏度随着温度的下降而增大。在室温下，典型的极限灵敏度大约是每秒钟每个二极管有 500 个光子。

如果将这种带有 $N$ 个二极管、长度为 $L = N(b+d)$ 的二极管阵列安置在光谱仪的观测平面上 (图 4.1)，能够同时观测的光谱范围

$$\delta\lambda = \frac{\mathrm{d}\lambda}{\mathrm{d}x}L$$

依赖于光谱仪的线性色散 $\mathrm{d}x/\mathrm{d}\lambda$。可以分辨的最小光谱间隔

$$\Delta\lambda = \frac{\mathrm{d}\lambda}{\mathrm{d}x}b$$

受限于二极管的宽度 $b$。这种光谱仪加上二极管阵列的系统被称为光学多通道分析仪或者光学频谱分析仪 [4.119,4.120]。

**例 4.25**

$b+d=25\mu\mathrm{m}$，$L=25\mathrm{mm}$，$\mathrm{d}\lambda/\mathrm{d}x=5\mathrm{nm/mm} \Rightarrow \delta\lambda=125\mathrm{nm}$，$\Delta\lambda=0.125\mathrm{nm}$。

也可以用二维阵列的方式放置二极管，这样就可以探测二维的强度分布。这对于观测气体放电、火焰 (第 2 卷第 10.4 节) 或者法布里–珀罗干涉仪后面的圆环图案的空间分布来说，是非常重要的。

### 4.5.4 电荷耦合器件

光电二极管阵列正在逐渐被电荷耦合器件 (CCD) 阵列代替，后者由掺杂的硅衬底上的小 MOS 结阵列组成 (图 4.101)[4.121~4.124]。入射光子在 n 型或 p 型硅中产生电子和空穴。电子或空穴被收集起来，它们改变了 MOS 电容器的电荷。通过施加适当的电压阶梯序列，如图 4.101(b) 所示。可以将电荷的变化移动到下一个 MOS 电容器上。这样，电荷就从一个二极管移动到下一个二极管，直到它们到达该列中的最后一个二极管上，在那里引起电压变化 $\Delta U$，该信号被送往一根视频线。

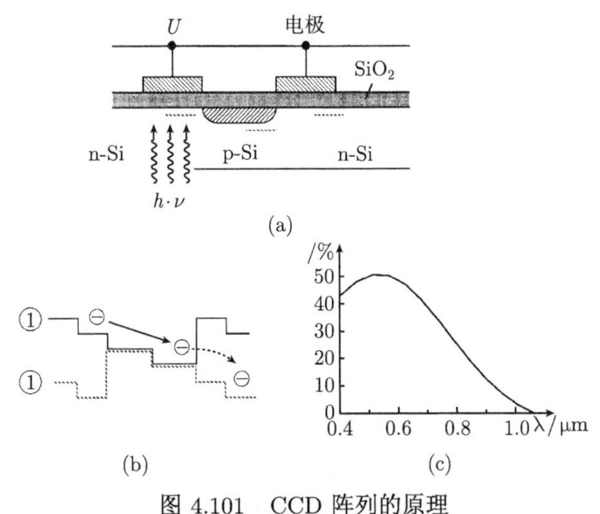


图 4.101 CCD 阵列的原理

(a) 在电极上交替地施加正电压 (实线) 和负电压 (虚线)；(b) 将光生荷电载流子移动到下一个二极管中，这种移动按照外加电压的脉冲频率进行；(c) CCD 二极管的谱灵敏度

CCD 阵列的量子效率 $\eta$ 依赖于衬底的材料，它的峰值超过了 90%。在整个光谱

区上，量子效率 $\eta(\lambda)$ 通常大于 20%，覆盖范围为 $350\sim900$nm。利用熔融石英玻璃窗口，甚至可以覆盖 $200\sim1000$nm 的从紫外到红外的范围 (图 4.101(c))，并且超过了大多数光阴极的效率 (第 4.5.5 节)。特殊 CCD 的光谱范围覆盖了 $0.1\sim1000$nm。因此，它们也可以用于深紫外和 X 射线区域。利用背面照明的器件 (图 4.102)，量子效率最高可以达到 90%。表 4.2 汇集了商用 CCD 器件的一些相关数据，图 4.103 将 CCD 探测器的谱量子效率与光学胶片和光电倍增管阴极进行了比较。

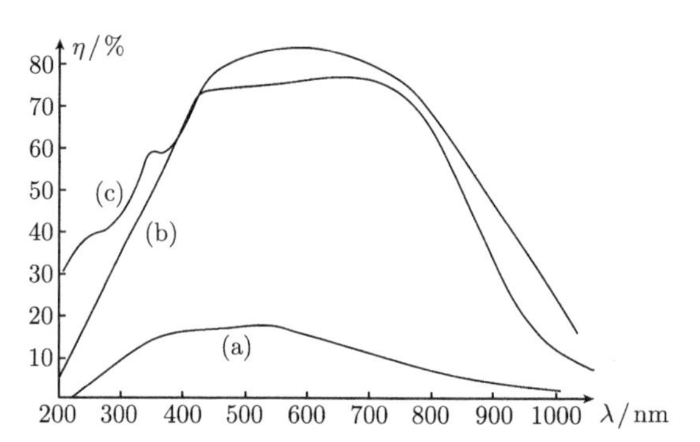


图 4.102 CCD 阵列的量子效率 $\eta(\lambda)$ 的光谱依赖关系

(a) 前照明式 CCD；(b) 带有可见光增透膜的背照明式 CCD；(c) 带有紫外光增透膜的背照明式 CCD

**表 4.2 CCD 阵列的典型数据**

| | |
|---|---|
| 工作面积 [$\text{mm}^2$] | $24.6\times24.6$ |
| 像素尺寸 [μm] | $7.5\times15\sim24\times24$ |
| 像素数目 | $1024\times1024\sim2048\times2048$ |
| 动态范围 [比特位数] | 16 |
| 50kHz 处的读出噪音 [电子电荷] | $4\sim6$ |
| 暗电荷 [电子数/(小时 · 像素)] | $<1$ |
| $-120$°C 下的工作时间 [小时] | $>10$ |
| 峰值量子效率 | |
| 前端照明 | 45% |
| 背照明 | $>80$% |

冷却的 CCD 阵列的暗电流可以低于 $10^{-2}$ 个电子每秒每个二极管。读出暗脉冲小于光电二极管阵列的暗脉冲。因此，它的灵敏度很高，可以超过好的光电倍增管。特别是动态范围很大，覆盖了 5 个数量级，线性度很好。

缺点是它们的尺寸远小于光学胶片。这样就限制了可以同时测量的光谱范围。CCD 探测器在光谱学应用中日益重要起来，关于它们的更多信息，请参见文献 [4.124], [4.125]。

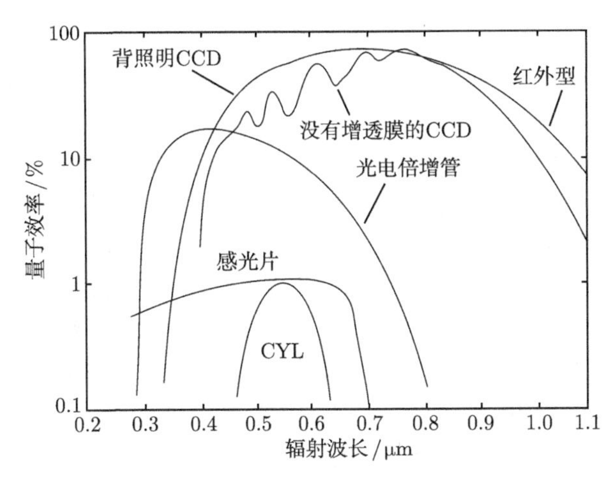


图 4.103 比较 CCD 探测器、光学胶片和光电倍增管的量子效率

### 4.5.5 光电发射探测器

光电发射探测器，例如光电管或光电倍增管，基于的是外光电效应。这种探测器的光阴极覆盖有一层或几层功函数 $\phi$ 很低的材料 (例如，碱金属化合物或半导体化合物)。用波长 $\lambda = c/\nu$ 的单色光照明的时候，光阴极发射出来的光电子的动能由爱因斯坦关系决定

$$E_{\text{kin}} = h\nu - \phi \tag{4.143}$$

阳极和阴极之间的电压 $V_0$ 将它们进一步加速，并在阳极收集起来。由此产生的光电流可以直接测量，也可以测量一个电阻上的电压降 (图 4.104(a))。

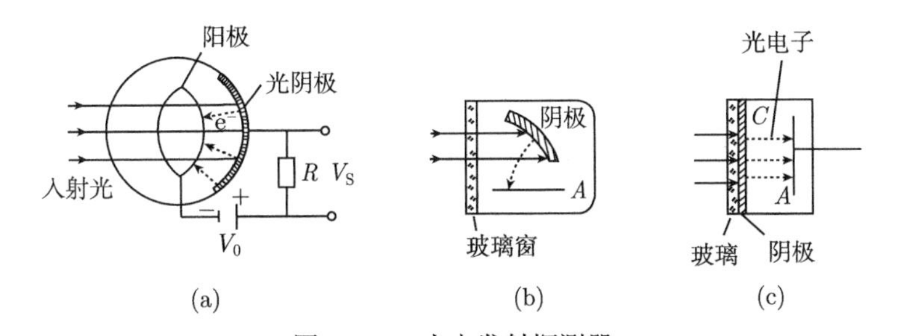


图 4.104 光电发射探测器

(a) 光电管的主要构型；(b) 不透明的光阴极；(c) 半透明的光阴极

1) 光阴极

最常用的光阴极是金属阴极或碱金属化合物阴极 (碱金属卤化物、碱金属锑化物和碱金属碲化物)。量子效率 $\eta = n_e/n_{ph}$ 定义为光电子数目 $n_e$ 与入射光子数 $n_{ph}$ 的比值。它依赖于阴极材料、光电发射层的几何结构和厚度以及入射光的波长 $\lambda$。

量子效率 $\eta = n_a n_b n_c$ 可以表示为三个因子的乘积。第一个因子 $n_a$ 是一个入射光子被实际吸收的几率。对于吸收系数很大的材料，如纯金属，它们的反射率 $R$ 很高 (例如，金属表面在可见光区域，$R \geqslant 0.8 \sim 0.9$)，因子 $n_a$ 不可能大于 $(1-R)$。另一方面，对于厚度为 $d$ 的半透明光阴极，吸收必须大得足以保证 $\alpha d > 1$。第二个因子 $n_b$ 是被吸收的光子真正产生出光电子而不是加热了阴极材料的几率。最后，第三个因子 $n_c$ 表示这个光电子到达表面并发射出去而不是散射回到阴极内部的几率。

制作出来的光电发射器件有两种类型：不透明的光阴极，入射光照射在光阴极的表面，光电子从同一侧发射出来 (图 4.104(b))；半透明的光阴极 (图 4.104(c))，其中，光照射在光电子发射面的对面一侧，被厚度为 $d$ 的材料吸收。因为两个因子 $n_a$ 和 $n_c$，半透明光阴极的量子效率及其谱变化强烈地依赖于厚度 $d$，只有当 $d$ 的数值达到最优的时候，它才能达到反射式光阴极的水平。

图 4.105 给出了一些典型光阴极的谱灵敏度 $S(\lambda)$，用每瓦入射光产生的以毫安为单位的光电流来衡量。为了比较，还画出了 $\eta = 0.001$、0.01 和 0.1 的量子效率曲线 (虚线)。这些量的关系是

$$S = \frac{i}{P_{\text{in}}} = \frac{n_e e}{n_{\text{ph}} h\nu} \Rightarrow S = \frac{\eta e \lambda}{hc} \tag{4.144}$$

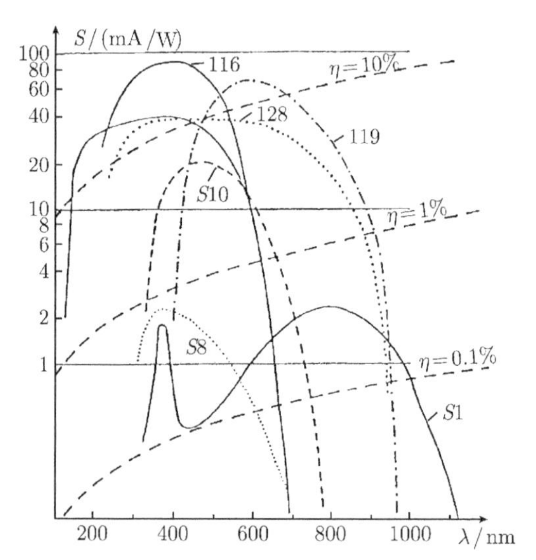


图 4.105　一些商用阴极材料的谱灵敏度曲线

实线是 $S(\lambda)$[mA/W]，虚线是量子效率 $\eta = n_e/n_{\text{ph}}$

对于大多数发射极来说，光发射的截止波长小于 0.85μm，对应的功函数是 $\phi \geqslant$ 1.4eV。$\phi \sim 1.4$eV 的一种材料是 NaKSb 的表面层 [4.126]。只有一些包括两层或更多层材料的复杂阴极，才可以将灵敏范围扩展到大约 $\lambda \leqslant 1.2$μm。例如，InGaAs 光阴

极在红外区域仍然敏感，可以达到 1700nm。通常制备的绝大多数光阴极的谱响应用标准的命名规则表示，采用从 $S1$ 到 $S20$ 的符号。一些新开发的类型用特殊的数字来标示，不同的制造商的用法不同 [4.127]。例如，S1 = Ag–O–Cs (300~1200nm)，S4 = Sb–Cs (300 ~ 650nm)。

最近开发出一种新型的光阴极，基于的是光电导式的半导体材料，它们的表面经过特殊处理之后，具有负的电子亲和势 (NEA)(图 4.106)。在这种状态下，半导体导带底部的电子能量大于真空中自由电子的零能量 [4.128]。当电子吸收一个光子进入到体材料中这个能级上的时候，它有可能运动到表面并离开光阴极。这种 NEA 阴极的优点是灵敏度很高，并且在很宽的光谱范围内基本保持不变，甚至可以达到大约 1.2μm 的红外区域。因为这些阴极是冷电子发射器件，暗电流非常低。到目前为止，它们的主要缺点是制造工艺非常复杂，因此价格非常高。

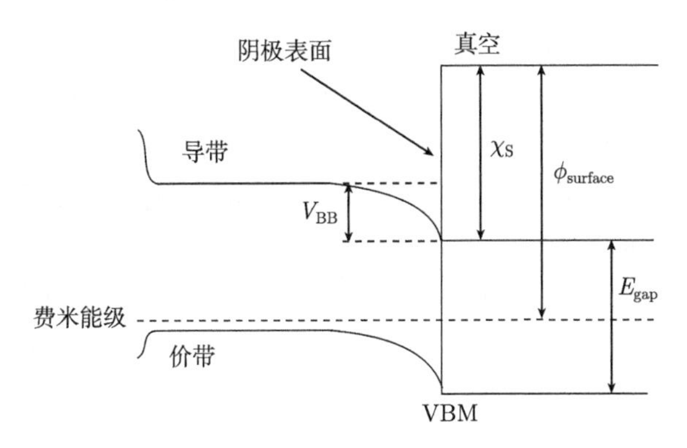


图 4.106 负电子亲和势的光阴极的能级结构示意图

各种光电发射探测器对于现代光谱学非常重要。它们包括光电倍增管、影像增强器和条纹相机。

2) 光电倍增管

光电倍增管非常适合于探测弱光。它们利用内部的倍增电极发射的二次电子来放大光电子数目，从而消除了一部分噪音的限制 (图 4.107)。从阴极发射的光电子被几百伏的电压加速并聚焦在第一个“倍增电极”的金属表面上 (如 Cu–Be)，在那里，每个撞击电子平均释放出 $q$ 个二级电子。这些电子再进一步被第二个倍增电极加速，每个二级电子再产生大约 $q$ 个三级电子，如此这般地进行下去。放大因子 $q$ 依赖于加速电压 $U$、入射角 $\alpha$ 和倍增电极的材料。当 $U = 200\text{V}$ 的时候，典型的数值是 $q = 3 \sim 5$。因此，带有十个倍增电极的光电倍增管的总电流放大率就是 $G = q^{10} \sim (10^5 \sim 10^7)$。在带有 $N$ 个倍增电极的光电倍增管中，每个光电子在阳极产生一个电流雪崩 $Q = q^N e$，相应地电压脉冲是

$$V = \frac{Q}{C_a} = \frac{q^N e}{C_a} = \frac{Ge}{C_a} \tag{4.145}$$

其中，$C_a$ 是阳极 (包括连接导线) 的电容。

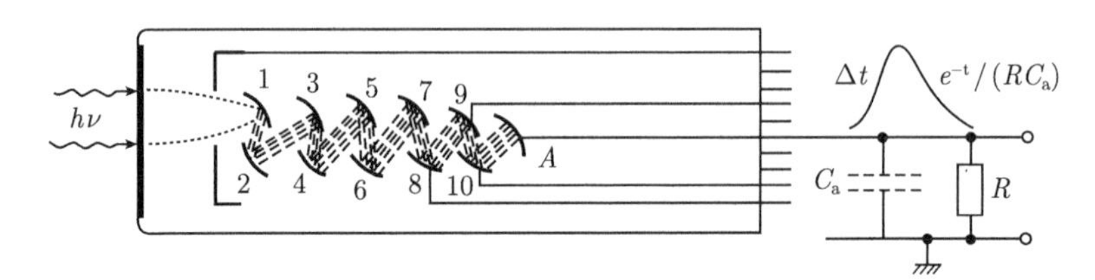


图 4.107　光电倍增管，它被一个 δ 函数光脉冲触发的电子雪崩产生的输出电压依赖于时间

**例 4.26**

$G = 2 \times 10^6$，$C_a = 30\text{pF} \Rightarrow V = 10.7\text{mV}$。

在连续工作的时候，直流输出电压是 $V = i_a \cdot R$，它不依赖于电容 $C_a$。

对于高时间分辨率的实验来说，阳极脉冲的上升时间应该尽可能地小。阳极脉冲的上升时间是由不同电子的渡越时间展宽引起的，让我们考虑哪种效应对它有影响[4.129,4.130]。假定光阴极发射出单独一个光电子，它被加速到第一个倍增电极上。二级电子的初速度有所差别，因为它们来自于倍增电极材料的不同深度，当它们离开倍增电极表面的时候，具有不同的能量，介于 0~5eV。间距为 $d$、势能差为 $V$ 的两个平行电极之间的渡越时间可以由 $d = \frac{1}{2}at^2$ 和 $a = eV/(md)$ 得到，对于质量为 $m$、初始能量为零的电子来说，

$$t = d\sqrt{\frac{2m}{eV}} \tag{4.146}$$

初始能量为 $E_{\text{kin}}$ 的电子到达下一个电极的时刻要早一些，时间差为

$$\Delta t_1 = \frac{d}{eV}\sqrt{2mE_{\text{kin}}} \tag{4.147}$$

**例 4.27**

$E_{\text{kin}} = 0.5\text{eV}$，$d = 1\text{cm}$，$V = 250\text{V} \Rightarrow \Delta t_1 = 0.1\text{ns}$。

电子在管子中的运动路径略有差别，这也会引起额外的时间弥散

$$\Delta t_2 = \Delta d\sqrt{\frac{2m}{eV}} \tag{4.148}$$

它与 $\Delta t_1$ 具有相同的大小。因此，单独一个光电子触发的阳极脉冲的上升时间随着电压的升高而减小，正比于 $V^{-1/2}$。它依赖于倍增电极的几何构型和材料结构。

当一个短而强的光脉冲同时产生了许多光电子的的时候，有两种现象进一步地增大了时间弥散：

(a) 发射出来的光电子的初速度不同，例如，对于锑化铯 (cesium antimonide) $S5$ 阴极，初始能量位于 0 和 2eV 之间。这种弥散依赖于入射光的波长[4.131a]。

(b) 从阴极到第一个倍增电极之间的飞行时间强烈地依赖于光点在阴极上的位置，光电子就是在那里产生的。由此导致的时间弥散可能会大于其他效应，但是，在阴极和第一个倍增电极之间放置一个汇聚电极并仔细地优化它的电压，有可能减小这一效应。光电倍增管的阳极上升时间的典型值是 $0.5 \sim 20\text{ns}$。对于特殊设计的具有优化的侧面结构的管子，光从管子的侧面照射到弯曲的不透明阴极上，已经实现了 0.4ns 的上升时间[4.131b]。通道板和微通道板可以实现更短的上升时间[4.131c]。

**例 4.28**

1P28 型光电倍增管：$N = 9$，当 $V = 1250\text{V}$ 的时候，$q = 5.1 \Rightarrow G = 2.5 \times 10^6$；阳极电容和放大器的输入电容是 $C_\text{a} = 15\text{pF}$。单个光电子产生 27mV 的阳极脉冲，上升时间为 2ns。在光电倍增管的输出端放置一个 $R = 10^5\Omega$ 的电阻，输出脉冲的上升沿是 $C_\text{a} = 1.5 \times 10^{-6}\text{s}$。

对于弱光探测来说，光电倍增管的噪音机制问题非常重要[4.133]。噪音来源主要有三种：

(a) 光电倍增管的暗电流；

(b) 入射光的噪音；

(c) 散粒噪音和约翰逊噪音，它们来自于放大器的起伏和负载电阻的噪音。

我们将对这些贡献进行分别讨论：

(a) 当光电倍增管在完全黑暗的环境中工作的时候，阴极仍然会发射电子。这种暗电流主要来自于热离子发射，还有一部分来自于宇宙射线或者倍增管材料中少量放射性同位素的放射性衰变。根据 Richardson 定律，热离子发射电流

$$i = C_1 T^2 \text{e}^{-C_2\phi/T} \tag{4.149}$$

强烈地依赖于阴极的温度 $T$ 和功函数 $\phi$。如果谱灵敏度拓展到红外区，那么功函数 $\phi$ 必须很小，这就增大了暗电流。为了减小暗电流，必须降低阴极的温度 $T$。例如，将一个锑化铯阴极从 20°C 冷却到 0°C，就可以将暗电流减小 10 倍。最佳的工作温度依赖于阴极的类型 (原因是 $\phi$)。对于 $S1$ 阴极，它们具有很高的红外灵敏度，因此功函数 $\phi$ 很小，将阴极冷却到液氮温度是有利的。对于其他的最大灵敏度位于绿光区域的类型，冷却到 −40°C 以下并不会带来显著的改善，因为暗电流的热离子部分已经远小于其他贡献了，例如，窗口材料中 $^{40}\text{K}$ 原子核分裂产生的高能 $\beta$ 粒子的贡献。过份的冷却甚至可能引起一些负面效应，例如，因为阴极薄膜的电阻随着温度的降低而增大，它会降低光电流信号或阴极上的电压降[4.134]。

对于许多光谱应用来说，只有很小一部分阴极区域被光照明，即位于单色仪出射狭缝之后的那部分光电倍增管。在这种情况下，使用阴极有效面积小的光电倍增

管，或者在大面积阴极的附近放一个小磁铁，可以进一步降低暗电流。磁场让阴极区域外侧发出的电子变得发散，它们就不能够到达第一个倍增电极，从而不再产生暗电流。

(b) 光电流的散粒噪音[4.133]

$$\langle i_n\rangle_s = \sqrt{2e\cdot i\cdot\Delta f} \tag{4.150a}$$

被光电倍增管放大了，增益因子是 $G$。阳极负载 $R$ 两端的方均根噪音电压就是

$$\langle V\rangle_s = GR\sqrt{2ei_c\Delta f} = R\sqrt{2eGi_a\Delta f} \tag{4.150b}$$

其中，$i_c$ 是阴极电流，$i_a = Gi_c$ 是阳极电流，假定增益因子 $G$ 保持不变。然而，$G$ 通常并不是一个常数，由于二次发射系数 $q$(它是一个小整数) 的随机变化，$G$ 也会发生起伏。这就对总噪音有贡献，它给方均根散粒噪音电压乘上了一个因子 $a > 1$，该因子依赖于 $q$ 的平均值[4.135]。阳极的散粒噪音就是:

$$\langle V_S\rangle = aR\sqrt{2eGi_a\Delta f} \tag{4.150c}$$

(c) 温度为 $T$ 的负载电阻 R 的约翰逊噪音给出了方均根噪音电流

$$\langle i_n\rangle_J = \sqrt{4kT\Delta f/R} \tag{4.151a}$$

和噪音电压

$$\langle V_n\rangle_J = R\langle i_n\rangle_J.$$

(d) 利用式 (4.151a)，从式 (4.150) 可以得到室温下阳极负载电阻 $R$ 两端的散粒噪音和约翰逊噪音之和，$\langle V\rangle_{S+J} = \sqrt{\langle V\rangle_S^2 + \langle V_n\rangle_J^2}$，其中，$4kT/e \approx 0.1\text{V}$

$$\langle V\rangle_{J+S} = \sqrt{eR\Delta f(2RGa^2 i_a + 0.1)}[\text{V}] \tag{4.151b}$$

当 $GRi_a a^2 \gg 0.05\text{V}$ 的时候，约翰逊噪音可以忽略不计。由增益因子 $G = 10^6$ 和负载电阻 $R = 10^5\Omega$ 可知，阳极电流应该大于 $5\times10^{-13}\text{A}$。因为阳极暗电流已经远大于这一极限，所以，约翰逊噪音对于光电倍增管的总噪音没有贡献。

沟道型光电倍增管是一种新型的用于探测弱光的光电倍增管。此时，光阴极释放出来的光电子不是被一系列倍增电极增多，而是通过一个弯曲的窄的半导电型通道从阴极移动到阳极 (图 4.108)。每当光电子撞击到沟道的内表面的时候，它就会释放出 $q$ 个二级电子，整数 $q$ 依赖于阳极和阴极之间的电压。弯曲的形状使得电子在表面上发生掠入射，增大了二次发射因子 $q$。这种沟道型光电倍增管的总增益可以超过 $M = 10^8$，因此，一般来说远大于带有倍增电极的光电倍增管。

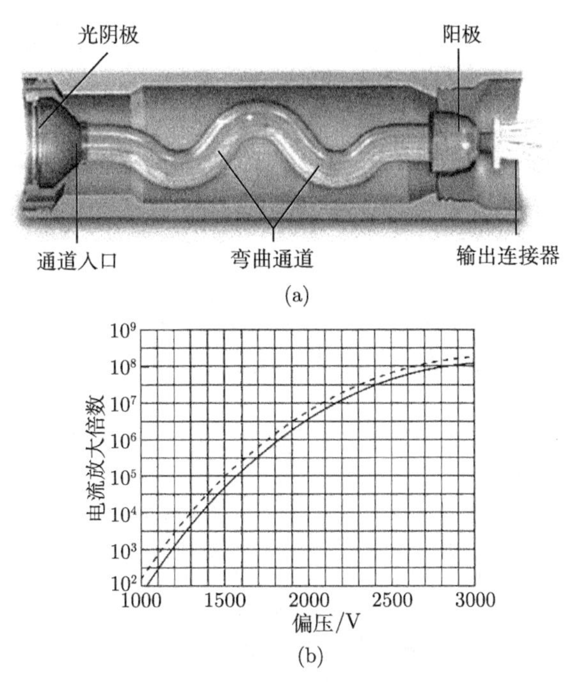


图 4.108 沟道型光电倍增管

(a) 设计示意图; (b) 增益因子 $G$ 随着阴极和阳极之间的电压的变化关系

[取自 Olympics Fluo View Resource Center]

沟道型光电倍增管的主要优点是设计紧凑、动态范围更大、暗电流更低 (主要来自于光阴极的热离子发射)，这是因为它的面积减小了。因为二次发射因子 $q$ 的数值更大，倍增因子的涨落引起的噪音也变小了。

用单光子计数技术，可以显著地改善弱光探测时的信噪比，从而可以研究入射光子流低达 $10^{-17}$W 的光谱。第 4.5.6 节讨论了这种技术。关于光电倍增管及其最佳工作条件的更多细节，请参阅 Hamamatsu、EMI 或 RCA 给出的精彩介绍[4.135,4.136]。Zwicker 对光发射探测器进行了广泛的综述[4.126]。也请参阅单行本 [4.137], [4.138]。

3) 微通道板

现在通常用微通道板代替光电倍增管。一层光阴极位于一个薄薄的半导电性玻璃基板 (0.5~1.5mm) 上，后者被钻了几百万个直径介于 $10 \sim 25\mu$m 的小孔 (图 4.109)。小孔的总面积大约是玻璃基板的 60%。对于从光阴极发射出来进入通道并被玻璃基板两侧电压加速的电子来说，小孔的内表面 (通道) 具有很大的二次发射系数。当电场为 500V/mm 的时候，放大因子大约是 $10^3$。将两个微通道板串联放置，放大倍数就可以达到 $10^6$，与光电倍增管相仿。

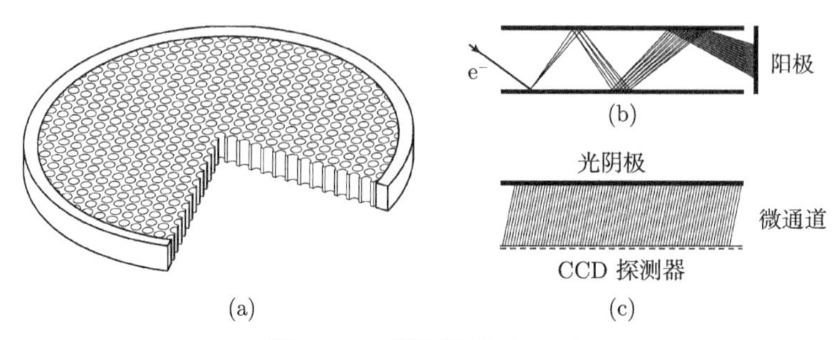


图 4.109　微通道板 (MCP)

(a) 结构示意图; (b) 一个通道中的电子雪崩; (c) 具有空间分辨精度的微通道板探测器的结构示意图

微通道板的优点是单个光子引起的电子雪崩上升时间很短 ($<1$ns)，尺寸很小，可以实现空间分辨[4.139]。

4) 光电影像增强器

影像增强器包括一个光阴极、一个电光成像器件和一个荧光屏，被加速后的光电子重现了光阴极的发光图案的增强影像。可以用磁场或电场将阴极上的图案成像到荧光屏上。除了在磷光屏上看到增强的影像之外，电子像还可以用在照相机上产生图像信号，后者可以在电视机上重现，并可以存储在相片或记录媒质上[4.139~4.141]。

对于光谱学中的应用来说，影像增强器具有如下重要特性:

(a) 强度放大因子 $M$，它是输出强度与输入强度的比值;

(b) 系统的暗电流，它限制了能够探测的最小输入功率;

(c) 器件的空间分辨率，通常用在放大输出的图案中阴极上每毫米内能够分辨的平行线的最大数目来表示;

(d) 系统的时间分辨率，对于探测高速瞬态输入信号非常重要。

图 4.110 给出了一个简单的、单级的影像增强器，磁场与加速电场平行。由阴极上的点 $P$ 出发的所有光电子都沿着螺旋路径绕着磁力线运动，在经过几圈之后被聚焦在磷光屏上的 $P'$ 点。在一阶近似的条件下，$P'$ 的位置不依赖于电子的初

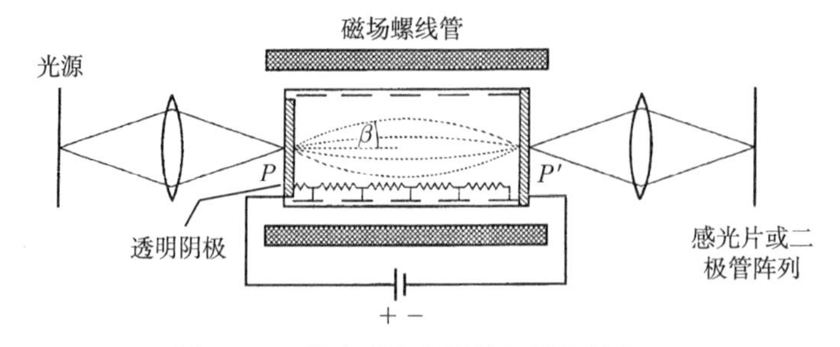


图 4.110　带有磁聚焦的单级影像放大器

始速度的方向 $\beta$。为了大致地了解放大因子 $M$，让我们假定光阴极的量子效率是 20%，加速电压是 10kV。电子能量转化为磷光屏上的光能量的效率为 20%，每个光子大约可以产生一千个 $h\nu = 2\text{eV}$ 的光子。放大因子 $M$ 是每个入射光子给出的输出光子的数目，它就是 $M = 200$。然而，从磷光屏发出的光子向四面八方运动，光学系统只能收集到其中的一小部分，这就减小了总增益因子。

用一个薄云母窗口来支撑磷光屏，并对影像进行接触式相片成像，就可以提高收集效率。另一种方法是使用光纤窗口。

用级联式增强管可以实现更大的增益因子 (图 4.111)，其中，两级或更多级的简单影像增强器被串联在一起[4.142]。这种设计的关键元件是三明治结构的磷–光阴极，它决定了灵敏度和空间分辨率。因为磷光屏上点 $P$ 附近发出的光应当在光阴极的相对点 $P'$ 处释放出光电子，为了保持空间分辨率，$P$ 和 $P'$ 之间的距离应当尽可能地小。因此，用电泳的方法将颗粒尺寸非常小的一薄层磷 (几个微米) 沉积到厚度为几个微米的云母片上。一层铝膜将来自于磷光屏的光反射回到光阴极上 (图 4.111(b))，防止了对前一个电极的光学反馈。

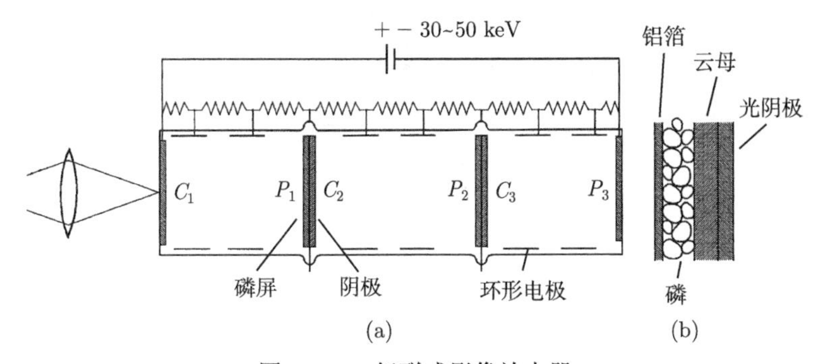


图 4.111 级联式影像放大器

(a) 示意图，包括阴极 Ci、磷光屏 Pi 和提供加速电压的环形电极；(b) 磷–光阴极三明治结构的细节

空间分辨率依赖于成像质量，后者受限于三明治结构的磷–光阴极、磁场的均匀度以及光电子的横向速度分布。对红光敏感的光阴极通常具有较低的空间分辨率，因为光电子的初速度更大。在屏幕中心的分辨率最大，越靠边的地方越小。表 4.3 汇集了一些商用三级影像增强器的典型数据[4.143]。在图 4.112 中给出了一种现代的影响增强器。它包括一个光阴极、两个近距离汇聚的影像增强器和一个光纤耦合器，后者将第二级出口处的放大后的光传递到 CCD 阵列上。

影像增强器可以放在光谱仪后面用来有效地、灵敏地探测很宽的光谱范围[4.144]。假定一个中等尺寸的光谱仪的线性色散度为 1mm/nm。有效阴极直径为 30mm、空间分辨率为 30 线/mm 的影像增强器可以同时探测 30nm 的光谱范围，光谱分辨率为 $3 \times 10^{-2}$nm。这个灵敏度比感光片大好几个数量级。使用冷却的光阴极，可

表 4.3　影像增强器的特征数据

| 类型 | 有效直径/mm | 分辨率/(linepairs/mm) | 增益 | 光谱范围/nm |
|---|---|---|---|---|
| RCA 4550 | 18 | 32 | $3\times10^4$ | 依赖于阴极的类型，介于 160 和 1000 nm 之间 |
| RCA C33085DP | 38 | 40 | $6\times10^5$ | |
| EMI 9794 | 48 | 50 | $2\times10^5$ | |
| Hamamatsu V4435U | 25 | 64 | $4\times10^6$ | |
| 带有多通道板的影像增强器 | 40 | 80 | $1\times10^7$ | |

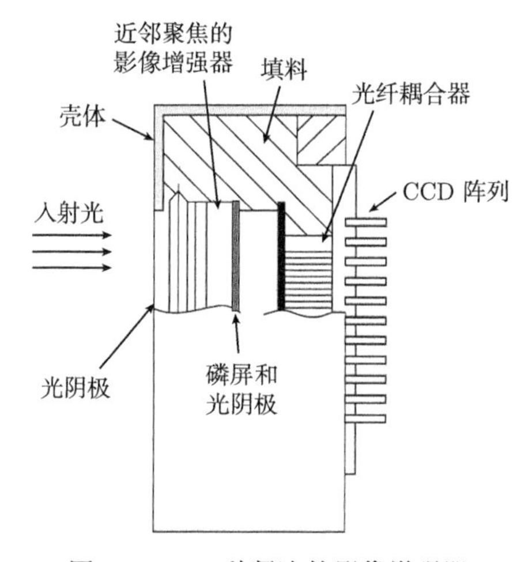


图 4.112　一种紧凑的影像增强器

以将热噪音减小到与光电倍增管相仿的水平，因此能够探测到几个光子的入射光功率。将影像增强器和光导摄像管或特殊的二极管阵列结合起来 (光学多通道分析仪)，对于高速灵敏地探测宽光谱范围非常有用，特别是在入射光功率很低的时候 (第 4.5.3 节)，更是如此。

可以买到这种增强型光学多通道分析仪。它们的优点如下[4.145,4.146]：

(a) 光导摄像管能存储光学信号，可以在很长的时间内积分，而光电倍增管只有在光照射到阴极上的时候才发生反应。

(b) 光导摄像管的所有通道可以同时采集光信号。置于光谱仪后方的光学多通道分析仪可以同时测量很宽的光谱范围，而光电倍增管只接收来自于出射狭缝的光，狭缝决定了分辨率。当空间分辨率为 $30\text{mm}^{-1}$、光谱仪的色散为 0.5nm/mm 的时候，光谱分辨率是 $1.7\times10^{-2}$nm。长度为 16mm 的光导摄像管可以同时探测 8nm 宽的光谱范围。

(c) 信号是以数字的形式用电子学的方式读出的，因此，可以用计算机来处理信号和分析数据。例如，可以自动地减除光学多通道分析仪的暗电流，或者用程序来校正叠加在信号光之上的背景辐射。

(d) 光电倍增管带有一个扩展的光阴极，来自于阴极表面所有点的暗电流都叠加到信号之上。在光导摄像管之前的影像增强器上，光电极只有很小的面积被成像到单个二极管上。这样，阴极的全部暗电流就分布在光学多通道分析仪所覆盖的光谱范围上。可以用栅极来控制影像增强器，以很高的时间分辨率来探测信号[4.147]。为了测量一个光谱分布的时间依赖关系，按照可变时间延迟来施加栅极电压，整个系统就像是一个带有额外的谱显示的 boxcar 积分器。如果进入光谱仪入射狭缝的光沿着平行于狭缝的方向移动 (例如，通过一个转镜)，二维的二极管阵列也可以显示单个脉冲的时间依赖关系及其谱分布。因此，光学多通道分析仪或光谱分析仪系统就结合了灵敏度高、同时探测很宽的光谱范围以及能够进行时间分辨测量的优点。这些特点使得它们在光谱学中的应用日益广泛[4.145,4.146]。

### 4.5.6 探测技术和电子仪器

除了光探测器之外，恰当地选择电子仪器和探测技术，也是成功而又精确地进行光谱测量的重要因素。本节讨论一些现代探测技术和电子仪器。

1) 光子计数

当入射光功率非常低的时候，利用光电倍增管为以每秒钟 $n$ 个的速率发射的单个光电子进行计数，要优于测量 $\Delta t$ 时间内的平均光电流 $i = n{\cdot}\Delta t{\cdot}e{\cdot}G/\Delta t$[4.148]。单个光电子引起的雪崩电子到达阳极时的电荷为 $Q = Ge$，它在阳极产生的电压脉冲为 $U = eG/C$，其中，$C$ 是阳极的电容。由 $C = 1.5\times10^{-11}\text{F}$，$G = 10^6 \rightarrow U = 10\text{mV}$。这些脉冲的上升时间大约是 1ns，可以触发一个高速鉴别器，将一个 5V 的 TTL 方波脉冲传递给计数器或数模转换器 (DAC)，以可变的时间常数来驱动一个计数器 (图 4.113)[4.149]。

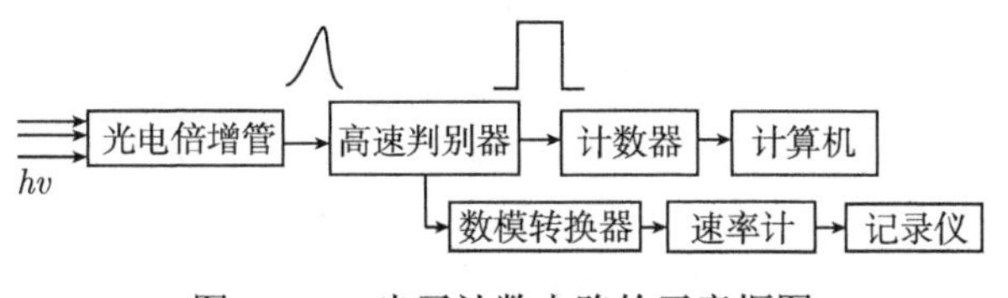


图 4.113 光子计数电路的示意框图

与传统的测量阳极电流的模拟方法相比，光子计数法有如下优点：

(a) 光电倍增管增益 $G$ 的涨落对模拟测量中的噪音有贡献，见式 (4.151)，对于光子计数法来说，影响并不大，因为只要阳极脉冲大于鉴别阈值，每个光电子就会在判别器上产生相同的归一化的脉冲。

(b) 正确地设置判别器的阈值，可以抑制中间电极产生由热电子引起的暗电流。对于第一个中间电极转换系数 $q$ 很大的光电倍增管特别有效，该电极上涂有 GaAsP 层。

(c) 光电倍增管电极之间的漏电流对电流测量中的噪音有贡献，但是，只要偏压施加得正确，就不会被鉴别器计数。

(d) 窗口材料中的放射性同位素的分解以及宇宙射线粒子中的高能量 $\beta$ 粒子可以在阴极引起很小的、但不可忽视的电子爆发，每次爆发带有 $n \cdot e$ 个电荷 $(n \gg 1)$。这样产生的阳极大脉冲会引起阳极电流的额外噪音。然而，可以在光子计数的时候设置一个窗口鉴别器来完全地抑制这种噪音。

(e) 数字形式的信号有利于进一步处理。可以将鉴别脉冲直接传递给计算机，进行数据分析和实验控制[4.150]。

计数率的上限依赖于鉴别器的时间精度，可以小于 10ns。这样就可以对高达 10MHz 的随机脉冲进行计数而不会出现计数错误。

下限由暗脉冲速率决定[4.148]。对于选定的低噪音光电倍增管和被冷却的阴极，暗脉冲速率可以小于每秒钟一个。假定量子效率为 $\eta = 0.2$，测量时间为 1s，那么，即使光子流每秒只有 5 个光子，信噪比也可以达到 1。对于这么低的光子流，在时间间隔 $\Delta t$ 内探测到 $N$ 个光电子的几率 $p(N)$ 服从泊松分布

$$p(N) = \frac{\overline{N}^N \mathrm{e}^{-\bar{N}}}{N!} \tag{4.152}$$

其中，$\overline{N}$ 是给定时间间隔 $\Delta t$ 内探测到的平均光子数[4.151]。如果在 $\Delta t$ 时间内探测到至少一个光电子的几率为 0.99，那么，$1 - p(0) = 0.99$，即

$$p(0) = \mathrm{e}^{-\overline{N}} = 0.01 \tag{4.153}$$

它给出 $N \geqslant 4.6$。这意味着，只要落在量子效率为 $\eta = 0.2$ 的光阴极上的光子数不小于 20，我们在观测时间内就能够以 99% 的确定度获得一个脉冲。然而，对于更长的探测时间，例如，在使用锁相探测的时候，可探测的光电子数目甚至会低于暗电流计数。此时，限制信噪比的不是暗电流 $N_{\mathrm{D}}$ 本身，而是它的涨落，后者正比于 $N_{\mathrm{D}}^{1/2}$.

因为光电倍增管或雪崩二极管的噪音很低，它们非常适合于弱信号水平的光子计数。

2) *测量高速瞬态事件*

许多光谱研究需要观测高速瞬态事件。例如，原子或分子激发态的寿命测量，碰撞弛豫的研究以及高速激光脉冲的研究 (第 2 卷第 6 章)。另一个例子是，当入射激光的频率突然变得与分子本征频率共振的时候，分子的瞬态响应 (第 2 卷第 7

章)。一些技术可以观察和分析这类事件，近来还开发了一些仪器来帮助优化测量过程。将 CCD 探测器和栅电极控制的微通道板组合起来，后者是具有纳秒精度的影像放大器，可以对高速事件进行时间分辨的灵敏测量。此外，有几种器件对于用电子学方法处理短脉冲特别有用。我们简要地讨论这类仪器的三个例子：带有信号平均功能的 boxcar 积分器，瞬态记录仪和具有亚纳秒分辨率的高速瞬态数字计。

boxcar 积分器测量固定频率的重复信号的振幅和形状，在特定的取样间隔 $\Delta t$ 上积分。它在选定数目的脉冲上重复地记录这些信号，计算这些测量的平均值。利用一个同步触发信号，可以保证每次测量都是在每个取样波形的相同时刻。一个延迟电路可以让采样时间间隔 $\Delta t$(被称为采样窗口) 移动到待测波形的任意位置。图 4.114 给出了一种可能的实现采样和平均的方法。窗口的延迟由一个斜坡发生器控制，它与信号的重复频率保持同步，并且以信号重复频率提供锯齿电压。一个缓慢的窗口扫描斜坡改变了栅极时间间隔 $\Delta t$，在触发脉冲之后时间间隔 $\tau_i$ 处对信号进行时间为 $\Delta t$ 的取样。在相继的两次信号之间，栅极时间变化了 $\Delta\tau$，这个数值依赖于斜坡的斜率。为了在波形的每一段中得到数目足够多的采样，这个斜坡必须非常慢。接着用信号平均器将输出信号在时间斜坡的几次扫描上进行平均[4.152]。这样就增大了信噪比，平滑了直流输出，从而可以跟得上待测波形。

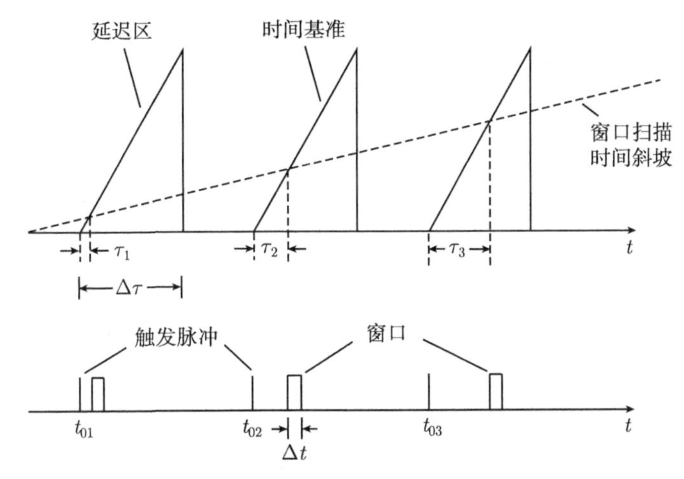


图 4.114 带有重复信号同步的 boxcar 的工作原理。时基决定了栅极的开启时间，宽度为 $\Delta t$。缓慢的扫描时间斜坡在信号脉冲的时间谱线上连续地改变延迟时间 $\tau_i$

缓慢的斜坡电压通常并不是像图 4.114 那样线性增长的，而是一个阶梯函数，每个阶梯的持续时间决定于给定的延迟时间 $\tau$ 里的取样数。如果用一个可选择的常数电压代替缓慢的斜坡电压，系统就像一个栅极控制的积分器那样工作。

输入信号 $U_s(t)$ 在取样时间 $\Delta t$ 上的积分可以用一个电阻 $R$ 对电容 $C$ 的充电

过程实现 (图 4.115)，它给出的电流是 $i(t) = U_{\rm s}(t)/R$。输出就是

$$U(\tau) = \frac{1}{C}\int_{\tau}^{\tau+\Delta t} i(t){\rm d}t = \frac{1}{RC}\int_{\tau}^{\tau+\Delta t} U_{\rm s}(t){\rm d}t \tag{4.154}$$

对于重复性的扫描，电压 $U(\tau)$ 是可以求和的。然而，因为不可避免地会有漏电流，当待研究的信号的占空比很小、相继采样之间的时间很大的时候，就会出现不想要的电容放电。数字式输出可以克服这种困难，它包括一个双通道的模拟–数字–模拟转换器。当取样开关开启之后，获得的电荷被数字化并被送到数字寄存器中。再用模数转换器读取数字寄存器，在电容上产生等于 $U(\tau) = Q(\tau)/C$ 的直流电压。这个直流电压被反馈给积分器以保持它的输出电压，直到下一次采样开始。

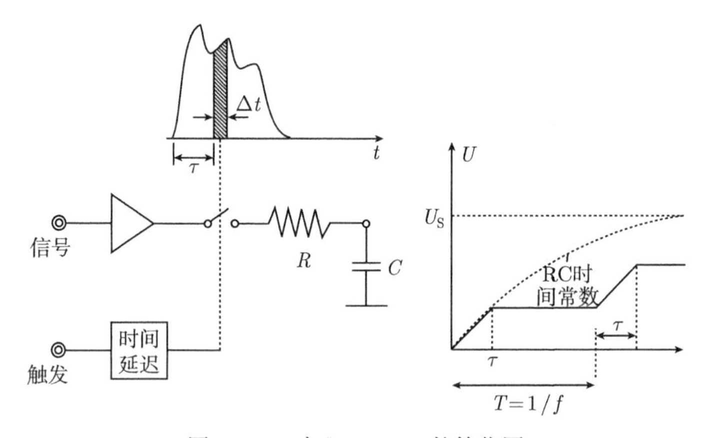


图 4.115　实现 boxcar 的简化图

boxcar 积分器需要重复的波形，因为它每次只能对输入脉冲的一小段时间间隔 $\Delta t$ 进行取样，然后将许多不同延迟的取样点相加起来，才能得到重复波形的整个周期。然而，对于许多光谱学应用来说，只有一次性的信号。例如，冲击管实验或激光诱导核聚变的光谱研究。在这种情况下，boxcar 积分器就没用了，一台瞬态记录仪是更好的选择。这种仪器利用数字技术来对 $N$ 个预先选定的时间间隔 $\Delta t_i$ 进行取样，它们覆盖了随时间变化的模拟信号的整个时间范围 $T = N\Delta t$。记录下选定的时间范围中的波形并存储到仪器的存储器中，直到操作者命令仪器开始新的测量。瞬态记录仪的工作模式如图 4.116 所示[4.153,4.154]。输入信号或外部提供的触发信号启动了扫描。模数转换器将放大后的输入信号以相同的时间间隔转换为数字格式的信号并存储在不同通道的半导体存储器中。例如，用 100 个通道就可以对一个一次性信号进行 100 次等间距取样。时间分辨率依赖于扫描时间，并受限于瞬态记录仪的频率响应。取样间隔可以在 10ns 到 20s 之间选择。对于 2000 个取样点，扫描时间可以从 20μs 变化到 5h。利用现代仪器，可以实现高达 500MHz 的采样率。

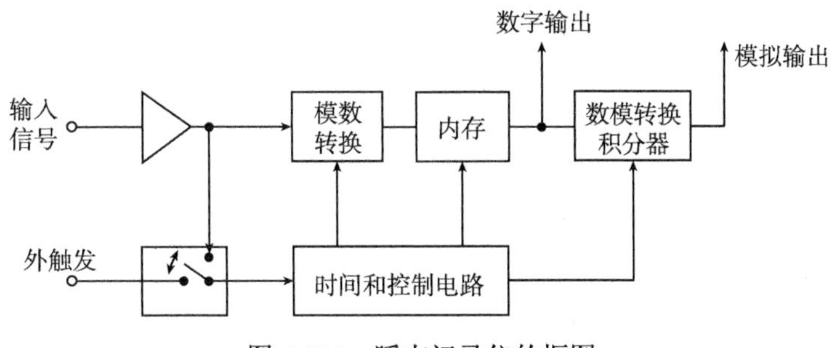


图 4.116 瞬态记录仪的框图

将瞬态记录仪与电子束的高速响应时间结合起来，用电子束在一个扫描变频管中的二极管阵列上写和存信息，就可以实现高于 500MHz 的采样和分析。瞬态数字仪的基本原理如图 4.117 所示[4.155]。“读出”电子束扫描着大约有 640 000 个二极管的阵列，它将所有反向偏置的 pn 结充电直至这些二极管达到饱和电压。“写入”电子束照射在 10μm 厚的目标的另一侧并产生电子–空穴对，它们扩散到阳极并使得它部分放电。当“读出”电子束照射到放了电的二极管的时候，又重新对它充电，接着就会在目标电极上产生电流信号，该信号可以数字式地处理。

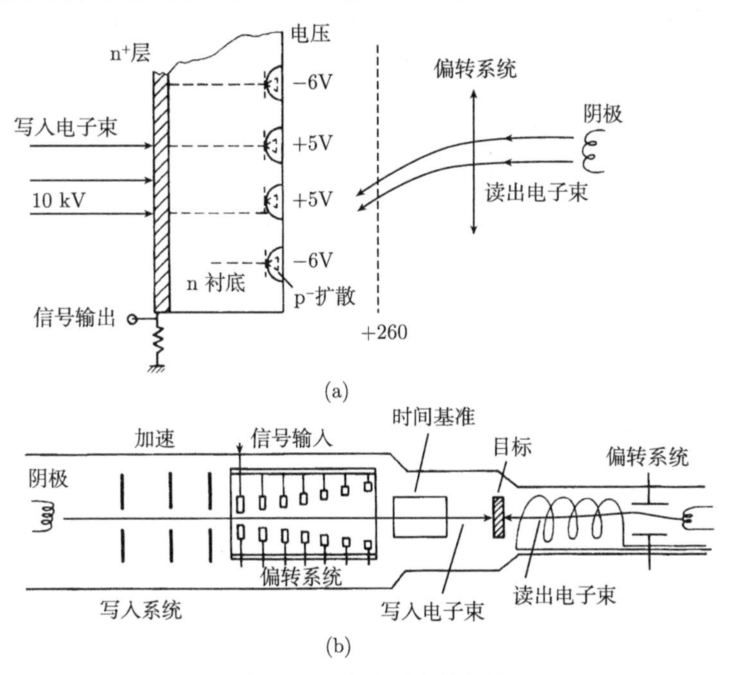


图 4.117 高速瞬态数字计

(a) 硅二极管阵列; (b) 读写电子枪[4.155]

这种仪器可以用于非存储模式，这时，它的工作方式类似于带有视频信号的传统摄像机，可以用一个监视器来观察。在数字模式中，目标被“读出”光束以分立的步子扫描。只有在轨迹被写到目标上的点上时，这些点的的地址才被传输并存储在寄存器中。这种瞬态数字计监视快速瞬态信号的时间精度可以达到 100ps，并且在计算机中以数字的形式处理数据。例如，用计算机进行傅里叶变换，可以从测量信号的时间分布得到它的频率分布。

3) 光学示波器

光学示波器将条纹相机和取样示波器结合起来。它的工作原理如图 4.118 所示[4.156]，入射光 $I(t)$ 聚焦在条纹相机的光阴极上。阴极释放出来的电子穿过两个偏转电极后射向取样狭缝。只有在特定的时刻通过偏转电场的电子才可以穿过狭缝。它们撞击磷光屏，发出来的光被光电倍增管 (PM) 探测。光电倍增管的输出经放大后进入取样示波器，在那里储存起来并进行处理。可以用不同的 (触发与取样之间的) 延迟时间 $t$ 来多次重复取样操作，类似于 boxcar 的工作原理 (图 4.114)。每个取样间隔可以得到信号

$$S(t,\Delta t)=\int_{t}^{t+\Delta t} I(t)\mathrm{d}t \tag{4.155}$$

对所有的取样间隔 $\Delta t$ 求和，就可以得到总信号

$$S(t)=\sum_{n=1}^{N}\int_{t=(n-1)\Delta t}^{t=n\cdot\Delta t} I(t)\mathrm{d}t \tag{4.156}$$

它给出了入射光的强度随时间的变化关系 $I(t)$。

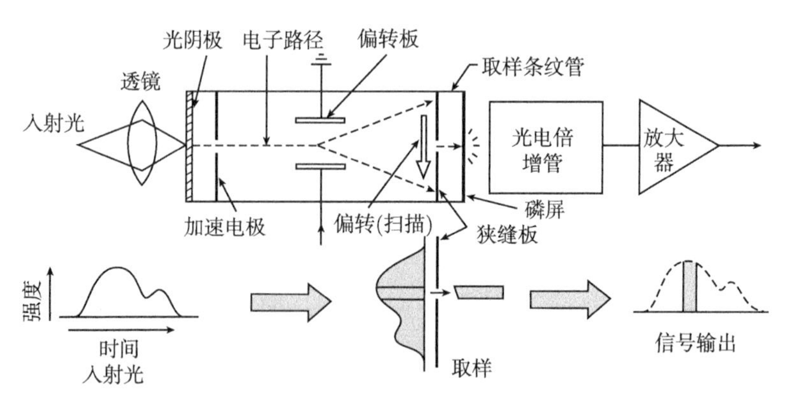


图 4.118　光学示波器[4.156]

系统的谱响应依赖于第一个光阴极，可见光型的仪器可以达到 350 ~ 850μm，而扩展红外型的仪器可以达到 400 ~ 1550μm。时间分辨精度优于 10ps，取样速率可以达到 2MHz。限制来自于时间噪音，标称值小于 20ps。

# 4.6 结 论

本章简要地介绍了光谱学仪器，总结了光谱学的基本概念，给出了光谱学物理量之间的重要关系。这些背景知识有助于理解以后各章的内容，它们处理的是本书的主题：利用激光来解决光谱问题。虽然到目前为止我们处理的只是一般性的光谱学，但是我们选择的例子都侧重于激光光谱学。第 4 章更是如此，它并没有全面地介绍光谱仪器，而是力图描述激光光谱学所使用的现代仪器的概貌。

对于特殊的仪器和光谱技术，例如光谱仪、干涉仪和傅里叶光谱学，有一些非常好的更为详细的描述。除了各节给出的参考文献之外，关于光学[4.2]、光学工程[4.1]、高级光学技术[4.158] 的系列丛书和单行本 [4.4], [4.6], [4.157]~[4.162] 给出了与特别的问题有关的更多信息。在一些手册中[4.163,4.164]，可以找到有用的实际知识。

# 4.7 习 题

**4.1** 计算光栅光谱仪的光谱分辨率，入射狭缝宽度为 10μm，镜子 $M_1$ 和 $M_2$ 的焦距为 $f_1 = f_2 = 2\text{m}$，光栅为 1800 沟槽/mm，入射角 $\alpha = 45°$。如果光栅的尺寸为 $100 \times 100\text{mm}^2$，那么，有用的最小狭缝宽度是多少？

**4.2** 习题 4.1 中的光谱仪被用于 500nm 附近波长的一阶衍射。如果光谱仪允许的入射角 $\alpha$ 大约是 20°，那么最佳闪烁角是多少？

**4.3** 计算利特罗光栅的刻线密度 (沟槽/mm)，入射角为 25°，波长为 $\lambda = 488\text{nm}$。也就是说，一阶衍射光被反射回入射方向，与光栅法线方向的夹角为 $\alpha = 25°$。

**4.4** 如果入射光束几乎与棱镜表面平行的话，可以用棱镜来扩束。一束氦氖激光束 ($\lambda = 632.8\text{nm}$) 透过一个燧石玻璃的直角棱镜 ($\epsilon = 60°$)，为了将光束扩大 10 倍，入射角 $\alpha$ 应该是多少？

**4.5** 迈克耳孙干涉仪有一个可连续移动的反射镜，假定在测量该干涉仪的干涉条纹时，信噪比可以达到 50。在测量 $\lambda = 600\text{nm}$ 的激光波长时，为了达到 $10^{-4}\text{nm}$ 的精确度，反射镜必须移动的最小长度 $\Delta L$ 是多少？

**4.6** 法布里–珀罗干涉仪的每个光学板的介质膜具有下述性质：$R = 0.98$，$A = 0.3\%$。在 $\lambda = 500\text{nm}$ 处，表面的平整度为 $\lambda/100$。假定该干涉仪的板间距为 5mm，估计它的品质因数、最大透射率和光谱分辨率。

**4.7** 用 $10^{-2}\text{nm}$ 的光谱分辨率来测量荧光光谱。实验者计划使用交叉设置的光栅光谱仪 (线性色散为 0.5nm/mm) 和习题 4.6 中的法布里–珀罗干涉仪。估计光谱仪的狭缝宽度和法布里–珀罗干涉仪的板间距的最佳值。

**4.8** 设计一个干涉滤光片，透射峰值位于 $\lambda = 550\text{nm}$，半高宽为 5nm。如果在 350nm 和 750nm 之间在没有其他透射极大值，那么介质膜的反射率 $R$ 和标准具的厚度应该是多少？

**4.9** 用共焦型法布里–珀罗干涉仪作为光学频谱分析仪，自由光谱区为 3GHz。为了使激光谱线的分辨精度达到 10MHz，镜间距 $d$ 和品质因数应该是多少？如果表面的品质因数为 500，那么，镜子的反射率最小应该是多少？

**4.10** Lyot 滤光片由两个光学板组成 ($d_1 = 1\mathrm{mm}$，$d_2 = 4\mathrm{mm}$). 在快轴方向上，$n = 1.40$；在慢轴方向上，$n = 1.45$。计算该滤光片的透射峰 (a) 随波长 $\lambda$ 的变化关系，公式 (4.97) 中的 $\alpha = 45°$；(b) 波长 $\lambda$ 固定不变时，随 $\alpha$ 的变化关系。如果吸收损耗为 2%，对于任意波长 $\lambda$，透射强度 $I(\alpha)$ 的对比度是多少？

**4.11** 对于图 4.79(b) 中的等效电路，推导公式 (4.116)。

**4.12** 热探测器的热容为 $H = 10^{-8}\mathrm{J/K}$，它到热沉的热导率为 $G = 10^{-9}\mathrm{W/K}$。如果效率为 $\beta = 0.8$，功率为 $10^{-9}\mathrm{W}$ 的连续入射光所引起的温度变化 $\Delta T$ 是多少？如果辐射在 $t = 0$ 时刻启动，探测器温度需要多长时间才能达到 $\Delta T(t) = 0.9\Delta T_\infty$？探测器的时间常数是多少？如果探测器的响应降低到直流情况的一半，入射光的调制频率 $\Omega$ 应该是多少？

**4.13** 热辐射探测器辐射热计的工作温度是 $T = 8\mathrm{K}$，介于超导态和正常态之间，正常态电阻为 $R = 10^{-3}\Omega$。热容为 $H = 10^{-8}\mathrm{J/K}$，直流电流为 1mA。当辐射功率为 $10^{-10}\mathrm{W}$ 的时候，为了保持温度不变，加热电流的变化 $\Delta i$ 应该是多少？

**4.14** 光电倍增管的阳极通过 $R = 1\mathrm{k}\Omega$ 连接到大地。杂散电容为 10pf，电流放大率为 $10^6$，阳极上升时间为 1.5ns。一个光生电子产生的阳极电流的峰值幅度和半高宽是多少？如果阴极在波长 $\lambda = 500\mathrm{nm}$ 处的量子效率为 $\eta = 0.2$，阳极电阻为 $R = 10^6\Omega$，那么，功率为 $10^{-12}\mathrm{W}$ 的连续光辐射产生多大的直流电流？为了 (a) 产生用于单光子计数的 1V 脉冲，和 (b) 在直流电压表上读出连续光辐射的 1V 信号，估计预放大器所需的电压放大倍数。

**4.15** 二级光学影像放大器的制造商声称，在磷光屏上，波长 $\lambda = 500\mathrm{nm}$、入射光强为 $10^{-17}\mathrm{W}$ 的辐射仍然可以被“看到”。如果阴极的量子效率和磷光屏的转化效率都是 0.2，磷光屏发射出来的光的收集效率为 0.1，那么光强放大倍数最小应该是多少？人眼需要每秒至少 20 个光子，才能够观测到信号。

**4.16** 在室温下，辐射光强为 10μW，光伏探测器在短路时的输出光电流为 50μA，暗电流为 50nA。估计开路时的最大输出电压。

# 第 5 章　激光：光谱测量中的光源

本章中总结了光谱学应用中的激光的基本概念。全面了解激光物理学，包括被动光学腔和主动光学腔及其模式谱、单模激光的实现以及频率稳定技术，有助于深入理解激光光谱学的许多主题、优化实验装置。光谱学工作者特别感兴趣的是不同类型的可调谐激光器，第 5.7 节将对此进行讨论。即使在没有可调谐激光器的光谱范围内，光学倍频和混频技术也可以提供可调谐的相干光源，如第 5.8 节所述。

## 5.1　激光的基本知识

本节采用直观的方式而非严格的数学方法简要地介绍激光物理学的基本知识。关于激光物理学以及各种激光器更为详细、广泛的讨论，可以在教科书中找到，例如，文献 [5.1]~[5.10]。基于量子力学的对激光更为深入的描述，请参见文献 [5.11]~[5.15]。

### 5.1.1　激光器的基本元件

激光器基本上包括三种元件 (图 5.1(a))：

(a) 增益介质，对入射电磁波进行放大；

(b) 能量泵浦源，将能量选择性地泵浦到增益介质中，在选择好的能级上实现粒子数占据和粒子数反转；

(c) 光学共振腔，可以由两个相对的镜子组成，将受激辐射的一部分能量存储并限制在几个共振腔模式中。

能量泵浦源 (例如，闪光灯、气体电离源或者其他激光器) 在激光介质中产生了粒子数分布 $N(E)$，后者显著地偏离于热平衡分布下的玻尔兹曼分布 (式 (2.18))。当泵浦功率足够大的时候，特定能级 $E_k$ 上的粒子数密度可能会超过较低能级 $E_i$ (图 5.1(b))。

因为这种粒子数反转，跃迁 $E_k \to E_i$ 的辐射速率 $N_k B_{ki} \rho(\nu)$ 就大于吸收速率 $N_i B_{ik} \rho(\nu)$。根据式 (3.22)，穿过增益媒质的电磁波就会放大而不是衰减。

光学共振腔的作用是对增益介质中被激发的分子所发出的辐射进行选择性的反馈。在一定的泵浦阈值以上，这种反馈使得激光放大器变成了激光振荡器。当共振腔可以将受激辐射的电磁波能量存储到几个共振模式中的时候，谱能量密度 $\rho(\nu)$ 可以变得非常大。这就增强了进入这些模式中的受激辐射，因为根据式 (2.22)，

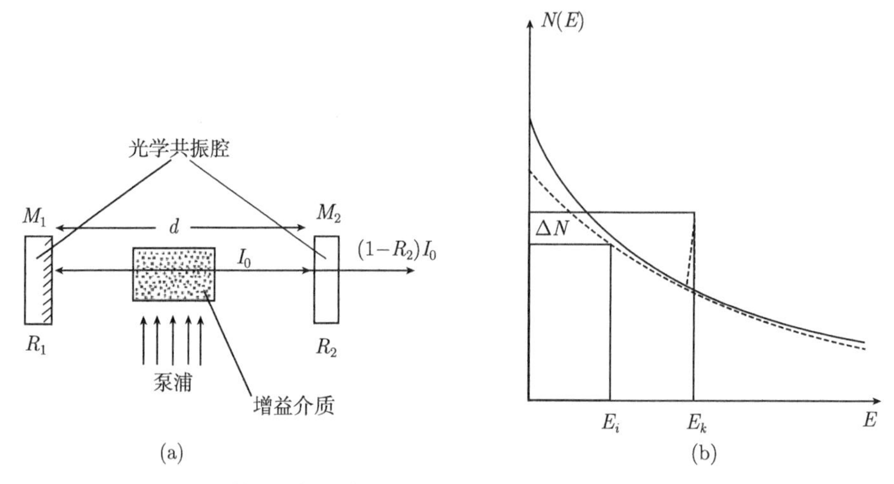


图 5.1　(a) 激光器的示意图；(b) 粒子数反转 (虚线) 和热平衡下的玻尔兹曼分布 (实线) 的比较

当 $\rho(\nu) > h\nu$ 的时候，受激辐射速率已经超过了自发辐射速率。在第 5.1.3 节中我们将会看到，利用开放式的光学共振腔，可以将受激辐射汇聚到少数几个共振模式中，开放式光学共振腔是一个空间选择和频率选择的光学滤波器。

### 5.1.2　阈值条件

当频率为 $\nu$ 的单色电磁波沿着 $z$ 方向在媒质中传播的时候，媒质分子的能级为 $E_i$ 和 $E_k$，$(E_k - E_i)/h = \nu$，根据式 (3.23)，光强 $I(\nu, z)$ 由下式给出

$$I(\nu, z) = I(\nu, 0)\mathrm{e}^{-\alpha(\nu)z} \tag{5.1}$$

其中，吸收系数依赖于频率

$$\alpha(\nu) = [N_i - (g_i/g_k)N_k]\sigma(\nu) \tag{5.2}$$

它决定于跃迁 $(E_i \to E_k)$ 的吸收截面 $\sigma(\nu)$ 以及统计权重为 $g_i$ 和 $g_k$ 的能级 $E_i$ 和 $E_k$ 上的粒子数密度 $N_i$ 和 $N_k$，见式 (2.44)。由式 (5.2) 可以得到，当 $N_k > (g_k/g_i)N_i$ 的时候，吸收系数 $\alpha(\nu)$ 变为负值，入射光被放大而非衰减。

如果在两个端镜之间有增益介质 (图 5.2)，来回反射的光就会多次通过增益介质，这样就增加了总放大倍数。如果增益介质的总长度为 $L$，每次往返的没有损耗的总增益因子就是

$$G(\nu) = \frac{I(\nu, 2L)}{I(\nu, 0)} = \mathrm{e}^{-2\alpha(\nu)L} \tag{5.3}$$

反射率为 $R$ 的端镜只能够反射入射光的 $R$ 部分。因此，每次反射都会产生一部分反射损耗 $(1 - R)$。此外，装有增益介质的样品盒的窗口的吸收、小孔的衍射以

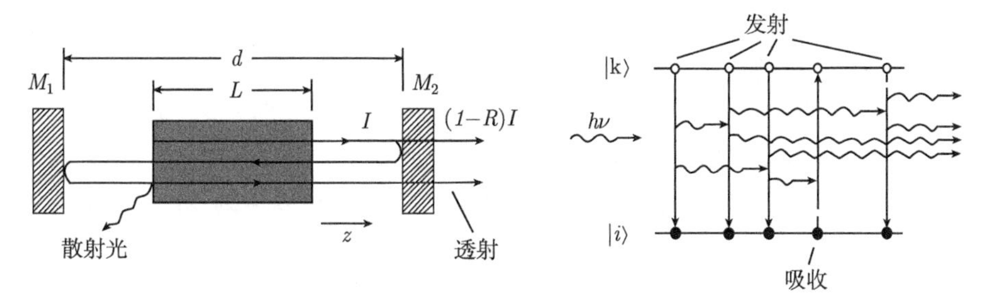


图 5.2 沿着共振腔轴在共振腔中来回传播的电磁波的增益和损耗

及光路中的灰尘和非理想表面引起的散射都会引入额外的损耗。将所有这些损耗汇总为一个损耗系数 $\gamma$，它表示每次往返时间 $T$ 内的损耗能量比 $\Delta W/W$，在没有增益介质的时候，假定损耗沿着共振腔长度 $d$ 上均匀分布，光强 $I$ 每往返一次就减小为

$$I = I_0 \mathrm{e}^{-\gamma} \tag{5.4}$$

将长度为 $L$ 的增益介质的放大考虑进来，光在长度为 $d$(可以大于 $L$) 的共振腔内往返一次后，其强度等于

$$I(\nu, 2d) = I(\nu, 0)\exp[-2\alpha(\nu)L - \gamma] \tag{5.5}$$

如果每次往返的增益大于损耗，那么光就被放大了。也就是说

$$-2L\alpha(\nu) > \gamma \tag{5.6}$$

利用式 (5.2) 中的吸收截面 $\sigma(\nu)$，可以将上式写为

$$2L\Delta N\sigma(\nu) > \gamma$$

它给出粒子数差的阈值条件为

$$\boxed{\Delta N = N_k(g_i/g_k) - N_i > \Delta N_{\text{thr}} = \frac{\gamma}{2\sigma(\nu)L}} \tag{5.7}$$

**例 5.1**

$L = 10\text{cm}$，$\gamma = 10\%$，$\sigma = 10^{-12}\text{cm}^2 \rightarrow \Delta N = 5 \times 10^9/\text{cm}^{-3}$。当氖气压为 0.2mbar 的时候，$\Delta N$ 大约对应于氦氖激光器中氖原子总密度的 $10^{-6}$。

如果增益介质中反转粒子数的差 $\Delta N$ 大于 $\Delta N_{\text{thr}}$，尽管有损耗，在端镜之间来回反射的光也会被放大，其光强就会增加。

初始光来自于增益介质中激发态原子的自发辐射。沿着正确方向传播 (即平行于共振腔轴) 的自发辐射光子在增益介质中传播的距离最长，因此，通过受激辐射产生新光子的机会就更大。超过阈值的时候，就会产生大量的光子，直到受激辐射耗尽的反转粒子数正好等于泵浦产生的数目。在稳态条件下，反转数减小到阈值

$\Delta N_{\mathrm{thr}}$，饱和净增益等于零，激光光强自限制到一个有限值 $I_{\mathrm{L}}$。激光光强决定于泵浦功率、损耗 $\gamma$ 和增益系数 $\alpha(\nu)$ (第 5.7 节和第 5.9 节)。

增益系数 $\alpha(\nu)$ 依赖于频率，与放大跃迁过程的谱线线形 $g(\nu-\nu_0)$ 有关。在没有饱和效应的时候 (如光强很小)，$\alpha(\nu)$ 直接反映了这个谱线的形状，对于均匀线形和非均匀线形都是如此。根据式 (2.44) 和式 (2.100)，可以得到爱因斯坦系数 $B_{ik}$

$$\alpha(\nu)=\Delta N\sigma_{ik}(\nu)=\Delta N(h\nu/c)B_{ik}g(\nu-\nu_0) \tag{5.8}$$

上式表明，在谱线中央 $\nu_0$ 处的放大系数最大。当光强很大的时候，发生了反转数的饱和效应，均匀谱线和非均匀谱线的情况是不同的 (第 2 卷第 2.1 节和第 2.2 节)。

损耗因子 $\gamma$ 还依赖于频率 $\nu$，因为共振腔损耗强烈地依赖于 $\nu$。因此，激光的频谱依赖于许多参数，第 5.2 节将进行更为详细的讨论。

### 5.1.3　速率方程

在激光稳态条件下，利用简单的速率方程，可以得到激光共振腔内的光子数和原子或分子能级上的粒子数密度。然而，需要注意的是，这种方法并没有考虑相干效应 (第 2 卷第 7 章)。

泵浦速率为 $P$(它等于每秒钟内每立方厘米中被泵浦到激光上能级 $|2\rangle$ 的原子数目)，弛豫速率为 $R_iN_i$(它等于每秒钟内每立方厘米中通过碰撞或自发辐射而从能级 $|i\rangle$ 上移走的原子数目)，每秒钟内的自发辐射几率为 $A_{21}$，如果统计权重因子相等，$g_1=g_2$，由式 (2.21) 可以得到粒子数密度 $N_i$ 和光子密度 $n$ 的速率方程 (图 5.3)：

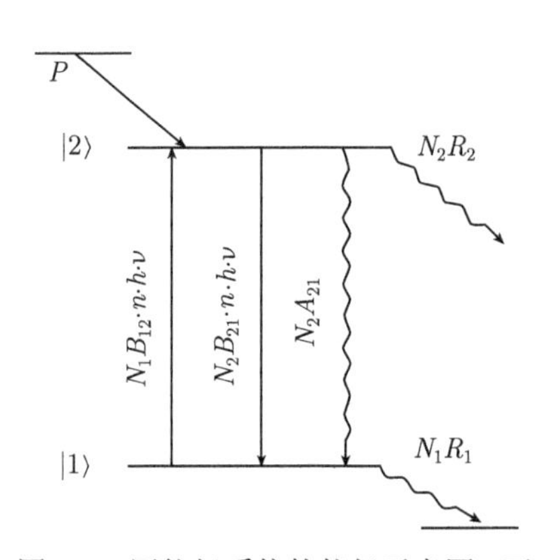

图 5.3　四能级系统的能级示意图：泵浦过程 $P$、弛豫速率 $N_iR_i$ 以及自发跃迁和诱导跃迁

$$\frac{\mathrm{d}N_1}{\mathrm{d}t}=(N_2-N_1)B_{21}nh\nu+N_2A_{21}-N_1R_1 \tag{5.9a}$$

$$\frac{\mathrm{d}N_2}{\mathrm{d}t}=P-(N_2-N_1)B_{21}nh\nu-N_2A_{21}-N_2R_2 \tag{5.9b}$$

$$\frac{\mathrm{d}n}{\mathrm{d}t}=-\beta n+(N_2-N_1)B_{21}nh\nu \tag{5.9c}$$

损耗系数 $\beta[\mathrm{s}^{-1}]$ 决定了光学共振腔内的光子密度 $n(t)$ 的损耗率。在没有增益介质的时候 ($N_1=N_2=0$)，由式 (5.9c) 可以得到

$$n(t)=n(0)\mathrm{e}^{-\beta t} \tag{5.10}$$

与每次往返的无量纲损耗系数 $\gamma$ 的定义式 (5.4) 进行比较可以得到，对于长度为 $d$、往返时间为 $T=2d/c$ 的共振腔，

$$\gamma=\beta T=\beta(2d/c) \tag{5.11}$$

在稳态条件下，我们有 $\mathrm{d}N_1/\mathrm{d}t=\mathrm{d}N_2/\mathrm{d}t=\mathrm{d}n/\mathrm{d}t=0$。式 (5.9a) 和式 (5.9b) 相加后可以得到

$$P=N_1R_1+N_2R_2 \tag{5.12}$$

它表示泵浦速率 $P$ 正好等于弛豫过程引起的两个激光能级上的原子的损耗速率 $N_1R_1+N_2R_2$。式 (5.9b) 和式 (5.9c) 相加，可以给出稳态条件

$$P=\beta n+N_2(A_{21}+R_2) \tag{5.13}$$

在连续激光器中，泵浦速率等于光子数损失速率 $\beta n$ 与上激光能级的总弛豫速率 $N_2(A_{21}+R_2)$ 之和。比较式 (5.12) 和式 (5.13) 可以得到，对于连续激光器有如下条件

$$N_1R_1=\beta n+N_2A_{21} \tag{5.14}$$

在激光稳态运行的时候，激光下能级 $N_1R_1$ 上的弛豫速率必须总是大于来自于上能级的注入速率!

将式 (5.9a) 乘以 $R_2$，式 (5.9b) 乘以 $R_1$，然后将二者相加，就可以由速率方程得到稳态的粒子反转数 $\Delta N_{\mathrm{stat}}$

$$\Delta N_{\mathrm{stat}}=\frac{(R_1-A_{21})P}{B_{12}nh\nu(R_1+R_2)+A_{21}R_1+R_1R_2} \tag{5.15}$$

只有当 $R_1>A_{21}$ 的时候，稳态粒子反转数才能满足 $\Delta N_{\mathrm{stat}}>0$。激光下能级 $|1\rangle$ 上的弛豫几率 $R_1$ 必须大于来自于激光上能级 $|2\rangle$ 的自发跃迁导致的再填充几率 $A_{21}$。实际上，在激光工作的时候，主要是受激辐射对粒子数 $N_1$ 有贡献，必须满足更为严格的条件 $R_1>A_{21}+B_{21}\rho$。因此，只有当能级 $|1\rangle$ 的有效寿命 $\tau_{\mathrm{eff}}=1/R_1$ 小于 $(A_2+B_{21}\rho)^{-1}$ 的时候，才可以在跃迁 $|2\rangle\rightarrow|1\rangle$ 上实现连续激光。

当激光开启的时候，光子数密度 $n$ 增加，直到粒子反转数密度 $\Delta N$ 减小到阈值密度 $\Delta N_{\mathrm{thr}}$ 为止。在 $\mathrm{d}n/\mathrm{d}t=0$ 和 $\mathrm{d}=L$ 的时候，由式 (5.9c) 立刻可以得到，

$$\Delta N=\frac{\beta}{B_{21}h\nu}=\frac{\gamma}{2LB_{21}h\nu/c}=\frac{\gamma}{2L\sigma}=\Delta N_{\mathrm{thr}} \tag{5.16}$$

其中，利用了关系式 (5.8)

$$\int\alpha(\nu)\mathrm{d}\nu=\Delta N\sigma_{12}=\Delta N(h\nu/c)B_{12}$$

**例 5.2**

$N_2=10^{10}/\mathrm{cm}^{-3}$，$(A_{21}+R_2)=2\times10^7\mathrm{s}^{-1}$，总的非相干损耗速率就是 $2\times$

$10^{17}/\text{cm}^{-3}\cdot\text{s}$。一个氦氖激光器的放电管的长度为 $L=10\text{cm}$，直径为 1mm，增益体积大约是 $0.075\text{cm}^3$。式 (5.9c) 中最后两项的总损耗就是 $1.5\times10^{16}\text{s}^{-1}$。

$\lambda=633\text{nm}$ 的激光器的输出功率为 3mW，发射光子的速率是 $\beta n=10^{16}\text{s}^{-1}$。在这个例子中，总泵浦速率必须达到 $P=(1.5+1)\times10^{16}\text{s}^{-1}=2.5\times10^{16}\text{s}^{-1}$，其中，向各个方向发射的荧光所带来的损耗要大于反射镜透射率所带来的损耗。

## 5.2 激光共振腔

在第 2.1 节中说过，在一个封闭式共振腔中存在着辐射场，它的谱能量密度 $\rho(\nu)$ 决定于共振腔壁的温度 $T$ 和共振腔模的本征频率。在光学区内，波长 $\lambda$ 远小于共振腔的尺度 $L$，可以得到 $\rho(\nu)$ 在热平衡状态下的普朗克分布式 (2.13)。在分子跃迁的谱间隔 $\text{d}\nu$ 内，单位体积内的模式数目非常大 (例 2.1(a))。

$$n(\nu)\text{d}\nu=8\pi(\nu^2/c^3)\text{d}\nu$$

当辐射源位于共振腔内的时候，它的辐射能量将分布在所有的模式之中；经过一段时间之后，系统在更高温度下重新达到热平衡。因为在这种封闭式共振腔中存在着大量数目的模式，在光学区域中，每个模式中的平均光子数 (它给出了一个模式内受激辐射与自发辐射的比值) 非常少 (图 2.7)。因此，$L\gg\lambda$ 的封闭式共振腔并不适合作为激光共振腔。

为了将辐射能量集中到数目很少的几个模式中，共振腔需要为这些模式提供很强的反馈，而对其他模式产生很大的损耗。这样就可以在低损耗的模式中建立起强辐射场，而高损耗模式不能够达到振荡阈值。

假定第 $k$ 个共振腔模式的损耗因子为 $\beta_k$，它包含的辐射能量为 $W_k$。该模式每秒钟内损失的能量就是

$$\frac{\text{d}W_k}{\text{d}t}=-\beta_kW_k \tag{5.17}$$

在稳态条件下，这个模式中的能量将达到一个稳态值，损耗等于输入的能量。如果在 $t=0$ 时刻关闭输入的能量，能量 $W_k$ 就会以指数的形式衰减，因为式 (5.17) 的积分给出

$$W_k(t)=W_k(0)\text{e}^{-\beta_kt} \tag{5.18}$$

将第 $k$ 个共振腔模式的品质因数 $Q_k$ 定义为 $2\pi$ 乘以模式中储存的能量与每个振荡周期 $T=1/\nu$ 内损失的能量的比值

$$Q_k=-\frac{2\pi\nu W_k}{\text{d}W_k/\text{d}t} \tag{5.19}$$

损耗因子 $\beta_k$ 和品质因数 $Q_k$ 之间的关系为

$$Q_k = 2\pi\nu/\beta_k \tag{5.20}$$

经过时间 $\tau = 1/\beta_k$ 之后，储存在模式中的能量减小为 $t = 0$ 时刻数值的 $1/\mathrm{e}$。可以将这个时间视为该模式中一个光子的平均寿命。如果共振腔中绝大多数模式的损耗因子都很大，只有一个选定的模式具有很小的 $\beta_k$，那么该模式中的光子数目就远大于其他模式中的光子数目，即使所有模式中的辐射能在 $t = 0$ 时刻都相等，也是如此。如果增益介质的每次往返的非饱和增益系数 $\alpha(\nu)L$ 大于损耗因子 $\gamma_k = \beta_k(2d/c)$，但是小于所有其他模式中的损耗，激光就会在这个选定模式中振荡起来。

### 5.2.1 开放式光学共振腔

利用开放式共振腔，可以将增益介质的辐射能量集中到几个模式之中，这个共振腔由两个平面镜或曲面镜构成，镜子放置的方式使得沿着共振腔轴传播的光可以在镜子之间来回反射。这样的光就会多次通过增益介质，获得很大的增益。与共振腔轴倾斜的其他光线经过几次反射之后就会离开共振腔，其强度来不及达到比较高的水平 (图 5.4)。

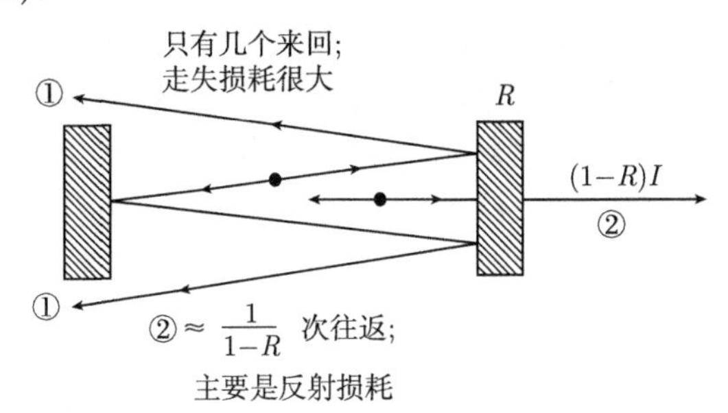


图 5.4 开放式共振腔中的反射损耗以及倾斜光束的走失损耗

除了走失损耗之外，反射损耗也会减少共振腔模中存储的能量。如果共振腔端镜 $M_1$ 和 $M_2$ 的反射率为 $R_1$ 和 $R_2$，那么，在被动式共振腔中，光强在一次往返之后就减小为

$$I = R_1R_2I_0 = I_0\mathrm{e}^{-\gamma_R} \tag{5.21}$$

其中，$\gamma_\mathrm{R} = -\ln(R_1R_2)$。因为往返时间为 $T = 2d/c$，式 (5.18) 中由于反射损耗引起的衰减常数 $\beta$ 就是 $\beta_\mathrm{R} = \gamma_\mathrm{R}c/2d$。因此，在没有额外损耗的情况下，共振腔中一个光子的平均寿命就是

$$\tau = \frac{1}{\beta_\mathrm{R}} = \frac{2d}{\gamma_\mathrm{R}c} = -\frac{2d}{c\ln(R_1R_2)} \tag{5.22}$$

原则上说，这种开放式共振腔与第 4 章讨论的法布里–珀罗干涉仪完全一样；我们将会看到，第 4.2 节得到的一些关系式在这里也成立。然而，从几何尺寸来说，

它们有着本质的差别。在通常的法布里–珀罗干涉仪中，两个反射镜之间的距离小于它们的直径，而激光共振腔的情况通常相反。反射镜直径 $2a$ 远小于反射镜之间的距离 $d$。这就意味着在激光共振腔中，两个反射镜之间来回反射的光的衍射损耗非常重要，而对于通常的法布里–珀罗干涉仪来说，这一效应完全可以忽略不计。

为了估计衍射损耗的大小，让我们采用一个简单的例子。平面波照射在直径为 $2a$ 的反射镜上，它被反射之后，由于衍射引起的空间强度分布完全等价于平面波通过一个直径为 $2a$ 的小孔后的强度分布 (图 5.5)。$\theta=0$ 处的中心衍射极大值位于 $\theta_1=\pm\lambda/2a$ 的两个干涉极小值之间 (对于圆形小孔，必须加上一个因子 1.2，见文献 [5.16])。在通过小孔的总光强中，大约 16% 的部分被衍射到高阶上去，$|\theta|>\lambda/2a$。因为衍射效应，反射光的外侧部分照不到第二个反射镜 $M_2$ 上，所以就丢失了。这个例子证明，衍射损耗依赖于 $a$、$d$ 和 $\lambda$ 的数值，并依赖于入射光在反射镜表面的振幅分布 $A(x,y)$。无量纲的菲涅耳数可以表征衍射损耗的影响

$$N_{\mathrm{F}}=\frac{a^2}{\lambda d} \tag{5.23}$$

它的含义如下 (图 5.6(a))。绕着共振腔轴构造锥体，侧边长为 $r_m=(q+m)\lambda/2$，顶点 $A$ 位于共振腔反射镜上，它们与距离 $d=q\lambda/2$ 处的另一个共振腔反射镜的交叉截面是圆形。两个圆之间的环形区域被称为菲涅耳带。$N_{\mathrm{F}}$ 给出了由反射镜的中心 $A$ 看到的对面的共振腔反射镜上的菲涅耳带的数目 [5.16,5.17]。如果反射镜之间的距离为 $d$，这些菲涅耳带的半径是 $\rho_m=\sqrt{m\lambda d}$，到 $A$ 点的距离为 $r_m=\dfrac{1}{2}(m+q)\lambda$ $(m=0,1,2,\cdots\ll q)$ (图 5.6)。

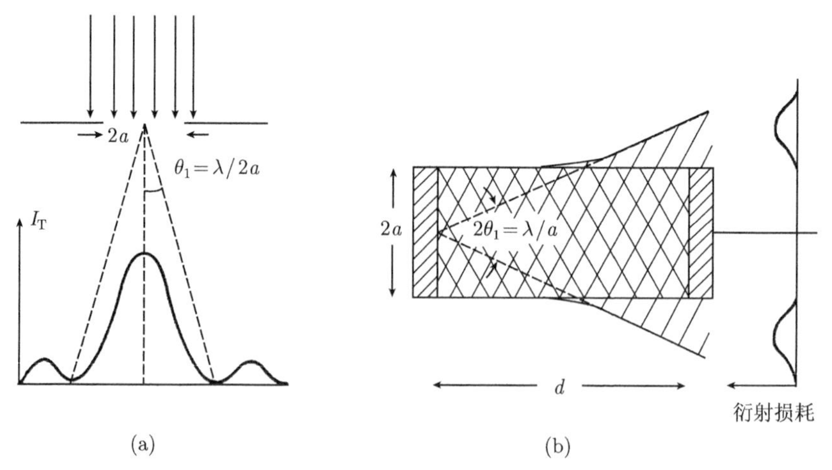


图 5.5 小孔处的衍射 (a) 等价于一个相同尺寸的反射镜的衍射 (b)。图 (a) 中的透射光的衍射图案等于图 (b) 中反射光的衍射图案。此时，$\theta_1 d=a\rightarrow N=0.5$

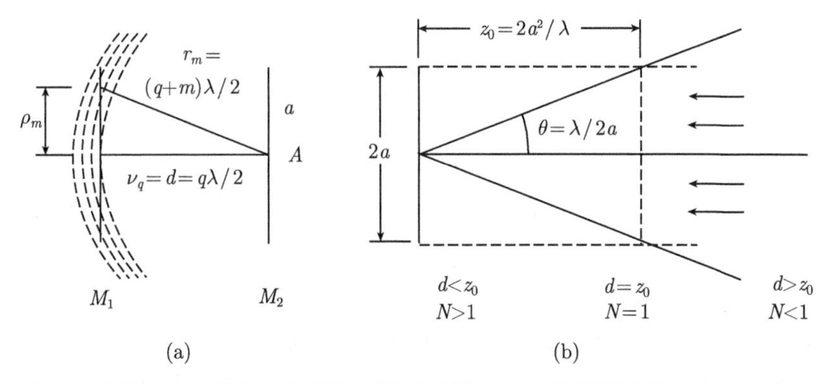


图 5.6 (a) 由反射镜 $M_2$ 的中心看到的对面反射镜 $M_1$ 上的菲涅耳带；(b) $d/a$ 的三个区域，菲涅耳数分别为 $N>1$、$N=1$ 和 $N<1$ 的三个区域

如果一个光子在共振腔内往返了 $n$ 次，最大衍射角 $2\theta$ 应当小于 $a/(nd)$。由 $2\theta=\lambda/a$ 可以得出条件

$$N_{\mathrm{F}}>n \tag{5.24}$$

它表明，如果菲涅耳数 $N_{\mathrm{F}}$ 大于光子在共振腔内的往返次数 $n$，那么平面镜共振腔的衍射损耗可以忽略不计。

**例 5.3**

(a) 一个平面法布里–珀罗干涉仪，$d=1\mathrm{cm}$，$a=3\mathrm{cm}$，$\lambda=500\mathrm{nm}$，它的菲涅耳数为 $N=1.8\times10^5$。

(b) 在一个气体激光器的共振腔中，平面反射镜的间距为 $d=50\mathrm{cm}$，$a=0.1\mathrm{cm}$，$\lambda=500\mathrm{nm}$，它的菲涅耳数 $N=4$。因为 $n$ 大约是 $n=50$，衍射损耗是很重要的。

当平面波在两个平面反射镜之间来回反射的时候，每次往返由于衍射效应导致的能量损失近似是

$$\gamma_{\mathrm{D}}\sim\frac{1}{N} \tag{5.25}$$

对于第一个例子，平面型法布里–珀罗干涉仪的衍射损耗大约是 $5\times10^{-6}$，因此完全可以忽略不计。对于第二个例子，衍射损耗达到了 25%，已经超过了许多激光跃迁的增益，也就是说，在这种共振腔中，平面波达不到阈值。然而，这些高衍射损耗使得平面波发生了不可忽视的扭曲，反射镜表面的振幅 $A(x,y)$ 不再是一个常数 (第 5.2.2 节)，而是朝着反射镜边缘减小。这就减小了衍射损耗，例如，当 $N\geqslant20$ 的时候，$\gamma_{\mathrm{Diffr}}\leqslant0.01$。

可以证明[5.18]，菲涅耳数相同的所有平面镜共振腔具有相同的衍射损耗，与 $a$、$d$ 或 $\lambda$ 的数值无关。

曲面反射镜共振腔的衍射损耗可能低于平面镜共振腔，因为它们可以将图 5.5 中的发散衍射波再度汇集起来 (第 5.2.5 节)。

### 5.2.2 开放式共振腔中的场分布

在第 2.1 节中我们已经看到，封闭式共振腔中的任何一个稳态场构型 (被称为一个模式) 都是由平面波构成的。因为衍射效应，在开放式共振腔中，平面波不能够给出稳态场，因为衍射损耗依赖于坐标 $(x, y)$ 并且随着到共振腔的 $z$ 轴距离而增大。也就是说，平面波的分布 $A(x, y)$ 与 $x$ 和 $y$ 无关，但是，在开放式共振腔中，在反射镜之间运动的光在每次往返之后都会发生改变，直到它达到稳态分布为止。当 $A(x, y)$ 不再改变的时候，就达到了稳态场构型，它被称为开放式共振腔的一个模式；当然，如果没有增益介质的放大补偿的话，损耗就会减小总振幅。

利用基尔霍夫–菲涅耳衍射理论，可以通过迭代方法得到开放式共振腔的模式构型[5.17]。至于衍射损耗，带有两个平面正方形反射镜的共振腔可以用下述等效方式来替换，即一系列尺寸为 $(2a)^2$ 的方形小孔，相邻小孔之间的距离为 $d$(图 5.7)。当入射平面波沿着 $z$ 方向传播的时候，它的振幅分布相继地被衍射效应改变，由一个常振幅变为最终的稳态分布 $A_n(x, y)$。第 $n$ 个小孔所在平面处的空间分布 $A_n(x, y)$ 取决于通过上一个小孔后的分布 $A_{n-1}(x, y)$。

由基尔霍夫衍射理论可以得到 (图 5.8)

$$A_n(x, y) = -\frac{i}{\lambda}\int\int A_{n-1}(x', y')\frac{1}{\rho}\mathrm{e}^{-ik\rho}\cos\theta\mathrm{d}x'\mathrm{d}y' \tag{5.26}$$

如果

$$A_n(x, y) = CA_{n-1}(x, y) \text{ 其中，} C = \sqrt{1-\gamma_D}\mathrm{e}^{i\phi} \tag{5.27}$$

那么就可以达到稳态场分布。在稳态场建立起来之后，振幅衰减因子 $|C|$ 就不依赖于 $x$ 和 $y$。$\gamma_\mathrm{D}$ 表示衍射损耗，$\phi$ 表示衍射引起的相应相移。

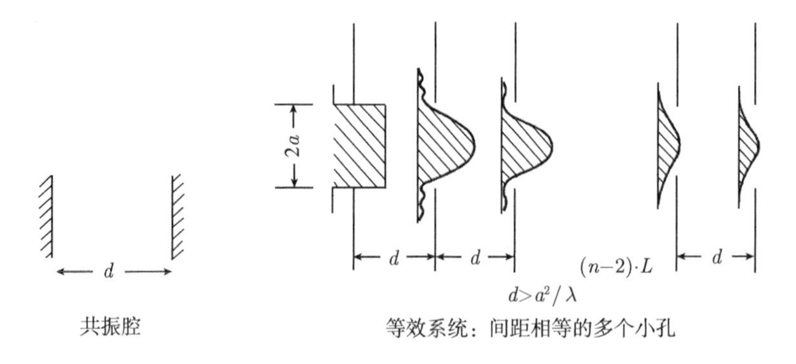


图 5.7　间距为 $d$ 的相邻小孔引起的平面波衍射等价于镜间距为 $d$ 的平面镜共振腔中相继反射引起的衍射

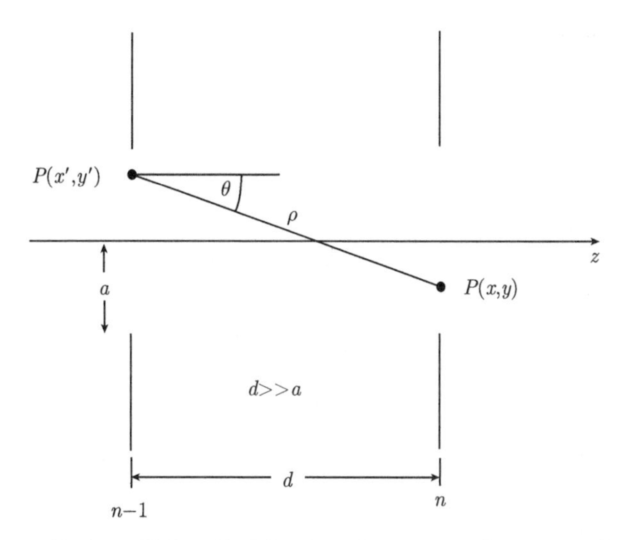


图 5.8 式 (5.26) 的说明，给出了关系式 $\rho^2 = d^2 + (x - x')^2 + (y - y')^2$ 和 $\cos\theta = d/\rho$

在稳态场构型下，将式 (5.27) 代入式 (5.26)，可以得到如下的积分方程

$$A(x, y) = -\frac{i}{\lambda}(1 - \gamma_D)^{-1/2}\mathrm{e}^{-i\phi}\int\int A(x', y')\frac{1}{\rho}\mathrm{e}^{-ik\rho}\cos\theta\mathrm{d}x'\mathrm{d}y' \tag{5.28}$$

因为间距相等的多个小孔等效于平面反射镜共振腔，这个积分方程的解也表示开放式共振腔的稳态模式。模式相移 $\phi$ 依赖于衍射，共振条件要求反射镜之间的距离 $d$ 等于 $\lambda/2$ 的整数倍。

一般性的积分方程式 (5.28) 并不能够解析地求解，因此，必须寻求近似方法。对于两个全同的正方形 $(2a)^2$ 平面反射镜，如果菲涅耳数 $N = a^2/(d\lambda)$ 远小于 $(d/a)^2$，即 $a \ll (d^3\lambda)^{1/4}$，可以将式 (5.28) 分解为两个一维方程来进行数值求解，每个坐标 $x$ 和 $y$ 各自对应一个方程。这样就可以解出积分方程式 (5.28)。这个近似条件意味着，在分母中，$\rho \approx d$，而且 $\cos\theta \approx 1$。在含有相位的项 $\exp(-\mathrm{i}k\rho)$ 中，距离 $\rho$ 不能够用 $d$ 来替代，因为即使变化非常小，指数中的相位也很敏感。然而，因为 $x', x, y', y \ll d$，可以将 $\rho$ 展开为幂级数

$$\rho = \sqrt{d^2 + (x' - x)^2 + (y' - y)^2} \approx d\left[1 + \frac{1}{2}\left(\frac{x' - x}{d}\right)^2 + \frac{1}{2}\left(\frac{y' - y}{d}\right)^2\right] \tag{5.29}$$

将式 (5.29) 代入式 (5.28)，就可以将二维方程分解为两个一维方程。对于“无穷次剥离”的共振腔，Fox 和 Li 进行了这种数值迭代求解[5.19]。他们证明，的确存在稳态场分布，他们还计算了这些模式的场分布、相移以及衍射损耗。

### 5.2.3 共焦式共振腔

Boyd、Gordon 和 Kogelnik 将这种分析推广到共焦安置的球面反射镜共振腔[5.20,5.21]，后来，其他人将它推广到一般性的激光共振腔[5.22~5.30]。在对称共焦的情况下，半径相等 $R_1 = R_2 = R$ 的两个反射镜的焦点重合在一起，即反射镜之间的距离 $d$ 等于曲率半径 $R$.

在这种情况下，式 (5.28) 可以分解为两个一维齐次 Fredholm 方程，它们可以解析地求解[5.20,5.24]。结果表明，共焦式共振腔的稳态振幅分布可以表示为一个厄米多项式、一个高斯函数和一个相位因子的乘积

$$A_{mn}(x,y,z) = C^* H_m(x^*) H_n(y^*) \exp(-r^2/w^2) \exp[-\mathrm{i}\phi(z,r,R)] \tag{5.30}$$

其中，$C^*$ 是归一化因子。函数 $H_m$ 是第 $m$ 阶厄米多项式。最后一个因子是到共振腔轴的距离为 $r = (x^2 + y^2)^{1/2}$ 的平面 $z = z_0$ 上的相位 $\phi(z_0, r)$。因变量 $x^*$ 和 $y^*$ 依赖于镜间距 $d$，它们与坐标 $x$ 和 $y$ 的关系是 $x^* = \sqrt{2}x/w$ 和 $y^* = \sqrt{2}y/w$，其中，

$$w^2(z) = \frac{\lambda d}{2\pi}[1 + (2z/d)^2] \tag{5.31}$$

它量度了径向强度分布。坐标 $z$ 的零点位于共焦式共振腔的中心 $z = 0$。

由厄米多项式的定义[5.31] 可以看出，指标 $m$ 和 $n$ 给出了振幅 $A(x,y)$ 在 $x$(或 $y$) 方向上的节点的数目。图 5.9 和图 5.11 画出了一些横向电磁驻波，它们被称为 $\mathrm{TEM}_{m,n}$ 模。衍射效应并不一定会影响波的横向特性。图 5.9(a) 给出了一些模式的一维振幅分布 $A(x)$，图 5.9(b) 给出了笛卡尔坐标系中的二维场振幅 $A(x,y)$ 和极坐标系中的 $A(r,\theta)$。$m = n = 0$ 的模式被称为基模或轴向模式 (纵向模式，通常也被称为零阶横模)，$m > 0$ 或 $n > 0$ 的构型被称为高阶横模。基模的强度分布 $I_{00} \propto A_{00}A_{00}^*$ (图 5.10) 可以由式 (5.30) 得到。由 $H_0(x^*) = H_0(y^*) = 1$，可以得到

$$I_{00}(x,y,z) = I_0 \mathrm{e}^{-2r^2/w^2} \tag{5.32}$$

基模具有高斯波形。当 $r = w(z)$ 的时候，光轴上 ($r = 0$) 的强度减小为最大值 $I_0 = C^{*2}$ 的 $1/\mathrm{e}^2$。$r = w(z)$ 被称为光束半径或模式半径。共振腔内的最小光束半径 $w_0$ 是束腰，它位于中心处 $z = 0$。根据式 (5.31)，由 $d = R$ 可以得到

$$w_0 = (\lambda R/2\pi)^{1/2} \tag{5.33}$$

在反射镜的位置上 ($z = d/2$)，光束半径 $w_s = w(d/2) = \sqrt{2}w_0$，它增大了一个因子 $\sqrt{2}$。

**例 5.4**

(a) $\lambda = 633\mathrm{nm}$ 的氦氖激光器，$R = d = 30\mathrm{cm}$，由式 (5.33) 可以得到束腰为 $w_0 = 0.17\mathrm{mm}$。

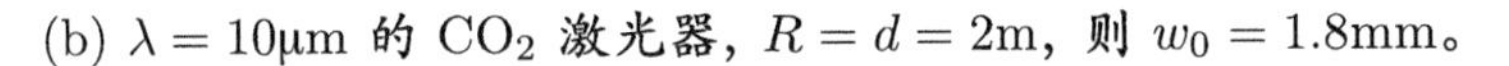

(b) $\lambda = 10\mu m$ 的 $CO_2$ 激光器，$R = d = 2m$，则 $w_0 = 1.8mm$。

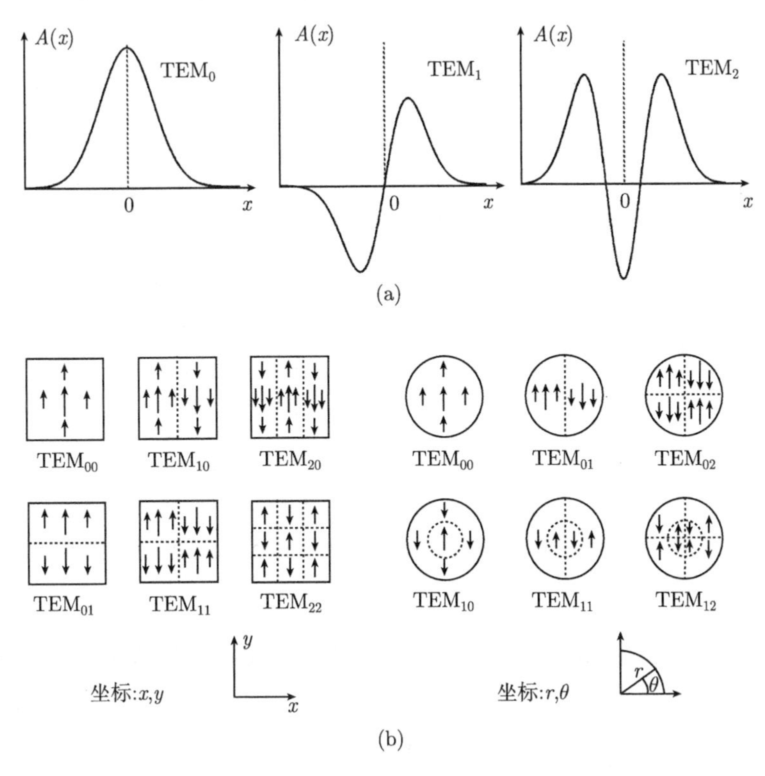


图 5.9 (a) 共焦式共振腔中的稳态一维振幅分布 $A_m(x)$；(b) 线偏振的共振腔模式的二维表示，方形小孔是 $\mathrm{TEM}_{m,n}(x,y)$，圆形小孔是 $\mathrm{TEM}_{m,n}(r,\theta)$

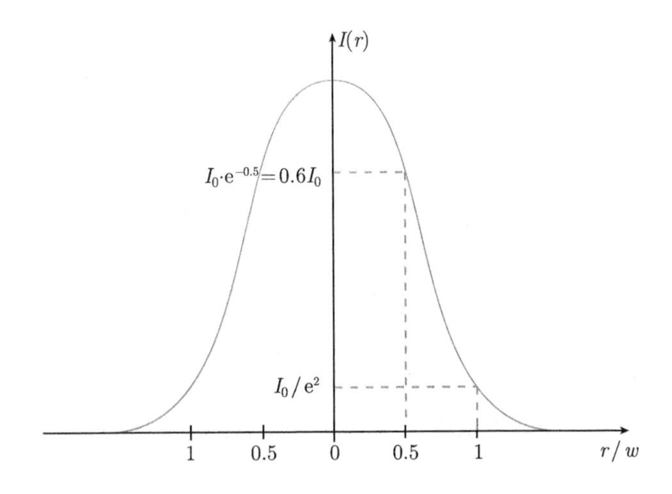


图 5.10 基模 $\mathrm{TEM}_{00}$ 的径向强度分布

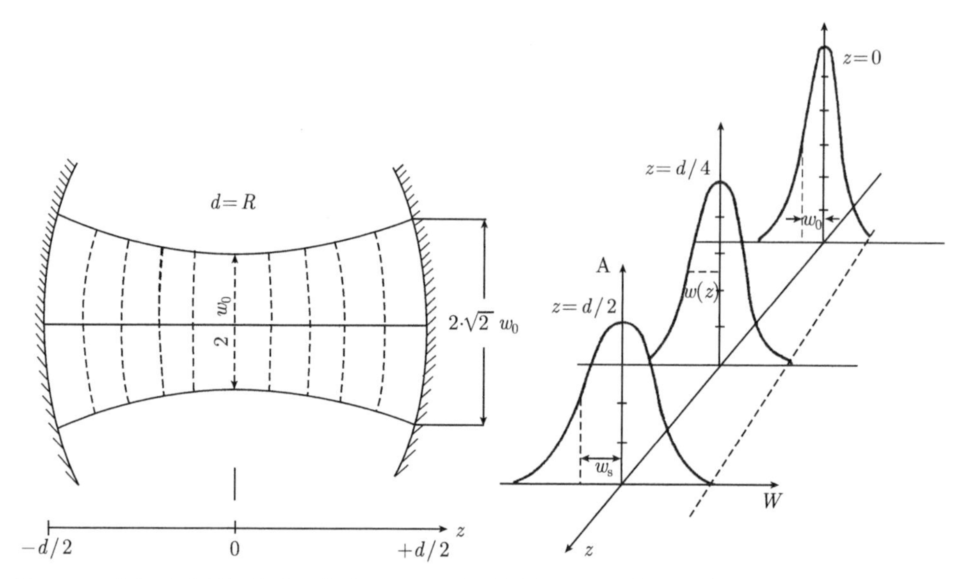


图 5.11　在共焦式共振腔中，基模 $\text{TEM}_{00}$ 在不同位置 $z$ 处的相位波前和强度分布，反射镜位于 $z=\pm d/2$

注意，$w_0$ 和 $w$ 不依赖于反射镜的尺寸。然而，只要共振腔内没有其他的限制光阑，增大反射镜尺寸 $2a$，就可以减少衍射损耗。

对于平面 $z=z_0$ 上的相位 $\phi(r,z)$，利用缩写 $\xi_0=2z_0/R$ 可以得到[5.20]

$$\begin{aligned}\phi(r,z)=&\frac{2\pi}{\lambda}\left[\frac{R}{2}(1+\xi_0)+\frac{x^2+y^2}{R}\frac{\xi_0}{1+\xi_0^2}\right]\\&-(1+m+n)\left[\frac{\pi}{2}-\arctan\left(\frac{1-\xi_0}{1+\xi_0}\right)\right]\end{aligned}\tag{5.34}$$

在共振腔内，$0<|\xi_0|<1$，在共振腔外 $|\xi_0|>1$。

式 (5.30) 和式 (5.34) 表明，场分布 $A_{mn}(x,y)$ 和相位波前的形式依赖于共振腔内的位置 $z_0$。

由式 (5.34) 可以得到共焦式共振腔内的相位波前，即 $\phi(x,y,z)$ 等于常数的所有点 $(x,y,z)$。对于 $m=n=0$ 的基模来说，振幅分布是轴对称的，相位 $\phi(r,z)$ 只依赖于 $r=(x^2+y^2)^{1/2}$ 和 $z$。对于靠近共振腔轴的点来说，即 $r\ll R$，沿着相位波前方向的反正切 (arctan) 项的变化可以忽略不计，因为随着 $r$ 的增大，$z-z_0$ 只有很小的变化。对于和共振腔轴相交于 $z=z_0$ 点的弯曲的相位波前，式 (5.34) 中的第一个括号内的部分必须是常数，即它不依赖于 $x$ 和 $y$，也就是说：$[\cdots]_{x,y\neq0}-[\cdots]_{x=y=0}=0$，或者说

$$\frac{R}{2}(1+\xi)+\frac{x^2+y^2}{R}\frac{\xi}{1+\xi^2}=\frac{R}{2}(1+\xi_0)\tag{5.35}$$

其中，$\xi = 2z/R$。这就得到方程

$$z_0 - z = \frac{x^2 + y^2}{R} \frac{\xi}{1 + \xi^2} \tag{5.36a}$$

它可以重新变换为球面的方程

$$x^2 + y^2 + (z - z_0)^2 = R'2 \tag{5.36b}$$

曲率半径为

$$R' \approx \left| \frac{1 + \xi_0^2}{2\xi_0} \right| R = \left[ \frac{1}{4z_0} + \left( \frac{z_0}{R} \right)^2 \right] R \tag{5.37}$$

在共焦式共振腔中，靠近共振腔轴的的基模的相位波前就可以用一个球面来描述，它的曲率半径依赖于 $z_0$。$z_0 = R/2 \to \xi_0 = 1 \Rightarrow R' = R$。这意味着，在共焦式共振腔的反射镜表面处，靠近共振腔轴的波前与反射镜表面完全相同。由于衍射的缘故，在反射镜的边缘处 (也就是说，在远离光轴的 $r$ 处)，这一点并不完全正确，此时，近似关系 (式 (5.35)) 不再正确。

在共振腔的中心处，$z = 0 \to \xi_0 = 0 \to R = \infty$，半径 $R$ 变为无穷大。在束腰处，等相位面是平面 $z = 0$。共焦式共振腔中的基模在不同位置处的相位波前和强度分布如图 5.11 所示。

### 5.2.4 一般性的球型共振腔

可以证明[5.1,5.24]，在菲涅耳数 $N_{\rm F}$ 很大的非共焦式共振腔中，基模的分布也可以用高斯分布 (式 (5.32)) 来描述。用其他的反射镜构型替换 $d = R$ 的共焦式共振腔，如果 $z_0$ 处反射镜的半径 $R_i$ 等于式 (5.37) 中该处的波前半径 $R$，那么场构型就不会改变。也就是说，在上述近似条件下，任意两个等相位面都可以用与波前曲率半径相同的反射镜来替换。

对于 $R_1 = R_2 = R^*$ 以及反射镜间距为 $d^*$ 的对称式共振腔来说，根据式 (5.37) 和 $z_0 = d^*/2 \to \xi_0 = d^*/R$，可以得到

$$R^* = \frac{1 + (d^*/R)^2}{2d^*/R} R$$

对 $d^*$ 求解这个方程，可以得到可能的反射镜间距

$$d^* = R^* \pm \sqrt{R^{*\,2} - R^2} = R^* \left[ 1 \pm \sqrt{1 - (R/R^*)^2} \right] \tag{5.38}$$

从场分布的角度来看，反射镜间距为 $d^*$、反射镜半径为 $R^*$ 的共振腔等价于反射镜半径为 $R$、反射镜间距为 $d = R$ 的共焦式共振腔。

可以由式 (5.31) 和式 (5.38) 得到光束半径 $w(z)$ 以及光斑尺寸 $w^2(z)$。对于 $R_1 = R_2 = R$ 的对称式共振腔，在中心处 $(z = 0)$ 和反射镜处 $(z = \pm d/2)$

$$w_0^2(z) = \left(\frac{d\lambda}{\pi}\right)^* \left[\frac{2R-d}{4d}\right]^{1/2}, \quad w_1^2 = w_2^2 = \left(\frac{d\lambda}{\pi}\right)\left[\frac{R^2}{2dR-d^2}\right]^{1/2} \tag{5.39a}$$

利用

$$g = 1 - d/R$$

可以将上式写为

$$w_0^2(z=0) = \frac{d\lambda}{\pi}\sqrt{\frac{1+g}{4(1-g)}}, \quad w_1^2 = w_2^2 = \frac{d\lambda}{\pi}\sqrt{\frac{1}{1-g^2}} \tag{5.39b}$$

当 $g=0$ 的时候，束腰 $w_0^2(z=0)$ 达到最小值，即 $d=R$。共焦式共振腔的束腰最小。在 $g=0$ 的时候，光斑尺寸 $w_1^2 = w_2^2$ 也最小。因此，我们得到了如下结果：

对于所有端镜间距 $d$ 给定的对称式共振腔来说，$d=R$ 的共焦式共振腔在反射镜处的光斑尺寸最小，束腰 $w_0^2$ 也最小。

### 5.2.5　开放式共振腔的衍射损耗

共振腔的衍射损耗依赖于它的菲涅耳数 $N_F = a^2/d\lambda$ (第 5.2.1 节) 和反射镜表面的场分布 $A(x,y,z=\pm d/2)$，其中，基模的场能量汇集在共振腔轴附近，它的衍射损耗最小，而高阶横模的场振幅在反射镜的边缘处具有较大的数值，它们的衍射损耗就大。由式 (5.31) 和 $z=d/2$，将菲涅耳数 $N_F = a^2/(d\lambda)$ 可以表示为

$$N_F = \frac{1}{\pi}\frac{\pi a^2}{\pi w_s^2} = \frac{1}{\pi}\frac{\text{共振腔镜的有效面积}}{\text{反射镜上共焦 TEM}_{00}\text{ 模式的面积}} \tag{5.40}$$

上式表明，衍射损耗随着 $N_F$ 的增大而减小。在共焦式共振腔中，基模和一些高阶横模的衍射损耗随着菲涅耳数 $N_F$ 的变化关系如图 5.12 所示。为了比较，还

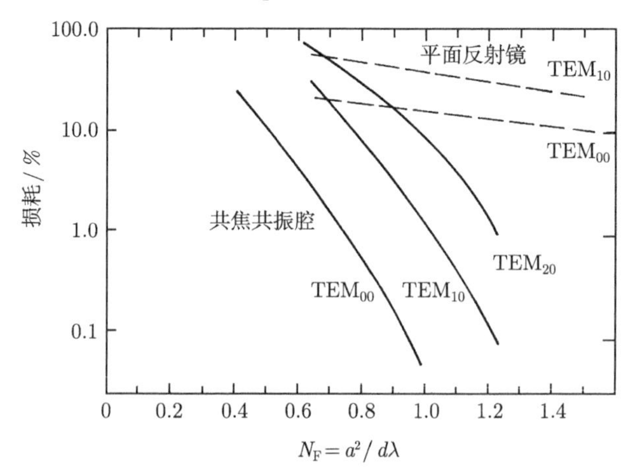


图 5.12　在共焦式共振腔和平面反射镜共振腔中，一些模式的衍射损耗对菲涅耳数 $N_F$ 的依赖关系

给出了平面反射镜共振腔的衍射损耗，它要高得多，这说明了曲面反射镜的优点，它们可以让光再次聚焦，否则的话，衍射将引起发散。从图 5.12 可以看出，适当选择共振腔的菲涅耳数，可以抑制高阶横模，在共振腔内放置一个直径为 $D < 2a$ 的限制光阑，就可以实现这一点。如果损耗超过了增益，这些模式就达不到阈值，激光器就只能在基模中振荡。

在反射镜间距 $d$ 给定的情况下，根据式 (5.39)，共焦式共振腔的光斑尺寸最小，它的每次往返的衍射损耗也最小，对于菲涅耳数 $N_{\mathrm{F}} > 1$ 的圆形反射镜，可以近似为[5.1]

$$\gamma_{\mathrm{D}} \sim 16\pi^2 N_{\mathrm{F}} \mathrm{e}^{-4\pi N_{\mathrm{F}}} \tag{5.41}$$

### 5.2.6 稳定共振腔和非稳定共振腔

在稳定的共振腔中，场振幅 $A(x, y)$ 会在每次往返之后重现自己，除了一个常数因子 $C$ 以外，后者表示总衍射损耗，但并不依赖于 $x$ 或 $y$，见式 (5.27)。

现在的问题是，对于 $R_1 \neq R_2$ 的一般性的共振腔来说，随着反射镜半径 $R_1$ 和 $R_2$ 以及镜间距 $d$ 的变化，场分布 $A(x, y)$ 和衍射损耗如何改变的？我们将在 $\mathrm{TEM}_{00}$ 基模中研究这个问题，可以用高斯光束的强度分布描述它。对于稳态场分布，高斯光束在每次往返之后重现自己，对于由间距为 $d$、半径为 $R_1$ 和 $R_2$ 的两个球面反射镜组成的共振腔来说，反射镜表面的光斑尺寸 $\pi w_1^2$ 和 $\pi w_2^2$ 是[5.1,5.24]

$$\pi w_1^2 = \lambda d \left[\frac{g_2}{g_1(1 - g_1 g_2)}\right]^{1/2}, \quad \pi w_2^2 = \lambda d \left[\frac{g_1}{g_2(1 - g_1 g_2)}\right]^{1/2} \tag{5.42}$$

其中，参数 $g_i(i = 1, 2)$ 为

$$g_i = 1 - d/R_i \tag{5.43}$$

当 $g_1 = g_2$ 的时候 (对称共焦共振腔)，式 (5.42) 简化为式 (5.39b)。式 (5.42) 表明，当 $g_1 = 0$ 的时候，光斑尺寸 $\pi w_1^2$ 在 $M_1$ 处变为 $\infty$，在 $M_2$ 处，$\pi w_2^2 = 0$；而当 $g_2 = 0$ 的时候，情况就反过来了。当 $g_1 g_2 = 1$ 的时候，两个光斑尺寸变为无穷大。也就是说，高斯光束发散了：共振腔变得不稳定了。一个例外是 $g_1 = g_2 = 0$ 的共焦式共振腔，它是亚稳定的：只有当两个参数 $g_i$ 都精确地等于零的时候，它才是稳定的。当 $g_1 g_2 > 1$ 或 $g_1 g_2 < 0$ 的时候，式 (5.42) 的右侧变为虚数，也就是说，共振腔不稳定。因此，稳定的共振腔的条件是

$$\boxed{0 < g_1 g_2 < 1} \tag{5.44}$$

$R_1 \neq R_2$ 的共焦非对称共振腔的束腰 $w_0^2$ 并不像对称共振腔那样位于共振腔的中心处。束腰到 $M_1$ 的距离是

$$z_1(w_0) = \frac{d}{1 + (\lambda d / \pi w_1^2)^2}, \quad z_2 = d - z_1$$

利用一般稳定性参数 $G = 2g_1g_2 - 1$，我们可以判别共振腔的类型。稳定共振腔：$0 \leqslant |G| < 1$；非稳定共振腔：$|G| > 1$；亚稳定共振腔：$|G| = 1$。

**例 5.5**

(a) $R_1 = 0.5\text{m}$，$d = 0.5\text{m}$。反射镜的直径为 0.6cm 的 $M_1$，如果需要用 $\text{TEM}_{00}$ 模式将靠近 $M_1$ 的增益介质完全填满，$M_1$ 处的束腰就应当是 $w_1 = 0.3\text{cm}$。由菲涅耳数 $N_\text{F} = 3$ 可知，衍射损耗足够小。当 $\lambda = 1\mu\text{m}$ 的时候，稳定参数

$$g_2 = \frac{w_1^2}{N_\text{F} 2d\lambda}$$

就是 $g_2 = 3$。由此可以得到 $R_2$：$g_2 = 1 - d/R_2 \Rightarrow R_2 = d/(1 - g_2) = -25\text{cm}$。

(b) 共焦式共振腔，$d = 1\text{m}$，$\lambda = 500\text{nm}$，$R_1 = R_2 = 1\text{m}$，可以得到，在两个镜子处，$w_1 = w_2 = 0.4\text{mm}$。

在一个对称共焦式共振腔中，将一个平面镜放置在束腰位置上 (该处的相位波前为平面)，它就是一个半共焦式共振腔 (图 5.14)，$R_1 = \infty$，$d = R_2/2$，$g_1 = 1$，$g_2 = 1/2$，$w_1^2 = \lambda d/\pi$，$w_2^2 = 2\lambda d/\pi$。

表 5.1 汇集了一些共振腔的相应参数 $g_i$。图 5.13 给出了 $g_1 - g_2$ 平面内的稳定性图。根据式 (5.44)，平面型共振腔 ( $R_1 = R_2 = \infty \Rightarrow g_1 = g_2 = 1$) 是不稳定的，因为高斯光束的光斑尺寸在每次往返之后都会增大。然而，如上所述，还有其他的非高斯型的场分布，虽然它们的衍射损耗要远大于稳定性区内的共振腔的本征模式，它们形成了平面型共振腔的稳定的本征模式。这种 $g_1 = g_2 = 0$ 的对称共焦式共振腔可以被称为“准稳定的”，因为它位于稳定性图的非稳定区之间，$g_1$ 和 $g_2$ 朝着 $g_1g_2 < 0$ 方向的微小偏差就会使得共振腔变得不稳定。为了说明，图 5.15 中给出了一些常用的开放式共振腔。

**表 5.1　一些常用的光学共振腔，稳定性参数为 $g_i = 1 - d/R_i$，共振腔参数为 $G = 2g_1g_2 - 1$**

| 共振腔类型 | 反射镜半径 | 稳定性参数 | |
|---|---|---|---|
| 共焦 | $R_1 + R_2 = 2d$ | $g_1 + g_2 = 2g_1g_2$ | $\|G\| \geqslant 1$ |
| 共心 | $R_1 + R_2 = d$ | $g_1g_2 = 1$ | $G = 1$ |
| 对称 | $R_1 = R_2$ | $g_1 = g_2 = g$ | $\|G\| < 1$ |
| 对称共焦 | $R_1 = R_2 = d$ | $g_1 = g_2 = 0$ | $G = -1$ |
| 对称共心 | $R_1 = R_2 = 1/2d$ | $g_1 = g_2 = -1$ | $G = 1$ |
| 半共焦 | $R_1 = 2d, R_2 = \infty$ | $g_1 = 1, g_2 = 1/2$ | $G = 0$ |
| 平面 | $R_1 = R_2 = \infty$ | $g_1 = g_2 = +1$ | $G = 1$ |

对于一些激光媒质，特别是那些增益很大的激光媒质，$g_1g_2 < 0$ 的非稳定共振腔可能要比稳定共振腔更为有利，原因如下：在稳定共振腔中，基模的束腰 $w_0(z)$ 由反射镜的直径 $R_1$ 和 $R_2$ 以及反射镜之间的距离 $d$ 决定，见式 (5.33)，通常都

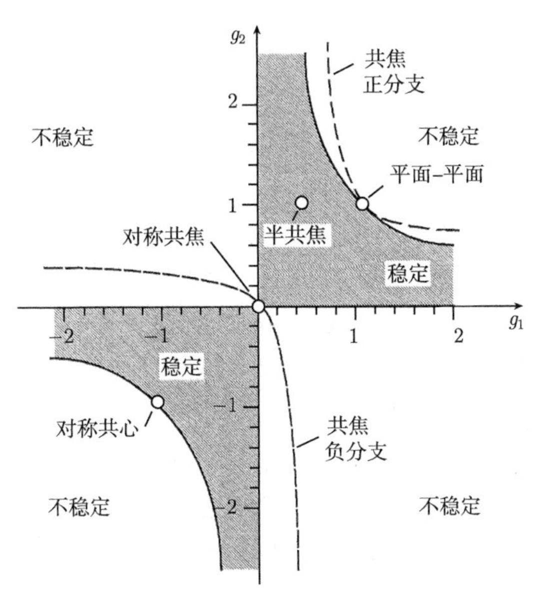


图 5.13 光学共振腔的稳定性图

阴影部分表示稳定的共振腔

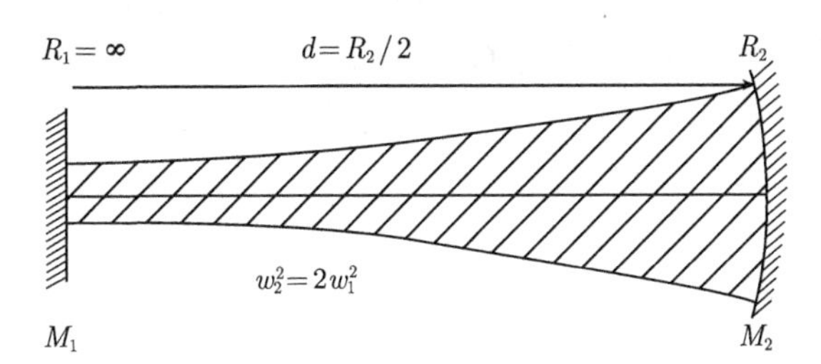


图 5.14 半共焦式共振腔

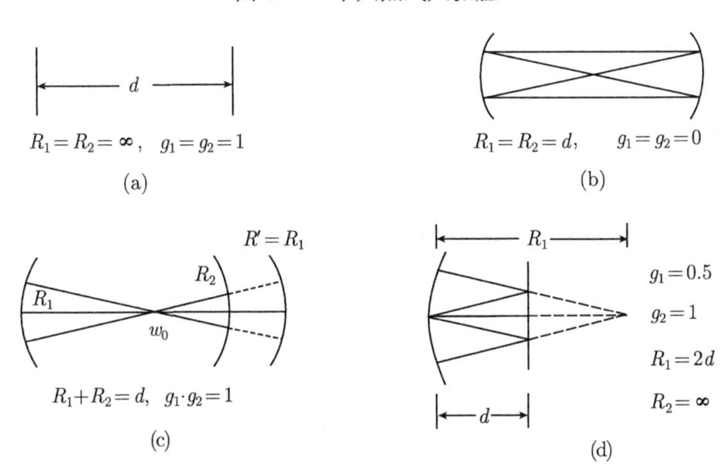

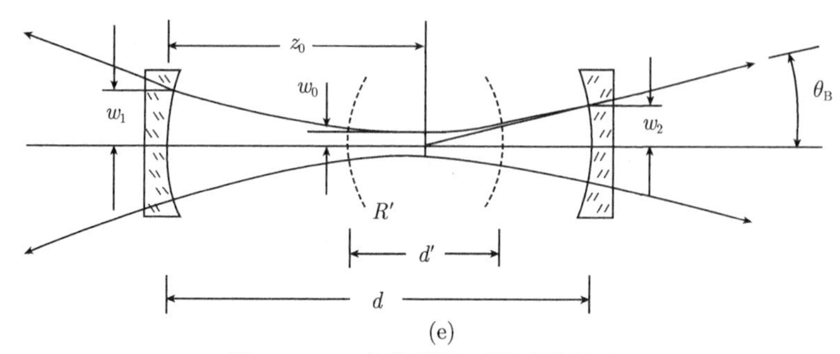

(e)

图 5.15 一些常用的开放式共振腔

(a) 平面式共振腔; (b) 共焦式共振腔; (c) 共心式共振腔; (d) 半共焦式共振腔;

(e) 具有 $\text{TEM}_{00}$ 模式的普通球面共振腔

非常小 (例 5.4)。如果放大区的截面大于 $\pi w^2$，全体反转原子中只有一部分可以对 $\text{TEM}_{00}$ 模式中的激光做贡献，而在非稳定共振腔中，光束填充了整个增益介质。这样就可以得到最大的输出功率。然而，为了这个优点必须付出的代价是光束的发散性很大。

考虑图 5.16 所示的对称式不稳定共振腔的简单例子，它是由两个半径为 $R_i$ 的反射镜构成，镜间距为 $d$。假定一束中心位于 $F_1$ 的球面波由反射镜 $M_1$ 处出发。球面波被 $M_2$ 以几何光学的方式反射，它的中心位于 $F_2$。这束光再次被 $M_1$ 理想地反射之后，就又变成一个中心位于 $F_1$ 的球面波，场构型是稳态不变的，反射镜将点 $F_1$ 成像到 $F_2$，反之亦然。

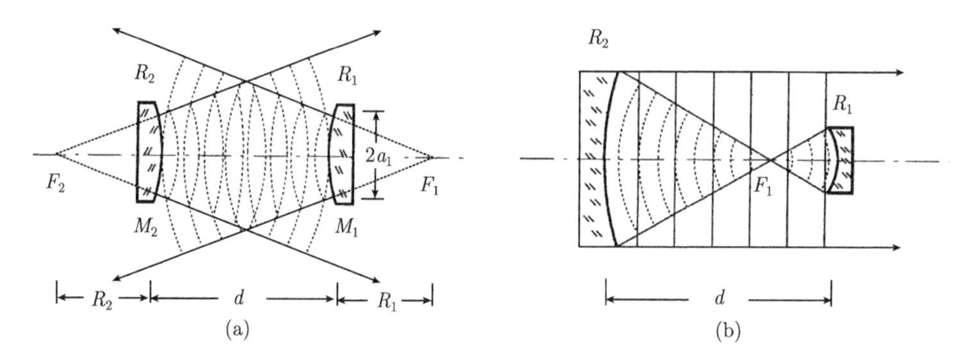


图 5.16 (a) 在对称式不稳定共振腔中，由虚焦点 $F_1$ 和 $F_2$ 发出的球面波; (b) 在两个端镜之间有一个实焦点的不对称非稳定共振腔

光束由反射镜 $M_1$ 到 $M_2$ 或由 $M_2$ 到 $M_1$ 之后，它的直径增大，由图 5.16 可以得到关系式

$$M_{12} = \frac{d + R_1}{R_1}, \quad M_{21} = \frac{d + R_2}{R_2} \tag{5.45}$$

我们把每次往返的放大因子 $M = M_{12}M_{21}$ 定义为每次往返前后的光束直径的比值：

$$M = M_{12}M_{21} = \left(\frac{d+R_1}{R_1}\right)\left(\frac{d+R_2}{R_2}\right) \tag{5.46}$$

当 $R_i > 0(i = 1,2)$ 的时候，虚焦点位于共振腔之外，放大因子变为 $M > 1$ (图 5.16(a))。

在图 5.16(a) 中的共振腔里，光被耦合到共振腔的两侧之外。随之而来的共振腔高损耗通常是无法容忍的。对于实际应用来说，图 5.16(b) 和图 5.17 的构型更为适宜，它们都是由一个大反射镜和一个小反射镜构成的。有两种类型的非对称球型不稳定共振腔，一种是 $g_1g_2 > 1 \Rightarrow G > 1$(图 5.17(a))，虚束腰位于共振腔之外，另一种是 $g_1g_2 < 0 \Rightarrow G < -1$ (图 5.17(b))，焦点位于共振腔内。

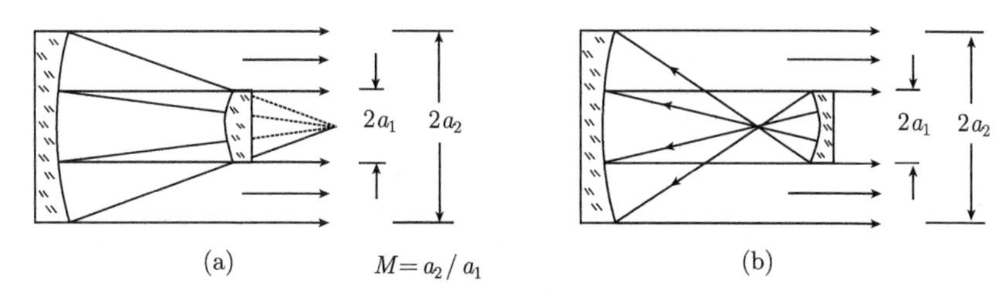


图 5.17 不稳定共振腔的两个例子，同时给出了放大因子的定义

(a) $g_1g_2 > 1$; (b) $g_1g_2 < 0$

这些球型共振腔的放大因子 $M$ 可以用共振腔参数 $G$ 来表示[5.25]

$$M_{\pm} = |G| \pm \sqrt{G^2 - 1} \tag{5.47a}$$

其中，$g_1g_2 > 1$ 时用 $+$ 号，$g_1g_2 < 0$ 时用 $-$ 号。

在输出耦合镜的平面 $z = z_0$ 上，如果强度分布 $I(x_1, y_1, z_0)$ 在反射镜的尺寸以内没有太大的变化，入射到 $M_2$ 的功率 $P_0$ 只有一部分即 $P_2/P_0$ 反射回到 $M_1$ 上，它等于两个反射镜的面积比

$$\frac{P_2}{P_0} = \frac{\pi w_2^2}{\pi w_1^2} = \frac{1}{M^2} \tag{5.47b}$$

因此，每次往返的损耗因子是

$$V = \frac{P_0 - P_2}{P_0} = 1 - \frac{1}{M^2} = \frac{M^2 - 1}{M^2} \tag{5.48}$$

**例 5.6**

$R_1 = -0.5\text{m}$, $R_2 = +2\text{m}$, $d = 0.6\text{m} \Rightarrow g_1 = 1 - d/R_1 = 2.4$; $g_2 = 1 - d/R_2 = 0.7$; $G = 2g_1g_2 - 1 = 2.36$; $M_t = G + \sqrt{G^2 - 1} = 4.49$; $V = 1 - 1/M^2 = 0.95$。在这些不稳定共振腔中，每次往返的损耗是 95%。

对于图 5.17 中的两个不稳定共振腔来说，输出光的近场图案是一个圆环 (图 5.18)。数值求解相应的基尔霍夫–菲涅耳积分–微分方程可以得到远场空间的强度分布，类似于式 (5.26)。为了进行说明，将图 5.17(a) 所示的一种不稳定共振腔的近场和远场图案与一个圆形小孔的衍射图案进行了比较。

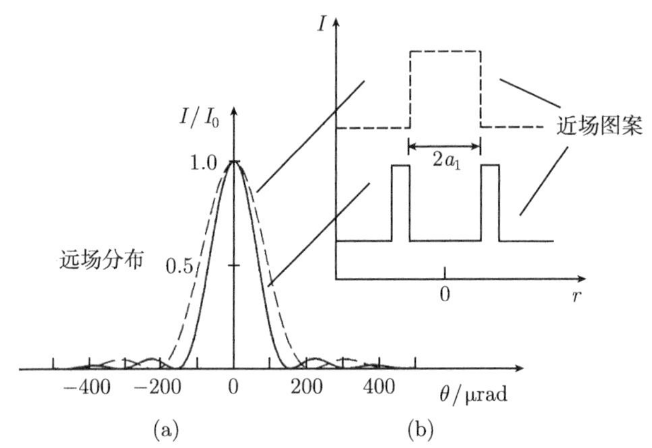


图 5.18 带有不稳定共振腔的激光器的输出强度的衍射图案

(a) 输出耦合镜位置上的近场分布；(b) 远场分布。共振腔的参数为 $a = 0.66\text{cm}$，$g_1 = 1.21$，$g_2 = 0.85$。比较圆形输出镜 (实线) 和圆形小孔 (虚线) 的衍射图案

注意，对于圆环近场分布来说，在远场中的中央衍射阶的角发散小于尺寸与不稳定共振腔的小镜子相同的圆形小孔的角发散。然而，它的高阶衍射更强，这意味着角强度分布具有更宽的侧翼。

在不稳定共振腔中，激光光束是发散的，只有一部分发散光束可以被反射镜反射回来。损耗大，有效的往返次数少。因此，不稳定共振腔只适合于每次往返增益足够大的激光器[5.26~5.29]。

近年来，使用柱透镜的特殊设计的光学系统，可以让发散的输出光束变得更为准直，这样就可以将光束聚焦到尺寸更小的光斑上[5.30]。

### 5.2.7 环形共振腔

一个环形共振腔至少包括三个反射面，这些反射面可以是反射镜，也可以是棱镜。四种可能的构型如图 5.19 所示。法布里–珀罗共振腔中的是驻波，而环形共振腔允许行波存在，它可以在共振腔中顺时针运动，也可以逆时针运动。在环形共振腔中放置一个“光二极管”，可以强制实现单向运动。这种“光二极管”对一个方向的光传播的损耗很小，而对另一个方向的光传播的损耗却大得足以防止该方向上出现激光振荡。它包括一个可以将偏振面转动 $\pm\alpha$ 的法拉第旋转器 (图 5.20)、一个可以将偏振面旋转 $\alpha$ 的双折射晶体以及一个透射率依赖于偏振的元件，例如布儒斯特窗[5.32]。对于一个方向来说，转动角 $-\alpha + \alpha = 0$ 正好抵消，而对于另一个方

向来说，它是 $2\alpha$，从而引起了布儒斯特窗上的反射损耗。如果这些损耗大于增益，那么，在这个方向上就不会达到阈值。

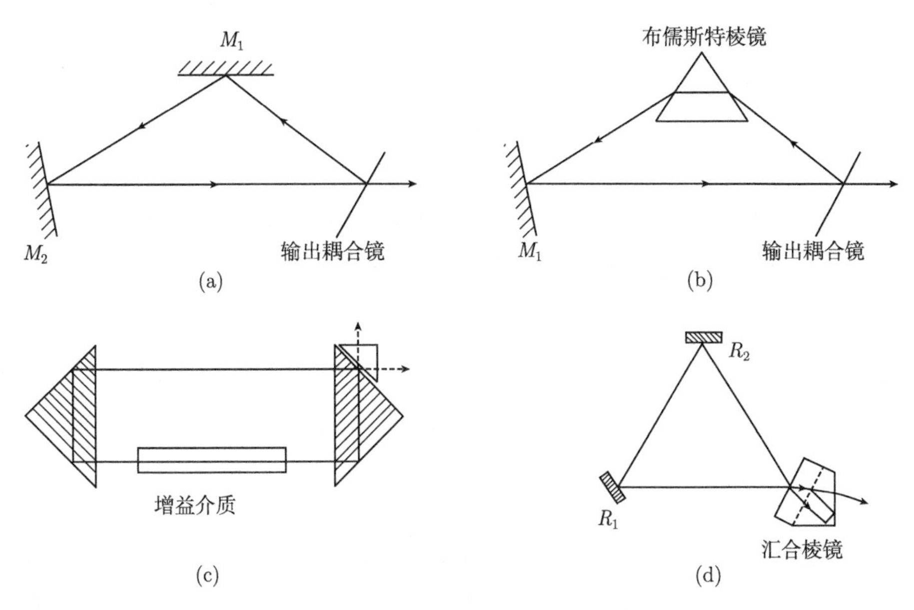


图 5.19 环形共振腔的 4 个例子

(a) 使用三个反射镜；(b) 使用两个反射镜和一个布儒斯特棱镜；(c) 全内反射，用角锥反射镜和全内反射来实现输出耦合；(d) 带有汇合光束的棱镜的三个反射镜构型

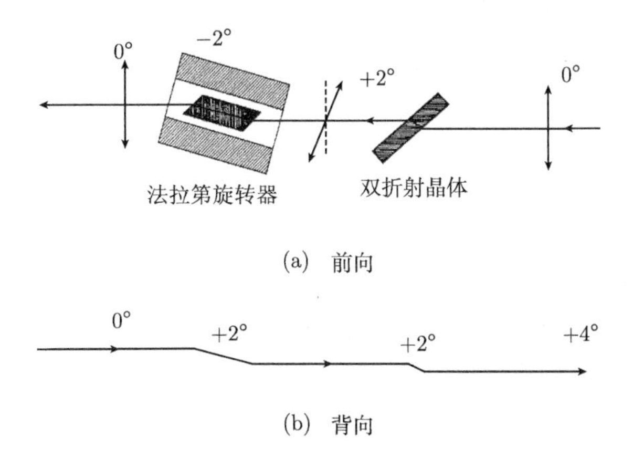


图 5.20 光学二极管包括法拉第旋转器、双折射晶体和布儒斯特窗口。前进方向 (a) 和后退方向 (b) 上的偏振矢量的旋转

单向的环形激光器的优点是可以避免空间烧孔，后者会阻碍激光器的单模振荡 (第 5.3.3 节)。在均匀增益曲线的情况下，环形激光器可以利用增益模式体积中

的全部反转粒子数，它与驻波式激光器不同，后者不能利用波节处的反转粒子数。因此，在泵浦功率相仿的时候，环形腔激光器的单模输出功率大于驻波共振腔。

### 5.2.8　被动式共振腔的频谱

反射镜处的相位波前必须与反射镜表面完全相同，从这个条件出发，可以得出前面几节讨论的开放式共振腔中的稳态场构型的本征频率谱。因为这些稳态场表示的是共振腔中的驻波。镜间距 $d$ 必须是 $\lambda/2$ 的整数倍，式 (5.30) 中的相位因子在反射镜处变为 1。也就是说，相位 $\phi$ 必须是 $\pi$ 的整数倍。将条件 $\phi = q\pi$ 代入式 (5.34) 可以得到共焦式共振腔的本征频率 $\nu_\mathrm{r} = c/\lambda_\mathrm{r}$，其中，$R = d$，$\xi_0 = 1$，$x = y = 0$

$$\nu_\mathrm{r} = \frac{c}{2d}\left[q + \frac{1}{2}(m+n+1)\right] \tag{5.49}$$

轴向基模 $\mathrm{TEM}_{00q}(m = n = 0)$ 的频率是 $\nu = \left(q + \dfrac{1}{2}\right)c/2d$，相邻的轴向模式的频率差为

$$\boxed{\delta\nu = \frac{c}{2d}} \tag{5.50}$$

式 (5.49) 表明，共焦式共振腔的频谱是简并的，因为 $q = q_1$ 和 $m + n = 2p$ 的横模与 $m = n = 0$ 和 $q = q_1 + p$ 的轴向模式具有相同的频率。两个轴向模式之间总是有另外一个横模，$m + n + 1 =$ 奇数。因此，共焦式共振腔的自由光谱区就是

$$\delta\nu_\mathrm{confocal} = \frac{c}{4d} \tag{5.51}$$

如果镜间距 $d$ 轻微地偏离于反射镜的曲率半径 $R$，简并就会解除。对于两个反射镜半径相等 $R_1 = R_2 = R$ 的对称非共焦式共振腔来说，由 $\phi = q\pi$ 和 $\xi_0 = d/R \neq 1$ 可以从式 (5.34) 得到

$$\nu_\mathrm{r} = \frac{c}{2d}\left\{q + \frac{1}{2}(m+n+1)\left[1 + \frac{4}{\pi}\arctan\left(\frac{d-R}{d+R}\right)\right]\right\} \tag{5.52}$$

此时，高阶横模不再与轴向模式简并。频率间隔依赖于比值 $(d-R)/(d+R)$。图 5.21 给出了平面反射镜共振腔、共焦式共振腔 $(R = d)$ 以及 $d$ 略大于 $R$ 的非共焦式共振腔的频谱。因为衍射损耗很大，高阶横模的振幅减小了。

如文献 [5.21] 所述，两个端镜具有不同曲率 $R_1$ 和 $R_2$ 的一般性共振腔的频谱可以表示为

$$\nu_\mathrm{r} = \frac{c}{2d}\left[q + \frac{1}{\pi}(m+n+1)\arccos\sqrt{g_1 g_2}\right] \tag{5.53}$$

其中，$g_i = 1 - d/R_i (i = 1, 2)$ 是共振腔参数。轴向模式 $(m = n = 0)$ 的本征频率不再位于 $(c/2d)\left(q + \dfrac{1}{2}\right)$，而是略有移动。然而，自由光谱区还是 $\delta\nu = c/2d$。

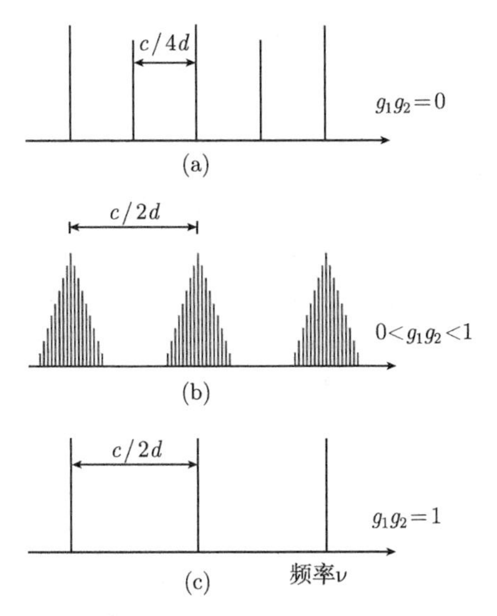


图 5.21 (a) 共焦式共振腔 ($d=R$) 的简并模式频率谱; (b) 在近共焦式共振腔 ($d=1.1R$) 中，简并解除了; (c) 平面式共振腔中基模的光谱

**例 5.7**

(a) 考虑一个非共焦式对称共振腔: $R_1=R_2=75\text{cm}$, $d=100\text{cm}$。自由光谱区 $\delta\nu$ 是相邻两个轴向模式 $q$ 和 $q+1$ 之间的频率间隔，它等于 $\delta\nu=(c/2d)=150\text{MHz}$。根据式 (5.52), $(q,0,0)$ 模式和 $(q,1,0)$ 模式之间的频率间隔为 $\Delta\nu=87\text{MHz}$。

(b) 考虑一个共焦式共振腔: $R=d=100\text{cm}$。频谱由 $\delta\nu=75\text{MHz}$ 等间隔的频率构成。然而，高阶横模被抑制了，只有轴向模式在振荡，频率间隔为 $\delta\nu=150\text{MHz}$。

现在简要讨论共振腔的共振模式的谱宽度 $\Delta\nu$。用两种不同的方法处理这个问题。

因为激光共振腔是一个法布里–珀罗干涉仪，透射光强的谱分布服从艾里公式 (4.61)。根据式 (4.55b)，用自由光谱区 $\delta\nu$ 表示共振的半高宽 $\Delta\nu_{\text{r}}$，它就是 $\Delta\nu_{\text{r}}=\delta\nu/F^*$。如果可以忽略衍射损耗，那么品质因数 $F^*$ 主要决定于镜子的反射率 $R$，因此，共振的半高宽就是

$$\Delta\nu_{\text{r}}=\frac{\delta\nu}{F^*}=\frac{c}{2d}\frac{1-R}{\pi\sqrt{R}} \tag{5.54}$$

**例 5.8**

反射率 $R=0.98\Rightarrow F^*=150$。$d=1\text{m}$ 的共振腔的自由光谱区为 $\delta\nu=150\text{MHz}$。如果镜子的准直非常完美，表面没有任何吸收，那么共振腔模的半高宽就是 $\Delta\nu_{\text{r}}=1\text{MHz}$。

一般来说，其他损耗减小了品质因数，例如衍射、吸收和散射损耗。品质因数的真实值大约是 $F^* = 50 \sim 100$，对于例 5.8 来说，被动式共振腔的半高宽大约是 2MHz。

第二种估计共振宽度的方法由共振腔的品质因数 $Q$ 出发。每秒钟的总损耗为 $\beta$，储存在被动式共振腔中的一个模式里的能量 $W$ 以式 (5.18) 中的指数形式衰减。式 (5.18) 的傅里叶变换给出这个模式的频谱，它是洛伦兹线形 (第 3.1 节)，半高宽为 $\Delta\nu_r = \beta/2\pi$。利用共振腔模中光子的平均寿命 $T = 1/\beta$，可以将频率宽度写为

$$\Delta\nu_{\mathrm{r}} = \frac{1}{2\pi T} \tag{5.55}$$

如果反射损耗是损耗因子的主要贡献，由 $R = \sqrt{R_1 R_2}$ 可以得到，光子寿命就是 $T = -d/(c\ln R)$，见式 (5.22)。共振腔模的宽度 $\Delta\nu$ 就是

$$\Delta\nu_{\mathrm{r}} = \frac{c|\ln R|}{2\pi d} = \frac{\delta\nu(|\ \ln R|)}{\pi} \tag{5.56}$$

由 $|\ln R| \approx 1 - R$，除了一个因子 $\sqrt{R} \approx 1$ 以外，上式的结果与式 (5.54) 完全相同。两个结果之间的微小差异来自于如下事实：在第二种估计中，我们将反射损耗均匀地分布到共振腔长度上。

## 5.3 激光发射谱的特性

激光的频谱决定于激光增益介质的光谱范围，即它的增益谱线，还决定于位于这一增益谱内的共振腔模式 (图 5.22)。所有那些增益大于损耗的共振腔模式都可以参与激光振荡。增益介质对激光发射的频谱分布有两种影响：

(a) 折射率 $n(\nu)$ 会改变被动共振腔的本征频率 (模式拖曳)；

(b) 不同的激光振荡模式之间的谱增益饱和竞争效应能够影响激光模式的振幅和频率。

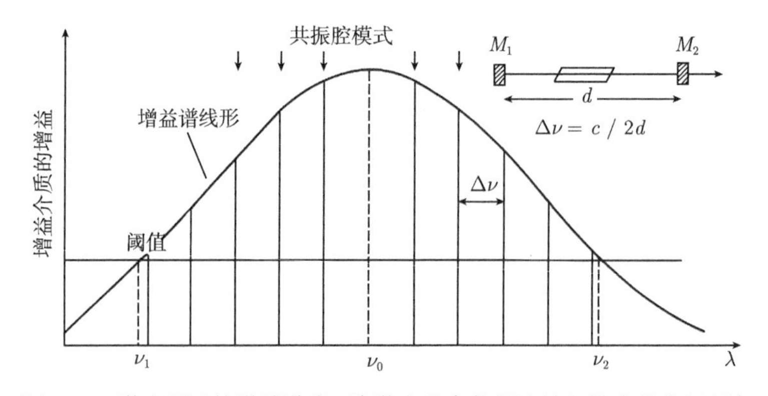


图 5.22 激光跃迁的增益谱线，该激光具有共振腔轴向模式的本征频率

本节中将简要讨论多模激光发射谱的特征以及对它有影响的各种效应。

### 5.3.1 主动式共振腔和激光模式

在共振腔中放入增益介质，就会改变反射镜之间的折射率，从而也就改变了共振腔的本征频率。用

$$d^* = (d - L) + n(\nu)L = d + (n - 1)L \tag{5.57}$$

来替代式 (5.52) 中的镜间距 $d$，就可以得到主动式共振腔的本征频率，其中，$n(\nu)$ 是长度为 $L$ 的增益介质的折射率。折射率 $n(\nu)$ 依赖于激光跃迁的增益曲线中的振荡模式的频率 $\nu$，它在振荡模式频率处具有奇异色散。让我们首先考虑激光振荡是如何在主动式共振腔中形成的。

如果连续地增大泵浦功率，那么，净增益最大的频率首先达到阈值。根据式 (5.5)，每次往返的净增益因子

$$G(\nu, 2d) = \exp[-2\alpha(\nu)L - \gamma(\nu)] \tag{5.58}$$

取决于放大因子 $\exp[-2\alpha(\nu)L]$，它对增益曲线具有频率依赖关系 (式 (5.8))，还取决于每次往返的损耗因子 $\exp(-2\beta d/c) = \exp[-\gamma(\nu)]$。虽然共振腔的吸收或衍射损耗并不强烈地依赖于激光跃迁增益曲线内的频率，但是，透射损耗具有很强的频率依赖关系，它与共振腔的本征频率谱密切相关。其原因如下：

假定一束光的谱强度分布为 $I_0(\nu)$，它穿过带有两个反射镜的干涉仪，每个反射镜的反射率为 $R$，透射率为 $T$(图 5.23)。对于被动式干涉仪，得到的透射强度的谱分布满足式 (4.52)。当共振腔内有增益介质的时候，入射光在每次往返之后得到一个放大因子 (式 (5.58))，类似于式 (4.65)，通过对所有的干涉振幅进行叠加，可以得到总透射强度

$$I_{\mathrm{T}} = I_0 \frac{T^2 G(\nu)}{[1 - G(\nu)]^2 + 4G(\nu)\sin^2(\phi/2)} \tag{5.59}$$

在 $\phi = 2q\pi$ 的时候，总放大率 $I_{\mathrm{T}}/I_0$ 达到最大值，它对应于变动后的共振腔 (式 (5.57)) 的本征频率所满足的条件式 (5.53)。当 $G(\nu) \to 1$ 的时候，如果 $\phi = 2q\pi$，总放大因子 $I_{\mathrm{T}}/I_0$ 就变为无穷大。也就是说，即使一个无穷小的输入信号也会产生有限大小的输出信号。例如，增益介质中被激发的原子的自发辐射总是可以提供这种输入。当 $G(\nu) = 1$ 的时候，激光放大器变成了激光振荡器。这个条件等价于阈值条件 (式 (5.7))。因为增益饱和效应 (第 5.3 节)，放大仍然是有限的，总输出功率决定于泵浦功率，而不是增益。

根据式 (5.8)，增益因子 $G_0(\nu) = \exp[-2\alpha(\nu)L]$ 依赖于分子跃迁 $E_i \to E_k$ 的线形 $g(\nu - \nu_0)$。增益曲线减去与频率有关的损耗，就可以得到阈值条件。在净增益为正数的所有频率 $\nu_{\mathrm{L}}$ 上，激光都可以振荡 (图 5.24)。

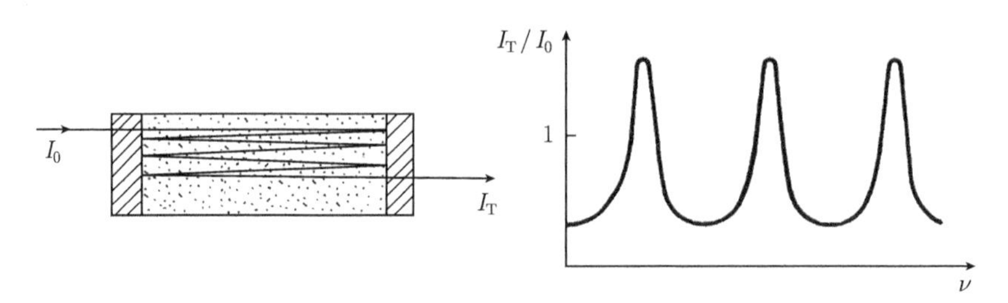


图 5.23　入射光经过主动共振腔后的透射

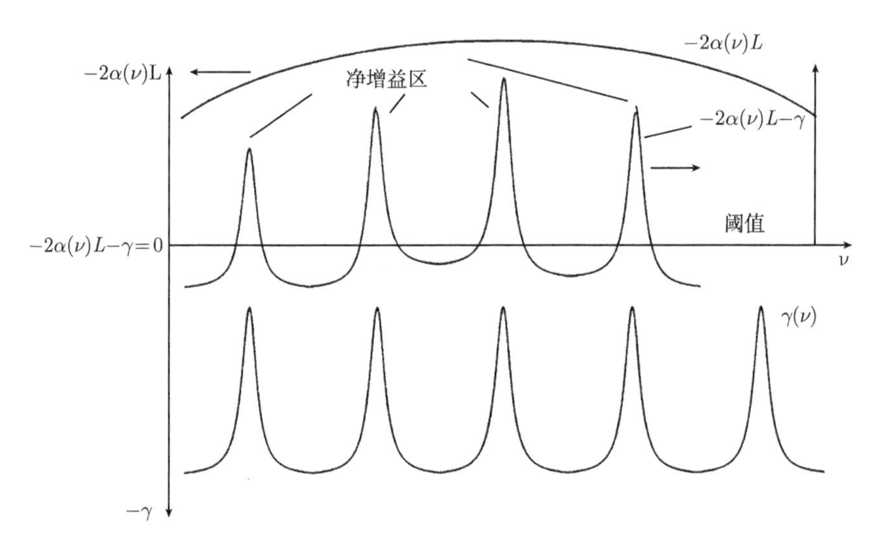


图 5.24　共振腔的反射损耗 (下方曲线)、增益曲线 $\alpha(\nu)$(上方曲线) 以及作为增益和损耗之差的净增益 $\Delta\alpha(\nu)=-2L\alpha(\nu)-\gamma(\nu)$ (中间曲线)。只有 $\Delta\alpha(\nu)>0$ 的频率才能够达到振荡阈值

**例 5.9**

(a) 气体激光器的增益曲线是分子跃迁的多普勒展宽线形 (第 3.2 节)，因此，它是多普勒宽度为 $\delta\omega_{\mathrm{D}}$ 的高斯型分布 (见第 3.2 节)

$$\alpha(\omega)=\alpha(\omega_0)\exp-\left(\frac{\omega-\omega_0}{0.6\delta\omega_{\mathrm{D}}}\right)^2$$

由 $\alpha(\omega_0)=-0.01\mathrm{cm}^{-1}$、$L=10\mathrm{cm}$、$\delta\omega_{\mathrm{D}}=1.3\times10^9\mathrm{Hz}\cdot2\pi$ 以及 $\gamma=0.03$，可以知道，满足 $-2\alpha(\omega)L>0.03$ 的增益曲线覆盖的频率范围为 $\delta\omega=2\pi\cdot3\mathrm{GHz}$。在 $d=50\mathrm{cm}$ 的共振腔中，模式间隔为 300MHz，因此，有 10 个可以振荡的轴向模式。

(b) 一般来说，固态激光器或液体激光器的增益谱线会因为额外的展宽机制而变得更宽一些 (第 3.7 节)。例如，一台染料激光器的增益谱线的宽度大约为 $10^{13}$Hz。因此，在 $d=50\mathrm{cm}$ 的共振腔中，在增益谱线内，大约有 $3\times10^4$ 个共振腔模式。

上例说明，用于气体激光器的典型共振腔的被动共振半高宽远小于激光跃迁的线宽，后者通常决定于多普勒宽度。共振腔内的增益介质补偿了被动式共振腔共振的损耗，这样就产生了特别大的品质因数 $Q$。因此，振荡激光模式的线宽就应该远小于被动共振的宽度。

对于一个自由光谱区为 $\delta\nu$ 的主动式共振腔，可以由式 (5.59) 得到半高宽 $\Delta\nu$ 的表达式

$$\Delta\nu_a = \delta\nu\frac{1-G(\nu)}{2\pi\sqrt{G(\nu)}} = \delta\nu/F_a^* \tag{5.60a}$$

主动式共振腔的品质因数为

$$F_a^* = \frac{2\pi\sqrt{G(\nu)}}{1-G(\nu)} \tag{5.60b}$$

在 $G(\nu)\to 1$ 的时候，它趋近于无穷大。虽然激光线宽 $\Delta\nu_{\mathrm{L}}$ 可以远小于被动式共振腔的半高宽，但并不趋于零。在第 5.6 节将对此进行讨论。

对于共振腔共振频率之间的频率来说，它们的损耗很大，不可能达到阈值。例如，对于洛伦兹形式的共振线形，在与共振中心 $\nu_0$ 相距 $3\Delta\nu_{\mathrm{r}}$ 的地方，损耗因子大约比 $\beta(\nu_0)$ 增大了 10 倍。

### 5.3.2 增益饱和

当激光器的泵浦功率超过它的阈值时，激光就开始在一个频率上振荡，那里的净增益 (即总增益减去总损耗) 具有最大值。在建立激光振荡的时间里，增益大于损耗，共振腔内受激发射的光在每次往返后都被放大，直到辐射能量大到受激辐射足以将反转粒子数 $\Delta N$ 消耗到阈值 $\Delta N_{\mathrm{thr}}$ 为止。在稳态条件下，泵浦增加的 $\Delta N$ 正好等于受激辐射减小的数值。增益介质的增益因子由小强度下的非饱和值 $G_0(I=0)$ 变化为阈值

$$G_{\mathrm{thr}} = \mathrm{e}^{-2L\alpha_{\mathrm{sat}}(\nu)-\gamma} = 1 \tag{5.61}$$

其中，$-2\alpha L-\gamma=0$，增益正好等于每次往返的总损耗。对于激光跃迁的均匀谱线和非均匀谱线来说，这种增益饱和是不同的 (第 3.6 节)。

在均匀谱线 $g(\nu-\nu_0)$ 的情况下，上能级的所有分子都对激光频率 $\nu_a$ 处的受激辐射有贡献，几率是 $B_{ik}\rho g(\nu_a-\nu_0)$，见式 (5.8)。虽然激光只能够以单一的频率 $\nu$ 振荡，整个均匀增益谱线 $\alpha(\nu)=\Delta N\sigma(\nu)$ 都饱和了，直到反转粒子数 $\Delta N$ 降低为阈值 $\Delta N_{\mathrm{thr}}$ (图 5.25(a))。根据第 3.6 节，共振腔内激光强度 $I$ 的饱和放大系数 $\alpha_{\mathrm{sat}}(\nu)$ 是

$$\alpha_{\mathrm{s}}^{\mathrm{hom}}(\nu) = \frac{\alpha_0(\nu)}{1+S} = \frac{\alpha_0(\nu)}{1+I/I_{\mathrm{s}}} \tag{5.62}$$

其中，$I = I_s$ 是饱和参数 $S = 1$ 所对应的强度，它表示受激跃迁的速率等于弛豫速率。对于均匀增益谱线来说，一个激光模式引起的饱和效应也会减小相邻模式的增益 (模式竞争)。

在非均匀激光跃迁的情况下，可以将整个谱线分为均匀展宽的许多小段，谱宽为 $\Delta\nu^{\text{hom}}$ (例如，自然线宽、压强展宽的线宽或功率展宽的线宽)。激光上能级中的分子，只有当它们属于中心在激光频率 $\nu_L$ 处、光谱间隔为 $\nu_L \pm \frac{1}{2}\Delta\nu^{\text{hom}}$ 的那小段里的时候，才能够对激光的放大做贡献。因此，一束单色光就选择性地饱和了这一小段，并在均匀分布上烧出了一个小孔 $\Delta N(\nu)$ (图 5.25(b))。在小孔的底部，反转粒子数 $\Delta N(\nu_L)$ 降低到了阈值 $\Delta N_{\text{thr}}$，但是在距离 $\nu_L$ 为几个均匀宽度 $\Delta\nu^{\text{hom}}$ 的位置上，$\Delta N$ 仍然是非饱和的。根据式 (3.74)，这个烧孔的均匀宽度 $\Delta\nu^{\text{hom}}$ 随着饱和强度的增大而增大

$$\Delta\nu_s = \Delta\nu_0\sqrt{1+S} = \Delta\nu_0\sqrt{1+I/I_s} \tag{5.63}$$

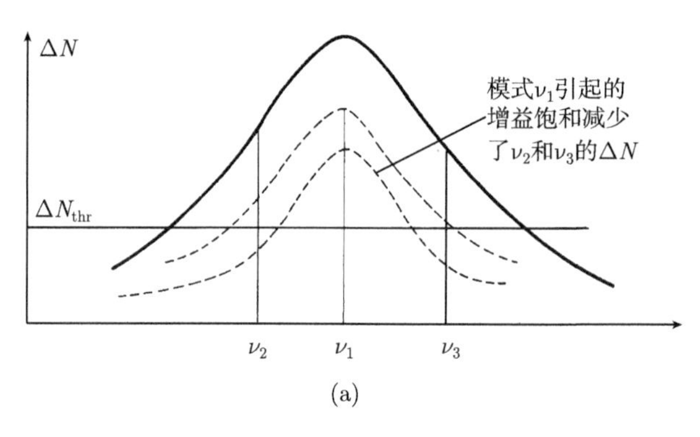


(a)

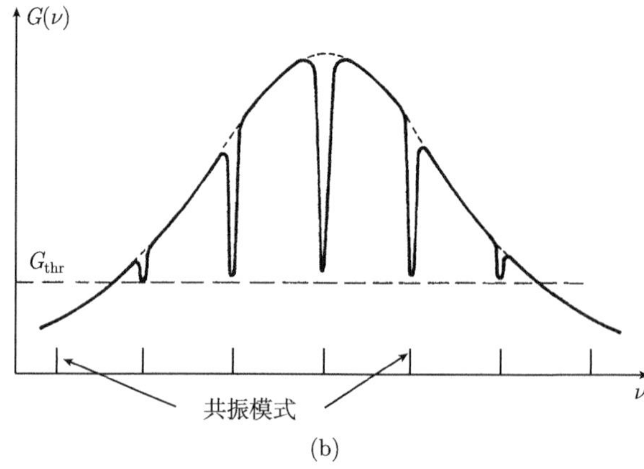


(b)

图 5.25 增益谱的饱和

(a) 均匀谱线；(b) 非均匀谱线

也就是说，随着饱和的增大，来自于更宽的光谱间隔 $\Delta\nu_{\mathrm{s}}$ 内的更多个分子可以对放大做贡献。因为饱和效应减小了 $\Delta N$，增益因子减小了一个因子 $1/(1+S)$。因为均匀宽度增大了，它增加了一个因子 $(1+S)^{1/2}$。两种现象结合起来，就可以得到 (第 2 卷第 2.2 节)

$$\alpha_{\mathrm{s}}^{\mathrm{inh}}(\nu)=\alpha_0(\nu)\frac{\sqrt{1+S}}{1+S}=\frac{\alpha_0(\nu)}{\sqrt{1+I/I_{\mathrm{s}}}} \tag{5.64}$$

### 5.3.3 空间烧孔

共振腔模式是激光共振腔内的一个驻波，它的场振幅 $E(z)$ 依赖于 $z$，如图 5.26(a) 所示。因为上一节中讨论过的反转数 $\Delta N$ 饱和效应依赖于强度，$I\propto|E|^2$，单个激光模式导致的反转数饱和表现出空间上的调制 $\Delta N(z)$，如图 5.26(c) 所示。即使是完全均匀的增益谱，也会在驻波 $E_1(z)$ 的节点处出现非饱和效应。这就有可能给其他的相对于 $E_1(z)$ 移动了 $\lambda/4$ 的激光模式 $E_2(z)$ 以足够强的增益，甚至足以向第三个模式提供足够的增益，后者的振幅最大值移动了 $\lambda/3$(图 5.26(b))。

即使镜间距 $d$ 只改变了一个波长 (例如，由于反射镜的声学振动)，驻波的最大值和节点也会移动，由空间烧孔效应决定的增益竞争就会发生改变。因此，折射率或共振腔长 $d$ 引起的激光波长的任何涨落都会导致模式之间的耦合强度发生相应的变化，从而改变了增益关系以及同时振荡的模式的强度。

如果增益介质的长度 $L$ 远小于共振腔长度 (例如，在连续染料激光器中)，将增益介质放在靠近其中一个共振腔反射镜的位置上，有可能将空间烧孔现象减小到最小 (图 5.26(d))。考虑两个波长为 $\lambda_1$ 和 $\lambda_2$ 的驻波。在到端镜的距离为 $a$ 的位置上，它们在增益介质中的最大值移动了 $\lambda/p(p=2,3,\cdots)$。在反射镜表面，所有的驻波必须是波节，因此可以得到，对于最小可能波长差 $\Delta\lambda=\lambda_1-\lambda_2$ 的两个波来说，有关系式

$$m\lambda_1=a=(m+1/p)\lambda_2 \tag{5.65}$$

它们的频率

$$\nu_1=m\frac{c}{a},\quad \nu_2=\frac{c}{a}(m+1/p)\Rightarrow \delta\nu_{\mathrm{sp}}=\frac{c}{ap} \tag{5.66}$$

用纵向共振腔模式的空间距离 $\delta\nu=c/2d$ 的术语来说，空间烧孔的模式的间距为

$$\delta\nu_{\mathrm{sp}}=\frac{2d}{ap}\delta\nu \tag{5.67}$$

即使净增益大得足以让三个空间分离的驻波 $(p=1,2,3)$ 起振，如果均匀增益谱的宽度小于 $(2/3)(d/a)\delta\nu$ 的话，也只有一个模式可以振荡[5.33]。

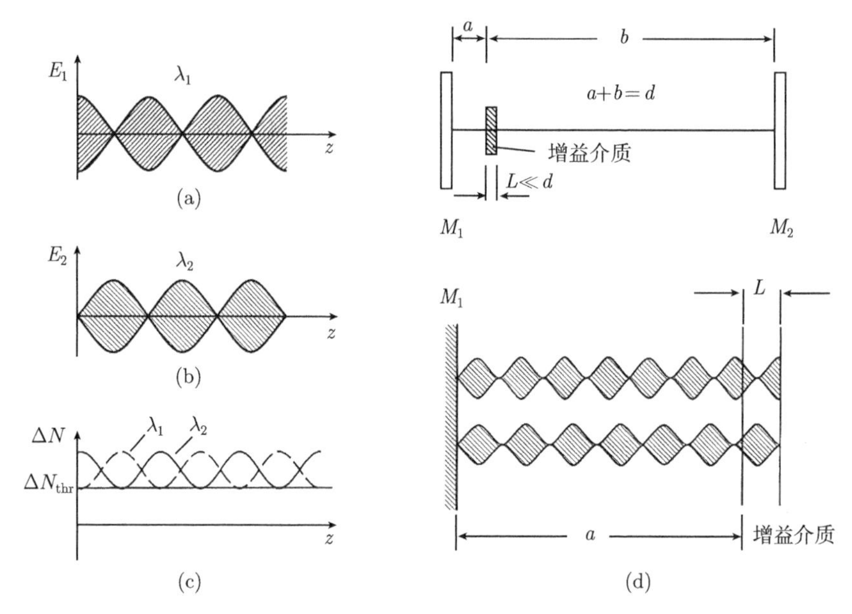


图 5.26　波长 $\lambda_1$ 和 $\lambda_2$ 略有不同的两个驻波的空间强度分布 (a) (b)，以及它们的相应的反转数 $\Delta N(z)$ 饱和 (c)。在长度 $L$ 很小、接近于共振腔反射镜 $M_1$ ($a \ll b$) 的增益介质中，出现空间烧孔模式的原因 (d)

**例 5.10**

$d = 100\text{cm}$，$L = 0.1\text{cm}$，$a = 5\text{cm}$，$p = 3$，$\delta\nu = 150\text{MHz}$，$\delta\nu_{\text{sp}} = 2000\text{MHz}$。如果增益谱线小于 2000MHz，就可以实现单模工作。

在气体激光器中，激发态分子从驻波的波节到最大值的扩散，可以部分地平均掉空间烧孔效应。然而，在固体激光器和液体激光器中，例如，红宝石激光器和染料激光器，空间烧孔效应非常重要。在单向环形腔激光器 (第 5.2.7 节) 中，不存在驻波，空间烧孔效应可以完全避免。单方向上传播的波可以饱和整个空间分布上的反转粒子数。在泵浦功率足够大的时候，环形激光器的输出功率大于驻波激光器，原因就在于此。

### 5.3.4　多模激光和增益竞争

均匀和非均匀跃迁的增益饱和不同，这就会显著地影响多模激光的频谱，可以用下述方式来理解这一点：

首先考虑具有纯均匀谱线线形的激光跃迁。当泵浦功率超过阈值的时候，靠近增益谱中心的共振腔模式开始振荡。因为这个模式的净增益更大，它的强度就比其他的激光模式增加得快，所以，整个增益谱的部分饱和 (图 5.25(a)) 主要是来自于这个最强的模式。然而，这种饱和效应减小了其他较弱模式的增益，后者的放大就会变慢下来，从而进一步增大了放大因子的差别，更加偏向于最强的模式。均匀增益谱中的不同激光模式之间的模式竞争最后就会抑制掉最强模式之外的所有其他模式。只要没有其他机制干扰最强模式的主导性，这种饱和耦合效应就会使得激光器发生单频率的振荡，即使均匀增益谱的宽度在原则上足以让几个共振腔模式同时发生振荡[5.34]。

实际上，这种无需在激光共振腔内放置其他频率选择元件的单模工作方式只能够在几个非常特殊的例子中实现，因为还有其他一些现象会影响到上面讨论过的纯粹的模式竞争，例如空间烧孔、频率扰动或依赖于时间的增益涨落。下文将讨论这些效应，它们防止了一个确定模式不受扰动地增长，在不同的模式之间引入了与时间有关的耦合现象，并且在许多情况下使得由许多模式随机叠加而成的激光的频谱随着时间发生涨落。

在纯粹的非均匀增益谱的情况下，不同的激光模式不会共用同一个分子来进行放大，如果模式间距大于振荡模式的饱和展宽谱线，就不会出现模式竞争。因此，高于阈值的增益谱内的所有的激光模式都可以同时振荡。激光输出由那些总损耗小于增益的所有的轴向模式和横向模式构成 (图 5.27(a))。

真实的激光器并非如此，它们的增益谱由均匀展宽和非均匀展宽交织而成。模式间距 $\delta\nu$ 和均匀宽度 $\Delta\nu^{\text{hom}}$ 的比值决定了模式竞争的强度，它对于单模还是多模工作方式是至关重要的。许多激光器在多个模式上振荡的另一个原因是：如果增益超过了某个高阶横模的损耗，模式 $\text{TEM}_{m_1,n_1}$ 和 $\text{TEM}_{m_2,n_2}((m_1,n_1)\neq(m_2,n_2))$ 之间的模式竞争就会受到限制，原因在于它们具有不同的空间振幅分布，它们从增益介质的不同区域得到放大。它适用的激光器类型有固体激光器 (红宝石激光器或 Nd:YAG 激光器)、闪光灯泵浦的染料激光器或准分子激光器。在非共焦共振腔中，横向模式的频率填充了 $\text{TEM}_{00}$ 频率 $\nu_a=\left(q+\dfrac{1}{2}\right)c/(2nd)$ 之间的间隙 (图 5.21)。这些横向模式使得激光束更为发散，不再是高斯型光束。

恰当地选择共振腔的形状，使之与增益介质的横截面和长度 $L$ 契合，就可以抑制高阶 $\text{TEM}_{m,n}$ 模式 (第 5.4.2 节)。

如果只有轴向模式 $\text{TEM}_{00}$ 参与激光振荡，通过输出耦合镜透射出来的激光光束就具有高斯型强度分布 (式 (5.32) 和式 (5.42))。它仍然可以包括增益谱内的多个频率 $\nu_a=qc/(2nd)$。在原子或分子跃迁上的多模式激光振荡的谱宽与发射这些跃迁的非相干光源相近!

用一些例子说明上述讨论：

**例 5.11**

$\lambda=632.8\text{nm}$ 的氦氖激光器：Ne 跃迁的多普勒宽度大约是 1500MHz，而阈值以上的增益谱线的宽度大约是 1200MHz，它依赖于泵浦功率。对于长度为 $d=100\text{cm}$

的共振腔, 纵向模式的间隔是 $\delta\nu = c/2d = 150\text{MHz}$。如果共振腔内的光阑抑制了高阶的横向模式, 那么就会有 7 到 8 个纵向模式达到阈值以上。均匀宽度 $\Delta\nu^{\text{hom}}$ 决定于一些因素: 自然线宽 $\Delta\nu_n = 20\text{MHz}$; 压强展宽, 大约为相同的幅度; 功率展宽, 它依赖于不同模式中的激光光强。例如, 在 $I/I_s = 10$ 的时候, 可以由 $\Delta\nu_0 = 30\text{MHz}$ 得到功率展宽的线宽大约是 100MHz, 它仍然小于纵向模式之间的间隔。因此, 不同模式之间不会强烈地竞争, 在阈值以上的所有纵模都可以振荡。$d = 1\text{m}$ 的氦氖激光器的频谱如图 5.27(a) 所示, 它是用频谱分析仪测量得到的, 积分时间为 1 秒。

**例 5.12**

氩激光器: 因为大电流放电 (约 $10^3\text{A/cm}^2$) 的高温, $\text{Ar}^+$ 跃迁的宽度非常大 ($8 \sim 10\text{GHz}$)。均匀宽度 $\Delta\nu^{\text{hom}}$ 也远大于氦氖激光器, 原因有二: 长程库仑相互作用使得电子–离子碰撞过程导致的压强展宽很大; 模式中的高激光强度 ( $10 \sim 100\text{W}$) 产生了可观的功率展宽。对于通常使用的长度为 $d = 120\text{cm}$ 的共振腔来说, 这两种效应产生的均匀线宽都大于模式间距 $\delta\nu = 125\text{MHz}$。由此带来的模式竞争和上文提到的扰动结合起来, 就导致了多模氩激光器的随机涨落的模式谱。图 5.27(b) 说明了这一点, 它是在两个不同时刻对频谱仪的显示器进行短时间曝光后的叠加结果。

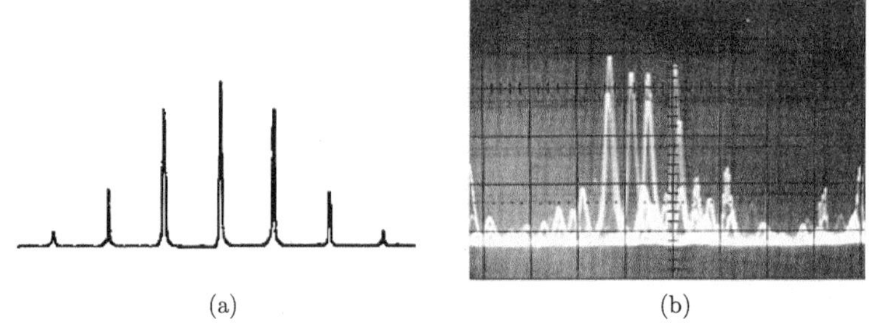

(a) (b)

图 5.27 (a) 氦氖激光器的稳定的多模工作 (曝光时间: 1s); (b) 在同一张底片上对一个氩激光器的多模式谱的两次短时间曝光, 它表明了模式分布的随机涨落

**例 5.13**

染料激光器: 液体中的染料分子的宽增益谱主要是均匀展宽的 (第 3.7 节)。在长度为 $L = 75\text{cm}$ 的激光共振腔中, 大约有 $10^5$ 个模式位于 20nm 的典型谱宽度之内 (在 $\lambda = 600\text{nm}$ 处, $\hat{=} 2\times 10^{13}\text{Hz}$)。在没有空间烧孔现象和共振腔光学长度 $nd$ 不发生涨落的时候, 激光器会在增益谱中心处的单个模式上振荡。然而, 染料液体中折射率 $n$ 的涨落会相应地扰动频率、影响激光模式的耦合, 从而导致随时间变化的多模谱。发光在不同的模式频率之间随机地跃变。在脉冲激光的情况下, 染料激光器对时间平均后的发射谱或多或少地均匀地填充了增益谱最大值附近的一个更宽的谱间隔 (约 1nm)。空间烧孔效应可能会使得空间烧孔模式附近的几组谱线发

生振荡。在这种情况下，时间平均的频率分布通常并不会产生均匀光滑的强度分布 $I(\lambda)$。为了实现可调谐的单模工作方式，必须在激光共振腔内额外放置频率选择元件 (第 5.4 节)。

在多模激光器的光谱应用中，必须牢记，激光带宽内的谱线间隔 $\Delta\nu$ 一般来说并不是被均匀填充的。也就是说，它与非相干光源不同，强度 $I(\nu)$ 在激光带宽内不是一个光滑函数，而是带有小孔。在具有法布里–珀罗型共振腔的多模染料激光器中，存在着驻波和空间烧孔现象，情况就更是如此 (第 5.3.4 节)。

激光输出的谱强度分布是振荡模式的叠加

$$I_L(\omega,t)=\left|\sum_k A_k(t)\cos[\omega_k t+\phi_k(t)]\right|^2 \tag{5.68}$$

由于模式竞争和模式拖曳效应，相位 $\phi_k(t)$ 和振幅 $A_k(t)$ 可能在时域中随机地涨落。

输出光强的谱分布的时间平均结果为

$$\langle I(\omega)\rangle=\frac{1}{T}\int_0^T\left|\sum_k A_k(t)\cos[\omega_k t+\phi_k(t)]\right|^2\mathrm{d}t \tag{5.69}$$

它给出了激光跃迁的增益谱线。平均所需的时间 $T$ 依赖于激光模式的建立时间，它决定于非饱和增益和模式竞争的强度。在气体激光器中，平均谱宽度 $\langle\Delta\nu\rangle$ 对应于激光跃迁的多普勒宽度。这种多模激光的相干长度与传统的光谱灯相仿，后者使用的是滤光得到的单根谱线。

将这种多模激光器用于光谱学、并用激光共振腔内的光栅或棱镜扫描感兴趣的光谱范围 (第 5.5 节)，这种非均匀的谱结构 $I_\mathrm{L}(0)$ 可能会在被测量的光谱中引起虚假的结构。为了避免这一问题并得到光滑的强度分布 $I_\mathrm{L}(\nu)$，可以用频率 $f>1/\tau$ 来改变激光共振腔的长度 $d$，该频率应该大于待测谱中一根谱线上的扫描时间 $\tau$ 的倒数。这种方法调制了激光器的所有振荡频率，使得时间平均值更为光滑，当 $\tau>T$ 的时候，更是如此。

### 5.3.5 模式拖曳

现在简要地讨论增益介质引起的被动式共振腔频率的频率变化 (被称为模式拖曳)[5.35]。在端镜间距为 $d$ 的共振腔中，在没有增益介质的时候，频率为 $\nu_p$ 的稳态驻波往返一次 (时间为 $T_p$) 的相位变化是

$$\phi_p=2\pi\nu_p T_p=2\pi\nu_p 2d/c=m\pi \tag{5.70}$$

其中，整数 $m$ 表征的是共振腔振动模式。加入一个折射率 $n(\nu)$ 的增益介质之后，频率 $\nu_p$ 改变为 $\nu_a$，每次往返的相位仍然保持不变

$$\phi_a=2\pi\nu_a T_a=2\pi\nu_a n(\nu_a)2d/c=m\pi \tag{5.71}$$

这就给出了条件

$$\frac{\partial\phi}{\partial\nu}(\nu_a-\nu_p)+[\phi_a(\nu_a)-\phi_p(\nu_a)]=0 \tag{5.72}$$

折射率 $n(\nu)$ 与均匀吸收谱线的吸收系数 $\alpha(\nu)$ 之间通过色散关系式 (式 (3.36)) 和式 (3.37) 联系起来

$$n(\nu)=1+\frac{\nu_0-\nu}{\Delta\nu_m}\frac{c}{2\pi\nu}\alpha(\nu) \tag{5.73}$$

其中，$\Delta\nu_m=\gamma/2\pi$ 是增益介质中放大跃迁的线宽。在粒子数反转的情况下 ($\Delta N<0$)，$\alpha(\nu)$ 变为负数。当 $\nu<\nu_0$ 的时候，$n(\nu)<1$；当 $\nu>\nu_0$ 的时候，$n(\nu)>1$ (图 5.28)。在稳态条件下，每次通过后的总增益 $\alpha(\nu)L$ 饱和到阈值，它等于总损耗 $\gamma$。这些损耗决定了共振腔的共振宽度 $\Delta\nu_{\mathrm{r}}=c\gamma/(4\pi d)$，见式 (5.54)。在模式宽度为 $\Delta\nu_{\mathrm{r}}$ 的共振腔中，激光跃迁的均匀谱线展宽为 $\Delta\nu_m$，中心频率为 $\nu_0$，由式 (5.70) 和式 (5.73) 得到，激光的频率 $\nu_a$ 就是

$$\nu_a=\frac{\nu_{\mathrm{r}}\Delta\nu_m+\nu_0\Delta\nu_{\mathrm{r}}}{\Delta\nu_m+\Delta\nu_{\mathrm{r}}} \tag{5.74}$$

气体激光器共振腔的共振宽度 $\Delta\nu_{\mathrm{r}}$ 大约是 1MHz，增益介质的均匀宽度大约是 100MHz。因此，当 $\Delta\nu_{\mathrm{r}}\ll\Delta\nu_m$ 的时候，式 (5.74) 约化为

$$\nu_a=\nu_{\mathrm{r}}+\frac{\Delta\nu_{\mathrm{r}}}{\Delta\nu_m}(\nu_0-\nu_{\mathrm{r}}) \tag{5.75}$$

这就证明，模式拖曳效应正比于共振腔共振频率 $\nu_{\mathrm{r}}$ 与增益介质的中心频率 $\nu_0$ 之间的差别。在增益曲线的斜坡处，激光频率被拖向中心频率。

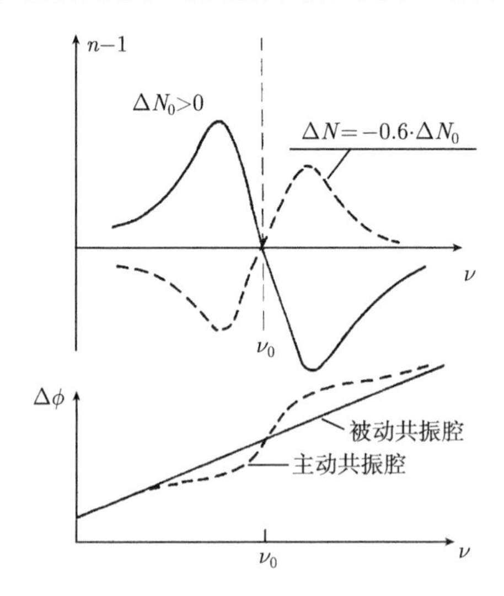


图 5.28 吸收跃迁 ($\Delta N<0$) 和放大跃迁 ($\Delta N>0$) 的色散曲线，以及被动式共振腔和主动式共振腔中每次往返的相移 $\Delta\phi$

# 5.4 单模激光的实现

在前面几节中我们看到，如果不采取特殊的措施，激光器通常会在许多模式中振荡，这些模式的增益大于总损耗。为了选择想要的单一模式，必须通过增加其他模式的损耗来抑制它们，使得它们的损耗大到不足以达到振荡阈值的程度。抑制高阶横模 $TEM_{mn}$ 所需要的措施不同于从许多其他的 $TEM_{00}$ 模式中选出单一纵模的措施。

许多激光器，特别是气体激光器，可以在好几个原子或分子跃迁上达到振荡阈值。这样一来，激光就可以在这些跃迁上同时振荡[5.36]。为了实现单模工作模式，必须首先选择单个跃迁。

## 5.4.1 选择谱线

在激光介质中，可以有多个跃迁具有增益，为了实现单谱线的振荡，需要在激光共振腔的里面或外面放置选择波长的元件。如果不同的谱线在光谱上分离得很远，利用选择性反射的介质膜反射镜，就可以选择单个跃迁。

**例 5.14**

氦氖激光器可以在 $\lambda = 3.39\mu m$、$\lambda = 0.633\mu m$ 以及 $\lambda = 1.15\mu m$ 附近的几根谱线处振荡。

采用特殊的反射镜，可以选择 $\lambda = 3.39\mu m$ 或 $\lambda = 0.633\mu m$ 的谱线。只用镜子的谱反射率，不可能将 $1.15\mu m$ 附近的几条谱线分开，需要其他一些措施，如下所述。

在宽带反射镜或谱线间距很近的情况下，通常使用棱镜、光栅或利奥滤光片来选择波长。用棱镜在氩激光器中选择谱线，如图 5.29 所示。不同的谱线被棱镜折射的时候，只有垂直于端镜入射的谱线才会被反射回去从而达到振荡阈值，而其他所有谱线都会被反射到共振腔之外。旋转端镜 $M_2$，就可以选择出想要的谱线。为了避免棱镜表面的反射损耗，使用的是 $\tan\phi = 1/n$ 的布儒斯特棱镜，棱镜两个表面的入射角都是布儒斯特角。在布儒斯特棱镜的一个端面镀膜，可以将它和端镜合二为一 (图 5.29(b))。这样的器件被称为利特罗棱镜。

因为大多数棱镜材料 (如玻璃和石英) 在红外区域内有吸收，所以，在此波长范围内，利用利特罗光栅 (第 4.1 节) 对红外激光器进行波长选择更为方便。$CO_2$ 激光器可以在一个振动跃迁的很多个旋转谱线上振荡，它的波长选择如图 5.30 所示。通常用一个适当的反射镜系统来扩束激光光束，以便覆盖很大数目的光栅沟槽，从而提高光谱分辨率 (第 4.1 节)。它的另外一个优点就是谱密度更低，损坏光栅的可能性更小。

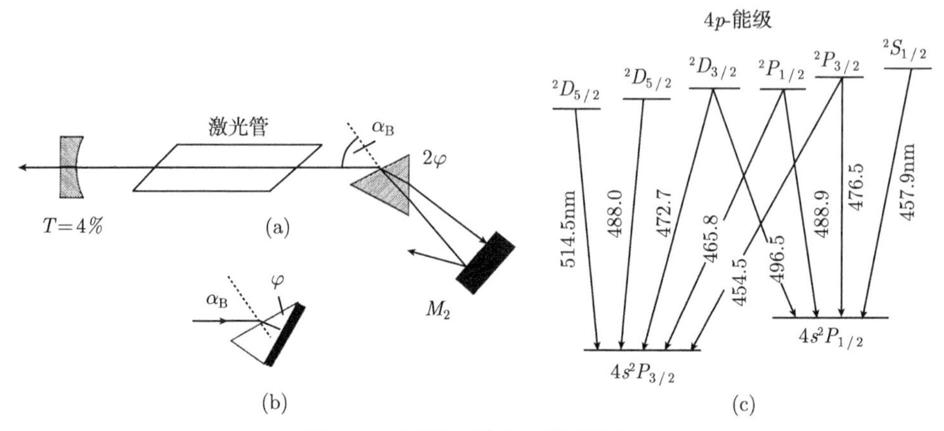


图 5.29　氩激光器中的波长选择

(a) 利用布儒斯特棱镜；(b) 利用利特罗棱镜；(c) $Ar^+$ 中激光跃迁的能级示意图

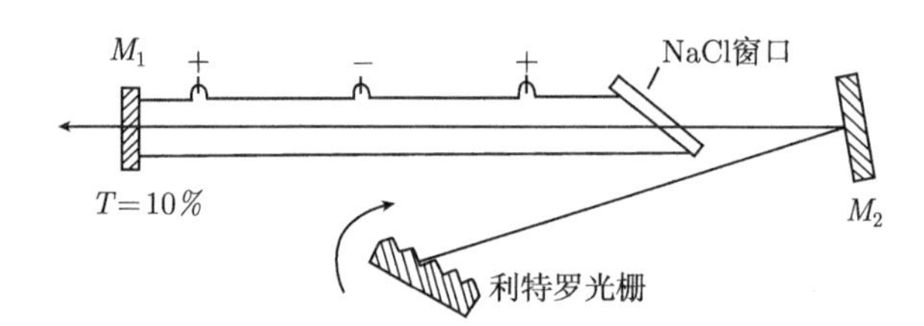


图 5.30　利用利特罗光栅来选择 $CO_2$ 激光器的谱线，它们对应于不同的旋转跃迁

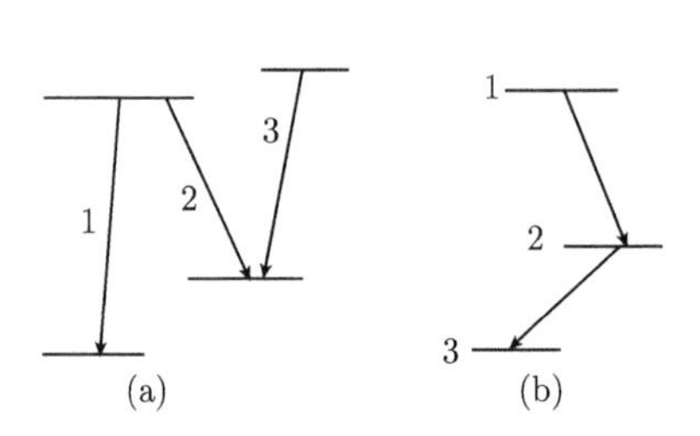


图 5.31　同时在好几根谱线上振荡的激光器的能级示意图

(a) 跃迁彼此争夺增益；(b) 跃迁增强了其他谱线的增益

如果一些同时振荡的激光跃迁共享一个上能级或下能级，例如图 5.29(c) 和图 5.31(a) 中的谱线 1、2 和 3，增益竞争就会减小每根谱线的输出。在这种情况下，为了抑制除了一个跃迁之外的所有竞争跃迁，最好是在共振腔内放置谱线选择元件。然而，激光有时候会在一些级联跃迁上振荡 (图 5.31(b))。在这种情况下，激光跃迁 $1 \rightarrow 2$ 增加了能级 2 上的粒子数，因此增强了跃迁 $2 \rightarrow 3$ 的增益 [5.37]。显然，它更有利于多谱线的振荡，为了选择单根谱线，需要使用外部棱镜或光栅。在多个谱线之间进行选择的时候，利用特殊的装置，可以让输出光束不发生偏转 [5.38]。

对于具有宽连续增益谱的激光器来说，激光共振腔中的预选择器件将激光振荡限制在一个特殊的谱间隔之内，它只是增益谱的一部分。

下面用一些例子来进行说明 (参见第 5.7 节)。

**例 5.15**

氦氖激光器: 氦氖激光器可能是被研究得最彻底的气体激光器[5.39]。它的能级结构如图 5.32 所示，采用的是帕邢表示法[5.40]，由图可以看出，在 $\lambda = 3.39\mu\text{m}$ 附近的两个跃迁和 $\lambda = 0.6328\mu\text{m}$ 处的可见光跃迁共用了一个上能级。因此，抑制 3.39μm 谱线，就会增大 0.6328μm 处的输出功率。另一方面，1.15μm 和 0.6328μm 谱线共用着同一个下能级，因为这两种激光跃迁都增加了下能级上的粒子数，从而减小了反转粒子数，所以它们会争夺增益。如果抑制了 3.3903μm 跃迁，例如，可以在共振腔内放置一个 $CH_4$ 气体盒，上能级 $3s_2$ 中的粒子数就会增加，位于 $\lambda = 3.3913\mu\text{m}$ 的新谱线就会达到阈值。

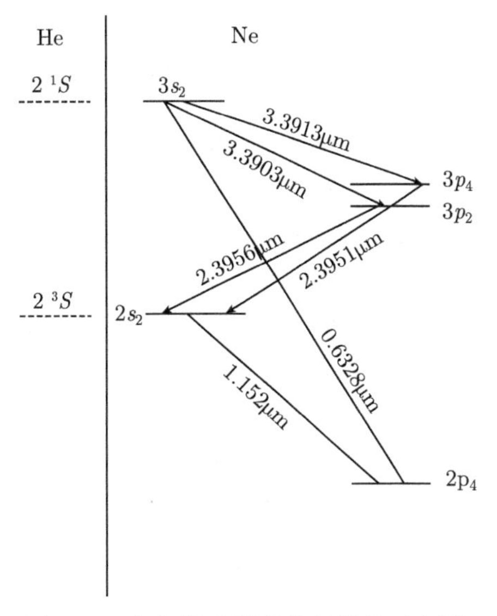


图 5.32 氦氖激光器的能级结构示意图，采用帕邢表示，给出了绝大多数的强激光跃迁

这个激光跃迁使得 $3p_4$ 能级上的粒子数增多，为 $\lambda = 2.3951\mu\text{m}$ 的激光谱线提供了增益。后面这条谱线只和 3.3913μm 的谱线一起振荡，即后者是泵浦光源。这是激光媒质中级联跃迁的一个例子[5.37]，如图 5.31(b) 所示。

激光跃迁的均匀宽度主要决定于压强展宽和功率展宽。当总压强大于 5mb、腔内功率为 200mW 的时候，跃迁 $\lambda = 632.8\text{nm}$ 的均匀线宽大约是 200MHz，它仍然远小于多谱勒宽度 $\Delta\nu_\text{D} = 1500\text{MHz}$。在单模工作的时候，可以获得多模工作功率的大约 20%[5.41]。这大致对应于阈值以上的均匀线宽与非均匀线宽的比值 $\Delta\nu_\text{h}/\Delta\nu_\text{D}$。当 $d = d^* = \dfrac{1}{2}c/\Delta\nu_\text{h}$ 的时候，模式间隔 $\delta\nu = \dfrac{1}{2}c/d$ 等于均匀线宽。当 $d < d^*$ 的时候，可以存在稳定的多模振荡；当 $d > d^*$ 的时候，就会出现模式竞争。

**例 5.16**

氩激光器: 连续氩激光器的放电为 15 个以上的跃迁过程提供了增益。图 5.29(c) 给出了一部分能级结构示意图，表明了不同的激光跃迁之间的耦合。因为 514.5nm、488.0nm 和 465.8nm 处的谱线共用着同一个下能级，抑制竞争谱线，就会增大被选择的谱线的反转粒子数和输出功率。因此，为了优化输出功率，已经广泛深入地研究了不同激光跃迁之间的相互作用[5.42,5.43]。通常用一个内置的布儒斯特棱镜来选择波长 (图 5.29 和图 5.41(b))。均匀宽度 $\Delta\nu_\text{h}$ 主要来自于电子–离子碰撞过程引起的碰撞展宽以及饱和展宽。离子谱线的额外展宽和位移来自于放电场中的离子漂移。当共振腔内的光强为 350W/cm$^2$ 的时候，即输出功率大约是 1W，饱和展宽效应相当大，它增加了均匀宽度，有可能超过 1000MHz。单模工作时的输出功率可以达到多模工作时单根谱线上的功率的 30%，原因就在于此[5.44]。

**例 5.17**

$CO_2$ 激光器：部分能级结构如图 5.33 所示。振动能级 $(\nu_1, \nu_2^l, \nu_3)$ 用三个正则振动模式中量子的数目来表征。简并振动 $\nu_2$ 的上标给出了相应的振动角动量 $l$ 的量子数，当原子核在正交平面内振动的时候，就会发生两个简并的弯曲振动 $\nu_2$[5.45]。激光振荡是在两个振动跃迁 $(\nu_1, \nu_2^l, \nu_3) = 00^01 \to 10^00$ 和 $00^01 \to 02^00$ 中的许多个转动谱线上实现的[5.46~5.48]。在没有选择谱线的时候，通常只出现 961cm$^{-1}$(10.6μm) 附近的光谱带，因为这些跃迁的增益比较大。激光振荡消耗了 $00^01$ 振动能级上的粒子数，增益竞争效应就抑制了第二个跃迁上的激光振荡。利用内部的谱线选择 (图 5.30)，通过调节波长选择光栅可以相继地优化更多的谱线。每个谱线的输出功率都大于同一根谱线在多谱线工作模式下的功率。因为多普勒宽度很小 (66MHz)，当 $d^* < 200$cm 的时候，自由光谱区 $\delta\nu = \frac{1}{2}c/d^*$ 已经大于增益谱线的宽度了。对于这种共振腔来说，为了将共振腔的本征频率 $\nu_R = \frac{1}{2}qc/d^*$ (其中 $q$ 是一个整数) 调节到增益谱线的中央，必须调节反射镜之间的距离 $d$。抑制高阶横模、恰当地选择共振腔参数，就可以让 $CO_2$ 激光器在单个纵模上振荡。

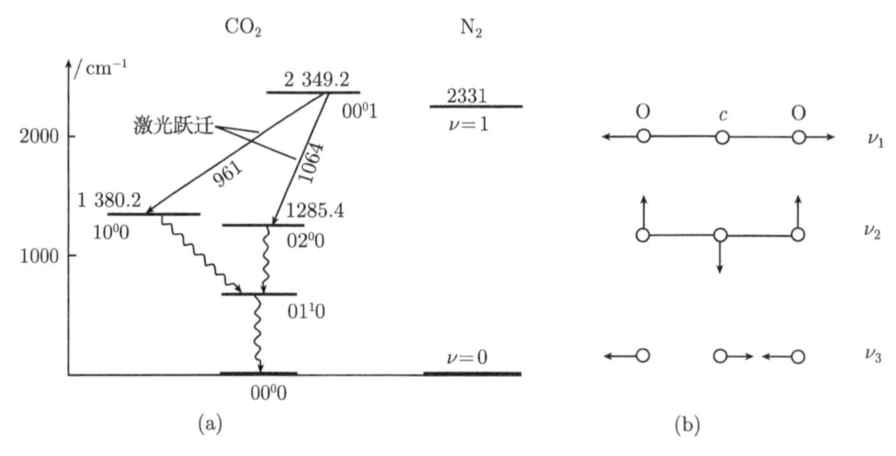


图 5.33　能级结构示意图和激光跃迁

(a) $CO_2$ 分子；(b) 正则振动 $(\nu_1, \nu_2, \nu_3)$

## 5.4.2　横向模式的抑制

首先考虑横向模式的选择。第 5.2.3 节给出，随着横向阶数 $n$ 或 $m$ 的增大，高阶横模 $TEM_{mnq}$ 的径向分布在共振腔轴上的集中程度越来越小。这意味着它们的

衍射损耗大于基模 $TEM_{00q}$(图 5.12)。因此，模式的场分布及其衍射损耗依赖于共振腔参数，例如，反射镜的曲率半径 $R_i$、镜间距 $d$ 以及菲涅耳数 $N_F$(第 5.2.1 节)。只有那些满足稳定条件的共振腔[5.1,5.24]

$$0 < g_1 g_2 < 1 \text{ 或 } \quad g_1 g_2 = 0 \quad (g_i = (1 - d/R_i))$$

才能够在共振腔内具有有限大小的 $TEM_{00}$ 场分布 (第 5.2.6 节)。恰当地选择共振腔参数，就确定了基模 $TEM_{00q}$ 的束腰 $w$ 和高阶 $TEM_{mn}$ 的径向分布，也就确定了模式的衍射损耗。

对于不同的 $g$ 值，在 $g_1 = g_2 = g$ 的对称共振腔中，$TEM_{10}$ 和 $TEM_{00}$ 模式的衍射损耗比 $\gamma_{10}/\gamma_{00}$ 随着菲涅耳数 $N_F$ 的变化关系如图 5.34 所示。从图中可以看出，对于任何给定的共振腔，抑制 $TEM_{10}$ 模式的光阑的直径 $2a$ 必须对光束半径为 $w$ 的基模 $TEM_{00}$ 的损耗足够小。在其他激光器中，放电管的直径 $2a$ 通常构成了限制光阑。必须选择共振腔参数使得 $a \simeq 3w/2$，才能保证基模几乎占据了所有的增益介质，同时衍射损耗还低于 1% (第 5.2.6 节)。

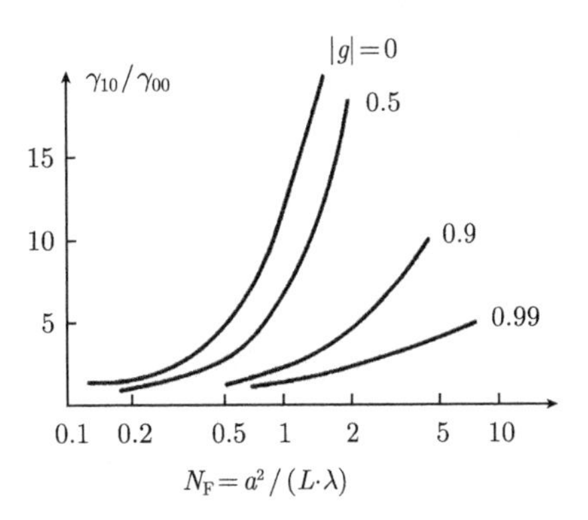


图 5.34　在对称式共振腔中，对于不同的共振腔参数 $g = 1 - d/R$，$TEM_{10}$ 和 $TEM_{00}$ 模式的衍射损耗的比值 $\gamma_{10}/\gamma_{00}$ 随着菲涅耳数 $N_F$ 的变化关系

因为横向模式的频率间隔很小，而 $TEM_{10q}$ 模式与 $TEM_{00q}$ 的频率差小于增益曲线的均匀线宽，基模可能会使得到光轴距离为 $r_m$ 处的粒子反转数部分地饱和，在那里，$TEM_{10q}$ 模式达到电场最大值。由此而来的横向模式竞争 (图 5.35) 降低了高阶横模的增益，即使非饱和增益超过了损耗，也仍然有可能抑制它们的振荡。因此，对于最大光阑直径的限制就不那么严格了。许多商用激光器的共振腔结构都设计成“单横模”工作模式。然而，激光仍然可以在几个纵模上振荡，为了实现真正的单模工作，下一步就是抑制除了一个纵模之外的所有纵模。

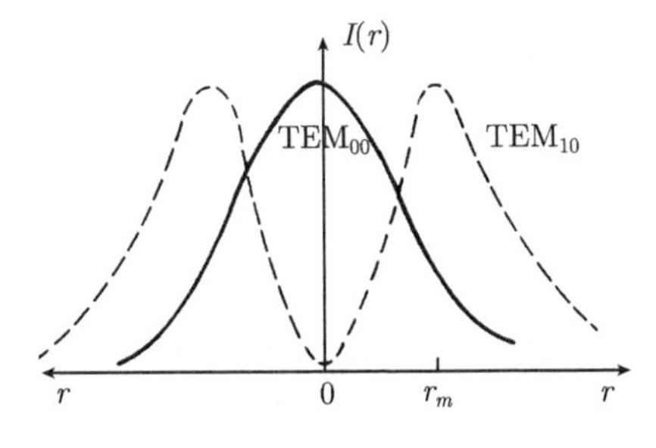


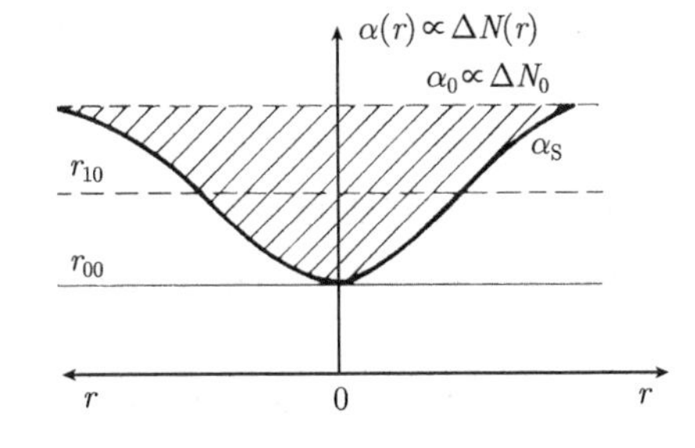


图 5.35　$TEM_{00}$ 和 $TEM_{10}$ 模式的横向增益竞争

### 5.4.3　单纵模的选择

由第 5.3 节中的讨论可知，当增益谱的非均匀宽度 $\Delta\nu_{\rm g}$ 超过了模式间距 $\frac{1}{2}c/d$ 的时候，几个振荡模式可能同时发生振荡 (图 5.22)。因此，实现单模工作方式的一个简单方法就是，减小共振腔的长度 $2d$、使得位于阈值之上的增益谱宽度 $\Delta\nu_{\rm g}$ 小于自由光谱区 $\delta\nu=\frac{1}{2}c/d$[5.49]。

如果将共振腔频率调节到增益谱的中心，那么，相邻的两个各模式都不能够达到阈值，即使用两倍长度 $2d$ 的共振腔，也可以实现单模工作方式 (图 5.36)。然而，这种实现单模工作方式的方法有几个缺点。因为增益介质的长度 $L$ 不可能大于 $d(L\leqslant d)$，只有高增益的跃迁才有可能达到阈值。输出功率正比于增益模式的体积，在大多数情况下都很小。因此，为了实现输出功率更大的单模激光器，需要其他的方法。我们讨论外模式选择和内模式选择的差别。

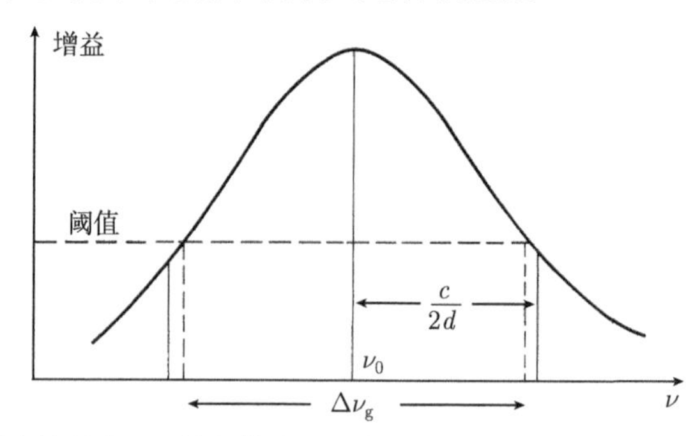


图 5.36　减小共振腔的长度 $d$、使得模式间隔大于阈值之上的增益曲线宽度的一半，就可以实现单纵模工作方式

当多模激光器的输出经过一个外部的滤光器的时候，例如一台干涉仪或光谱仪，可以选择出单个模式。然而，完美的选择要求滤光器对于不想要的模式具有高抑制度，对于想要的模式有高透射度。这种外部选择的技术还有一个缺点，即它只使用了激光总输出功率的一部分。利用放置在激光共振腔内的滤光片进行内模式选择，可以完全抑制不想要的模式，即使它们的增益在没有选择元件的的时候大于损耗的情况下，也是如此。此外，单模激光器的输出功率通常大于多模振荡时该模式中的功率，因为增益体积 $V$ 中的总反转数 $V\cdot\Delta N$ 不再像带有增益竞争的多模工作方式中那样被其他的许多模式共用。

在带有内模式选择的单模工作方式中，可以预期，输出功率达到了多模功率的 $\Delta\nu^{\rm hom}/\Delta\nu_{\rm g}$，其中，$\Delta\nu^{\rm hom}$ 是非均匀增益谱中的均匀宽度。对于单模工作方式来说，因为更强的模式所导致的功率展宽，这一宽度 $\Delta\nu^{\rm hom}$ 变得更大了。例如，在氩离子激光器中，在带有内模式选择的单模工作方式下，功率可以达到多模功率的

30%。

这就是所有的单模激光器都使用内模式选择的原因。现在讨论用内模式选择实现稳定的单模激光的实验方法。如上一节所述，实现单模工作的所有方法都是基于模式抑制，即除了想要的那个模式之外，增大其他所有模式的损耗，使之大于增益。一种可能的实现方法如图 5.37 所示，它通过倾斜激光共振腔内的一个端面平行的标准具 (厚度为 $t$，折射率为 $n$) 来选择纵模[5.50]。在第 4.2.7 节中已经表明，这种标准具在波长 $\lambda_m$ 处达到透射极大值，

$$m\lambda_m = 2nt\cos\theta \tag{5.76}$$

而对于所有其他的波长，反射损耗超过了增益。如果标准具的自由光谱区

$$\delta\lambda = 2nt\cos\theta\left(\frac{1}{m} - \frac{1}{m+1}\right) = \frac{\lambda_m}{m+1} \tag{5.77}$$

大于阈值以上的增益谱线的谱宽 $|\lambda_1 - \lambda_2|$，那么，就只有一个模式可以振荡 (图 5.38)。因为波长 $\lambda$ 还取决于共振腔长度 $d$ $(2d = q\lambda)$，必须调节倾角 $\theta$ 使得

$$2nt\cos\theta/m = 2d/q \Rightarrow \cos\theta = \frac{m}{q}\cdot\frac{d}{n\cdot t} \tag{5.78}$$

其中，$q$ 为整数。标准具的透射峰必须与激光共振腔的一个本征共振模式相符。

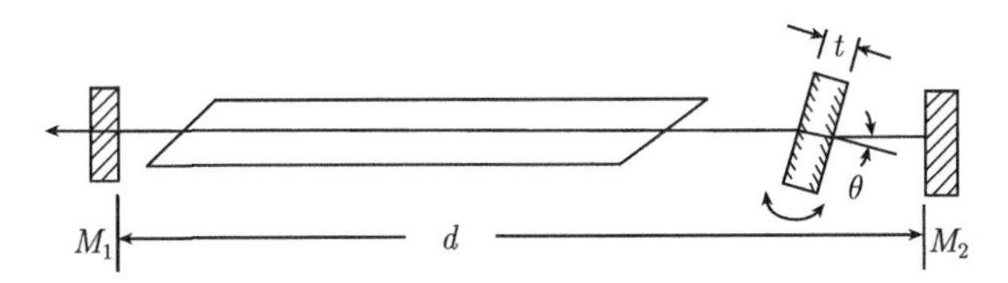


图 5.37 在激光共振腔中放置一个倾斜的标准具，用来实现单模工作

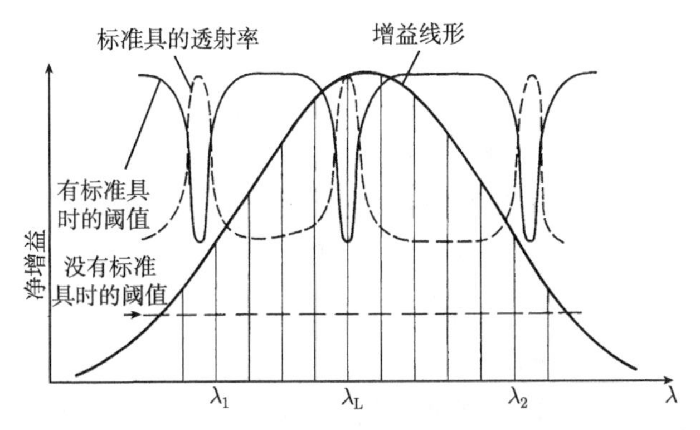


图 5.38 共振腔内部的标准具的增益曲线、共振腔模式和透射峰 (虚线)。同时给出了有标准具和没有标准具时的阈值

**例 5.18**

在氩离子激光器中，增益曲线半高宽大约是 8GHz。使用自由光谱区为 $\Delta\nu = c/(2nt) = 10\text{GHz}$ 的腔内标准具，可以实现单模工作。这意味着 $n = 1.5$ 的时候，厚度为 $t = 1\text{cm}$。

标准具的品质因数 $F^*$ 必须高得足以保证与被选择模式相邻的模式的损耗大于其增益 (图 5.38)。幸运的是，在许多情况下，振荡模式的增益竞争已经降低了其他模式的增益。这样一来，要求就没有那么严格了，标准具的损耗只要大于距离透射峰一定距离 $\Delta\nu \geqslant \Delta\nu^{\text{hom}}$ 处的饱和增益就可以了。

通常，用分光镜 BS 耦合将一台迈克耳孙干涉仪耦合到激光共振腔，用来进行模式选择 (图 5.39)。这种 Fox-Smith 腔的自由光谱区 $\delta\nu = \frac{1}{2}c/(L_2 + L_3)$[5.51] 也必须大于增益谱的宽度。使用一个压电元件 PE，可以将反射镜 $M_3$ 移动几个微米，从而实现两个耦合共振腔之间的共振。当共振条件是

$$(L_1 + L_2)/q = (L_2 + L_3)/m = \lambda/2 \ (m, q \text{ 均为整数}) \tag{5.79}$$

的时候，被 BS 反射的分波 $M_1 \to \text{BS}$ 和透射通过 BS 的分波 $M_3 \to \text{BS}$ 发生相消干涉。也就是说，由于式 (5.79) 中的共振条件，BS 的反射损耗有一个极小值 (在理想情况下，等于零)。然而，对于所有的其他波长，这些损耗大于增益，它们不会达到阈值，这样就实现了单模振荡[5.52]。

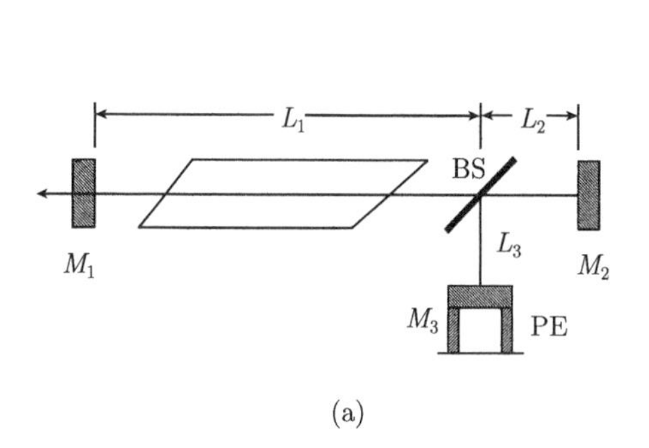


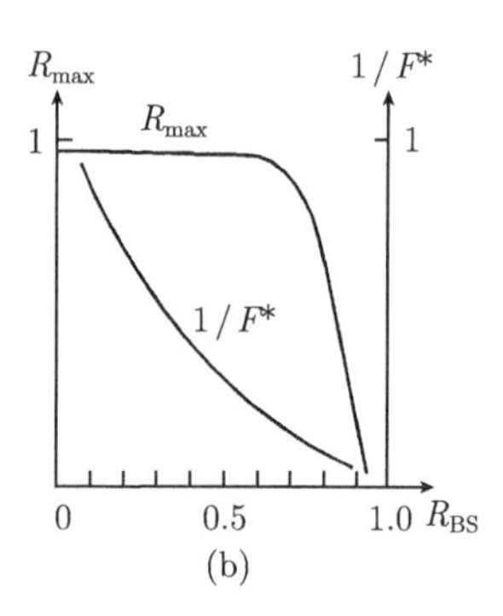


图 5.39　用 Fox-Smith 选择器进行模式选择

(a) 实验装置；(b) 迈克耳孙反射镜的最大反射率和品质因数的倒数 $1/F^*$ 随着分束镜反射率 $R_{\text{BS}}$ 的变化关系。此时，$R_2 = R_3 = 0.99$，$A_{\text{BS}} = 0.5\%$

在更为详细的讨论中，分束镜 BS 的吸收损耗 $A_{\text{BS}}^2$ 不能够忽略不计，因为它们使得 Fox-Smith 腔的最大反射率 $R$ 小于 1。类似于式 (4.80) 的推导，Fox-Smith 反射器起到了选择波长的作用，它的反射率可以被计算出来[5.53]

$$R = \frac{T_{\text{BS}}^2 R_2 (1 - A_{\text{BS}})^2}{1 - R_{\text{BS}}\sqrt{R_2 R_3} + 4R_{\text{BS}}\sqrt{R_2 R_3}\sin^2\phi/2} \tag{5.80}$$

当 $\phi = 2m\pi$ 且 Fox-Smith 腔在激光共振腔内引入了额外损耗时，反射率 $R_{\max}$ 随着分光镜反射率 $R_{\mathrm{BS}}$ 的变化关系如图 5.39(b) 所示。同时还给出了 $R_2 = R_3 = 0.99$ 和 $A_{\mathrm{BS}} = 0.5\%$ 时选择性器件的品质因数 $F^*$。反射率最大值的谱宽 $\Delta\nu$ 决定于

$$\Delta\nu = \delta\nu/F^* = c/[2F^*(L_2 + L_3)] \tag{5.81}$$

还有其他几种共振腔耦合方案可以用于模式选择。图 5.40 对它们进行了比较，同时还给出了它们的损耗与频率的关系[5.54]。

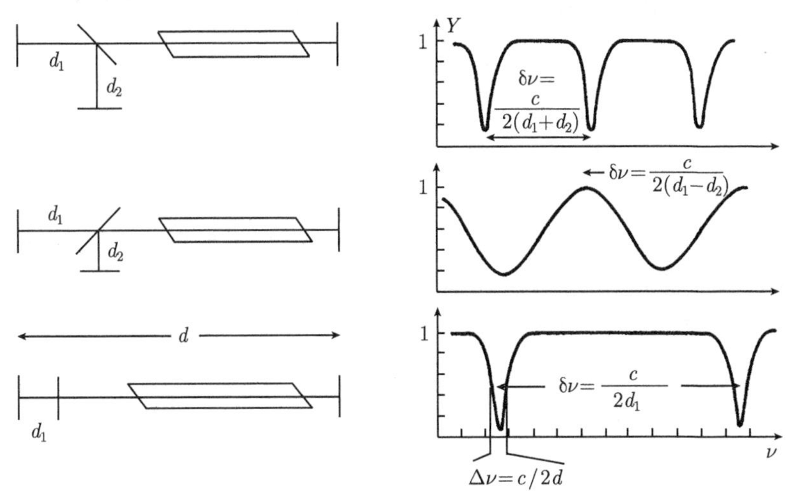


图 5.40 一些可能用于纵向模式选择的耦合共振腔方案以及它们损耗与频率的关系。为了比较，标出了模式间隔为 $\Delta\nu = c/2d$ 的长激光腔的本征共振

在多谱线激光器 (如氩激光器和氪激光器)，将棱镜和迈克耳孙干涉仪组合起来，可以同时选择谱线和模式。图 5.41 给出了两种可能的实现方式。第一种方式用利特罗棱镜反射器替换了图 5.39 中的反射镜 $M_2$(图 5.41(a))。在图 5.41(b) 中，棱镜的前表面起到了分光镜的作用，两个带有涂层的后表面替换了图 5.39 中的反射镜 $M_2$ 和 $M_3$。入射光被分为两束 4 和 2。被 $M_2$ 反射之后，光束 2 又被分成了 3 和 1 两束。如果光程差为 $\Delta s = 2n(S_2 + S_3) = m\lambda$，那么，光束 4 和 3 被 $M_3$ 反射之后发生相消干涉。如果两束光的振幅相等，那么在光束 4 的方向上就没有光透射出来。也就是说，所有的光都被反射回到入射方向上，该器件是一个具有波长选择性的反射器，类似于 Fox-Smith 腔[5.55]。因为波长 $\lambda$ 依赖于光程长度 $n(L_2 + L_3)$，必须稳定棱镜的温度，才能实现波长稳定的单模工作方式。因此，整个棱镜被放在一个温度稳定的恒温箱中。

对于增益谱很宽的激光器来说，仅仅一个波长选择性元件并不足以实现单模工作方式，因此，必须恰当地组合几种不同的色散元件。利用预选择器，如棱镜、光栅或利奥滤光片，可以将有效增益谱的光谱范围缩减到与固定频率的气体激光器

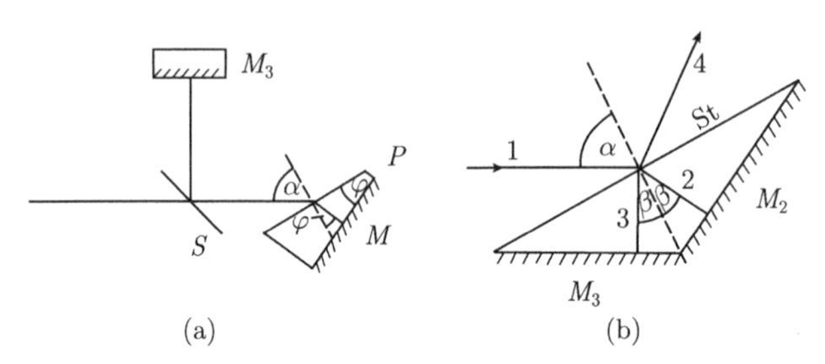


图 5.41　(a) 将棱镜选择器和迈克耳孙干涉仪组合在一起，同时选择谱线和模式；(b) 紧凑的设计

的多普勒宽度相仿的程度。图 5.42 给出了一种可能的方案，它已经实际制备出来了。两个棱镜是预选择器，用来减小连续染料激光器的谱宽 [5.56]；厚度 $t_1$ 和 $t_2$ 不同的两个标准具用来实现稳定的单模工作方式。图 5.42(b) 说明了模式选择，它示意地给出了被棱镜缩减的增益谱和两个标准具的透射谱曲线。在具有均匀增益谱的染料激光器中，并非每个共振腔模式都可以振荡，只有那些从空间烧孔效应中得到增益的模式才能够振荡 (第 5.3.3 节)。图 5.42 下方“被抑制的模式”表示这

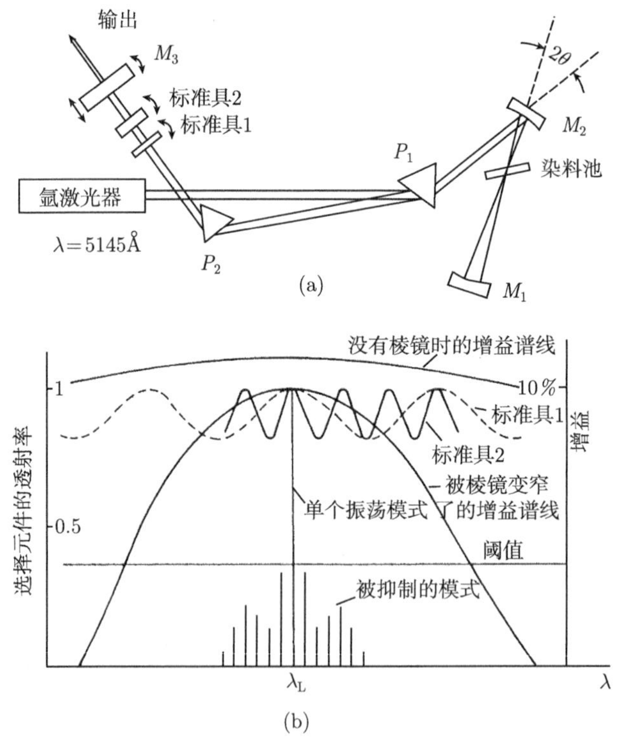


图 5.42　宽增益谱线中的模式选择。棱镜使得净增益变窄，用两个标准具实现了单模工作

(a) 连续染料激光器的实验构型；(b) 增益谱线和两个标准具的透射曲线的示意图

些空间烧孔模式，如果没有标准具的话，它们就会同时振荡。这两个标准具的透射极大值当然要位于相同的波长 $\lambda_L$ 处。正确地选择倾角 $\theta_1$ 和 $\theta_2$，使得

$$nt_1\cos\theta_1 = m_1\lambda_L,\quad nt_2\cos\theta_2 = m_2\lambda_L \tag{5.82}$$

就可以实现这一点。

**例 5.19**

两个棱镜将增益谱位于阈值之上的宽度缩减到大约 100GHz。如果薄的标准具 1 的自由光谱区是 100GHz(在 $\lambda = 600$nm 处，$\hat{=}\Delta\lambda \sim 1$nm)，而厚的标准具 2 是 10GHz，就可以实现连续染料激光器的单模工作方式。当 $n = 1.5$ 的时候，这就要求 $t_1 = 0.1$cm 和 $t_2 = 1$cm。

商用的连续染料激光系统 (第 5.5 节) 通常使用一种不同的单模工作方式 (图 5.43)。用双折射滤光片替换棱镜，该滤光片是由三个利奥滤光片 (第 4.2.11 节) 组合而成的，法布里–珀罗干涉仪替代厚标准具，它的厚度 $t$ 可以用一个压电柱来控制 (图 5.44)。这样做的原因在于，根据式 (4.64)，标准具的走失损耗随着倾角 $\alpha$ 的平方以及标准具的厚度 $t$ 而增大。如果需要用倾斜标准具的方法来实现大的不中断的调节范围，这种损耗就会大得无法接受。因此，将一个长的共振腔内法布里–珀罗干涉仪 (图 5.43) 固定在一个确定的小倾角上，改变反射表面之间的距离 $t$ 从而调节它的透射峰。

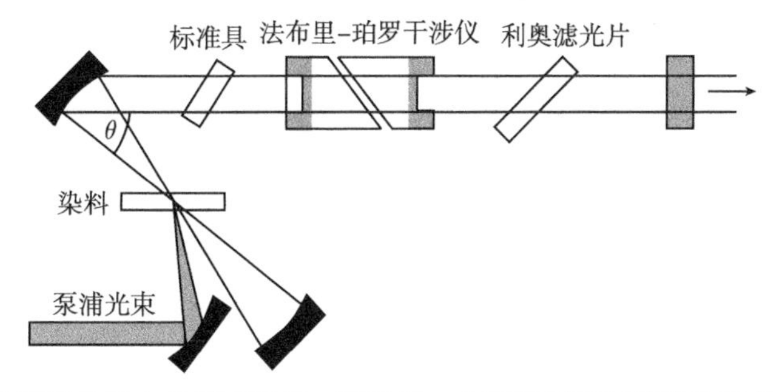


图 5.43　连续染料激光器中的模式选择，它包括一个使用双折射滤光片的折叠式共振腔，一个倾斜的标准具和一个棱镜法布里–珀罗干涉仪 (Coherent model 599)。选择折叠角 $\theta$ 使之最佳地补偿染料池引入的像差

为了让法布里–珀罗干涉仪的反射表面之间的气隙达到最小值，通常使用图 5.44(b) 所示的棱镜构型。激光光束以布儒斯特角穿过这个小气隙，以便避免反射损耗[5.57]。这种设计最大程度地减小了气压变化对透射峰波长 $\lambda_L$ 的影响。

一台准分子激光器泵浦的染料激光器在窄带方式下工作的实验装置如图 5.45 所示。光束被扩束了，覆盖了整个光栅。因为光栅的分辨率更高 (相对于棱镜而言)、短光学腔的模式间距更大，在共振腔内部或外部放置一个标准具就足以选择出单个模式[5.58]。

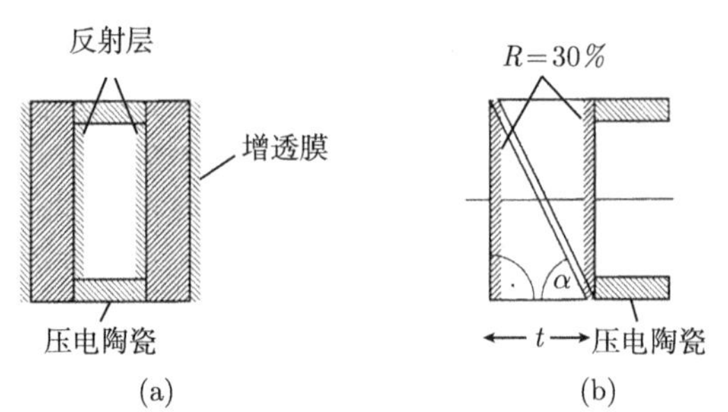


图 5.44 用压电柱调节的法布里–珀罗干涉仪

(a) 两个内反射表面平行的玻片；(b) 两个布儒斯特棱镜，它们的外涂层构成了法布里–珀罗干涉仪的反射面

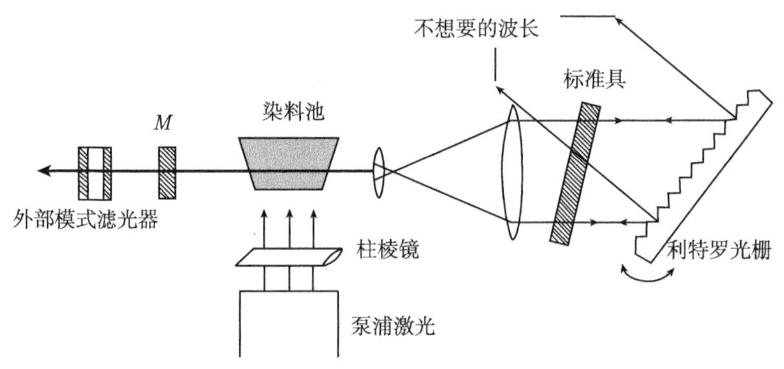


图 5.45 汉施型的短染料激光腔，它带有利特罗光栅，能够用一个内部标准具或外部法布里–珀罗干涉仪作为“模式过滤器”来选择模式[5.58]

为了实现单模工作，还有许多种实验方法。关于这类主题有非常多的文献可供参考，例如，Smith[5.54] 或 Goldsborough[5.59] 关于模式选择和单模激光的精彩综述，以及文献 [5.60], [5.61]。

### 5.4.4 光强的稳定

连续激光器的光强 $I(t)$ 并不是完全不变的，而是表现出周期性和随机性的起伏，一般来说，还有长期漂移。这些起伏的原因多种多样，例如，可能是电源滤波做得不够好，它引起了气体激光器中放电电流上的纹波，从而导致了光强的起伏。其他的噪音源有气体放电的不稳定性、共振腔内的尘粒扩散地进出激光束、以及共振腔端镜的振动。在多模激光器中，内部的效应也会对噪音有贡献，例如，模式竞争。在连续染料激光器中，染料喷流中的密度起伏和气泡是强度起伏的主要原因。

激光强度的长期漂移可能来自于气体放电室中的温度变化或气压变化，它们改变了共振腔的失谐，或者加速了共振腔内反射镜、窗口和其他光学元件的光学质量的退化。所有这些效应使得噪音水平远大于光子噪音设定的理论下限。因为这些强度涨落减小了信噪比，对于许多光谱应用会造成麻烦，因此，应该采取一些稳定激光光强的措施来减小这些起伏。

在多种不同的方法中，我们将讨论两种经常用来稳定光强的方法，如图 5.46 所示。在第一种方法中，分光器将一小部分输出光分到探测器上 (图 5.46(a))。将探测器的输出 $V_{\mathrm{D}}$ 与一个参考电压 $V_{\mathrm{R}}$ 进行比较，放大二者的差值 $\Delta V = V_{\mathrm{D}} - V_{\mathrm{R}}$ 并反馈给控制放电电流的激光电源。在激光光强随着电流线性增长的区域，伺服环路是有效的。

这种稳定环路的频率上限决定于电源的电容和电感，以及电流增加与激光光强增大之间的时间延迟。这一延迟时间的下限决定于从电流改变开始到气体放电达到新平衡态所需要的时间。因此，这种方法不可能用来稳定气体放电带来的涨落。然而，对于大多数应用来说，这种稳定技术就足够了，它能够让光强的涨落小于 0.5%。

为了补偿快速的强度涨落，另一种技术更为合适，如图 5.46(b) 所示。激光器的输出通过一个泡克耳斯盒，它由位于两个线偏振片之间的一个光学各向异性晶体构成。在晶体的电极上施加外电压，可以产生光学双折射效应，使得透射光的偏振面发生旋转，从而改变了通过第二个偏振片的透射率。检测一部分透射光，将探测器信号放大后，可以用来控制泡克耳斯盒上的电压 $U$。泡克耳斯盒的透射率变化可以补偿透射强度的任何改变。如果反馈控制电路足够快的话，这种稳定控制方法的频率可以达到兆赫兹的范围。它的缺点是，因为必须将泡克耳斯盒的偏压设置在透射谱线的斜坡处，强度会减小 20% ∼ 50%(图 5.46(b))。

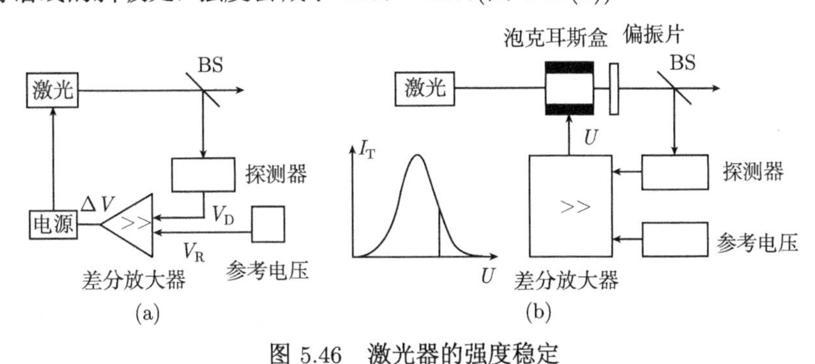


图 5.46 激光器的强度稳定

(a) 控制电源；(b) 控制泡克耳斯盒的透射率

图 5.47 说明了如何设计反馈控制电路系统，使之在输入信号的整个频谱上达到最佳响应。原则上说，需要并行的频率响应不同的三个运算放大器。第一个是普通的比例放大器，其高频上限决定于放大器的时间常数。第二个是积分放大器，它的输出是

$$U_{\mathrm{out}}=\frac{1}{RC}\int_0^T U_{\mathrm{in}}(t)\mathrm{d}t$$

这个放大器用来将正比于光强偏差的信号从其名义值返回到零，比例放大器做不到这一点。第三个放大器是一个差分器件，它处理扰动中的快速峰。PID 控制系统集成了所有这三种功能[5.62,5.63]，广泛地用来稳定激光器的强度和波长。

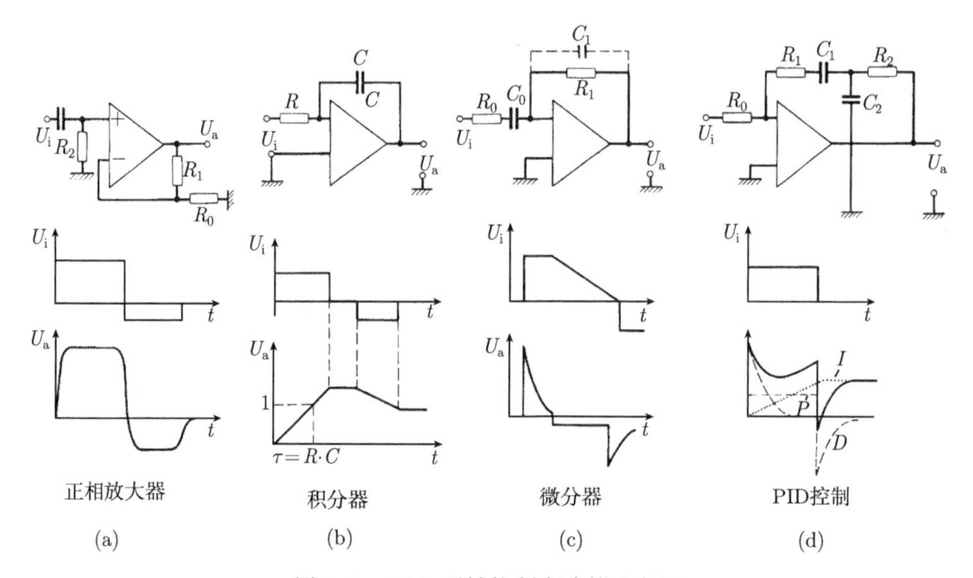


图 5.47　PID 反馈控制电路的示意图

(a) 正相比例放大器；(b) 积分器；(c) 差分放大器；(d) 将功能 (a-c) 组合在一起的完整的 PID 电路

在染料激光器的光谱应用中，必须在很大的光谱范围内调节染料激光，增益谱线两端的增益下降所导致的强度变化可能会引起不便。避免 $I_{\mathrm{L}}(\lambda)$ 随着 $\lambda$ 变化的一种精巧方法是，控制氩激光器的功率，从而稳定染料激光器的输出 (图 5.48)。因

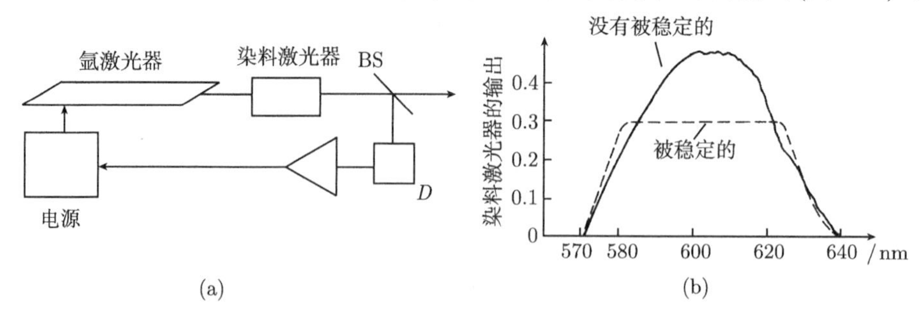


图 5.48　通过控制氩激光器的功率来稳定连续染料激光器的光强

(a) 实验装置；(b) 当调节染料激光器扫描通过其光谱增益曲线的时候，被稳定的和未被稳定的染料激光器的输出 $P(\lambda)$

为伺服控制不能太快，可以使用图 5.48(a) 所示的稳定方法。图 5.48(b) 比较了被稳定的和没有被稳定的染料激光器的强度谱 $I(\lambda)$，证明了这种方法的有效性。

### 5.4.5 波长的稳定

在许多高分辨率激光光谱学应用中，激光波长必须尽可能地位于预先选定的 $\lambda_0$ 上。也就是说，在 $\lambda_0$ 附近的涨落 $\Delta\lambda$ 应该小于待测的分子线宽。如前几节所述，大多数多模激光器的波长是随时间变化的，只有时间平均后的输出谱的包络才有定义，所以，这类实验一般只用单模激光器。无论是波长保持不变的固定波长激光器，还是波长在可调谐波长 $\lambda_R(t)$ 附近的涨落 $\Delta\lambda = |\lambda_L - \lambda_R(t)|$ 必须小于可分辨的光谱间隔的可调谐激光器，这种波长稳定性都是非常重要的。

本节讲述一些稳定波长的方法，讨论它们的优点与不足。因为激光频率 $\nu = c/\lambda$ 与波长直接相关，通常也会说频率稳定性，尽管对于可见光谱区内的大多数方法来说，直接测量并与参考标准进行比较的不是频率、而是波长。然而，一些新的稳定方法直接依赖于绝对频率的测量 (第 2 卷第 9.7 节)。

在第 5.3 节中我们看到，主动式共振腔中的纵向模式的波长 $\lambda$ 或频率 $\nu$ 决定于端镜之间的距离 $d$、长度为 $L$ 的增益介质的折射率、以及放大区之外的折射率 $n_1$。共振条件是

$$q\lambda = 2n_1(d - L) + 2n_2L \tag{5.83}$$

为了简单起见，我们假定增益介质填满了端镜之间的所有空间。由 $L = d$ 和 $n_2 = n_1 = n$，式 (5.83) 就约化为

$$q\lambda = 2nd \text{ 或 } \quad \nu = qc/(2nd) \tag{5.84}$$

$n$ 或 $d$ 的任何涨落都会引起 $\lambda$ 和 $\nu$ 的相应变化。由式 (5.84) 可知

$$\frac{\Delta\lambda}{\lambda} = \frac{\Delta d}{d} + \frac{\Delta n}{n} \text{ 或 } \quad -\frac{\Delta\nu}{\nu} = \frac{\Delta d}{d} + \frac{\Delta n}{n} \tag{5.85}$$

**例 5.20**

为了说明稳定频率的要求，假定需要将一台氩激光器的频率 $\nu = 6\times10^{14}$Hz 稳定在 1MHz。这意味着相对稳定度为 $\Delta\nu/\nu = 1.6\times10^{-9}$，即端镜之间的距离 $d = 1$m 必须稳定在 1.6nm 以内!

显然，从这个例子可以看出，这种稳定度的要求绝非轻而易举。在讨论可能的实验解决方案之前，先考虑共振腔长度 $d$ 或折射率 $n$ 的涨落或移动的原因。如果可以减小甚至消除这些原因，就有可能实现稳定的激光频率。需要区分 $d$ 和 $n$ 的长期漂移和短期起伏，前者主要来自于温度漂移或气压的缓慢变化，而后者主要是端镜的声学振动、改变折射率的压强声波、气体激光器中的放电涨落或染料激光器中的喷流的起伏。

为了说明长期漂移的影响，进行如下估计。如果 $\alpha$ 是保持端镜间距 $d$ 的材料 (例如石英棒或殷钢棒) 的热膨胀系数，对于可能的温度变化 $\Delta T$，在线性热膨胀的假设下，相对变化 $\Delta d/d$ 为

$$\Delta d/d = \alpha\Delta T \tag{5.86}$$

表 5.2 汇集了一些常用材料的热膨胀系数。

**表 5.2　一些常用材料在室温 $T = 20^\circ$C 时的线性热膨胀系数**

| 材料 | $\alpha/(10^{-6}\mathrm{K}^{-1})$ | 材料 | $\alpha/(10^{-6}\mathrm{K}^{-1})$ |
|---|---|---|---|
| 铝 | 23 | 氧化铍 | 6 |
| 黄铜 | 19 | 殷钢 | 1.2 |
| 钢 | 11~15 | 苏打玻璃 | 5~8 |
| 钛 | 8.6 | Pyrex glass | 3 |
| 钨 | 4.5 | 熔融石英 | 0.4~0.5 |
| 氧化铝 | 5 | 零膨胀玻璃 | $< 0.1$ |

**例 5.21**

对于殷钢来说，$\alpha = 1\times10^{-6}\mathrm{K}^{-1}$，由式 (5.86) 可以得到 $\Delta T = 0.1\mathrm{K}$ 时的相对距离变化为 $\Delta d/d = 10^{-7}$，例 5.20 的频率漂移就是 60MHz。

如果共振腔内的激光在大气中行走的距离为 $d-L$，气压的变化 $\Delta p$ 就会改变共振腔镜之间光程

$$\Delta s = (d-L)(n-1)\Delta p/p \text{ 其中，} \Delta p/p = \Delta n/(n-1) \tag{5.87}$$

**例 5.22**

对于气体激光器来说，$n = 1.000\,27$ 和 $d - L = 0.2d$ 是典型的数值，当气压变化 $\Delta p = 3\mathrm{mbar}$ 的时候 (在一个小时内，这是很常见的情况，在空调房间内更是如此)，可以由式 (5.85) 和式 (5.87) 得到

$$\Delta\lambda/\lambda = -\Delta\nu/\nu \approx (d-L)\Delta n/(nd) \geqslant 1.5\times10^{-7}$$

对于上面的例子来说，这意味着频率变化为 $\Delta\nu \geqslant 90\mathrm{MHz}$。在连续染料激光器中，与共振腔的长度 $d$ 相比，增益介质的长度 $L$ 可以忽略不计，因此，我们认为 $d-L \simeq d$。这就意味着，对于相同的气压变化，频率漂移是上述估计值的五倍。

为了尽可能地减小这些长期漂移，共振腔反射镜之间的距离保持器的热膨胀系数 $\alpha$ 必须最小。一个很好的选择是最近开发出来的零膨胀玻璃 (cerodur- quartz) 复合材料，在室温下，它的热膨胀系数 $\alpha(T)$ 等于零[5.64]。通常用沉重的花岗岩石块作为光学元件的支撑，它们的热容很大，时间常数达到几个小时，可以平滑掉温度的涨落。为了尽量地减小气压的变化，整个共振腔必须处于一个气密容器中，或者尽可能地减小比值 $(d-L)/d$。然而，我们将会看到，通常用电子伺服控制补偿这种长期漂移，将激光波长锁定在一个恒定的参考波长上。

短期涨落是更为严重的问题，根据起因的不同，它们可能有很宽的频谱，电子稳定控制系统的频率响应必须和这个频谱匹配。主要贡献来自于共振腔反射镜的声学振动。因此，波长稳定的激光器的整个系统必须尽可能地与振动隔离。一些商用的光学平台带有气垫，更复杂些的型号甚至是电控的，它们可以保证频率稳定的激光器的系统稳定性。自制的系统要便宜得多：我们实验室中放置激光系统的光学平台如图 5.49 所示。光学元件安放在一个很重的花岗岩石板上，后者位于一个填满了沙子的平坦容器中，以便衰减花岗岩石块的本征共振。泡沫塑料块和声学衰减元件用来防止屋内的振动传递给系统。在花岗岩石板上放置一个无尘的固体罩子，将光学系统与空气中传播的声音、气体湍流和灰尘隔离开来。经过过滤的层流空气流过激光台上方的流动盒，以便避免灰尘和空气湍流，从而显著地提高了激光系统的被动稳定性。

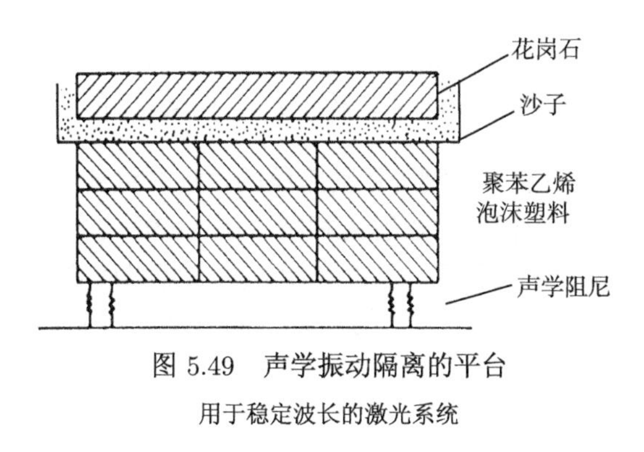


图 5.49 声学振动隔离的平台

用于稳定波长的激光系统

噪音谱的高频部分主要来自于气体激光器中放电区或连续染料激光器的染料喷流的折射率的快速涨落。在气体激光器中，选择最佳的放电条件，可以部分地减轻这种扰动。在使用染料喷流的染料激光器中，小气泡或流体泵的压强涨落以及流体表面的表面波引起的密度涨落，是快速激光频率涨落的主要原因。仔细地制作流喷嘴并过滤染料溶液，对于尽量地减小这些涨落是非常必要的。

上述各种扰动引起的共振腔内的光程涨落通常位于纳米范围内。为了保持激光波长的稳定性，必须相应地改变共振腔长度 $d$，从而补偿这些涨落。对于这种快速可控的纳米区域的长度变化，主要使用的是压电陶瓷元件[5.65,5.66]。它们由压电材料构成，其长度在外电场下发生变化，正比于电场强度。有的是圆柱片，两端镀有银膜作为电极；有的是中空圆柱，柱壁的内外表面带有涂层 (图 5.50(a))。这些压电元件的典型参数是每伏特引起长度变化几个纳米。用许多薄压电片堆积起来，可以让长度的变化达到 100nm/V。将共振腔反射镜放置在这种压电元件上 (图 5.50(b)、(c))，在它的电极上施加电压，就能够在几个微米的范围内可控地改变共振腔长度。

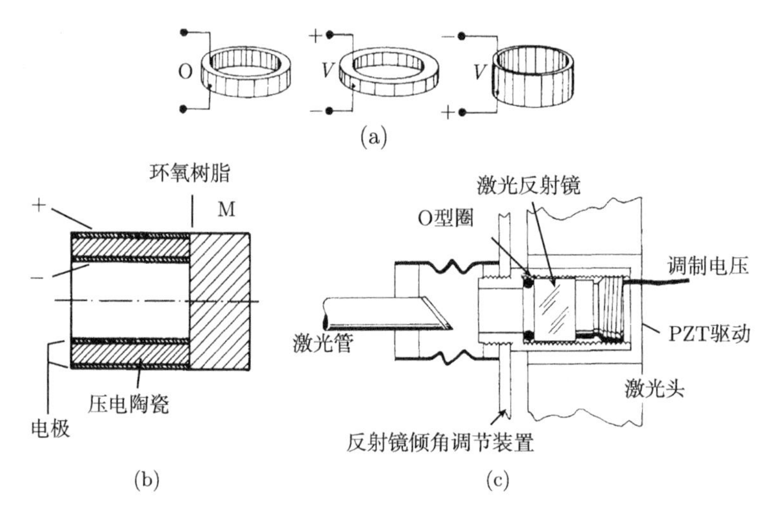


图 5.50　(a) 压电柱及其长度随外加电压的变化 (夸张了)；(b) 粘在压电柱上的激光反射镜；(c) 单模可调谐氩激光器中位于压电镜架上的反射镜

这种长度控制的频率响应受制于运动系统的惯性质量和共振频率，该系统由反射镜和压电元件构成。利用很小的反射镜和精心挑选的压电元件，可以达到 100kHz 的范围[5.67]。为了补偿更快的涨落，可以在激光共振腔内放置一块各向异性的光学晶体，例如磷酸二氢钾 (KDP)。晶体的光轴取向必须使得施加在晶体电极上的电压可以沿着共振腔的光轴改变晶体折射率、而且不会改变偏振面。这样就可以在兆赫兹的范围内改变光程 $nd$ 和激光波长。

波长稳定系统实际上包括三种元件 (图 5.51)：

(a) 用于比较激光波长的波长参考标准。例如，可以利用法布里–珀罗干涉仪的透射峰的最大值或斜坡上的波长 $\lambda_R$，该装置位于受控环境中 (温度和气压稳定)。另外，原子或分子跃迁的波长也可以作为参考标准。有时候，也可以用另一台被稳定的激光器作为标准，将激光波长锁定到这个标准波长上。

(b) 受控系统，这里是决定激光波长 $\lambda_L$ 的共振腔长度 $nd$。

(c) 带有伺服回路的电子控制系统，它测量的是激光波长 $\lambda_L$ 与参考值 $\lambda_R$ 之间的差别 $\Delta\lambda = \lambda_L - \lambda_R$，尽可能快地使得 $\Delta\lambda$ 等于零 (图 5.51)。

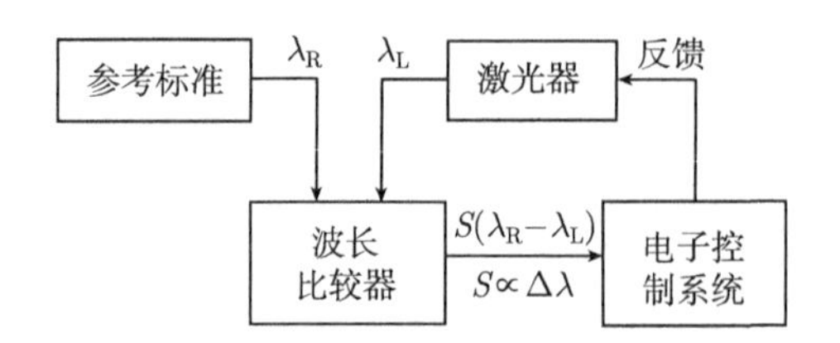


图 5.51　激光波长稳定系统的示意图

一种常用的波长稳定系统如图 5.52 所示。两个分光镜 $BS_1$ 和 $BS_2$ 将百分之几的激光功率送给两个干涉仪。FPI1 是一台扫描共焦型法布里–珀罗干涉仪，作为频谱分析仪来监视激光的模式谱。第二个干涉仪 FPI2 是波长参考，置于气密的恒温箱中，以便保持干涉仪反射镜之间的光程 $nd$ 不变，从而尽可能地稳定透射峰的波长 $\lambda_R = 2nd/m$(第 4.2 节)。一个反射镜被放置在一个压电元件上。在压电元件上施加一个频率为 $f$ 的交流小电压，FPI2 的透射峰就在中心波长 $\lambda_0$ 附近周期性地变化，我们将它作为参考波长 $\lambda_R$。如果激光波长 $\lambda_L$ 位于图 5.52 中的 $\lambda_1$ 到 $\lambda_2$ 的透射范围之间，FPI2 之后的光电二极管 PD2 就给出一个调制频率为 $f$ 的直流信号，它的调制振幅依赖于 FPI2 的透射曲线的斜率 $dI_T/d\lambda$，相位决定于 $\lambda_L - \lambda_0$ 的符号。一旦激光波长 $\lambda_L$ 偏离了参考波长 $\lambda_R$，光电二极管就给出一个交流振幅，只要 $\lambda_L$ 位于 $\lambda_1$ 和 $\lambda_2$ 之间的透射区内，该振幅就大致正比于波长差 $\lambda_L - \lambda_R$。这个信号进入一个锁相放大器，经整流后再传递给一个 PID 控制器 (图 5.47) 和一台高压放大器 (HVA)。高压放大器的输出与激光反射镜的压电元件相连，它移动共振腔反射镜 $M_1$，直到激光波长 $\lambda_L$ 回到参考值 $\lambda_R$ 为止。

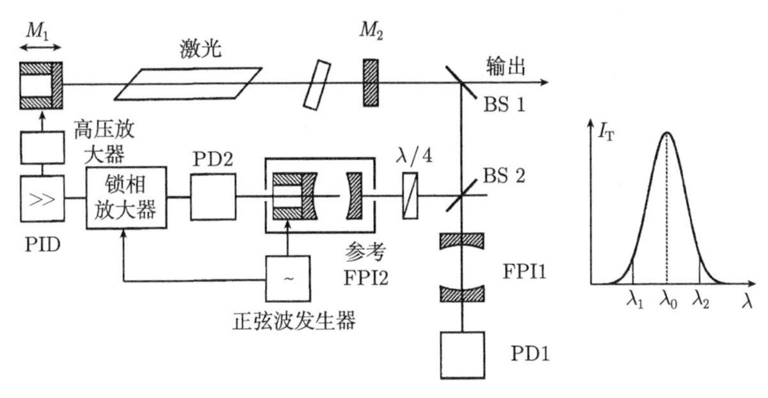


图 5.52 利用一个稳定的法布里–珀罗干涉仪作为参考来稳定激光波长

除了使用 $I_T(\lambda)$ 透射峰的最大值 $\lambda_0$ 作为参考波长之外，还可以选择 $I_T(\lambda)$ 转变点处的波长 $\lambda_t$，这里的斜率 $dI_T(\lambda)/d\lambda$ 达到最大值 (图 5.53)。它的优点是不需要调制法布里–珀罗干涉仪的透射曲线，也不需要锁相放大器。将透过 FPI2 的连续激光的光强 $I_T(\lambda)$ 与 $BS_2$ 从同一分波中分出来的参考光强 $I_R$ 进行比较。将两个光电二极管 $D_1$ 和 $D_2$ 的输出信号 $S_1$ 和 $S_2$ 送到一个差分放大器上，当 $\lambda_L = \lambda_t$ 的时候，差分放大器的输出为零。如果激光波长 $\lambda_L$ 偏离于 $\lambda_R = \lambda_t$，依赖于 $\lambda_L - \lambda_R$ 的符号，$S_1$ 变小或变大；对于很小的偏差 $\lambda - \lambda_R$，差分放大器的输出正比于该偏差。再让输出信号通过一个 PID 控制器和高压放大器后反馈到共振腔端镜的压电元件上。这种差分方法的优点是，相比于锁相放大器，差分放大器具有更大的带宽，整个电子控制系统也更简单、更便宜。此外，不需要调制激光频率，这对于许多光谱应用来说是一个非常大的优点[5.68]。它的缺点是，差分放大器的两路上的直流电压漂移不同，造成一个自流输出，从而改变了零点的校准，也就改变了参考波长 $\lambda_R$。对于直流放大器来说，这种直流漂移要比第一种方法所使用的交流耦合器件严重得多。

当然，激光波长的稳定性永远不会超过参考波长的稳定性，一般来说，因为控制系统并非理想，它会更差一些。因为系统的频率响应有限，内禀的时间常数总是会在偏离和响应之间产生相位延迟，所以，偏差 $\Delta\lambda(t) = \lambda_L(t) - \lambda_R$ 不能够被立刻补偿。

大多数稳定波长的方法使用稳定的法布里–珀罗干涉仪作为参考标准[5.69]。这种方法的优点是：调节参考法布里–珀罗干涉仪，就可以调节参考波长 $\lambda_0$ 或 $\lambda_t$，因此，激光可以被稳定在增益谱内的任何波长上。因为图 5.53 中光电二极管 $D_1$ 和 $D_2$ 的信号具有足够大的振幅，信噪比很大，所以，这种方法适合于抑制激光波长的短期涨落。

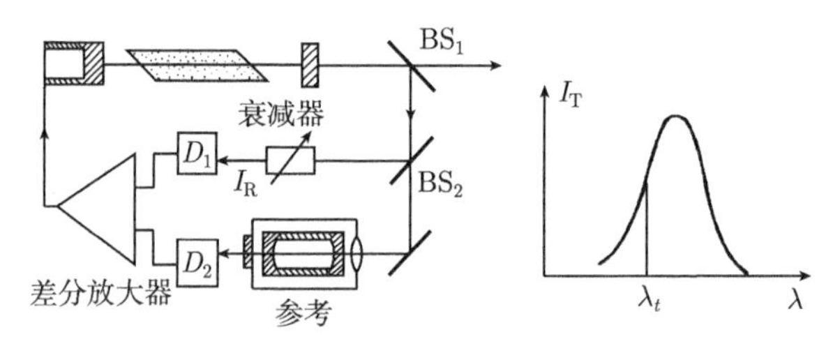


图 5.53　利用一个稳定的法布里–珀罗干涉仪作为参考，将波长稳定在透射率 $T(\lambda)$ 的斜率最大处

然而，对于长期稳定性来说，将波长稳定在外部的法布里–珀罗干涉仪上的方法有一些缺点。尽管参考法布里–珀罗干涉仪的温度是稳定的，仍然不可能完全消除透射峰位的漂移。根据式 (5.86)，如果法布里–珀罗干涉仪的距离保持器的热膨胀系数是 $\alpha = 10^{-6}$，即使温度变化 0.01°C，也会使得相对频率漂移达到 $10^{-8}$，对于 $\nu_L = 6 \times 10^{14}$Hz 的激光频率来说，这就是 6MHz。因此，原子或分子的激光跃迁更适合作为长期的频率标准。一个好的参考波长应当是可重复的，并且完全不依赖于外界干扰，例如电场或磁场、以及温度或气压的变化。因此，没有永久电偶极矩的原子或分子 (如 $CH_4$ 或惰性气体原子) 中的跃迁最适合作为参考波长的标准 (第 2 卷第 9 章)。

将激光波长稳定在这种跃迁的中心处，它的精度依赖于跃迁的线宽以及稳定信号的信噪比。因此，最好是用没有多普勒效应的谱线，可以采用第 2 卷第 2 章和第 4 章中讨论的方法。然而，在谱线强度很小的情况下，信噪比的大小可能不足以实现令人满意的稳定性。因此，继续将激光锁定在参考法布里–珀罗干涉仪上，同时将这个法布里–珀罗干涉仪锁定在分子谱线上。在这种双伺服系统中，以法布里–珀罗干涉仪作为参考源的快速伺服环路补偿 $\lambda_L$ 的短期涨落，而法布里–珀罗干涉仪的缓慢变化则通过将其锁定在分子谱线上加以抑制。

一种可能的构型如图 5.54 所示。激光光束垂直通过一束准直分子束。吸收谱线的多普勒宽度的缩减因子取决于准直比 (第 2 卷第 4.1 节)。用激光激发荧光的强度 $I_F(\lambda_L)$ 监视相对于谱线中心 $\lambda_c$ 的偏移 $\lambda_L-\lambda_c$。荧光探测器的输出信号经过放大后直接送给激光共振腔中的压电元件，或者送给参考的法布里–珀罗干涉仪。

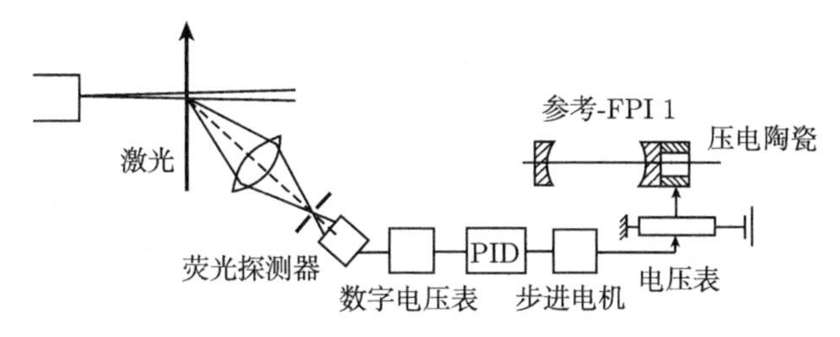


图 5.54 锁定在参考法布里–珀罗干涉仪上的激光波长的长期稳定性，该干涉仪被数字伺服环路锁定在一个分子跃迁上

为了确定 $\lambda_t$ 是朝着短波还是长波方向漂移，必须调制激光频率，或者使用一个数字伺服控制系统，后者以很小的步伐改变激光频率。一个比较器判断上一步调整之后光强是增大还是减小，从而确定下一步调整方向的开关状态。因为参考的法布里–珀罗干涉仪的漂移很慢，第二个伺服控制系统也可以很慢，可以对荧光强度进行积分。这样就可以一整天地将激光器稳定在非常微弱的荧光谱线上，每秒钟内探测到的荧光强度可以小于 100 个光子[5.70]。

最近，已经证明，工作在 $T=4\text{K}$ 的低温光学蓝宝石共振腔具有非常高的品质因数，可以提供非常稳定的参考标准[5.71]。在 20 秒积分时间内，它们达到的相对频率稳定度为 $3\times10^{-15}$。

因为波长稳定度的精度随着分子线宽的减小而增大，光谱学工作者努力寻找特别窄的谱线，以便用于非常稳定的激光器。将激光稳定在激光共振腔内部[5.72] 或外部[5.73] 的 $I_2$ 分子的没有多普勒效应的饱和吸收谱线的可见光跃迁的一个超精细分量上 (第 2 卷第 2.3 节)，这是非常普通的。在很长时间里，一台 $\lambda=3.39\mu\text{m}$ 处的氦氖激光器保持着稳定性的纪录，它稳定在 $CH_4$ 的没有多普勒效应的红外跃迁上[5.74,5.75]。

利用偏振光谱学中多普勒效应的分子谱线的色散曲线 (第 2 卷第 2.4 节)，即使不使用频率调制，也可以将激光稳定在谱线中心处。还有一种将染料激光器稳定在原子或分子跃迁上的有趣方法，它依靠的是没有多普勒效应的双光子跃迁 (第 2 卷第 2.5 节)[5.78]。这种方法还有一个额外的好处，即上能级的寿命非常长，因此，自然线宽可以变得非常窄。氢原子中窄的 1s – 2s 双光子跃迁的自然线宽是 1.3Hz，它提供了迄今为止最好的光学频率参考[5.76]。

通常用气体激光器的增益谱线中心处窄的兰姆凹坑 (第 2 卷第 2.2 节) 来稳定激光频率[5.79,5.80]。然而，由于碰撞导致的谱线移动，谱线的中心频率 $\nu_0$ 轻微地依赖于激光管中的压强，因此，当压强变化的时候 (例如，He 扩散到氦氖激光管之外)，中心频率也会发生变化。

将薄的 Cs 蒸气盒放置在外腔二极管激光器的共振腔中，可以将激光稳定在 Cs 共振谱线的兰姆凹坑处[5.77]。

将激光频率稳定在真空离子陷阱里的单个离子的跃迁频率上，可以实现非常高的频率稳定度 (见第 2 卷第 9.2 节)[5.92]。

一种稳定波长的简单技术利用了氦氖激光器中两个相邻轴向模式的偏振正交性[5.81]。一个偏振分光镜 BS1 将这两个模式的输出分成两个偏振相互垂直的模式，分别用光探测器 PD1 和 PD2 来检测 (图 5.55)。差分放大给出了一个信号来加热激光管，它就会膨胀直至两个模式具有相同的强度 (图 5.55(a))。然后就将它们保持在频率 $\nu_{\pm} = \nu_0 \pm \Delta\nu/2 = \nu_0 \pm c/(4nd)$。只有一个模式被用来做实验。

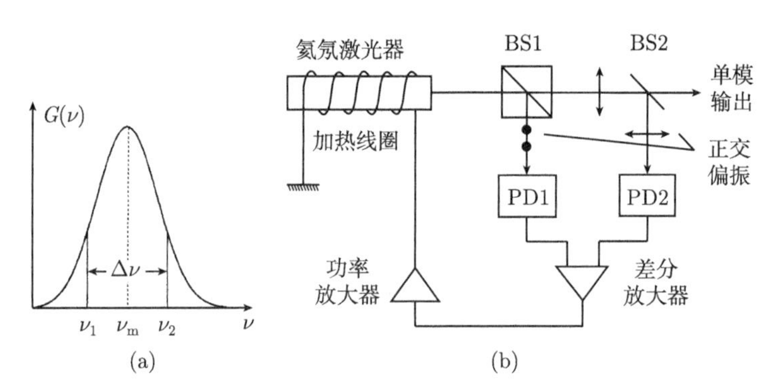


图 5.55　偏振稳定的氦氖激光器的示意图

(a) 位于增益谱内的对称腔模 $\nu_1$ 和 $\nu_2$；(b) 实验装置

到目前为止，我们仅仅考虑了激光共振腔本身的稳定性。在上一节中我们看到，位于共振腔内的波长选择性元件是单模工作方式所必需的，必须考虑它们的稳定性以及它们的热漂移对激光波长的影响。用一个倾斜的腔内标准具进行单模选择的例子来说明这一点。如果标准具的透射峰的移动量大于共振腔模式间隔的一半，那么，总增益就更倾向于下一个共振腔模式，激光波长就会跳到下一个模式中。也就是说，标准具的光程 $nt$ 必须保持稳定，使得透射峰的漂移小于 $c/4d$，对于氩激光器来说，这大约是 50MHz。可以使用一台距离保持器的热膨胀系数非常小的空气隙标准具，也可以使用恒温器中的固体标准具。气隙标准具简单一些，它的缺点是，气压的变化会影响透射峰的波长。

单模激光器的实际稳定度依赖于激光系统，还依赖于电子伺服环路的质量，以及共振腔和反射镜支架的设计。通过一般程度的努力，可以实现大约 1MHz 的频率稳定度，对于某些激光器，利用极端的措施和复杂的仪器，频率稳定度可以优于 1Hz[5.82]。

激光频率的稳定度依赖于平均时间和外界干扰的种类，关于这一点有一些评论。在短时期内，频率稳定度主要取决于随机涨落。描述短期频率涨落的最佳方法是阿仑方差。对于更长的时期 ( $\Delta t \gg 1\text{s}$)，频率稳定度受限于可以预测并且可以测量的涨落，例如热漂移和材料的老化。短周期涨落的稳定性当然会随着平均时间的增加而改善，但是，长期漂移随着取样时间而增大。图 5.56 给出了单模氩激光器的稳定度，它是用图 5.52 中的装置来稳定的。使用更大开销的话，这种激光器的稳定度可以优于 3kHz[5.83]，利用新技术的话，甚至可以优于 1Hz (第 2 卷第 9.7 节)。

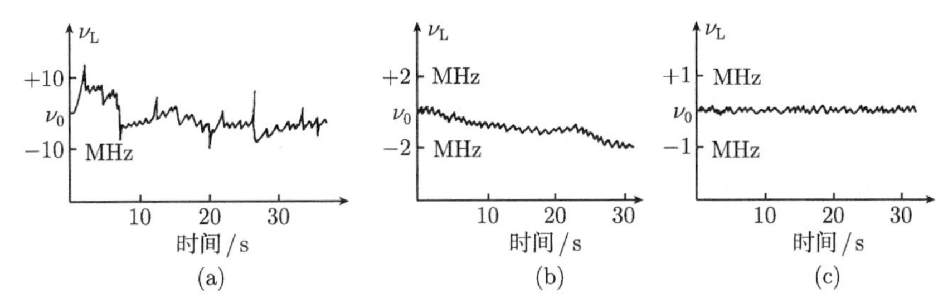


图 5.56 单模氩激光器的频率稳定度

(a) 没有稳定时的结果；(b) 用图 5.52 中的设备稳定后的结果；(c) 在分子跃迁上得到的额外的长期稳定性。注意，纵坐标是不同的

一台被稳定的激光器的残余频率涨落可以用阿仑曲线来表示。 阿仑方差[5.82,5.84,5.86]

$$\sigma = \frac{1}{\nu}\left(\sum_{i=1}^{N}\frac{\langle(\Delta\nu_i - \Delta\nu_{i-1})^2\rangle}{2(N-1)}\right)^{1/2} \tag{5.88}$$

类似于相对标准偏差。它决定于在 $N$ 个时刻 $t_i = T_0 + i\Delta t(i = 0, 1, 2, 3\cdots)$ 测量稳定在同一个参考频率 $\nu_\text{R}$ 上的两个激光器的相对频率差 $\Delta\nu_i/\nu_\text{R}$，在相同的时间间隔 $\Delta t$ 内进行平均。图 5.57 给出了不同的频率参考器件的阿仑方差：$\lambda = 3.39\mu\text{m}$ 处的氦氖激光器，它被锁定在 $CH_4$ 分子的振动转动跃迁上，$\lambda = 21\text{cm}$ 处的氢原子脉塞，位于德国 Braunschweig 的 PTB(Physikalisch-Technische Bundesanstalt) 的两台铯原子钟，铷原子钟，基于陷阱中 $Hg^+$ 的射频跃迁的原子钟，以及脉冲式的氢原子脉塞。

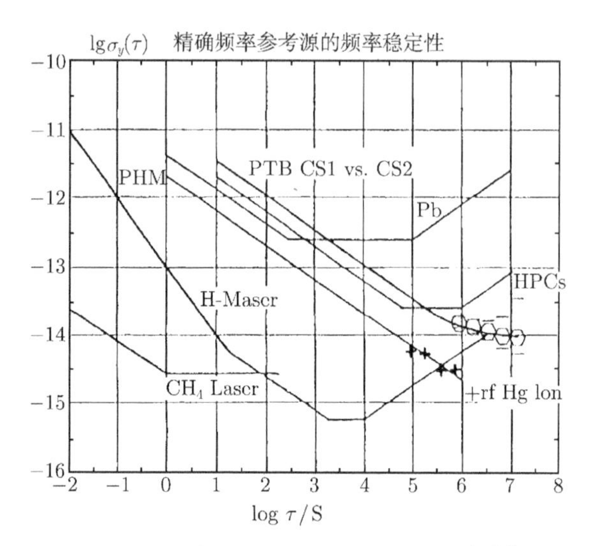


图 5.57　几种频率参考器件的阿仑方差[5.84]

图 5.58 汇集了四台稳定在 $I_2$ 分子跃迁上的 Nd:YAG 激光器的频率稳定度的阿仑曲线。被称为 $Y_1 \cdots Y_4$ 的不同激光器具有不同的激光功率和光束直径，它们产生的 $I_2$ 分子跃迁的饱和也不同。

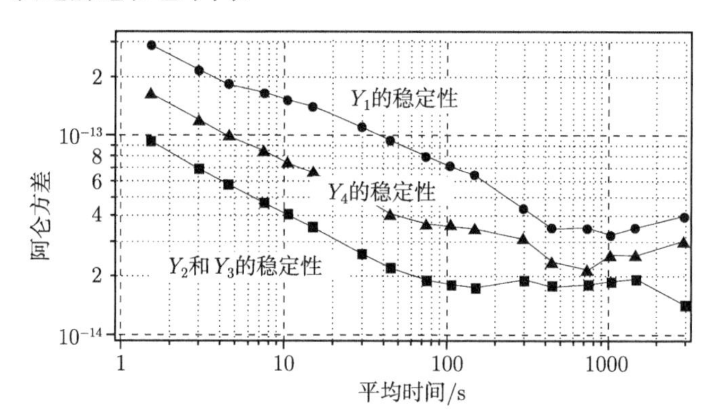


图 5.58　两台激光器之间的拍频的阿仑方差均方根：$Y_2 - Y_3$ (方块)、$Y_2 - Y_4$(三角) 和 $Y_2 - Y_1$ (圆点)[5.85]

光学区域内的最佳频率稳定性可以用光学频率梳技术来实现，第 2 卷第 9.7 节将对此进行讨论[5.87]。相对的频率涨落达到 $\Delta\nu/\nu_0 < 10^{-15}$，即绝对稳定性大约是 0.5Hz。

在测量学中，这种极其稳定的激光器非常重要，因为它们可以提供高质量的波长或频率标准，其精度接近甚至超过了目前的标准[5.88]。对于高分辨率激光光谱学的大部分应用来说，100kHz 到 1MHz 的频率稳定度就足够了，大多数谱线的线宽都比这个值大好几个数量级。

关于波长稳定的更为完全的介绍，请参见 Baird 和 Hanes[5.89]、Ikegami[5.90]、Hall 等[5.91]、Bergquist 等[5.93] 和 Ohtsu[5.94] 的综述文章，以及 SPIE 丛书[5.95]。

## 5.5 单模激光器的波长可控调谐

虽然固定波长激光器对于许多光谱研究都非常重要 (第 2 卷第 1.7 节和第 2 卷第 3 章、第 5 章和第 8 章)，连续可调谐激光器的发展才真正引发了整个光谱学领域的革命。关于可调谐激光器及其应用的大量出版物 (如文献 [5.96]) 证明了这一点。因此，我们将在本节讨论单模激光器的可控调谐的基本技术，第 5.7 节将介绍不同光谱范围内的可调谐相干光源。

### 5.5.1 连续可调谐技术

因为单模激光器的激光波长 $\lambda_L$ 决定于共振腔端镜之间的光学距离 $nd$

$$q\lambda = 2nd$$

连续地改变端镜间距 $d$ 或折射率 $n$，就可以相应地调节 $\lambda_L$。例如，可以将线性锯齿波 $U = U_0 + at$ 施加在放置共振腔端镜的压电元件上，或者连续地改变共振腔所处容器内的气压。然而，如第 5.4.3 节所述，大多数激光器需要在激光共振腔内放置额外的波长选择元件以保证单模工作。在改变共振腔长度的时候，振荡模式的频率 $\nu$ 就偏离了那些元件的最大透射率位置 (图 5.38)。在调节过程中，临近的共振腔模式 (它还没有振荡起来) 接近这一透射极大值，它的损耗就有可能小于振荡模式的损耗。一旦这个模式达到了阈值，它就开始振荡并因为模式竞争 (第 5.3 节) 而抑制以前的模式。也就是说，单模激光器将由选定的共振腔模式跳跃到与波长选择元件的透射峰接近的那个共振腔模式。因此，如果不采用额外措施的话，连续可调谐区域就限制为厚度为 $t$ 的腔内选择干涉仪的自由光谱区的一半 $\delta\nu = \frac{1}{2}c/t$。保持共振腔长度 $d$ 不变，连续地调节波长选择元件，就会出现类似的模式跳跃 $\Delta\nu = c/2d$，但要小一些。

如果模式跳跃 $\Delta\nu = \frac{1}{2}c/d$ 远小于待研究的谱宽度的话，这种非连续的激光波长调谐就足够了。用非连续调谐的单模染料激光器激发氦氖气体放电盒中的氖原子，得到的部分光谱如图 5.59(a) 所示，基本上看不到模式跃变，谱分辨精度受限于钠原子多普勒宽度。然而，在亚多普勒光谱中，模式跃变表现为谱线上的台阶，如图 5.59(b) 所示，其中，将带有模式跃变的单模氩激光器的光调节到略微准直的分子束中的 $Na_2$ 分子的某些吸收谱线上，多普勒宽度减小到大约 200MHz。

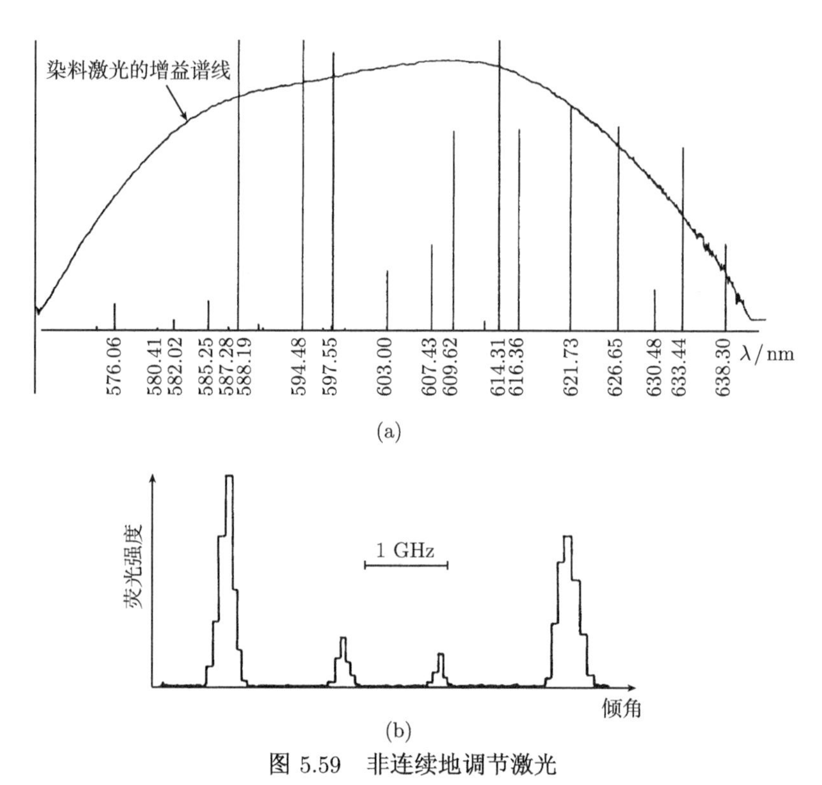


图 5.59　非连续地调节激光

(a) 用单模染料激光器在气体放电室中激发的氖气的部分光谱，它具有多普勒限制的精度，后者掩盖了激光的共振腔模的跃变；(b) 用单模氩激光器的准直弱光束来激发 $Na_2$ 谱线。在这两种情况下，连续地倾斜共振腔内的标准具，但是，共振腔长度保持不变

为了增大可调谐范围、实现真正的连续调谐，波长选择器的透射极大值必须与共振腔长的调谐同步地进行。在使用厚度 $t$ 和折射率 $n$ 的倾斜标准具的时候，根据式 (5.76)，透射极大值 $\lambda_m$ 由下式给出

$$m\lambda_m = 2nt\cos\theta$$

改变倾角 $\theta$，就可以连续地调节透射极大值。在实际情况中，$\theta$ 非常小，因此，可以利用近似关系式 $\cos\theta \approx 1 - \dfrac{1}{2}\theta^2$。波长的变化 $\Delta\lambda = \lambda_0 - \lambda$ 是

$$\Delta\lambda = \frac{2nt}{m}(1-\cos\theta) \approx \frac{1}{2}\lambda_0\theta^2, \quad \lambda_0 = \lambda(\theta = 0) \tag{5.89}$$

式 (5.89) 表明，波长的变化 $\Delta\lambda$ 正比于 $\theta^2$，但不依赖于厚度 $t$。将厚度为 $t_1$ 和 $t_2$ 的两个干涉仪放置在同一个倾斜器件上，后者可以是一个杆子，用一个小马达驱动的千分尺螺丝来倾斜它。马达同时驱动一个变阻器，给出了正比于倾角 $\theta$ 的电压。对这个电压进行电子学取样和放大后再送给共振腔反射镜的压电元件。恰当地调

节放大倍数，可以让共振腔波长位移 $\Delta\lambda_L = \lambda_L \Delta d/d$ 与标准具透射峰位移 $\Delta\lambda_l$ 精确地同步。这可以用计算机控制来实现。

不幸地是，标准具的反射损耗随着倾角 $\theta$ 的增加而增大 (第 4.2 节和文献 [5.50, 5.97])。这是因为激光束的束径 $w$ 是有限的，标准具前后表面反射的分波不能够完全重合。这种"走失损耗"正比于倾角 $\theta$ 的平方值，如式 (4.64) 和图 4.42 所示。

**例 5.23**

由 $w = 1\text{mm}$、$t = 1\text{cm}$、$n = 1.5$ 和 $R = 0.4$ 可以得到，当 $\theta = 0.01$ ( $\approx 0.6°$) 的时候，透射损耗是 13%。根据式 (5.89)，频率位移是 $\Delta\nu = 12\nu_0\theta^2 \approx 30\text{GHz}$。对于增益因子 $G < 1.13$ 的染料激光器，可调谐范围小于 30GHz。

为了实现更宽的调谐范围，以不变的倾角 $\theta$ 使用一个带有可变气隙的干涉仪 (图 5.44(a))。利用压电柱调节干涉仪的厚度 $t$，从而调节它的透射波长 $\lambda_m = 2nt\cos\theta/m$。这样就可以让走失损耗变得很小。然而，额外的两个表面必须镀上增透膜，从而减小反射损耗。

一种精巧的解决方法如图 5.44(b) 所示，其中，干涉仪由两个棱镜构成，它们的背面和内部的布儒斯特表面都镀了膜。这些表面之间的气隙非常小，从而使得气压变化引起的透射峰的位移降至最小。

如果使用小的压电柱 ($5 \sim 10\text{nm/V}$)，共振腔长 $d$ 的连续变化大约在 $5 \sim 10\mu\text{m}$ 的范围内。压电调节的另一个缺点是，它在来回调节的时候有回滞现象。在激光共振腔内，在布儒斯特角附近倾斜一个两面平行的玻片，可以实现更大的调谐范围 (图 5.60)。入射角为 $\alpha$ 的光通过折射率为 $n$ 的玻片的时候，额外光程为

$$s = (n\overline{AB} - \overline{AC}) = \frac{d}{\cos\beta}[n - \cos(\alpha - \beta)] = d\left[\sqrt{N^2 - \sin^2\alpha} - \cos\alpha\right] \tag{5.90}$$

如果玻片的倾角改变了 $\Delta\alpha$，那么，光程差的变化就是

$$\delta s = \frac{\mathrm{d}s}{\mathrm{d}\alpha}\Delta\alpha = d\sin\alpha\left(1 - \frac{\cos\alpha}{\sqrt{n^2 - \sin^2\alpha}}\right)\Delta\alpha \tag{5.91}$$

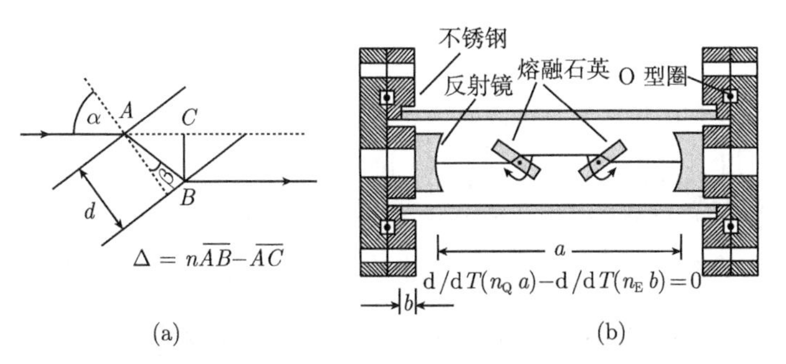


图 5.60 (a) 倾斜共振腔内的布儒斯特玻片，用来改变共振腔的长度；(b) 用于波长调谐的参考共振腔，它带有温度补偿和可倾斜的布儒斯特玻片

**例 5.24**

将一个 $d=3\text{mm}$ 和 $n=1.5$ 的玻片放置在布儒斯特角 $\alpha_{\text{B}}=52°$ 附近，由 $\alpha=51°$ 倾斜到 $\alpha=53°$，$\Delta\alpha=3\times10^{-2}\text{rad}$，可知，光程的变化为 $\delta s=35\mu\text{m}$。

每个表面因为偏离于布儒斯特角而带来的反射损耗小于 0.01%，因此，完全可以忽略不计。

如果共振腔的自由光谱区等于 $\delta\nu$，那么，在 $\lambda=600\text{nm}$ 处，频率调谐范围就是

$$\Delta\nu=2(\delta s/\lambda)\delta\nu\approx116\delta\nu \tag{5.92}$$

利用一个 $\text{d}s/\text{d}V=3\text{nm/V}$ 的压电柱，当 $V=500V$ 的时候，变化量只有 $\Delta\nu=5\delta\nu$。

利用一个电驱动器，能够可控地倾斜布儒斯特玻片[5.98]，倾角决定于磁场强度。在倾斜玻片的时候，为了避免激光光束的横向移动，使用 $\alpha=\pm\alpha_\beta$ 的两个玻片 (图 5.60(b))，它们朝着相反的方向倾斜。它给出的频率变化是式 (5.91) 的两倍。利用具有相反膨胀系数的反射镜支架来补偿石英距离保持器的热膨胀，可以极大地改善图 5.60(b) 中的参考干涉仪的频率稳定性。石英的折射率是 $n_{\text{Q}}$，反射镜支架的折射率是 $n_{\text{E}}$，精确补偿的条件是

$$\frac{\text{d}}{\text{d}T}(an_{\text{Q}})-\frac{\text{d}}{\text{d}T}(bn_{\text{E}})=0$$

为了进行说明，图 5.61 给出了萘分子 $C_{10}H_8$ 消除了多普勒效应的光谱，同时还记录了一个稳定标准具的频率标记，以及作为参考谱线的 $I_2$ 光谱[5.102]。

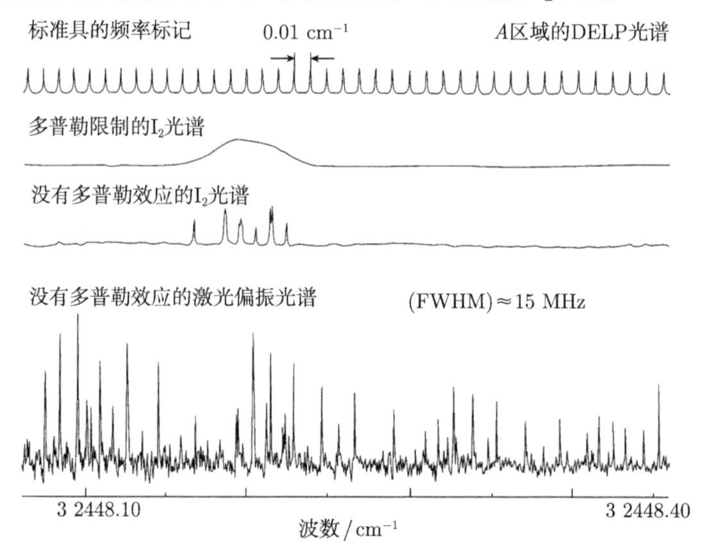


图 5.61　$n\cdot d=50\text{cm}$ 的标准具提供的频率标记，多普勒限制的和没有多普勒效应的 $I_2$ 谱线作为参考谱线，萘分子的没有多普勒效应的部分光谱。测量的是一个气压大约为 5mbar 的样品盒[5.102]

在许多高分辨率光谱学的应用中，波长 $\lambda(t)$ 应该是时间 $t$ 的线性函数，总是希望激光波长 $\lambda_L$ 在设定好的可调谐数值 $\lambda(t)$ 附近的变化越小越好。可以这样来实现这一目标：将 $\lambda_L$ 稳定到一个外部的稳定的法布里–珀罗干涉仪的参考波长 $\lambda_R$ 上 (第 5.4 节)，而这个参考波长 $\lambda_R$ 是与激光共振腔内的波长选择器件同步调节的。利用一个电子反馈系统来实现同步。一种可能的方法如图 5.62 所示。计算机通过数模转换器 (DAC) 提供一个数字电压斜坡来激励电驱动器，从而在温度稳定的法布里–珀罗干涉仪中可控地倾斜布儒斯特玻片。通过一个 PID 反馈控制将激光波长 (第 5.4.4 节) 锁定到作为参考的法布里–珀罗干涉仪的透射峰的斜坡上 (图 5.52)。PID 控制的输出被分成两部分：反馈的低频部分施加到激光共振腔内的电驱动器上；而高频部分则加到压电元件上，用它移动共振腔的一个反射镜。

### 5.5.2 波长的校准

激光光谱学的一个重要目标是精确地确定原子或分子中的能级以及外场或内部耦合引起的这些能级的劈裂。这就需要在激光扫描光谱的时候准确地知道波长以及谱线间距。有一些技术可以解决这一问题：将激光光束的一部分送给一个镜间距为 $d$ 的长法布里–珀罗干涉仪，它是气密的 (或者位于真空中)，而且温度保持稳定。距离为 $\delta\nu = \frac{1}{2}c/(nd)$ 的等间距透射峰是频率标记，同时测量这些频率标记与光谱线 (图 5.62)。

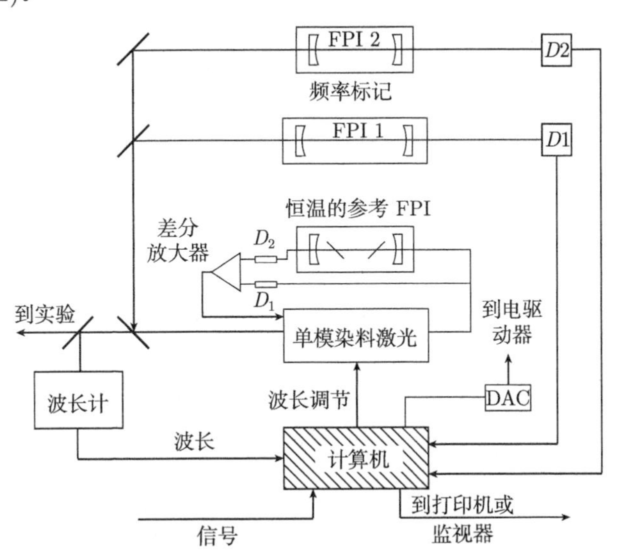


图 5.62 用于绝对波长测量的计算机控制的激光光谱仪的示意图，自由光谱区略有不同的两个法布里–珀罗干涉仪为它提供频率标记，它还带有一个波长计

大多数可调谐激光器用光学频率 $\nu(V)$ 来表示它与激光频率 $\nu$ 和扫描电路的输

入电压 $V$ 的线性关系 $\nu = \alpha V + b$ 之间的差别。对于可见光染料激光器，在 20GHz 的扫描范围内，这一差别可以达到 100MHz。通过比较测量得到的频率标记和线性表达式

$$\nu = \nu_0 + mc/(2nd)(m = 0, 1, 2, \cdots)$$

之间的差别，可以监视并修正这种差别。

为了进行谱线的绝对波长测量，将激光器稳定在谱线的中心处，用第 4.4 节描述过的波长计测量它的波长 $\lambda$。对于没有多普勒效应的谱线 (第 2 卷第 2~6 章)，确定绝对波长的精度不确定性可以小于 $10^{-3}\text{cm}^{-1}$ (在 $\lambda = 500\mu\text{m}$ 处，$\hat{=}20\text{pm}$)。

通常使用与未知光谱同时测量的校正光谱。例如，发表在 Gerstenkorn 和 Luc 的碘数据 (iondine atlas)[5.99] 中的位于 14 800 到 20 000cm$^{-1}$ 之间的 $I_2$ 光谱，或者是 H. Kato 提供的没有多普勒效应的高精度数据[5.101]。图 5.61 以萘分子的吸收谱线为例进行说明[5.102]。对于 500nm 以下的波长，可以使用光伏光谱学 (第 2 卷第 1.5 节) 方法在中空阴极中测量得到的钍谱线[5.100] 或铀谱线[5.103]。

如果没有波长计，利用端镜间距 $d_1$ 和 $d_2$ 略有差异的两个法布里–珀罗干涉仪，可以确定波长 (图 5.62(b))。假定 $d_1/d_2 = p/q$ 等于两个非常大的互素整数 $p$ 和 $q$ 的比值，两个干涉仪都在 $\lambda_1$ 处有透射峰值

$$\left.\begin{aligned} m_1\lambda_1 &= 2d_1 \\ m_2\lambda_1 &= 2d_2 \end{aligned}\right\} \quad \frac{m_1}{m_2} = p/q \tag{5.93a}$$

假定已经用一根谱线校准了 $\lambda_1$。在调节激光波长的时候，下一个重叠处出现在 $\lambda_2 = \lambda_1 + \Delta\lambda$，其中

$$(m_1 - p)\lambda_2 = 2d_1 \text{ 且 } (m_2 - q)\lambda_2 = 2d_2 \tag{5.93b}$$

由式 (5.93a) 和式 (5.93b) 可以得到

$$\frac{\Delta\lambda}{\lambda_1} = \frac{p}{m_1 - p} = \frac{q}{m_2 - q} \Rightarrow \lambda_2 = \lambda_1\frac{m_1}{m_1 - p} = \lambda_1\frac{m_2}{m_2 - q}$$

其中，$p$ 和 $q$ 是已知整数，当 $\lambda$ 由 $\lambda_1$ 调节到 $\lambda_2$ 的时候，对透射峰的数目直接计数，就可以得到这两个整数的数值。

在 $\lambda_1$ 和 $\lambda_2$ 这两个波长之间，在线性扫描的时候，未知波长 $\lambda_x$ 的谱线最大值出现的位置到 $\lambda_1$ 的距离为 $\delta_x$。这样就可以由图 5.63 得到

$$\lambda_x = \lambda_1 + \frac{\delta_x}{\delta}\Delta\lambda = \lambda_1\left(1 + \frac{\delta_x}{\delta}\frac{p}{m_1 - p}\right) \tag{5.93c}$$

输入 $\lambda_1$、$p$、$q$、$d_1$ 和 $d_2$ 的数值，就可以用计算机根据 $\delta_x$ 的测量值得到 $\lambda_x$。

为了非常准确地测量谱线之间的微小光谱区间，一种侧带技术非常有用。在这种技术中，一部分激光光束通过一个泡克耳斯盒 (图 5.64)，它调制了透射光的

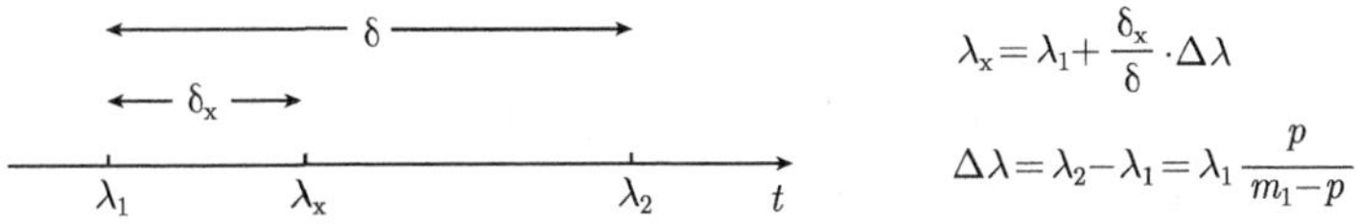

δ

$\delta_x$

$\lambda_1$ $\lambda_x$ $\lambda_2$ $t$

$$\lambda_x = \lambda_1 + \frac{\delta_x}{\delta} \cdot \Delta\lambda$$

$$\Delta\lambda = \lambda_2 - \lambda_1 = \lambda_1 \frac{p}{m_1 - p}$$

图 5.63 根据式 (5.93c) 确定波长的方法

强度并在频率 $\nu_R = \nu_L \pm f$ 处产生了侧带。当 $\nu_R^+ = \nu_L + f$ 稳定在一个共振腔外的法布里–珀罗干涉仪上的时候，改变调制频率 $f$，就可以连续地调节激光频率 $\nu_L = \nu_R^+ - f$。这种方法不需要可调谐干涉仪，它的精度仅仅受限于调制频率 $f$ 的测量精度[5.104a]。

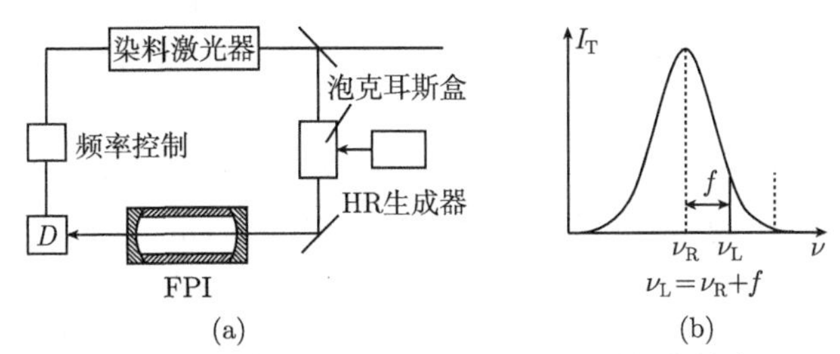


图 5.64 精确调谐激光波长 $\lambda$ 的光学侧带技术

(a) 实验装置；(b) 将侧带 $\nu_R$ 稳定在布里–珀罗干涉仪的透射峰上

### 5.5.3 频率偏移的锁定

利用反馈稳定回路中的电子元件，也能够可控地让激光频率 $\nu_L$ 相对于参考频率 $\nu_R$ 发生偏移。这就省去了上一方法中的泡克耳斯盒。一个可调谐激光器被“频率偏移地锁定”到一个稳定的参考激光器上，可以用电子学的方法控制频率差 $f = \nu_L - \nu_R$。这一技术是由 Hall 提出的[5.104b]，在许多实验室中都得到了应用。更多的细节将在第 2 卷第 2 章中描述。

## 5.6 单模激光的线宽

在前面几节中我们看到，采用适当的稳定技术，可以显著地抑制折射率 $n$ 和共振腔长度 $d$ 的乘积 $nd$ 的涨落所起的单模激光器的频率涨落。在绝大多数应用中，可以将这种单模激光器的输出光视为单色光，其振幅具有径向高斯分布，见式 (5.32)。

残余的有限线宽 $\Delta\nu_L$ 虽然很小但仍不为零，对于一些超高精度光谱学的任务来说，仍然有可能非常重要，必须知道它的数值。此外，激光器的线宽为什么会有一个最小的下限？这是一个非常重要的基本问题，因为它引出了电磁波性质的基本问题。“单色光”的振幅、相位或频率的任何涨落都会产生有限的线宽，对这种波进行傅里叶变换就可以看出来 (见第 3.1 节和第 3.2 节中的类似讨论)。除了乘积

$nd$ 引起的"技术噪音"之外，还有其他三种基本噪音源，即便是完美的稳定系统也不可能消除它们。这些噪音源在不同的程度上影响单模激光器的残余线宽。

噪音的第一种贡献来自于激光上能级 $E_i$ 中被激发原子的自发辐射。根据第 2.3 节，跃迁 $E_i \to E_k$ 上的自发辐射荧光的总功率 $P_{\mathrm{sp}}$ 正比于粒子数密度 $N_i$、增益模式体积 $V_{\mathrm{m}}$ 和跃迁几率 $A_{ik}$，即

$$P_{\mathrm{sp}} = N_i V_{\mathrm{m}} A_{ik} \tag{5.94}$$

这种荧光进入到荧光谱线线宽之内的所有模式的电磁场中。根据第 2.1 节中的例 2.1，在 $\lambda = 500\mathrm{nm}$ 处，在多普勒展宽的线宽 $\Delta\nu_{\mathrm{D}} = 10^9\mathrm{Hz}$ 内，模式的数目大约是 $3 \times 10^8$ 模式 $/\mathrm{cm}^3$。因此，每个模式中的荧光光子的平均数目很小。

**例 5.25**

在一台氦氖激光器中，激光的上能级中的稳态粒子数密度是 $N_i \simeq 10^{10}\mathrm{cm}^{-3}$。由 $A_{ik} = 10^8\mathrm{s}^{-1}$ 可知，每秒钟内的荧光光子数是 $10^{18}\mathrm{s}^{-1}\mathrm{cm}^{-3}$，它们被注入到 $3\times10^8$ 个模式中。在每个模式里，光子流密度是 $\phi = 3\times10^9$ 光子/s，与此对应的每个模式中的平均光子密度是 $\langle n_{\mathrm{ph}}\rangle = \phi/c \leqslant 10^{-1}$。与此相比，当耦合输出镜的反射率为 $R = 0.99$、激光输出功率为 1mW 的时候，共振腔内每个模式中的受激辐射光子数为 $10^7$ 个。

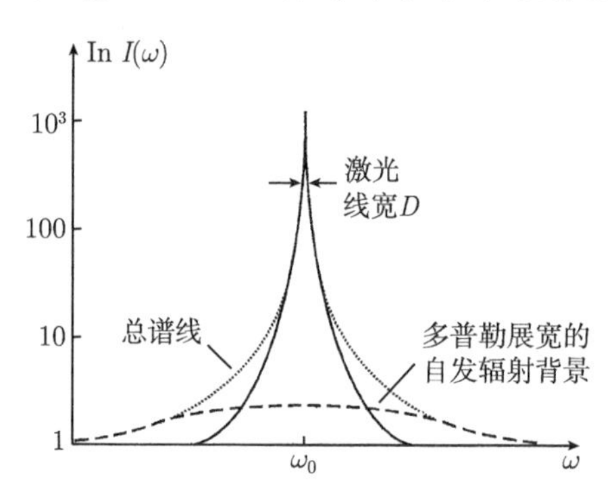


图 5.65 刚刚达到阈值的时候，单模激光器的线宽，以及自发辐射引起的多普勒展宽的背景 (注意，采用的是对数坐标!)

当激光器达到阈值的时候，受激辐射使得激光模式中的光子数迅速增大，窄激光谱线也从多普勒展宽的微弱背景辐射中出现 (图 5.65)。当远高于阈值的时候，激光强度比这种背景大许多个数量级，因此，可以忽略自发辐射对激光线宽的贡献。

导致谱线展宽的第二种噪音来源是振荡模式中光子数目的统计涨落所引起的振幅涨落。当激光输出功率为 $P$ 的时候，每秒钟内通过输出耦合镜透射出来的光子数目是 $n = P/h\nu$。由 $P = 1\mathrm{mW}$ 和 $h\nu = 2\mathrm{eV}(\hat{=}\lambda = 600\mathrm{nm})$ 可以得到，$n = 8\times10^{15}$。如果激光工作在远大于阈值的条件下，每秒钟发射出来的光子数 $n$ 的几率 $p(n)$ 由泊松分布给出 [5.14,5.15]

$$p(n) = \frac{\mathrm{e}^{-\bar{n}}(\bar{n}^n)}{n!} \tag{5.95}$$

平均光子数 $n$ 主要取决于泵浦功率 $P_{\mathrm{p}}$(第 5.1.3 节)。对于给定的 $P_{\mathrm{p}}$ 数值，如果受激辐射的涨落增加了光子数，增益介质中的放大跃迁的饱和效应就会减小增益，使得场振幅变小。这样一来，饱和效应就为振幅涨落提供了一个自稳定机制，使得激光场振幅保持为 $E_s \sim (n)^{1/2}$。

残余激光线宽的主要来源是相位涨落。自发辐射到激光模式中的每一个光子都可以被受激辐射放大；这部分放大后的贡献叠加在振荡光之上。它并不一定会改变光的总振幅，因为这些额外的光子 (通过增益饱和效应) 降低了其他光子的增益，从而使得平均光子数 $n$ 保持不变。然而，这些自发出现的光子雪崩具有随机的分布，总光波的相位也是这样。对于总相位来说，并没有像振幅那样的稳定机制。在极坐标图中，总的场振幅 $E = A\mathrm{e}^{i\varphi}$ 可以用振幅为 $A$、相位角为 $\varphi$ 的矢量描述，矢量的大小限制在一个很窄的区间 $\delta A$ 之内，而相位则在 0 到 $2\pi$ 之间变化 (图 5.66)。相位 $\varphi$ 会随着时间发生扩散，在热动力学模型中，可以用一个扩散系数 $D$ 描述这个过程[5.105,5.106]。

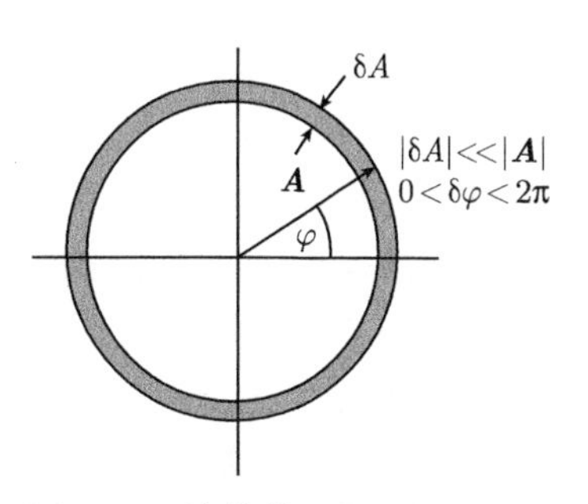


图 5.66　单模激光的振幅矢量 $A$ 的极坐标图，用来说明相位扩散

在 $nd$ 的所有技术涨落都被完全消除了的理想情况下，对于激光的谱分布，这个模型可以从相位统计变化的傅里叶变换得到洛伦兹线形

$$|E(\nu)|^2 = E_0^2 \frac{(D/2)^2}{(\nu-\nu_0)^2+(D/2)^2} \quad \text{其中，} E_0 = E(\nu_0) \tag{5.96}$$

它的中心频率是 $\nu_0$，它可以与扰动相位的碰撞过程导致的经典谐振子洛伦兹线形进行比较。

这种强度谱线 $I(\nu) \propto |E(\nu)|^2$ 的半高宽 $\Delta\nu = D$ 随着输出功率的增大而减小，因为随着总振幅的增大，相对于总振幅和相位来说，自发辐射引起的光子雪崩的贡献变得越来越小了。

此外，共振腔的共振峰半高宽 $\Delta\nu_{\mathrm{c}}$ 必然会影响激光线宽，因为它决定了增益大于损耗的光谱间隔。$\Delta\nu_{\mathrm{c}}$ 的数值越小，频率位于增益足以产生光子雪崩的区间 $\Delta\nu_{\mathrm{c}}$ 之内的自发辐射的光子 (它在整个多普勒宽度中发射) 就越少。当考虑了所有这些因素之后，可以得到激光线宽的理论下限 $\Delta\nu_{\mathrm{L}} = D$[5.107]

$$\Delta\nu_{\mathrm{L}} = \frac{\pi h\nu_{\mathrm{L}}(\Delta\nu_{\mathrm{c}})^2(N_{\mathrm{sp}}+N_{\mathrm{th}}+1)}{2P_{\mathrm{L}}} \tag{5.97}$$

其中，$N_{\mathrm{sp}}$ 是每秒钟内通过自发辐射进入到振荡激光模式中的光子数目，$N_{\mathrm{th}}$ 是该模式中热辐射场引起的光子数，$P_{\mathrm{L}}$ 是激光输出功率。在室温下，在可见光区域内，$N_{\mathrm{th}} \ll 1$ (图 2.7)。由 $N_{\mathrm{sp}} = 1$(至少一个自发光子触发了受激光子雪崩)，可以从式 (5.97) 得到著名的 Schwalow-Townes 关系[5.107]

$$\Delta\nu_{\mathrm{L}} = \frac{\pi h\nu_{\mathrm{L}}\Delta\nu_{\mathrm{c}}^2}{P_{\mathrm{L}}} \tag{5.98}$$

**例 5.26**

(a) 氦氖激光器，$\nu_\mathrm{L} = 5 \times 10^{14}\mathrm{Hz}$，$\Delta\nu_\mathrm{c} = 1\mathrm{MHz}$，$P = 1\mathrm{mW}$，可以得到，$\Delta\nu_\mathrm{L} = 1.0 \times 10^{-3}\mathrm{Hz}$。

(b) 氩激光器，$\nu_\mathrm{L} = 6 \times 10^{14}\mathrm{Hz}$，$\Delta\nu_\mathrm{c} = 3\mathrm{MHz}$，$P = 1\mathrm{W}$，则线宽的理论下限是 $\Delta\nu_\mathrm{L} = 1.1 \times 10^{-5}\mathrm{Hz}$。

然而，即使激光器带有非常复杂的稳定系统，残余的、未被补偿的 $nd$ 涨落所引起频率涨落也远远大于这种理论下限值。经过一般程度的努力，气体激光器和染料激光器可以实现的激光线宽已经达到了 $\Delta\nu_\mathrm{L} = 10^4 \sim 10^6\mathrm{Hz}$。经过巨大的努力，已经实现了几个赫兹甚至低于 1Hz 的激光线宽[5.82,5.108]。如何更加接近理论的下限，已经有了一些提案[5.109,5.110]。

这种线宽不应该与频率稳定性混淆起来，后者指的是谱线中心频率的稳定性。对于染料激光器来说，已经实现的稳定性好于 1Hz，即相对稳定性为 $\Delta\nu/\nu \leqslant 10^{-15}$[5.82]。对于气体激光器 (例如被稳定的氦氖激光器) 或特殊设计的固态激光器来说，甚至可以达到 $\Delta\nu/\nu \leqslant 10^{-16}$[5.111,5.112]。

## 5.7 可调谐激光器

本节讨论几种可调谐激光器的实现方法，它们在光谱应用中非常有用。已经开发了许多调节方法，用于不同的光谱范围，我们将用几个例子来加以说明。目前，半导体激光器、色心激光器和振动能级固体激光器是应用最为广泛的可调谐红外激光器，各种变形的染料激光器和掺钛蓝宝石激光器仍然是可见光区域中最重要的可调谐激光器。最近，在新型紫外激光器的发展以及用倍频和混频技术生成相干紫外辐射方面已经有了巨大的进展 (第 5.8 节)。特别是在光学参量振荡器方面，进展巨大，第 5.8.8 节将更为详细地讨论它们。现在，各种可调谐相干光源可以覆盖从远红外到真空紫外的整个光谱范围。X 射线激光器对高度电离原子的基础研究及其各种应用非常重要，第 5.7.7 节将讨论它们。

本节只能简要地介绍那些对光谱应用特别重要的可调谐器件。关于各种技术的更为详细的讨论，请参见相应小节中引用的文献。可调谐激光器的综述 [5.114] 给出了直到 1974 年的发展，更近期的发展请参见文献 [5.96], [5.115]。关于利用可调谐激光器进行红外光谱学的介绍，请参见文献 [5.116]~[5.118]。

### 5.7.1 基本概念

可以用不同的方法实现可调谐的相干光源。第 5.5 节已经讨论过一种方法，它依赖于增益谱线很宽的激光器。放置于激光共振腔内的波长选择元件将激光振荡限制在很窄的光谱间隔内，改变这些元件的透射极大值，就可以在增益谱线上连续地调节激光波长。染料激光器、色心激光器和准分子激光器都属于这类可调谐光源。

波长调节的另一种方法基于的是外部扰动引起的增益介质中的能级移动，它能够相应地移动增益谱，从而调节激光波长。这种能级移动可以由外磁场产生 (自旋翻转激光器和塞曼调节的气体激光器)，也可以由温度或压强的变化来实现 (半导体激光器)。

另一种用来产生波长可调谐的相干辐射的方法使用了第 5.8 节讨论的光学混频原理。

当然，这些可调谐相干光源的实现取决于它们的光谱应用范围。对于特定的光谱问题，你必须决定上述哪种方法最好。实验开销极大地依赖于所希望的调谐范围、输出功率和谱宽 $\Delta\nu$，最后一点绝非无足轻重。已经有了带宽为 $\Delta\nu \simeq 1\text{MHz} \sim 30\text{GHz}(3\times10^{-5} \sim 1\text{cm}^{-1})$ 的商用相干光源，它们可以在更宽的范围内连续调谐。在可见光区域，单模染料激光器的带宽大约可以达到 1MHz。这些激光器可以在大约 30GHz ($1\text{cm}^{-1}$) 的有限范围内连续调谐。用计算机控制调节元件，可以相继地延拓这一范围。从原则上说，在扫描范围的一些确定位置上, 现在可以自动地重新设置所有的调节元件，从而在激光介质的整个增益谱线上“连续地”扫描单模激光器。例子有单模半导体激光器、染料激光器或振动能级的固态激光器。

我们将根据它们的光谱范围来简要地讨论一些最重要的可调谐相干光源。一些光源的光谱覆盖范围如图 5.67 所示。

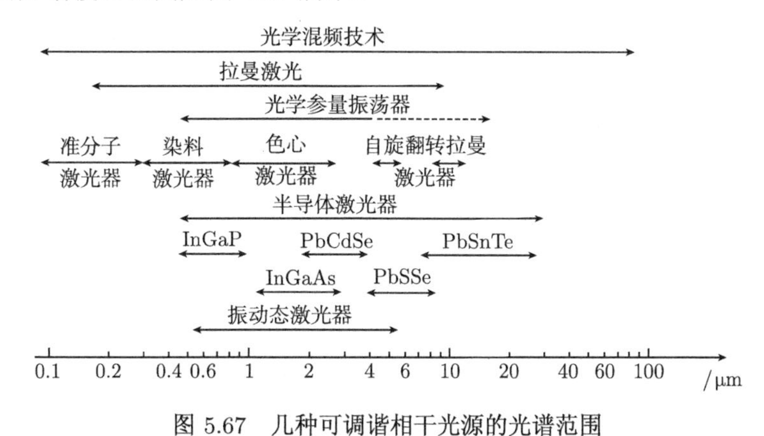


图 5.67 几种可调谐相干光源的光谱范围

### 5.7.2 半导体二极管激光器

许多广泛使用的可调谐相干红外光源使用了不同的半导体材料，它们或者是作为激光增益介质 (半导体激光器)，或者是作为非线性混频器件 (产生差频)。

半导体激光器的基本原理[5.119~5.123] 可以简述如下。当电流沿着正方向通过一个 pn 结半导体二极管的时候，电子和空穴能够在 pn 结中复合，以电磁辐射的形式发射出复合能量 (图 5.68)。这种自发辐射的线宽大致是几个 $cm^{-1}$，波长则决定于电子能级和空穴能级之间的能量差，实质上是由能隙决定的。因此，恰当地选择半导体材料及其二元化合物的成分 (图 5.69)，自发辐射的光谱范围可以在很宽的范围内变化 (大约是 0.4 ~ 40μm)。

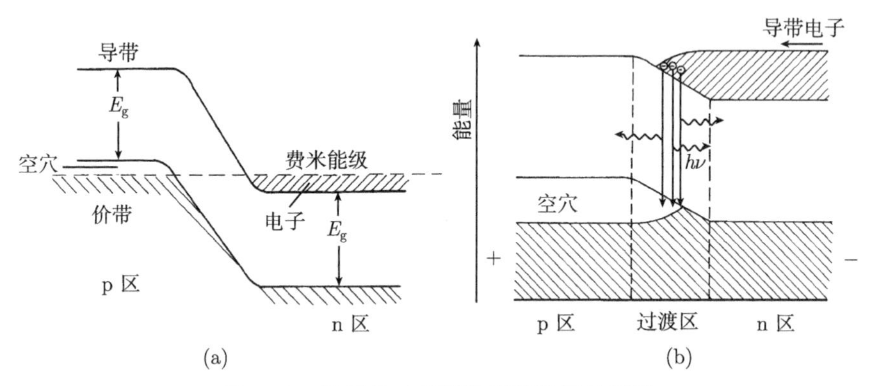


图 5.68　半导体二极管的能级结构示意图

(a) 没有施加偏置电压的 pn 结；(b) 在施加了正向电压的时候，pn 结附近的反转区以及辐射复合

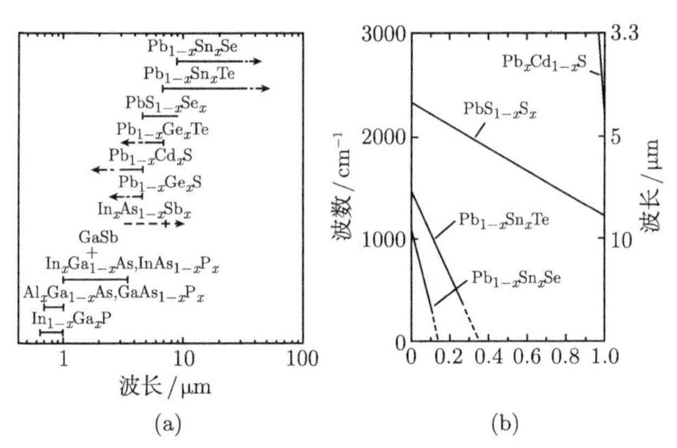


图 5.69　(a) 不同的半导体材料发出的激光辐射的光谱范围[5.121]；(b) 在 $Pb_{1-x}Sn_xTe$、$Pb_{1-x}Sn_xSe$ 或硫铅盐激光器中发射光的波数对组分 $x$ 的依赖关系

(Spectra-Physics 惠赠)

当电流大于某个阈值 (取决于所用的特定半导体二极管) 的时候，结中的辐射场变得很强，足以让受激辐射的速率大于自发辐射或无辐射复合过程的速率。半导体介质的端面造成的多次反射可以放大这一辐射，它强得足以在其他弛豫过程消除粒子数反转之前就让 pn 结中发生受激辐射 (图 5.70(a))。

为了增大电流密度，将一个电极制作成小条的形状 (图 5.70b)。利用异质结激光器，可以实现室温下的连续激光工作模式 (图 5.71)。在异质结中，利用折射率不同的薄层材料交叠起来，在空间上将电流和辐射场都限制起来 (图 5.71a)，将电磁波限制在很小的体积之内，从而提高了光子密度，增大了受激辐射的几率。

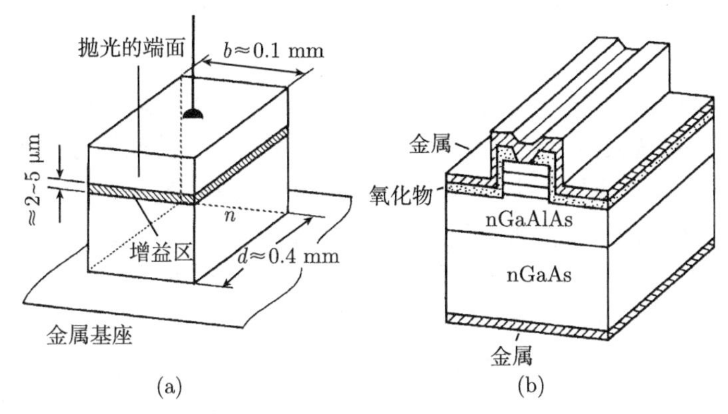


图 5.70 二极管激光器的示意图

(a) 几何结构；(b) 为了在反转区达到高电流密度，将注入电流汇集起来

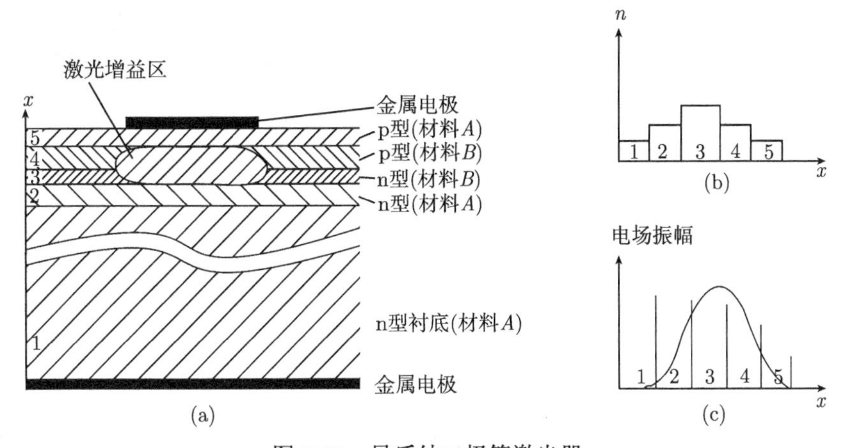


图 5.71 异质结二极管激光器

(a) 由 p 掺杂和 n 掺杂的材料构成，并带有金属电极；(b) 折射率的空间分布；

(c) 不同薄层中的激光场振幅

激光波长决定于增益谱线和激光共振腔的本征模式 (第 5.3 节)。如果用折射率为 $n$ 的半导体介质的抛光端面 (间距为 $d$) 作为共振腔端镜，自由光谱区

$$\delta\nu = \frac{c}{2nd(1+(\nu/n)\mathrm{d}n/\mathrm{d}\nu)} \quad 或 \quad \delta\lambda = \frac{\lambda^2}{2nd(1-(\lambda/n)\mathrm{d}n/\mathrm{d}\lambda)} \tag{5.99}$$

就很大，因为共振腔长度 $d$ 很小。注意，$\delta\nu$ 不仅依赖于 $d$，而且还依赖于增益介质

的色散 $\mathrm{d}n/\mathrm{d}\nu$。

**例 5.27**

$d=0.5\mathrm{mm}$，$n=2.5$，$(\nu/n)\mathrm{d}n/\mathrm{d}\nu=1.5$，则自由光谱区是 $\delta\nu=48\mathrm{GHz}=1.6\mathrm{cm}^{-1}$，在 $\lambda=1\mu\mathrm{m}$ 处，$\delta\lambda=0.16\mathrm{nm}$。

这就表明，只有几个轴向的共振腔模式能够处于宽度为几个 $\mathrm{cm}^{-1}$ 的增益谱之内 (图 5.72(a))。

为了调节波长，所有决定激光上能级和下能级之间的能隙的那些参数都可以改变。用外部冷却系统或电流变化改变温度是最常用的调节波长的方法 (图 5.72(b))。有时候，在半导体上施加一个外磁场或应力，也可以改变波长。然而，一般来说，不可能在整个增益谱线上实现真正连续的调节。因为共振腔长度不是与增益谱线的最大值同时改变的，经过大约一个波数的连续调节之后，就会发生模式跃变 (图 5.72(c))。在温度调节的情况下，可以这样来理解：

温度差 $\Delta T$ 不仅改变了导带和价带中的上能级和下能级之间的能量差 $E_{\mathrm{g}}=E_1-E_2$，还改变了折射率 $\Delta n=(\mathrm{d}n/\mathrm{d}T)\Delta T$ 以及共振腔的长度 $\Delta L=(\mathrm{d}L/\mathrm{d}T)\Delta T$。

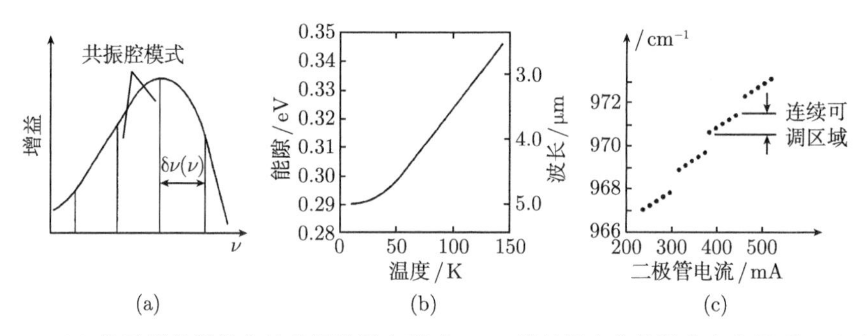


图 5.72　(a) 位于增益谱线内的共振腔轴向模式；(b) 增益最大值的温度变化关系；(c) 氦冷却器中的准连续可调谐的 PbSnTe 二极管连续激光器中的模式跃变。点对应于一个外部的 Ge 标准具的透射极大值，该标准具的自由光谱区为 1.955GHz[5.118]

这样，共振腔模式的频率 $\nu_{\mathrm{c}}=mc/(2nL)$($m$ 是整数) 就改变了

$$\Delta\nu_{\mathrm{c}}=\frac{\partial\nu_{\mathrm{c}}}{\partial n}\frac{\mathrm{d}n}{\mathrm{d}T}\Delta T+\frac{\partial\nu_{\mathrm{c}}}{\partial L}\frac{\mathrm{d}L}{\mathrm{d}T}\Delta T=-\nu\left(\frac{1}{n}\frac{\mathrm{d}n}{\mathrm{d}T}+\frac{1}{L}\frac{\mathrm{d}L}{\mathrm{d}T}\right)\Delta T \tag{5.100}$$

增益谱的最大值移动了

$$\Delta\nu_{\mathrm{g}}=\frac{1}{h}\frac{\partial E_{\mathrm{g}}}{\partial T}\Delta T \tag{5.101}$$

虽然式 (5.100) 中的第一项远大于第二项，总变化 $\Delta\nu_{\mathrm{c}}/\Delta T$ 大约只占到变化值 $\Delta\nu_{\mathrm{g}}/\Delta T$ 的 $10\%\sim20\%$。

一旦增益谱的最大值移动到了下一个共振腔模式，该模式的增益就大于正在振荡的模式，激光频率就会跳到这个模式上 (图 5.72(c))。

因此，为了在更宽范围内连续地调节波长，必须使用外部共振腔，后者的镜间距 $d$ 可以独立控制。然而，由于技术上的原因，这意味着距离 $d$ 远大于二极管的长度 $L$，因此自由光谱区就小得多。为了实现单模振荡，必须在共振腔内放置额外的波长选择元件，如反射光栅或标准具。此外，半导体介质的一个端面必须有增透膜，因为无镀膜表面的反射系数太大了 ($n = 3.5$ 时反射率为 0.3)，反射损耗很大。这种单模半导体激光器已经制作出来了[5.124~5.126]。

一个例子如图 5.73 所示。标准具 $E$ 保证了单模工作方式 (第 5.4.3 节)。利用倾斜布儒斯特玻片的方法改变共振腔长度，使得增益谱的最大值与二极管电流的变化同步地移动。激光波长被稳定在一个外部的法布里–珀罗干涉仪上，倾斜这个外腔中的玻片，能够可控地调节波长。已经用 GaAs 激光器在 850nm 附近实现了 100GHz 的调谐范围，而且没有模式跃变[5.126]。

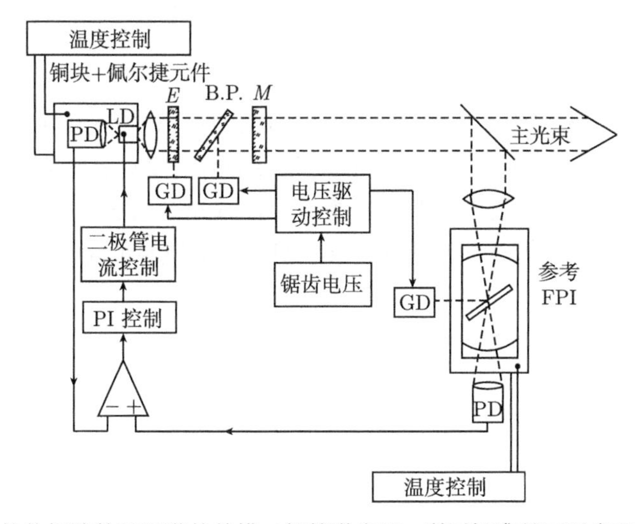


图 5.73 带有外共振腔的可调谐的单模二极管激光器。利用标准具可以实现单模工作方式，与标准具同步倾斜布儒斯特片，可以改变共振腔的长度，从而移动增益谱线[5.126]

另一种实现可调谐单模二极管激光器的方法使用了利特罗光栅，它将一部分激光输出耦合回到增益介质中 (图 5.74)[5.127]。将沟槽间距为 $d_{\mathrm{g}}$ 的光栅倾斜角度 $\Delta\alpha$，根据式 (4.21a)，波长的变化就是

$$\Delta\lambda = (2d_{\mathrm{g}})\cos\alpha \cdot \Delta\alpha \tag{5.102}$$

用一个长度为 $L$ 的杆子倾斜光栅。如果正确地选择图 5.74 中的倾斜轴 $A$，共振腔长度 $d_{\mathrm{c}}$ 的变化量 $\Delta d_{\mathrm{c}} = L \cdot \cos\alpha \cdot \Delta\alpha$ 就会引起共振腔模式波长的同等变化 $\Delta\lambda = (\Delta d_{\mathrm{c}}/d_{\mathrm{c}})\lambda$，如式 (5.102) 所示。这就给出了条件 $d_{\mathrm{c}}/L = \sin\alpha$，它表明，倾斜轴应该位于光栅表面与虚线所示的平面的交叉处，后者在距光栅 $d_{\mathrm{c}} = d_2 + nd_1$ 的

位置与共振腔轴相交，其中，$n$ 是二极管的折射率 (图 5.74(b))。

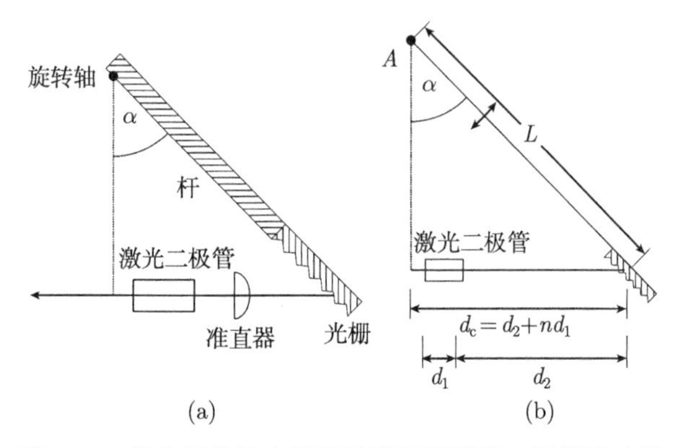


图 5.74　带有利特罗光栅的连续可调谐的二极管激光器

(a) 实验装置；(b) 光栅的倾斜轴的几何条件。绕着 $R_1$ 点的旋转只补偿到第一阶，而绕着 $R_2$ 的旋转补偿到第二阶[5.128]

改进的方案采用固定不变的 Littman 光栅构型和可以倾斜的端镜 (图 5.75)，它的调节范围更宽，达到了 500GHz，仅仅受限于用来倾斜反射镜杆子的压电器件的最大行程[5.128a]。一种紧凑的新型外腔二极管激光器 (图 5.76) 带有利特罗构型的透射光栅，它的机械设计非常紧凑，被动频率稳定性非常高[5.128b]。

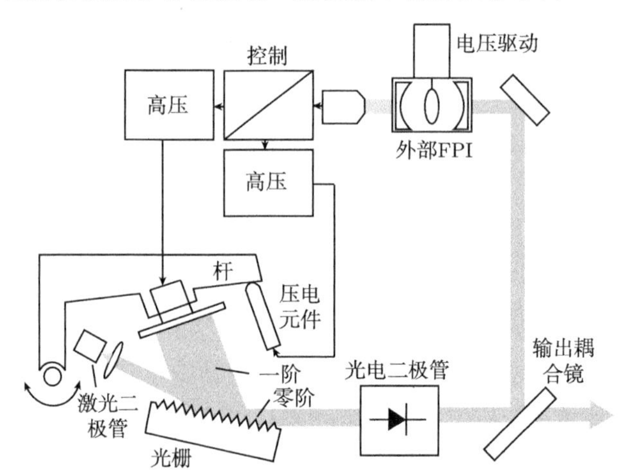


图 5.75　大范围可调谐外腔单模二极管激光器，采用的是 Littman 共振腔

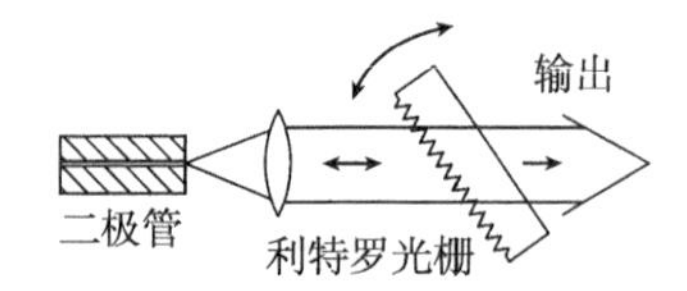


图 5.76　带有透射光栅的外腔式二极管激光器

倾斜标准具或光栅，可以在增益光谱 $G(\lambda)$ 的范围内调节激光波长，最大值 $G(\lambda_m)$ 由温度决定。温度的变化 $\Delta T$ 改变了这个最大值 $\lambda_m$。温度变化可以用来对单模激光器进行粗调，而用机械倾斜进行细调。

一个完全商品化的二极管激光光谱仪如图 5.77 所示，它可以方便地用于红外光谱学。

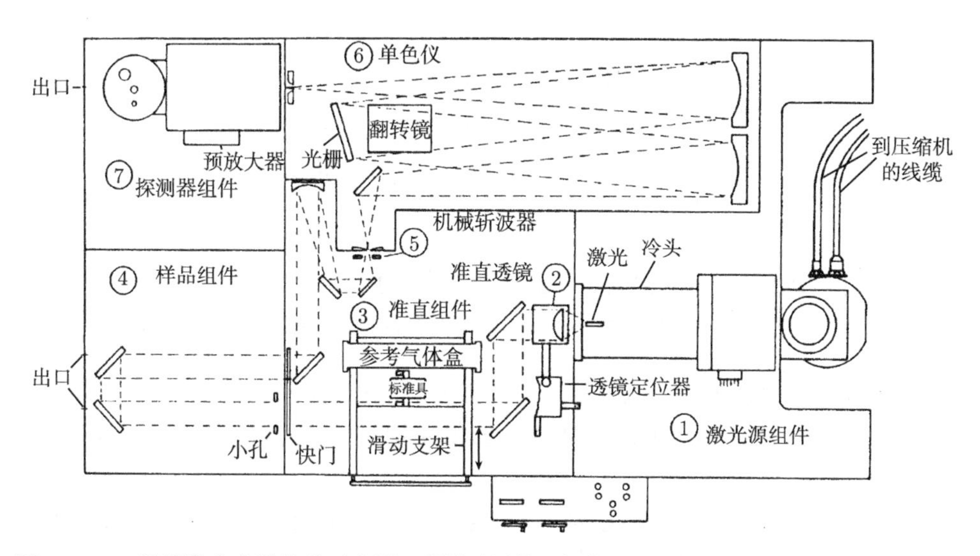


图 5.77 二极管激光光谱仪的示意图，利用不同的二极管，可以在 $3\sim200\mu m$ 的范围内调谐 (Spectra-Physics 惠赠)

现在，在可见光区，可以买到 0.4μm 以下的可调谐二极管激光器[5.129]。

除了作为可调谐光源之外，二极管激光器越来越多地用作可调谐固态激光器和光学参量放大器的泵浦光源。一体化的二极管激光器阵列的连续泵浦功率可以达到 100W[5.130]。

### 5.7.3 可调谐固体激光器

用原子或分子离子进行掺杂，可以在很宽的范围内改变晶体或非晶固体的吸收谱和发射谱[5.131~5.133]。这些离子和宿主晶格的强相互作用展宽和移动了离子能级。例如，图 5.78(b) 所示的绿宝石的吸收谱依赖于泵浦光的偏振方向。激发态的光学泵浦通常导致许多交叠的荧光带，它们终止在电子基态的许多较高的“振动能级”上，从那里通过离子–声子相互作用快速地弛豫到初始基态上 (图 5.78(a))。因此，这些激光器通常被称为振动能级激光器。如果荧光带的交叠足够大的话，就可以在相应的增益谱内连续地调节激光波长 (图 5.78(c))。

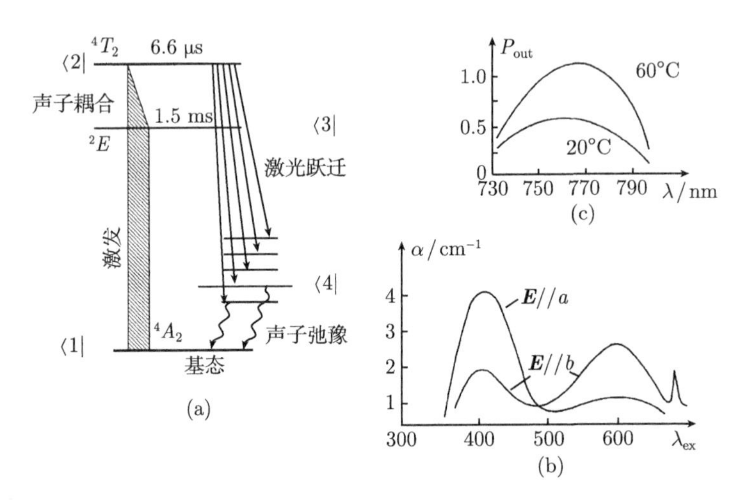


图 5.78　(a) 可调谐的"四能级固体振动能级激光器"的能级示意图；(b) 两种不同偏振方向的泵浦光的吸收谱；(c) 绿宝石激光器的输出功率 $P_{out}(\lambda)$

振动能级固体激光材料有绿宝石 (带有 $Cr^{3+}$ 离子的 $BeAl_2O_4$)，掺钛蓝宝石 ($Al_2O_3$ : $Ti^+$)，掺杂有过渡族金属离子的氟化物晶体 (例如，$MgF_2$ : $Co^{++}$ 或 $CsCaF_3 : V^{2+}$)[5.115,5.132~5.135]。

恰当地选择植入离子和宿主材料，可以在很宽的范围内改变振动能级固体激光器的调谐范围。相同的 $Cr^{3+}$ 离子在不同的宿主材料中的激光激发荧光谱如图 5.79(a) 所示[5.134]；在 $MgF_2$ 晶体中掺杂不同的金属离子的时候，激光材料的调谐范围如图 5.79(b) 所示。

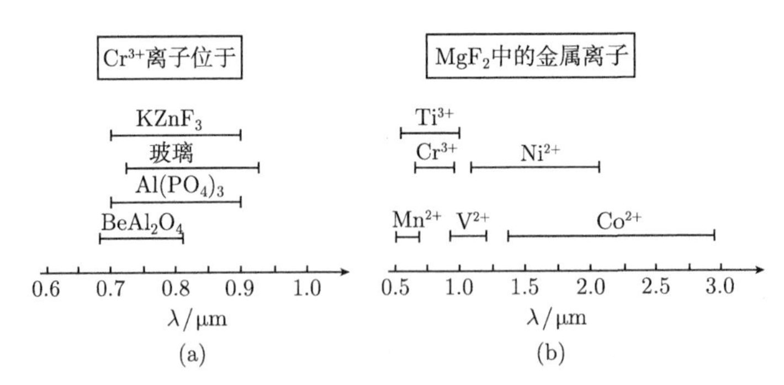


图 5.79　(a) 不同宿主材料中的 $Cr^{3+}$ 离子的荧光谱范围；(b) $MgF_2$ 中不同金属离子的荧光谱范围

表 5.3 汇集了一些可调谐振动能级激光器的工作模式和调谐范围。一种效率特别高的连续振动能级激光器是祖母绿宝石激光器 ($Be_3Al_2Si_6O_{18} : Cr^{3+}$)。用波长为 $\lambda_p = 641$nm 的 3.6W 氪激光器泵浦的时候，它的输出功率达到了 1.6W，而且可

以在 720 ~ 842nm 调谐[5.137]。微分效率 $\mathrm{d}P_{\mathrm{out}}/\mathrm{d}P_{\mathrm{in}}$ 达到了 64%! Erbium:YAG 激光器可以在 $\lambda = 2.8\mu\mathrm{m}$ 附近调谐，在医药物理学中的应用非常广泛。

**表 5.3 一些可调谐固态激光器的典型数据**

| 激光器 | 组成成分 | 调谐范围/nm | 工作温度/K | 泵浦光源 |
|---|---|---|---|---|
| 掺钛蓝宝石 | $Al_2O_3 : Ti^{3+}$ | 670~1100 | 300 | 氩激光器 |
| 绿宝石 | $BeAl_2O_4 : Cr^{3+}$ | 710~820 | 300~600 | 闪光灯 |
| | | 720~842 | 300 | Kr 激光 |
| 祖母绿宝石 | $Be_3Al_2(SiO_3)_6 : Cr^{3+}$ | 660~842 | 300 | $Kr^+$ 激光 |
| Olivine | $Mg_2SiO_4 : Cr^{4+}$ | 1160~1350 | 300 | YAG 激光 |
| 氟化物 | $SrAlF_5 : Cr^{3+}$ | 825~1010 | 300 | Kr 激光 |
| | $KZnF_3 : Cr^{3+}$ | 1650~2070 | 77 | 连续 Nd:YAG 激光 |
| 氟化镁 | $Ni : MgF_2$ | 1600~1740 | 77 | YAG 激光 |
| $F_2^+F$ − center | $NaCl/F_2^+$ | 1400~1750 | 77 | 连续 Nd:YAG 激光 |
| Holmium 激光 | Ho:YLF | 2000~2100 | 300 | 闪光灯 |
| Erbium 激光 | Er:YAG | 2900~2950 | 300 | 闪光灯 |
| Erbium 激光 | Er:YLF | 2720~2840 | 300 | 二极管激光 |
| Thulium 激光 | Tm:YAG | 1870~2160 | 300 | 二极管激光 |

一种非常重要的振动能级激光器是掺钛蓝宝石 (Ti:sapphire) 激光器，用氩激光器泵浦的时候，它的调谐范围很大，位于 670nm 和 1100nm 之间。有效的调谐范围受限于共振腔反射镜的反射率曲线，为了在整个光谱范围内达到最佳的输出功率，使用了三套不同的反射镜。在 $\lambda > 700\mathrm{nm}$ 的光谱范围，掺钛蓝宝石激光器优于染料激光器 (第 5.7.4 节)，因为它的输出功率更高、频率稳定性更好、线宽更窄。掺钛蓝宝石激光器的实验装置如图 5.80 所示。

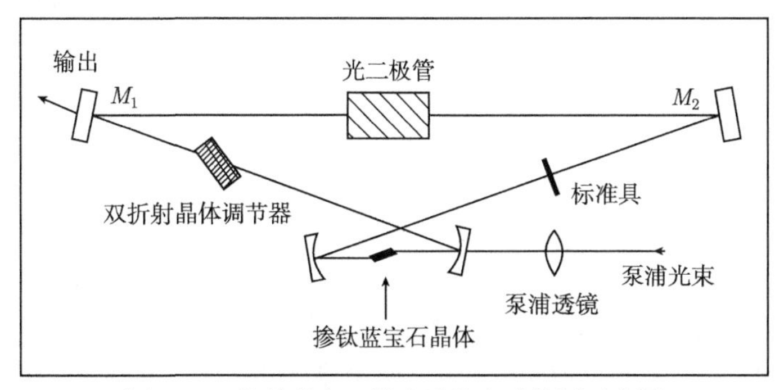


图 5.80 掺钛蓝宝石激光器的实验装置示意图
(Schwartz Electro-Optics 惠赠)

不同的振动能级固体激光器覆盖了 0.65 ~ 2.5μm 的红光和近红外波段 (图 5.81)。其中，大多数可以在室温下以脉冲方式工作，一些还可以用连续的方式工作。

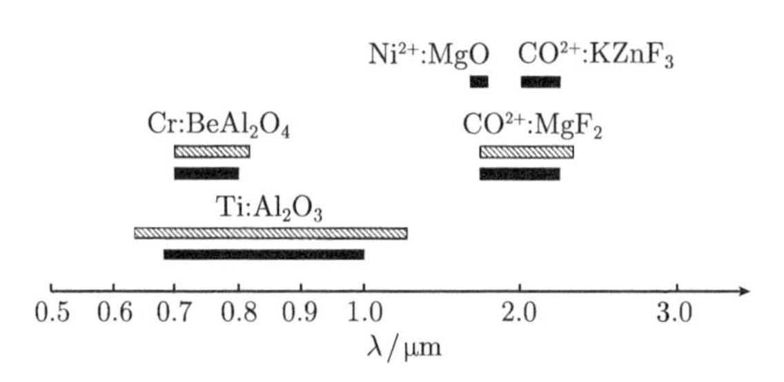


图 5.81 一些振动能级固态激光器的可调谐范围

这种激光器有许多都可以用二极管激光器阵列泵浦，由此可以看出它们在未来的重要性。在 Nd:YAG 和绿宝石激光器中已经得到了证实，实现了非常高的总能量转换效率。对于二极管激光器泵浦的 Nd:YAG 激光器来说，激光输出功率与输入的电功率的比值已经达到了 $\eta = 0.3$，即插即用的效率达到了 30%[5.138]。

这些激光器的腔内倍频 (第 5.8 节) 覆盖了可见光和近紫外区域[5.139]。虽然染料激光器仍然是可见光波段最重要的可调谐激光器，这些紧凑方便的固体器件是非常有吸引力的选择，已经开始在许多应用领域替代了染料激光器 (到 2010 年染料激光器基本上已被这类固态激光器完全替代了。)。

关于可调谐固体激光器及其被大功率二极管激光器泵浦的更多细节，请参见文献 [5.115], [5.140]~[5.143]。

### 5.7.4 色心激光器

碱金属卤化物晶体中的色心是岩盐矿结构晶格中的一个卤素离子的空位 (图 5.82)。如果单个电子被束缚在这个空位上，它的能级就会在可见光波段内产生新的吸收线，与声子的相互作用使得该吸收线展宽为吸收带。因为这些可见光吸收带是由束缚电子引起的，而且在完美晶格的光谱中并不存在，它们就使得晶体呈现出颜色，这些晶格中的缺陷被称为 F 中心 (来自于颜色的德语词汇 “Farbe” )[5.144]。这些 F 中心的电子跃迁的振子强度非常小，因此它们并不适合作为激光增益材料。

如果空位周围的六个金属阳离子之中有一个是不同的 (例如，KCl 晶体中的 $Na^+$ 离子，图 5.82(b))，该 F 中心就被称为 $F_A$ 中心[5.145]；$F_B$ 中心则有两个异类离子 (图 5.82(c))。沿着晶体 (110) 轴的一对相邻的 F 中心被称为 $F_2$ 中心 (图 5.82(d))。如果从 $F_2$ 中心里取走一个电子，就会产生一个 $F_2^+$ 中心 (图 5.82(e))。

根据它们被光学泵浦之后的弛豫行为，可以进一步将 $F_A$ 中心和 $F_B$ 中心分为两类。第一类中心仍然是单个空位，表现得类似于通常的 F 中心，而第二类中心弛豫到一个双势阱构型 (图 5.83)，它的能级完全不同于没有弛豫的对应物。在弛豫的双势阱构型中，上能级 $|k\rangle$ 和下能级 $|i\rangle$ 之间的电偶极跃迁的振子强度都很大。跃迁到上能级 $|k\rangle$ 的弛豫时间 $T_{R1}$ 和从下能级 $|i\rangle$ 返回到初始构型的弛豫时间

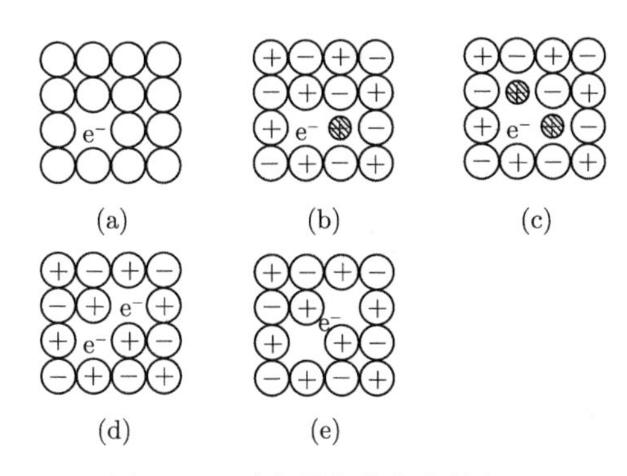


图 5.82 碱金属卤化物中的色心

(a) F 中心；(b) $F_A$ 中心；(c) $F_B$ 中心；(d) $F_2$ 中心；(e) $F_2^+$ 中心

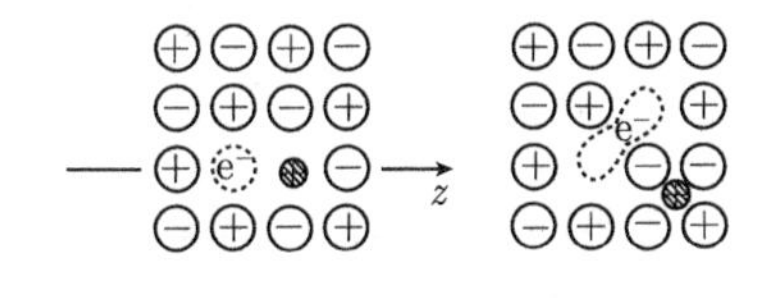


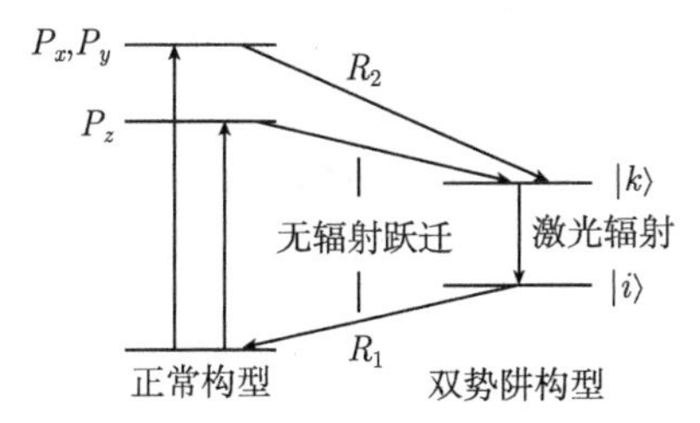


图 5.83 一个 $F_A$(II) 中心的光学泵浦、弛豫和激射的能级结构示意图和结构变化示意图

$T_{R2}$ 都小于 $10^{-12}$s。因此，下能级 $|i\rangle$ 几乎是空的，能够实现足够的粒子数反转来进行连续激射。所有这些事实使得 $F_A$ 和 $F_B$ 的二类色心 —— 简单地写作 $F_A$(II) 和 $F_B$(II)—— 非常适用于可调谐激光器[5.146~5.148]。

$F_A$(II) 色心的荧光量子效率 $\eta$ 随着温度的升高而降低。例如，对于 KCl:Li 晶体，$\eta$ 在液氮温度下大约 (77K) 是 40%，而在室温 (300K) 下接近为零。这意味着绝大多数色心激光器必须在低温下工作，通常为 77K。然而，最近，在二极管–激光泵浦的 LiF : $F_2$ 色心激光器中，实现了室温下的连续工作[5.148]。

两种可能的色心激光器实验装置如图 5.84 所示。像差补偿的三反射镜折叠腔的设计与 Kogelnik 型连续染料激光器完全相同[5.149] (第 5.7.5 节)。共线泵浦方式使得泵浦光束和晶体中共振腔基模的束腰达到了最佳匹配。模式匹配参数 (泵浦光束腰与共振腔模式束腰的比值) 可以通过恰当的反射镜曲率来选择。增益介质的光学密度依赖于 $F_A$ 中心的准备情况[5.146]，必须仔细地调节才能够达到对泵浦波长的最佳吸收效果。晶体被安置在一个冷指上，用液氮制冷，以便实现高量子效率 $\eta$。

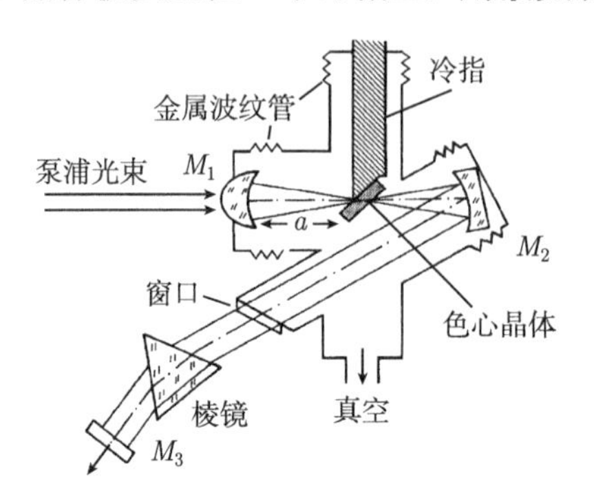


(a)

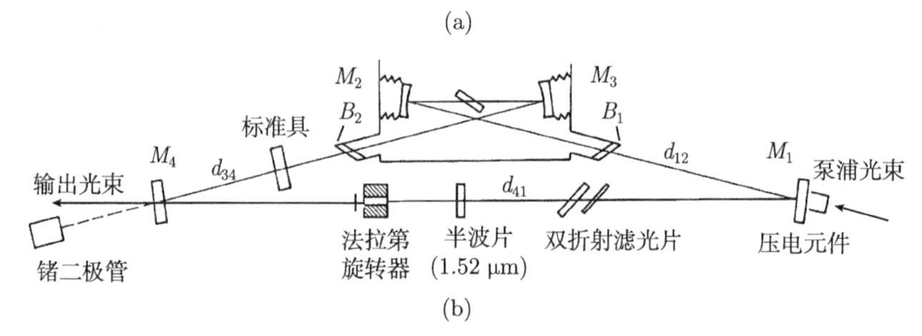


(b)

图 5.84　连续色心激光器的两种可能的共振腔结构

(a) 带有像差补偿的折叠式线性共振腔；(b) 环形共振腔，用来强迫激光沿一个方向传播，包括一个光学二极管和调谐元件 (双折射滤光片和标准具)[5.151]

波长的粗调可以通过转动共振腔的反射镜 $M_3$ 来实现，该共振腔带有一个腔内的色散的蓝宝石布儒斯特棱镜。因为增益谱的均匀展宽，无需更多的选择元件，就可以实现单模工作方式 (第 5.3 节)。已经观察到了这种现象，只是出现了相邻的空间烧孔模式，它们与主模式的距离为

$$\Delta\nu = \frac{c}{4a}$$

其中，$a$ 是端镜 $M_1$ 和晶体之间的距离 (第 5.3 节)。用一个厚度为 5mm、反射率为 $60\% \sim 80\%$ 的法布里–珀罗标准具，就可以实现单模工作方式，而且不会出现其他的空间烧孔模式[5.150]。因为增益曲线是均匀的，仔细地位于共振腔内的低损耗光学元件 (由蓝宝石或 $CaF_2$ 制成)，单模功率可以达到多模输出的 75%。

在环形共振腔 (图 5.84(b)) 中，可以避免空间烧孔效应，从而得到稳定的单模工作模式，给出更高的输出功率。例如，用 $\lambda = 1.065\mu m$ 的 6W 连续 YAG 激光进行泵浦，带有环形共振腔的 NaCl:OH 色心激光器在 $\lambda = 1.55\mu m$ 处的输出功率为 1.6W[5.151]。

用线偏振的连续 YAG 激光泵浦的 $F_A(II)$ 或 $F_2^+$ 色心激光器的时候，输出功率在几分钟内就降低为初始值的百分之几。其原因如下：许多具有激光活性的色心具有一个对称轴，例如 (110) 方向。泵浦光的双光子吸收将系统带入到另一种构型的激发态。荧光将被激发的中心释放回到基态中，但是，它的取向不同于吸收态的取向，因此就不再能够吸收线偏振的泵浦光。这种改变取向的光学泵浦过程就逐渐漂白了初始基态、减少了能够吸收泵浦光的粒子数。在激光工作的时候，用水银灯或氩离子激光来照射晶体，就可以避免这种取向漂白效应，它们可以将“错误”取向的中心“再次泵浦”到初始的基态中去[5.147]。

利用不同的色心晶体，现有的色心激光器覆盖了 0.65 ~ 3.4μm 的光谱范围。一些碱金属卤化物色心晶体的荧光带如图 5.85 所示。一些常用的色心激光器的典型数据汇集在表 5.3 中，并且和一些振动能级固体激光器进行了比较。最近已经实现了用二极管激光器泵浦的室温工作的色心激光器[5.148]。

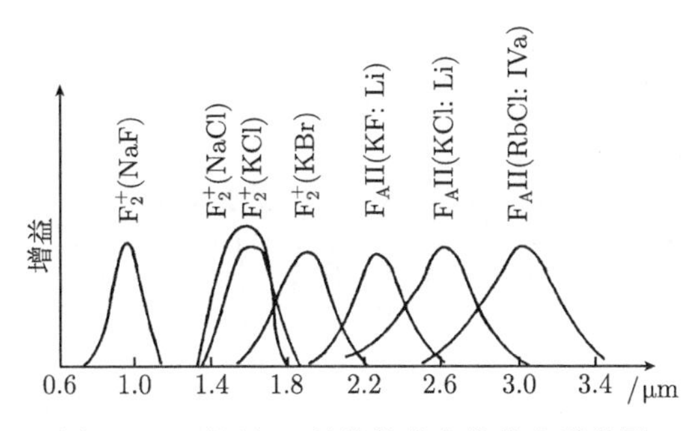


图 5.85 不同色心晶体的发光带的光谱范围

单模色心激光的线宽 $\Delta\nu$ 主要决定于共振腔内光程长度的涨落 (第 5.4 节)。除了共振腔的机械不稳定性导致的 $\Delta\nu_{\mathrm{m}}$ 之外，泵浦功率变化或冷却系统的温度变化引起的晶体温度的涨落都会进一步增大线宽 $\Delta\nu_{\mathrm{p}}$ 和 $\Delta\nu_{\mathrm{t}}$。因为这三种贡献彼此无关，可以得到总频率涨落为

$$\Delta\nu = \sqrt{\Delta\nu_{\mathrm{m}}^2 + \Delta\nu_{\mathrm{p}}^2 + \Delta\nu_{\mathrm{t}}^2} \tag{5.103}$$

没有被稳定的单模激光器的线宽可以小于 260kHz，这是该测量系统的精度极限 [5.150]。总线宽 $\Delta\nu$ 的估计值为 25kHz[5.152]。这种特别窄的线宽非常适合于没有多普勒效应的高精度光谱学测量 (第 2 卷第 2 章 ~ 第 5 章)。

关于不同光谱范围的色心激光器的例子，可以参见文献 [5.153]~[5.155]。关于色心激光器的优秀报告，可以参见文献 [5.147], [5.155]，特别是 [5.96]，以及第 2 卷第 1 章。所有这些激光器都提供了窄带宽的可调谐激光光源，但是它们受到了连续光学参量振荡器 (见第 5.8.8 节) 的挑战，后者目前的可调谐范围是 0.4 ~ 4μm。

### 5.7.5 染料激光器

虽然可调谐固体激光器和光学参量振荡器越来越具有竞争力，在可见光和紫外区，各种类型的染料激光器仍然是应用最广泛的可调谐激光器。P. Sorokin 和 F.P. Schäfer 在 1966 年独立地发明了染料激光器[5.156]。它们的增益介质是溶解在液体中的有机染料。用可见光或紫外光激发的时候，它们表现出很宽的强荧光光谱。利用不同的染料，300nm～1.2μm 的所有范围内，连续或脉冲的激光器已经都实现了 (图 5.86)。与倍频或混频技术结合起来 (第 5.8 节)，染料激光器的可调谐范围覆盖了从 100nm 的深紫外区到 4μm 的红外区。在本节中，我们简要总结了高分辨光谱学中使用的染料激光器的基本物理知识和最重要的实现方法。更为深入的处理，请参见关于激光的文献 [5.1], [5.8], [5.157], [5.158]。

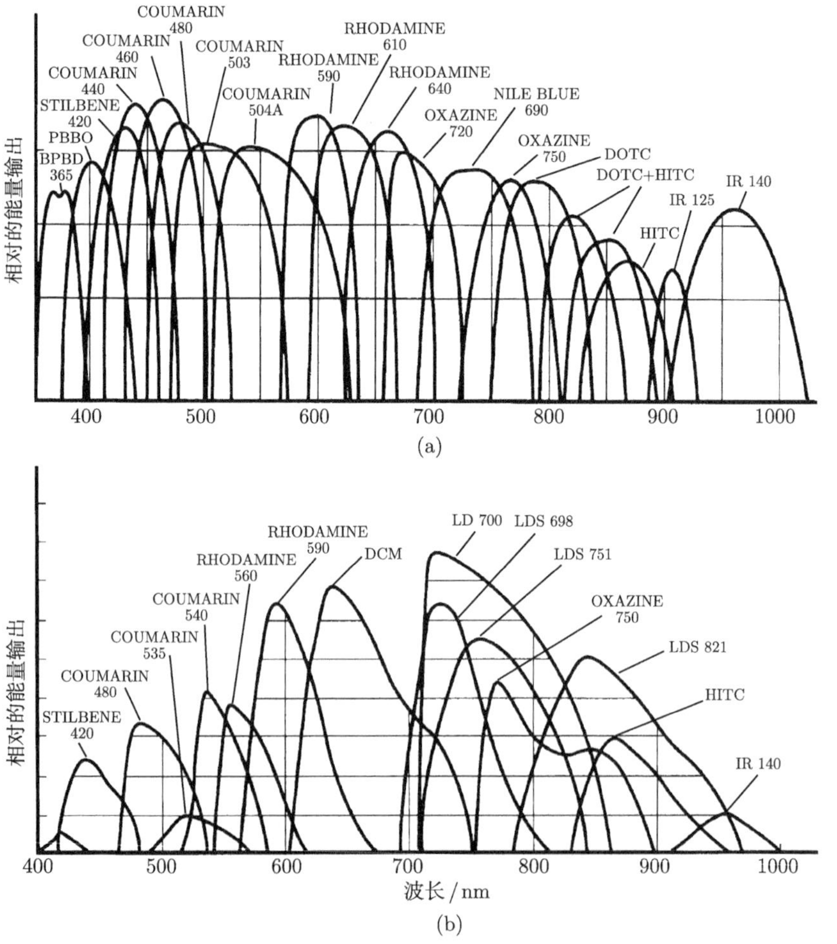


图 5.86 不同的激光染料的增益谱，用脉冲激光 (a) 和连续染料激光 (b) 的输出功率表示 (Lambda Physik 和 Spectra-Physics 的数据信息表)

用可见光或紫外光照射液体溶液中的染料分子的时候，光学泵浦将 $S_0$ 基态的热占据的转动振动能级上的染料分子激发到第一激发单态 $S_1$ 中的高振动能级 (图 5.87)。被激发的染料分子与溶剂分子碰撞，经历了非常快的无辐射跃迁，到达 $S_1$ 的最低振动能级 $v_0$ 上，弛豫时间为 $10^{-11}$ 到 $10^{-12}$s。这个能级上的粒子通过自发辐射跃迁到达 $S_0$ 的不同的转动振动能级上，或者通过无辐射跃迁到达较低的三重态 $T_1$ 上 (系统间交叉)。因为被光学泵浦占据的能级通常位于 $v_0$ 之上，而许多荧光跃迁终止在 $S_0$ 中较高的转动振动能级上，所以，染料分子的荧光谱相对于它的吸收谱有红移。图 5.87(b) 用若丹明 6G(图 5.87(c)) 的数据说明了这一点，若丹明 6G 是使用最为广泛的激光染料分子。

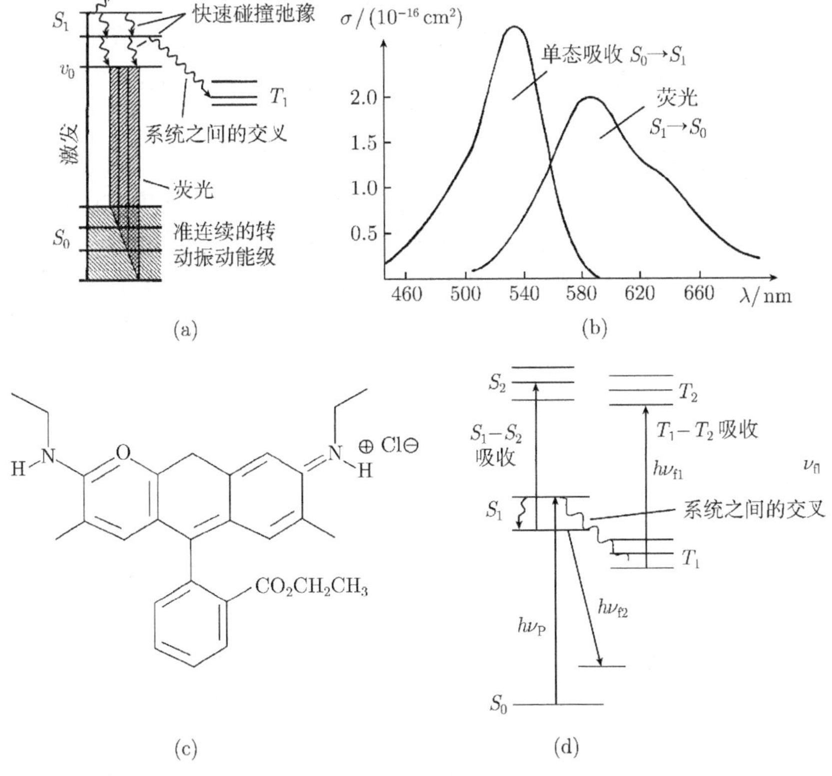


图 5.87 (a) 染料分子的能级示意图以及泵浦循环过程；(b) 溶解在乙醇中的染料分子若丹明 6G 的吸收谱和发光谱；(c) 染料分子若丹明 6G 的结构；(d) 三重态的吸收

因为染料分子与溶剂之间的相互作用很强，碰撞展宽使得距离很近的转动振动能级的荧光谱线完全重合在一起。因此，吸收谱和荧光谱构成了均匀展宽的宽连续谱 (第 3.3 节)。

当泵浦强度足够大的的时候，可以在 $S_1$ 的 $v_0$ 能级和 $S_0$ 中的高指数转动振动

高能级 $v_k$ 之间建立起粒子数反转，因为玻尔兹曼因子 $\exp[-E(v_k)/kT]$ 很小，后者在室温下的占据数可以忽略不计。一旦跃迁 $v_0(S_1) \to v_k(S_0)$ 的增益超过了总损耗，激光就开始振荡。较低的能级 $v_k(S_0)$ 因受激辐射而被占据，但是又因为溶剂分子的碰撞而很快地耗尽了。因此，可以用一个四能级系统描述整个泵浦循环过程。

根据第 5.2 节，增益谱线 $G(\nu)$ 决定于粒子数之差 $N(v_0) - N(v_k)$、频率 $\nu = (E(v_0) - E(v_k))/h$ 处的吸收截面 $\sigma_{0k}(\nu)$ 以及增益介质的长度 $L$。因此，频率 $\nu$ 处的净增益系数为

$$-2\alpha(\nu)L = +2L[N(v_0) - N(v_k)]\int \sigma_{0k}(\nu - \nu')\mathrm{d}\nu' - \gamma(\nu)$$

其中，$\gamma(\nu)$ 是每次往返的总损耗，它依赖于频率 $\nu$。

谱线 $\sigma(\nu)$ 实际上决定于不同跃迁过程 $(v_0 \to v_k)$ 的弗兰克–康登因子。总损耗决定于共振腔损耗 (反射镜的透射率和光学元件的吸收) 以及增益染料介质的吸收损耗。后者主要来自于两种效应：

(a) 系统之间的交叉跃迁 $S_1 \to T_1$ 不仅减少了粒子数 $N(v_0)$、从而减小了可以得到的反转数，它们还增大了三重态 $T_1$ 上的粒子数 $N(T_1)$。三重态到更高的三重态 $T_m$ 的跃迁 $T_1 \to T_m$ 产生的三重态吸收谱与单态荧光谱部分重叠 (图 5.87(d))。这就为染料激光辐射带来了额外的吸收损耗 $N(T_1)\alpha T(\nu)L$。因为分子在这个最低的三重态上的寿命很长，它只能够通过缓慢的磷光或碰撞退激发过程弛豫到 $S_0$ 基态，粒子数密度 $N(T_1)$ 可能会变得很大。因此，必须尽可能快地将这些三重态分子从增益区移走。在染料溶液中混入可以淬灭三重态的添加剂，就可以实现这一点。通过自旋交换碰撞过程，这些分子可以增大系统间交叉跃迁 $T_1 \to S_0$ 的速率，有效地淬灭三重态粒子数。例如，$O_2$ 或 cyclo-octotetraene (COT)。在连续染料激光器中，解决三重态问题的另一种方法是机械淬灭，即，从增益区里快速地移走三重态分子。运送时间应该远小于三重态的寿命。这是通过染料的快速流动实现的，分子通过泵浦光焦点处的增益区的时间大约是 $10^{-6}$s。

(b) 对于许多染料分子来说，吸收谱 $S_1 \to S_\mathrm{m}$ 对应于光学泵浦的单态 $S_1$ 到更高的态 $S_\mathrm{m}$ 的跃迁，它与激光跃迁 $S_1 \to S_0$ 的增益谱有些交叠。这些损耗是不可避免，它们通常限制了净增益大于损耗的谱范围[5.157]。

染料激光器的特点是它们具有很宽的均匀增益谱。在理想的实验条件下，均匀展宽使得所有被激发的染料分子都对单一频率的增益做贡献。也就是说，在单模工作方式下，只要用于选择的腔内元件不会引入太大的额外损耗，输出功率就不会比多模功率小很多 (第 5.3 节)。

染料激光器使用闪光灯、脉冲激光器或连续激光器作为泵浦源。近来报道了一些用高能电子来泵浦气相染料分子的实验[5.159−5.161]。

现在介绍高精度光谱学中实际使用的几种最为重要的染料激光器。

1) 闪光灯泵浦的染料激光器

闪光灯泵浦的染料激光器[5.162,5.163] 的优点是，它们不需要昂贵的泵浦激光器。图 5.88 给出了两种常用的泵浦方式。将填充有氙气的线形闪光灯放置在一个椭圆截面的柱形反射镜的一个焦线上。染料溶液从第二个焦点线上的玻璃管中流过，用聚焦后的闪光灯进行光泵浦。有用的最大泵浦时间还是受限于三重态的转换速率。利用添加剂作为三重态淬灭剂，可以极大地减小三重态的吸收，从而得到了长脉冲发射。已经设计了低感抗的脉冲电源，使得闪光灯短脉冲小于 1μs。由几个电容构成的脉冲形成电路要优于单个贮能电容器，因为它与闪光灯的电路电感匹配，所以，能够在 60 ~ 70μs 的时间内保持闪光强度不变[5.164]。用位于双椭圆反射镜中的两个线形闪光灯，已经验证了一种可靠的若丹明 6G 染料激光器，它的脉冲持续时间为 60μs，重复频率达到 100Hz，平均功率为 4W。在图 5.88(b) 中

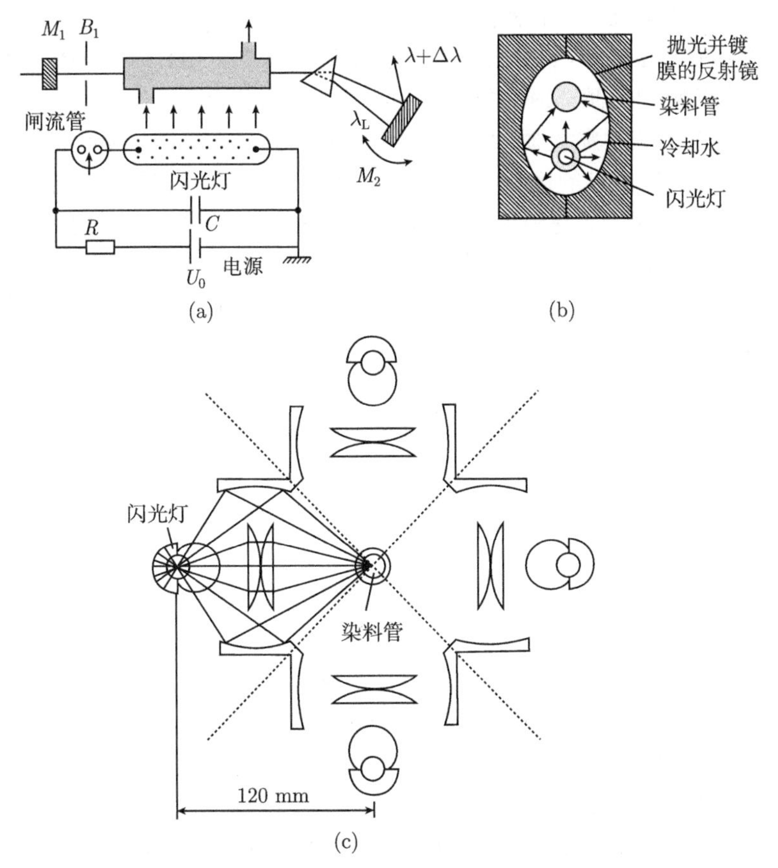


图 5.88 闪光灯泵浦的染料激光器的两种可能的泵浦方式

(a) 椭圆反射镜构型，用线形的氙气闪光灯泵浦流动的染料溶液；(b) 侧视图表明，闪光灯和染料池位于椭圆截面的柱形反射镜的焦线上；(c) 四个闪光灯的构型，可以得到更高的泵浦功率[5.165]

的几何构型中使用了四个线形闪光灯，实现了很高的泵浦光收集效率。利用后反射镜、闪光灯前的齐明透镜、聚光透镜和柱形反射镜，把与图所在平面平行的光线收集到大约 85° 的角度里。利用这种设计，激光平均输出功率可以达到 100W[5.165]。

与激光泵浦的染料激光器类似，利用棱镜、光栅、干涉滤光片[5.166]、利奥滤光片[5.167] 和干涉仪[5.168,5.169]，可以减小线宽和调节波长。

闪光灯泵浦的染料激光器的一个缺点是，在泵浦过程中，染料分子溶液的光学质量不好。流动液体中的波纹引起的折射率的局部变化和泵浦光的非均匀吸收造成的温度梯度都会破坏光学均匀性。因此，窄带闪光灯泵浦的染料激光器的频率噪音通常大于单次激光的线宽，通常用于多模工作方式。然而，利用放置在激光腔内的三个法布里–珀罗干涉仪，已经实现了闪光灯泵浦的单模染料激光器[5.170]。线宽是 4MHz, 稳定在 12MHz 以内。实现单模工作方式的一种更好、也更可靠的方法是注入种子光。将单模连续染料激光器的窄带辐射 (约几个毫瓦) 注入到闪光灯泵浦的染料激光器的共振腔中，注入波长就比其他的波长更早达到阈值。因为增益谱是均匀的，绝大多数的受激辐射功率就集中在注入波长上[5.171]。

闪光灯泵浦的染料激光器的一种便利的调谐方法采用了腔内的电光可调谐利奥滤光片 (第 4.2 节)。它的优点是，可以在很短的时间内、在很大的光谱范围内调节波长[5.172,5.173]。对于高速瞬态样品的光谱学来说，这非常重要，例如，化学反应的中间过程中形成的中间产物。利用一个电光双折射滤光片，可以在染料发光谱的整个范围内调谐闪光灯泵浦的染料激光器。将电光可调谐利奥滤光片 (第 4.2.11 节) 与光栅结合起来，无需注入种子光，谱宽就可以小于 $10^{-3}$nm[5.167]。

2) *脉冲激光泵浦的染料激光器*

Schäfer[5.174] 和 Sorokin[5.175] 在 1966 年独立地研制了第一台由红宝石激光泵浦的激光器。在染料激光器发展的早期，巨脉冲红宝石激光器、倍频的钕玻璃 (Nd:glass) 激光器和氮激光器是主要的泵浦光源。所有这些激光器的脉冲持续时间 $T_\mathrm{p}$ 都足够短，小于系统间交叉的时间常数 $T_\mathrm{IC}(S_1 \to T_1)$。

氮激光器的短波长 $\lambda = 337$nm 可以泵浦荧光谱从近紫外到近红外的染料分子。这种激光光源的泵浦功率很高，即使是量子效率比较低的染料，也可以实现足够大的反转粒子数 [5.176~5.180]。现在最重要的染料激光器泵浦源是准分子激光器 [5.181,5.182]、大功率 Nd:YAG 或 Nd:玻璃激光器的倍频输出或三倍频输出[5.183,5.184] 或者是铜蒸气激光器[5.185]。

已经提出或验证了多种不同的泵浦构型和共振腔设计[5.157]。在横向泵浦中 (图 5.89)，一个柱透镜将泵浦激光聚焦在染料流里。因为对泵浦光的吸收系数很大，泵浦光衰减得很快，染料流中直接位于入射窗口后面的沿着柱透镜焦线的一薄层中的粒子反转数最大。因为增益区很小，这种几何限制产生了很大的衍射损耗和光束发散。双透镜望远镜将这束发散光转换成平行光束，增大了它的直径，然后用利特

罗光栅反射 (汉施构型)，后者是一个波长选择器[5.177]。

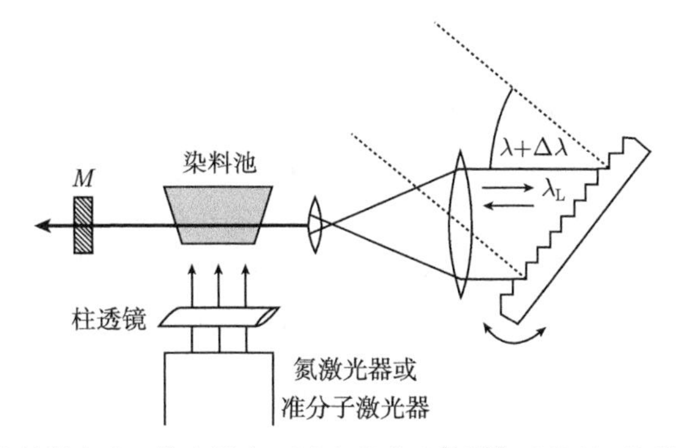


图 5.89 汉施型染料激光器，带有横向泵浦和扩束器[5.177]。通过调节利特罗光栅来改变波长。波长不同的光 $\lambda+\Delta\lambda$ 被衍射到共振腔之外

在纵向泵浦方式中 (图 5.90)，泵浦光束通过一个反射镜进入染料激光器的共振腔，与共振腔轴的夹角很小或者共线，该反射镜对泵浦波长是透明的。这种构型避免了横向泵浦模式中非均匀泵浦的缺点。但是，它要求泵浦激光具有很高的光束质量，因此，准分子激光器不是合适的泵浦源，现在更常用的泵浦源是倍频的 Nd:YAG 激光器[5.183]。

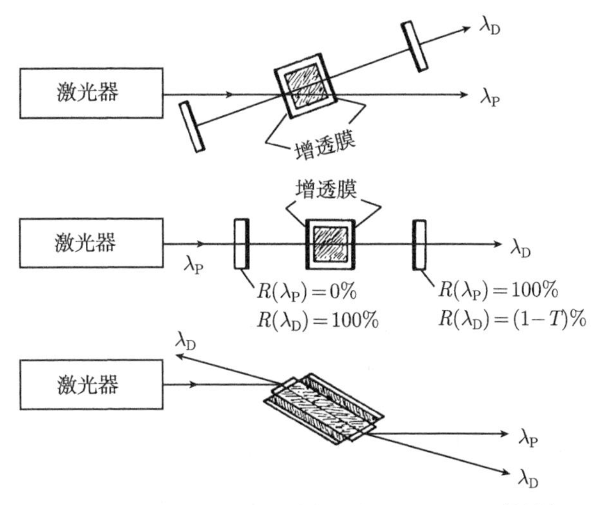


图 5.90 纵向泵浦染料激光器的共振腔设计[5.157]

如果用光栅选择波长，那么需要将染料激光束展宽，原因有二：

(a) 光栅的分辨本领正比于被照射的光栅沟槽的数目 $N$ 与衍射阶数 $m$ 的乘积 $Nm$ (第 4.1 节)。激光照射的沟槽越多，光谱分辨率就越高，激光线宽也就越窄。

(b) 没有光束展宽时的功率密度可能很大，足以损伤光栅表面。

可以用扩束望远镜实现光束的扩束 (汉施型激光器[5.177,5.178]，图 5.89)，也可以利用与光栅法线夹角为 $\alpha \simeq 90°$ 的掠入射实现 (Littman 型激光器，图 5.91)。后一种构型[5.186] 可以使用非常短的共振腔 (长度小于 10cm)。它的优点是，即使泵浦脉冲非常短，在泵浦时间内，受激的染料激光光子也可以几次穿过共振腔。另一个非常重要的优点是共振腔模式的间距 $\delta\nu = 12c/d$ 很大，只用一个标准具就可以实现单模工作方式，甚至不用标准具，只需一个固定位置的光栅和一个可调节的反射镜 $M_2$，也就可以了 (图 5.92)[5.187,5.188]。在波长 $\lambda$ 处，一阶衍射光被掠入射光栅 ($\alpha \approx 88° \sim 89°$) 反射到由光栅公式 (4.21) 决定的方向 $\beta$ 上

$$\lambda = d(\sin\alpha + \sin\beta) \simeq d(1 + \sin\beta)$$

由 $d = 4 \times 10^{-5}$cm(2500 线 /mm) 和 $\lambda = 400$nm 可知，$\beta = 0°$，一阶衍射光被反射到垂直于光栅表面的方向上，照射在反射镜 $M_2$ 上。利用图 5.92 中的构型，已经实现的单次线宽小于 300MHz，时间平均的线宽为 750MHz。波长调谐是通过倾斜反射镜 $M_2$ 来实现的。

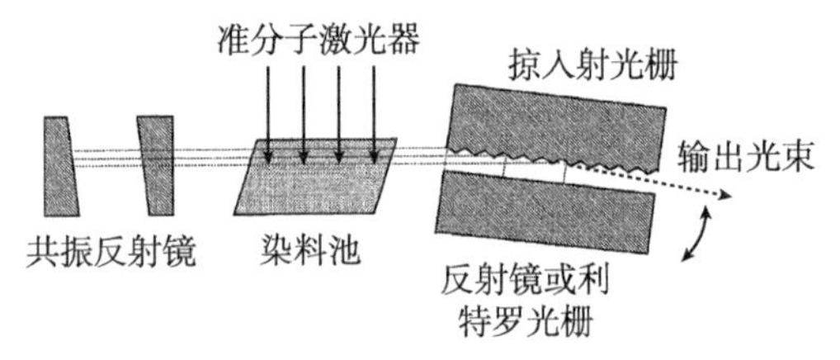


图 5.91　短的染料激光共振腔，带有掠入射光栅。调节端镜来改变波长，也可以用利特罗光栅代替端镜

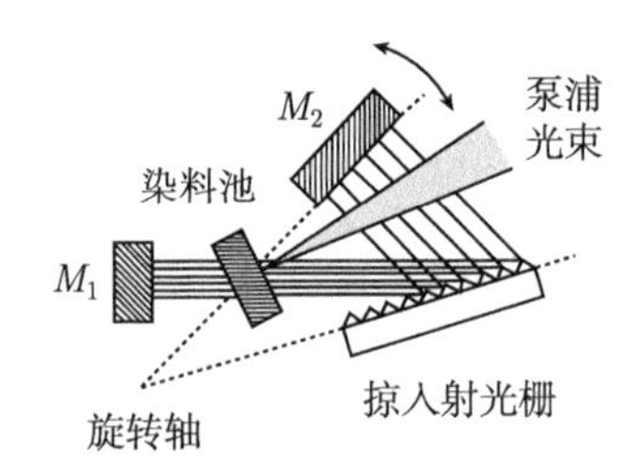


图 5.92　带有掠入射光栅并使用纵向泵浦的利特罗光栅的 Littman 激光器

为了稳定地实现 Littman 激光器的单模工作方式，纵向泵浦要优于横向泵浦，因为染料池比较短，泵浦过程引起的折射率不均匀性没有那么严重[5.189]。

在掠入射情况下，光栅的反射率非常小，因此，往返的损耗就很大。用布儒斯特棱镜对激光进行预扩束 (图 5.93)，可以将掠入射光栅的入射角 $\alpha$ 由 89° 减小到 85° ~ 80°，同时实现相同的总扩束因子。这样可以显著地减小反射损耗[5.190,5.191]。

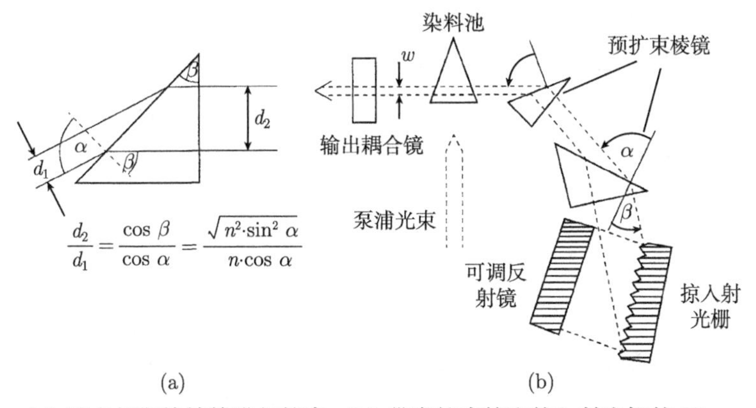


图 5.93 (a) 用布儒斯特棱镜进行扩束；(b) 带有扩束镜和掠入射光栅的 Littman 激光器

**例 5.28**

假定反射到 $\beta = 0°$ 方向的一阶衍射光的反射率为 $R(\alpha = 89°) = 0.05$。每次往返的衰减因子就是 $(0.05)^2 = 2.5 \times 10^{-3}$！为了达到阈值，每次往返的增益因子就必须大于 $4 \times 10^2$ 。利用预扩束棱镜 (角度为 $\alpha = 85°$)，光栅的反射率增大为 $R(\alpha = 85°) = 0.25$，对应的衰减因子是 0.06。此时，只要增益因子大于 16，就可以达到阈值。

为了增大激光功率，染料激光振荡器的输出光束通过一个或多个染料分子放大池，它们被同样的泵浦激光器泵浦 (图 5.94)。

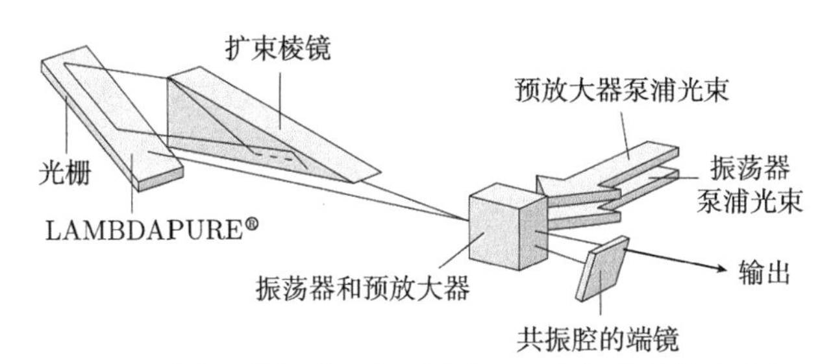


图 5.94 激光泵浦的染料激光器的振荡器和预放大器，包括扩束镜和光栅。同一个染料池也是振荡器和放大器的增益介质
(Lambda Physik, Göttingen 惠赠)

激光泵浦的染料激光器都有一个缺点，那就是自发背景辐射，它来自于振荡器和放大池的被泵浦区域。当这种自发辐射通过增益介质的时候，就被放大了。它成为窄激光辐射的宽光谱的扰动背景。在不同的放大器单元内放置棱镜和光阑，可以抑制这种放大的自发辐射。一种精巧的解决方法如图 5.94 所示。棱镜扩束镜的一个端面也被当作分光镜。将一部分激光束折射、扩束，并用利特罗光栅和标准具使得它的光谱变窄[5.181]，然后再将它送回到振荡器中去，其路径为 3-4-5-4-3。这样一

来，振荡器的谱宽就变窄了，只有一部分被放大的自发辐射回到了振荡器。在棱镜端面反射的分光束 6 被反射到同一个光栅，然后，它通过第一个染料池的另一部分，在那里继续放大 (路径：3-6-7-8)。仍然只有一小部分放大的自发辐射到达了沿着柱透镜焦线的狭窄的增益区间，后者用来泵浦放大器。新研制的“超纯”设计如图 5.95 所示，与前一种器件相比，它将放大的自发辐射又减小了 10 倍[5.192]。

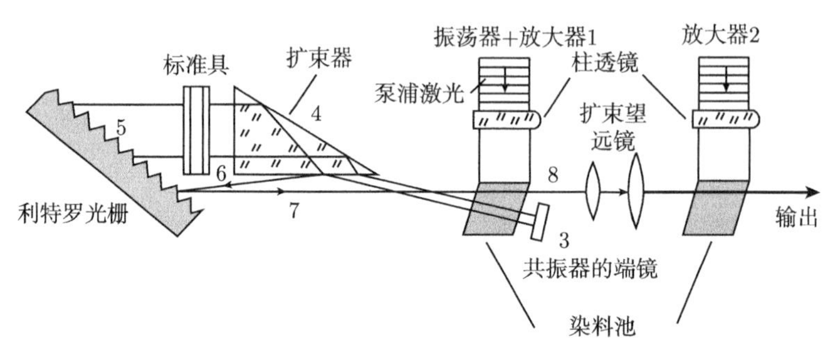


图 5.95　用准分子激光泵浦的染料激光器，它带有振荡器和两级放大器

这种设计有效抑制了放大的自发辐射过程 (Lambda Physik FL 3002) (见正文)

为了进行高分辨率光谱学研究，染料激光器的带宽应该尽可能地小。用自由光谱区不同的两个标准具，可以实现单模工作的汉施型激光器 (图 5.89)。为了连续地调谐，必须同步地调节两个标准具以及激光共振腔的光学长度。可以用计算机控制来实现 (第 5.4.5 节)。

对于一个短的激光共振腔 (图 5.96)，Littman 发明了一种简单的机械方法，可以用来调节图 5.91 中的染料激光器的波长而不会发生模式跃变[5.188]。如果反射

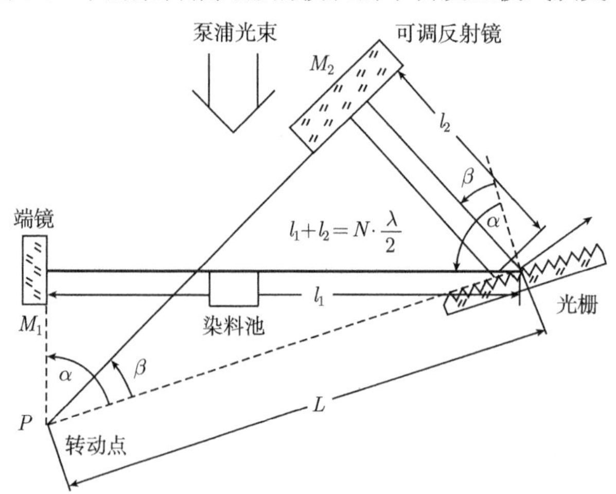


图 5.96　倾斜反射镜 $M_2$，可以连续地机械调节染料激光器的波长而不会发生模式跃变，转动轴是光栅表面和反射镜 $M_2$ 的交线

镜 $M_2$ 的转动轴与通过反射镜 $M_2$ 和光栅表面的两个平面的交线一致，就可以同时满足共振波长的两个条件 (腔长度 $l_1 + l_2 = N \cdot \lambda/2$，以及衍射光必须垂直地入射在反射镜 $M_2$ 上)。在这种情况下，由图 5.96 可以得到关系式

$$N\lambda = 2(l_1 + l_2) = 2L(\sin\alpha + \sin\beta), \quad \lambda = d(\sin\alpha + \sin\beta) \Rightarrow L = Nd/2 \tag{5.104}$$

利用这个系统，无需标准具就可以实现单模工作方式。可以在 $100\text{cm}^{-1}$ 的范围内调节波数 $\bar{\nu} = 1/\lambda$ 而不会发生模式跃变。

在原则上，脉冲宽度为 $\Delta T$ 的单模脉冲激光器的谱宽受限于傅里叶极限，即

$$\Delta\nu = a/\Delta T \tag{5.105}$$

其中，常数 $a \simeq 1$ 依赖于激光脉冲的时域线形 $I(t)$。然而，通常并不能够达到这一极限，因为激光脉冲的中心频率 $\nu_0$ 在不同的脉冲上略有起伏，它们来自于涨落和热不稳定性。如图 5.97 所示，用法布里–珀罗波长计测量一台 Littman 单模脉冲激光器的单次脉冲的谱线，并与 500 个单次测量结果的平均值进行比较。设计一个非常稳定的共振腔，特别是控制染料液体 (因为吸收泵浦激光而被加热) 的温度稳定性，可以降低激光波长的起伏和漂移。

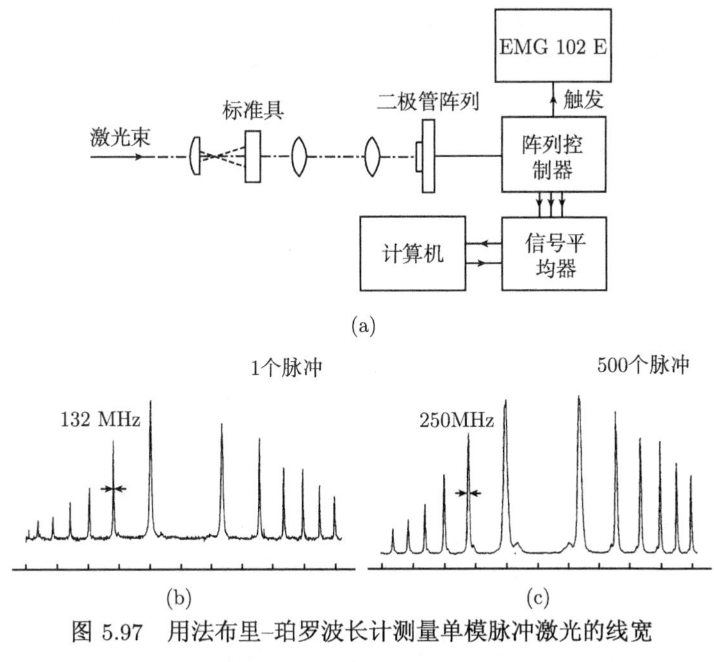


图 5.97 用法布里–珀罗波长计测量单模脉冲激光的线宽

(a) 实验装置；(b) 一次测量；(c) 500 个脉冲的平均结果

为了真正实现傅里叶限制的脉冲，更为可靠的方法是在几个脉冲式放大器单元中对连续单模激光进行放大。然而，这个系统的花费要大得多，因为它需要一台

带有连续泵浦激光源的连续染料激光器，以及用于放大器单元的一台脉冲泵浦激光器。因为傅里叶限制 $\Delta\nu = 1/\Delta T$ 随着脉冲宽度 $\Delta T$ 的增大而减小，为了实现光谱很窄、频率稳定的脉冲，最佳选择是一台 $\Delta T = 50\text{ns}$ 的铜蒸气激光器。铜蒸气激光器的另一个优点是重复频率很高，达到 $f = 20\text{kHz}$。

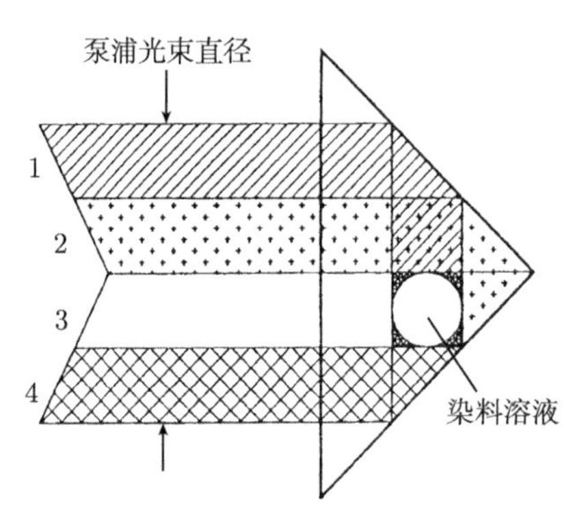


图 5.98　横向泵浦的棱镜放大器单元 (Berthune 单元) 提供了均匀性更高的各向同性泵浦

激光光束的直径应该是染料管直径的 4 倍。分光束 1 从上面穿过管子，分光束 2 从后面，分光束 4 从下面，光束 3 从前面

在利用横向泵浦的放大器单元进行放大的时候，为了保持连续染料激光器的良好光束质量，在这些单元中，反转粒子数的空间分布必须尽可能地均匀。在特殊设计的棱镜单元中 (图 5.98)，泵浦光几次通过染料池，然后才被棱镜端面反射出来，从而显著地提高了被放大的激光的光束质量。

**例 5.29**

用三个放大器单元放大稳定的连续染料激光 ($\Delta\nu \simeq 1\text{MHz}$) 的输出，用半高宽为 $\Delta t$ 的高斯时域线形 $I(t)$ 的铜蒸气激光器进行泵浦，可以产生傅里叶限制的脉冲，$\Delta\nu \simeq 40\text{MHz}$，峰值功率为 500kW。调节连续染料激光器的脉冲，就可以调节这些脉冲的波长。

3) 连续光染料激光器

在亚多普勒光谱学中，除了连续可调谐固体激光器之外，单模连续染料激光器是最重要的激光器。因此，许多实验室都在努力提高输出功率、增大调谐范围、改善频率稳定度。为了让染料激光器达到最佳水平，已经尝试了各种不同的共振腔构型、泵浦构型和染料流系统的设计。本节只介绍高精度光谱学使用的许多构型中的几个例子。

三种可能的共振腔构型如图 5.99 所示。通过一个半透半反镜 $M_1$，氩或氪激光器发出的泵浦光可以共线地进入到共振腔中并被 $L_1$ 聚焦到染料里 (图 5.99(a))，也可以用棱镜将泵浦光和染料激光光束分开 (图 5.99(b))。在这两种构型中，都可以通过倾斜平直的端镜 $M_2$ 来调节染料激光波长。在另一种常用的构型中 (图 5.99(c))，泵浦光被球面反射镜 $M_\text{p}$ 聚焦到染料池中并穿过染料池，它与共振腔轴的夹角很小。

在所有这些构型中，增益区是泵浦光在染料流中的焦点，染料的厚度大约是 $0.5 \sim 1\text{mm}$，以层流的方式流过，这是通过精心设计并抛光的喷嘴实现的。当流速为 10m/s 的时候，染料分子通过泵浦光焦点 (约为 10μm) 的飞行时间大约是 $10^{-6}\text{s}$。在这么短的时间里，系统间交叉的速率不足以实现很大的三重态浓度，因此三重态损耗很小。

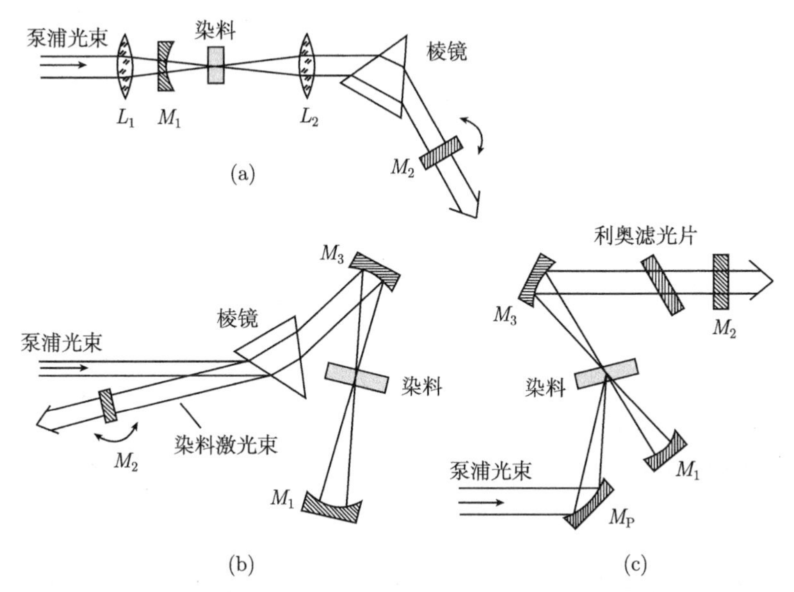


图 5.99 三种可能的用于连续染料激光器的驻波共振腔构型

(a) 共线式泵浦构型；(b) Kogelnik 型像差补偿的折叠共振腔[5.149]，它用一个布儒斯特棱镜来分开泵浦光和染料激光束；(c) 泵浦光被另一个泵浦反射镜聚焦在染料池中，略微倾斜于共振腔轴

在自由流动的染料池中，溶液的黏度必须大得足以保证增益区高光学质量所要求的层流。大多数染料激光器使用乙二醇或丙二醇作为溶剂。因为这些醇类物质降低了一些染料的量子效率，而且热性质并非最佳，在水基染料溶液中掺入提高黏度的添加剂，可以改善连续染料激光器的功率效率和频率稳定性[5.193]。已经报道的连续染料激光器的功率超过了 30W[5.194]。

为了让染料激光模式在增益介质中具有对称束腰，必须用两面平行的染料流的液片补偿折叠式共振腔设计中的折叠球面反射镜 $M_3$ 产生的像差，染料流域以布儒斯特角倾斜于共振腔轴[5.149]。最佳补偿的折叠角依赖于染料流的光学厚度，还依赖于折叠反射镜的曲率。

依赖于泵浦光焦点的大小和共振腔损耗，阈值泵浦功率在 1mW 和几瓦之间变化。泵浦光焦点的尺寸应该与染料激光共振腔的束腰匹配 (模式匹配)。如果太小，泵浦的染料分子就少，输出功率最大值就小。如果太大，横向模式的粒子反转数就超过阈值，染料激光器就会在几个横模上振荡。在最佳条件下，泵浦效率 (染料激光输出/泵浦功率输入) 达到了 $\eta = 35\%$，只用 8W 的泵浦功率，就可以实现 2.8W 的染料激光输出。

将一个双折射滤光器 (利奥滤光器，见第 4.2.11 节，它包括三个厚度为 $d$、$q_1d$

和 $q_2d$ 的双折射玻片构成的，其中 $q_1$，$q_2$ 是整数) 以布儒斯特角放置在染料激光共振腔中 (图 5.100)，就可以对波长进行粗调。与第 4.2.1 节中讨论过的利奥滤光器不同，此时不需要偏振片，因为共振腔里有许多布儒斯特表面，它们已经定义了偏振矢量的方向，它位于图 5.100 中的平面上。

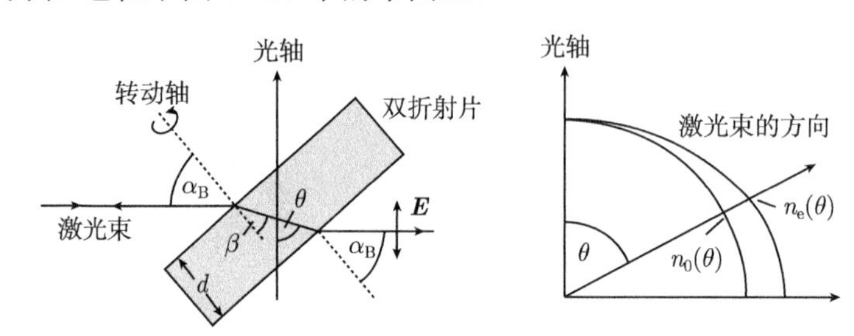


图 5.100　用两面平行的双折射玻片作为激光共振腔内的波长选择器。为了调节波长，绕着平行于表面法线的方向转动玻片。这样就会改变玻片相对于光轴的角度 $\theta$，从而改变了折射率差 $n_e(\theta) - n_o(\theta)$

光束的传播方向与与玻片法线的夹角为 $\beta$，当它通过厚度为 $d$ 的玻片的时候，寻常光和非寻常光之间就会产生相位差 $\Delta\varphi = (2\pi/\lambda)\cdot(n_e - n_o)\Delta s$，其中，$\Delta s = d/\cos\beta$。只有那些相位差等于 $2m\pi(m = 1, 2, 3, \cdots)$ 的波长 $\lambda_m$ 才能够达到振荡阈值。在这种情况下，入射光的偏振面转动了 $m\pi$，透射光仍然是线偏振，与入射光的偏振方向相同。所有其他波长的透射光都是椭偏的，都会经受布儒斯特面的反射损耗。一个三级双折射滤光器的透射率曲线 $T(\lambda)$ 如图 5.101 所示，其中，角度 $\theta$ 保持不变。激光将在最靠近染料介质增益极大值的透射极大值处振荡[5.195,5.196]。沿着图 5.100 中的轴转动利奥滤光器，可以移动这些透射极大值。

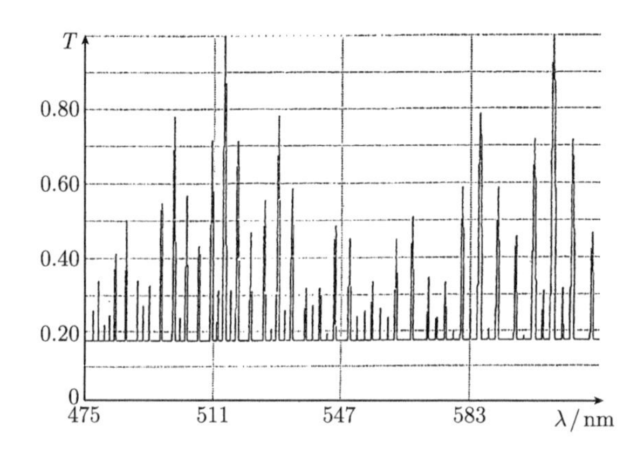


图 5.101　双折射滤光器的透射率 $T(\lambda)$，它包括三个 KDP 布儒斯特玻片，厚度分别为 $d_1 = 0.34\text{mm}$、$d_2 = 4d_1$ 和 $d_3 = 16d_1$[5.195]

为了实现单模工作方式，必须将额外的波长选择元件放置到共振腔中 (第 5.4.3 节)。在大多数设计中，使用了自由光谱区不同的两个法布里–珀罗干涉仪标准具[5.197,5.198]。为了连续调节单模激光器，需要同步地控制共振腔长和选择性元件的透射率极大值 (第 5.5 节)。图 5.102 给出了一种商用的单模连续染料激光器。转动位于共振腔内的两面平行的倾斜玻片 (galvo-plate，电驱动的玻片)，就可以便利地调节共振腔的光程。如果将倾斜范围限制在布儒斯特角附近的很小区间之内，反射损耗仍然可以忽略不计 (第 5.5.1 节)。

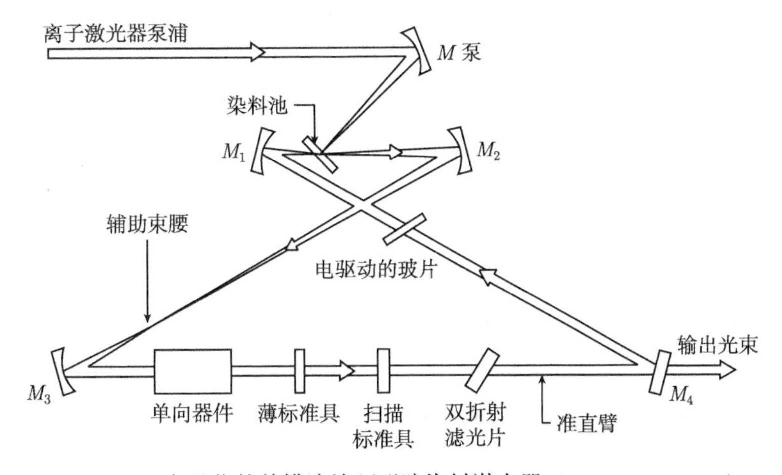


图 5.102 商品化的单模连续环形腔染料激光器 (Spectra-Physics)

扫描式标准具可以是图 5.44 中的压电调节的棱镜法布里–珀罗干涉仪标准具，它的自由光谱区大约是 10GHz。利用一个伺服环路，可以将它锁定到振荡的共振腔本征频率上：在压电元件上施加交流电压，调制法布里–珀罗干涉仪的透射极大值 $\nu_\mathrm{T}$，激光强度就会表现出调制，其相位依赖于腔共振频率 $\nu_\mathrm{c}$ 和透射率峰值 $\nu_\mathrm{T}$ 之间的差别 $\nu_\mathrm{c}-\nu_\mathrm{T}$。这种误差信号对相位很敏感，可以用来让差别 $\nu_\mathrm{c}-\nu_\mathrm{T}$ 永远保持为零。如果只是同步调节棱镜法布里–珀罗干涉仪与共振腔长度，没有模式跃变的调谐范围大约是 30GHz($=1\mathrm{cm}^{-1}$)。为了得到更大的调谐范围，需要同步调节第二个薄标准具和利奥滤光器。这就需要更为复杂的伺服系统，可以用计算机来实现。

带有驻波共振腔的连续染料激光器的一个缺点是空间烧孔现象 (第 5.3.3 节)，它妨碍了单模工作模式，使得泵浦区内的分子不能够全部用于激光发射。环形共振腔可以避免这一效应，那里的激光只能沿着一个方向传播 (第 5.2.7 节)。因此，理论上来说，环形激光器可以实现更大的输出功率和更为稳定的单模工作模式[5.199]。然而，它们的设计和准直要比驻波共振腔难得多。

为了避免激光在环形共振腔中沿着两个方向传播，一个方向上的损耗必须大于另一个方向。可以利用光学二极管来实现这一目标[5.32]。这个二极管实际上是由一个双折射晶体和一个法拉第旋转器构成的 (图 5.20)，它将一个方向上的入射光的偏振恢复到初始的偏振方向，同时增大了另一个方向上的偏振旋转角。

文献 [5.199] 研究了连续环形腔染料激光器的输出功率和线宽的特性。对法布里–珀罗型和环形共振腔中的模式选择的理论处理，可以在文献 [5.200] 中找到。因为环形共振腔中有许多光学元件，损耗通常略高于驻波式共振腔，所以，阈值比较高。然而，因为许多分子对增益有贡献，微分效率 $\eta_{\mathrm{al}} = \mathrm{d}P_{\mathrm{out}}/\mathrm{d}P_{\mathrm{in}}$ 比较大。因此，当输入功率远大于阈值的时候，环形腔激光器的输出功率更高 (图 5.103)。

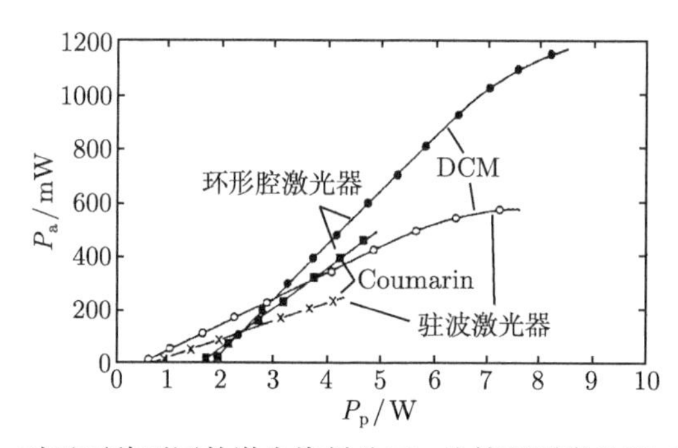


图 5.103　对于两种不同的激光染料分子，比较环型激光器 (实心圆点) 和驻波激光器 (空心圆和十字叉) 的输出功率

表 5.4 汇集了不同类型的染料激光器在“典型”工作条件下的特征数据，以便对这些数据的数量级有所了解。调谐范围不仅依赖于染料，而且还依赖于泵浦激光器。准分子激光器泵浦的脉冲激光的调谐范围与氩或氪激光器泵浦的连续激光略有不同。现在，倍频的 Nd:YAG 激光器越来越经常地用作染料激光器的泵浦光源。关于染料激光器的波长、调谐范围和可能的泵浦激光器的许多书籍，可以参见文献 [5.6]。

**表 5.4　用不同光源泵浦的一些染料激光器的典型数据**

| 泵浦源 | 调谐范围/nm | 脉冲宽度/ns | 峰值功率/W | 脉冲能量/mJ | 重复频率/$s^{-1}$ | 平均输出功率/W |
|---|---|---|---|---|---|---|
| 准分子激光器 | 370~985 | 10~200 | $\leqslant 10^7$ | $\leqslant 300$ | 20~200 | 0.1~30 |
| $N_2$ 激光器 | 370~1020 | 1~10 | $< 10^5$ | $< 1$ | $< 10^3$ | 0.01~0.1 |
| 闪光灯 | 300~800 | $300 \sim 10^4$ | $10^2 \sim 10^5$ | <5000 | 1~100 | 0.1~200 |
| $Ar^+$ 激光器 | 350~900 | 连续 | 连续 | — | 连续 | 0.1~10 |
| $Kr^+$ 激光器 | 400~1100 | 连续 | 连续 | — | | 0.1~5 |
| Nd:YAG 激光器 | 400~920 | 10~20 | $10^5 \sim 10^7$ | 10~100 | 10~30 | 0.1~5 |
| $\lambda/2: 530$nm | | | | | | |
| $\lambda/3: 355$nm | | | | | | |
| 铜蒸气激光器 | 530~890 | 30~50 | $\approx 10^4 \sim 10^5$ | $\approx 1$ | $\approx 10^4$ | $\leqslant 10$ |

### 5.7.6 准分子激光器

准分子 (即被激发的双原子分子) 是这样一种分子：它们的激发态是束缚态，但是，它们的电子基态并不稳定。例如，由基态为 $^1S_0$ 的闭壳层原子 (例如惰性气体原子) 构成的双原子分子，它们的激发态是稳定的双原子分子，如 $He_2^*$，$Ar_2^*$，等等，但是它们的基态主要是排斥势，只有一个很浅的范德瓦耳斯极小值 (图 5.104)。这个极小值的势阱深度远小于室温下的热能量 kT，因此不能够形成稳定的基态分子。像 KF 或 XeNa 这样的混合型准分子能够通过闭壳层/开壳层原子的结合来形成 (例如，原子态的组合 $1S+2S$，$1S+2P$，$1S+3P$，等等)，它们导致了排斥性的基态势能[5.201,5.202]。

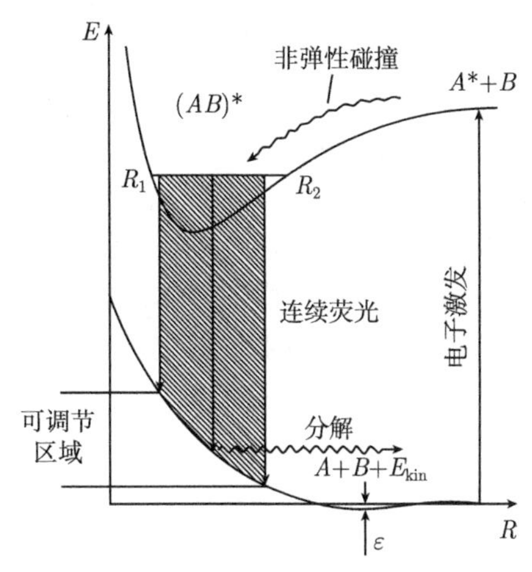


图 5.104 一个准分子的能级结构示意图

这些准分子是可调谐激光器增益介质的理想候选者，因为被束缚的上能级和离解的下能级是自动保持的，下能级的分解非常快 ($\sim(10^{-12}\sim10^{-13}$s))，避免了经常发生的由激光下能级的低耗尽速率引起的瓶颈效应。准分子激光器的输出功率主要依赖于上能级的激发速率。

可调谐范围依赖于排斥势的斜率以及激发态振动能级的经典折返点的原子核间距 $R_1$ 和 $R_2$。增益谱决定于束缚态–自由态跃迁的弗兰克–康登因子。振动上能级发出的荧光的相应强度分布 $I(\omega)$ 表现出调制结构 (图 2.16)，反映了这些能级上的振动波函数 $|\psi_{\text{vib}}(R)|^2$ 对 $R$ 的依赖关系[5.203]。

根据式 (5.2)，增益介质在频率 $\omega=(E_k-E_i)/\hbar$ 处的增益是

$$\alpha(\omega)=[N_i-(g_i/g_k)N_k]\sigma(\omega) \tag{5.106}$$

其中，吸收截面 $\sigma(\omega)$ 与自发跃迁几率 $A_{ki}=1/\tau_k$ 的关系是[5.201]

$$\int_{\omega_1}^{\omega_2}\sigma(\omega)\mathrm{d}\omega=(\lambda/2)^2A_{ki}=\frac{(\lambda/2)^2}{\tau_k} \tag{5.107}$$

尽管上能级寿命很短、总跃迁几率很大，但是，因为光谱范围 $\Delta\omega=\omega_1-\omega_2$ 很宽，截面 $\sigma(\omega)$ 可能非常小。因此，需要很大的粒子数密度 $N_k$ 才能实现足够大的增益。因为泵浦速率 $R_{\text{p}}$ 必须和自发跃迁速率竞争，后者正比于跃迁频率 $\omega$ 的三次方，激光阈值处的泵浦功率 $R_{\text{p}}(\omega)$ 至少要以激射频率的四次方增长。因此，短波长激光器需要大泵浦功率[5.204,5.205]。

泵浦源由高电压、高电流的电子束源提供，例如 FEBETRON[5.206]，也可以由高速横向放电来提供[5.207]。第一步是用电子碰撞来激发原子。为了激发准分子的高能级，激发态原子需要和基态原子发生碰撞 (记住，准分子没有基态)，需要很高的原子密度才能够产生足够数量 $N^*$ 的高能级准分子。XeCl 激光器的典型气体混合物是：Xe，40mbar；HCl，5mbar；He，2000~4000mbar。这些高气压不利于在通道中整个增益区内形成均匀的放电。需要用快电子或紫外光进行预电离，才能实现均匀的高密度的准分子，还需要使用特制的电极[5.208]。已经开发了高速开关，例如磁限制的闸流管，而且，放电回路的电感必须和放电时间匹配[5.209]。

到目前为止，惰性气体卤化物准分子，例如 KrF、ArF 或 XeCl，构成了大多数先进的准分子紫外激光器的增益介质。类似于氮分子激光器，这些惰性气体卤化物激光器可以用高速横向放电来泵浦，这种类型的激光是最常见的商品化的准分子激光器 (表 5.5)。

**表 5.5 一些准分子激光器的特征数据**

脉冲宽度：$10 \sim 200\mu s$；重复频率：$1 \sim 200s^{-1}$，依赖于型号；输出光束发散角：$2 \times 4$mrad；脉冲能量的起伏：$3 \sim 10$；时间起伏：$1 \sim 10\mu s$，依赖于型号。

| 激光介质 | $F_2$ | ArF | KrCl | KrF | XeCl | XeF |
|---|---|---|---|---|---|---|
| 波长/nm | 157 | 193 | 222 | 248 | 308 | 357 |
| 脉冲能量/mJ | 15 | $\leqslant 500$ | $\leqslant 60$ | $\leqslant 1000$ | $\leqslant 600$ | 500 |
| 脉冲重复频率/Hz | 10 | 20 | 20 | $\leqslant 300$ | $\leqslant 300$ | $\leqslant 300$ |

当激光上能级的粒子数增加得足够大、足够快的时候，就可以实现粒子数反转。这是通过一系列不同的碰撞过程来实现的，准分子激光器中的这些碰撞过程还没有被完全地理解。用一个例子来说明这些过程的复杂性，在 XeCl 准分子激光器中，使用 Xe、HCl 和 He 或 Ne 的混合物作为气体填充物，实现粒子数反转的可能路径是

$$
\begin{aligned}
&\mathrm{Xe} + \mathrm{e}^- \begin{cases} \to \mathrm{Xe}^* + \mathrm{e}^- \\ \to \mathrm{Xe}^+ + 2\mathrm{e}^- \end{cases} \\
&\mathrm{Xe}^* + \mathrm{Cl}_2 \to \mathrm{XeCl}^* + \mathrm{Cl} \\
&\mathrm{Xe}^* + \mathrm{HCl} \to \mathrm{XeCl}^* + \mathrm{H} \\
&\mathrm{Xe}^+ + \mathrm{Cl}^- + \mathrm{M} \to \mathrm{XeCl}^* + \mathrm{M}
\end{aligned}
\tag{5.108}
$$

这些形成 $\mathrm{XeCl}^*$ 的过程都非常快，时间尺度大约是 $10^{-8} \sim 10^{-9}$s，必须与其他淬灭过程竞争，如

$$\mathrm{XeCl}^* + \mathrm{He} \to \mathrm{Xe} + \mathrm{Cl} + \mathrm{He}$$

它减少了反转粒子数。

大多数准分子激光的脉冲宽度位于 $5 \sim 20\text{ns}$。近来，出现了长脉冲的 XeCl 激光器，脉冲宽度 $T > 300\text{ns}$[5.210]。它们可以用傅里叶限制的带宽 $\Delta\nu < 2\text{MHz}$ 和峰值功率 $P > 10\text{kW}$ 来放大单模连续染料激光。因为增益介质的体积很大，通常使用非稳定共振腔来实现模式体积和增益体积的匹配 (见第 5.2.6 节)。

关于准分子激光器的实验设计和物理机制的更多细节，请参看文献 [5.202], [5.210]~[5.212]。

### 5.7.7 自由电子激光器

近年来发展了一种全新的可调谐激光器的概念，它的增益介质不是原子或分子，而是特殊设计的磁场中的“自由”电子。Madey 及其合作者制作了第一台自由电子激光器 (FEL)[5.213]。图 5.105 给出了自由电子激光器的示意图。高能量相对论性电子来自于加速器，它们通过一个空间周期性的静止磁场 $\boldsymbol{B}$: 它可以是周期性排布的磁铁，在垂直于电子束传播的方向上，磁场的方向交替变化; 也可以是一个双弯折的螺线管超导磁铁 (扭摆器) 产生的圆极化磁场 $\boldsymbol{B}$ (图 5.106)。

采用文献 [5.214] 中的方法，利用一个经典模型，可以解释自由电子激光器的基本原理及其辐射起源的物理过程。洛伦兹力使得过扭摆器的电子发生周期性的振荡，从而产生辐射。对于在静止点附近沿着 $x$ 方向振荡的电子来说，这种偶极辐

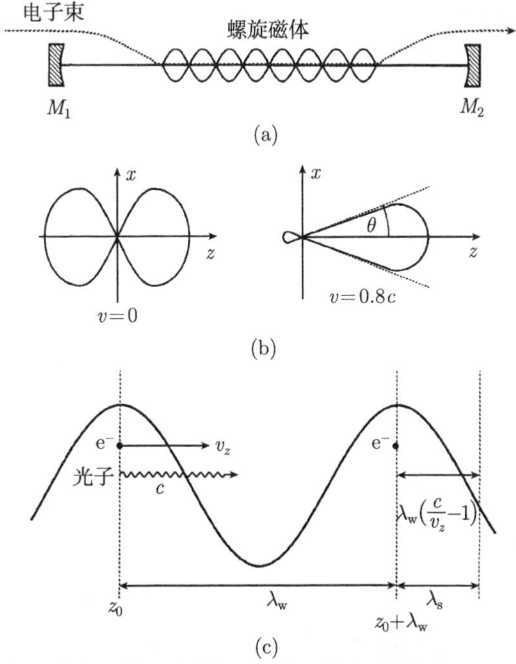


图 5.105 (a) 自由电子激光器的示意图; (b) 静止的电偶极子 ($v = 0$) 和运动的电偶极子 ($v \simeq c$) 的辐射; (c) 相位匹配条件

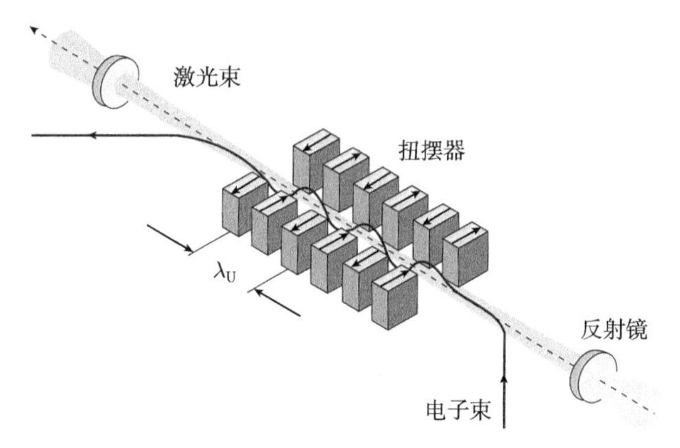


图 5.106　自由电子激光器的原理 [Institute of Nuclear Physics, Darmstadt]

射的角分布是 $I(\theta) = I_0 \cdot \sin^2\theta$(图 5.105(b))。对于以速度 $v \simeq c$ 运动的相对论性电子来说，在前进方向上，偶极辐射的分布有着尖锐的峰值 (图 5.105(b))，其锥角为 $\theta \simeq (1 - v^2/c^2)^{1/2}$。例如，当电子能量为 $E = 100\text{MeV}$ 的时候，$\theta$ 大约是 2mrad。这种相对论性的偶极辐射类似于传统激光的自发辐射，可以用来在自由电子激光器中诱发受激辐射。

发射光的波长 $\lambda$ 取决于扭摆器的周期 $\Lambda_{\text{w}}$ 以及下述相位匹配条件。假定扭摆器中位置 $z_0$ 处的振荡电子发出的辐射包括所有的波长，因为光的速度快于 $z$ 方向的电子速度 $(v_z)$，经过一个扭摆器周期之后，在 $z_1 = z_0 + \Lambda_{\text{w}}$ 处，在电子与 $z_0$ 处发出的光之间将会有一个时间延迟

$$\Delta t = \Lambda_w \left(\frac{1}{v_z} - \frac{1}{c}\right)$$

电子在 $z_1$ 处发出的光就不再与 $z_0$ 处发出的光保持相同的相位，除非时间差 $\Delta t = m \cdot T = m \cdot \lambda/c$ 是光周期 $T$ 的整数倍。因此，只有特定的波长才能够满足相位匹配条件，

$$\lambda_m = \frac{\Delta L}{m} = \frac{\Lambda_{\text{w}}}{m}\left(\frac{c}{v_z} - 1\right) \quad (m = 1, 2, 3, \cdots) \tag{5.109}$$

只有对于这些波长 $\lambda_{\text{m}}$，不同位置处的电子贡献才能够保持同相位，从而发生相长干涉。因此，发射光的最低阶谐波 $\lambda_1$ $(m = 1)$ 的波长就是 $\lambda_1 = \Lambda_{\text{w}}(c/v_z - 1)$，改变电子的速度 $v_z$，就可以调节波长。

**例 5.30**

由 $\Lambda_{\text{w}} = 3\text{cm}$，$E_{\text{el}} = 10\text{MeV} \to v_z \to 0.999c$，可以得到，当 $m = 1$ 的时候，$\lambda = 40\mu\text{m}$，当 $m = 3$ 的时候，$\lambda = 13\mu\text{m}$，它位于中红外区。$E_{\text{el}} = 100\text{MeV} \Rightarrow v_z = (1 - 1.25) \times 10^{-5}c$，相位匹配波长减小为 $\lambda_1 = 1.25 \times 10^{-5}\Lambda_{\text{w}} = 375\text{nm}$，它位于紫外区。

当单个电子发出的辐射场振幅为 $E_j$ 的时候，$N$ 个独立无关的电子辐射出的总光强为

$$I_{\text{tot}} = \left|\sum_{j=1}^{N} E_j \mathrm{e}^{\mathrm{i}\varphi_j}\right|^2 \tag{5.110a}$$

其中，不同电子发出的辐射的相位 $\varphi_j$ 是随机分布的。

如果某种原因使得所有的电子都具有相同的相位，在振幅 $E_j = E_0$ 都相等的情况下，总强度变为

$$I_{\text{tot}}^{\text{coherent}} = |\sum E_j \mathrm{e}^{\mathrm{i}\varphi_j}|^2 \propto |NE_0|^2 \propto N^2 I_{\text{el}} \tag{5.110b}$$

其中，$I_{\text{el}} \propto E_0^2$ 是单个电子发出的光强。这种等相位相干辐射强度比相位随机情况下的非相干辐射强度大 $N$ 倍。自由电子激光器可以实现这一条件。

为了理解它是如何实现的，首先考虑如下情况，即，通过扭摆器轴的激光光束具有正确的波长 $\lambda_m$。以临界速度 $v_{\text{c}} = c\Lambda_{\text{w}}/(\Lambda_{\text{w}} + m\lambda_m)$ 运动的电子与激光具有相同的相位，可以受激发射出光子，从而放大了激光 (受激的康普顿散射)。电子损失了辐射能量，运动速度变慢。所有那些速度略大于 $v_{\text{c}}$ 的电子都会损失能量，将辐射输送给激光，只要它们的速度不小于 $v_{\text{c}}$，就不会变得相位失谐。另一方面，那些速度小于 $v_{\text{c}}$ 的电子可以吸收光子，从而让运动加速，直到它们的速度达到了 $v_{\text{c}}$。

这就是说，快电子放大了入射激光，而慢电子减弱了入射激光。快电子的受激辐射和慢电子的吸收效应使得电子的速度汇集到临界速度 $v_{\text{c}}$，增强了它们对辐射场的相干叠加的贡献。电子把它的动能传递给辐射场，如果要让储存环中的电子多次穿过扭摆器，就必须用射频腔对电子加速，从而进行补偿。

为光学反馈提供反射镜，就可以将这种自由电子辐射放大器转变为激光器。现在，世界上有几个地方有这种自由电子激光器。它们的优点是，可调节的光谱范围非常大，改变电子能量，就可以从毫米波一直变化到真空紫外区。它们可以输出非常高的功率，这是自由电子激光器的一个额外优点。它们的显著缺点是实验费用高昂，除了精致的扭摆器之外，还需要高能量的加速器或储存环。

现在已经建成的自由电子激光器在红外区的功率为几个千瓦，在可见光区的功率为几瓦。例如，斯坦佛自由电子激光器在 3.4μm 处的功率达到了 130kW，而 TRW 和斯坦佛大学的合作研究表明，在 $\lambda = 500$μm 处的峰值功率达到了 1.2MW。计划建造的自由电子激光器覆盖了从紫外直到 10nm 的波长范围。这些光源的谱亮度将比先进的第三代同步辐射光源的强度大三到四个数量级。表 5.6 汇集了 Darmstadt 的自由电子激光器的典型指标。更多的细节请参见文献 [5.214]~[5.217]。

表 5.6 Darmstadt 的自由电子激光器的典型参数

| | | | |
|---|---|---|---|
| 电子能量 | $25 \sim 60$MeV | 光学共振腔的长度 | 15m |
| 平均电流 | 60μA | 镜子反射率 | 99% |
| 峰值电流 | 2.7A | 激光波长 | $3 \sim 10$μm |
| 脉冲长度 | $1.9$ps $\approx 2$ps | 脉冲能量 | 300nJ |
| 重复频率 | 10MHz | 峰值功率 | 150kW |
| 调制器的周期长度 | 3.2cm | 平均功率 | 3W |
| | | 小信号增益 | $3\% \sim 5\%$ |

## 5.8 非线性光学混频技术

除了前面几节讨论过的各种可调谐激光器之外，基于强辐射与晶体、液体或气体中原子或分子的非线性相互作用，也可以制作可调谐相干辐射源。这种非线性光学混频技术的例子有二次谐波生成、和频或差频生成、参量过程或受激拉曼散射。从真空紫外 (VUV) 到远红外 (FIR) 的整个光谱范围内，这些技术提供了足够强的可调谐相干辐射源。简要地总结这些器件的基本物理之后，我们将以一些实验系统为例说明它们的应用[5.218–5.225]。

### 5.8.1 物理背景

在电场 $E$ 的作用下，非线性响应率为 $\chi$ 的介质中产生的介电极化 $\boldsymbol{P}$ 可以写为外电场的级数展开形式

$$\boldsymbol{P} = \epsilon_0(\tilde{\chi}^{(1)}\boldsymbol{E} + \tilde{\chi}^{(2)}\boldsymbol{E}^2 + \tilde{\chi}^{(3)}\boldsymbol{E}^3 + \cdots) \tag{5.111}$$

其中，$\tilde{\chi}^{(k)}$ 是第 $k$ 阶响应张量，它的秩是 $k+1$。

**例 5.31**

例如，包含有两个分量的电磁波

$$\boldsymbol{E} = \boldsymbol{E}_1\cos(\omega_1 t - k_1 z) + \boldsymbol{E}_2\cos(\omega_2 t - k_2 z) \tag{5.112}$$

照射在非线性介质上。在晶体固定位置上 (例如 $z = 0$ 处) 诱导出来的电极化是两个分量共同作用的结果。式 (5.111) 中的线性项描述的是瑞利散射。二次方项 $\tilde{\chi}^{(2)}E^2$ 的贡献是

$$\begin{aligned}\boldsymbol{P}^{(2)} &= \epsilon_0\tilde{\chi}^{(2)}\boldsymbol{E}^2(z=0) = \epsilon_0\tilde{\chi}^{(2)}(\boldsymbol{E}_1^2\cos^2\omega_1 t + \boldsymbol{E}_2^2\cos^2\omega_2 t + 2\boldsymbol{E}_1\boldsymbol{E}_2\cos\omega_1 t\cdot\cos\omega_2 t)\\ &= \epsilon_0\tilde{\chi}^{(2)}\left\{\frac{1}{2}(\boldsymbol{E}_1^2 + \boldsymbol{E}_2^2) + \frac{1}{2}\boldsymbol{E}_1^2\cos 2\omega_1 t + \frac{1}{2}\boldsymbol{E}_2^2\cos 2\omega_2 t\right.\\ &\quad\left. + \boldsymbol{E}_1\cdot\boldsymbol{E}_2[\cos(\omega_1+\omega_2)t + \cos(\omega_1-\omega_2)t]\right\}\end{aligned} \tag{5.113}$$

它表示直流的电极化、二次谐波 $2\omega_1$ 和 $2\omega_2$ 处的交流分量以及和频与差频 $\omega_1 \pm \omega_2$ 处的交流分量。

**注意:** $I(2\omega) \propto E^2(2\omega) \propto I^2(\omega)$，$I(\omega_1 \pm \omega_2) \propto I(\omega_1)I(\omega_2)$。

**注:** 极化矢量 $\boldsymbol{P}$ 的方向可能不同于 $\boldsymbol{E}_1$ 和 $\boldsymbol{E}_2$ 的方向。分量 $\chi_{ijk}$ 通常是复数，极化场的相位不同于驱动场的相位。

场振幅 $\boldsymbol{E}_1$ 和 $\boldsymbol{E}_2$ 是矢量，二阶响应率 $\tilde{\chi}^{(2)}$ 是一个 3 阶张量，它的分量 $\chi_{ijk}$ 依赖于非线性晶体的对称性[5.222]，因此，可以将式 (5.111) 写成显性表达式

$$P_i^{(2)} = \epsilon_0 \left( \sum_{k=1}^{3} \chi_{ik}^{(1)} E_k + \sum_{j,k=1}^{3} \chi_{ijk}^{(2)} E_j E_k \right) \quad (1 \hat{=} x, 2 \hat{=} y, 3 \hat{=} z) \tag{5.114}$$

其中，$P_i(i = x, y, z)$ 给出了介电极化 $\boldsymbol{P} = \{P_x, P_y, P_z\}$ 的第 $i$ 个分量。

诱导产生的电极化的分量 $P_i(i = x, y, z)$ 决定于入射光的偏振特性 (即分量 $E_x$、$E_y$ 和 $E_z$ 中的不等于零的那些量)，还依赖于响应率张量的分量，后者依赖于非线性介质的对称性。

首先讨论式 (5.114) 的线性部分，它可以写为

$$\begin{pmatrix} P_x^{(1)} \\ P_y^{(1)} \\ P_z^{(1)} \end{pmatrix} = \epsilon_0 \begin{pmatrix} \chi_{xx} & \chi_{xy} & \chi_{xz} \\ \chi_{yx} & \chi_{yy} & \chi_{yz} \\ \chi_{zx} & \chi_{zy} & \chi_{zz} \end{pmatrix} \begin{pmatrix} E_x \\ E_y \\ E_z \end{pmatrix} \tag{5.115a}$$

恰当地选择坐标系 $(\xi, \eta, \varsigma)$，总是可以使得张量 $\chi^{(1)}$ 变为对角形式 (主轴变换)。放置晶体使得 $(\xi, \eta, \varsigma)$ 轴与 $(x, y, z)$ 轴重合，在这个主轴坐标系中，式 (5.115a) 就简化为

$$\begin{pmatrix} P_x^{(1)} \\ P_y^{(1)} \\ P_z^{(1)} \end{pmatrix} = \epsilon_0 \begin{pmatrix} \chi_1 & 0 & 0 \\ 0 & \chi_2 & 0 \\ 0 & 0 & \chi_3 \end{pmatrix} \begin{pmatrix} E_x \\ E_y \\ E_z \end{pmatrix} \tag{5.115b}$$

上式表明，一般来说，$\boldsymbol{P}$ 和 $\boldsymbol{E}$ 不再是平行的，因为 $\chi_i$ 可以不同。利用关系式 $\epsilon_i = 1 + \chi_i$，可以用相对介电常数来替换响应率 $\chi$，前者与折射率 $n$ 的关系为 $\epsilon = n^2$。式 (5.115b) 表明，一般来说，沿着三个主轴方向，有三个不同的折射率 $n_1$、$n_2$ 和 $n_3$。它们被称为主轴折射率。在主轴坐标系 $(n_1, n_2, n_3)$ 中，从原点出发，在所有的方向上都画出长度为 $n = \epsilon^{1/2}$ 的矢量，就可以清楚地看出这一点。这些矢量的终点形成了一个椭球，被称为折射率椭球，可以用下述公式描述

$$\frac{n_x^2}{n_1^2} + \frac{n_y^2}{n_2^2} + \frac{n_z^2}{n_3^2} = 1 \tag{5.116}$$

对于单轴晶体来说，$n$ 的两个分量相等 ( $n_1 = n_2$)，折射率椭球具有绕主轴的旋转对称性，这个主轴被称为单轴晶体的光轴，我们用它作为实验室坐标系的 $z$ 轴 (图 5.107a)。

小振幅 $\boldsymbol{E} = \{E_x, E_y, E_z\}$ 的入射光 $E = E_0\mathrm{e}^{i(\omega t-kr)}$ 在光学材料中产生极化 $\boldsymbol{P} = \{n_1^{1/2}E_x, n_1^{1/2}E_y, n_3^{1/2}E_z\}$。

如果波矢 $\boldsymbol{k}$ 与光轴的夹角 $\theta$ 不等于 0 或 90°，晶体中的光就劈裂为寻常光 (折射率 $n_1 = n_2 = n_0$，相速度与 $\theta$ 无关) 和非寻常光 (折射率 $n_\mathrm{e}$ 以及相速度依赖于方向 $\theta$，图 5.107(b))。

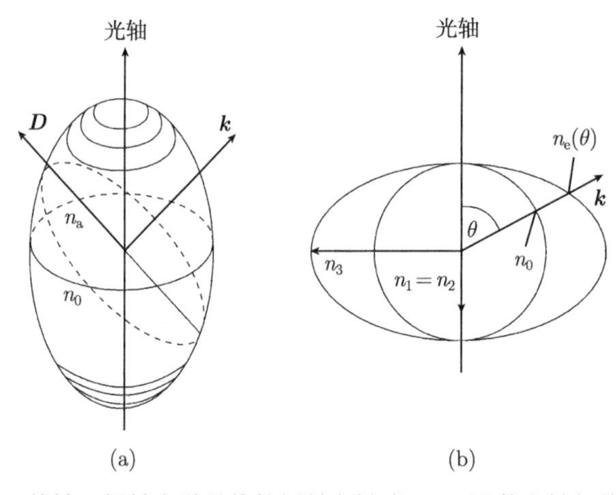


图 5.107　(a) 单轴双折射光学晶体的折射率椭球；(b) 沿着光轴与传播方向 $k$ 所构成的平面，切开折射率椭球

在这种双折射晶体中，波传播的方向 $\boldsymbol{k}$ 和玻印亭矢量 $\boldsymbol{S} = c\epsilon_0(\boldsymbol{E} \times \boldsymbol{B})$ 的方向 (即能量流的方向) 并不重合 (图 5.108).

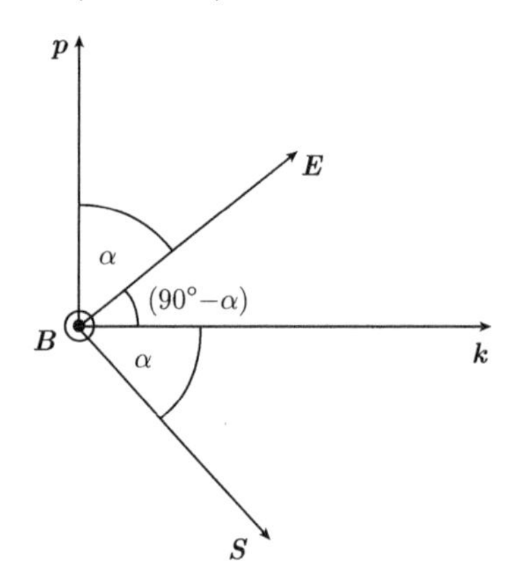


图 5.108　双折射晶体中电场 $\boldsymbol{E}$、极化 $\boldsymbol{P}$、磁场 $\boldsymbol{B}$、波传播 $\boldsymbol{k}$ 和能量流 $\boldsymbol{S}$ 的方向

现在讨论式 (5.114) 中的第二项，它带有非线性响应率张量 $\chi^{(2)}$。假定入射光只包含两个频率 $\omega_1$ 和 $\omega_2$。由 $\omega = (\omega_1 \pm \omega_2)$，可以得到详细的描述

$$\begin{pmatrix} P_x^{(2)}(\omega) \\ P_y^{(2)}(\omega) \\ P_z^{(2)}(\omega) \end{pmatrix} = \epsilon_0 \begin{pmatrix} \chi_{xxx}^{(2)} & \chi_{xxy}^{(2)} & \cdots & \chi_{xzz}^{(2)} \\ \chi_{yxx}^{(2)} & \chi_{yxy}^{(2)} & \cdots & \chi_{yzz}^{(2)} \\ \chi_{zxx}^{(2)} & \chi_{zxy}^{(2)} & \cdots & \chi_{zzz}^{(2)} \end{pmatrix} \begin{pmatrix} E_x(\omega_1)\cdot E_x(\omega_2) \\ E_x(\omega_1)\cdot E_y(\omega_2) \\ E_x(\omega_1)\cdot E_z(\omega_2) \\ E_y(\omega_1)\cdot E_x(\omega_2) \\ E_y(\omega_1)\cdot E_y(\omega_2) \\ \vdots \\ E_z(\omega_1)\cdot E_z(\omega_2) \end{pmatrix} \tag{5.117}$$

式 (5.114) 表明，诱导出来的极化 $\boldsymbol{P}$ 的分量决定于张量分量 $\chi_{ijk}$ 和入射场的分量。因为 $E_jE_k$ 产生的极化与 $E_kE_j$ 相同，可以得到

$$\chi_{ijk} = \chi_{ikj}$$

这样就可以把响应率张量 $\chi^{(2)}$ 的分量数目由 27 个减少到 18 个独立分量。

在各向同性的媒质中，原点处所有矢量的反射不应该改变非线性响应率。这就得出 $\chi_{ijk} = -\chi_{ijk}$，只有 $\chi_{ijk} \equiv 0$ 才能够满足这一条件。在所有具有反演中心的材料中，二阶响应率张量都等于零！例如，玻璃中不可能产生光学倍频。

为了减少公式中下标的数目，通常将分量 $\chi_{ijk}$ 写为缩减的佛赫特形式。对于第一个下标，使用 $x = 1$、$y = 2$、$z = 3$ 的标记，而第二个和第三个下标采用如下组合：$xx = 1$，$yy = 2$，$zz = 3$，$yz = zy = 4$，$xz = zx = 5$，$xy = yx = 6$。佛赫特形式中的系数被命名为 $d_{\rm im}$，这样就可以将式 (5.114) 写为

$$\begin{pmatrix} P_1^{(2)} \\ P_2^{(2)} \\ P_3^{(2)} \end{pmatrix} = \epsilon_0 \begin{pmatrix} d_{11} & d_{12} & d_{13} & d_{14} & d_{15} & d_{16} \\ d_{21} & d_{22} & d_{23} & d_{24} & d_{25} & d_{26} \\ d_{31} & d_{32} & d_{33} & d_{34} & d_{35} & d_{36} \end{pmatrix} \begin{pmatrix} E_1^2 \\ E_2^2 \\ E_3^2 \\ 2E_2E_3 \\ 2E_1E_3 \\ 2E_1E_2 \end{pmatrix} \tag{5.118}$$

**例 5.32**

**在磷酸二氢钾 (KDP) 晶体中，响应率张量的非零分量是**

$$\chi_{xyz}^{(2)} = d_{14} = \chi_{yxz}^{(2)} = d_{25} \quad \chi_{zxy}^{(2)} = d_{36}$$

**由 $d_{25} = d_{14}$，可以得到诱导出来的极化分量为**

$$P_x = 2\epsilon_0 d_{14} E_y E_z, \quad P_y = 2\epsilon_0 d_{14} E_x E_z, \quad P_z = 2\epsilon_0 d_{36} E_x E_y$$

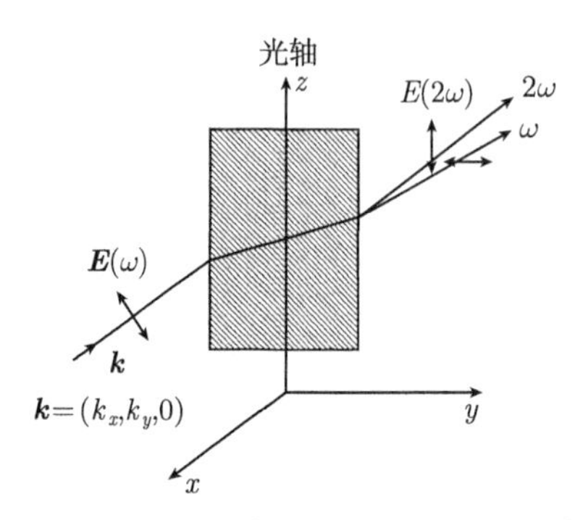


图 5.109　用于描述单轴双折射晶体中非线性光学的坐标系。波矢为 $\boldsymbol{k}=(k_x,k_y,0)$ 的入射光的电场矢量 $\boldsymbol{E}=\{E_x,E_y,0\}$ 在 KDP 晶体中产生极化 $\boldsymbol{P}=\{0,0,P_z(2\omega)\}$

假定只有一束入射光沿着方向 $\boldsymbol{k}$ 传播，它的偏振矢量 $\boldsymbol{E}$ 垂直于单轴双折射晶体的光轴 ($z$ 轴，图 5.109)。在这种情况下，$E_z=0$，$P(2\omega)$ 中唯一不等于零的分量是

$$P_z(2\omega)=2\epsilon_0 d_{36}E_x(\omega)E_y(\omega)$$

它垂直于入射光的偏振面。

**例 5.33**

考虑另一个例子，GaAs 晶体具有 $T_{\mathrm{d}}$ 对称性，其中 $d_{ij}$ 张量为

$$d_{ij}=\begin{pmatrix}0&0&0&d_{14}&0&0\\0&0&0&0&d_{14}&0\\0&0&0&0&0&d_{14}\end{pmatrix}$$

根据式 (5.118)，它给出极化分量

$$P_x=2d_{14}E_yE_z$$
$$P_y=2d_{14}E_zE_x$$
$$P_z=2d_{14}E_xE_y$$

对于沿着 $z$ 方向传播的基波 $(E_x,E_y,0)$ 来说，只有 $P_z$ 分量不等于零。因为二次谐波的传播方向垂直于 $\boldsymbol{P}$，二次谐波信号总是垂直于基波的传播方向 (图 5.110)，不可能高效率地产生二次谐波，所以，这种材料并不适合于产生高次谐波。

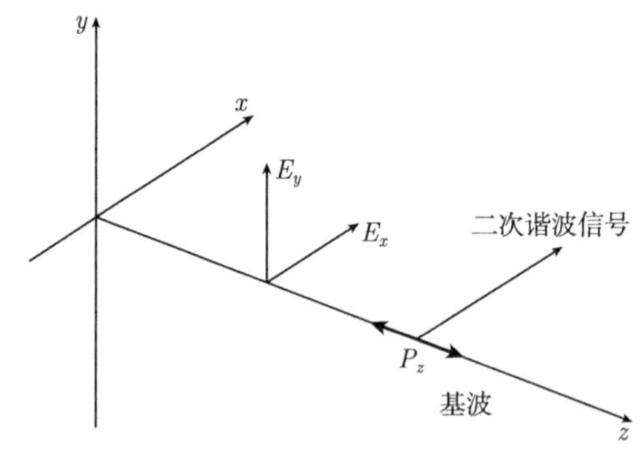


图 5.110　GaAs 晶体中的二次谐波生成，其中，基波和二次谐波的传播方向互相垂直

### 5.8.2　相位匹配

在原子或分子中诱导出来的非线性极化可以用作频率为 $\omega=\omega_1\pm\omega_2$ 的新光源，这种光在非线性介质中的相速度为 $v_{\mathrm{ph}}=\omega/k=c/n(\omega)$。然而，只有当入射光

和极化波的相速度满足匹配条件的时候，非线性介质中不同位置 $(x, y, z)$ 上的原子的微观贡献才能够相加起来、形成可观的强度。也就是说，在泵浦光的某个给定点处，不同位置 $\boldsymbol{r}_i$ 处的原子对极化的贡献 $\boldsymbol{P}_i(\omega_1 \pm \omega_2, \boldsymbol{r}_i)$ 的相位必须相等。在这种情况下，在泵浦光的方向上，振幅 $\boldsymbol{E}_i(\omega_1 \pm \omega_2)$ 可以等相位地相加，强度的增加正比于相互作用区的长度。这个相位匹配条件可以写为

$$\boldsymbol{k}(\omega_1 \pm \omega_2) = \boldsymbol{k}(\omega_1) \pm \boldsymbol{k}(\omega_2) \tag{5.119}$$

可以将它解释为参与混频过程的三个光子的动量守恒律。

相位匹配条件 (式 (5.119)) 如图 5.111 所示。如果三个波矢之间的夹角太大，聚焦光束的重叠区域就变得太小，和频或差频的产生效率就会减小。当这三束光共线传播的时候，重叠程度最大。在这种情况下，$\boldsymbol{k}_1 \parallel \boldsymbol{k}_2 \parallel \boldsymbol{k}_3$，由 $c/n = \omega/k$ 和 $\omega_3 = \omega_1 \pm \omega_2$ 可以得到折射率 $n_1$、$n_2$ 和 $n_3$ 必须满足的条件

$$n_3\omega_3 = n_1\omega_1 \pm n_2\omega_2 \tag{5.120}$$

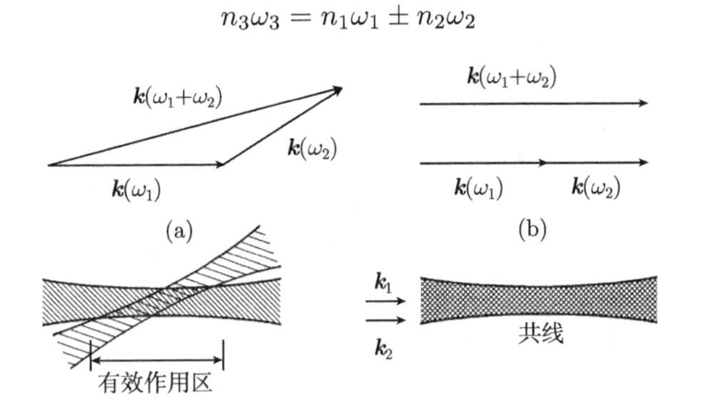


图 5.111 相位匹配条件满足动量守恒律

三束光 (a) 非共线传播；(b) 共线传播

在单轴双折射晶体中，晶体对寻常光和非寻常光具有不同的折射率 $n_{\mathrm{o}}$ 和 $n_{\mathrm{e}}$，能够实现这一条件。寻常光的偏振位于 $x$-$y$ 平面上，与光轴垂直，非寻常光的电场矢量位于光轴与入射光决定的平面内。寻常光折射率不依赖于传播方向，非寻常光折射率 $n_{\mathrm{e}}$ 依赖于 $\boldsymbol{E}$ 和 $\boldsymbol{k}$ 的方向。可以用折射率椭球 (式 (5.116)) 描述折射率 $n_{\mathrm{o}}$ 和 $n_{\mathrm{e}}$ 及其对单轴双折射晶体中传播方向的依赖关系。如果确定了传播方向 $\boldsymbol{k}$，就可以用下述方法给出电磁波 $\boldsymbol{E} = \boldsymbol{E}_0 \cos(\omega t - \boldsymbol{k} \cdot \boldsymbol{r})$ 感受到的折射率 $n_{\mathrm{o}}$ 和 $n_{\mathrm{e}}$(图 5.112(a))：

考虑折射率椭球中法线方向为 $\boldsymbol{k}$ 的一个平面。这个平面与椭球相交形成一个椭圆，它的主轴分别对应于寻常光和非寻常光的折射率 $n_{\mathrm{o}}$ 和 $n_{\mathrm{e}}$。这些主轴随着光轴与波矢 $\boldsymbol{k}$ 的夹角 $\theta$ 的变化关系如图 5.112(b) 所示。如果改变 $\boldsymbol{k}$ 和光轴之间的夹角 $\theta$，$n_{\mathrm{o}}$ 保持不变，而非寻常光的折射率 $n_{\mathrm{e}}(\theta)$ 按照下式变化

$$\frac{1}{n_{\mathrm{e}}^2(\theta)}=\frac{\cos^2\theta}{n_{\mathrm{o}}^2}+\frac{\sin^2\theta}{n_{\mathrm{e}}^2(\theta=\pi/2)} \tag{5.121}$$

如果 $n_{\mathrm{e}} \geqslant n_{\mathrm{o}}$，则单轴晶体被称为正双折射晶体；如果 $n_{\mathrm{e}} \leqslant n_{\mathrm{o}}$，则是负双折射晶体(图 5.113)。在非线性晶体中，如果 $\omega_1$，$\omega_2$ 和 $\omega_1 \pm \omega_2$ 这三束光沿着式 (5.121) 所确定的方向 $\theta$ 在晶体中传播，其中的一束以非寻常光的方式传播，而其他两束以寻常光的方式传播，那么，就有可能满足共线相位匹配条件 (式 (5.120))[5.223]。

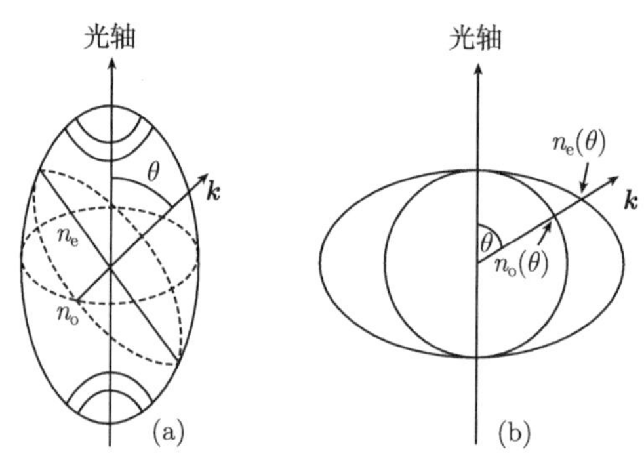


图 5.112 (a) 折射率椭球；在与光传播方向垂直的 $\boldsymbol{k}$ 平面内，光的电场矢量的两个方向上的折射率 $n_{\mathrm{o}}$ 和 $n_{\mathrm{e}}$；(b) $n_{\mathrm{o}}$ 和 $n_{\mathrm{e}}$ 随着波矢 $\boldsymbol{k}$ 和单轴正双折射晶体的光轴之间的夹角 $\theta$ 的变化关系

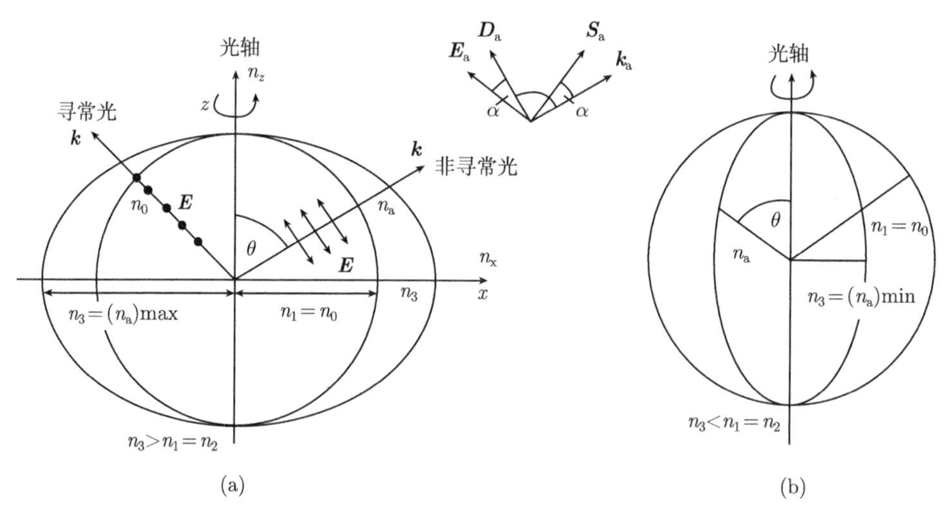


图 5.113 单轴光学晶体的折射率椭球

(a) 正双折射性材料；(b) 负双折射性材料

在 $\omega_1$、$\omega_2$ 和 $\omega_3=\omega_1\pm\omega_2$ 这三束光中，可以根据这些光的具体传播方式 (哪一束光以寻常光或非寻常光的方式传播) 来区分第一类和第二类相位匹配。第一类

相位匹配对应于单轴正双折射晶体中的 $(1\to e, 2\to e, 3\to o)$ 和单轴负双折射晶体中的 $(1\to o, 2\to o, 3\to e)$，而第二类相位匹配则对应于单轴正双折射晶体中的 $(1\to o, 2\to e, 3\to o)$ 和单轴负双折射晶体中的 $(1\to e, 2\to o, 3\to e)$[5.225]。现在用一些具体的例子说明这些一般性的讨论。

### 5.8.3 二次谐波生成

当 $\omega_1=\omega_2=\omega$ 的时候，二次谐波生成的相位匹配条件 (式 (5.119)) 变为

$$k(2\omega)=2k(\omega)\Rightarrow v_{\mathrm{ph}}(2\omega)=v_{\mathrm{ph}}(\omega) \tag{5.122}$$

它要求入射光和二次谐波的相速度必须相等。在负双折射单轴晶体中 (图 5.114)，在与光轴的夹角为 $\theta_{\mathrm{p}}$ 的方向上，如果二次谐波的非寻常光折射率 $n_{\mathrm{e}}(2\omega)$ 等于基波的寻常光折射率 $n_{\mathrm{o}}(\omega)$，就可以满足相位匹配条件。当入射光以寻常光的方式沿着这个方向 $\theta_{\mathrm{p}}$ 通过晶体的时候，$P(2\omega,r)$ 的局部贡献可以同相位地相加，就会以非寻常光的形式在频率 $2\omega$ 处产生一个宏观的二次谐波。这个二次谐波的偏振方向垂直于基波的偏振方向。在单轴正双折射晶体中，当 $\omega$ 的基波以非寻常光的形式通过晶体、而二次谐波 $2\omega$ 以寻常光的形式行进的时候，可以满足第一类相位匹配条件。

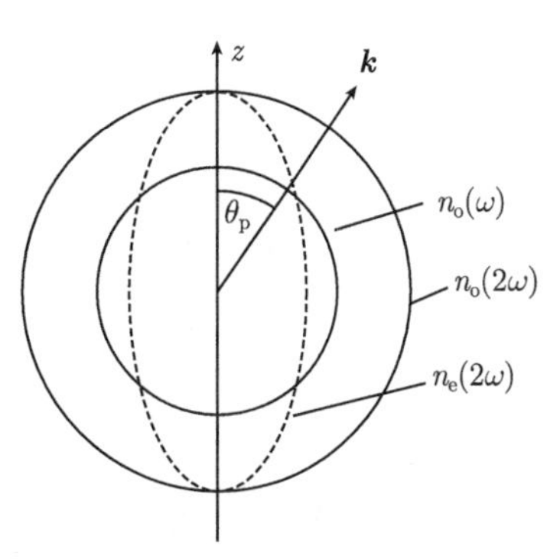

图 5.114 在负双折射单轴晶体中，产生二次谐波的折射率匹配条件

在合适的条件下，可以在 $\theta=90^\circ$ 时达到相位匹配。这种方法的优点是，基波和二次谐波的光束共线地通过晶体，当 $\theta\neq 90^\circ$ 的时候，非寻常光的功率流的方向不同于传播方向 $k_{\mathrm{e}}$，从而减小了两束光的重叠区域。

估计一下微小的相位失配 $\Delta n=n(\omega)-n(2\omega)$ 对二次谐波强度的影响。驱动场 $E_0\cos[\omega t-\boldsymbol{k}(\omega)\cdot\boldsymbol{r}]$ 在 $\boldsymbol{r}$ 处产生的非线性极化 $P(2\omega)$ 可以由式 (5.113) 得到

$$P(2\omega)=\frac{1}{2}\epsilon_0\chi_{\mathrm{eff}}^{(2)}E_0^2(\omega)[1+\cos(2\omega t)] \tag{5.123}$$

这个非线性极化产生了振幅为 $E(2\omega)$ 的光波

$$P(2\omega,r)=E_0(2\omega)\cdot\cos(2\omega t-\boldsymbol{k}(2\omega)\cdot\boldsymbol{r})$$

它在晶体中的相速度是 $v(2\omega)=2\omega/k(2\omega)$。有效非线性系数 $\chi_{\mathrm{eff}}^{(2)}$ 依赖于非线性晶体和传播方向。

假定泵浦光沿着 $z$ 轴传播。在路径长度 $z$ 上，$\omega$ 基波和 $2\omega$ 二次谐波的相位差为

$$\Delta\varphi=\Delta k\cdot z=[2k(\omega)-k(2\omega)]\cdot z$$

如果场振幅 $E(2\omega)$ 总是比 $E(\omega)$ 小很多 (转换效率低)，就可以忽略 $E(\omega)$ 随着 $z$ 增加的减少量。因此，在非线性晶体中，从 $z=0$ 到 $z=L$ 的路径上对 $P(2\omega, z)$ 产生的所有微观贡献 $\mathrm{d}E(2\omega, z)$ 进行积分，就可以得到二次谐波的总振幅。利用 $\Delta k = |2\boldsymbol{k}(\omega) - \boldsymbol{k}(2\omega)|$ 和 $\mathrm{d}E(2\omega)/\mathrm{d}z = [2\omega/\epsilon_0 nc]P(2\omega)$，由式 (5.123) 可以得到[5.225]

$$\begin{aligned} E(2\omega, L) &= \int_{z=0}^{L} \chi_{\text{eff}}^{(2)}(\omega/nc)E_0^2(\omega)\cos(\Delta kz)\mathrm{d}z \\ &= \chi_{\text{eff}}^{(2)}(\omega/nc)E_0^2(\omega)\frac{\sin\Delta kL}{\Delta k} \end{aligned} \tag{5.124a}$$

二次谐波的强度 $I = (nc\epsilon_0/2n)|E(2\omega)|^2$ 就是

$$I(2\omega, L) = I^2(\omega)\frac{2\omega^2|\chi_{\text{eff}}^{(2)}|^2L^2}{n^3c^3\epsilon_0}\frac{\sin^2(\Delta kL)}{(\Delta kL)^2} \tag{5.124b}$$

如果长度 $L$ 大于相干长度

$$L_{\text{coh}} = \frac{\pi}{2\Delta k} = \frac{\lambda}{4(n_{2\omega} - n_\omega)} \tag{5.125}$$

那么，基波 ( $\lambda$) 和二次谐波 ( $\lambda/2$) 的相位差 $\Delta\varphi > \pi/2$，就出现了相消干涉，减小了二次谐波的振幅。因此，折射率差 $n_{2\omega} - n_\omega$ 应该小得足以让相干长度大于晶体的长度 $L$。

根据第 5.8.1 节末尾处的定义，当 $n_\text{e}(2\omega, \theta) = n_\text{o}(\omega)$ 的时候，在单轴负双折射晶体中可以实现第一类相位匹配, 基波和二次谐波的偏振相互垂直。由式 (5.121) 和条件 $n_\text{e}(2\omega, \theta) = n_\text{o}(\omega)$ 可以得出, 相位匹配角 $\theta$ 等于

$$\sin^2\theta = \frac{v_\text{o}^2(\omega) - v_\text{o}^2(2\omega)}{v_\text{e}^2(2\omega, \pi/2) - v_\text{o}^2(2\omega)} \tag{5.126a}$$

对于第二类相位匹配来说，基波的偏振并不在光轴和 $\boldsymbol{k}$ 波矢所定义的平面内，它的传播速度为 $v = c/n_\text{o}$，而速度为 $v = c/n_\text{e}$ 的另一个分量与此平面垂直。此时的相位匹配条件是

$$n_\text{e}(2\omega, \theta) = \frac{1}{2}[n_\text{e}(\omega, \theta) + n_\text{o}(\omega)] \tag{5.126b}$$

非线性介质的选择依赖于泵浦激光的波长及其调节范围 (表 5.7)。为了产生二次谐波，对于 $\lambda = 1\mu\text{m}$ 附近的激光，可以用 $LiNbO_3$ 晶体实现 $90^\circ$ 相位匹配，而对于 $\lambda = 0.5 \sim 0.6\mu\text{m}$ 的染料激光，可以用 KDP 或 ADP 晶体。图 5.115 给出了 KDP 和 $LiNbO_3$ 中寻常光和非寻常光的色散曲线 $n_\text{o}(\lambda)$ 和 $n_\text{e}(\lambda)$，在 $LiNbO_3$ 中，可以实现 $\lambda_\text{p} = 1.06\mu\text{m}$ 的 $90^\circ$ 相位匹配，而在 KDP 中，$\lambda_\text{p} \simeq 515\text{nm}$[5.223]。

表 5.7 用于产生和频或倍频的非线性晶体的特征数据

| 材料 | 透明区间/nm | 类型 I 或 II 相位匹配的光谱范围 | 损伤阈值 /(GW/cm$^2$) | 相对的倍频效率 | 参考文献 |
|---|---|---|---|---|---|
| ADP | 220~2000 | 500~1100 | 0.8 | 1.2 | [5.5] |
| KD*P | 200~2500 | 517~1500(I) | 8.4 | 1.0 | [5.245] |
| | | 732~1500(II) | | 8.4 | |
| Urea | 210~1400 | 473~1400(I) | 1.5 | 6.1 | [5.256] |
| BBO | 197~3500 | 410~3500(II) | 9.9 | 26.0 | [5.229~5.235] |
| | | 750~1500(II) | | | |
| $LiIO_3$ | 300~5500 | 570~5500(I) | 0.06 | 50.0 | [5.257,5.239] |
| KTP | 350~4500 | 1000~2500(II) | 1.0 | 215.0 | [5.255] |
| $LiNbO_3$ | 400~5000 | 800~5000(II) | 0.05 | 105.0 | [5.245] |
| $LiB_3O_5$ | 160~2600 | 550~2600 | 18.9 | 3 | [5.246] |
| $CdGeAs_2$ | 1 ~ 20μm | 2 ~ 15μm | 0.04 | 9 | [5.260] |
| $AgGeTe_2$ | 3 ~ 15μm | 3.1 ~ 12.8μm | 0.03 | 6 | |
| Te | 3.8 ~ 32μm | | 0.045 | 270 | [5.245] |

表 5.8 一些常用的非线性晶体的缩写

| | |
|---|---|
| ADP = Ammonium dihydrogen phosphate 磷酸二氢氨 | $NH_4H_2PO_4$ |
| KDP = Potassium dihydrogen phosphate 磷酸二氢钾 | $KH_2PO_4$ |
| KD*P=Potassium dideuterium phosphate 磷酸二氘钾 | $KD_2PO_4$ |
| KTP = Potassium titanyl phosphate 磷酸钛化钾 | $KTiOPO_4$ |
| $KNbO_3$ = Potassium niobate 铌酸钾 | $KNbO_3$ |
| LBO = Lithium triborate 硼酸锂 | $LiB_3O_5$ |
| $LiIO_3$ = Lithium iodate 碘酸锂 | $LiIO_3$ |
| $LiNbO_3$=Lithium niobate 铌酸锂 | $LiNbO_3$ |
| BBO = Beta-barium borate $\beta$-硼酸钡 | $\beta$-$BaB_2O_4$ |

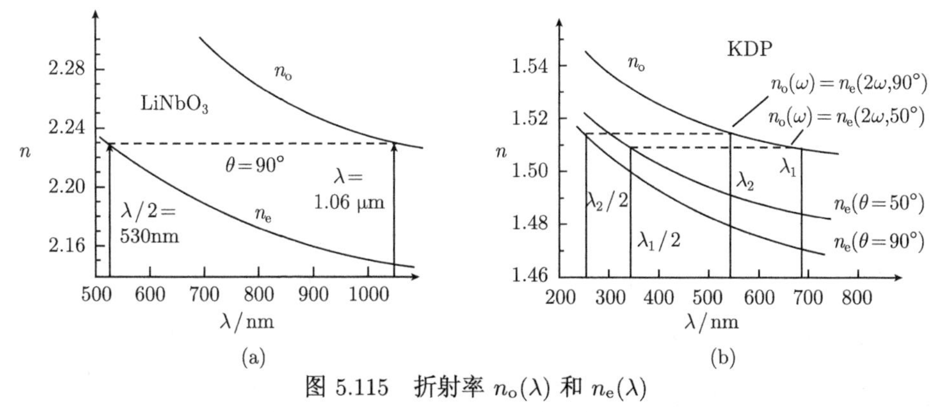


图 5.115 折射率 $n_o(\lambda)$ 和 $n_e(\lambda)$

(a) $LiNbO_3$，$\theta = 90°$ [5.225]；(b) KDP，$\theta = 50°$ 和 $90°$ [5.222]。在 $LiNbO_3$ 中可以实现共线相位匹配，$\theta = 90°$ 和 $\lambda = 1.06\mu m$ ($Nd^+$ 激光)；在 KDP 中，$\theta = 50°$，$\lambda = 694nm$ (红宝石激光) 或 $\theta = 90°$，$\lambda = 515nm$(氩激光)

因为二次谐波的强度 $I(2\omega)$ 正比于泵浦强度 $I(\omega)$ 的平方值，大多数二次谐波生成的工作采用的是脉冲激光器，它可以给出很高的峰值功率。

将泵浦光聚焦到非线性介质上，提高了功率密度，因此就提高了二次谐波效率。然而，因为波矢 $\boldsymbol{k}_\mathrm{p}$ 分布的区间 $\Delta\boldsymbol{k}_\mathrm{p}$ 依赖于发散角，聚焦光束的发散减小了相干长度。这两个效应部分抵消，因此，聚焦透镜有一个最佳焦距，它依赖于折射率 $n_\mathrm{e}$ 的角色散 $\mathrm{d}n_\mathrm{e}/\mathrm{d}\theta$ 以及泵浦光的谱宽 $\Delta\omega_\mathrm{p}$[5.228]。

如果要调节泵浦激光的波长 $\lambda_\mathrm{p}$，可以通过调节晶体相对于泵浦光传播方向 $k_\mathrm{p}$ 的夹角 $\theta$(角度调节)，也可以通过控制温度 (温度调节)，它与温度依赖关系 $\Delta n(T,\lambda) = n_\mathrm{o}(T,\lambda) - n_\mathrm{e}(T,\lambda/2)$ 有关。二次谐波的调节范围 $2\omega \pm \Delta_{2\omega}$ 依赖于泵浦光的调节范围 $(\omega \pm \Delta_{1\omega})$，还依赖于可以实现相位匹配的范围。一般来说，因为相位匹配范围的限制，$\Delta_{2\omega} < 2\Delta_{1\omega}$。利用倍频的脉冲染料激光器和不同的染料，整个调谐范围可以覆盖 $\lambda = 195 \sim 500\mathrm{nm}$。大多数非线性晶体强烈地吸收 220nm 以下的波长，从而降低了损耗阈值，现在能够实现的二次谐波的最短波长为 $\lambda = 200\mathrm{nm}$[5.226~5.232]。

**例 5.34**

图 5.116 给出了磷酸二氢氨 ADP 在 $\theta = 90^\circ$ 时的折射率 $n_\mathrm{o}(\lambda)$ 和 $n_\mathrm{e}(\lambda)$，同时还给出了相位匹配曲线：$\Delta(T,\lambda) = n_\mathrm{o}(T,\lambda) - n_\mathrm{e}(T,\lambda/2) = 0$。这条曲线表明，在 $T = -11^\circ\mathrm{C}$ 的时候，$\lambda = 514.5\mathrm{mm}$ 满足相位匹配条件 $\Delta(T,\lambda) = 0$，因此，$\lambda = 514.5\mathrm{nm}$ 的绿色氩激光谱线满足二次谐波生成的 $90^\circ$ 相位匹配条件。

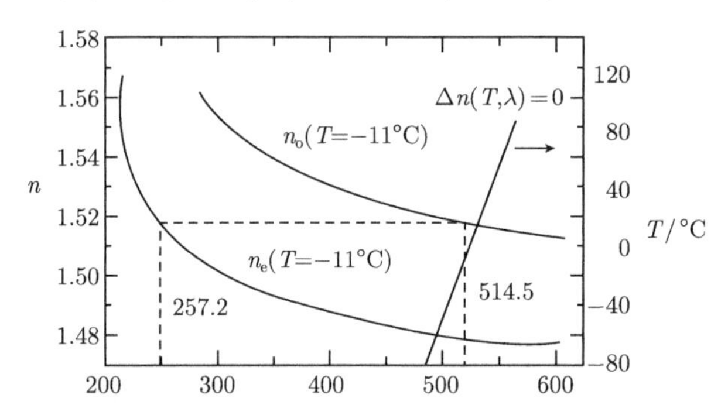


图 5.116　$\theta = 90^\circ$ 时，ADP 中 $n_\mathrm{o}$ 和 $n_\mathrm{e}$ 的波长依赖关系，相位匹配条件 $\Delta n(T,\lambda) = n_\mathrm{o}(T,\lambda) - n_\mathrm{e}(T,\lambda/2) = 0$ 的温度依赖关系

脉冲激光产生的二次谐波的输出功率主要受制于非线性晶体的损伤阈值。一种非常有希望的材料是负单轴 BBO 晶体 ($\beta$-硼酸钡，$\beta$-$BaB_2O_4$)[5.230~5.234] 和硼酸锂 (LBO)，它们的损伤阈值很高，可以在 $205 \sim 3000\mathrm{nm}$ 之间产生二次谐波。

**例 5.35**

BBO 晶体的五个非零的非线性系数是 $d_{11}$、$d_{22}$、$d_{31}$、$d_{13}$ 和 $d_{14}$，其中，最大的

系数 $d_{11}$ 大约比 KDP 晶体的 $d_{36}$ 大 6 倍。BBO 的透射范围是 $195 \sim 3500\text{nm}$。它的光学均匀性很高，双折射性质对温度的依赖性很低，损伤阈值大约是 $10\text{GW/cm}^2$。

第一类相位匹配条件的范围是 $410 \sim 3500\text{nm}$，第二类相位匹配条件的范围是 $750 \sim 1500\text{nm}$。第一类相位匹配的有效非线性系数是

$$d_{\text{eff}} = d_{31}\sin\theta + (d_{11}\cos 3\phi - d_{22}\sin 3\phi)\cos\phi$$

其中，$\theta$ 和 $\phi$ 分别是入射光的 $\boldsymbol{k}$ 矢量与晶体的 $z(=c)$ 轴和 $x(=a)$ 轴的夹角。当 $\phi = 0$ 的时候，$d_{\text{eff}}$ 达到最大值。

利用可见光区的连续染料激光器 (输出功率 $\leqslant 1W$)，倍频通常只能够产生几个毫瓦的紫外功率。将倍频晶体置于激光共振腔中，那里的基波强度大得多，可以显著地提高倍频效率 $\eta = I(2\omega)/I(\omega)$[5.237~5.241]。环形激光共振腔中辅助束腰的位置最适于安放晶体 (图 5.102)。例如，利用共振腔内的 $\text{LiIO}_3$ 晶体，$\lambda/2 = 300\text{nm}$ 处的紫外输出功率已经达到了 $20 \sim 50\text{mW}$[5.239]。

如果必须将染料激光器用于可见光和紫外光谱学，经常需要变动构型，这就有些麻烦，因此，最好是利用外部环形共振腔进行倍频[5.242~5.244]。这个共振腔当然要与染料激光器的波长 $\lambda_{\text{L}}$ 保持共振，因此，在调节染料激光器的时候，必须对波长 $\lambda_{\text{L}}$ 进行反馈控制。

一个例子如图 5.117 所示。为了避免光反射回到激光器中，使用了环形共振腔，将晶体以布儒斯特角放置在共振腔的束腰处。因为 $I(\omega)$ 的增强因子依赖于共振腔激光器，反射镜应该是对基波高反的，输出镜应该对二次谐波具有高透射率。图 5.118 给出了一个精巧的解决方法，只用两个反射镜和一个布儒斯特棱镜就构成了环形共振腔。用压电器件沿着 z 方向移动棱镜，就可以方便地调节共振腔长度。

利用不同的非线性晶体[5.245] 在外腔或内腔中进行倍频的例子还很多，可以在文献 [5.247]~[5.249] 中找到。表 5.7 列出了常用非线性晶体的一些光学性质。

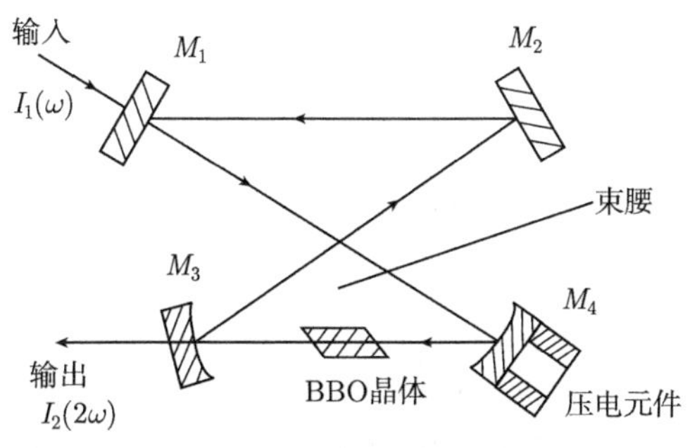


图 5.117 用于高效光学倍频的外部环形共振腔

反射镜 $M_2$ 和 $M_4$ 是高反的，$M_1$ 可以让基波透射，$M_3$ 可以透过二次谐波

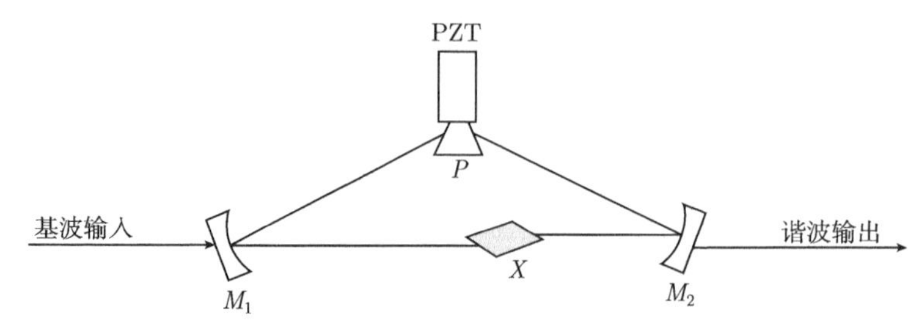


图 5.118　用于光学倍频的环形共振腔，它的调谐范围宽、损耗低、带有像散补偿[5.226]

### 5.8.4　准相位匹配

最近已经开发出了一种新型的光学倍频器件，它由许多层的薄晶片构成，每片晶体的光轴周期性地改变。可以用光刻的方法在晶体的两个侧面制作许多非常微细的电极，然后在较高的温度下给晶体施加空间周期性的电场。这样就会在晶体中产生各向异性的电荷分布 (诱导产生的电偶极矩)，它们确定了晶体的光轴 ( 图 5.119(a))。如果存在一个相位差

$$\Delta k = \frac{2\pi}{\lambda}[n(2\omega) - n(\omega))] \tag{5.127a}$$

经过相干长度

$$L_c = \frac{\pi}{k(2\omega) - 2k(\omega)} = \frac{\lambda}{2[n(2\omega) - n(\omega)]} \tag{5.127b}$$

之后，基波和二次谐波的相位就会相差 π。

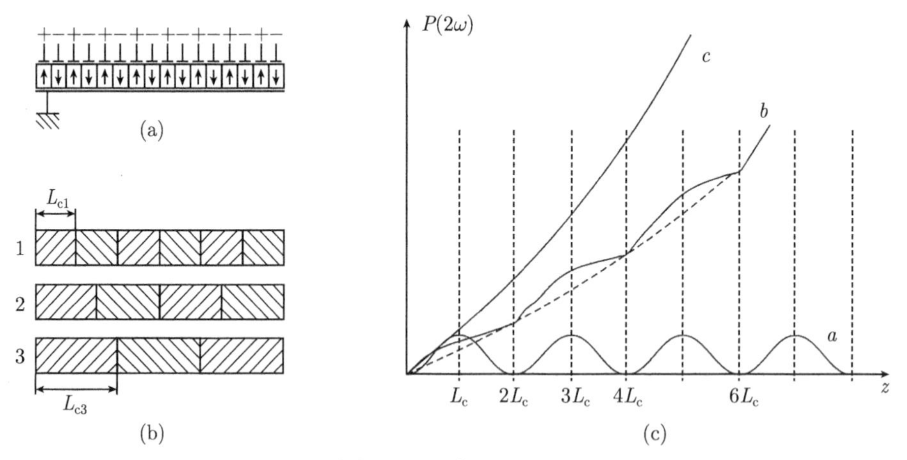


图 5.119　准相位匹配

(a) 周期性极化的晶体取向；(b) 具有不同周期长度的晶体阵列，对于给定波长达到最佳的倍频效率；(c) 二次谐波输出功率随着总长度 $L = n \cdot L_c$ 的变化关系，曲线 $a$ 是相位差别很小的晶体，曲线 $b$ 是周期性极化的晶体，曲线 $c$ 是相位完美匹配的晶体

长度为 $L \gg L_c$ 的非线性晶体给出的二次谐波的输出功率 $P(2\omega)$ 随着传输长度 $z$ 的变化关系如图 5.119(c) 中的曲线 $a$ 所示。经过一个相干长度之后，因为二次谐波与基波的相位相反，就会发生相消干涉，功率又下降了。

然而，长度为 $L = L_c$ 的晶体后面是长度为 $L = 2L_c$ 但光轴方向相反的另一个晶体，所以相位失配就反转了，相位差由 $\pi$ 减小到 $-\pi$。再下一层晶体的取向又和第一个晶体相同，相位差又由 $-\pi$ 增加到 $+\pi$，如此往复。这样给出的二次谐波的输出功率就如图 5.119(c) 中的曲线 $b$ 所示。

为了比较，一个相位完美匹配的长晶体的行为如图 5.119(c) 中的曲线 $c$ 所示。结果表明，准相位匹配器件的输出功率小于完美匹配的晶体，但是远大于相位失配很小的单晶。这种准相位匹配的优点是可以用来倍频的基波具有更宽的光谱范围。

可调谐激光的倍频很难对所有的波长都保持完美的相位匹配；因此，不可避免地会发生相位失配。此外，在晶体的角度调谐中，基波和二次谐波会出现非共线传播，从而限制了相互作用的有效长度，也就限制了倍频的效率。利用恰当设计的准相位匹配器件，可以实现共线的非临界相位匹配，这样就可以实现很长的相互作用距离。此外，基波和二次谐波可以具有相同的偏振，因此，恰当地选择晶片的电光极化，就可以使得倍频的非线性系数达到最大。最大的优点是可调谐范围大，可以使用温度调谐，或者采用一列周期晶片，它们具有不同的晶片厚度 $L = L_c$，从而满足依赖于波长的相位失配 (图 5.119(b))。在后一种情况中，不同的器件都位于同一个芯片上，用一个平移台使之在激光光束中移动。

因为这些原因，现代的非线性倍频或混频器件都是用准相位匹配，光学参量振荡器更是如此[5.251,5.252]。GaAs 的非线性系数很大，透明区很宽 $0.7 \sim 17\mu m$，因此，对于中红外区的可调谐光学参量振荡器来说，它非常有吸引力。现在可以制备具有特定的取向构型的 GaAs，可以用来作为准相位匹配材料。

总结准相位匹配的优点如下：

(a) 双折射晶体严格限制了基波的传播方向和偏振，而准相位匹配可以选择这两个参数，从而获得最大的有效非线性系数 $d_{eff}$。

(b) 基波和谐波的玻印亭矢量具有相同的方向。不像在 $\theta \neq 90°$ 的双折射晶体中那样有走失损耗。

(c) 材料透明区内的任何波长都可以实现相位匹配，而在双折射晶体中，在给定了与光轴有关的特定方向之后，只能在很窄的波长范围内实现相位匹配。

### 5.8.5 和频与高阶谐波的产生

在激光泵浦的染料激光器中，通常用泵浦激光与可调谐染料激光的光学混频来产生可调谐 UV 辐射，而不是用染料激光来进行倍频。这是因为光强 $I(\omega_1 + \omega_2)$ 正比于乘积 $I(\omega_1) \cdot I(\omega_2)$，泵浦激光的光强 $I(\omega_1)$ 更大，可以提高 UV 光强 $I(\omega_1 + \omega_2)$。

此外，通常可以选择频率 $\omega_1$ 和 $\omega_2$ 使得它们满足 90° 相位匹配条件。和频能够覆盖的范围 $(\omega_1+\omega_2)$ 通常要大于二次谐波可能覆盖的范围。波长太短以致不能用倍频方法产生的 UV 光可以用两个不同频率 $\omega_1$ 和 $\omega_2$ 的和频来产生。图 5.120 给出了 KDP 和 ADP 晶体中在室温下满足和频生成的 90° 相位匹配条件的波长组合 $\lambda_1$ 和 $\lambda_2$，以及沿着双轴晶体 KB5 中的 $b$ 轴的情况[5.253]。

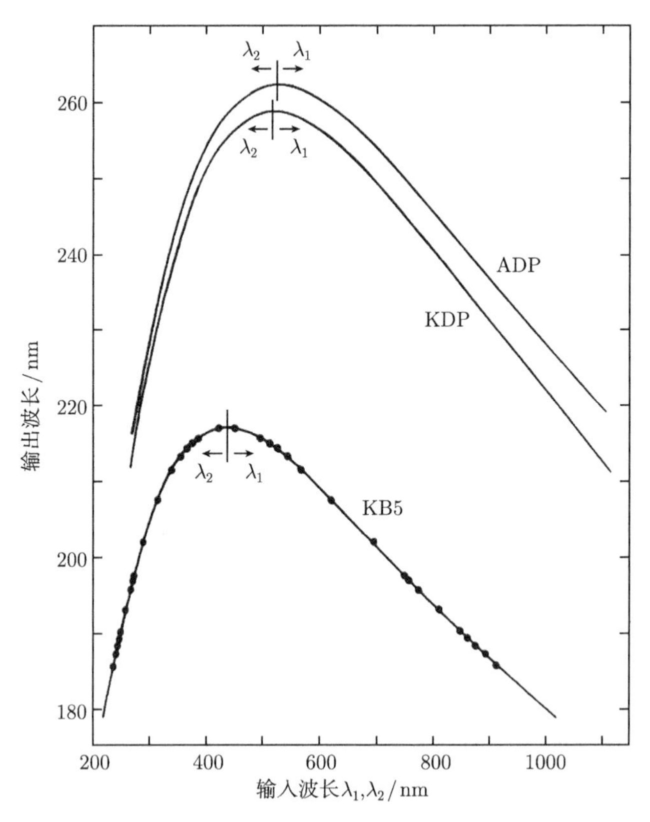


图 5.120　在 ADP、KDP 和 KB5 晶体中，满足和频生成的 90° 相位匹配条件的波长对 $(\lambda_1,\lambda_2)$[5.254,5.259]

下面是一些和频生成技术的实验演示例子[5.254~5.264]。

**例 5.36**

(a) 用 15W 氩激光器的所有谱线泵浦若丹明 6G 染料激光器，后者的输出与同一个氩激光器的选定谱线进行混频 (图 5.121)。叠加后的光束聚焦在恒温的 KDP 晶体上。同时调节染料激光波长和 KDP 晶体的取向，可以实现调谐。利用不同的氩激光谱线和单独一个若丹明 6G 染料激光器，无需更换染料，就可以覆盖 257~320nm 的整个光谱范围[5.254]。

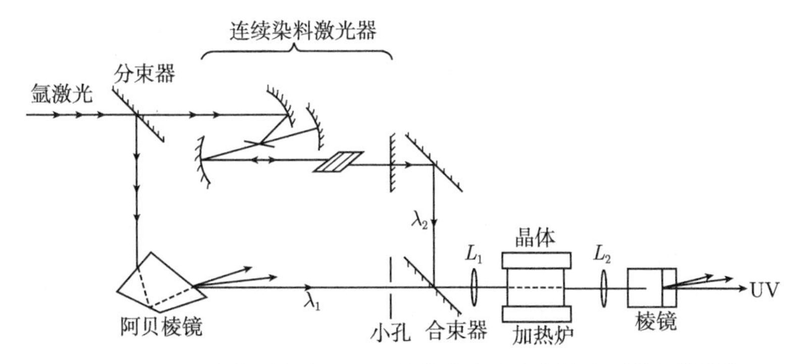


图 5.121 用连续激光在 KDP 晶体中产生和频的实验装置[5.254]

(b) 在温度调节的 90° 相位匹配的 ADP 晶体中，将红宝石激光器的二次谐波输出与由红宝石激光器的基频光泵浦的红外染料激光器的输出进行混频，可以在 240 ~ 250nm 范围内得到可调谐的强辐射[5.253]。

(c) 将 Nd:YAG 激光器输出的基频光与一个倍频染料激光器的输出进行混频，可以在 208nm 和 259nm 之间高效率地产生可调谐的 UV 辐射。利用低温下的 ADP 晶体，可以获得低达 202nm 的波长，因为 ADP 对温度调节特别敏感[5.260]。

(d) 在硼酸锂 (LBO) 非临界相位匹配条件下，$\theta = 90°$，产生的和频可以覆盖很宽的波长范围。由 $\lambda_1 < 220\text{nm}$ 和 $\lambda_2 \geqslant 1064\text{nm}$ 出发，和频光的波长可以达到 $\lambda_3 = (1/\lambda_1 + 1/\lambda_2)^{-1} = 160\text{nm}$。下限决定于 LBO 的透射截止频率[5.262]。

(e) 用 LBO 晶体对掺钛蓝宝石激光器的波长 920 ~ 960nm 进行倍频之后，在另一个 90° 相位匹配的 LBO 晶体中，将二次谐波 $2\omega$ 与基频 $\omega$ 进行混频，可以得到三次谐波 $3\omega$，总效率为 35%，可以在 307 ~ 320nm 之间进行调谐[5.263]。

一种可以在 202nm 附近高效地产生强辐射的新器件如图 5.122 所示。激光二极管泵浦的 Nd:$YVO_4$ 激光经倍频后给出 $\lambda = 532\text{nm}$ 的强光，再用一个位于环形共振腔的 BBO 晶体再次倍频到 $\lambda = 266\text{nm}$。这个共振腔的输出叠加在另一个 $\lambda = 850\text{nm}$ 的增强式共振腔的二极管激光器输出上，通过混频产生 $\lambda = 202\text{nm}$ 的强辐射。这种 202nm 的辐射的偏振垂直于其他两束光的偏振，因此，可以用布儒斯特片将它高效地耦合到共振腔之外[5.264]。

晶体中非线性过程 (二次谐波生成与混频) 的短波极限波长通常决定于晶体的吸收 (透射截止)。

对于更短的波长，可以利用稀有气体与金属蒸气的均匀混合物中的混频或高次谐波生成。在中心对称的介质中，二阶响应率一定是零，因此，不可能有二次谐波生成，但是，所有的三阶过程都可以用来产生可调谐的紫外辐射。恰当地选择稀有气体原子与金属原子的密度比，就可以满足相位匹配条件。用几个例子来说明这种方法。

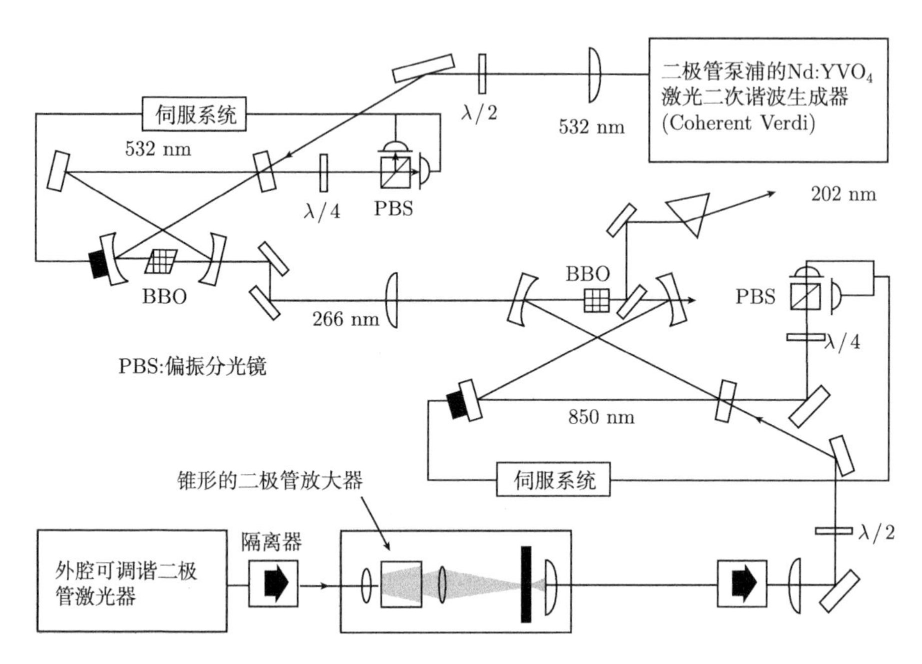


图 5.122　在增强式共振腔中产生低达 $\lambda = 202\text{nm}$ 的和频[5.264]

**例 5.37**

(a) 氙气和铷蒸气的混合气位于热管道中，利用 $\lambda = 1.05\mu m$ 附近的 Nd:YAG 激光谱线，可以生成三次谐波。图 5.123 是氙气和铷蒸气的折射率 $n(\lambda)$ 示意图。恰当地选择密度比 $N(\text{Xe})/N(\text{Rb})$，可以满足相位匹配条件 $n(\omega) = n(3\omega)$，其中，折射率 $n = n(\text{Xe}) + n(\text{Rb})$ 决定于氙气和铷蒸气的密度。图 5.123 表明，这种方法利用铷蒸气的反常色散来补偿氙气的正常色散[5.265]。

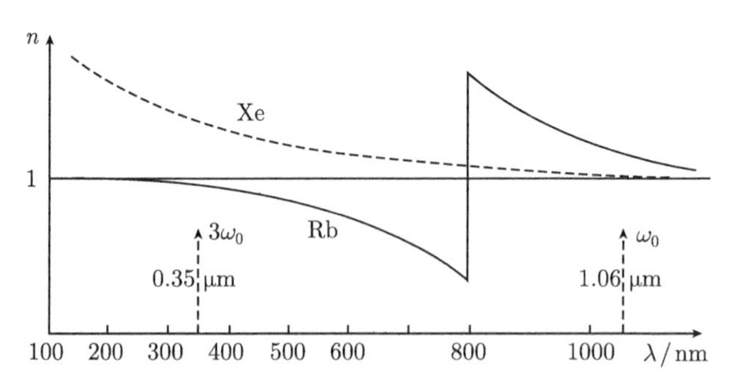


图 5.123　铷蒸气和氙气的折射率 $n(\lambda)$ 示意图，用来说明三次谐波生成的相位匹配条件

(b) 第二个例子是在 110nm 和 130nm 之间产生可调谐的 VUV 辐射，它利用的是氙气–氪气混合物中的相位匹配的和频生成[5.266]。这个光谱范围覆盖了氢的莱

曼 $\alpha$ 谱线，因此，对于等离子体诊断和基础物理学研究非常重要。将 $\omega_{UV}=2\omega_1$ 的倍频染料激光和 $\omega_2$ 处的另一束可调谐染料激光聚焦在样品盒里，样品盒中包含有比例恰当的 Kr/Xe 混合气体。同步地调节 $\omega_2$ 和 Kr/Xe 混合气的比值，就可以调节和频 $\omega_3=2\omega_{UV}+\omega_2$。

因为气体的密度远小于晶体，它的效率 $I(3\omega)/I(\omega)$ 也远小于晶体。然而，它不像晶体那样有短波极限，因此，光学混频能够达到的光谱范围可以扩展到 VUV 区域[5.267]。

共振增强可以显著地增大效率，例如用一个共振双光子跃迁 $2\hbar\omega_1=E_1\rightarrow E_k$ 作为产生和频 $\omega=2\omega_1+\omega_2$ 的第一步。一个早期的实验证明了这一点，如图 5.124 所示。用 $N_2$ 激光器泵浦两台染料激光器，后者的输出的偏振相互垂直的光束重叠在一个 Glan-Thompson 棱镜上。频率为 $\omega_1$ 和 $\omega_2$ 的两束光共线地聚焦在一个包含有金属原子蒸气的热管里。一束激光的频率固定在双光子跃迁的一半频率处，另一束激光可以调谐。染料激光器的调谐范围位于 700nm 和 400nm 之间，可以用不同的染料来实现。产生的可调谐 VUV 辐射的频率 $\omega=2\omega_1+\omega_2$ 可以在很大的范围内调谐。利用圆偏振的 $\omega_1$ 和 $\omega_2$ 辐射，可以避免在这个实验中生成三次谐波，因为在这种条件下，各向同性的介质不能够满足三次谐波生成所要求的角动量守恒条件。和频 $\omega=2\omega_1+\omega_2$ 对应的能级位于电离极限之上[5.268~5.272]。

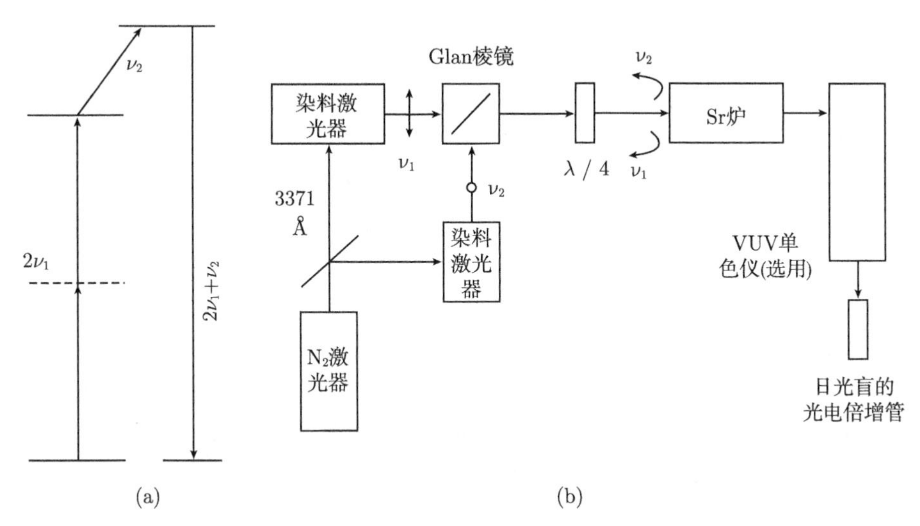


图 5.124 利用金属蒸气中的共振和频混频，可以产生可调谐的 VUV 辐射

(a) 能级结构示意图；(b) 实验装置

当波长小于 120nm 的时候，所有的材料都吸收这种辐射，因此，不能够使用窗口，需要小孔和差分泵浦。一种精巧的解决方法是在脉冲激光喷流中产生 VUV

光 (图 5.125)，想要的分子在入射激光焦点内的密度可以很大，但又不会吸收太多的 VUV 辐射，因为分子密度被限制在限于靠近喷嘴的分子喷流的很短的一段路径上[5.273~5.278]。可调谐染料激光器的输出光在一个 BBO 晶体中倍频。它的 UV 辐射聚焦在气体喷流中，在那里发生三倍频。用一面抛物镜准直 VUV 辐射，将它成像在同一个真空腔中的另一束分子束上，在那里进行实验。

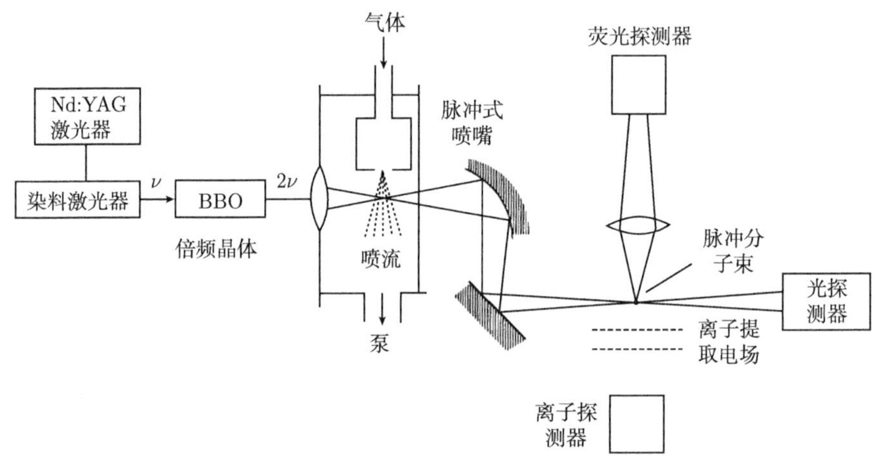


图 5.125　利用喷流中的混频过程，可以产生 VUV 辐射[5.273]

Merkt 及其合作者开发了一种强相干光源，即一套可调谐的、窄带宽的、傅里叶变换限制的全固态真空紫外 (VUV) 激光系统[5.261]。它的带宽小于 100MHz，调谐范围覆盖了 $120,000\text{cm}^{-1}$ (15eV) 附近的很宽一段光谱。重复频率为 20Hz，每个光脉冲有 $10^8$ 个光子，对应的每个脉冲的能量是 0.25nJ，脉冲宽度为 10ns，峰值功率为 25mW，平均功率为 5nW。对于 $\lambda = 80\text{nm}$ 的 VUV 短波长来说，这是非常了不起的，足以用来做许多种 VUV 实验。

其原理如图 5.126 所示，系统包括两台连续掺钛蓝宝石近红外单模环形腔激光器，波数为 $\nu_1$ 和 $\nu_2$。用一个纳秒泵浦激光脉冲放大这些激光器的输出光，在近红外区域产生一个傅里叶限制的放大脉冲。在 Xe 原子超声喷流中，通过共振增强的混频过程产生波数为 $\nu_{\text{VUV}} = 2(\nu_3) + \nu_2$ 的可调谐的 VUV 辐射，它利用 $2\nu_3 = 80,119\text{cm}^{-1}$ 处的双光子共振过程 $(5\text{p})^6\text{S}_0 \rightarrow (5\text{p})5^6\text{p}(1/2)$ $(J = 0)$。激光脉冲相继通过 KDP 和 BBO 晶体，产生 $\nu_1$ 的三倍频，波数为 $\nu_3 = 3\nu_1$。虽然波数 $\nu_3$ 是固定不变的，红外波数 $\nu_2$ 可以在 $12,000 \sim 13,900\text{cm}^{-1}$ 之间调节，因此 VUV 波数可以在 $1900\text{cm}^{-1}$ 附近调谐。

利用非线性混频技术产生 VUV 辐射的更多细节，请参见文献 [5.262]~[5.281]。

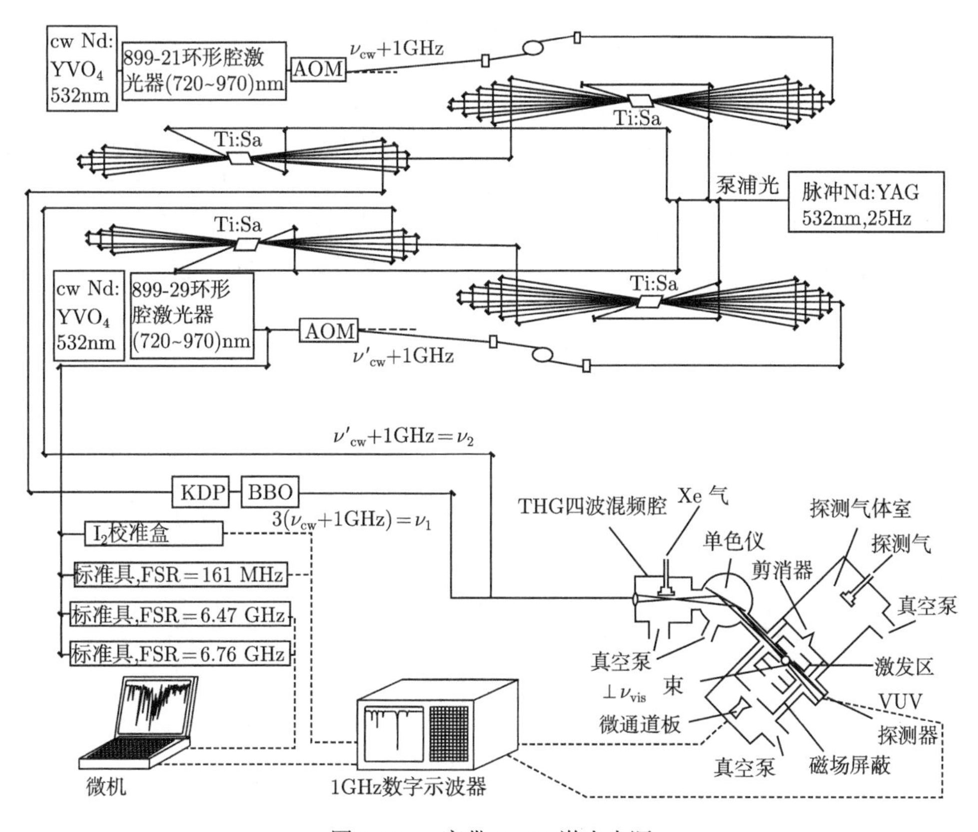


图 5.126 窄带 VUV 激光光源

上方：由两台连续环形腔掺钛蓝宝石激光器产生放大后的近红外 (NIR) 脉冲，这两台激光器都带有多次通过的脉冲放大装置，中间：用于产生和频的 KDP 和 BBO 晶体；下方：用 Xe 喷流产生 UV 辐射[5.280]

### 5.8.6 X 射线激光器

原子、分子和固体物理学中的许多问题都需要可调谐的强 X 射线源，例如，原子和分子的内壳层激发，多电荷离子的光谱学。到目前为止，只能够利用 X 射线管或同步辐射来满足部分需求。因此，制备光谱范围在 100nm 以下的激光器非常有用。

根据式 (2.22)，自发跃迁几率 $A_i$ 正比于发光频率的三次方 $\nu^3$。因此，荧光引起的上能级粒子数 $N_i$ 的损耗就正比于 $A_i h\nu \propto \nu^4$！也就是说，需要高泵浦功率来实现粒子数反转。因此，只有脉冲式的工作模式才有可能实现，利用高峰值功率的超短激光脉冲来作为泵浦源。X 射线激光器的可能的增益介质是高度激发的多电荷离子，可以在激光诱导的高温等离子体中生成 (图 5.127)。如果用柱透镜将泵浦激光束聚焦在目标之上，就会在焦线上产生高温等离子体。等离子体火焰中原子核

电荷为 $z \cdot e$ 的 $q$ 次电离的成分与电子结合并形成离子的里德伯态，它带有的电子电荷为 $Q_{\mathrm{el}} = -(z-q+1)$。在条件有利的情况下，这些高里德伯能级上的占据数大于该离子低能级上的占据数，因此就实现了粒子数反转 (图 5.128)。实现粒子数反转从而可以放大 $X$ 射线辐射的条件，只能在非常短的时间内保持 (皮秒的量级)。

类镍的钯离子 $Pd^{18+}$ 中的 X 射线放大如图 5.128 所示，其中，太瓦激光脉冲在钯表面产生了热等离子体。将电子与高度电离的钯离子结合起来，就可以在 $Pd^{18+}$ 的两个里德伯态之间形成粒子数反转，从而在 $\lambda = 14.7\mathrm{nm}$ 处产生强激光谱线[5.274,5.275]。

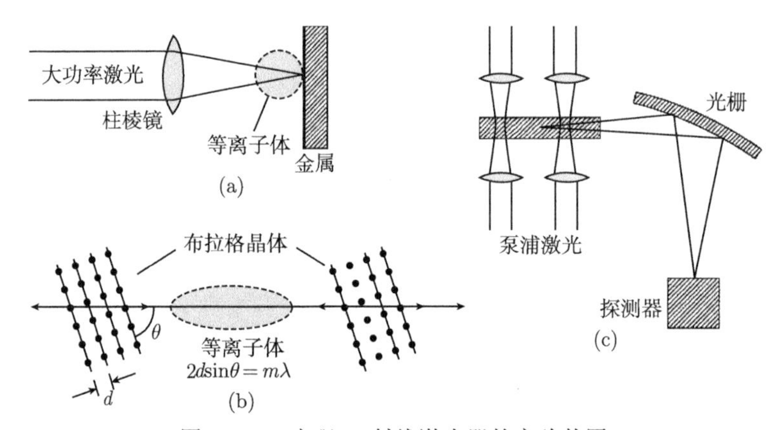


图 5.127　实现 X 射线激光器的实验装置

(a) 产生高温等离子体；(b) 利用晶体的布拉格反射制备 X 射线的共振腔；

(c) 测量单次通过的增益和谱线变窄

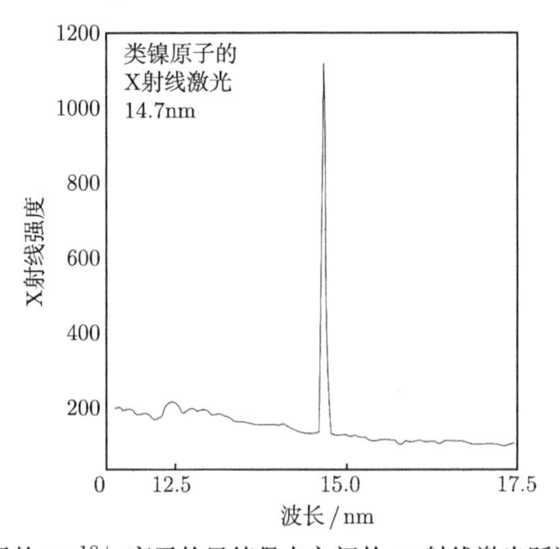


图 5.128　类镍原子的 $Pd^{18+}$ 离子的里德堡态之间的 X 射线激光跃迁的发射谱线[5.274]

产生粒子数反转的一种有效方法是使用双脉冲[5.276]，其中，第一个脉冲加热一个薄金属箔并使之爆炸，产生热等离子体。第二束脉冲进一步电离等离子体，产生高度电离的离子，后者再与电子复合，从而在两个里德堡能级之间产生粒子数反转 (图 5.129)。

为了提高 20nm 以下的 X 射线激光器的效率，采用掠入射的泵浦方式，有可能利用能量小于 150mJ 的泵浦脉冲产生粒子数反转[5.276]，如图 5.130 所示。为了产生最佳的增益区，先用激光脉冲在平面靶材上产生等离子体。然后，另一束脉冲 (1ps，$\lambda = 800$nm) 以掠射角入射，强烈地加热这个增益区，产生高效的轴向 X 射线激射。

已经实现了这类软 X 射线激光器[5.277~5.284]。目前报道的最短波长是 6nm[5.283]。可以用布拉格反射器构成 X 射线激光器的共振腔，它由适当的晶体构成，倾斜晶体使之满足布拉格条件 $2d\sin\theta = m\lambda$，让距离为 $d$ 的晶面反射的分波发生相长干涉 (图 5.127(b))。

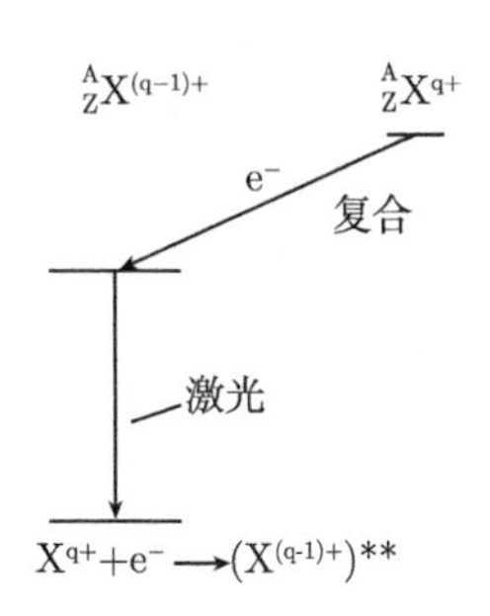


图 5.129 利用离子–电子复合过程产生粒子数反转的能级示意图

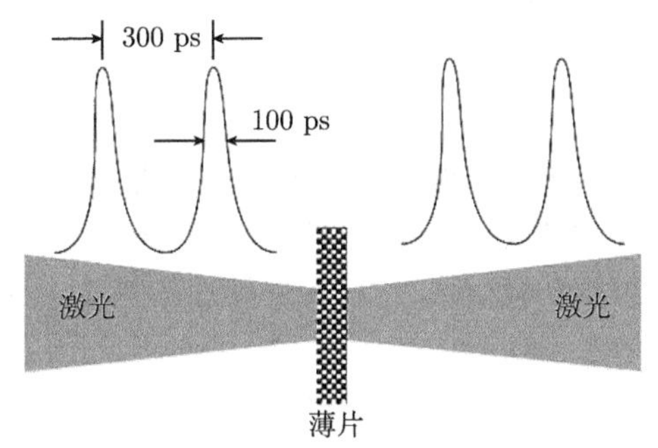


图 5.130 双脉冲电离方法：第一个脉冲产生等离子体，第二个脉冲使得等离子体进一步电离[5.276]

另一种实现相干 X 射线辐射的方法利用大功率飞秒激光脉冲产生高次谐波 (第 2 卷第 6 章)。关于这一主题的更多信息，请参见文献 [5.282]~[5.289]。

### 5.8.7 差频光谱仪

利用可见光区的两束激光进行混频，可以产生和频光、得到可调谐的紫外辐射，而相位匹配地产生差频可以用来制作可调谐的相干红外光源。一个早期的例子是 Pine 的差频光谱仪[5.290]，它在高精度的红外光谱学中非常有用。

两束共线光束分别来自于一台稳定的单模氩激光器和一台可调谐的单模染料激光器，它们在一个 $LiNbO_3$ 晶体上混合 (图 5.131)。对于共线光束的 90° 相位匹配来说，相位匹配条件

$$k(\omega_1 - \omega_2) = k(\omega_1) - k(\omega_2)$$

可以写为 $|k(\omega_1-\omega_2)|=|k(\omega_1)|-|k(\omega_2)|$，当折射率为 $n=c(k/\omega)$ 的时候，它给出关系式

$$n(\omega_1-\omega_2)=\frac{\omega_1 n(\omega_1)-\omega_2 n(\omega_2)}{\omega_1-\omega_2} \tag{5.128}$$

调节染料激光器和 $LiNbO_3$ 晶体的相位匹配温度 ($-0.12°C/cm^{-1}$)，可以覆盖 2.2 ~ 4.2μm 的整个光谱范围。根据式 (5.114) 和式 (5.124b)，红外光功率正比于入射激光功率的乘积，还正比于相干长度的平方值。对于典型的工作功率，氩激光器是 100mW，染料激光器是 10mW，可以得到几个微瓦的红外辐射。这是标准红外探测器的输入噪音等效功率的 $10^4$ 倍到 $10^5$ 倍。

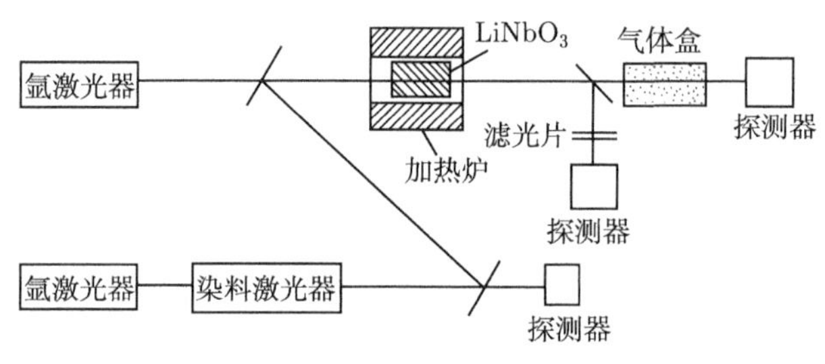


图 5.131　差频光谱仪[5.291]

红外辐射的谱线宽度决定于两束泵浦激光的谱线宽度。泵浦激光经过频率稳定后，可以为差频光谱仪提供几兆赫兹的线宽。经过校准、检测、漂移补偿并对差分光谱仪实施绝对稳定化措施之后，它可以连续地扫描 $7.5cm^{-1}$，重复稳定度优于 10MHz[5.291]。

基于 $AgGaS_2$ 晶体中的差频生成的连续激光光谱仪已经实现了很宽的调谐范围。用两台单模可调谐染料激光器的输出进行混频，在 4 ~ 9μm 的光谱范围内产生了高达 250μW 的红外光功率 (图 5.132)[5.293]。更有希望的是用两台可调谐二极管激光器进行差频生成 (图 5.133)，可以用来制备非常紧凑而且便宜得多的差频光谱仪[5.293~5.295]。

P. Hering 及其小组制作了一台简单的、可携带的差频生成光谱仪，用于痕量气体的实地分析[5.296]。

利用周期性极化的 $LiNbO_3$ 波导结构中的准相位匹配，制备出了 1.5μm 附近可调谐的高输出功率的差频生成器件[5.297]，用 $\lambda=748nm$ 的掺钛蓝宝石激光器与可调谐掺铒光纤激光器的输出光在非线性晶体上进行混频。

远红外区的可调谐光源特别令人感兴趣，这里没有微波发生器，而非相干光源的强度非常弱。选择适当的晶体，如 $Ag_3AsS_3$、$LiNbO_3$ 或 GaAs，可以在中红外区满足相位匹配条件，用 $CO_2$ 激光和自旋翻转拉曼激光满足产生差频。寻找新的非线性材料，将会提升整个红外区内的光谱技术水平[5.298]。

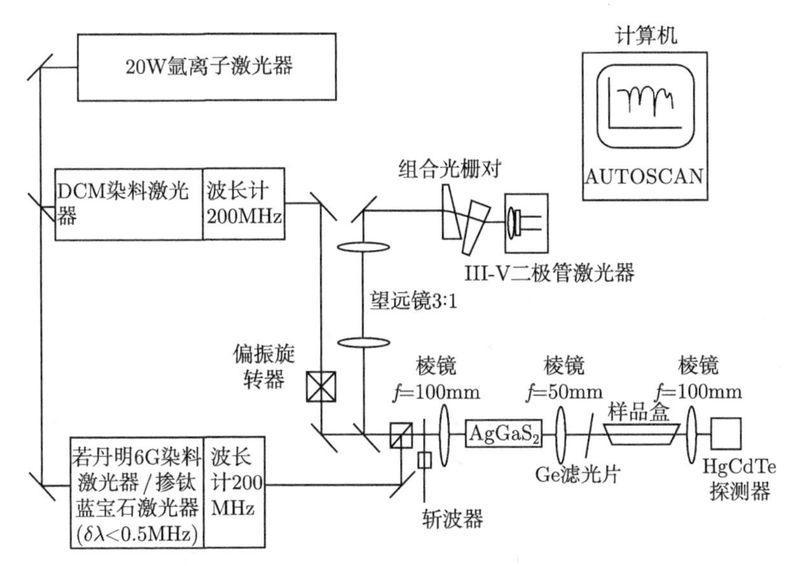


图 5.132 差频光谱仪：在非线性晶体 $AgGaS_2$ 上，令掺钛蓝宝石环形腔连续激光器和单一频率的 III-V 二极管激光器的输出光进行混频[5.292]

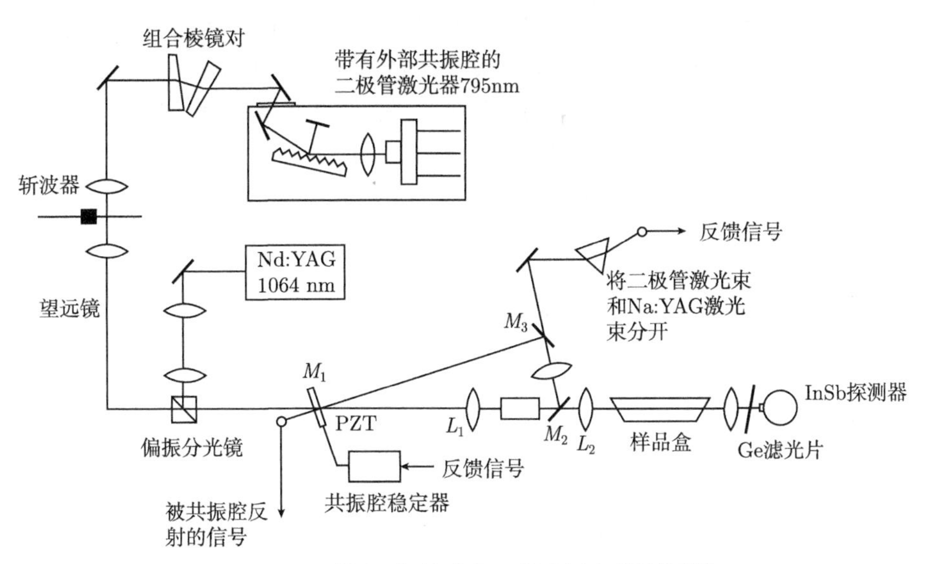


图 5.133 利用二极管激光器的差频光谱计[5.258]

一种非常有用的频率混合器件是 MIM 二极管 (第 4.5.2 节)，它可以用差频产生的方式实现连续可调谐 FIR 辐射，从微波区域 (GHz) 覆盖到亚毫米区 (THz)[5.299~5.301]。它有一个特殊形状的钨丝，该钨丝带有非常尖锐的针尖，用它戳一下镍表面，从而让它覆盖上一薄层氧化镍 (图 4.97)。如果频率分别为 $\nu_1$ 和 $\nu_2$ 的两束激光都聚焦在接触点上 (图 5.134)，二极管的非线性响应就会引起混频。钨丝起到了天线的作用，将差频 $\nu_1 - \nu_2$ 的电磁波发射到对应于天线瓣的一个窄小立体角里。用抛物镜准直这些电磁波，这个抛物镜的焦点位于二极管上。

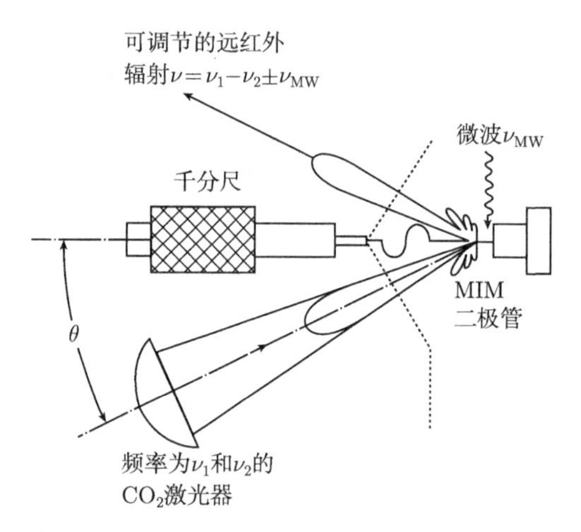


图 5.134　利用两束 $CO_2$ 激光和 MIM 二极管的微波，可以产生可调谐的远红外辐射

利用同位素混合比不同的 $CO_2$ 激光器，在 $9 \sim 10\mu m$ 的光谱范围内，可以实现几百种不同的激光振荡。可以在压强展宽的增益谱线内精细地调节这些激光振荡，因此，它们的差频覆盖了几乎全部的远红外光谱区，只有很小的几个间隙。将可调谐的微波发生器所发出的辐射聚焦到 MIM 混频二极管上，就可以覆盖这些间隙。连续可调谐的准直相干辐射的频率为

$$\nu = \nu_1 - \nu_2 \pm \nu_{MW}$$

它可以用于远红外区的吸收光谱学[5.301,5.302]。

### 5.8.8　光学参量振荡器

光学参量振荡器 (OPO)[5.303~5.310] 基于的是强泵浦光 $E_p \cos(\omega_p t - \boldsymbol{k}_p \cdot \boldsymbol{r})$ 与非线性响应率足够大的晶体中的分子之间的参量相互作用。可以把这种相互作用描述为分子引起的泵浦光子 $\hbar\omega_p$ 的非弹性散射，它吸收了一个泵浦光子，产生了两个新光子 $\hbar\omega_s$ 和 $\hbar\omega_i$。因为能量守恒，频率 $\omega_i$ 和 $\omega_s$ 与泵浦频率 $\omega_p$ 的关系是

$$\omega_p = \omega_i + \omega_s \tag{5.129}$$

与产生和频类似，参量生成的光子 $\omega_i$ 和 $\omega_s$ 也可以构成宏观的光波，只要能够满足相位匹配条件

$$\boldsymbol{k}_p = \boldsymbol{k}_i + \boldsymbol{k}_s \tag{5.130}$$

可以将这个条件视为参量过程涉及的三个光子的动量守恒关系。简单地说，参量生成过程将一个泵浦光子劈裂为两个光子，它们在非线性晶体中的每一点都满足能

量守恒和动量守恒。对于给定波矢 $\boldsymbol{k}_{\mathrm{p}}$ 的泵浦光，在无穷多种满足式 (5.129) 的可能组合 $\omega_1+\omega_2$ 中，相位匹配条件 (式 (5.130)) 选出一对光子 $(\omega_i,\boldsymbol{k}_i)$ 和 $(\omega_s,\boldsymbol{k}_s)$，它们取决于非线性晶体相对于 $\boldsymbol{k}_{\mathrm{p}}$ 的取向。产生的两个宏观光波 $E_s\cos(\omega_s t-\boldsymbol{k}_s\cdot\boldsymbol{r})$ 和 $E_i\cos(\omega_i t-\boldsymbol{k}_i\cdot\boldsymbol{r})$ 被称为信号光和闲置光。共线相位匹配可以最有效地产生参量光子，其中，$\boldsymbol{k}_{\mathrm{p}}\parallel\boldsymbol{k}_i\parallel\boldsymbol{k}_s$。在这种情况下，折射率之间的关系式 (5.120) 给出

$$n_{\mathrm{p}}\omega_{\mathrm{p}}=n_s\omega_s+n_i\omega_i \tag{5.131}$$

如果泵浦光是非寻常光，如果式 (5.121) 定义的 $n_{\mathrm{p}}(\theta)$ 位于 $n_{\mathrm{o}}(\omega_{\mathrm{p}})$ 和 $n_{\mathrm{e}}(\omega_{\mathrm{p}})$ 之间，在与光轴夹角为某个 $\theta$ 的范围内，可以实现共线相位匹配。

信号光和闲置光的增益依赖于泵浦光强和有效非线性响应率。类似于和频或差频的产生，可以将 $\varGamma=I_s/I_{\mathrm{p}}$ 或 $I_i/I_{\mathrm{p}}$ 定义为单位长度上的参量增益系数，

$$\varGamma=\frac{\omega_i\omega_s|d|^2|E_{\mathrm{p}}|^2}{n_i n_s c^2}=\frac{2\omega_i\omega_s|d|^2 I_{\mathrm{p}}}{n_i n_s n_{\mathrm{p}}\epsilon_0 c^3} \tag{5.132}$$

它正比于泵浦光强 $I_{\mathrm{p}}$ 和有效非线性响应率的平方值 $|d|=\chi_{\mathrm{eff}}^{(2)}$。当 $\omega_i=\omega_s$ 的时候，式 (5.132) 与式 (5.124b) 中的二次谐波生成的增益系数完全相同。

将非线性晶体置于共振腔中，用入射光 $E_{\mathrm{p}}$ 进行泵浦，当增益超过总损耗的时候，闲置光或信号光就会振荡起来。光学共振腔可能与闲置光和信号光都共振 (双共振振荡器)，也有可能只和一个光共振 (单共振振荡器)[5.307]。通常，为了增大 $I_{\mathrm{p}}$ 和增益系数 $\varGamma$，共振腔也和泵浦光共振。

图 5.135 给出了一个共线式光学参量振荡器的实验装置示意图。因为要求的增

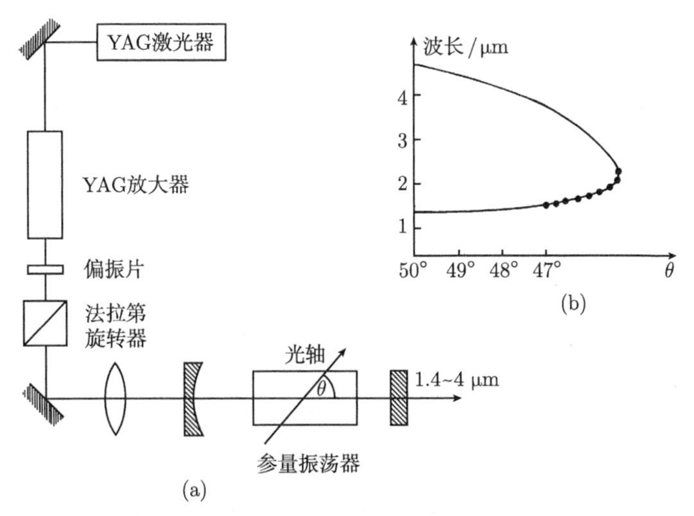


图 5.135　光学参量振荡器

(a) 实验装置示意图；(b) 在共线相位匹配条件下，$LiNbO_3$ 中闲置光和信号光的波长对 $(\lambda_1,\lambda_2)$ 随角度 $\theta$ 的变化关系[5.305]

益更大，通常使用脉冲工作模式，泵浦源是一个 Q 开关激光器。当增益等于信号和闲置光损耗的乘积的时候，就达到了双共振振荡器的阈值。如果共振腔反射镜对于信号和闲置光的反射率都非常高、损耗都很小，那么连续参量振荡器也可能达到阈值[5.311]。单共振光学腔对非共振光的损耗很大，阈值也就会增大。

**例 5.38**

在 $\lambda_p = 0.532\mu m$ 处泵浦 5cm 长、90° 相位匹配的 $LiNbO_3$ 晶体，双共振的共振腔在 $\omega_i$ 和 $\omega_s$ 处的损耗为 2%，泵浦功率的阈值是 38mW。对于单共振的共振腔，阈值增大了 100 倍，达到 3.8W[5.308]。

旋转晶体或者控制晶体的温度，可以调节光学参量振荡器。用 Q 开关 Nd:YAG 激光器的倍频的不同波长泵浦 $LiNbO_3$ 光学参量振荡器，它的调节范围大约是 $0.55 \sim 4\mu m$。只需将晶体旋转 4°，就可以覆盖 $1.4 \sim 4.4\mu m$ 的范围 (图 5.135(b))。不同泵浦波长下 $LiNbO_3$ 产生的闲置光和信号光的温度调谐曲线如图 5.136 所示。角度调谐的优点在于调谐速度比温度调谐快。

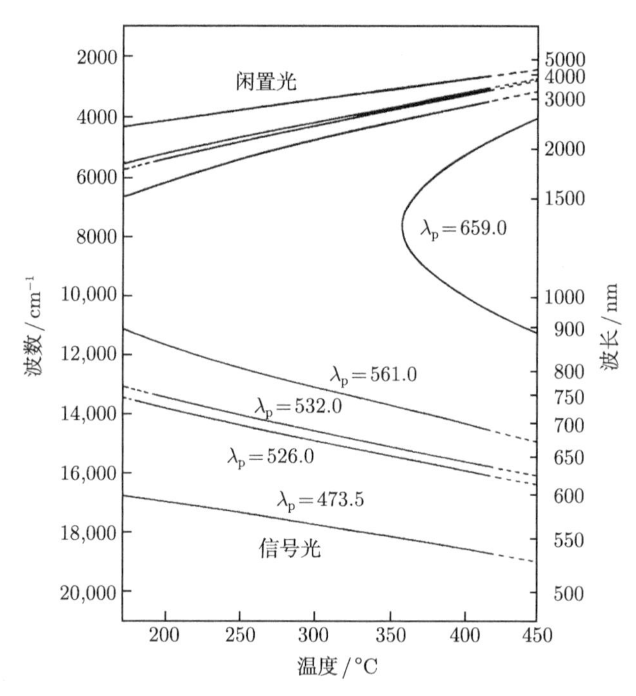


图 5.136　在不同波长泵浦的 $LiNbO_3$ 光学参量振荡器中，信号光和闲置光波长的温度调节曲线[5.307]

以前，光学参量振荡器的一个缺点是非线性晶体的损伤阈值比较低。损伤阈值高、非线性系数大、透射光谱范围宽的先进材料极大地促进了宽带可调谐的稳定的光学参量振荡器的发展[5.309]。例如，$\beta$-硼酸钡 (BBO) 和硼酸锂 (LBO)[5.310]。为了说明这个很宽的调谐范围，图 5.137 给出了不同泵浦波长下 BBO 光学参量振荡器的波长调谐范围。

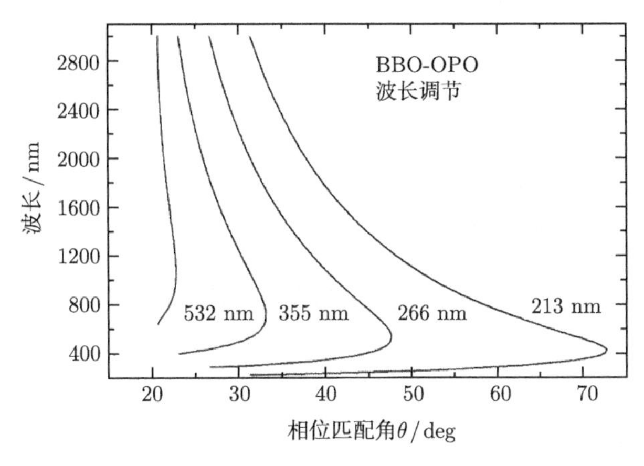


图 5.137 对于不同的泵浦波长 $\lambda_p$，BBO 晶体中信号光和闲置光的波长随着相位匹配角 $\theta$ 的变化关系[5.310]

因为调谐曲线的斜率不同，如图 5.136 和 5.137 所示。光学参量振荡器的带宽依赖于共振腔的参数、泵浦激光的线宽、泵浦功率以及波长，典型的带宽是 $0.1 \sim 5\text{cm}^{-1}$。详细的谱性质依赖于泵浦光的纵向模式结构，还依赖于闲置光和信号光驻波的共振腔模式间隔 $\Delta\nu = (c/2L)$。对于单共振的振荡器来说，共振腔只能调节到一个频率，而非共振频率可以调节得满足 $\omega_p = \omega_i + \omega_s$。有几种不同的方法可以减小光学参量振荡器的带宽。在单共振的光学共振腔中放置一个倾斜的标准具，就可以实现单模工作。频率稳定性已经达到了几兆赫兹[5.312]。另一种方法是注入种子光。例如，将单模 Nd:YAG 泵浦激光光束注入到光学参量振荡器的共振腔中，可以实现单模工作[5.313]。利用单模连续染料激光器作为种子光注入光源，已经实现了线宽小于 500MHz 的可调谐脉冲光学参量振荡器。种子的功率只需 0.3mW(! )，就可以让单模光学参量振荡器稳定地工作。利用双共振的共振腔可以降低泵浦阈值。然而，图 5.135 中的简单共振腔不能够和两个不同的波长保持共振，如果要求这两个波长可以调谐的话。图 5.138 中的三反射镜的共振腔可以解决这个问题。因为泵浦光和闲置光的偏振通常是相互垂直的，一个偏振分光镜 PBS 可以分离这两束光，使得它们在共振腔 $M_1M_2$ 或 $M_3M_2$ 中增强。用一个染料激光器作为泵浦光源，在调节泵浦光波长 $\lambda_p$ 的时候，用压电元件控制两个腔使得它们保持共振[5.315]。频率稳定性可以小于 1kHz[5.316]。利用周期性极化 $LiNbO_3$(PPLN) 晶体的准相位匹配，可以增大共线式相位匹配相位匹配的调谐范围 (图 5.139)。现在，连续光学参量振荡器已经有了商业化产品[5.317]。

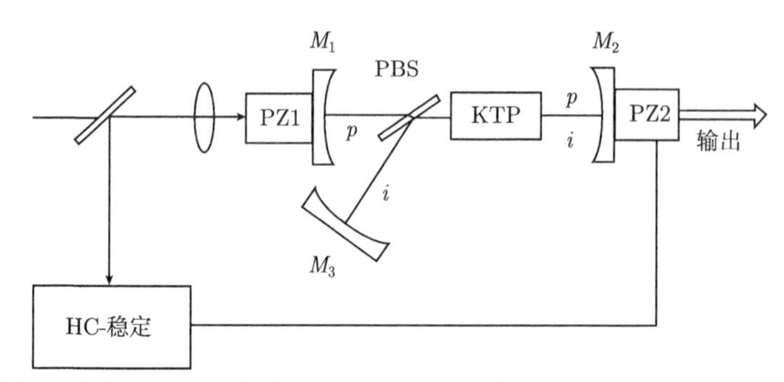


图 5.138　用于可调谐连续光学参量振荡器的三个反射镜的共振腔，与泵浦光和闲置光共振，包括偏振分光镜和分别控制的腔长 $\overline{M_1M_2}$ 和 $\overline{M_3M_2}$[5.315]

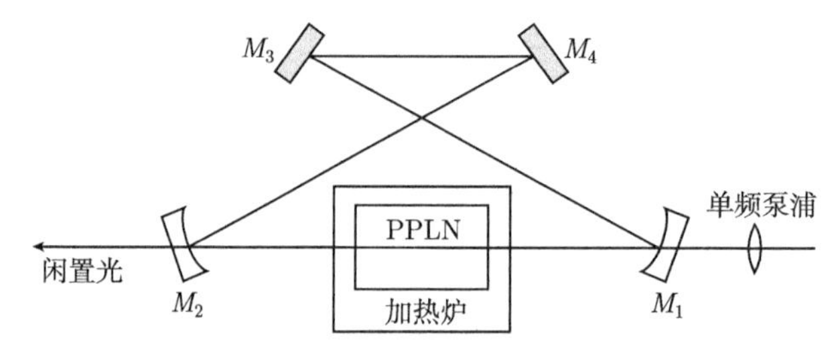


图 5.139　大功率连续光学参量振荡器，带有可控温的位于环形腔内的周期性极化的 $LiNbO_3$ 晶体 (PPLN)[5.317]

飞秒光学参量放大器已经取得了引人瞩目的进展，可以在很宽的波谱范围上产生波长可以调谐的超短脉冲。第 2 卷第 6 章将对此进行讨论。

关于光学参量振荡器的各个方面的介绍，可以参见文献 [5.314]。

### 5.8.9　可调谐的拉曼激光器

可以将可调谐的“拉曼激光器”视为基于受激拉曼散射的参量振荡器。第 2 卷第 3.3 节将更为仔细地讨论受激拉曼散射，因此，这里只是非常简要地总结一下这些器件的基本概念。

可以将通常的拉曼效应描述为能级 $E_i$ 上的分子引起的泵浦光子 $\hbar\omega_\mathrm{p}$ 的非弹性散射。被散射的斯托克斯光子 $\hbar\omega_\mathrm{s}$ 的能量损失 $\hbar(\omega_\mathrm{p}-\omega_\mathrm{s})$ 转化为分子的激发能量 (振动能、转动能或电子能量)

$$\hbar\omega_\mathrm{p}+M(E_i)\rightarrow M^*(E_f)+\hbar\omega_\mathrm{s} \tag{5.133}$$

其中，$E_f-E_i=\hbar(\omega_\mathrm{p}-\omega_\mathrm{s})$。可以将振动拉曼效应视为泵浦光子 $\hbar\omega_\mathrm{p}$ 通过参量过程劈裂为一个斯托克斯光子 $\hbar\omega_\mathrm{s}$ 和一个表示分子振动的光学声子 $\hbar\omega_\mathrm{v}$(图 5.140(a))。相互作用区里的所有分子的贡献 $\hbar\omega_\mathrm{s}$ 可以相加起来形成一个宏观光波，只要泵浦光、斯托克斯光和声子波满足相位匹配条件

$$\boldsymbol{k}_{\mathrm{p}} = \boldsymbol{k}_{\mathrm{s}} + \boldsymbol{k}_{\mathrm{v}}$$

在这种情况下，就会产生强斯托克斯光 $E_{\mathrm{s}}\cos(\omega_{\mathrm{s}}t - \boldsymbol{k}_{\mathrm{s}}\cdot\boldsymbol{r})$，其增益依赖于泵浦光强和拉曼散射截面。如果将增益介质置于共振腔内，一旦增益超过总损耗，斯托克斯分量就会发生振荡。这种仪器被称为拉曼振荡器或拉曼激光器，但是，严格地说，它并不是激光器，而是参数振荡器。

起初位于振动激发态上的分子可以引起泵浦光子的超弹性散射，即反斯托克斯辐射，它从振动能量的退激发中得到了能量 $(\hbar\omega_{\mathrm{s}} - \hbar\omega_{\mathrm{p}}) = (E_i - E_f)$。

斯托克斯和反斯托克斯辐射相对于泵浦光的频率差是一个常数，它依赖于增益介质中的分子振动本征频率 $\omega_{\mathrm{v}}$

$$\omega_{\mathrm{s}} = \omega_{\mathrm{p}} - \omega_{\mathrm{v}}, \quad \omega_{\mathrm{as}} = \omega_{\mathrm{p}} + \omega_{\mathrm{v}} \cdots$$

如果斯托克斯光或反斯托克斯光变得足够强，就能够在 $\omega_{\mathrm{s}}^{(2)} = \omega_{\mathrm{s}}^{(1)} - \omega_{\mathrm{v}} = \omega_{\mathrm{p}} - 2\omega_{\mathrm{v}}$ 和 $\omega_{\mathrm{as}}^{(2)} = \omega_{\mathrm{p}} + 2\omega_{\mathrm{v}}$ 处产生其他的斯托克斯光或反斯托克斯光。因此，可以在频率 $\omega_{\mathrm{s}}^{(n)} = \omega_{\mathrm{p}} - n\omega_{\mathrm{v}}$ 和 $\omega_{\mathrm{as}}^{(n)} = \omega_{\mathrm{p}} + n\omega_{\mathrm{v}}(n = 1, 2, 3, \cdots)$ 处产生多个斯托克斯光和反斯托克斯光 (图 5.140(b))。因此，利用可调谐激光器作为泵浦源，就可以将可调谐范围 $(\omega_{\mathrm{p}} \pm \Delta\omega)$ 传递到其他光谱区域 $(\omega_{\mathrm{p}} \pm \Delta\omega \pm n\omega_{\mathrm{v}})$。

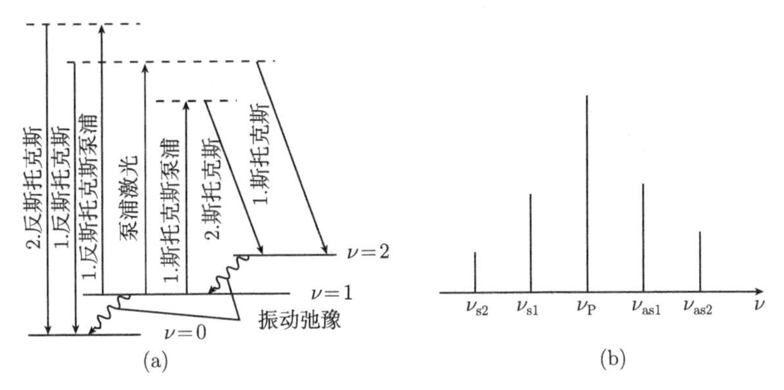


图 5.140 (a) 位于频率 $\nu = \nu_{\mathrm{p}} \pm m\nu_{\mathrm{v}}$ 处的几条斯托克斯和反斯托克斯谱线的拉曼过程的示意图；(b) 拉曼谱线及其谐波的谱分布

实验中采用的是填有分子气 ($H_2$、$N_2$、CO 等) 的高压样品盒，气压高达 100bar。用长焦透镜或波导结构将泵浦激光聚焦到样品盒里 (图 5.141)，泵浦激光在波导壁上完全反射，这样就增加了增益介质中的光程。

利用三种不同的激光染料和倍频染料激光辐射，在氢分子气体中的受激拉曼散射可以覆盖 185~880nm 全部光谱范围，没有任何间隙[5.318]。用染料激光泵浦的宽带可调谐红外波导拉曼激光可以覆盖 0.7 ~ 7μm 的红外区域，利用的是压缩氢分子气体中的三阶斯托克斯受激拉曼散射 $(\omega_{\mathrm{s}} = \omega_{\mathrm{p}} - 3\omega_{\mathrm{v}})$。能量转换效率可以达到几个百分点，第三阶斯托克斯分量 $(\omega_{\mathrm{p}} - 3\omega_{\mathrm{v}})$ 的输出功率超过了 80kW[5.319]。

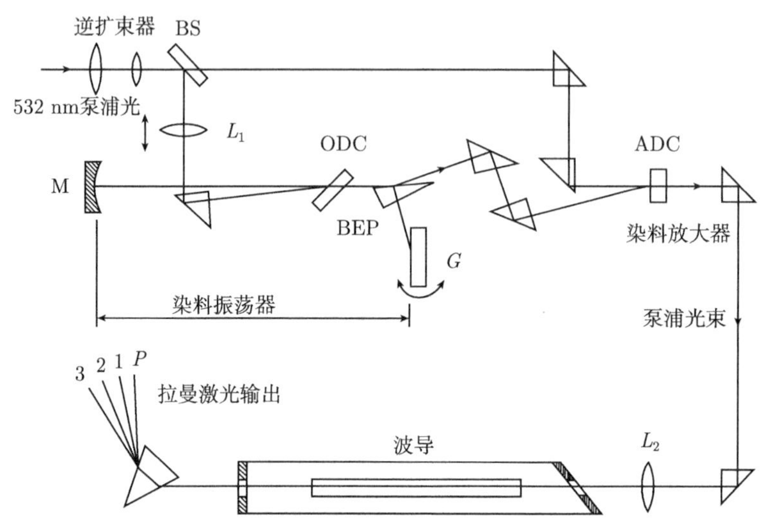


图 5.141　压缩的氢分子 ($H_2$) 气体中的红外拉曼波导激光，用可调谐染料激光器泵浦。分光镜 BS 将 Nd:YAG 激光器的倍频输出光分为两束，用来泵浦染料激光振荡器和放大器。染料激光振荡器由反射镜 $M$、光栅 $G$ 和扩束棱镜 BEP 构成。棱镜 $P$ 将不同的斯托克斯谱线分开 (ODC：振荡器染料池，ADC：放大器染料池)[5.319]

除了高压气体盒之外，固态材料晶体也可以用作拉曼增益介质。因为它们的密度很高，每厘米上的增益要大得多，因此，更短的光程就足以得到很高的转换效率。如果将晶体放在泵浦激光共振腔里面，泵浦功率更高，转换效率就更大。

如果增益介质是光纤，就可以实现非常长的光程，因此，阈值就很低，可以使用小功率的泵浦激光。因为绝大多数的泵浦功率被包敷层和纤芯之间的全反射限制在光纤的纤芯中 (图 5.142)，纤芯中的泵浦光强很大。利用硅材料作为增益介质，已经实现了连续工作的拉曼激光[5.320]。

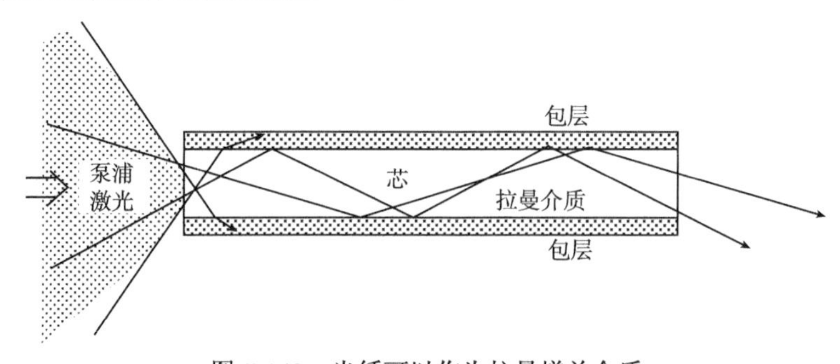


图 5.142　光纤可以作为拉曼增益介质

泵浦光也可以耦合到光纤的包敷层中，从那里再进入纤芯。这种包敷层泵浦的拉曼激光器可以给出更高的输出功率[5.321,5.322]。

光纤拉曼激光器在远程通讯网络中起着重要的作用，它可以作为信号光的泵浦源[5.323]。

对于红外光谱学来说，由 $CO_2$、CO、HF 或 DF 激光的许多强谱线泵浦的拉曼激光有很多优点。除了振动拉曼散射之外，还可以利用转动拉曼效应，但是，因为散射截面更小，它的增益远小于振动拉曼散射。例如，$CO_2$ 激光激发的 $H_2$ 和 $D_2$ 拉曼激光可以在 $900 \sim 400\text{cm}^{-1}$ 光谱范围内产生许多谱线，用 HF 激光泵浦的液体 $N_2$ 和 $O_2$ 拉曼激光准连续地覆盖了 $1000 \sim 2000\text{cm}^{-1}$ 之间的光谱。用高压气体激光器作为泵浦光源，就可以利用压强展宽 (第 3.3 节) 覆盖许多旋转–振动谱线之间的小间隙，有可能在远红外光谱区实现真正连续的可调谐红外拉曼激光器。最近，已经实现了一种连续可调谐拉曼振荡器，用一根 650m 长的单模硅光纤作为增益介质，用 5-W 连续 Nd:YAG 激光进行泵浦。一阶斯托克斯辐射可以在 $1.08 \sim 1.13\mu\text{m}$ 内调谐，二阶斯托克斯光位于 $1.15 \sim 1.175\mu\text{m}$[5.324]。受激拉曼散射可以达到第七阶的反斯托克斯过程，利用准分子激光泵浦的在 440nm 附近可调谐的染料激光器进行泵浦，实现了 193nm 的高效可调谐辐射[5.325]。

关于红外拉曼激光器的更为详细的介绍，可以参见 Grasiuk 等的综述文章 [5.326] 和文献 [5.327]~[5.330]。

## 5.9 高斯光束

在第 5.2 节中我们看到，基模激光的径向强度分布是高斯型的。因此，由输出端镜发出的激光光束也就具有高斯型强度分布。虽然这样的近平行激光光束在许多方面都类似于平面波，但是，当用光学元件为高斯光束成像的时候，它表现出一些不同但又非常重要的特点。通常的问题在于如何将激光耦合到被动共振腔的基模中去，例如，共焦式光谱分析仪或外部增强式共振腔 (第 4.3 节)。因此，我们简要地讨论一下高斯光束的性质，我们的陈述方式遵循了 Kogelnik 和 Li 的综述文章 [5.24]。

沿着 $z$ 方向传播的激光光束表示为场振幅

$$E = A(x, y, z)\mathrm{e}^{\mathrm{i}(\omega t - kz)}, \quad k = \frac{\omega}{c} \tag{5.134}$$

虽然 $A(x, y, z)$ 对于平面波来说是常数，但是对于高斯光束来说，它是一个缓慢变化的复函数。因为每种波都遵循一般性的波动方程

$$\Delta E + k^2 E = 0 \tag{5.135}$$

将式 (5.134) 代入式 (5.135)，可以得到这种激光的振幅 $A(x, y, z)$。假设试探解为

$$A = \mathrm{e}^{-\mathrm{i}[\varphi(z) + (k/2q)r^2]} \tag{5.136}$$

其中，$r^2 = x^2 + y^2$，$\varphi(z)$ 是一个复杂的相移。为了理解复参数 $q(z)$ 的物理意义，我们将它表示为两个实参数 $w(z)$ 和 $R(z)$

$$\frac{1}{q} = \frac{1}{R} - \mathrm{i}\frac{\lambda}{\pi w^2} \tag{5.137}$$

利用式 (5.137)，我们可以由式 (5.136) 得到用 $R$、$w$ 和 $\varphi$ 表示的振幅 $A(x,y,z)$

$$A = \exp\left(-\frac{r^2}{w^2}\right)\exp\left[-\mathrm{i}\frac{kr^2}{2R(z)} - \mathrm{i}\varphi(z)\right] \tag{5.138}$$

这就说明，$R(z)$ 表示与光轴相交于 $z$ 处的波前的曲率半径 (图 5.143)，$w(z)$ 是振幅减小为 1/e 处到光轴的距离 $r = (x^2+y^2)^{1/2}$，此处的强度减小为光轴上的光强的 $1/\mathrm{e}^2$(第 5.2.3 节和图 5.11)。将式 (5.138) 代入式 (5.135)，比较 $r$ 的幂指数相同的项可以得到

$$\frac{\mathrm{d}q}{\mathrm{d}z} = 1, \quad \frac{\mathrm{d}\varphi}{\mathrm{d}z} = -\mathrm{i}/q \tag{5.139}$$

将上式积分并利用式 (5.137) 的 $R(z=0)=\infty$，可以得到

$$q(z) = q_0 + z = \mathrm{i}\frac{\pi w_0^2}{\lambda} + z \tag{5.140a}$$

其中，$q_0 = q(z=0)$，$w_0 = w(z=0)$ (图 5.143)，从 $z=0$ 的束腰位置处开始测量 $z$。

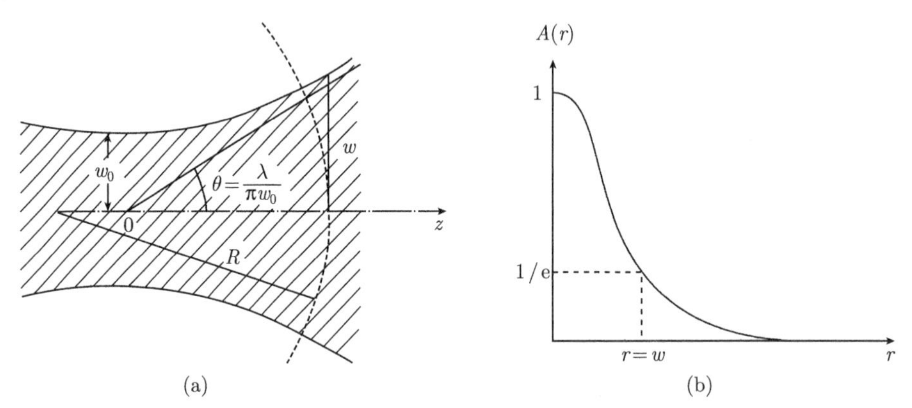


图 5.143　(a) 束腰为 $w_0$、相位波前曲率为 $R(z)$ 的高斯光束；(b) 振幅 $A(r)$ 的径向依赖关系，其中 $r=(x^2+y^2)^{1/2}$[5.24]

由式 (5.140a) 可以得到

$$\frac{1}{q(z)} = \frac{1}{q_0+z} = \frac{1}{z+\mathrm{i}\pi w_0^2/\lambda} \tag{5.140b}$$

将分子和分母乘以 $z - \mathrm{i}\pi w_0^2/\lambda$ 可以得到

$$\begin{aligned}\frac{1}{q(z)} &= \frac{z}{z^2+(\pi w_0^2/\lambda)^2} - \mathrm{i}\frac{\lambda}{\pi w_0^2(1+(\lambda z/\pi w_0^2)^2)} \\ &= \frac{1}{R} - \mathrm{i}\frac{\lambda}{\pi w^2}\end{aligned} \tag{5.140c}$$

其中，最后一行等于式 (5.137)。

这就给出了束腰 $w(z)$ 和曲率半径 $R(z)$ 的关系

$$w^2(z) = w_0^2\left[1+\left(\frac{\lambda z}{\pi w_0^2}\right)^2\right] \tag{5.141}$$

$$R(z) = z\left[1+\left(\frac{\pi w_0^2}{\lambda z}\right)^2\right] \tag{5.142}$$

相位关系式 (5.139) 的积分

$$\frac{\mathrm{d}\varphi}{\mathrm{d}z} = -\mathrm{i}/q = -\frac{\mathrm{i}}{z+\mathrm{i}\pi w_0^2/\lambda}$$

可以给出依赖于 $z$ 的相位因子

$$\mathrm{i}\varphi(z) = \ln\sqrt{1+(\lambda z/\pi w_0^2)} - \mathrm{i}\arctan(\lambda z/\pi w_0^2) \tag{5.143}$$

发现了 $\varphi$、$R$ 和 $w$ 之间的关系以后，可以用真实光束的参数 $R$ 和 $w$ 表示高斯光束 (式 (5.134))。由式 (5.143) 和式 (5.138)，可以得到

$$E = C_1\frac{w_0}{w}\mathrm{e}^{(-r^2/w^2)}\mathrm{e}^{[\mathrm{i}k(z-r^2/2R)-\mathrm{i}\phi]}\mathrm{e}^{-\mathrm{i}\omega t} \tag{5.144}$$

第一个指数因子给出了径向高斯分布，第二个指数因子给出了依赖于 $z$ 和 $r$ 的相位。我们利用了缩写

$$\phi = \arctan(\lambda z/\pi w_0^2)$$

因子 $C_1$ 是归一化因子。对比式 (5.144) 和激光共振腔中的基模场分布 (式 (5.30))，可以看到，当 $m=n=0$ 的时候，两个公式是完全相同的。

径向强度分布 (图 5.144) 为

$$I(r,z) = \frac{c\epsilon_0}{2}|E|^2 = C_2\frac{w_0^2}{w^2}\exp\left(-\frac{2r^2}{w^2}\right) \tag{5.145}$$

归一化因子 $C_2$ 将

$$\int_{r=0}^{\infty} 2\pi r I(r)\mathrm{d}r = P_0 \tag{5.146}$$

归一化，由此得到 $C_2=(2/\pi w_0^2)P_0$，其中，$P_0$ 是光束的总光强。这就给出

$$I(r,z) = \frac{2P_0}{\pi w^2}\exp\left(-\frac{2r^2}{w(z)^2}\right) \tag{5.147}$$

当高斯光束通过一个直径 $2a$ 的光阑的时候，一部分入射光

$$\frac{P_\mathrm{t}}{P_\mathrm{i}} = \frac{2}{\pi w^2}\int_{r=0}^{a} 2r\pi e^{-2r^2/w^2}\mathrm{d}r = 1 - \mathrm{e}^{-2a^2/w^2} \tag{5.148}$$

可以透过光阑。透过部分随着 $a/w$ 的变化关系如图 5.145 所示。当 $a=(3/2)w$ 的时候，99% 的入射功率透射过去，而当 $a=2w$ 的时候，超过 99.9% 的入射功率透射过去。因此，在这种情况下，衍射损耗可以忽略不计。

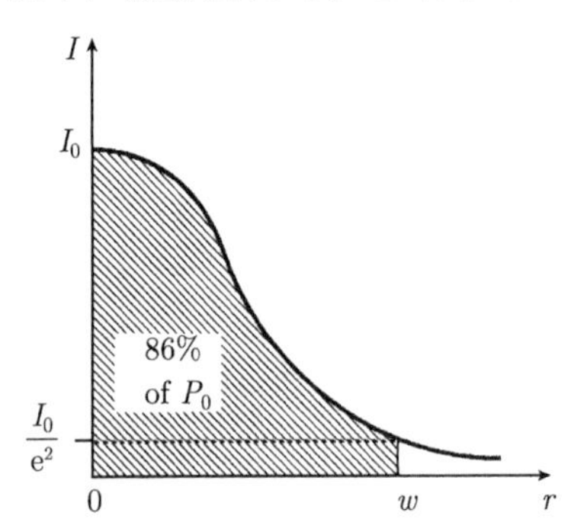


图 5.144　高斯光束的径向强度分布

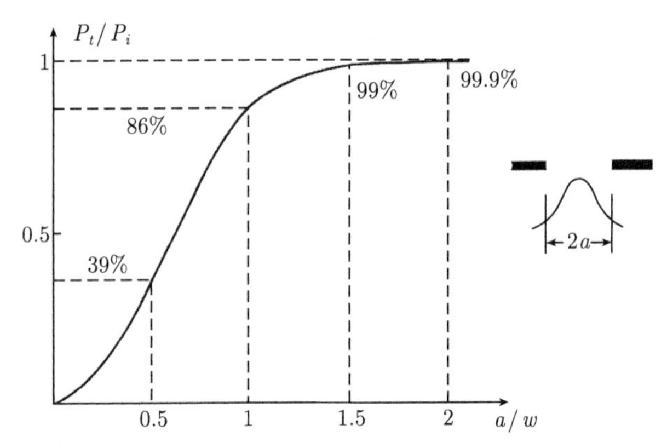


图 5.145　入射光功率为 $P_i$ 的高斯光束的透射部分 $P_t/P_i$ 随着光阑半径 $a$ 的变化关系

可以用透镜或反射镜将高斯光束成像，其成像方程类似于球面波。当一束高斯光束通过一个焦距为 $f$ 的聚焦薄透镜的时候，透镜两侧的光斑大小 $w_\mathrm{s}$ 是完全相同的 (图 5.146)。相位波前的曲率半径 $R$ 由 $R_1$ 变为 $R_2$，与球面波的情况完全相同，

$$\frac{1}{R_2} = \frac{1}{R_1} - \frac{1}{f} \tag{5.149}$$

因此，光束参数 $q$ 满足成像方程

$$\frac{1}{q_2} = \frac{1}{q_1} - \frac{1}{f} \tag{5.150}$$

如果在距离透镜距离为 $d_1$ 和 $d_2$ 的位置上测量 $q_1$ 和 $q_2$，由式 (5.150) 和式 (5.140)，可以得到关系式

$$q_2=\frac{(1-d_2/f)q_1+(d_1+d_2-d_1d_2/f)}{(1-d_1/f)-q_1/f} \tag{5.151}$$

它可以确定透镜后面任何距离 $d_2$ 处的光斑大小 $w$ 和曲率半径 $R$。

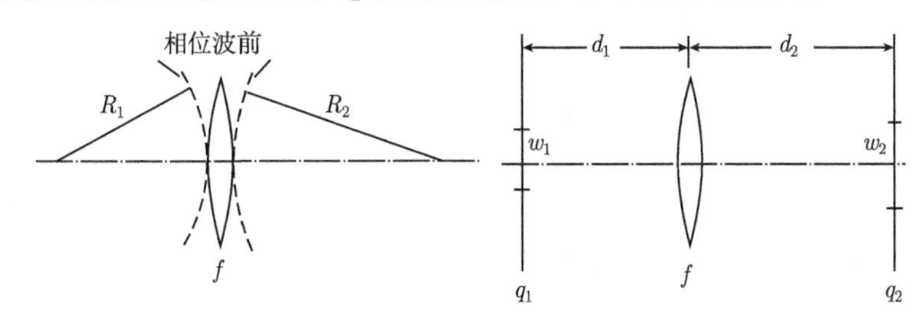


图 5.146　用薄透镜对高斯光束成像

例如，将激光光束聚焦到吸收分子相互作用区上，必须将激光共振腔的束腰变换为这一区域内的束腰。束腰处的光束参数完全是虚数，因为在焦平面处，$R=\infty$；也就是说，从式 (5.137) 可以得到

$$q_1=\mathrm{i}\pi w_1^2/\lambda,\quad q_2=\mathrm{i}\pi w_2^2/\lambda \tag{5.152}$$

束腰处的光束直径为 $2w_1$ 和 $2w_2$，曲率半径为无穷大。将式 (5.152) 代入式 (5.151)，使得虚部和实部都相等，可以给出两个等式

$$\frac{d_1-f}{d_2-f}=\frac{w_1^2}{w_2^2} \tag{5.153}$$

$$(d_1-f)(d_2-f)=f^2-f_0^2,\quad f_0=\pi w_1w_2/\lambda \tag{5.154}$$

因为 $d_1>f$ 和 $d_2>f$，这就说明，可以使用任何 $f>f_0$ 的透镜。对于焦距 $f$，由这两个方程解出 $d_1$ 和 $d_2$，可以确定出透镜位置

$$d_1=f\pm\frac{w_1}{w_2}\sqrt{f^2-f_0^2} \tag{5.155}$$

$$d_2=f\pm\frac{w_2}{w_1}\sqrt{f^2-f_0^2} \tag{5.156}$$

由式 (5.153) 可以得到，准直区的束腰半径 $w_2$ 是

$$w_2=w_1\left(\frac{d_2-f}{d_1-f}\right)^{1/2} \tag{5.157}$$

当高斯光束与另一个共振腔模式匹配的时候，共振腔端镜处的光束参数 $q_2$ 必须与端镜的曲率 $R$ 和式 (5.39) 给出的光斑大小 $w$ 匹配。根据式 (5.151)，可以计算出 $f$、$d_1$ 和 $d_2$ 的正确值。

我们将准直区 (也称为束腰区) 定义为 $z=0$ 处的束腰附近 $|z|\leqslant z_{\mathrm{R}}$ 的范围，在 $z=\pm z_{\mathrm{R}}$ 处，光斑大小 $w(z)$ 比束腰处的值 $w_0$ 增大了一个因子 $\sqrt{2}$。利用式 (5.141)，可以得到

$$w(z)=w_0\left[1+\left(\frac{\lambda z_{\mathrm{R}}}{\pi w_0^2}\right)^2\right]^{1/2}=\sqrt{2}w_0 \tag{5.158}$$

这就给出了束腰的长度或瑞利长度

$$\boxed{z_{\mathrm{R}}=\pi w_0^2/\lambda} \tag{5.159}$$

束腰区由束腰位置开始拓展到左右各一个瑞利长度的距离上 (图 5.147)。瑞利长度依赖于光斑的大小，因此，也就依赖于聚焦透镜的焦距。对于两个不同的波长，瑞利长度 $2z_{\mathrm{R}}$ 随 $w_0$ 的变化关系如图 5.148 所示。

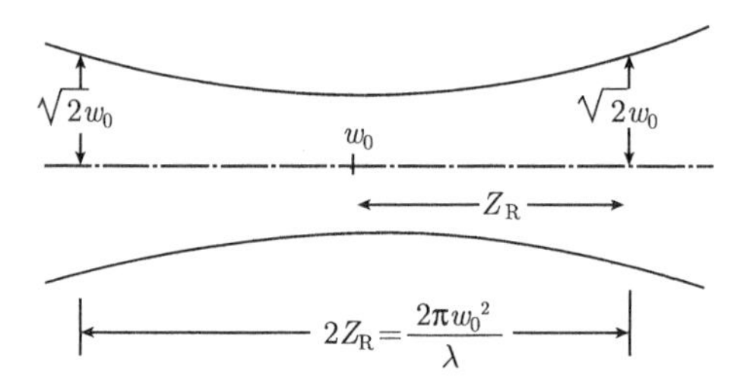


图 5.147　高斯光束的束腰区和瑞利长度 $z_{\mathrm{R}}$

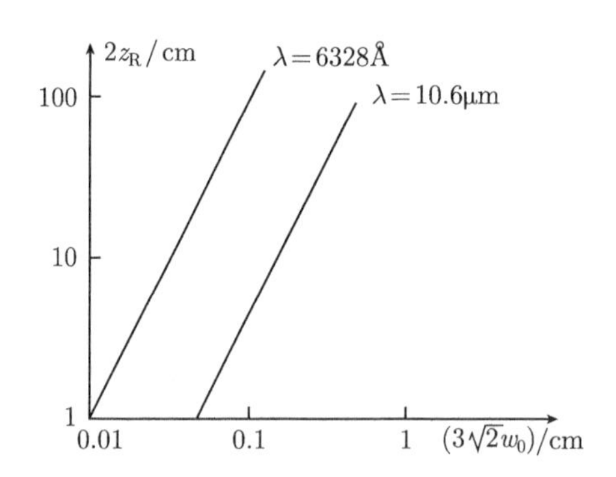


图 5.148　对于两个不同的波长 $\lambda_1=632.8\mathrm{nm}$ (氦氖激光器) 和 $\lambda_2=10.6\mu\mathrm{m}$ ($CO_2$ 激光器)，瑞利长度 $2z_{\mathrm{R}}$ 随着束腰 $w_0$ 的变化关系

在距离束腰很远的地方，$z\gg z_{\mathrm{R}}$，高斯光束的波前实际上是由位于束腰处的点光源所发出的球面波。这一区域被称为远场区。由式 (5.141) 和图 5.143，利用 $z\gg z_{\mathrm{R}}$，可以得到光束的发散角 $\theta$(远场的半角)

$$\theta=\frac{w(z)}{z}=\frac{\lambda}{\pi w_0} \tag{5.160}$$

然而，需要注意的是，在近场区里，曲率中心并不与光束束腰的中心重合 (图 5.143)。用一个焦距为 $f$ 的透镜或反射镜聚焦高斯光束的时候，如果 $f \gg w_s$，那么，光束束腰处的光斑尺寸为

$$w_0 = \frac{f\lambda}{\pi w_s} \tag{5.161}$$

其中，$w_s$ 是透镜上的光斑尺寸 (图 5.149)。

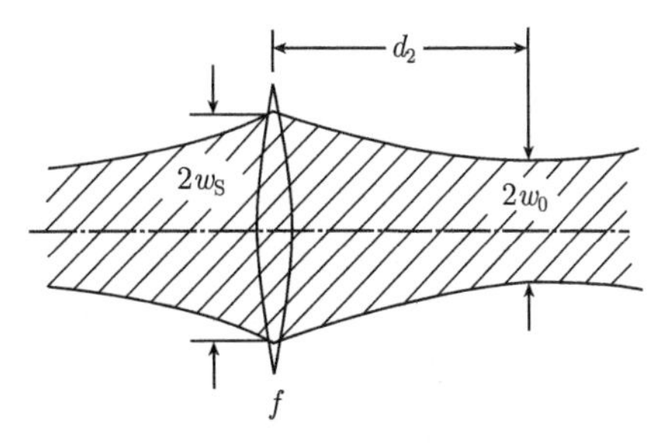


图 5.149　用凸透镜聚焦高斯光束

为了避免衍射损耗，透镜的直径应该是 $d \geqslant 3w_s$。

**例 5.39**

用 $f = 5\text{cm}$ 的透镜为高斯光束成像，透镜处的光斑尺寸为 $w_s = 0.2\text{cm}$。当 $\lambda = 623\text{nm}$ 的时候，焦点处的束腰半径为 $w_0 = 5\mu\text{m}$。为了让束腰半径更小，必须增大 $w_s$ 或者减小 $f$ (图 5.149)。

# 5.10 习　　题

**5.1**　计算气体激光器在 $\lambda = 500\text{nm}$ 处发生粒子数反转所需的阈值，跃迁几率为 $A_{ik} = 5 \times 10^7\text{s}^{-1}$，均匀线宽为 $\Delta\nu_{\text{hom}} = 20\text{MHz}$。增益区长度为 $L = 20\text{cm}$，每次往返的共振腔损耗为 5%。

**5.2**　激光介质具有多普勒展宽的增益线形，半高宽为 2GHz，中心波长为 $\lambda = 633\text{nm}$。均匀线宽为 50MHz，跃迁几率为 $A_{ik} = 1 \times 10^8\text{s}^{-1}$。假定一个共振腔模 ($L = 40\text{cm}$) 的频率等于增益线形的中心频率 $\nu_0$。中心模式的粒子数反转阈值是多少？如果共振腔损耗为 10%，那么，在什么情况下，粒子数反转使得相邻两个纵向模式开始振荡？

**5.3**　在 $\lambda = 632.8\text{nm}$ 的气体激光器的被动式共振腔 ($L = 15\text{cm}$) 中，模式频率与高斯型增益线形的中心频率相差 $0.5\Delta\nu_{\text{D}}$。如果腔共振宽度为 2MHz，$\Delta\nu_{\text{D}} = 1\text{GHz}$，估计模式拖曳的大小。

**5.4**　假定激光跃迁的均匀线宽为 100MHz，增益线形的非均匀宽度为 1GHz。共振腔腔长为 $d = 200\text{cm}$，增益介质的长度为 $L \ll d$，它到一个端镜的距离为 20cm。估计空间烧孔模式的间距。如果谱线中心处的非饱和增益比损耗大 10%，那么，有多少个模式可以同时振荡？

**5.5**　如果往返一次的非饱和增益为 2，共振腔内损耗为 10%，估计激光输出端镜的最佳透射率。

**5.6**　共焦式共振腔 ($R = L = 30\text{cm}$) 氦氖激光器的输出光束被 $f = 30\text{cm}$ 的透镜聚焦，透镜到输出端镜的距离为 50cm。计算焦点的位置、瑞利长度和焦平面上的束腰。

**5.7**　用望远镜扩束波长为 $\lambda = 500\text{nm}$ 的近平行高斯光束，望远镜的两个透镜的焦距分别为 $f_1 = 1\text{cm}$ 和 $f_2 = 10\text{cm}$。入射透镜上的光斑尺寸为 $w = 1\text{mm}$。在两个透镜的共焦面上，利用小孔光阑进行空间滤波，以便改善扩束后的波前质量 (为什么？)。如果要让 95% 的光强透过，

那么，小孔光阑的直径应该是多大?

**5.8**　氦氖激光器的共振腔腔长为 $d = 50\text{cm}$，总损耗为 4%，在半高宽为 1.5GHz 的高斯型增益线形的中心频率处，每次往返的非饱和增益为 $G_0(\nu_0) = 1.3$。在共振腔内倾斜放置一个镀膜的标准具，在 $\nu_0$ 处实现单模式工作。为标准具设计最佳的厚度和品质因数。

**5.9**　一个氩激光器在波长 $\lambda = 488\text{nm}$ 处激射，共振腔长度为 $d = 100\text{cm}$，两个端镜的半径为 $R_1 = \infty$ 和 $R_2 = 400\text{cm}$，在共振腔内靠近球面镜的位置上放置了一个圆形小孔光阑，用来阻止横模的激射。如果小孔光阑引起的 $\text{TEM}_{00}$ 模式的损耗 $\gamma_{\text{diffr}} < 1\%$，同时防止了高阶横模的激射 (没有光阑时的净增益为 10%)，估计圆孔光阑的最大直径。

**5.10**　单模氦氖激光器的共振腔长度为 $L = 15\text{cm}$，共振腔的一个端镜位于压电位移控制台上。假定谱线中心处的非饱和增益为 10%，共振腔损耗为 3%，在发生模式跃变之前，最大的可调谐范围是多少? 为了实现这一可调谐范围，需要在压电元件 (伸缩系数为 1nm/V) 上施加多大的电压?

**5.11**　激光波长为 $\lambda = 500$，共振腔的端镜固定在保持距离的杆柱上，温度变化为 $1°\text{C/h}$，那么，共振腔的热涨冷缩引起的频率漂移是多少?

(a) 杆柱为殷钢；

(b) 杆柱为熔融石英。

**5.12**　在氩激光器中，通常利用腔内标准具选择模式。在下述情况下，透射率极大值的频率变化是多少?

(a) 熔融石英制成的固体标准具，厚度为 $d = 1\text{cm}$，温度变化为 $2°\text{C}$；

(b) 气隙型标准具，厚度为 $d = 1\text{cm}$，气压变化为 4mb；

(c) 当温度漂移为 $1°\text{C/h}$ 或气压变化为 2mbar/h 的时候，估计两次模式跳跃之间的平均时间。共振腔长度为 $L = 100\text{cm}$。

**5.13**　假设激光输出光强的随机涨落大约是 5%。用半波电压为 600V 的泡克耳斯盒来稳定光强。如果泡克耳斯盒工作在透射曲线的最大斜率处，为了稳定透射光强，用于驱动泡克耳斯盒的放大器的交流输出电压应该是多大?

**5.14**　殷钢制成的法布里–珀罗干涉仪的自由光谱区为 8GHz，用它作为外部参考来稳定一台单模激光器。在下述情况下，估计该激光器的频率稳定性

(a) 随温度漂移的变化，假定法布里–珀罗干涉仪的温度稳定在 $0.01°\text{C}$；

(b) 随着声学振动的变化，假定法布里–珀罗干涉仪的镜间距变化为 1nm；

(c) 假定用一个差分放大器将光强起伏抑制到 1% 以内。如果用于频率稳定的法布里–珀罗干涉仪工作在透射峰的斜坡上，自由光谱区为 10GHz，品质因数为 50，那么，残存的光强起伏仍然会引起哪一种频率涨落?

# 习 题 解 答

## 第 2 章

**2.1** a) 输出镜上的光斑大小为 $\mathrm{d}A = \pi w_\mathrm{s}^2 = \pi(0.1)^2\mathrm{cm}^2 = 3\times10^{-2}\mathrm{cm}^2$

镜子上的照度等于 $I_1 = \dfrac{1}{\pi 10^{-2}}\mathrm{W/cm^2} \approx 30\mathrm{W/cm^2} = 3\times10^5\mathrm{W/m^2}$

激光束发射的立体角 $\mathrm{d}\Omega$ 是：$\mathrm{d}\Omega = (4\times10^{-3})^2\pi/4 = 1.3\times10^{-6}\mathrm{sr}$

激光的照度 $L$ 是:$L = \dfrac{1}{\mathrm{d}A\mathrm{d}\Omega} = 2\times10^{11}\mathrm{Wm^{-2}sr^{-1}}$

在距离镜子 $z = 1\mathrm{m}$ 的平面上，光斑尺寸为: $A_2 = \mathrm{d}A + z^2\mathrm{d}\Omega = 4.4\times10^{-2}\mathrm{cm}^2$

在此表面上的强度为 $I_2 = \dfrac{1}{4.4\times10^{-2}}\dfrac{\mathrm{W}}{\mathrm{cm}^2} = 23\mathrm{W/cm^2} = 2.3\times10^5\mathrm{W/m^2}$。

b) 当谱宽度为 $\delta\nu = 1\mathrm{MHz}$ 的时候，镜子处的谱功率密度为: $\rho_1 = (I_1/c)/\delta\nu = 10^{-9}\mathrm{Ws^2/m^3}$

作为对比，地球表面的日照辐射的可见光部分为 $I \approx 10^3\mathrm{W/m^2}$，$\delta\nu = 3\times10^{16}\mathrm{s}^{-1}$，$\Rightarrow \rho_{\mathrm{SR}} = 10^{-22}\mathrm{Ws^2/m^3}$，这要小 13 个数量级。

**2.2** $I = I_0\mathrm{e}^{-\alpha d}$

$I_\parallel = I_0\mathrm{e}^{-100\cdot 0.1} = I_0\mathrm{e}^{-10} = 4.5\times10^{-5}I_0$

$I_\perp = I_0\mathrm{e}^{-5\cdot 0.1} = I_0\mathrm{e}^{-0.5} = 0.6I_0$。

**2.3** $I = \dfrac{P_0}{4\pi r^2} = \dfrac{100}{4\pi(0.02)^2}\dfrac{\mathrm{W}}{\mathrm{m}^2} = 2\times10^4\mathrm{W/m^2}$

$I_\nu = \dfrac{I}{\Delta\nu}$

$\Delta\lambda = 100\mathrm{nm}$，$\lambda = 400\ \mathrm{nm} \Rightarrow |\Delta\nu| = \dfrac{c}{\lambda^2}\Delta\lambda = 1.8\times10^{14}\mathrm{s}^{-1}$

$I_\nu = \dfrac{2\times10^4}{1.8\times10^{14}}\dfrac{\mathrm{Ws}}{\mathrm{m}^2} = 1.1\times10^{-10}\mathrm{Wsm^{-2}}$

$\rho_\nu = I_\nu/c = 3.6\times10^{-19}\mathrm{Ws^2m^{-3}}$

谱模式密度为 $n(\nu) = \dfrac{8\pi\nu^2}{c^3}$

半径为 $r = 2\mathrm{cm}$ 的球体积为 $V = \dfrac{4}{3}\pi r^3 = 3.3\times10^{-5}\mathrm{m}^3$，其中包含的模式数目为 $N = n(\nu)V\Delta\nu = \dfrac{8\pi\nu^2}{c^3}\Delta\nu V = \dfrac{8\pi}{c\lambda^2}\Delta\nu V = 3\times10^{15}$

每个模式中的能量为 $W_\mathrm{m} = \dfrac{\rho_\nu\Delta\nu V}{N} = 7\times10^{-25}\mathrm{Ws/mode}$

波长为 $\lambda = 400\text{nm}$ 的光子的能量为 $E = h\nu = h\dfrac{c}{\lambda} = 4.95 \times 10^{-19}\text{Ws} = 3.1\text{eV}$

所以，每个模式中的平均光子数为 $n_{\text{ph}} = \dfrac{W_{\text{m}}}{h\nu} = 1.5 \times 10^{-6}$，每个模式中的平均光子数是非常少的。

**2.4** $I = I_0\text{e}^{-\alpha x} = 0.9I_0 \Rightarrow \alpha x = -\ln 0.9 \Rightarrow \alpha x = 0.1$

$x = 5\text{cm} \Rightarrow \alpha = 0.02\text{cm}^{-1}$

$\alpha = N\sigma \Rightarrow N = \alpha/\sigma = \dfrac{0.02}{10^{-14}}\text{cm}^{-3} = 2 \times 10^{12}\text{cm}^{-3}$。

**2.5** **a)** $\tau_i = \dfrac{1}{\sum A_{\text{in}}} = \dfrac{1}{13 \times 10^7}\text{s} = 7.7\text{ns}$

$\dfrac{\text{d}N_n}{\text{d}t} = N_i A_{\text{in}} - N_n A_n$

在稳态条件下 $\text{d}N_n/\text{d}t = 0 \Rightarrow \dfrac{N_n}{N_i} = \dfrac{A_{\text{in}}}{A_n} = A_{\text{in}}\tau_n$:

$\dfrac{N_1}{N_i} = 3 \times 10^7 \cdot 5 \times 10^{-7} = 15$

$\dfrac{N_2}{N_i} = 1 \times 10^7 \cdot 6 \times 10^{-9} = 0.06$

$\dfrac{N_3}{N_i} = 5 \times 10^7 \cdot 10^{-8} = 0.5$。

**b)** 利用 $g_0 = 1$ 和 $g_i = 3$，可以得到:

$B_{0i}^{(0)} = \dfrac{g_i}{g_0}B_{i0} = 3B_{i0} = \dfrac{3c^3}{8\pi h\nu^3}A_{i0} = 4.6 \times 10^{20}\text{m}^3\text{W}^{-1}\text{s}^{-3}$

如果能级 $|i\rangle$ 上的发射率和吸收率相等，可以得到:

$B_{0i}^{(\nu)}\rho_\nu = A_i = 1.3 \times 10^8\text{s}^{-1} \Rightarrow \rho_\nu = \dfrac{1.3 \times 10^8}{4.6 \times 10^{20}}\text{Ws}^2/\text{m}^3 = 2.8 \times 10^{-13}\text{Ws}^2/\text{m}^3$

激光带宽为 $\Delta\nu_2 = 10\text{MHz}$，则能量密度为

$\rho = \displaystyle\int \rho_\nu \text{d}\nu \approx \rho_\nu \Delta\nu_2 = 2.8 \times 10^{-6}\text{Ws/m}^3$

$I = c\rho = 8.4 \times 10^2\text{W/m}^2 = 84\text{mW/cm}^2$。

**c)** $B_{0i}^{(\nu)} = \dfrac{c}{h\nu}\displaystyle\int \sigma_{0i}\text{d}\nu \approx \dfrac{c}{h\nu}\overline{\sigma_{0i}}\Delta\nu_a$

利用 $\Delta\nu_a = 1/\tau_i$，得到吸收谱线宽度为 $\Delta\nu_a = 1/(2\pi\tau_i)$，吸收截面为:

$\sigma_{0i} = 4.3 \times 10^{-14}\text{m}^2 = 4.3 \times 10^{-10}\text{cm}^2$。

**2.6** 在共振情况下，$\omega = \omega_{i2}$，拉比翻转频率为 $\Omega = \sqrt{(D_{i2}E_0/\hbar)^2 - (\gamma/2)^2}$

其中，$D_{i2}$ 是偶极矩阵元，$\gamma = (\gamma_i - \gamma_2)/2$

$D_{i2}$ 和自发跃迁几率 $A_{i2}$ 之间的关系为 $A_{i2} = \dfrac{16\pi^2\nu^3}{3\epsilon_0 hc^3}|D_{i2}|^2 = \dfrac{16\pi^2}{3\epsilon_0 h\lambda^3}|D_{i2}|^2$

它给出了 $\Omega$: $\Omega^2 = |D_{i2}|^2E_0^2/\hbar^2 + (\gamma/2)^2 = \dfrac{3\epsilon_0\lambda^3 A_{i2}E_0^2}{4h} - (\gamma/2)^2$

利用 $\lambda = 600\text{nm}$，$A_{i2} = 10^{-7}\text{s}^{-1}$，$\gamma/2 = \frac{1}{4}\left(\frac{1}{\tau_i} + \frac{1}{\tau_2}\right) = 7.4 \times 10^7\text{s}^{-1}$，可以得到：$\Omega^2 = (2.17 \times 10^9 E_0^2 - 5.5 \times 10^{15})\text{s}^{-2} \geqslant \frac{1}{\tau_2^2} = 2.8 \times 10^{16}\text{s}^{-2}$

$\Rightarrow E_0^2 \geqslant 1.5 \times 10^7\text{V}^2/\text{m}^2 \Rightarrow E_0 \geqslant 3.9 \times 10^3\text{V/m}$

受激辐射场的强度为 $I = c\epsilon_0 E_0^2 = 4 \times 10^{14}\text{W/m}^2$，能量密度为 $\rho = I/c = \epsilon_0 E_0^2 = 1.33 \times 10^6\text{Ws/m}^3$

可以将它与地球表面的太阳辐照强度进行比较，后者大约是 $I_{\text{sun}} \approx 10^3\text{W/m}^2$。

**2.7** 透镜 $L_1$ 上的灰尘将光散射到所有的方向上去。这样的光不会被 $L_1$ 聚焦，因此只有很小的一部分光可以通过光阑。对于非理想的透镜和反射镜，也是如此。如果没有光阑的话，散射光或者波前畸变的光与入射光的叠加会产生干涉图案。因此，光阑可以“清洗”高斯光束。

**2.8** 为了相干地照明狭缝，需要满足下述条件：$b^2d^2/r^2 \leqslant \lambda^2 \Rightarrow d^2 \leqslant r^2\lambda^2/b^2$

其中，$b$ 为光源直径，$d$ 为狭缝宽度，$r$ 为光源与狭缝之间的距离。

a) $b = 1\text{mm}$，$r = 1\text{m}$，$\lambda = 400\text{nm} \Rightarrow d^2 \leqslant \frac{1 \times 16 \times 10^{-14}}{10^{-6}} = 16 \times 10^{-8}\text{m}^2$

$\Rightarrow d \leqslant 0.4\text{mm}$。

b) $b = 10^9\text{m}$，$\lambda = 500\text{nm}$，$r = 4$光年 $= 3.78 \times 10^{16}\text{m} \Rightarrow d^2 \leqslant 357\text{m}^2 \Rightarrow d \leqslant 19\text{m}$。

c) 此时，狭缝最大宽度 $d$ 受限于激光束的相干长度 $L_c$，它依赖于激光的谱宽度 $\Delta\nu_L$。利用 $\Delta\nu_L = 1\text{MHz}$，可以得到 $\Delta s_c = \frac{c}{2\pi\Delta\nu_L} = 47.7\text{m}$。

**2.9** 当辐射场的每个模式里有一个光子的时候，自发跃迁几率等于受激跃迁几率。这意味着：

$\bar{n} = \frac{1}{\text{e}^{h\nu/kT} - 1} = 1 \Rightarrow \text{e}^{h\nu/kT} = 2 \Rightarrow T = \frac{h\nu}{k\ln 2} = \frac{hc}{\lambda k\ln 2}$。

a) 对于 $\lambda = 589\text{nm}$，可以得到热辐射场的温度为 $T = 3.53 \times 10^4\text{K}$

如果将激光束通过体积为 $V = 1\text{cm}^3$ 的腔体，普通的激光强度就可以满足条件 $B_{ik}\rho = A_{ik}$。可以用下述方法估计：

腔体在频率间隔 $\Delta\nu_{\text{L}} = 10\text{MHz}$(钠原子 $3P - 3S$ 跃迁的自然线宽) 内的模式数目为 $n\text{d}\nu = \frac{8\pi}{c\lambda^2}\text{d}\nu = 2.4 \times 10^6\text{cm}^{-3}$

波长为 $\lambda = 589\text{nm}$ 的光子的能量为 $h\nu = 3.36 \times 10^{-19}\text{Ws}$。如果每个模式中有一个光子，那么，体积为 $V = 1\text{cm}^3$ 的腔体中的辐射密度为：

$\rho = 8.06 \times 10^{-13}\text{Ws/cm}^3$

那么，在腔体中，谱宽为 10MHz 的激光束的强度为 $I = \rho c = 24 \times 10^{-3}\text{W/cm}^2 = 24\text{mW/cm}^2$。

b) 对于 $\nu = 1.77\times10^9\text{s}^{-1}$，有 $T = 0.12\text{K}$

在 $T = 0.12\text{K}$ 的时候，自然线宽 $\text{d}\nu = 0.15\text{s}^{-1}$ 内的热辐射场的能量密度为

$\rho = \rho_\nu \text{d}\nu = n(\nu)h\nu\text{d}\nu$

利用 $n(\nu) = \dfrac{8\pi\nu^2}{c^3} = 2.9\times10^{-12}\text{cm}^{-3}$，可以得到 $\rho = 5\times10^{-37}\text{Ws/cm}^3$

与 a) 中的可见光辐射相比，这要小 24 个数量级。

**2.10** $\dfrac{1}{\tau_{\text{eff}}} = \dfrac{1}{\tau_{\text{sp}}} + n\sigma v$

当压强为 $p = 10\text{mb}$ 的时候，氮原子密度为 $n = 1.8\times10^{17}\text{cm}^{-3}$，在 $T = 400\text{K}$ 时相对速度的平均值为 $\bar{v} = \sqrt{\dfrac{8kT}{\pi\mu}}$

其中，$\mu = \dfrac{m_{\text{N}_2}\times m_{\text{Na}}}{m_{\text{N}_2}+m_{\text{Na}}} = 12.6\text{AMU},\quad 1\text{AMU} = 1.66\times10^{-27}\text{kg}$

$\Rightarrow \bar{v} = 820\text{m/s} = 8.2\times10^4\text{cm/s}$

$\Rightarrow \dfrac{1}{\tau_{\text{eff}}} = \dfrac{10^9}{16} + 1.8\times10^{17}\times4\times10^{-15}\times8.2\times10^4\text{s}^{-1} = 1.22\times10^8\text{s}^{-1}$

$\Rightarrow \tau_{\text{eff}} = 8.2\text{ns} = 0.51\tau_{\text{sp}}$，其中，$\tau_{\text{sp}} = 16\text{ns}$。

## 第 3 章

**3.1** 自然线宽为 $\Delta\nu_n = \dfrac{1}{\tau_i}+\dfrac{1}{\tau_k} = \dfrac{1}{2\pi}(1.7\times10^7+5.6\times10^7)\text{s}^{-1} = 11.6\text{MHz}$。多普勒宽度为 $\Delta\nu_D = 7.16\times10^{-7}\nu_0\sqrt{T/M}$

利用 $\nu_0 = c/\lambda = 4.74\times10^{14}\text{s}^{-1}$，$T = 400\text{K}$，$M = 20\text{AMU}$，可以得到

$\Delta\nu_D = 1.52\times10^9\text{s}^{-1} = 1.52\text{GHz}$

压强展宽有两种来源:

a) 与氦原子的碰撞

$\Delta\nu_{\text{p}} = \dfrac{1}{2\pi}n_{\text{He}}\sigma_{\text{B}}(\text{Ne}-\text{He})\bar{v}$

当 $p = 2\text{mb}$ 和 $T = 400\text{K}$ 的时候，可以得到

$$\left.\begin{aligned} &n_{\text{He}} = p/(kT) = 3.6\times10^{16}\text{cm}^{-3}\\ &\sigma_{\text{B}}(\text{Ne}-\text{He}) = 6\times10^{-14}\text{cm}^2\\ &\bar{v} = 1.6\times10^5\text{cm/s}\end{aligned}\right\}\Rightarrow \Delta\nu_{\text{p}} = 5.5\times10^7\text{s}^{-1} = 55\text{MHz}。$$

b) Ne − Ne 碰撞 (共振展宽)

$$\left.\begin{aligned} &\bar{v}(\text{Ne}-\text{Ne}) = 9.2\times10^4\text{cm/s}\\ &\sigma_{\text{B}}(\text{Ne}-\text{Ne}) = 1\times10^{-13}\text{cm}^2\\ &n_{\text{Ne}} = 3.6\times10^{15}\text{cm}^{-3}\end{aligned}\right\}\Rightarrow \Delta\nu_{\text{p}}(\text{Ne}-\text{Ne}) = 5\text{MHz}$$

谱线位移为 $\Delta\nu_{\text{s}}(\text{Ne}-\text{Ne}) = 0.5\text{MHz}$

总压强展宽为 $\Delta\nu_{\mathrm{p}} = 55 + 5 = 60\mathrm{MHz}$

谱线总位移为 $\Delta\nu_{\mathrm{s}} = 9 + 0.5 = 9.5\mathrm{MHz}$。

**3.2** $n = p/kT$

由 $p = 1\mathrm{mb} \approx 10^2\mathrm{Pa}$ 可以得到，$n = 2.4 \times 10^{22}\mathrm{m}^{-3}$，$\bar{v} = \sqrt{\dfrac{8kT}{\pi\mu}}$，$\mu = \dfrac{44 \times 147}{191}\mathrm{AMU}$

$\Rightarrow \bar{v} = 433\mathrm{m/s}$。

a) 压强展宽的线宽为

$\Delta\nu_{\mathrm{p}} = \dfrac{1}{2\pi} n\sigma_b\bar{v}$

由 $\sigma_{\mathrm{b}} = 5 \times 10^{-14}\mathrm{cm}^2$ 可以得到，$\Delta\nu_{\mathrm{p}} = 8.3 \times 10^6\mathrm{s}^{-1} = 8.3\mathrm{MHz}$

均匀线宽 $\Delta\nu_{\mathrm{p}}$ 的饱和展宽为 $\Delta\nu_{\mathrm{s}} = \Delta\nu_{\mathrm{p}}\sqrt{1+S}$

饱和参数 $S$ 决定于谱间隔 $\mathrm{d}\nu$ 中的受激发射速率 $B_{ik}\rho_\nu d\nu$ 和总弛豫速率 $\gamma = 1/\tau_{\mathrm{eff}}$ 的比值。因为 $B_{ik}\rho_\nu \mathrm{d}\nu = I\sigma_a/h\nu$，所以，

$S = \dfrac{I\sigma_a}{h\nu\gamma} = \dfrac{I\sigma_a}{h\nu 2\pi\Delta\nu_{\mathrm{p}}}$

其中，$I = \dfrac{50\mathrm{W}}{\pi\frac{1}{4}10^{-2}\mathrm{cm}^2} = 6.4 \times 10^3\mathrm{W/cm}^2$，它是焦平面上的激光光强

由 $\sigma_a = 10^{-14}\mathrm{cm}^2$，$\gamma = 2\pi\Delta\nu_{\mathrm{p}} = 2\pi \cdot 8.3 \times 10^6\mathrm{s}^{-1} = 5.2 \times 10^7\mathrm{s}^{-1}$，$h\nu = 1.9 \times 10^{-20}\mathrm{Ws}$，可以得到 $S = 64$

这样，饱和展宽就等于 $\Delta\nu_s = \Delta\nu_{\mathrm{p}}\sqrt{65} = 8.06\Delta\nu_p = 66.9\mathrm{MHz}$

多普勒宽度为 $\Delta\nu_{\mathrm{D}} = 7.16 \times 10^{-7}(c/\lambda)\sqrt{T/M}(T/\mathrm{K}$ 和 $M/\mathrm{AMU})$

$\mathrm{SF_6}$ 的质量 $M = 32 + 6 \times 19 = 146\mathrm{AMU}$，$T = 300\mathrm{K}$，可以得到

$\Delta\nu_{\mathrm{D}} = 30\mathrm{MHz}$

饱和展宽是主要的。

b) 当温度 $T = 10\mathrm{K}$ 的时候，对于 $\lambda = 21\mathrm{cm}$ 和 $M = 1\mathrm{AMU}$，多普勒宽度为

$\Delta\nu_{\mathrm{D}} = 7.16 \times 10^{-7}(c/\lambda)\sqrt{T/M} = 3.23 \times 10^3\mathrm{s}^{-1} = 3.23\mathrm{kHz}$

自然线宽为 $\Delta\nu_{\mathrm{n}} = A_{ik}/2\pi = (4/2\pi)10^{-15}\mathrm{s}^{-1} = 6.4 \times 10^{-16}\mathrm{s}^{-1}$

对于 $\lambda = 121.6\mathrm{nm}$ 处的莱曼 $\alpha$ 跃迁，$\Delta\nu_{\mathrm{D}} = 5.6 \times 10^9\mathrm{s}^{-1} = 5.6\mathrm{GHz}$，$\Delta\nu_n = 1.5 \times 10^8\mathrm{s}^{-1}$

吸收系数为 $\alpha = n\sigma_{ik}$。吸收截面与自发跃迁几率的关系为

$\sigma_{ik} = \dfrac{\pi}{8}\lambda^2 A_{ik}/\Delta\nu_n = \dfrac{\pi^2}{4}\lambda^2 = 1.09 \times 10^3\mathrm{cm}^2 \approx 1 \times 10^3\mathrm{cm}^2$

可以假设恒星辐射光谱由许多宽度为 $\Delta\nu_n$ 的光谱成分构成。每种光谱成分只被速度为 $v_z = (\nu - \nu_0) \cdot \lambda \pm \Delta v_z$ 的氢原子吸收，其中，$\Delta v_z = \lambda \cdot \Delta\nu_n$ 位于宽度为 $\Delta\nu_{\mathrm{D}}$ 的多普勒吸收谱线之内。它们在所有氢原子中占据的比率为

$\Delta\nu_n/\Delta\nu_\mathrm{D}$ 因此，吸收系数为

$\alpha = n\sigma_{ik}\Delta\nu_n/\Delta\nu_\mathrm{D} = 10 \times 10^3 \times 6.4 \times 10^{-16}/3.23 \times 10^3 = 2 \times 10^{-16}\mathrm{cm}^{-1}$

如果辐射减小为 $10\% I_0$，

$\mathrm{e}^{-\alpha L} = 0.1 \Rightarrow \alpha L = 2.3 \Rightarrow L = \dfrac{2.3}{2 \times 10^{-16}\mathrm{cm}^{-1}} = 1.15 \times 10^{16}\mathrm{cm}$

$L = 1.15 \times 10^{11}\mathrm{km} = 0.012$光年。

莱曼 $\alpha$ 辐射的吸收截面为 $\sigma_{ik} = \dfrac{\pi^2}{4}\lambda^2 = 3.7 \times 10^{-10}\mathrm{cm}^2$

$\Rightarrow \alpha = n\sigma_{ik}\Delta\nu_\mathrm{n}/\Delta\nu_\mathrm{D} = 1 \times 10^{-10}\mathrm{cm}^{-1}$

$L = \dfrac{2.3}{\alpha} = 2.3 \times 10^{10}\mathrm{cm} = 2.3 \times 10^5\mathrm{km}$。

**c)** 由 $\tau = 20\mu\mathrm{s}$ 可以得到，自然线宽为 $\Delta\nu_\mathrm{n} = \dfrac{1}{2\pi\tau} = 8\mathrm{kHz}$

由 $\lambda = 3.39 \times 10^{-6}\mathrm{m}$ 和 $M = 16\mathrm{AMU}$，可以得到多普勒宽度为 $\Delta\nu_\mathrm{D} = 7.16 \times 10^{-7}(c/\lambda)\sqrt{T/M} = 270\mathrm{MHz}$

压强展宽的线宽为 $\Delta\nu_\mathrm{p} = n\sigma_\mathrm{b}\bar{v} = (p/kT)\sigma_\mathrm{b}\bar{v} = 17\mathrm{MHz}$

渡越时间展宽为 $\Delta\nu_\mathrm{tr} = 0.4\bar{v}/w$，由 $w = 0.5\mathrm{cm}$ 和 $\bar{v} = 700\mathrm{m/s}$，可以得到 $\Delta\nu_\mathrm{tr} = 56\mathrm{kHz}$。

**d)** 为了满足 $\Delta\nu_\mathrm{tr} < \Delta\nu_\mathrm{n}$

$0.4\bar{v}/w < \dfrac{1}{2\pi\tau} \Rightarrow w > 0.8\pi\tau\bar{v} = 3.51\mathrm{cm} \Rightarrow$ 直径 $2w > 7\mathrm{cm}$

饱和宽度为 $\Delta\nu_\mathrm{S} = \Delta\nu_\mathrm{p}\sqrt{1+S}$

由 $\sigma_a = 10^{-10}\mathrm{cm}^2$ 和 $I = \dfrac{10^{-2}}{0.5^2\pi}\dfrac{\mathrm{W}}{\mathrm{cm}^2} = 1.27 \times 10^{-2}\dfrac{\mathrm{W}}{\mathrm{cm}^2}$，可以得到 (见习题 3.2(a)) $S = \dfrac{I\sigma_a}{h\nu 2\pi\Delta\nu_\mathrm{p}} = 2.2 \times 10^{-1} = 0.22$

$\Rightarrow \Delta\nu_\mathrm{S} = 17\mathrm{MHz} \times 1.09 = 18.62\mathrm{MHz}$

此时，饱和展宽不很重要。

**3.3** **a)** 当 $I_\mathrm{L}(\omega) = I_\mathrm{G}(\omega)$ 的时候，洛伦兹线形和高斯线形交叉

归一化 $I_\mathrm{L}(\omega_0) = I_\mathrm{G}(\omega_0) = I_0$ 要求：

$$\frac{I_0(\gamma/2)^2}{(\omega-\omega_0)^2+(\gamma/2)^2} = I_0\mathrm{e}^{-\frac{(\omega-\omega_0)^2}{0.36\delta\omega_0^2}} \Rightarrow \ln[(\omega-\omega_0)^2+(\gamma/2)^2] - 2\ln(\gamma/2) = \frac{(\omega-\omega_0)^2}{0.36\delta\omega_0^2}$$

利用 $\delta\omega_0 = 2\pi\delta\nu_\mathrm{D} = 1 \times 10^{10}\mathrm{s}^{-1}$ 和 $\gamma = 2\pi \times 10^7\mathrm{s}^{-1} = 6.3 \times 10^7\mathrm{s}^{-1}$，可以得到 $\ln[(\omega-\omega_0)^2 + 9.9 \times 10^{14}] - 34.5 = \dfrac{(\omega-\omega_0)^2}{0.36 \times 10^{20}}$

$\Rightarrow (\omega - \omega_0) = 2.18 \times 10^{10}\mathrm{s}^{-1}$；$\nu - \nu_0 = 3.47\mathrm{GHz}$

它是自然线宽的 347 倍。

**b)** 在交叉点 $\omega_c$ 处，强度减小为

$I = I_0 \mathrm{e}^{-\frac{2.182\times 10^{20}}{0.36\times 10^{20}}} = I_0 \times 1.85 \times 10^{-6}$

**c)** 在 $(\omega - \omega_0) = 0.1(\omega - \omega_\mathrm{c})$ 处，洛伦兹线形的强度减小为

$$I_\mathrm{L} = I_0 \frac{(\gamma/2)^2}{[0.1(\omega - \omega_c)]^2 + (\gamma/2)^2} = I_0 \frac{3.15^2 \times 10^{14}}{2.18^2 \times 10^{18} + 3.15^2 \times 10^{14}} = 2 \times 10^{-4} I_0$$

多普勒谱线仅仅下降为 $I_\mathrm{D} = 0.876 I_0$。

**d)** $\Delta\omega_\mathrm{S} = \Delta\omega_\mathrm{n}\sqrt{1+S} = 0.5\delta\omega_\mathrm{D}$

由 $\Delta\omega_\mathrm{n} = 2\pi \times 10^7\mathrm{s}^{-1}$ 和 $\delta\omega_\mathrm{D} = 1 \times 10^{10}\mathrm{s}^{-1}$ 可以得到，

$\sqrt{1+S} = 80 \Rightarrow S = 7.9$

饱和参数与吸收截面的关系为

$$S = \frac{\sigma_a I/h\nu}{\gamma}，其中，\sigma_a = \frac{\pi^2}{4}\lambda^2 \Rightarrow I = \gamma Sh\nu/\sigma_a$$

由 $\lambda = 589\mathrm{nm}$ 可以得到，$\sigma_a = 8.56 \times 10^{-13}\mathrm{m}^2 = 8.56 \times 10^{-9}\mathrm{cm}^2$

$\Rightarrow I = 195\mathrm{W/m}^2 = 19.5\mathrm{mW/cm}^2$

**3.4** **a)** 气压 1bar 时的原子密度为 $n = p/kT = 2.4 \times 10^{19}\mathrm{cm}^{-3}$

根据图 3.13，谱线展宽为 $\Delta\nu_\mathrm{p} = \dfrac{c}{2\pi} \times 2\mathrm{cm}^{-1} \approx 10\mathrm{GHz}$

表 3.1 给出的是 9.1GHz。

**b)** 共振展宽 (Li+Li 碰撞过程) 的线宽是

$$\gamma_\mathrm{res} = 2\pi\Delta\nu_\mathrm{p} = \frac{n\mathrm{e}^2 f_{ik}}{4\pi\epsilon_0 m_0 \omega_{ik}}$$

对于 $n(\mathrm{Li}) = 1.4 \times 10^{16}\mathrm{cm}^{-3}$，$f_{ik} = 0.65$，$\omega_{ik} = 2\pi c/\lambda = 2.8 \times 10^{15}\mathrm{s}^{-1}$

$\Rightarrow \Delta\nu_\mathrm{p} = 1.3 \times 10^8\mathrm{s}^{-1} = 130\mathrm{MHz}$

$n = 2.4 \times 10^{19} \Rightarrow \Delta\nu_\mathrm{p} = 130\mathrm{GHz}$

这大约是 Li+Ar 碰撞的 13 倍。

**3.5** 两次碰撞之间的平均飞行时间为 $\bar{t}_\mathrm{c} = \Lambda/\bar{v}$，其中，$\Lambda = \dfrac{1}{n\sigma}$ 是平均自由程，$\bar{v} = \sqrt{8kT/\pi\mu}$ 是两个碰撞体之间的相对平均速度

有效寿命为 $\dfrac{1}{\tau_\mathrm{eff}} = \dfrac{1}{\tau_\mathrm{sp}} + n\sigma\bar{v} \Rightarrow \gamma_\mathrm{eff} = \gamma_\mathrm{sp} + n\sigma\bar{v}$

自然线宽加倍了，因为

$$n\sigma\bar{v} = \gamma_\mathrm{sp} = 1/\tau_\mathrm{sp} \Rightarrow t_\mathrm{c} = \frac{1}{n\sigma\bar{v}} = \tau_\mathrm{sp}$$

$\bar{v} = 820\mathrm{m/s}$(见习题 2.10)，$\sigma = 4 \times 10^{-15}\mathrm{cm}^2$

$\tau_\mathrm{sp} = 16\mathrm{ns} \Rightarrow n = 1.9 \times 10^{17}\mathrm{cm}^{-3} \Rightarrow p = nkT = 1 \times 10^3\mathrm{Pa} = 10\mathrm{mbar}$

当 $N_2$ 压强为 $p = 10\mathrm{mbar}$ 的时候，$\mathrm{Na}(3S - 3P)$ 跃迁的线宽加倍；也就是说，非均匀线宽为 20MHz，相比之下，非均匀多普勒宽度要大得多，它大约是 1GHz。

**3.6** 多普勒宽度为 $\Delta\nu_\mathrm{D} = 7.16 \times 10^{-7}(c/\lambda)\sqrt{T/M} = 1.6 \times 10^9\mathrm{s}^{-1}$

根据表 3.1，压强展宽为 $\Delta\nu_{\mathrm{p}}/p = 8\mathrm{MHz/torr}$

$10\mathrm{mbar} \hat{=} 7.6\mathrm{torr} \Rightarrow \Delta\nu_{\mathrm{p}}(10\mathrm{mbar}) = 60.8\mathrm{MHz}$

另一方面，$\Delta\nu_{\mathrm{p}} = \dfrac{1}{2\pi} n\sigma_{\mathrm{b}}\bar{v} \Rightarrow \sigma_b = 2\pi\Delta\nu_{\mathrm{p}}/(n\bar{v})$

$p = 10\mathrm{mbar} \Rightarrow n = 2.1\times10^{18}\mathrm{cm}^{-3}$

弹性和非弹性碰撞的展宽截面为 $\sigma_{\mathrm{b}} = 2.6\times10^{-15}\mathrm{cm}^2$

如果上能级 $|k\rangle$ 的展宽是下能级 $|i\rangle$ 的两倍，由 $\Delta\nu_{\mathrm{p}} = \dfrac{1}{2\pi}(\gamma_i+\gamma_k)$ 可以得到，弛豫参数

$\gamma_i = \dfrac{2\pi}{3}\Delta\nu_{\mathrm{p}} = 1.27\times10^8\mathrm{s}^{-1}$，$\gamma_k = \dfrac{4\pi}{3}\Delta\nu_{\mathrm{p}} = 2.5\times10^8\mathrm{s}^{-1}$

低压下的饱和参数展宽 $\Delta\nu_{\mathrm{S}} = \Delta\nu_{\mathrm{n}}\sqrt{1+S}$

为了大于 Ne 压强为 10 mb 时的压强展宽

$\Delta\nu_{\mathrm{S}} > \Delta\nu_{\mathrm{p}} \Rightarrow \sqrt{1+S} > \dfrac{\Delta\nu_{\mathrm{p}}}{\Delta\nu_{\mathrm{n}}} = \dfrac{60.8\times10^6}{6.4\times10^6} = 9.5$

因为自然线宽为 $\Delta\nu_{\mathrm{n}} = \dfrac{1}{2\pi\tau_{\mathrm{sp}}} = 6.4\mathrm{MHz} \Rightarrow S \geqslant 8.5$

$S = \dfrac{\sigma_a I/h\nu}{\gamma} = \dfrac{\pi^2\lambda^2 I/h\nu}{4\gamma} \Rightarrow I = \dfrac{4\gamma h\nu}{\pi^2\lambda^2}S$

$I = \dfrac{4\times3.7\times10^8\times2\times1.6\times10^{-19}}{\pi^2\times7.692\times10^{-14}}\times8.5 \approx 690\mathrm{W/m^2} = 69\mathrm{mW/cm^2}$

对于 $p = 10\mathrm{mbar}$，当 $\Delta\nu_{\mathrm{S}} = \Delta\nu_{\mathrm{p}}\sqrt{1+S} > \Delta\nu_{\mathrm{D}}$ 的时候，饱和宽度大于多普勒宽度，因此

$\sqrt{1+S} > \Delta\nu_{\mathrm{D}}/\Delta\nu_{\mathrm{p}} = 1.6\times10^9/6.08\times10^7 = 26 \Rightarrow S \geqslant 691$

$I = 588\mathrm{mW/cm^2}$

激光束的聚焦截面必须为 $\pi w_S^2 = \dfrac{100}{588}\mathrm{cm}^2 = 0.17\mathrm{cm}^2$。

## 第 4 章

**4.1** 由公式 $\dfrac{\lambda}{\Delta\lambda} = mN$ 以及 $N = 1800\times100 = 1.8\times10^5$ 和 $m = 1$，可以得到

$\lambda/\Delta\lambda = 1.8\times10^5$

然而，这并没有考虑入射狭缝 $s_1$ 的有限宽度。如果像 $s_2(\lambda_1)$ 和 $s_2(\lambda_2)$ 可以分辨的话，那么两条谱线 $\lambda_1$ 和 $\lambda_2$ 就可以分辨。这些狭缝像的宽度为

$\Delta s_2 = f_2\lambda/a + bf_2/f_1$

$a = 10\mathrm{cm}, f_2 = f_1 = 2m \Rightarrow \Delta s_2 = 20\lambda + 10\mu\mathrm{m}$

$\lambda = 500\mathrm{nm} \Rightarrow \Delta s_2 = 20\mu\mathrm{m}$

$s_2(\lambda_1)$ 和 $s_2(\lambda_2)$ 之间的距离为：$\delta s_2 = f_2(\mathrm{d}\beta/\mathrm{d}\lambda)\Delta\lambda$，其中，$\beta$ 是衍射角

由 $m = 1$ 的光栅公式 $d(\sin\alpha + \sin\beta) = \lambda$

$$\Rightarrow \frac{\mathrm{d}\beta}{\mathrm{d}\lambda} = \left(\frac{\mathrm{d}\lambda}{\mathrm{d}\beta}\right)^{-1} = \frac{1}{d\cos\beta}$$

$$\cos\beta = \sqrt{1-\sin^2\beta} = \sqrt{1-\left(\frac{\lambda}{d}-\sin\alpha\right)^2}$$

$$\Rightarrow \delta s_2 = \frac{f_2\Delta\lambda}{d\cos\beta} \geqslant \Delta s_2 \Rightarrow \Delta\lambda \geqslant \frac{\Delta s_2 d\cos\beta}{f_2}$$

$\alpha = 45°, \lambda = 500\text{nm}, d = (1/18,000)\text{cm} = 5.6\times10^{-5}\text{cm} = 0.56\mu\text{m}$

$\cos\beta = 0.9825 \Rightarrow \beta = 11°$

$$\Delta\lambda \geqslant 5.5\times10^{-12}\text{m} \Rightarrow \frac{\lambda}{\Delta\lambda} = \frac{500\times10^{-9}}{5.5\times10^{-12}} = 9.0\times10^4$$

这比 $mN$ 小三倍。有用的最小入射狭缝宽度为

$$b_{\min} = \frac{2f_1}{a}\lambda = \frac{2\times2}{0.1}\times5\times10^{-7}\text{m} = 2\times10^{-5}\text{m} = 20\mu\text{m}。$$

**4.2** 最佳闪烁角为 $\theta = (\alpha-\beta)/2$

由 $\alpha = 20°$，$\lambda = 500\text{nm}$，利用 $m=1$ 的光栅公式，可以得到

$d(\sin\alpha - \sin\beta) = \lambda$

$\Rightarrow \sin\beta = +\sin\alpha - \lambda/d$，其中 $d = \dfrac{1}{18000}\text{cm} = 560\text{nm}$

$\Rightarrow \sin\beta = +0.34 - 0.89 = -0.55 \Rightarrow \beta = -33.5°$

$\Rightarrow \theta = (20+33.5)/2 = 26.7°$。

**4.3** 利特罗光栅的一阶衍射条件为

$$2d\sin\alpha = \lambda \Rightarrow d = \frac{\lambda}{2\sin\alpha} = \frac{488\text{nm}}{2\times0.42} = 580.9\text{nm}$$

所以，光栅的线数为 $1721\text{mm}^{-1}$。

**4.4** $d_1/\cos\alpha = d_2/\cos\epsilon$

$$\frac{d_2}{d_1} = \frac{\cos\epsilon}{\cos\alpha}$$

$\epsilon = 60° \Rightarrow \cos\alpha = 0.1\cos\epsilon = 0.05$

$\Rightarrow \alpha = 87°$

入射光束与棱镜表面的夹角为 $90° - \alpha = 3°$。

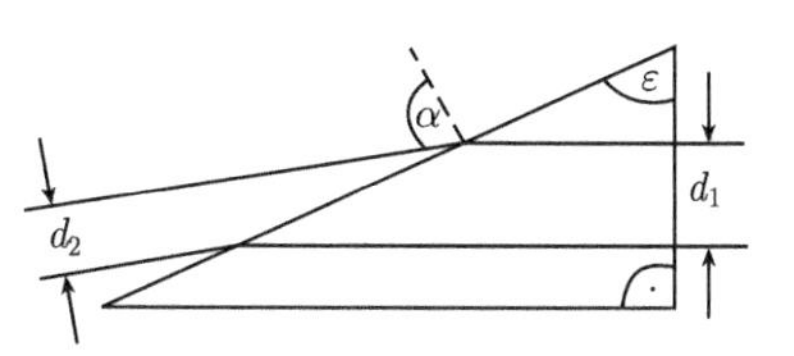

图 A1 用于展宽光束的棱镜

**4.5** 光谱分辨率为

$$\frac{\lambda}{\Delta\lambda} = \frac{600}{10^{-4}} = 50\frac{\Delta s}{\lambda} \Rightarrow \Delta s = \frac{6\times10^6}{50}\lambda = 7.2\times10^{-2}\text{m} = 7.2\text{cm}。$$

**4.6** 最大透射率为 $I_\text{T}/I_0 = \dfrac{T^2}{(T+A)^2} = \dfrac{(1-R-A)^2}{(1-R)^2}$

$R = 0.98$，$A = 0.003 \Rightarrow I_\text{T}/I_0 = \dfrac{0.017^2}{0.02^2} = 0.72$

反射率品质因数为 $F_R^* = \dfrac{\pi\sqrt{R}}{1-R} = 155.5$，平整度的品质因数为 $F_{\rm f}^* = 50$。

根据式 (4.57)，$\dfrac{1}{F_{\rm total}^*} = \dfrac{1}{F_{\rm R}^{*2}} + \dfrac{1}{F_{\rm f}^{*2}} = 4.4\times10^{-4} \Rightarrow F_{\rm tot}^* = 47.6$

光谱分辨精度为 $\dfrac{\lambda}{\Delta\lambda} = F^*\dfrac{\Delta s}{\lambda}$。

由 $d = 5\text{mm}$ 得到，$\Delta s = 1\text{cm} \Rightarrow \dfrac{\lambda}{\Delta\lambda} = \dfrac{47.6\times10^{-2}}{5\times10^{-7}} = 9.5\times10^5$。

**4.7** 对于 $\Delta\lambda = 10^{-2}\text{nm}$ 和 $\lambda = 500\text{nm}$，光谱分辨率至少是:

$\dfrac{\lambda}{\Delta\lambda} \geqslant \dfrac{500}{10^{-2}} = 5\times10^4$

问题 4.6 中的法布里–珀罗干涉仪的有效品质因数 $F_{\rm total}^* = 47.6$

板间距就是 $d = \dfrac{1}{2}\Delta s = \dfrac{1}{2}\dfrac{\lambda^2}{\Delta\lambda F^*} = 0.26\text{mm}$

自由光谱区是 $\delta\nu = \dfrac{c}{2d} \Rightarrow |\delta\lambda| = +\dfrac{c}{\nu^2}|\delta\nu| = \dfrac{\lambda^2}{2d} = 4.8\times10^{-10}\text{m} = 0.48\text{nm}$

通过光谱仪的谱线间隔 $\Delta\lambda$ 应该小于 $\delta\nu$，这样才能避免不同阶干涉的重叠。

也就是说，光谱仪的光谱分辨本领 $\Delta\lambda = \dfrac{\mathrm{d}\lambda}{\mathrm{d}x}\Delta s \leqslant 0.48\text{nm}$

由线性色散关系 $d\lambda/dx = 5\times10^{-2}\text{nm/mm}$ 可以得到，

$\Delta s \leqslant \dfrac{0.48}{5\times10^{-1}}\text{mm} = 0.96\text{mm}$。

**4.8** 自由光谱区必须是 $\delta\lambda > 200\text{nm} \Rightarrow \delta\lambda = \dfrac{\lambda^2}{2d} \geqslant 200\text{nm} \Rightarrow d \leqslant 200\text{nm}$。

如果带宽为 5nm，品质因数必须是 $F^* = \delta\nu/\Delta\nu = |\delta\lambda/\Delta\lambda| = \dfrac{200}{5} = 40$

如果品质因数完全有反射率 $R$ 决定，那么 $F^* = \pi\dfrac{\sqrt{R}}{1-R} \Rightarrow R = 0.925$。

**4.9** 对于 $\rho \ll r$，自由光谱区为

$\delta\nu = \dfrac{c}{4d} \Rightarrow d = \dfrac{c}{4\delta\nu} = \dfrac{3\times10^8}{4\times3\times10^9}\text{m} = 2.5\times10^{-2}\text{m} = 2.5\text{cm}$

$F^* = \dfrac{\delta\nu}{\Delta\nu} = \dfrac{3\times10^9}{10^7} = 300$

$\dfrac{1}{F^{*2}} = \dfrac{1}{F_{\rm R}^2} + \dfrac{1}{F_f^2} \Rightarrow F_{\rm R} = \dfrac{F^*\cdot F_{\rm f}}{\sqrt{F_{\rm f}^2 - F^{*2}}} = 375 \Rightarrow R = 0.9916 = 99.16\%$。

**4.10** $T(\lambda) = T_0\cos^2\left(\dfrac{\pi\Delta nL_1}{\lambda}\right)\cos^2\left(\dfrac{\pi\Delta nL_2}{\lambda}\right)$

吸收损耗为 2%，$T_0 = 0.98$。

a) $T(\lambda)=0.98\cos^2\left(\dfrac{0.05\pi\times10^{-3}}{\lambda[\mathrm{m}]}\right)\cos^2\left(\dfrac{0.05\pi\times4\times10^{-3}}{\lambda[\mathrm{m}]}\right)$

透射峰值出现的条件是

$\dfrac{5\times10^{-5}\pi}{\lambda}=m_1\pi$ 和 $\dfrac{2\times10^{-4}\pi}{\lambda}=m_2\pi$，$(m_1,m_2\in N)$

$\Rightarrow\lambda_1=\dfrac{5\times10^{-5}}{m_1}$ 和 $\lambda_2=\dfrac{2\times10^{-4}}{m_2}$

对于 $\lambda=500\mathrm{nm}$，可以得到，$m_1=100$ 和 $m_2=400$

$m_1=101\Rightarrow\lambda=495\mathrm{nm}$。薄板的自由光谱区为 $\Delta\lambda=5\mathrm{nm}$

$m_2=401\Rightarrow\lambda=498.75\mathrm{nm}$。厚板的自由光谱区为 $\Delta\lambda=1.25\mathrm{nm}$。

b) $T(\alpha,\lambda)=T_0\left[1-\sin^2\left(\dfrac{2\pi}{\lambda}\Delta nL\right)\sin^2 2\alpha\right]$

当 $\lambda=\dfrac{2\Delta nL}{m}$ 时，第一个因子等于 0，$T(\alpha,\lambda_{\max})$ 达到透射率的最大值 $T_0$，与 $\alpha$ 无关。当 $\lambda=\dfrac{2\Delta nL}{m+\frac{1}{2}}$ 时，这个因子变为 1，透射率为 $T(\alpha)=T_0(1-\sin^2 2\alpha)$

对比度就是 $\dfrac{T_{\max}}{T_{\min}}=\dfrac{1}{1-\sin^2 2\alpha}$。

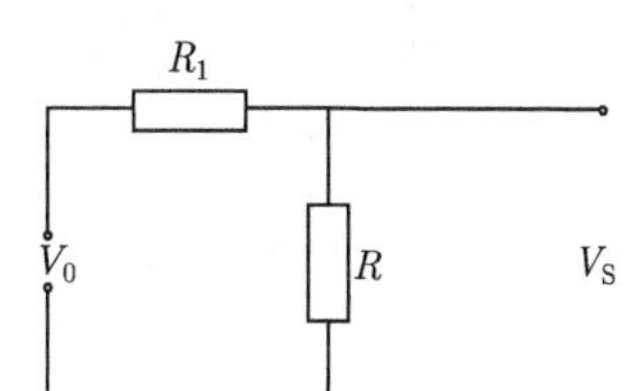


**4.11** 输出电压 $V_S$ 等于

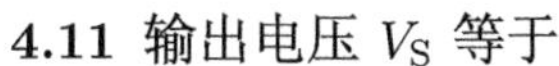

$V_S=\dfrac{R}{R+R_1}V_0=\dfrac{1}{1+R_1/R}V_0$

$R$ 是由 $R_2$ 和 $C$ 组成的并联电路：

$$\frac{1}{R}=\frac{1}{R_2}+\mathrm{i}\omega C\Rightarrow R=\frac{R_2}{1+\mathrm{i}\omega R_2C}$$

$$\Rightarrow V_S=\frac{V_0}{1+\dfrac{R_1}{R_2}(1+\mathrm{i}\omega CR_2)}=\frac{1}{\left(1+\dfrac{R_1}{R_2}\right)+\mathrm{i}\omega CR_1}V_0$$

$$\Rightarrow|V_S|=\frac{R_2/(R_1+R_2)}{\sqrt{1+\omega^2C^2\dfrac{R_1^2/R_2^2}{(R_1+R_2)^2}}}V_0$$

$$\omega=0\Rightarrow|V_S(0)|=\frac{R_2}{R_1+R_2}V_0$$

$$\Rightarrow|V_S(\omega)|=\frac{V_S(0)}{\sqrt{1+\left(\omega C\dfrac{R_1R_2}{R_1+R_2}\right)^2}}=\frac{V_S(0)}{\sqrt{1+(\omega\tau)^2}}$$

$V_S$ 和 $V_0$ 之间的相位差为

$$\tan\varphi=\frac{\mathrm{Im}(V_S)}{\mathrm{Re}(V_S)}=\frac{\omega CR_1}{1+R_1/R_2}=\frac{\omega CR_1R_2}{R_1+R_2}=\omega\tau。$$

**4.12** $\Delta T=\dfrac{\beta P_0}{G}$

由 $\beta=0.8$，$P_0=10^{-9}\mathrm{W}$ 和 $G=10^{-9}\mathrm{W/K}$，可以得到 $\Delta T=0.8\mathrm{K}$

$T=T(0)+\dfrac{\beta P_0}{G}(1-\mathrm{e}^{-(G/H)t})$

$\Delta T=0.9\Delta T_\infty=0.9\dfrac{\beta P_0}{G}\Rightarrow 1-\mathrm{e}^{-(G/H)t}=0.9\Rightarrow \mathrm{e}^{-(G/H)t}=0.1$

$\Rightarrow \dfrac{G}{H}t=-\ln 0.1\Rightarrow t=\dfrac{H}{G}\times 2.3=\dfrac{10^{-8}}{10^{-9}}\times 2.3\mathrm{s}=23\mathrm{s}$

时间常数为 $\tau=H/G=10\mathrm{s}$

$\Delta T$ 的频率依赖关系为 $\Delta T=\dfrac{a\beta P_0 G}{\sqrt{G^2+\Omega^2H^2}}$

对于 $G^2+\Omega^2H^2=4G^2$，有 $\Delta T(\Omega)=0.5\Delta T(\Omega=0)$

$\Rightarrow \Omega^2=\dfrac{3G^2}{H^2}=\dfrac{3\times10^{-18}}{10^{-16}}\mathrm{s}^{-2}=3\times10^{-2}\mathrm{s}^{-2}\Rightarrow\Omega=1.73\times10^{-1}=0.173\mathrm{s}^{-1}$。

**4.13** 电流为 $i=1\mathrm{mA}$，电阻为 $R=10^{-3}\Omega$，则加热功率为 $P=R\times i\times i=Ri^2=10^{-3}\times10^{-6}\mathrm{W}=10^{-9}\mathrm{W}$。如果入射光给辐射光度计带来的额外功率为 $10^{-10}\mathrm{W}$，那么加热功率必须减小同样的量

$\Delta i=(\mathrm{d}i/\mathrm{d}P)\Delta P=\dfrac{\Delta P}{2Ri}=\dfrac{10^{-10}}{2\times10^{-3}\times10^{-3}}\mathrm{A}=5\times10^{-5}\mathrm{A}$

$\Rightarrow\Delta i=50\mu\mathrm{A}$。

**4.14** 阳极电压脉冲为

$U_a(t)=\dfrac{Q(t)}{C}=\left(\dfrac{1}{C}\displaystyle\int_0^{\Delta t}i_{\mathrm{ph}}(t)\mathrm{d}t\right)\times\mathrm{e}^{-t/RC}$。

a) 时间常数 $\tau=RC=10^3\times10^{-11}\mathrm{s}=10^{-8}\mathrm{s}$ 决定了 $C$ 上的电压衰减过程，它比上升时间 $\Delta t=1.5\mathrm{ns}$ 长。因此，可以忽略上升时间内的衰减，得到脉冲的最大

值为

$U_\mathrm{a}=\dfrac{1}{C}\times10^6e=\dfrac{1}{C}\times1.6\times10^{-13}\mathrm{C}$

由 $C=10^{-11}\mathrm{F}$ 可以得到

$U_\mathrm{a}(t)=1.6\times10^{-2}\times\mathrm{e}^{-t\times10^8}\mathrm{V}$

峰值为 $16\mathrm{mV}=U_{\max}$

脉冲的半宽可以这样得到

$\mathrm{e}^{-10^8t}=\dfrac{1}{2}\Rightarrow\Delta t_1=10^{-8}\ln2=6.9\times10^{-9}\mathrm{s}$。

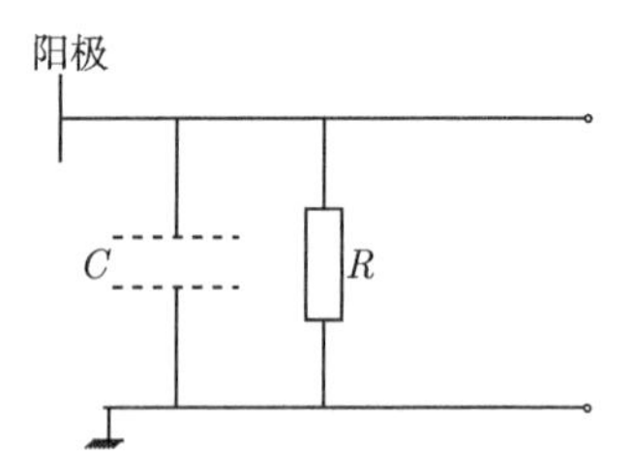


b) 对于 $\lambda=500\mathrm{nm}$ 处的 $10^{-12}\mathrm{W}$ 连续光辐射，每秒钟内光电子的数目为

$n_{\mathrm{PE}}=\eta\dfrac{10^{-12}\mathrm{W}}{h\nu}\mathrm{s}^{-1}=0.2\times2.2\times10^6\mathrm{s}^{-1}=4.5\times10^5\mathrm{s}^{-1}$

放大因子为 $M$，则阳极电流为 $i_a = n_{PE} \times e \times M$

阳极电阻 $R$ 上的电压为

$U_a = i_a R = R n_{PE} e M = 10^3 \times 4.5 \times 10^5 \times 1.6 \times 10^{-19} \times 10^6 = 7.2 \times 10^{-5}\text{V} = 72\mu\text{V}$。

**注**：连续光测量采用较大的电阻 $R \approx 1\text{M}\Omega$，因为在这种情况下，时间分辨率不重要。

$R = 10^6\Omega \Rightarrow U_a = 72\text{mV}$。

为了让单个光生电子产生 1V 的输出脉冲，预放大器的放大倍数必须是 $M_2 \approx 62$。

**4.15** 波长 $\lambda = 500\text{nm}$ 处的功率为 $10^{-17}\text{W}$，每秒钟内有 25 个光子照射到第一个阴极上。人眼能够看到 $20\text{photons/s} \approx 8 \times 10^{-18}\text{W}$；如果收集效率为 0.1，最后一个磷屏幕至少要发射 $8 \times 10^{-17}\text{W}$。转化效率为 0.2，强度的放大 $V_I$ 必须是

$$V_I = \frac{8 \times 10^{-17}}{1 \times 10^{-17} \times 0.2^3} = 1000 = 10^3。$$

**4.16** $U_{ph}(i=0) = \frac{kT}{\text{e}}\left[\ln\left(\frac{i_{ph}}{i_d}\right) + 1\right]$

由 $i_{ph} = 50\mu\text{A}$ 和 $i_d = 50\text{nA}$，可以得到 $U_{ph}(i=0) = 0.2\text{V}$。

## 第 5 章

**5.1** 粒子数反转的阈值为 $\Delta N_{thr} = \frac{\gamma}{2\sigma L}$

$\gamma = 5\%$，往返长度为 20cm

吸收截面与爱因斯坦系数 $B_{ik}$ 的关系是 $B_{ik} = \frac{c}{h\nu}\int \sigma \text{d}\nu \approx \frac{c}{h\nu}\bar{\sigma}\Delta\nu$

其中，$\Delta\nu = 20\text{MHz}$

$$B_{ik} = \frac{c^3}{8\pi h\nu^3}A_{ik} \Rightarrow \bar{\sigma} = \frac{h\nu}{c\Delta\nu}B_{ik} = \frac{\lambda^2}{8\pi\Delta\nu}A_{ik}$$

$$\Rightarrow \Delta N_{thr} = \frac{8\pi\Delta\nu\gamma}{2\lambda^2 L A_{ik}} = \frac{8\pi \times 2 \times 10^7 \times 5 \times 10^{-2}}{2 \times 25 \times 10^{-14} \times 0.4 \times 5 \times 10^7} = 5.0 \times 10^{12}\text{m}^{-3} = 5.0 \times 10^6\text{cm}^{-3}。$$

**5.2** 纵模的间距为 $\Delta\nu = \frac{c}{2d} = \frac{3 \times 10^8}{0.8} = 375\text{MHz}$

粒子数密度

$N(v_z) = N(v_z = 0)\text{e}^{-(\nu-\nu_0)^2/\delta\nu^2}$

$\delta\nu = 2 \times 10^9\text{s}^{-1}$，$(\nu - \nu_0) = 375\text{MHz}$，则相邻模式上的粒子数密度减小为

$N_1 = N_0\text{e}^{-0.1875} = 0.83N_0$

如果 $N_{thr}(v_z = 0) = N_0$，那么 $N_1 = 0.83N_0$

根据习题 5.1，阈值为

$$\Delta N_{\text{thr}}=\frac{8\pi\Delta\nu\gamma}{2\lambda^2LA_{ik}}=\frac{8\pi\times5\times10^7\times0.1}{2\times6.33^2\times10^{-14}\times0.8\times10^8}=1.96\times10^{12}\text{m}^{-3}$$

因此，如果相邻模式达到阈值，那么该能级就开始振荡。中心模式上的粒子反转数 (没有饱和) 为 $\Delta N_0=\Delta N_1/0.83$。

**5.3** $\nu_a=\nu_{\text{r}}+\dfrac{\Delta\nu_{\text{r}}}{\Delta\nu_{\text{m}}}(\nu_0-\nu_{\text{r}})$ $\Delta\nu_{\text{r}}=2\text{MHz}$，$\Delta\nu_{\text{m}}=\Delta\nu_D=1\text{GHz}$

$(\nu_0-\nu_{\text{r}})=0.5\Delta\nu_{\text{D}}\Rightarrow\nu_a=\nu_{\text{r}}+10^6\text{s}^{-1}$

这个模式移动了 1MHz。

**5.4** $\delta\nu_{\text{spa}}=\dfrac{2d}{ap}\delta\nu$；$p=2,3,4,\cdots$ $\delta\nu=\dfrac{c}{2d}=75\text{MHz}$；$d=2\text{m}$；$a=0.2\text{m}$

可以得到，$p=2$ 时，$\delta\nu_{\text{spa}}=1.5\times10^9\text{s}^{-1}=1.5\text{GHz}$

$p=3$ 时，$\delta\nu_{\text{spa}}=1.0\text{GHz}$

当多普勒宽度为 $\Delta\nu_{\text{D}}=1\text{GHz}$ 时，第一个相邻的烧孔模式的增益为 $g=g_0\text{e}^{-1/0.36}=0.06g_0$。这个模式没有达到阈值。

相邻的共振模式到谱线中心的距离为 150MHz。它的非饱和增益为

$g=g_0\text{e}^{\frac{(0.15)^2}{0.36\times1}}=0.94g_0$

此时，没有模式竞争的总增益为 $0.94\times1.1=1.03$。这两个相邻的共振模式达到了阈值。因此，有三个模式可以振荡。

**5.5** 非饱和增益 $g_0$，腔内损耗 $\gamma_0$，增益媒质的长度 $L$，端镜损耗 $T+A=1-R=\gamma_{\text{M}}$，激光的输出总光强：$I_{\text{out}}=\gamma_{\text{M}}\left[\dfrac{2g_0L}{\gamma_0+\gamma_{\text{M}}}-1\right]\dfrac{I_{\text{sat}}}{2}$

求微分可以得到 $\dfrac{\text{d}I_{\text{out}}}{\text{d}\gamma_{\text{M}}}=\left[\left(\dfrac{2g_0L}{\gamma_0+\gamma_{\text{M}}}-1\right)-\gamma_M\dfrac{2g_0L}{(\gamma_0+\gamma_{\text{M}})^2}\right]\dfrac{I_{\text{sat}}}{2}=0$

$\Rightarrow\gamma_{\text{M}}^{\text{opt}}=\sqrt{2g_0L\gamma_0}-\gamma_0$

由 $\gamma_0=0.1$ 和 $2g_0L=2$ 可以得到，$\gamma_{\text{M}}^{\text{opt}}=0.347=34.7\%=1-R$

输出端镜的反射率为 $R=65.3\%$。

**5.6** 共振腔中心处的光斑尺寸为

$$w_0=\sqrt{\frac{\lambda L}{2\pi}}=\sqrt{\frac{6.33\times10^{-7}\times0.3}{2\pi}}\text{m}=1.7\times10^{-4}\text{m}=0.17\text{mm}$$

端镜处的光斑尺寸为 $w(L/2)=\sqrt{2}\times w_0=0.24\text{mm}$

光束的直径 (1/e 点之间的距离) 分别是 $2w_0$ 和 $2w$

激光束的发散角为 $\theta=\dfrac{w(L/2)}{L/2}=1.6\times10^{-3}\text{rad}$

透镜上的光斑尺寸为 $w_{\text{s}}=30\text{cm}\times1.6\times10^{-3}+w(L/2)=4.8\times10^{-2}\text{cm}+2.4\times10^{-2}\text{cm}=7.2\times10^{-2}\text{cm}=0.72\text{mm}$。光束的直径为 $2w_{\text{s}}=1.44\text{mm}$

根据棱镜公式：$\dfrac{1}{a}+\dfrac{1}{b}=\dfrac{1}{f}$

可以计算焦点的位置。由 $a=50+15\text{cm}$，$b=?$ 和 $f=30\text{cm}$，可以得到

$b=55.7\text{cm}$

焦点离透镜的距离为 55.7cm，离输出端镜的距离为 105.7cm

焦点处的束腰为 $w_0=f\lambda/(\pi w_\text{s})=\dfrac{30\times 6.3\times 10^{-5}}{\pi\times 0.072}\text{cm}=0.84\times 10^{-2}\text{cm}=0.084\text{mm}=84\mu\text{m}$

瑞利长度为 $z_\text{R}=\dfrac{\pi w_0^2}{\lambda}=3.5\text{cm}$。

**5.7** 焦点处的束腰为 $w_0=\dfrac{f_1\lambda}{\pi w}=\dfrac{1\times 5\times 10^{-5}}{\pi\times 0.1}\text{cm}=1.59\mu\text{m}$

透过半径为 $a$ 的光阑的光强为 $P_t=P_i(1-\text{e}^{-2a^2/w_0^2})$

由 $P_t/P_i=0.95$ 可以得到，$0.05=\text{e}^{-2a^2/(1.59^2\times 10^{-6})}$，其中 $a$ 的单位是 mm

$\Rightarrow a^2=-(\ln 0.05)\times 1/2\times 1.59^2\times 10^{-6}=3.79\times 10^{-6}\text{mm}^2$

$\Rightarrow a=1.95\times 10^{-3}\text{mm}\Rightarrow 2a=3.9\mu\text{m}=2.45w_0$。

**5.8** 当 $d=50$ cm 时，轴向模式的间隔为 $\Delta\nu=\dfrac{c}{2d}=300\text{MHz}$

增益因子 $G$ 满足多普勒线形 $G(\nu)=G(\nu_0)\text{e}^{-(\nu-\nu_0)^2/(0.36\Delta\nu_\text{D}^2)}$

由 $\Delta\nu_\text{D}=1.5\text{GHz}$ 和 $\nu_1-\nu_0=300\text{MHz}$，可以得到

$G(\nu_1)=G(\nu_0)\text{e}^{-0.11}=0.896G(\nu_0)$

由 $G(\nu_0)=1.3$ 可以得到，$G(\nu_1)=1.16$

当损耗为 4% 的时候，$\nu_1$ 处的总增益为 1.12

因此，$\nu_1$ 处的损耗至少为 12%，才能够防止激光在 $\nu_1$ 处振荡。

标准具的厚度为 $t$，折射率为 $n=1.4$，它的透射率为

$T=\dfrac{1}{1+F\sin^2\phi/2}$

其中，$\phi=\dfrac{2\pi\nu\Delta s}{c}=\dfrac{2\pi\nu}{c}2nt$

$\nu=\nu_0\Rightarrow T=1\Rightarrow\phi/2=m\pi=\dfrac{2\pi\nu_0}{c}nt$

$\nu=\nu_1\Rightarrow T\leqslant 0.88\Rightarrow F\sin^2\phi/2\geqslant 0.12\Rightarrow\sin\phi_1/2\geqslant\sqrt{0.12/F}$

因为 $\nu_1=\nu_0+300\text{MHz}$，$\phi_1=\phi_0+\Delta\phi\Rightarrow\Delta\phi=\dfrac{4\pi(\nu_1-\nu_0)}{c}nt$

$\Rightarrow\Delta\phi=2\pi\dfrac{3\times 10^8}{3\times 10^{10}}nt=2\pi\times 10^{-2}nt$

其中，$t$ 的单位是 cm

标准具的厚度 $t$ 应该很小，才能减少倾斜标准具的走失损耗。可以合理地假

定 $t = 0.5\text{cm}$ 和 $n = 1.4$

$\Rightarrow \Delta\phi = 2\pi \times 7 \times 10^{-3} = 2.5^\circ \Rightarrow \sin\Delta\phi/2 = \sin\phi_1/2 = 0.044 \Rightarrow F \geqslant \dfrac{0.12}{0.044^2} = 63$

由 $F^* = \dfrac{\pi}{2}\sqrt{F}$，可以得到品质因数 $F^*$ 所必须满足的关系式 $F^* \geqslant 12.5$

因为 $F^* = \dfrac{\pi\sqrt{R}}{1-R}$，所以，$R_E \geqslant 0.78$，标准具的反射率应该大于 78%。

**5.9** $R_1 = \infty$，$R_2 = 400\text{cm}$ 和 $d = 100\text{cm}$ 的共振腔等价于一个 $d = 200\text{cm}$ 和 $R = R_1 = R_2 = 400\text{cm}$ 的球型共振腔。端镜上的光斑尺寸 $w_s$ 为

$$w_s = \left(\frac{\lambda d}{\pi}\right)^{1/2}\left[\frac{2d}{R} - \left(\frac{d}{R}\right)^2\right]^{-1/4} = 5.96 \times 10^{-4}\text{m} = 0.596\text{mm}$$

半径为 $a$ 的圆形小孔位于共振腔中心，它对基模的透射率为

$T = 1 - \text{e}^{-2a^2/w_s^2} > 0.99 \Rightarrow \text{e}^{-2a^2/w_s^2} \leqslant 0.01 \Rightarrow a^2 \geqslant \dfrac{w_s^2}{2}\ln 100 \Rightarrow a \geqslant 0.904\text{mm}$

根据图 5.12，菲涅耳数 $N_F$ 应该小于 0.8，基模的损耗才能大于 10%。菲涅耳数的定义为 $N_F = \dfrac{1}{\pi}\dfrac{\pi a^2}{\pi w_s^2}$，其中，$w_s$ 是基模的束腰，

$\Rightarrow a^2 < 0.8 \times \pi w_s^2 = 0.8\pi \times 0.596^2\text{mm}^2 = 0.89\text{mm}^2 \Rightarrow a \leqslant 0.944\text{mm}$

因此，小孔的半径应该是 $0.904 \leqslant a \leqslant 0.944\text{mm}$。

**5.10** 由 $L = 15\text{cm}$ 可以得到自由光谱区为 $\delta\nu = \dfrac{c}{2d} = 10^9\text{s}^{-1}$

因此，如果模式接近于增益线形的中心，那么就只有一个模式。$\nu_0$ 处的非饱和增益为 10%。损耗为 3%，则总增益为 $7\% \Rightarrow G(\nu_0) = 1.07$

当调离增益中心的时候，总增益因子应该总是大于 1

$\Rightarrow G = 1.1 \times \text{e}^{-(\nu-\nu_0)^2/(0.36\Delta\nu_D^2)} - 0.03 \geqslant 1$

$\Rightarrow \text{e}^{-(\nu-\nu_0)^2/0.36\Delta\nu_D^2} \geqslant \dfrac{1.03}{1.1} = 0.936$

$\Rightarrow (\nu - \nu_0)^2 \leqslant 0.36\Delta\nu_D^2 \ln\dfrac{1}{0.936}$

由 $\Delta\nu_D = 1.5 \times 10^9\text{s}^{-1}$ 可以得到 $\nu - \nu_0 \leqslant 2.31 \times 10^8\text{s}^{-1} = 231\text{MHz}$

最大的可调谐范围是从 $\nu_0 - 231\text{MHz}$ 到 $\nu_0 + 231\text{MHz}$

为了在一个光谱自由区内调谐，镜间距必须改变 $\lambda/2$，所以 $\delta\nu = 10^9\text{s}^{-1}$ 要求 $\Delta d = \lambda/2$

$\nu - \nu_0 = 462\text{MHz}$ 要求 $\Delta d = (\lambda/2)\dfrac{(\nu - \nu_0)}{\delta\nu} = \dfrac{\lambda}{2} \times 0.462 = 0.231\lambda = 0.146\mu\text{m}$，该处波长为 $\lambda = 632\text{nm}$

$\Rightarrow \Delta V = \dfrac{\text{d}V}{\text{d}x}\Delta x = \left(\dfrac{10^{-9}\text{m}}{\text{V}}\right)^{-1} \times 1.46 \times 10^{-7}\text{m} = 146\text{V}$。

**5.11** $\dfrac{\Delta\nu}{\nu}=\dfrac{\Delta d}{d}=\alpha\Delta T$

当温度变化为 $1°\text{C}/h$ 的时候，对于殷钢柱 $(\alpha=1.2\times10^{-6}\text{K}^{-1})$ 来说，每小时内的频率变化为 $\dfrac{\Delta\nu}{\nu}=1.2\times10^{-6}$

$\nu=c/\lambda=6\times10^{14}\text{s}^{-1}\Rightarrow\Delta\nu=7.2\times10^{8}\text{s}^{-1}/\text{h}=720\text{MHz/h}$

对于熔融石英 $(\alpha=0.4-0.5\times10^{-6}\text{K}^{-1})$ 来说，频率变化要小三倍，而对于零膨胀玻璃来说，要小 12 倍。

**5.12** 当 $L=100\text{cm}$ 的时候，模式间隔为 $\delta\nu=150\text{MHz}$。

a) 对于 $t=1\text{cm}$ 和 $n=1.4$ 的固体标准具来说，$\dfrac{\Delta\nu}{\nu}=\dfrac{\Delta t}{t}+\dfrac{\Delta n}{n}$

第二项很小，可以忽略不计，因此 $\dfrac{\Delta\nu}{\nu}=\alpha\Delta T=2\times4\times10^{-7}=8\times10^{-7}$

$\Rightarrow\Delta\nu=4.8\times10^{8}\text{s}^{-1}$。

b) 对于气隙型标准具来说，如果间隙层是零膨胀玻璃或者是经过温度补偿的话，第一项就可以忽略不计

气压为 $p$，在长度 $d$ 上的光程为 $s=nd$，其中 $n(p=1\text{bar})=1.00028$

变化量 $\Delta s$ 为 $\Delta s=(n-1)d\dfrac{\Delta p}{p}$

$$\Rightarrow\left|\frac{\Delta\nu}{\nu}=\frac{\Delta s}{s}=\frac{n-1}{n}\cdot\frac{\Delta p}{p}=0.00028\times\frac{4}{1000}=1.12\times10^{-6}\right.$$

$\nu=6\times10^{14}\text{s}^{-1}\Rightarrow\Delta\nu=6.72\times10^{8}\text{s}^{-1}=672\text{MHz}$

这就说明，气隙型标准具不如固体标准具稳定。

c) 当温度漂移为 $1°\text{C}/h$ 的时候，固体标准具的频率变化为 336MHz/h。

**5.13** 泡克耳斯盒的透射率为 $T=T_0\cos^2 aV$

其中，$V$ 是外加电压，$a$ 是一个常数，它依赖于电光系数和调制器的尺寸

$V=0\Rightarrow T=T_0$，$V=600\Rightarrow T=0\Rightarrow aV=\pi/2$

系统应该工作在斜率 $\text{d}T/\text{d}V$ 最大的位置上

$$\Delta T=\frac{\text{d}T}{\text{d}V}\Delta V=-2aT_0\cos aV\sin aV\Delta V$$

如果强度变化 5%，那么透射率必须改变 $\Delta T=-0.05T_0$，才能够补偿强度的涨落

$$\Rightarrow\Delta V=\frac{0.05}{2a\cos aV\sin aV},\quad \text{其中，}a=\frac{\pi}{2\times600}\text{V}^{-1}$$

在斜率最大的位置上，$aV=45°\Rightarrow\cos aV=\sin aV=\dfrac{1}{2}\sqrt{2}$

$$\Rightarrow\Delta V=\frac{2\times0.05\times600}{\pi}\text{V}=19\text{V}。$$

**5.14** 标准具的自由光谱区为 $\delta\nu_{\text{E}}=\dfrac{c}{2d}=8\times10^{9}\text{s}^{-1}\Rightarrow d=1.8\text{cm}$。

a) 对于殷钢 $\alpha = 1.2 \times 10^{-6}\text{K}^{-1}$ 来说，温度漂移引起的 $d$ 的变化为

$$\Delta d = d\alpha\Delta T \Rightarrow \frac{\Delta d}{d} = 1.2 \times 10^{-6} \times 10^{-2} = 1.2 \times 10^{-8}$$

$$\Rightarrow \left|\frac{\Delta\nu}{\nu}\right| = \frac{\Delta d}{d} = 1.2 \times 10^{-8}$$

$\nu = 5 \times 10^{14}\text{s}^{-1}(\lambda = 600\text{nm}) \Rightarrow \Delta\nu = 6 \times 10^{6}\text{s}^{-1} = 6\text{MHz}$。

b) 如果声学振动使得 $d$ 改变了 1nm，那么

$$\frac{\Delta d}{d} = \frac{10^{-7}}{1.8} = 5.6 \times 10^{-8} = \left|\frac{\Delta\nu}{\nu}\right| \Rightarrow \Delta\nu = 5.6 \times 10^{-8} \times 5 \times 10^{14} = 28\text{MHz}。$$

c) 法布里–珀罗干涉仪的自由光谱区为 $\delta\nu_{\text{FPI}} = 10\text{GHz}$，品质因数为 $F^* = 50$，那么，透射峰的半高宽为 $\Delta\nu_{\text{FPI}} = \delta\nu/F^* = 200\text{MHz}$

透射强度为 $I_t = I_0 T = I_0 \dfrac{1}{1 + F\sin^2(\phi/2)}$

其中，$F = \left(\dfrac{2}{\pi}F^*\right)^2 = 1 \times 10^3$

稳定系统将强度变化 1% 视为透射率变化了 $\Delta T$，也就是说，$\phi$ 变化了 $\Delta\phi$，而且，因为 $\phi = \dfrac{2\pi}{\lambda}\Delta s = \dfrac{2\pi\nu}{c}\Delta s \Rightarrow \Delta\phi = \dfrac{2\pi}{c}\Delta s\Delta\nu$

也可以将其视为 $\nu$ 的变化

对 $\Delta\nu$ 的粗略估计如下：

在板间距 $d = 0.5\Delta s$ 固定不变的时候，如果频率变化了 100MHz，透射率就会变化 100%，由 0 变为 1。因此，透射率变化 1% 的话，频率就会改变 $0.01 \times 100\text{MHz} = 1\text{MHz}$

更为详细的计算采用关系式

$$\Delta T = \frac{\mathrm{d}T}{\mathrm{d}\phi}\frac{\mathrm{d}\phi}{\mathrm{d}\nu}\Delta\nu \Rightarrow \Delta\nu = \frac{0.01}{\dfrac{\mathrm{d}T}{\mathrm{d}\phi}\dfrac{\mathrm{d}\phi}{\mathrm{d}\nu}} (\text{因为 } \Delta T = 0.01)$$

$$\frac{\mathrm{d}T}{\mathrm{d}\phi} = \frac{F\sin(\phi/2)\cos(\phi/2)}{(1 + F\sin^2\phi/2)^2}$$

$$\frac{\mathrm{d}\phi}{\mathrm{d}\nu} = \frac{2\pi\Delta s}{c}。$$

# 参考文献

## 第1章


1.1 *Laser Spectroscopy I–XVII*, Proc. Int. Confs. 1973–2005,
I, Vale 1973, ed. by R.G. Brewer, A. Mooradian (Plenum, New York 1974);
II, Megeve 1975, ed. by S. Haroche, J.C. Pebay-Peyroula, T.W. Hänsch, S.E. Harris, Lecture Notes Phys., Vol. 43 (Springer, Berlin, Heidelberg 1975);
III, Jackson Lake Lodge 1977, ed. by J.L. Hall, J.L. Carlsten, Springer Ser. Opt. Sci., Vol. 7 (Springer, Berlin, Heidelberg 1977);
IV, Rottach-Egern 1979, ed. by H. Walther, K.W. Rothe, Springer Ser. Opt. Sci., Vol. 21 (Springer, Berlin, Heidelberg 1979);
V, Jaspers 1981, ed. by A.R.W. McKellar, T. Oka, B.P. Stoichef, Springer Ser. Opt. Sci., Vol. 30 (Springer, Berlin, Heidelberg 1981);
VI, Interlaken 1983, ed. by H.P. Weber, W. Lüthy, Springer Ser. Opt. Sci., Vol. 40 (Springer, Berlin, Heidelberg 1983);
VII, Maui 1985, ed. by T.W. Hänsch, Y.R. Shen, Springer Ser. Opt. Sci., Vol. 49 (Springer, Berlin, Heidelberg 1985);
VIII, Are 1987, ed. by W. Persson, S. Svanberg, Springer Ser. Opt. Sci., Vol. 55 (Springer, Berlin, Heidelberg 1987);
IX, Bretton Woods 1989, ed. by M.S. Feld, J.E. Thomas, A. Mooradian (Academic, New York 1989);
X, Font Romeau 1991, ed. by M. Ducloy, E. Giacobino, G. Camy (World Scientific, Singapore 1992);
XI, Hot Springs, VA 1993, ed. by L. Bloomfield, T. Gallagher, D. Larson, AIP Conf. Proc. **290** (AIP, New York 1993);
XII, Capri, Italy 1995, ed. by M. Inguscio, M. Allegrini, A. Sasso (World Scientific, Singapore 1995);
XIII, Hangzhou, P.R. China 1997, ed. by Y.Z. Wang, Y.Z. Wang, Z.M. Zhang (World Scientific, Singapore 1997);
XIV Innsbruck, Austria 1999, ed. by R. Blatt, J. Eschner, D. Leihfried, F. Schmidt-Kaler (World Scientific, Singapore 1999);
XV, Snowbird, USA 2001, ed. by St. Chu (World Scientific, Singapore 2002);
XVI Palmcove, Australia 2003, ed. by P. Hannaford, A. Sidoven, H. Bachor, K. Baldwin (World Scientific, Singapore 2004);
XVII Scotland 2005, ed. by E.A. Hinds, A. Ferguson, E. Riis (World Scientific, Singapore 2005)

1.2 *Advances in Laser Sciences I–IV*, Int. Conf. 1985–1989,
I, Dallas 1985, ed. by W.C. Stwally, M. Lapp (Am. Inst. Phys., New York 1986)
II, Seattle 1986, ed. by W.C. Stwalley, M. Lapp, G.A. Kennedy-Wallace (AIP, New York 1987);
III, Atlantic City 1987, ed. by A.C. Tam, J.L. Gale, W.C. Stwalley (AIP, New York 1988);
IV, Atlanta 1988, ed. by J.L. Gole et al. (AIP, New York 1989)

1.3 M. Feld, A. Javan, N. Kurnit (Eds.): *Fundamental and Applied Laser Physics*, Proc. Esfahan Symposium 1971 (Wiley, London 1973)

1.4 A. Mooradian, T. Jaeger, P. Stokseth (Eds.): *Tunable Lasers and Applications*, Springer Ser. Opt. Sci., Vol. 3 (Springer, Berlin, Heidelberg 1976)

1.5 R.A. Smith (Ed.): *Very High Resolution Spectroscopy* (Wiley Interscience, New York 1970)

1.6 *Int. Colloq. on Doppler-Free Spectroscopic Methods for Simple Molecular Systems, Aussois, May 1973* (CNRS, Paris 1974)

1.7 S. Martellucci, A.N. Chester (Eds.): *Analytical Laser Spectroscopy*, Proc. NATO ASI (Plenum, New York 1985)

1.8 Y. Prior, A. Ben-Reuven, M. Rosenbluth (Eds.): *Methods of Laser Spectroscopy* (Plenum, New York 1986)

1.9 A.C.P. Alves, J.M. Brown, J.M. Hollas (Eds.): *Frontiers of Laser Spectroscopy of Gases*, NATO ASI Series, Vol. 234 (Kluwer, Dordrecht 1988)
T.W. Hänsch, M. Inguscio (Eds.): *Frontiers in Laserspectroscopy* (North Holland, Amsterdam 1994)

1.10 W. Demtröder, M. Inguscio (Eds.): *Applied Laser Spectroscopy*, NATO ASI Series, Vol. 241 (Plenum, New York 1991)

1.11 H. Walther (Ed.): *Laser Spectroscopy of Atoms and Molecules*, Topics Appl. Phys., Vol. 2 (Springer, Berlin, Heidelberg 1976)

1.12 K. Shimoda (Ed.): *High-Resolution Laser Spectroscopy*, Topics Appl. Phys., Vol. 13 (Springer, Berlin, Heidelberg 1976)

1.13 A. Corney: *Atomic and Laser Spectroscopy*, new edition (Oxford Univ. Press, Oxford 2006)

1.14 V.S. Letokhov: *Laserspektroskopie* (Vieweg, Braunschweig 1977);
V.S. Letokhov (Ed.): *Laser Spectroscopy of Highly Vibrationally Excited Molecules* (Hilger, Bristol 1989)

1.15 J.M. Weinberg, T. Hirschfeld (Eds.): *Unconventional Spectroscopy*, SPIE Proc. **82** (1976)

1.16 S. Jacobs, M. Sargent III, J. Scott, M.O. Scully (Eds.): *Laser Applications to Optics and Spectroscopy* (Addison-Wesley, Reading, MA 1975)

1.17 D.C. Hanna, M.A. Yuratich, D. Cotter: *Nonlinear Optics of Free Atoms and Molecules*, Springer Ser. Opt. Sci., Vol. 17 (Springer, Berlin, Heidelberg 1979)

1.18 M.S. Feld, V.S. Letokhov (Eds.): *Coherent Nonlinear Optics*, Topics Curr. Phys., Vol. 21 (Springer, Berlin, Heidelberg 1980)

1.19 S. Stenholm: *Foundations of Laser Spectroscopy* (Dover Publ., New York 2005)

1.20 J.I. Steinfeld: *Laser and Coherence Spectroscopy* (Plenum, New York 1978)

1.21 W.M. Yen, M.D. Levenson (Eds.): *Lasers, Spectroscopy and New Ideas*, Springer Ser. Opt. Sci., Vol. 54 (Springer, Berlin, Heidelberg 1987)

1.22 D.S. Kliger (Ed.): *Ultrasensitive Laser Spectroscopy* (Academic, New York 1983)

1.23 B.A. Garetz, J.R. Lombardi (Eds.): *Advances in Laser Spectroscopy, Vols. I and II* (Heyden, London 1982, 1983)

1.24 S. Svanberg: *Atomic and Molecular Spectroscopy*, 4th edn., Springer Ser. Atoms Plasmas, Vol. 6 (Springer, Berlin, Heidelberg 2004)

1.25 D.L. Andrews, A.A. Demidov: *An Introduction to Laser Spectroscopy* (Plenum, New York 1989)
D.L. Andrews (Ed.): *Applied Laser Spectroscopy* (VCH-Wiley, Weinheim 1992)

1.26 L.J. Radziemski, R.W. Solarz, J. Paissner: *Laser Spectroscopy and its Applications* (Dekker, New York 1987)

1.27 V.S. Letokhov (Ed.): *Lasers in Atomic, Molecular and Nuclear Physics* (World Scientific, Singapore 1989)

1.28 E.R. Menzel: *Laser Spectroscopy* (Dekker, New York 1994);
H. Abramczyk: *Introduction to Laser Spectroscopy* (Elsevier, Amsterdam 2005)

D.L. Andrews, A.A. Demidov: *An Introduction to Laser Spectroscopy*, 2nd edn. (Springer, Berlin, Heidelberg 2002)

1.29 Z.-G. Wang, H.-R. Xia: *Molecular and Laser Spectroscopy*, Springer Ser. Chem. Phys., Vol. 50 (Springer, Berlin, Heidelberg 1991);
R. Blatt, W. Neuhauser (Eds.): *High Resolution Laser Spectroscopy*. Appl. Phys. B **59** (1994)

1.30 J. Sneddon (Ed.): *Lasers in Analytical Atomic Spectroscopy* (Wiley, New York 1997)

1.31 R. Menzel: *Photonics: Linear and Nonlinear Interaction of Laser Light and Matter* (Springer, Heidelberg 2001)

1.32 J. Hecht: *Laser Pioneers* (Academic, Boston 1992)

1.33 Ch.H. Townes: *How the Laser Happened. Adventures of a Scientist* (Oxford Univ. Press, Oxford 1999)

1.34 J.C. Lindon, G.E. Trauter, J.L. Holmes: *Encyclopedia of Spectroscopy and Spectrometry, Vols.* I–III (Academic, London 2000)

1.35 F. Träger (Ed.): *Springer Handbook of Lasers and Optics* (Springer, Berlin, Heidelberg 2007)

## 第 2 章

2.1 A. Corney: *Atomic and Laser Spectroscopy* (Oxford Univ. Press, Oxford 2006)

2.2 A.P. Thorne, U. Litzén, S. Johansson: *Spectrophysics* (Springer, Heidelberg 1999)

2.3 I.I. Sobelman: *Atomic Spectra and Radiative Transitions*, 2nd edn., Springer Ser. Atoms Plasmas, Vol. 12 (Springer, Berlin, Heidelberg 1992)

2.4 H.G. Kuhn: *Atomic Spectra* (Longmans, London 1969)

2.5 M. Born, E. Wolf: *Principles of Optics*, 5th edn. (Pergamon, Oxford 1999)

2.6 R. Loudon: *The Quantum Theory of Light*, 3rd edn. (Clarendon, Oxford 2000)

2.7 W. Schleich: *Quantum Optics in Phase Space* (Wiley–VCH, Weinheim 2001)

2.8 S. Suter: *The Physics of Laser–Atom Interaction* (Cambridge Studies in Modern Optics, Cambridge 1997)

2.9 J.W. Robinson (Ed.): *Handbook of Spectroscopy, Vols.* I–III (CRC, Cleveland, Ohio 1974–81)
*Atomic Spectroscopy* (Dekker, New York 1996)

2.10 L. May (Ed.): *Spectroscopic Tricks, Vols.* I–III (Plenum, New York 1965–73)

2.11 J.O. Hirschfelder, R. Wyatt, R.D. Coulson (Eds.): *Lasers, Molecules and Methods*, Adv. Chem. Phys., Vol. 78 (Wiley, New York 1986)

2.12 M. Cardona, G. Güntherodt (Eds.): *Light Scattering in Solids* I–VI, Topics Appl. Phys., Vols. 8, 50, 51, 54, 66, 68 (Springer, Berlin, Heidelberg 1983–91)

2.13 A. Stimson: *Photometry and Radiometry for Engineers* (Wiley-Interscience, New York 1974)

2.14 W.L. Wolfe: 'Radiometry'. In: *Appl. Optics and Optical Engineering, Vol. 8*, ed. by J.C. Wyant, R.R. Shannon (Academic, New York 1980)
W.L. Wolfe: *Introduction to Radiometry* (SPIE, Bellingham, WA 1998)

2.15 D.S. Klinger, J.W. Lewis, C.E. Randull: *Polarized Light in Optics and Spectroscopy* (Academic, Boston 1997)

2.16 S. Huard, G. Vacca: *Polarization of Light* (Wiley, Chichester 1997)

2.17 E. Collet: *Polarized Light: Fundamentals and Applications* (Dekker, New York 1993)

2.18 D. Eisel, D. Zevgolis, W. Demtröder: Sub-Doppler laser spectroscopy of the NaK-molecule. J. Chem. Phys. **71**, 2005 (1979)

2.19 W.L. Wiese: 'Transition probabilities'. In: *Methods of Experimental Physics, Vol. 7a*, ed. by B. Bederson, W.L. Fite (Academic, New York 1968) p. 117;

W.L. Wiese, M.W. Smith, B.M. Glennon: Atomic Transition Probabilities. Nat'l Standard Reference Data Series NBS4 and NSRDS-NBS22 (1966–1969), see Data Center on Atomic Transition Probabilities and Lineshapes, NIST Homepage (www.nist.org);
P.L. Smith, W.L. Wiese: *Atomic and Molecular Data for Space Astronomy* (Springer, Berlin 1992)

2.20 C.J.H. Schutte: *The Wave Mechanics of Atoms, Molecules and Ions* (Arnold, London 1968);
R.E. Christoffersen: *Basic Principles and Techniques of Molecular Quantum Mechanics* (Springer, Heidelberg 1989)

2.21 M.O. Scully, W.E. Lamb Jr., M. Sargent III: *Laser Physics* (Addison Wesley, Reading, MA 1974)

2.22 P. Meystre, M. Sargent III: *Elements of Quantum Optics*, 2nd edn. (Springer, Berlin, Heidelberg 1991)

2.23 G. Källen: *Quantum Electrodynamics* (Springer, Berlin, Heidelberg 1972)

2.24 C. Cohen-Tannoudji, B. Diu, F. Laloe: *Quantum Mechanics, Vols.* I, II (Wiley-International, New York 1977)
C. Cohen-Tannoudji, J. Dupont-Roche, G. Grynberg: *Atom–Photon Interaction* (Wiley, New York 1992)

2.25 L. Mandel, E. Wolf: Coherence properties of optical fields. Rev. Mod. Phys. **37**, 231 (1965);
L. Mandel, E. Wolf: *Optical Coherence and Quantum Optics* (Cambridge University Press, Cambridge 1995)

2.26 G.W. Stroke: *An Introduction to Coherent Optics and Holography* (Academic, New York 1969)

2.27 J.R. Klauder, E.C.G. Sudarshan: *Fundamentals of Quantum Optics* (Benjamin, New York 1968)

2.28 A.F. Harvey: *Coherent Light* (Wiley Interscience, London 1970)

2.29 H. Kleinpoppen: 'Coherence and correlation in atomic collisions'. In: *Adv. Atomic and Molecular Phys., Vol. 15*, ed. by D.R. Bates, B. Bederson (Academic, New York 1979) p. 423;
H.J. Beyer, K. Blum, R. Hippler: *Coherence in Atomic Collision Physics* (Plenum, New York 1988)

2.30 R.G. Brewer: 'Coherent optical spectroscopy'. In: *Frontiers in Laser Spectroscopy, Vol.* 1, ed. by R. Balian, S. Haroche, S. Liberman (North-Holland, Amsterdam 1977) p. 342

2.31 B.W. Shore: *The Theory of Coherent Excitation* (Wiley, New York 1990)

## 第3章

3.1 I.I. Sobelman, L.A. Vainstein, E.A. Yukov: *Excitation of Atoms and Broadening of Spectral Lines*, 2nd edn., Springer Ser. Atoms Plasmas, Vol. 15 (Springer, Berlin, Heidelberg 1995)

3.2 R.G. Breene: *Theories of Spectral Line Shapes* (Wiley, NewYork 1981)

3.3 K. Burnett: *Lineshapes Laser Spectroscopy* (Cambridge University Press, Cambridge 2000)

3.4 See, for instance, *Proc. Int. Conf. on Spectral Line Shapes*,
Vol. 1, ed. by B. Wende (De Gruyter, Berlin 1981);
Vol. 2, 5th Int. Conf., Boulder 1980, ed. by K. Burnett (De Gruyter, Berlin 1983);
Vol. 3, 7th Int. Conf., Aussois 1984, ed. by F. Rostas (De Gruyter, Berlin 1985);
Vol. 4, 8th Int. Conf., Williamsburg 1986, ed. by R.J. Exton (Deepak Publ., Hampton, VA 1987);

Vol. 5, 9th Int. Conf., Torun, Poland 1988, ed. by J. Szudy (Ossolineum, Wroclaw 1989);
Vol. 6, Austin 1990, ed. by L. Frommhold, J.W. Keto (AIP Conf. Proc. No. 216, 1990);
Vol. 7, Carry Le Rovet 1992, ed. by R. Stamm, B. Talin (Nova Science, Paris 1994);
Vol. 8, Toronto 1994, ed. by A.D. May, J.R. Drummond (AIP, New York 1995);
Vol. 9, Florence 1996, ed. by M. Zoppi, L. Olivi (AIP, New York 1997);
Vol. 10, State College, PA, USA, ed. by R.M. Herrmann (AIP, New York 1999);
Vol. 11, Berlin 2000, ed. by J. Seidel (AIP, New York 2001)
Vol. 12, Berkeley, CA, 2002, ed. by C.A. Back (AIP, New York 2002)
Vol. 13, Paris, 2004, ed. by E. Dalimier (Frontier Group 2004)
Vol. 14, Auburn, AL, 2006, ed. by E. Oks, M. Pindzola (At. Mol. Chem. Phys. Vol. 874, Springer 2006)

3.5 C. Cohen-Tannoudji: *Quantum Mechanics* (Wiley, New York 1977)

3.6 S.N. Dobryakov, Y.S. Lebedev: Analysis of spectral lines whose profile is described by a composition of Gaussian and Lorentz profiles. Sov. Phys. Dokl. **13**, 9 (1969)

3.7 A. Unsöld: *Physik der Sternatmosphären* (Springer, Berlin, Heidelberg 1955)
A. Unsöld, B. Baschek: *The New Cosmos*, 5th edn. (Springer, Berlin, Heidelberg 2001)

3.8 E. Lindholm: Pressure broadening of spectral lines. Ark. Mat. Astron. Fys. **32**A, 17 (1945)

3.9 A. Ben Reuven: The meaning of collisional broadening of spectral lines. The classical oscillation model. Adv. Atom. Mol. Phys. **5**, 201 (1969)

3.10 F. Schuler, W. Behmenburg: Perturbation of spectral lines by atomic interactions. Phys. Rep. C **12**, 274 (1974)

3.11 D. Ter Haar: *Elements of Statistical Mechanics* (Pergamon, New York 1977)

3.12 A. Gallagher: 'The spectra of colliding atoms'. In: *Atomic Physics, Vol. 4*, ed. by G. zu Putlitz, E.W. Weber, A. Winnaker (Plenum, New York 1975)

3.13 K. Niemax. G. Pichler: Determination of van der Waals constants from the red wings of self-broadened Cs principal series lines. J. Phys. B **8**, 2718 (1975)

3.14 N. Allard, J. Kielkopf: The effect of neutral nonresonant collisions on atomic spectral lines. Rev. Mod. Phys. **54**, 1103 (1982)

3.15 U. Fano, A.R.P. Rau: *Atomic Collisions and Spectra* (Academic, New York 1986)

3.16 K. Sando, Shi-I.: Pressure broadening and laser-induced spectral line shapes. Adv. At. Mol. Phys. **25**, 133 (1988)

3.17 A. Gallagher: Noble-gas broadening of the Li resonance line. Phys. Rev. **A12**, 133 (1975)

3.18 J.N. Murrel: *Introduction to the Theory of Atomic and Molecular Collisions* (Wiley, Chichester 1989)

3.19 R.J. Exton, W.L. Snow: Line shapes for satellites and inversion of the data to obtain interaction potentials. J. Quant. Spectrosc. Radiat. Transfer. **20**, 1 (1978)

3.20 H. Griem: *Principles of Plasma Spectroscopy* (Cambridge University Press, Cambridge 1997)

3.21 A. Sasso, G.M. Tino, M. Inguscio, N. Beverini, M. Francesconi: Investigations of collisional line shapes of neon transitions in noble gas mixtures. Nuov. Cimento D **10**, 941 (1988)

3.22 C.C. Davis, I.A. King: 'Gaseous ion lasers'. In: *Adv. Quantum Electronics, Vol. 3*, ed. by D.W. Godwin (Academic, New York 1975)

3.23 W.R. Bennett: *The Physics of Gas Lasers* (Gordon and Breach, New York 1977)

3.24 R. Moore: 'Atoms in dense plasmas'. In: *Atoms in Unusual Situations*, ed. by J.P. Briand, Nato ASI, Ser. B, Vol. 143 (Plenum, New York 1986)

3.25 H. Motz: *The Physics of Laser Fusion* (Academic, London 1979)

3.26 T.P. Hughes: *Plasmas and Laser Light* (Hilger, Bristol 1975)

3.27 A.S. Katzantsev, J.C. Hénoux: *Polarization Spectroscopy of Ionized Gases* (Kluwer Academ., Dordrecht 1995)

3.28 I.R. Senitzky: 'Semiclassical radiation theory within a quantum mechanical framework'. In: *Progress in Optics* **16** (North-Holland, Amsterdam 1978) p. 413

3.29 W.R. Hindmarsh, J.M. Farr: 'Collision broadening of spectral lines by neutral atoms'. In: *Progr. Quantum Electronics, Vol. 2, Part 4*, ed. by J.H. Sanders, S. Stenholm (Pergamon, Oxford 1973)

3.30 N. Anderson, K. Bartschat: *Polarization, Alignment and Orientation in Atomic Collisions* (Springer, Heidelberg 2001)

3.31 R.G. Breen: 'Line width'. In: *Handbuch der Physik, Vol. 27*, ed. by S. Flügge (Springer, Berlin 1964) p. 1

3.32 J. Hirschfelder, Ch.F. Curtiss, R.B. Bird: *Molecular Theory of Gases and Liquids* (Wiley, New York 1954)

3.33 S. Yi Chen, M. Takeo: Broadening and shift of spectral lines due to the presence of foreign gases. Rev. Mod. Phys. **29**, 20 (1957)

3.34 K.M. Sando, Shih-I. Chu: Pressure broadening and laser-induced spectral line shapes. Adv. At. Mol. Phys. **25**, 133 (1988)

3.35 R.H. Dicke: The effect of collisions upon the Doppler width of spectral lines. Phys. Rev. **89**, 472 (1953)

3.36 R.S. Eng, A.R. Calawa, T.C. Harman, P.L. Kelley: Collisional narrowing of infrared water vapor transitions. Appl. Phys. Lett. **21**, 303 (1972)

3.37 A.T. Ramsey, L.W. Anderson: Pressure Shifts in the $^{23}$Na Hyperfine Frequency. J. Chem. Phys. **43**, 191 (1965)

3.38 K. Shimoda: 'Line broadening and narrowing effects'. In: *High-Resolution Spectroscopy*, Topics Appl. Phys., Vol. 13, ed. by K. Shimoda (Springer, Berlin, Heidelberg 1976) p. 11

3.39 J. Hall: 'The line shape problem in laser saturated molecular absorptions'. In: *Lecture Notes in Theor. Phys., Vol. 12A*, ed. by K. Mahanthappa, W. Brittin (Gordon and Breach, New York 1971)

3.40 V.S. Letokhov, V.P. Chebotayev: *Nonlinear Laser Spectroscopy*, Springer Ser. Opt. Sci., Vol. 4 (Springer, Berlin, Heidelberg 1977)

3.41 K.H. Drexhage: 'Structure and properties of laser dyes'. In: *Dye Lasers*, 3rd edn., Topics Appl. Phys., Vol. 1, ed. by F.P. Schäfer (Springer, Berlin, Heidelberg 1990)

3.42 D.S. McClure: 'Electronic spectra of molecules and ions in crystals'. In: *Solid State Phys., Vols.* 8 *and* 9 (Academic, New York 1959)

3.43 W.M. Yen, P.M. Selzer (Eds.): *Laser Spectroscopy of Solids*, Springer Ser. Opt. Sci., Vol. 14 (Springer, Berlin, Heidelberg 1981)

3.44 A.A. Kaminskii: *Laser Crystals*, 2nd edn., Springer Ser. Opt. Sci., Vol. 14 (Springer, Berlin, Heidelberg 1991)

3.45 C.H. Wei, K. Holliday, A.J. Meixner, M. Croci, U.P. Wild: Spectral hole-burning study of BaFClBrSm$^{(2+)}$. J. Lumin. **50**, 89 (1991)

3.46 W.E. Moerner: *Persistent Spectral Hole-Burning: Science and Applications*, Topics Curr. Phys., Vol. 44 (Springer, Berlin, Heidelberg 1988)

## 第 4 章

4.1 R. Kingslake, B.J. Thompson (Eds.): *Applied Optics and Optical Engineering, Vols. 1–10* (Academic, New York 1969–1985);
M. Bass, E. van Skryland, D. Williams, W. Wolfe (Eds.): *Handbook of Optics, Vols. I and II* (McGraw-Hill, New York 1995)

4.2 E. Wolf (Ed.): *Progress in Optics, Vols. 1–42* (North-Holland, Amsterdam 1961–2001)

4.3 M. Born, E. Wolf: *Principles of Optics*, 4th edn. (Pergamon, Oxford 1970)

4.4 A.P. Thorne, U. Litzen, S. Johansson: *Spectrophysics*, 2nd edn. (Springer, Berlin 1999);
G.L. Clark (Ed.): *The Encyclopedia of Spectroscopy* (Reinhold, New York 1960)

4.5 (a) L. Levi: *Applied Optics* (Wiley, London 1980);
(b) D.F. Gray (Ed.): *Am. Inst. Phys. Handbook* (McGraw-Hill, New York 1980)

4.6 R.D. Guenther: *Modern Optics* (Wiley, New York 1990)

4.7 F. Graham-Smith, T.A. King: *Optics and Photonics* (Wiley, London 2000)

4.8 H. Lipson: *Optical Physics*, 3rd edn. (Cambridge University Press, Cambridge 1995)

4.9 K.I. Tarasov: *The Spectroscope* (Hilger, London 1974)

4.10 S.P. Davis: *Diffraction Grating Spectrographs* (Holt, Rinehard & Winston, New York 1970)

4.11 A.B. Schafer, L.R. Megil, L. Dropleman: Optimization of the Czerny-Turner spectrometer. J. Opt. Soc. Am. **54**, 879 (1964)

4.12 *Handbook of Diffraction Gratings, Ruled and Holographic* (Jobin Yvon Optical Systems, Metuchen, NJ 1970)
*Bausch and Lomb Diffraction Grating Handbook* (Bausch & Lomb, Rochester, NY 1970)

4.13 G.W. Stroke: 'Diffraction gratings'. In: *Handbuch der Physik, Vol. 29*, ed. by S. Flügge (Springer, Berlin, Heidelberg 1967)

4.14 J.V. Ramsay: Aberrations of Fabry–Perot Interferometers. Appl. Opt. **8**, 569 (1969)

4.15 M.C. Hutley: *Diffraction Gratings* (Academic, London 1982);
E. Popov, E.G. Loewen: *Diffraction Gratings and Applications* (Dekker, New York 1997)

4.16 See, for example, E. Hecht: *Optics*, 4th edn. (Addison-Wesley, London 2002)

4.17 G. Schmahl, D. Rudolph: 'Holographic diffraction gratings'. In: *Progress in Optics* **14**, 195 (North-Holland, Amsterdam 1977)

4.18 E. Loewen: 'Diffraction gratings: ruled and holographic'. In: *Applied Optics and Optical Engineering, Vol. 9* (Academic, New York 1980)

4.19 M.D. Perry, et al.: High-efficiency multilayer dielectric diffraction gratings. Opt. Lett. **20**, 940 (1995)

4.20 Basic treatments of interferometers may be found in general textbooks on optics. A more detailed discussion has, for instance, been given in S. Tolansky: *An Introduction to Interferometry* (Longman, London 1973);
W.H. Steel: *Interferometry* (Cambridge Univ. Press, Cambridge 1967);
J. Dyson: *Interferometry* (Machinery Publ., Brighton 1970);
M. Francon: *Optical Interferometry* (Academic, New York 1966)

4.21 H. Polster, J. Pastor, R.M. Scott, R. Crane, P.H. Langenbeck, R. Pilston, G. Steingerg: New developments in interferometry. Appl. Opt. **8**, 521 (1969)

4.22 K.M. Baird, G.R. Hanes: 'Interferometers'. In: [4.1], Vol. 4, pp. 309–362

4.23 P. Hariharan: *Optical Interferometry* 2nd edn. (Academic, New York 2003)
W.S. Gornall: The world of Fabry–Perots. Laser Appl. **2**, 47 (1983)

4.24 M. Francon, J. Mallick: *Polarisation Interferometers* (Wiley, London 1971)

4.25 H. Welling, B. Wellingehausen: High resolution Michelson interferometer for spectral investigations of lasers. Appl. Opt. **11**, 1986 (1972)

4.26 P.R. Saulson: *Fundamentals of Interferometric Gravitational Wave Detectors* (World Scientific, Singapore 1994)

4.27 R.W.P. Drever, J.L. Hall, F.V. Kowalski, J. Hough, G.M. Ford, A.J. Munley, H. Ward: Laser phase and frequency stabilization using an optical resonator. Appl. Phys. B **31**, 97 (1983)

A. Wicht, K. Danzmann, M. Fleischhauer, M. Scully, G. Müller, R.-H. Rinkleff: White-light cavities, atomic phase coherence and gravitational wave detectors. Opt. Commun. **134**, 431 (1997)

4.28 R.J. Bell: *Introductory Fourier Transform Spectroscopy* (Academic, New York 1972)

4.29 P. Griffiths, J.A. de Haseth: *Fourier-Transform Infrared Spectroscopy* (Wiley, New York 1986)

4.30 V. Grigull, H. Rottenkolber: Two beam interferometer using a laser. J. Opt. Soc. Am. **57**, 149 (1967);
W. Schumann, M. Dubas: *Holographic Interferometry*, Springer Ser. Opt. Sci., Vol. 16 (Springer, Berlin, Heidelberg 1979);
W. Schumann, J.-P. Zürcher, D. Cuche: *Holography and Deformation Analysis*, Springer Ser. Opt. Sci., Vol. 46 (Springer, Berlin, Heidelberg 1986);

4.31 W. Marlow: Hakenmethode. Appl. Opt. **6**, 1715 (1967)

4.32 I. Meroz (Ed.): *Optical Transition Probabilities. A Representative Collection of Russian Articles* (Israel Program for Scientific Translations, Jerusalem 1962)

4.33 D.S. Rozhdestvenski: Anomale Dispersion im Natriumdampf. Ann. Phys. **39**, 307 (1912)

4.34 S. Ezekiel, H.J. Arditty (Eds.): *Fiber-optic rotation sensors*, Springer Ser. Opt. Sci., Vol. 32 (Springer, Berlin, Heidelberg 1982);
G.E. Stedman: Ring laser tests of fundamental physics and geophysics. Rep. Prog. Phys. **60**, 615 (1997)

4.35 J.P. Marioge, B. Bonino: Fabry–Perot interferometer surfacing. Opt. Laser Technol. **4**, 228 (1972)
J.V. Ramsay: Aberrations of Fabry–Perot Interferometers. Appl. Opt. **8**, 569, (1969)

4.36 M. Hercher: Tilted etalons in laser resonators. Appl. Opt. **8**, 1103 (1969)

4.37 W.R. Leeb: Losses introduced by tilting intracavity etalons. Appl. Phys. **6**, 267 (1975)

4.38 W. Demtröder, M. Stock: Molecular constants and potential curves of $Na_2$ from laser-induced fluorescence. J. Mol. Spectrosc. **55**, 476 (1975)

4.39 P. Connes: L'etalon de Fabry–Perot spherique. Phys. Radium **19**, 262 (1958);
P. Connes: *Quantum Electronics and Coherent Light*, ed. by P.H. Miles (Academic, New York 1964) p. 198

4.40 D.A. Jackson: The spherical Fabry–Perot interferometer as an instrument of high resolving power for use with external or with internal atomic beams. Proc. Roy. Soc. (London) A **263**, 289 (1961)

4.41 J.R. Johnson: A high resolution scanning confocal interferometer. Appl. Opt. **7**, 1061 (1968)

4.42 M. Hercher: The spherical mirror Fabry–Perot interferometer. Appl. Opt. **7**, 951 (1968)

4.43 R.L. Fork, D.R. Herriot, H. Kogelnik: A scanning spherical mirror interferometer for spectral analysis of laser radiation. Appl. Opt. **3**, 1471 (1964)

4.44 F. Schmidt-Kaler, D. Leibfried, M. Weitz, T.W. Hänsch: Precision measurements of the isotope shift of the $1s$–$2s$ transition of atomic hydrogen and deuterium. Phys. Rev. Lett. **70**, 2261 (1993)

4.45 J.R. Johnson: A method for producing precisely confocal resonators for scanning interferometers. Appl. Opt. **6**, 1930 (1967)

4.46 P. Hariharan: *Optical Interferometry* (Academic, New York 1985);
G.W. Hopkins (Ed.): *Interferometry*. SPIE Proc. **192** (1979);
R.J. Pryputniewicz (Ed.): *Industrial Interferometry*. SPIE Proc. **746** (1987);
R.J. Pryputniewicz (Ed.): *Laser Interferometry*. SPIE Proc. **1553** (1991);
J.D. Briers: Interferometric testing of optical systems and components. Opt. Laser Techn. (February 1972) p. 28

4.47 J.M. Vaughan: *The Fabry–Perot Interferometer* (Hilger, Bristol 1989);
Z. Jaroscewicz, M. Pluta (Eds.): *Interferometry 89: 100 Years after Michelson: State of the Art and Applications*. SPIE Proc. **1121** (1989)

4.48 J. McDonald: *Metal Dielectric Multilayer* (Hilger, London 1971)

4.49 A. Thelen: *Design of Optical Interference Coatings* (McGraw-Hill, New York 1988)
Z. Knittl: *Optics of Thin Films* (Wiley, New York 1976)

4.50 V.R. Costich: 'Multilayer dielectric coatings'. In: *Handbook of Lasers*, ed. by R.J. Pressley (CRC, Cleveland, Ohio 1972)
D. Ristau, H. Ehlers: 'Thin Film Optical Coatings'. In: F. Träger (Ed.): *Springer Handbook of Lasers and Optics* (Springer, Heidelberg 2007)

4.51 H.A. MacLeod (Ed.): Optical interference coatings. Appl. Opt. **28**, 2697–2974 (1989);
R.E. Hummel, K.H. Guenther (Eds.): *Optical Properties, Vol. 1: Thin Films for Optical Coatings* (CRC, Cleveland, Ohio 1995)
A. Musset, A. Thelen: 'Multilayer antireflection coatings'. In: *Progress in Optics* **3**, 203 (North-Holland, Amsterdam 1970)

4.52 See, for instance: Newport Research Corp.: *Ultralow loss supermirrors* (www.newport.com)

4.53 J.T. Cox, G. Hass: In: *Physics of Thin Films, Vol. 2*, ed. by G. Hass (Academic, New York 1964)

4.54 E. Delano, R.J. Pegis: 'Methods of synthesis for dielectric multilayer filters'. In: *Progress in Optics, Vol. 7*, 69 (North-Holland, Amsterdam 1969)

4.55 H.A. Macleod: *Thin Film Optical Filter*, 3rd edn. (Inst. of Physics Publ., London 2001)

4.56 J. Evans: The birefringent filter. J. Opt. Soc. Am. **39**, 229 (1949)

4.57 H. Walther, J.L. Hall: Tunable dye laser with narrow spectral output. Appl. Phys. Lett. **17**, 239 (1970)

4.58 M. Okada, S. Iliri: Electronic tuning of dye lasers by an electro-optic birefringent Fabry–Perot etalon. Opt. Commun. **14**, 4 (1975)

4.59 B.H. Billings: The electro-optic effect in uniaxial crystals of the type $XH_2PO_4$. J. Opt. Soc. Am. **39**, 797 (1949)

4.60 R.L. Fork, D.R. Herriot, H. Kogelnik: A scanning spherical mirror interferometer for spectral analysis of laser radiation. Appl. Opt. **3**, 1471 (1964)

4.61 V.G. Cooper, B.K. Gupta, A.D. May: Digitally pressure scanned Fabry–Perot interferometer for studying weak spectral lines. Appl. Opt. **11**, 2265 (1972)

4.62 J.M. Telle, C.L. Tang: Direct absorption spectroscopy, using a rapidly tunable cw-dye laser. Opt. Commun. **11**, 251 (1974)

4.63 P. Cerez, S.J. Bennet: New developments in iodine-stabilized HeNe lasers. IEEE Trans. IM-**27**, 396 (1978)

4.64 K.M. Evenson, J.S. Wells, F.R. Petersen, B.L. Danielson, G.W. Day, R.L. Barger, J.L. Hall: Speed of light from direct frequency and wavelength measurements of the methane-stabilized laser. Phys. Rev. Lett. **29**, 1346 (1972)

4.65 K.M. Evenson, D.A. Jennings, F.R. Petersen, J.S. Wells: 'Laser frequency measurements: a review, limitations and extension to 197 THz'. In: *Laser Spectroscopy III*, ed. by J.L. Hall, J.L. Carlsten, Springer Ser. Opt. Sci., Vol. 7 (Springer, Berlin, Heidelberg 1977)

4.66 K.M. Evenson, J.S. Wells, F.R. Petersen, B.L. Davidson, G.W. Day, R.L. Barger, J.L. Hall: The speed of light. Phys. Rev. Lett. **29**, 1346 (1972)

4.67 A. DeMarchi (Ed.): *Frequency Standards and Metrology* (Springer, Berlin, Heidelberg 1989)

4.68 P.R. Bevington: *Data Reduction and Error Analysis for the Physical Sciences* (McGraw-Hill, New York 1969)

4.69 J.R. Taylor: *An Introduction to Error Analysis* (Univ. Science Books, Mill Valley 1982)
4.70 J.L. Hall, S.A. Lee: Interferometric real time display of CW dye laser wavelength with sub-Doppler accuracy. Appl. Phys. Lett. **29**, 367 (1976)
4.71 J.J. Snyder: 'Fizeau wavelength meter'. In: *Laser Spectroscopy III*, ed. by J.L. Hall, J.L. Carlsten, Springer Ser. Opt. Sci., Vol. 7 (Springer, Berlin, Heidelberg 1977) p. 419 and Laser Focus May 1982 p. 55
4.72 R.L. Byer, J. Paul, M.D. Duncan: 'A wavelength meter'. In: *Laser Spectroscopy III*, ed. by J.L. Hall, J.L. Carlsten, Springer Ser. Opt. Sci., Vol. 7 (Springer, Berlin, Heidelberg 1977) p. 414
4.73 A. Fischer, H. Kullmer, W. Demtröder: Computer-controlled Fabry–Perot-wavemeter. Opt. Commun. **39**, 277 (1981)
4.74 N. Konishi, T. Suzuki, Y. Taira, H. Kato, T. Kasuya: High precision wavelength meter with Fabry–Perot optics. Appl. Phys. **25**, 311 (1981)
4.75 F.V. Kowalski, R.E. Teets, W. Demtröder, A.L. Schawlow: An improved wavemeter for CW lasers. J. Opt. Soc. Am. **68**, 1611 (1978)
4.76 R. Best: *Theorie und Anwendung des Phase-Locked Loops* (AT Fachverlag, Stuttgart 1976)
4.77 F.M. Gardner: *Phase Lock Techniques* (Wiley, New York 1966);
*Phase-Locked Loop Data Book* (Motorola Semiconductor Prod., Inc. 1973)
4.78 B. Edlen: Dispersion of standard air. J. Opt. Soc. Am. **43**, 339 (1953)
4.79 J.C. Owens: Optical refractive index of air: Dependence on pressure, temperature and composition. Appl. Opt. **6**, 51 (1967)
4.80 R. Castell, W. Demtröder, A. Fischer, R. Kullmer, K. Wickert: The accuracy of laser wavelength meters. Appl. Phys. B **38**, 1 (1985)
4.81 J. Cachenaut, C. Man, P. Cerez, A. Brillet, F. Stoeckel, A. Jourdan, F. Hartmann: Description and accuracy tests of an improved lambdameter. Rev. Phys. Appl. **14**, 685 (1979)
4.82 J. Viqué, B. Girard: A systematic error of Michelson's type lambdameter. Rev. Phys. Appl. **21**, 463 (1986)
4.83 J.J. Snyder: 'An ultrahigh resolution frequency meter'. *Proc. 35th Ann. Freq. Control USAERADCOM* May 1981. Appl. Opt. **19**, 1223 (1980)
4.84 P. Juncar, J. Pinard: Instrument to measure wavenumbers of CW and pulsed laser lines: The sigma meter. Rev. Sci. Instrum. **53**, 939 (1982);
P. Jacquinot, P. Juncar, J. Pinard: 'Motionless Michelson for high precision laser frequency measurements'. In: *Laser Spectroscopy III*, ed. by J.L. Hall, J.L. Carlsten, Springer Ser. Opt. Sci., Vol. 7 (Springer, Berlin, Heidelberg 1977) p. 417
4.85 J.J. Snyder: Fizeau wavemeter. SPIE Proc. **288**, 258 (1981)
4.86 M.B. Morris, T.J. McIlrath, J. Snyder: Fizeau wavemeter for pulsed laser wavelength measurement. Appl. Opt. **23**, 3862 (1984)
4.87 J.L. Gardner: Compact Fizeau wavemeter. Appl. Opt. **24**, 3570 (1985)
4.88 J.L. Gardner: Wavefront curvature in a Fizeau wavemeter. Opt. Lett. **8**, 91 (1983)
4.89 J.J. Keyes (Ed.): *Optical and Infrared Detectors*, 2nd edn., Topics Appl. Phys., Vol. 19 (Springer, Berlin, Heidelberg 1980)
4.90 P.N. Dennis: *Photodetectors* (Plenum, New York 1986)
4.91 M. Bleicher: *Halbleiter-Optoelektronik* (Hüthig, Heidelberg 1976)
4.92 E.L. Dereniak, G.D. Boreman: *Infrared Detectors and Systems* (Wiley, New York 1996)
4.93 G.H. Rieke: *Detection of Light: From the Ultraviolet to the Submillimeter* (Cambridge University Press, Cambridge 1994)
4.94 J. Wilson, J.F.B. Hawkes: *Optoelectronics* (Prentice Hall, London 1983)
4.95 R. Paul: *Optoelektronische Halbleiterbauelemente* (Teubner, Stuttgart 1985)

4.96 T.S. Moss, G.J. Burell, B. Ellis: *Semiconductor Opto-Electronics* (Butterworth, London 1973)
4.97 R.W. Boyd: *Radiometery and the Detection of Optical Radiation* (Wiley, New York 1983)
4.98 E.L. Dereniak, D.G. Crowe: *Optical Radiation Detectors* (Wiley, New York 1984)
4.99 F. Stöckmann: Photodetectors, their performance and limitations. Appl. Phys. **7**, 1 (1975)
4.100 F. Grum, R.L. Becher: *Optical Radiation Measurements, Vols. 1 and 2* (Academic, New York 1979 and 1980)
4.101 R.H. Kingston: *Detection of Optical and Infrared Radiation*, Springer Ser. Opt. Sci., Vol. 10 (Springer, Berlin, Heidelberg 1978)
4.102 E.H. Putley: 'Thermal detectors'. In: [4.89], p. 71
4.103 T.E. Gough, R.E. Miller, G. Scoles: Infrared laser spectroscopy of molecular beams. Appl. Phys. Lett. **30**, 338 (1977)
M. Zen: Cryogenic bolometers, in *Atomic and Molecular Beam Methods*, ed. by G. Scoles (Oxford Univ. Press, New York 1988) Vol. 1
4.104 D. Bassi, A. Boschetti, M. Scotoni, M. Zen: Molecular beam diagnostics by means of fast superconducting bolometer. Appl. Phys. B **26**, 99 (1981);
A.T. Lee et al.: Superconducting bolometer with strong electrothermal feedback. Appl. Phys. Lett. **69**, 1801 (1996)
4.105 J. Clarke, P.L. Richards, N.H. Yeh: Composite superconducting transition edge bolometer. Appl. Phys. Lett. B **30**, 664 (1977)
4.106 M.J.E. Golay: A Pneumatic Infra-Red Detector. Rev. Scient. Instrum. **18**, 357 (1947)
4.107 B. Tiffany: Introduction and review of pyroelectric detectors. SPIE Proc. **62**, 153 (1975)
4.108 C.B. Boundy, R.L. Byer: Subnanosecond pyroelectric detector. Appl. Phys. Lett. **21**, 10 (1972)
4.109 L.E. Ravich: Pyroelectric detectors and imaging. Laser Focus **22**, 104 (1986)
4.110 H. Melchior: 'Demodulation and photodetection techniqes'. In: *Laser Handbook, Vol. 1*, ed. by F.T. Arrecchi, E.O. Schulz-Dubois (North-Holland, Amsterdam 1972) p. 725
4.111 H. Melchior: Sensitive high speed photodetectors for the demodulation of visible and near infrared light. J. Lumin. **7**, 390 (1973)
4.112 D. Long: 'Photovoltaic and photoconductive infrared detectors'. In: [4.89], p. 101
4.113 E. Sakuma, K.M. Evenson: Characteristics of tungsten nickel point contact diodes used as a laser harmonic generation mixers. IEEE J. QE-**10**, 599 (1974)
4.114 K.M. Evenson, M. Ingussio, D.A. Jennings: Point contact diode at laser frequencies. J. Appl. Phys. **57**, 956 (1985);
H.D. Riccius, K.D. Siemsen: Point-contact diodes. Appl. Phys. A **35**, 67 (1984);
H. Rösser: Heterodyne spectroscopy for submillimeter and far-infrared wavelengths. Infrared Phys. **32**, 385 (1991)
4.115 H.-U. Daniel, B. Maurer, M. Steiner: A broad band Schottky point contact mixer for visible light and microwave harmonics. Appl. Phys. B **30**, 189 (1983);
T.W. Crowe: GaAs Schottky barrier mixer diodes for the frequency range from 1−10 THz. Int. J. IR and Millimeter Waves **10**, 765 (1989);
H.P. Röser, R.V. Titz, G.W. Schwab, M.F. Kimmitt: Current-frequency characteristics of submicron GaAs Schottky barrier diodes with femtofarad capacitances. J. Appl. Phys. **72**, 3194 (1992)
4.116 F. Capasso: Band-gap engineering via graded-gap structure: Applications to novel photodetectors. J. Vac. Sci. Techn. B**12**, 457 (1983);
K.-S. Hyun, C.-Y. Park: Breakdown characteristics in InP/InGaAs avalanche photodiodes with *p-i-n* multiplication layer. J. Appl. Phys. **81**, 974 (1997)

4.117 F. Capasso (Ed.): *Physics of Quantum Electron Devices*, Springer Ser. Electron. Photon., Vol. 28 (Springer, Berlin, Heidelberg 1990)
4.118 F. Capasso: Multilayer avalanche photodiodes and solid state photomultipliers. Laser Focus **20**, 84 (July 1984)
4.119 G.A. Walter, E.L. Dereniak: Photodetectors for focal plane arrays. Laser Focus **22**, 108 (March 1986)
4.120 A. Tebo: IR detector technology. Arrays. Laser Focus **20**, 68 (July 1984);
E.L. Dereniak, R.T. Sampson (Eds.): *Infrared Detectors, Focal Plane Arrays and Imaging Sensors*, SPIE Proc. **1107** (1989);
E.L. Dereniak (Ed.): Infrared Detectors and Arrays. SPIE Proc. **930** (1988)
4.121 D.F. Barbe (Ed.): *Charge-Coupled Devices*, Topics Appl. Phys., Vol. 38 (Springer, Berlin, Heidelberg 1980)
4.122 see special issue on CCDs of Berkeley Lab **23**, 3 (Fall 2000) and G.C. Holst: *CCD Arrays, Cameras and Display* (Sofitware, ISBN 09640000024, 2000)
K.P. Proll, J.M. Nivet, C. Voland: Enhancement of the dynamic range of the detected intensity in an optical measurement system by a three channel technique. Appl. Opt. **41**, 130 (2002)
4.123 H. Zimmermann: *Integrated Silicon Optoelectronics* (Springer, Berlin, Heidelberg 2000)
4.124 R.B. Bilborn, J.V. Sweedler, P.M. Epperson, M.B. Denton: Charge transfer device detectors for optical spectroscopy. Appl. Spectrosc. **41**, 1114 (1987)
4.125 I. Nin, Y. Talmi: CCD detectors record multiple spectra simultaneously. Laser Focus **27**, 111 (August 1991)
4.126 H.R. Zwicker: Photoemissive detectors. In *Optical and Infrared Detectors*, 2nd edn., ed. by J. Keyes, Topics Appl. Phys., Vol. 19 (Springer, Berlin, Heidelberg 1980)
4.127 C. Gosh: Photoemissive materials. SPIE Proc. **346**, 62 (1982)
4.128 R.L. Bell: *Negative Electron Affinity Devices* (Clarendon, Oxford 1973)
4.129 L.E. Wood, T.K. Gray, M.C. Thompson: Technique for the measurement of photomultiplier transit time variation. Appl. Opt. **8**, 2143 (1969)
4.130 J.D. Rees, M.P. Givens: Variation of time of flight of electrons through a photomultiplier. J. Opt. Soc. Am. **56**, 93 (1966)
4.131 (a) B. Sipp. J.A. Miehe, R. Lopes Delgado: Wavelength dependence of the time resolution of high speed photomultipliers used in single-photon timing experiments. Opt. Commun. **16**, 202 (1976)
(b) G. Beck: Operation of a 1P28 photomultipier with subnanosecond response time. Rev. Sci. Instrum. **47**, 539 (1976)
(c) B.C. Mongan (Ed.): *Adv. Electronics and Electron Physics, Vol. 74* (Academic, London 1988)
4.132 S.D. Flyckt, C. Marmonier: *Photomultiplier tubes* (Photonics Brive, France 2002)
4.133 A. van der Ziel: *Noise in Measurements* (Wiley, New York 1976)
4.134 A.T. Young: Undesirable effects of cooling photomultipliers. Rev. Sci. Instrum. **38**, 1336 (1967)
Hamamatsu: *Photomultiplier handbook*
`http://hamamatsu.com/photomultiplier`
4.135 J. Sharpe, C. Eng: Dark Current in Photomultiplier Tubes (EMI Ltd. information document, ref. R-P021470)
4.136 Phototubes and Photocells. In: *An Introduction to the Photomultiplier* (RCA Manual, EMI Ltd. information sheet, 1966);
Hamamatsu Photonics: *Photomultiplier Tubes: Basis and Applications* (Hamamatsu City, Japan 1999)
4.137 E.L. Dereniak, D.G. Crowe: *Optical Radiation Detectors* (Wiley, New York 1984)

4.138 R.W. Boyd: *Radiometry and the Detection of Optical Radiation* (Wiley, New York 1983)
4.139 G. Pietri: Towards picosecond resolution. Contribution of microchannel electron multipiers to vacuum tube design. IEEE Trans. NS-**22**, 2084 (1975);
J.L. Wiza: Microchannel plate detectors (Galileo information sheet, Sturbridge, MA, 1978)
4.140 I.P. Csonba (Ed.): *Image Intensification*, SPIE Proc. **1072** (1989)
4.141 *Proc. Topical Meeting on Quantum-Limited Imaging and Image Processing* (Opt. Soc. Am., Washington, DC 1986)
4.142 T.P. McLean, P. Schagen (Eds.): *Electronic Imaging* (Academic, London 1979)
4.143 H.K. Pollehn: 'Image intensifiers'. In: [4.1], Vol.6 (1980) p.393
4.144 S. Jeffers, W. Weller: 'Image intensifier optical multichannel analyser for astronomical spectroscopy'. In: *Adv. Electronics and Electron Phys. B* **40** (Academic, New York 1976) p.887
4.145 L. Perko, J. Haas, D. Osten: Cooled and intensified array detectors for optical spectroscopy. SPIE Proc. **116**, 64 (1977)
4.146 J.L. Hall: 'Arrays and charge coupled devices'. In: [4.1], Vol.8 (1980) p.349
4.147 J.L. Weber: Gated optical multichannel analyzer for time resolved spectroscopy. SPIE Proc. **82**, 60 (1976)
4.148 R.G. Tull: A comparison of photon-counting and current measuring techniques in spectrometry of faint sources. Appl. Opt. **7**, 2023 (1968)
4.149 J.F. James: On the use of a photomultiplier as a photon counter. Monthly Notes R. Astron. Soc. **137**, 15 (1967);
W. Becker, A. Bergmann: Detectors for High-Speed Photon Counting (www.becker-bickl.de)
4.150 D.V. O'Connor, D. Phillips: *Time-Correlated Photon-Counting* (Academic, London 1984);
G.F. Knoll: *Radiation Detectors and Measurement* (Wiley, New York 1979);
S. Kinishita, T. Kushida: High performance time-correlated single photon counting apparatus, using a side-on type photon multiplier. Rev. Sci. Instrum. **53**, 469 (1983)
4.151 P.W. Kruse: 'The photon detection process'. In: *Optical and Infrared Detectors*, 2nd edn., ed. by J.J. Keyes, Topics Appl. Phys., Vol. 19 (Springer, Berlin, Heidelberg 1980)
4.152 Signal Averagers. (Information sheet, issued by Princeton Appl. Res., Princeton, NJ, 1978)
4.153 Information sheet on transient recorders, Biomation, Palo Alto, CA
4.154 C. Morgan: Digital signal processing. Laser Focus **13**, 52 (Nov. 1977)
4.155 Handshake: Information sheet on waveform digitizing instruments (Tektronic, Beaverton, OR 1979)
4.156 Hamamatsu photonics information sheet (February 1989)
4.157 H. Mark: *Principles and Practice of Spectroscopic Calibration* (Wiley, New York 1991)
4.158 A.C.S. van Heel (Ed.): *Advanced Optical Techniques* (North-Holland, Amsterdam 1967)
4.159 W. Göpel, J. Hesse, J.N. Zemel (Eds.): *Sensors, A Comprehensive Survey* (Wiley-VCH, Weinheim 1992)
4.160 D. Dragoman, M. Dragoman: *Advanced Optical Devices* (Springer, Heidelberg 1999)
4.161 F. Grum, R.L. Becherer (Eds.): *Optical Radiation Measurements, Vols. I, II* (Academic, New York 1979, 1980)
4.162 C.H. Lee: *Picosecond Optoelectronics Devices* (Academic, New York 1984)
4.163 *The Photonics and Application Handbook* (Laurin, Pittsfield, MA 1990)

4.164 F. Träger (Ed.): *Springer Handbook of Lasers and Optics* (Springer, Berlin, Heidelberg 2007)

## 第5章

5.1 A.E. Siegman: *An Introduction to Lasers and Masers* (McGraw-Hill, New York 1971);
A.E. Siegman: *Lasers* (Oxford Univ. Press, Oxford 1986)
5.2 I. Hecht: *The Laser Guidebook*, 2nd edn. (McGraw-Hill, New York 1992)
5.3 *Lasers, Vols. 1–4*, ed. by A. Levine (Dekker, New York 1966–76)
5.4 A. Yariv: *Quantum Electrons* (Wiley, New York 1975);
A. Yariv: *Optical Electronics*, 3rd edn. (Holt, Rinehart, Winston, New York 1985)
5.5 O. Svelto: *Principles of Lasers*, 4th edn., corrected printing (Springer, Heidelberg 2007)
5.6 *Laser Handbook, Vols. I–V* (North-Holland, Amsterdam 1972–1985)
M.J. Weber: *Handbook of Lasers* (CRC, New York 2001)
M.J. Weber: *Handbook of Laser Wavelengths* (CRC, New York 1999)
5.7 A. Maitland, M.H. Dunn: *Laser Physics* (North-Holland, Amsterdam 1969);
P.W. Milona, J.H. Eberly: *Lasers* (Wiley, New York 1988)
5.8 F.K. Kneubühl, M.W. Sigrist: *Laser*, 5th edn. (Teubner, Stuttgart 1999)
5.9 I.T. Verdeyen: *Laser Electronics*, 2nd edn. (Prentice Hall, Englewood Cliffs, NJ 1989)
5.10 C.C. Davis: *Lasers and Electro-Optic* (Cambridge University Press, Cambridge 1996)
5.11 M.O. Scully, W.E. Lamb Jr., M. Sargent III: *Laser Physics* (Addison Wesley, Reading, MA 1974);
P. Meystre, M. Sargent III: *Elements of Quantum Optics*, 2nd edn. (Springer, Berlin, Heidelberg 1991)
5.12 H. Haken: *Laser Theory* (Springer, Berlin, Heidelberg 1984)
5.13 D. Eastham: *Atomic Physics of Lasers* (Taylor & Francis, London 1986)
5.14 R. Loudon: *The Quantum Theory of Light* (Clarendon, Oxford 1973)
5.15 A.F. Harvey: *Coherent Light* (Wiley, London 1970)
5.16 E. Hecht: *Optics*, 3rd edn. (Addison Wesley, Reading, MA 1997)
5.17 M. Born, E. Wolf: *Principles of Optics*, 7th edn. (Cambridge University Press, Cambridge 1999)
5.18 G. Koppelmann: Multiple beam interference and natural modes in open resonators. *Progress in Optics* **7** (North-Holland, Amsterdam 1969) pp. 1–66
5.19 A.G. Fox, T. Li: Resonant modes in a maser interferometer. Bell System Techn. J. **40**, 453 (1961)
5.20 G.D. Boyd, J.P. Gordon: Confocal multimode resonator for millimeter through optical wavelength masers. Bell Syst. Techn. J. **40**, 489 (1961)
5.21 G.D. Boyd, H. Kogelnik: Generalized confocal resonator theory. Bell Syst. Techn. J. **41**, 1347 (1962)
5.22 A.G. Fox, T. Li: Modes in maser interferometers with curved and tilted mirrors. Proc. IEEE **51**, 80 (1963)
5.23 H.K.V. Lotsch: The Fabry–Perot resonator. Optik **28**, 65, 328, 555 (1968);
H.K.V. Lotsch: Optik **29**, 130, 622 (1969)
H.K.V. Lotsch: The confocal resonator system. Optik **30**, 1, 181, 217, 563 (1969/70)
5.24 H. Kogelnik, T. Li: Laser beams and resonators. Proc. IEEE **54**, 1312 (1966)
5.25 N. Hodgson, H. Weber: *Optical Resonators* (Springer, Berlin, Heidelberg, New York 1997)

5.26 A.E. Siegman: Unstable optical resonators. Appl. Opt. **13**, 353 (1974)

5.27 W.H. Steier: 'Unstable resonators'. In: *Laser Handbook III*, ed. by M.L. Stitch (North-Holland, Amsterdam 1979)

5.28 R.L. Byer, R.L. Herbst: The unstable-resonator YAG laser. Laser Focus **14**, 48 (July 1978)

5.29 Y.A. Anan'ev: *Laser Resonators and the Beam Divergence Problem* (Hilger, Bristol 1992)

5.30 N. Hodgson, H. Weber: Unstable resonators with excited converging wave. IEEE J. QE-**26**, 731 (1990);
N. Hodgson, H. Weber: High-power solid state lasers with unstable resonators. Opt. Quant. Electron. **22**, 39 (1990)

5.31 W. Magnus, F. Oberhettinger, R.P. Soni: *Formulas and Theories for the Special Functions of Mathematical Physics* (Springer, Berlin, Heidelberg 1966)

5.32 T.F. Johnston: Design and performance of broadband optical diode to enforce one direction travelling wave operation of a ring laser. IEEE J. QE-**16**, 483 (1980);
T.F. Johnson: Focus on Science 3, No. 1, (1980) (Coherent Radiation, Palo Alto, Calif.);
G. Marowsky: A tunable flash lamp pumped dye ring laser of extremely narrow bandwidth. IEEE J. QE-**9**, 245 (1973)

5.33 I.V. Hertel, A. Stamatovic: Spatial hole burning and oligo-mode distance control in CW dye lasers. IEEE J. QE-**11**, 210 (1975)

5.34 D. Kühlke, W. Diehl: Mode selection in cw-laser with homogeneously broadened gain. Opt. Quant. Electron. **9**, 305 (1977)

5.35 W.R. Bennet Jr.: *The Physics of Gas Lasers* (Gordon and Breach, New York 1977)

5.36 R. Beck, W. Englisch, K. Gürs: *Table of Laser Lines in Gases and Vapors*, 2nd edn., Springer Ser. Opt. Sci., Vol. 2 (Springer, Berlin, Heidelberg 1978);
M.J. Weber: *Handbook of Laser Wavelengths* (CRC, New York 1999)

5.37 K. Bergmann, W. Demtröder: A new cascade laser transition in a He-Ne mixture. Phys. Lett. **29** A, 94 (1969)

5.38 B.J. Orr: A constant deviation laser tuning device. J. Phys. E **6**, 426 (1973)

5.39 L. Allen, D.G.C. Jones: The helium-neon laser. Adv. Phys. **14**, 479 (1965)

5.40 C.E. Moore: Atomic Energy Levels, Nat. Stand. Ref. Ser. **35**, NBS Circular 467 (U.S. Dept. Commerce, Washington, DC 1971)

5.41 P.W. Smith: On the optimum geometry of a 6328 Å laser oscillator. IEEE J. QE-**2**, 77 (1966)

5.42 W.B. Bridges, A.N. Chester, A.S. Halsted, J.V. Parker: Ion laser plasmas. IEEE Proc. **59**, 724 (1971)

5.43 A. Ferrario, A. Sirone, A. Sona: Interaction mechanisms of laser transitions in argon and krypton ion-lasers. Appl. Phys. Lett. **14**, 174 (1969)

5.44 C.C. Davis, T.A. King: 'Gaseous ion lasers'. In: *Adv. Quantum Electronics, Vol. 3*, ed. by D.W. Goodwin (Academic, London 1975)

5.45 G. Herzberg: *Molecular Spectra and Molecular Structure, Vol. II* (Van Nostrand Reinhold, New York 1945)

5.46 D.C. Tyle: 'Carbon dioxyde lasers". In: *Adv. Quantum Electronics, Vol. 1*, ed. by D.W. Goodwin (Academic, London 1970)

5.47 W.J. Witteman: *The $CO_2$ Laser*, Springer Ser. Opt. Sci., Vol. 53 (Springer, Berlin, Heidelberg 1987)

5.48 H.W. Mocker: Rotational level competition in $CO_2$-lasers. IEEE J. QE-**4**, 769 (1968)

5.49 J. Haisma: Construction and properties of short stable gas lasers. Phillips Res. Rpt., Suppl. No. 1 (1967) and Phys. Lett. **2**, 340 (1962)

5.50 M. Hercher: Tunable single mode operation of gas lasers using intra-cavity tilted etalons. Appl. Opt. **8**, 1103 (1969)
5.51 P.W. Smith: Stabilized single frequency output from a long laser cavity. IEEE J. QE-**1**, 343 (1965)
5.52 P. Zory: Single frequency operation of argon ion lasers. IEEE J. QE-**3**, 390 (1967)
5.53 V.P. Belayev, V.A. Burmakin, A.N. Evtyunin, F.A. Korolyov, V.V. Lebedeva, A.I. Odintzov: High power single-frequency argon ion laser. IEEE J. QE-**5**, 589 (1969)
5.54 P.W. Smith: Mode selection in lasers. Proc. IEEE **60**, 422 (1972)
5.55 W.W. Rigrod, A.M. Johnson: Resonant prism mode selector for gas lasers. IEEE J. QE-**3**, 644 (1967)
5.56 R.E. Grove, E.Y. Wu, L.A. Hackel, D.G. Youmans, S. Ezekiel: Jet stream CW-dye laser for high resolution spectroscopy. Appl. Phys. Lett. **23**,. 442 (1973)
5.57 H.W. Schröder, H. Dux, H. Welling: Single mode operation of CW dye lasers. Appl. Phys. **1**, 347 (1973)
5.58 T.W. Hänsch: Repetitively pulsed tunable dye laser for high resolution spectroscopy. Appl. Opt. **11**, 895 (1972)
5.59 J.P. Goldsborough: 'Design of gas lasers'. In: *Laser Handbook I*, ed. by F.T. Arrecchi, E.O. Schulz-Dubois (North-Holland, Amsterdam 1972) p. 597
5.60 B. Peuse: 'New developments in CW dye lasers'. In: *Physics of New Laser Sources*, ed. by N.B. Abraham, F.T. Annecchi, A. Mooradian, A. Suna (Plenum, New York 1985)
5.61 M. Pinard, M. Leduc, G. Trenec, C.G. Aminoff, F. Laloc: Efficient single mode operation of a standing wave dye laser. Appl. Phys. **19**, 399 (1978)
5.62 E. Samal, W. Becker: *Grundriß der praktischen Regelungstechnik* (Oldenbourg, München 1996)
5.63 P. Horrowitz, W. Hill: *The Art of Electronics*, 2nd edn. (Cambridge Univ. Press, Cambridge 1989)
5.64 Schott Information Sheet (Jenaer Glaswerk Schott & Gen., Mainz 1972)
5.65 R.W. Cahn, P. Haasen, E.J. Kramer (Eds.): *Materials Science and Technology, Vol. 11* (Wiley-VCH, Weinheim 1994)
5.66 J.J. Gagnepain: *Piezoelectricity* (Gordon & Breach, New York 1982)
5.67 W. Jitschin, G. Meisel: Fast frequency control of a CW dye jet laser. Appl. Phys. **19**, 181 (1979)
5.68 D.P. Blair: Frequency offset of a stabilized laser due to modulation distortion. Appl. Phys. Lett. **25**, 71 (1974)
5.69 J. Hough, D. Hills, M.D. Rayman, L.-S. Ma, L. Holbing, J.L. Hall: Dye-laser frequency stabilization using optical resonators. Appl. Phys. B **33**, 179 (1984)
5.70 F. Paech, R. Schmiedl, W. Demtröder: Collision-free lifetimes of excited $NO_2$ under very high resolution. J. Chem. Phys. **63**, 4369 (1975)
5.71 S. Seel, R. Storz, G. Ruosa, J. Mlynek, S. Schiller: Cryogenic optical resonators: a new tool for laser frequency stabilization at the 1 kHz lLevel. Phys. Rev. Lett. **78** 4741 (1997)
5.72 G. Camy, B. Decomps, J.-L. Gardissat, C.J. Bordé: Frequency stabilization of argon lasers at 582.49 THz using saturated absorption in $^{127}I_2$. Metrologia **13**, 145 (1977)
5.73 F. Spieweck: Frequency stabilization of $Ar^+$ lasers at 582 THz using expanded beams in external $^{127}I_2$ cells. IEEE Trans. IM-**29**, 361 (1980)
5.74 S.N. Bagayev, V.P. Chebotajev: Frequency stability and reproducibility at the 3.39 nm He-Ne laser stabilized on the methane line. Appl. Phys. **7**, 71 (1975)
5.75 J.L. Hall: 'Stabilized lasers and the speed of light'. In: *Atomic Masses and Fundamental Constants, Vol.* 5, ed. by J.H. Sanders, A.H. Wapstra (Plenum, New York 1976) p. 322

5.76 M. Niering et al.: Measurement of the hydrogen 1S–2S transition frequency by phase coherent comparison with a microwave cesium fountain clock. Phys. Rev. Lett. **84**, 5496 (2000)
5.77 Y.T. Zhao, J.M. Zhao, T. Huang, L.T. Xiao, S.T. Jia: Frequency stabilization of an external cavity diode laser with a thin Cs vapour cell. J. Phys. D: Appl. Phys. **37**, 1316 (2004)
5.78 T.W. Hänsch: 'High resolution spectroscopy of hydrogen'. In: *The Hydrogen Atom*, ed. by G.F. Bassani, M. Inguscio, T.W. Hänsch (Springer, Berlin, Heidelberg 1989)
5.79 P.H. Lee, M.L. Skolnik: Saturated neon absorption inside a 6328 Å laser. Appl. Phys. Lett. **10**, 303 (1967)
5.80 H. Greenstein: Theory of a gas laser with internal absorption cell. J. Appl. Phys. **43**, 1732 (1972)
5.81 T.N. Niebauer, J.E. Faller, H.M. Godwin, J.L. Hall, R.L. Barger: Frequency stability measurements on polarization-stabilized HeNe lasers. Appl. Opt **27**, 1285 (1988)
5.82 C. Salomon, D. Hils, J.L. Hall: Laser stabilization at the millihertz level. J. Opt. Soc. Am. B **5**, 1576 (1988)
5.83 D.G. Youmans, L.A. Hackel, S. Ezekiel: High-resolution spectroscopy of $I_2$ using laser-molecular-beam techniques. J. Appl. Phys. **44**, 2319 (1973)
5.84 D.W. Allan: 'In search of the best clock: An update'. In: *Frequency Standards and Metrology* (Springer, Berlin, Heidelberg 1989)
5.85 F. Lei Hong et al.: Proc. SPIE, Vol. 4269, p. 143 (2001)
5.86 E.A. Gerber, A. Ballato (Eds.): *Precision Frequency Control* (Academic, New York 1985)
5.87 D. Hils, J.L. Hall: 'Ultrastable cavity-stabilized laser with subhertz linewidth'. In: [5.88], p. 162
5.88 *Frequency Standards and Metrology*, ed. by A. De Marchi (Springer, Berlin, Heidelberg 1989);
M. Zhu, J.L. Hall: Short and long term stability of optical oscillators. J. Opt. Soc. Am. B **10**, 802 (1993)
5.89 K.M. Baird, G.R. Hanes: Stabilisation of wavelengths from gas lasers. Rep. Prog. Phys. **37**, 927 (1974)
5.90 T. Ikegami, S. Sudo, Y. Sakai: *Frequency Stabilization of Semiconductor Laser Diodes*. (Artech House, Boston 1995)
5.91 J. Hough, D. Hils, M.D. Rayman, L.S. Ma, L. Hollberg, J.L. Hall: Dye-laser frequency stabilization using optical resonators. Appl. Phys. B **33**, 179 (1984)
5.92 E. Peik, T. Schneider, C. Tamm: Laser frequency stabilization to a single ion. J. Phys. B. At. Mol. Phys. **39**, 149 (2006)
5.93 J.C. Bergquist (Ed.): Proc. 5th Symposium on Frequency Standards and Metrology (World Scientific, Singapore 1996)
5.94 M. Ohtsu (Ed.): Frequency Control of Semiconductor Lasers. (Wiley, New York 1991)
5.95 Laser Frequency Stabilization, Standards, Measurements and Applications, SPIE Vol. 4269 (Soc. Photo-Opt. Eng., Bellingham, USA 2001)
5.96 L.F. Mollenauer, J.C. White, C.R. Pollock (Eds.): *Tunable Lasers*, 2nd. edn., Topics Appl. Phys., Vol. 59 (Springer, Berlin, Heidelberg 1992)
5.97 H.G. Danielmeyer: Stabilized efficient single-frequency Nd:YAG laser. IEEE J. QE-**6** 101 (1970)
5.98 J.P. Goldsborough: Scanning single frequency CW dye laser techniques for high-resolution spectroscopy. Opt. Eng. **13**, 523 (1974)
5.99 S. Gerstenkorn, P. Luc: *Atlas du spectre d'absorption de la molecule d'iode* (Edition du CNRS, Paris 1978) with corrections in Rev. Phys. Appl. **14**, 791 (1979)

5.100　A Giachetti, R.W. Stanley, R. Zalibas: Proposed secondary standard wavelengths in the spectrum of thorium. J. Opt. Soc. Am. **60**, 474 (1970)
5.101　H. Kato et al.: *Doppler-free high-resolution Spectral Atlas of Iodine Molecule* (Society for the Promotion of Science, Japan 2000)
5.102　M. Kabir, S. Kasahara, W. Demtröder, Y. Tamamitani, A. Doi, H. Kato: Doppler-free laser polarization spectroscopy and optical–optical double resonances of a large molecule: Naphthalene. J. Chem. Phys. **119**, 3691 (2003)
5.103　B.A. Palmer, R.A. Keller, F.V. Kovalski, J.L. Hall: Accurate wave-number measurements of uranium spectral lines. J. Opt. Soc. Am. **71**, 948 (1981)
5.104　(a) W. Jitschin, G. Meisel: 'Precise frequency tuning of a single mode dye laser'. In: *Laser'77, Opto-Electronics*, ed. by W. Waidelich (IPC Science and Technology, Guildford, Surrey 1977)
(b) J.L. Hall: 'Saturated absorption spectroscopy'. In: *Atomic Physics, Vol. 3*, ed. by S. Smith, G.K. Walters (Plenum, New York 1973)
5.105　H.M. Nussenzweig: *Introduction to Quantum Optics* (Gordon & Breach, New York 1973)
5.106　W. Brunner, W. Radloff, K. Junge: *Quantenelektronik* (VEB Deutscher Verlag der Wissenschaften, Berlin 1975) p. 212
5.107　A.L. Schawlow, C.H. Townes: Infrared and optical masers. Phys. Rev. **112**, 1940 (1958)
5.108　C.J. Bordé, J.L. Hall: 'Ultrahigh resolution saturated absorption spectroscopy'. In: *Laser Spectroscopy*, ed. by R.G. Brewer, H. Mooradian (Plenum, New York 1974) pp. 125–142
5.109　J.L. Hall, M. Zhu, P. Buch: Prospects focussing laser-prepared atomic fountains for optical frequency standards applications. J. Opt. Soc. Am. B **6**, 2194 (1989)
5.110　R.W.P. Drever, J.L. Hall, F.V. Kowalski, J. Hough, G.M. Ford, A.J. Munley, H.W. Ward: Laser phase and frequency stabilization using an optical resonator. Appl. Phys. B **31**, 97 (1983)
5.111　S.N. Bagayev, A.E. Baklarov, V.P. Chebotayev, A.S. Dychkov, P.V. Pokasov: 'Super high resolution laser spectroscopy with cold particles'. In: *Laser Spectroscopy VIII*, ed. by W. Persson, J. Svanberg, Springer Ser. Opt. Sci., Vol. 55 (Springer, Berlin, Heidelberg 1987);
V.P. Chebotayev: 'High resolution laser spectroscopy'. In: *Frontier of Laser Spectroscopy*, ed. by T.W. Hänsch, M. Inguscio (North-Holland, Amsterdam 1994)
5.112　K. Ueda, N. Uehara: Laser diode pumped solid state lasers for gravitational wave antenna. Proc. SPIE **1837**, 337 (1992)
5.113　G. Ruoso, R. Storz, S. Seel, S. Schiller, J. Mlynek: Nd:YAG laser frequency stabilization to a supercavity at the 0.1 Hz instability level. Opt. Comm. **133**, 259 (1997)
5.114　F.J. Duarte: *Tunable Laser Handbook* (Academic Press, New York 1995)
5.115　P.F. Moulton: 'Tunable paramagnetic-ion lasers'. In: *Laser Handbook, Vol. 5*, ed. by M. Bass, M.L. Stitch (North-Holland, Amsterdam 1985) p. 203
5.116　R.S. McDowell: 'High resolution infrared spectroscopy with tunable lasers'. In: *Advances in Infrared and Raman Spectroscopy, Vol.* 5, ed. by R.J.H. Clark, R.E. Hester (Heyden, London 1978)
5.117　L.E. Mollenauer, J.L. White, C.R. Pollack: *Tunable Lasers*, 2nd edn. (Springer, Heidelberg 1993)
5.118　E.D. Hinkley, K.W. Nill, F.A. Blum: 'Infrared spectroscopy with tunable lasers'. In: *Laser Spectroscopy of Atoms and Molecules*, ed. by H. Walther, Topics Appl. Phys. Vol. 2 (Springer, Berlin, Heidelberg 1976)
5.119　G.P. Agraval (Ed.): *Semiconductor Lasers* (AIP, Woodbury 1995)
5.120　F. Duarte, F.J. Duarte: *Tunable Laser Optics* (Academic Press, New York 2007)

5.121 A. Mooradian: 'High resolution tunable infrared lasers'. In: *Very High Resolution Spectroscopy*, ed. by R.A. Smith (Academic, London 1976)

5.122 I. Melgailis, A. Mooradian: 'Tunable semiconductor diode lasers and applications'. In: *Laser Applications in Optics and Spectroscopy* ed. by S. Jacobs, M. Sargent, M. Scully, J. Scott (Addison Wesley, Reading, MA 1975) p. 1

5.123 H.C. Casey, M.B. Panish: *Heterostructure Lasers* (Academic, New York 1978)

5.124 C. Vourmard: External-cavity controlled 32 MHz narrow band CW GaAs-diode laser. Opt. Lett. **1**, 61 (1977)

5.125 W. Fleming, A. Mooradian: Spectral characteristics of external cavity controlled semiconductor lasers. IEEE J. QE-**17**, 44 (1971)

5.126 W. Fuhrmann, W. Demtröder: A widely tunable single-mode GaAs-diode laser with external cavity. Appl. Phys. B **49**, 29 (1988)

5.127 H. Tabuchi, H. Ishikawa: External grating tunable MQW laser with wide tuning range at 240 nm. Electron. Lett. **26**, 742 (1990);
M. de Labachelerie, G. Passedat: Mode-hop suppression of Littrow grating-tuned lasers. Appl. Opt. **32**, 269 (1993)

5.128 H. Wenz, R. Großkloß, W. Demtröder: Kontinuierlich durchstimmbare Halbleiterlaser. Laser & Optoelektronik **28**, 58 (Febr. 1996)
C.J. Hawthorne, K.P. Weber, R.E. Schulten: Littrow configuration tunable external cavity diode laser with fixed direction output beam. Rev. Sci. Instrum. **72**, 4477 (2001)

5.129 Sh. Nakamura, Sh.F. Chichibu: *Introduction to Nitride Semiconductor Blue Lasers* (Taylor and Francis, London 2000)

5.130 N.W. Carlson: *Monolythic Diode Laser Arrays* (Springer, Berlin, Heidelberg, New York 1994)
R. Diehl (Ed.): *High Power Diode Lasers* (Springer, Berlin, Heidelberg, New York 2000)

5.131 R.C. Powell: *Physics of Solid-State Laser Materials* (Springer, Berlin, Heidelberg, New York 1998)

5.132 A.A. Kaminskii: *Laser Crystals*, 2nd edn., Springer Ser. Opt. Sci., Vol. 14 (Springer, Berlin, Heidelberg 1990); A.A. Kaminsky: *Crystalline Lasers* (CRC, New York 1996)

5.133 M. Inguscio, R. Wallenstein (Eds.): *Solid State Lasers; New Developments and Applications* (Plenum, New York 1993)

5.134 U. Dürr: Vibronische Festkörperlaser: Der Übergangsmetallionen-Laser. Laser Optoelectr. **15**, 31 (1983)

5.135 A. Miller, D.M. Finlayson (Eds.): *Laser Sources and Applications* (Institute of Physics, Bristol 1996)

5.136 F. Gan: *Laser Materials* (World Scientific, Singapore 1995)

5.137 S.T. Lai: Highly efficient emerald laser. J. Opt. Soc. Am. B **4**, 1286 (1987)

5.138 G.T. Forrest: Diode-pumped solid state lasers have become a mainstream technology. Laser Focus **23**, 62 (1987)

5.139 W.P. Risk, W. Lenth: Room temperature continuous wave 946 nm Nd:YAG laser pumped by laser diode arrays and intracavity frequency doubling to 473 nm. Opt. Lett. **12**, 993 (1987)

5.140 P. Hammerling, A.B. Budgor, A. Pinto (Eds.): *Tunable Solid State Lasers I*, Springer Ser. Opt. Sci., Vol. 47 (Springer, Berlin, Heidelberg 1984)

5.141 A.B. Budgor, L. Esterowitz, L.G. DeShazer (Eds.): *Tunable Solid State Lasers II*, Springer Ser. Opt. Sci., Vol. 52 (Springer, Berlin, Heidelberg 1986)

5.142 W. Koechner: *Solid-State Laser Enginering*, 4th edn., Springer Ser. Opt. Sci., Vol. 1 (Springer, Berlin, Heidelberg 1996)

5.143 N.P. Barnes: 'Transition Metal Solid State Lasers'. In: Tunable Laser Handbook, ed. by F.J. Duarte (Academic, San Diego 1995)

5.144 W.B. Fowler (Ed.): *Physics of Color Centers* (Academic, New York 1968)

5.145 F. Lüty: '$F_A$-Centers in Alkali Halide Crystals'. In: *Physics of Color Centers*, ed. by W.B. Fowler (Academic, New York 1968)
5.146 L.F. Mollenauer, D.H. Olsen: Broadly tunable lasers using color centers. J. Appl. Phys. **46**, 3109 (1975)
5.147 L.F. Mollenauer: 'Color center lasers'. In: *Laser Handbook IV*, ed. by M. Bass, M.L. Stitch (North-Holland, Amsterdam 1985) p. 143
5.148 V. Ter-Mikirtychev: Diode pumped tunable room-temparature LiF:$F_2^-$ color center laser. Appl. Opt. **37**, 6442 (1998)
5.149 H.W. Kogelnik, E.P. Ippen, A. Dienes, C.V. Shank: Astigmatically compensated cavities for CW dye lasers. IEEE J. QE-**8**, 373 (1972)
5.150 R. Beigang, G. Litfin, H. Welling: Frequency behavior and linewidth of CW single mode color center lasers. Opt. Commun. **22**, 269 (1977)
5.151 G. Phillips, P. Hinske, W. Demtröder, K. Möllmann, R. Beigang: NaCl-color center laser with birefringent tuning. Appl. Phys. B **47**, 127 (1988)
5.152 G. Litfin: Color center lasers. J. Phys. E **11**, 984 (1978)
5.153 L.F. Mollenauer, D.M. Bloom, A.M. Del Gaudio: Broadly tunable CW lasers using $F_2^+$-centers for the 1.26–1.48 μm and 0.82–1.07 μm bands. Opt. Lett. **3**, 48 (1978)
5.154 L.F. Mollenauer: Room-temperature stable $F_2^+$-like center yields CW laser tunable over the 0.99–1.22 μm range. Opt. Lett. **5**, 188 (1980)
5.155 W. Gellermann, K.P. Koch, F. Lüty: Recent progess in color center lasers. Laser Focus **18**, 71 (1982)
5.156 M. Stuke (Ed.): *25 Years Dye Laser*, Topics Appl. Phys., Vol. 70 (Springer, Berlin, Heidelberg 1992)
5.157 F.P. Schäfer (Ed.): *Dye Lasers*, 3rd edn., Topics Appl. Phys., Vol. 1 (Springer, Berlin, Heidelberg 1990)
5.158 F.J. Duarte, L.W. Hillman: *Dye Laser Principles* (Academic, Boston 1996); F.J. Duarte: *Tunable Lasers Handbook* (Academic, New York 1996)
5.159 G. Marowsky, R. Cordray, F.K. Tittel, W.L. Wilson, J.W. Keto: Energy transfer processes in electron beam excited mixtures of laser dye vapors with rare gases. J. Chem. Phys. **67**, 4845 (1977)
5.160 B. Steyer, F.P. Schäfer: Stimulated and spontaneous emission from laser dyes in the vapor phase. Appl. Phys. **7**, 113 (1975)
5.161 F.J. Duarte (Ed.): *High-Power Dye Lasers*, Springer Ser. Opt. Sci., Vol. 65 (Springer, Berlin, Heidelberg 1991)
5.162 W. Schmidt: Farbstofflaser. Laser **2**, 47 (1970)
5.163 G.H. Atkinson, M.W. Schuyler: A simple pulsed laser system, tunable in the ultraviolet. Appl. Phys. Lett. **27**, 285 (1975)
5.164 A. Hirth, H. Fagot: High average power from long pulse dye laser. Opt. Commun. **21**, 318 (1977)
5.165 J. Jethwa, F.P. Schäfer, J. Jasny: A reliable high average power dye laser. IEEE J. QE-**14**, 119 (1978)
5.166 J. Kuhl, G. Marowsky, P. Kunstmann, W. Schmidt: A simple and reliable dye laser system for spectroscopic investigations. Z. Naturforsch. **27a**, 601 (1972)
5.167 H. Walther, J.L. Hall: Tunable dye laser with narrow spectral output. Appl. Phys. Lett. **6**, 239 (1970)
5.168 P.J. Bradley, W.G.I. Caugbey, J.I. Vukusic: High efficiency interferometric tuning of flashlamp-pumped dye lasers. Opt. Commun. **4**, 150 (1971)
5.169 M. Okada, K. Takizawa, S. Ieieri: Tilted birefringent Fabry–Perot etalon for tuning of dye lasers. Appl. Opt. **15** 472 (1976)
5.170 G.M. Gale: A single-mode flashlamp-pumped dye laser. Opt. Commun. **7**, 86 (1973);
F.J. Duarte, R.W. Conrad: Single-mode flashlamp-pumped dye laser oscillators. Appl. Opt. **25**, 663 (1986);

F.J. Duarte, T.S. Taylor, A. Costella, I. Garcia-Moreno, R. Sastre: Long-pulse narrow-linewidth dispersion solid-state dye laser oscillator. Appl. Opt. **37**, 3987 (1998)
5.171 J.J. Turner, E.I. Moses, C.L. Tang: Spectral narrowing and electro-optical tuning of a pulsed dye-laser by injection-locking to a CW dye laser. Appl. Phys. Lett. **27**. 441 (1975)
5.172 M. Okada, S. Ieiri: Electronic tuning of dye-lasers by an electro-optical birefringent Fabry–Perot etalon. Opt. Commun. **14**, 4 (1975)
5.173 J. Kopainsky: Laser scattering with a rapidly tuned dye laser. Appl. Phys. **8**, 229 (1975)
5.174 F.P. Schäfer, W. Schmidt, J. Volze: Appl. Phys. Lett. **9** 306 (1966)
5.175 P.P. Sorokin, J.R. Lankard: IBM J. Res. Develop. **10**, 162 (1966); P.P. Sorokin: Organic lasers. Sci. Am. **220**, 30 (February 1969)
5.176 F.B. Dunnings, R.F. Stebbings: The efficient generation of tunable near UV radiation using a $N_2$-pumped dye laser. Opt. Commun. **11**, 112 (1974)
5.177 T.W. Hänsch: Repetitively pulsed tunable dye laser for high resolution spectroscopy. Appl. Opt. **11**, 895 (1972)
5.178 R. Wallenstein: Pulsed narrow band dye lasers. Opt. Acta **23**, 887 (1976)
5.179 I. Soshan, N.N. Danon, V.P. Oppenheim: Narrowband operation of a pulsed dye laser without intracavity beam expansion. J. Appl. Phys. **48**, 4495 (1977)
5.180 S. Saikan: Nitrogen-laser-pumped single-mode dye laser. Appl. Phys. **17**, 41 (1978)
5.181 K.L. Hohla: Excimer-pumped dye lasers – the new generation. Laser Focus **18**, 67 (1982)
5.182 O. Uchino, T. Mizumami, M. Maeda, Y. Miyazoe: Efficient dye lasers pumped by a XeCl excimer laser. Appl. Phys. **19**, 35 (1979)
5.183 R. Wallenstein: 'Pulsed dye lasers'. In: *Laser Handbook Vol. 3*, ed. by M.L. Stitch (North-Holland, Amsterdam 1979) pp. 289–360
5.184 W. Hartig: A high power dye laser pumped by the second harmonics of a Nd:YAG laser. Opt. Commun. **27**, 447 (1978)
5.185 F.J. Duarte, J.A. Piper: Narrow linewidths, high pulse repetition frequency copper-laser-pumped dye-laser oscillators. Appl. Opt. **23**, 1991 (1984)
5.186 M.G. Littman: Single-mode operation of grazing-incidence pulsed dye laser. Opt. Lett. **3**, 138 (1978)
5.187 K. Liu, M.G. Littmann: Novel geometry for single-mode scanning of tunable lasers. Opt. Lett. **6**, 117 (1981)
5.188 M. Littmann, J. Montgomery: Grazing incidence designs improve pulsed dye lasers: Laser Focus **24**, 70 (February 1988)
5.189 F.J. Duarte, R.W. Conrad: Diffraction-limited single-longitudinal-mode multiple-prism flashlamp-pumped dye laser oscillator. Apl. Opt. **26**, 2567 (1987); F.J. Duarte, R.W. Conrad: Multiple-prism Littrow and grazing incidence pulsed $CO_2$ lasers. Appl.Opt. **24**, 1244 (1985)
5.190 F.J. Duarte, J.A. Piper: Prism preexpanded gracing incidence grating cavity for pulsed dye lasers. Appl. Opt. **20**. 2113 (1981)
5.191 F.J. Duarte: Multipass dispersion theory of prismatic pulsed dye lasers. Opt. Acta **31**, 331 (1984)
5.192 Lambda Physik information sheet, Göttingen 2000 and http://www.lambdaphysik.com
5.193 S. Leutwyler, E. Schumacher, L. Wöste: Extending the solvent palette for CW jet-stream dye lasers. Opt. Commun. **19**, 197 (1976)
5.194 P. Anliker, H.R. Lüthi, W. Seelig, J. Steinger, H.P. Weber: 33 watt CW dye laser. IEEE J. QE-**13**, 548 (1977)
5.195 P. Hinske: Untersuchung der Prädissoziation von $Cs_2$-Molekülen. Diploma Thesis, F.B. Physik, University of Kaiserslautern (1988)

5.196 A. Bloom: Modes of a laser resonator, containing tilted birefringent plates. J. Opt. Soc. Am. **64**, 447 (1974)

5.197 H.W. Schröder, H. Dux, H. Welling: Single-mode operation of CW dye lasers. Appl. Phys. **7**, 21 (1975)

5.198 H. Gerhardt, A. Timmermann: High resolution dye-laser spectrometer for measurements of isotope and isomer shifts and hyperfine structure. Opt. Commun. **21**, 343 (1977)

5.199 H.W. Schröder, L. Stein, D. Fröhlich, F. Fugger, H. Welling: A high power single-mode CW dye ring laser. Appl. Phys. **14**, 377 (1978)

5.200 D. Kühlke, W. Diehl: Mode selection in CW laser with homogeneously broadened gain. Opt. Quantum Electron. **9**, 305 (1977)

5.201 J.D. Birks: Excimers. Rep. Prog. Phys. **38**, 903 (1977)

5.202 C.K. Rhodes (Ed.): *Excimer Lasers*, 2nd edn., Topics Appl. Phys., Vol. 30 (Springer, Berlin, Heidelberg 1984)

5.203 H. Scheingraber, C.R. Vidal: Discrete and continuous Franck–Condon factors of the $Mg_2 A\,^1\Sigma_\mu^+ - X\,^1\Sigma_g^+$ system. J. Chem. Phys. **66**, 3694 (1977)

5.204 D.J. Bradley: 'Coherent radiation generation at short wavelengths'. In: *High-Power Lasers and Applications*, ed. by K.L. Kompa, H. Walther, Springer Ser. Opt. Sci., Vol. 9 (Springer, Berlin, Heidelberg 1978) pp. 9–18

5.205 R.C. Elton: *X-Ray Lasers* (Academic, New York 1990)

5.206 H.H. Fleischmann: High current electron beams. Phys. Today **28**, 34 (May 1975)

5.207 C.P. Wang: Performance of XeF/KrF lasers pumped by fast discharges. Appl. Phys. Lett. **29**, 103 (1976)

5.208 H. Pummer, U. Sowada, P. Oesterlin, U. Rebban, D. Basting: Kommerzielle Excimerlaser. Laser u. Optoelektronik **17**, 141 (1985)

5.209 S.S. Merz: Switch developments could enhance pulsed laser performance. Laser Focus **24**, 70 (May 1988)

5.210 P. Klopotek, V. Brinkmann, D. Basting, W. Mückenheim: A new excimer laser producing long pulses at 308 nm. Lambda-Physik Mitteilung (Göttingen 1987)

5.211 D. Basting: Excimer lasers – new perspectives in the UV. Laser and Elektro-Optic **11**, 141 (1979)

5.212 K. Miyazak: T. Fukatsu, I. Yamashita, T. Hasama, K. Yamade, T. Sato: Output and picosecond amplifcation characteristics of an efficient and high-power discharge excimer laser. Appl. Phys. B **52**, 1 (1991)

5.213 J.M.J. Madey: Stimulated emission of Bremsstrahlung in a periodic magnetic field. J. Appl. Phys. **42**, 1906 (1971)

5.214 E.L. Saldin, E. Schneidmiller, M. Yurkow: *The Physics of Free Electron Lasers* (Springer, Berlin, Heidelberg, New York 2000)

5.215 T.C. Marshall: *Free-Electron Lasers* (MacMillan, New York 1985)

5.216 P. Freund, T.M. Antonsen: *Principles of Free-electron Lasers* (Chapmand Hall, London 1992)

5.217 *Report of the Committee of the National Academy of Science on Free Electron Lasers and Other Advanced Sources of Light* (National Academy Press, Washington 1994);

5.218 A. Yariv, P. Yeh: *Optical waves in crystals* (Wiley, New York 1984)
C.R. Vidal: Coherent VUV sources for high resolution spectroscopy. Appl. Opt. **19**, 3897 (1980);
J.R. Reintjes: 'Coherent ultraviolet and VUV-sources'. In: *Laser Handbook V*, ed. by M. Bass, M.L. Stitch (North-Holland, Amsterdam 1985)

5.219 N. Bloembergen: *Nonlinear Optics*, 4th edn. (World Scientific, Singapore 1996)

5.220 A. Newell, J.V. Moloney: *Nonlinear Optics* (Addison-Wesley, Reding, MA 1992)

5.221 D.L. Mills: *Nonlinear Optics*, 2nd edn. (Springer, Berlin, Heidelberg 1998);
G.S. He, S.H. Liv: *Physics of Nonlinear Optics* (World Scientific, Singapore 1999)

5.222 G.C. Baldwin: *An Introduction to Nonlinear Optics* (Plenum, New York 1969)

5.223 F. Zernike, J.E. Midwinter: *Applied Nonlinear Optics* (Academic, New York 1973)

5.224 A.C. Newell, J.V. Moloney: *Nonlinear Optics* (Addison Wesley, Redwood City 1992);
Y.P. Svirko, N.I. Zheluder: *Polarization of Light in Nonlinear Optics* (Wiley, Chichester 1998)

5.225 P.G. Harper, B.S. Wherrett (Eds.) *Nonlinear Optics* (Academic, London 1977)

5.226 Laser Analytical Systems GmbH, Berlin, now available at Spectra Physics, Palo Alto, USA

5.227 P. Günther (Ed.): *Nonlinear Optical Effects and Materials* (Springer, Berlin, Heidelberg, New York 2000)

5.228 D.A. Kleinman, A. Ashkin, G.D. Boyd: Second harmonic generation of light by focussed laser beams. Phys. Rev. **145**, 338 (1966)

5.229 P. Lokai, B. Burghardt, S.D. Basting: W. Mückenheim: Typ-I Frequenzverdopplung und Frequenzmischung in $\beta$-$BaB_2O_4$. Laser Optoelektr. **19**, 296 (1987)

5.230 R.S. Adhav, S.R. Adhav, J.M. Pelaprat: BBO's nonlinear optical phase-matching properties. Laser Focus **23**, 88 (1987)

5.231 K. Nakamura et al.: Periodic poling of magnesium oxyde-doped lithium niobate. J. Appl. Phys. **21**, 4528 (2002)

5.232 G.G. Gurzadian et al.: *Handbook of Nonlinear Optical Crystals* (Springer, Berlin, Heidelberg, New York 1999);
D. Nikogosyan: *Nonlinear Optical Crystals: A Complete Survey* (Springer, Berlin. Heidelberg 2005)

5.233 H. Schmidt, R. Wallenstein: Beta-Bariumbort: Ein neues optisch-nichtlineares Material. Laser Optoelektr. **19**, 302 (1987)

5.234 Ch. Chuangtian, W. Bochang, J. Aidong, Y. Giuming: A new-type ultraviolet SHG crystal: $\beta$-$BaB_2O_4$. Scientia Sinica B **28**, 235 (1985)

5.235 I. Shogi, H. Nakamura, K. Obdaira, T. Kondo, R. Ito: Absolute measurement of second order nonlinear-optical cefficient of beta-$BaB_2O_4$ for visible and ultraviolet second harmonic wavelengths. J. Opt. Soc. Am. B **16**, 620 (1999)

5.236 H. Kouta, Y. Kuwano: Attaining 186 nm light generation in cooled beta $BaB_2O_4$ crystal. Opt Lett. **24**, 1230 (1999)

5.237 J.C. Baumert, J. Hoffnagle, P. Günter: High efficiency intracavity frequency doubling of a styril-9 dye laser with $KNbO_3$ crystals. Appl. Opt. **24**, 1299 (1985)

5.238 T.J. Johnston Jr.: 'Tunable dye lasers'. In: *The Encyclopedia of Physical Science and Technology*, Vol. 14 (Academic, San Diego 1987)

5.239 W.A. Majewski: A tunable single frequency UV source for high resolution spectroscopy. Opt. Commun. **45**, 201 (1983)

5.240 S.J. Bastow, M.H. Dunn: The generation of tunable UV radiation from 238–249 nm by intracavity frequency doubling of a coumarin 102 dye laser. Opt. Commun. **35**, 259 (1980)

5.241 D. Fröhlich, L. Stein, H.W. Schröder, H. Welling: Efficient frequency doubling of CW dye laser radiation. Appl. Phys. **11**, 97 (1976)

5.242 A. Renn, A. Hese, H. Busener: Externer Ringresonator zu Erzeugung kontinuierliche UV-Strahlung. Laser Optoelektr. **3**, 11 (1982)

5.243 F.V. Moers, T. Hebert, A. Hese: Theory and experiment of CW dye laser injection locking and its application to second harmonic generation. Appl. Phys. B **40**, 67 (1986)

5.244 N. Wang, V. Gaubatz: Optical frequency doubling of a single-mode dye laser in an external resonator. Appl. Phys. B **40**, 43 (1986)

5.245 J.T. Lin, C. Chen: Chosing a nonlinear crystal. Laser and Optronics **6**, 59 (November 1987)

5.246 Castech-Phoenix Inc. Fujian, China, information sheets

5.247 L. Wöste: 'UV-generation in CW dye lasers'. In: *Advances in Laser Spectroscopy* ed. by F.T. Arrechi, F. Strumia, H. Walther (Plenum, New York 1983)

5.248 H.J. Müschenborn, W. Theiss, W. Demtröder: A tunable UV-light source for laser spectroscopy using second harmonic generation in β-$BaB_2O_4$. Appl. Phys. B **50**, 365 (1990)

5.249 H. Dewey: Second harmonic generation in $KB_4OH \cdot 4H20$ from 217 to 315 nm. IEEE J. QE-**12**, 303 (1976)

5.250 E.U. Rafailov et al.: Second harmonic generation from a first-order quasi-phase-matched GaAs–AlGaAs waveguide crystal. Opt. Lett. textbf26, 1984 (2001)

5.251 M. Feger, G.M. Magel, D.H. Hundt, R.L. Byer: Quasi-phase-matched second harmonic generation: tuning and tolerances. IEEE J. Quant. Electr. **28**, 2631 (1992)

5.252 M. Pierrou, F. Laurell, H. Karlsson, T. Kellner, C. Czeranowsky, G. Huber: Generation of 740 mW of blue light by intracavity frequency doubling with a first order quasi-phase-matched $KTiOPO_4$ crystal. Opt. Lett. **24**, 205 (1999)

5.253 F.B. Dunnings: Tunable ultraviolet generation by sum-frequency mixing. Laser Focus **14**, 72 (1978)

5.254 S. Blit, E.G. Weaver, F.B. Dunnings, F.K. Tittel: Generation of tunable continuous wave ultraviolet radiation from 257 to 329 nm. Opt. Lett. **1**, 58 (1977)

5.255 R.F. Belt, G. Gashunov, Y.S. Liu: KTP as an harmonic generator for Nd:YAG lasers. Laser Focus **21**, 110 (1985)

5.256 J. Halbout, S. Blit, W. Donaldson, Ch.L. Tang: Efficient phase-matched second harmonic generation and sum-frequency mixing in urea. IEEE J. QE-**15**, 1176 (1979)

5.257 G. Nath, S. Haussühl: Large nonlinear optical coefficient and phase-matched second harmonic generation in $LiIO_3$. Appl. Phys. Lett. **14**, 154 (1969)

5.258 F.B. Dunnings, F.K. Tittle, R.F. Stebbings: The generation of tunable coherent radiation in the wavelength range 230 to 300 nm using lithium formate monohydride. Opt. Commun. **7**, 181 (1973)

U. Simon, S. Waltman, I. Loa, L. Holberg, T.K. Tittel: External cavity difference frequency source near 3.2 μm based on mixing a tunable diode laser with a diode-pumped Nd:YAG laser in $AgGaS_2$. J. Opt. Soc. Am. **B12**, 323 (1995)

5.259 F.B. Dunnings: Tunable ultraviolet generation by sum-frequency mixing. Laser Focus **14**, 72 (May 1978)

5.260 G.A. Massey, J.C. Johnson: Wavelength tunable optical mixing experiments between 208 and 259 nm. IEEE J. QE-**12**, 721 (1976)

5.261 T.A. Paul, F. Merkt: High-resolution spectroscopy of xenon using a tunable Fourier-transform-limited all-solid-state vacuum-ultraviolet laser system. J. Phys. B: At. Mol. Opt. Phys. **38**, 4145 (2005)

5.262 A. Borsutzky, R. Brünger, Ch. Huang, R. Wallenstein: Harmonic and sum-frequency generation of pulsed laser radiation in BBO, LBO and $KD^+P$. Appl. Phys. B **52**, 55 (1991)

5.263 G.A. Rines, H.H. Zenzie, R.A. Schwarz, Y. Isanova, P.F. Moulton: Nonlinear conversion of Ti:Sapphire wavelengths. IEEE J. of Selected Topics in Quant. Electron. **1**, 50 (1995)

5.264 K. Matsubara, U. Tanaka, H. Imago, M. Watanabe: All-solid state light source for generation of continious-wave coherent radiation near 202 nm. J. Opt. Soc. Am. B **16**, 1668 (1999)

5.265 C.R. Vidal: Third harmonic generation of mode-locked Nd:glass laser pulses in phase-matched Rb-Xe-mixtures. Phys. Rev. A **14**, 2240 (1976)

5.266 R. Hilbig, R. Wallenstein: Narrow band tunable VUV-radiation generated by nonresonant sum- and difference-frequency mixing in xenon and krypton. Appl. Opt. **21**, 913 (1982)

5.267 C.R. Vidal: 'Four-wave frequency mixing in gases'. In: *Tunable Lasers*, 2nd edn., ed. by I.F. Mollenauer, J.C. White, C.R. Pollock, Topics Appl. Phys., Vol. 59 (Springer, Berlin, Heidelberg 1992)

5.268 G. Hilber, A. Lago, R. Wallenstein: Broadly tunable VUV/XUV-adiation generated by resonant third-order frequency conversion in Kr. J. Opt. Soc. Am. B **4**, 1753 (1987);
A. Lago, G. Hilber, R. Wallenstein: Optical frequency conversion in gaseous media. Phys. Rev. A **36**, 3827 (1987)

5.269 S.E. Harris, J.F. Young, A.H. Kung, D.M. Bloom, G.C. Bjorklund: 'Generation of ultraviolet and VUV-radiation'. In: *Laser Spectroscopy I*, ed. by R.G. Brewer, A. Mooradian (Plenum, New York 1974)

5.270 A.H. Kung, J.F. Young, G.C. Bjorklund, S.E. Harris: Generation of Vacuum Ultraviolet Radiation in Phase-matched Cd Vapor. Phys. Rev. Lett. **29**, 985 (1972)

5.271 W. Jamroz, B.P. Stoicheff: 'Generation of tunable coherent vacuum-ultraviolet radiation'. In: *Progress in Optics* **20**, 324 (North-Holland, Amsterdam 1983)

5.272 A. Timmermann, R. Wallenstein: Generation of tunable single-frequency CW coherent vacuum-ultraviolet radiation. Opt. Lett. **8**, 517 (1983)

5.273 T.P. Softley, W.E. Ernst, L.M. Tashiro, R.Z. Zare: A general purpose XUV laser spectrometer: Some applications to $N_2$, $O_2$ and $CO_2$. Chem. Phys. **116**, 299 (1987)

5.274 J. Dunn et al.: Demonstration of X-ray amplification in transient gain nickel-like palladium scheme. Phys. Rev. Lett. **80**, 2825 (1998)

5.275 R. Lee: Science on High Energy Lasers From Today to NIF. In: Energy and Technology Review UCRL-ID 119 170 (1996)

5.276 B. Rus et al.: Multi-millijoule highly coherent X-ray laser at 21 mm operating in deep saturation through double pass amplification. Phys. Rev. **A66**, 063806 (2002)

5.277 J. Bokon, P.H. Bucksbaum, R.R. Freeman: Generation of 35.5 nm coherent radiation. Opt. Lett. **8**, 217 (1983)

5.278 P.F. Levelt, W. Ubachs: XUV-laser spectroscopy in the Cu $^1\Sigma_u^+$, $v=0$ and $c_3\,^1\Pi_u$, $v=0$ Rydberg states of $N_2$. Chem. Phys. **163**, 263 (1992)

5.279 H. Palm, F. Merkt: Generation of tunable coherent XUV radiation beyond 19 eV by resonant four wave mixing in argon. Appl. Phys. Lett. **73**, 157 (1998)

5.280 U. Hollenstein, H. Palm, F. Merkt: A broadly tunable XUV laser source with a 0.008 $cm^{-1}$ bandwidth. Rev. Sci. Instrum. **71**, 4023 (2000)

5.281 D.L. Matthews, R.R. Freeman (Eds.): The generation of coherent XUV and soft X-Ray radiation. J. Opt. Soc. Am. B **4**, 533 (1987)

5.282 C. Yamanaka (Ed.): *Short-Wavelength Lasers*, Springer Proc. Phys., Vol. 30 (Springer, Berlin, Heidelberg 1988)

5.283 D.L. Matthews, M.D. Rosen: Soft X-ray lasers. Sci. Am. **259**, 60 (1988)

5.284 T.J. McIlrath (Ed.): *Laser Techniques for Extreme UV Spectroscopy, AIP Conf. Proc.* **90** (1986)

5.285 B. Wellegehausen, M. Hube, F. Jim: Investigation on laser plasma soft X-ray sources generated with low-energy laser systems. Appl. Phys. B **49**, 173 (1989)

5.286 E. Fill (Guest Ed.): X-ray lasers. Appl. Phys. B **50**, 145–226 (1990);
E. Fill: Appl. Phys. B **58**, 1–56 (1994)

5.287 A.L. Robinson: Soft X-ray laser at Lawrence Livermore Lab. Science **226**, 821 (1984)

5.288 E.E. Fill (Guest Ed.): X-ray lasers. Appl. Phys. B **50** (1990);
E.E. Fill (Ed.): *X-Ray Lasers* (Institute of Physics, Bristol 1992)

5.289 P.V. Nickler, K.A. Janulewicz (Eds.) X-Ray Lasers 2006. Proc. of 10th Int. Conf., Berlin (Springer Proceedings in Physics Vol. 115, Springer, Berlin, Heidelberg 2007)

5.290 A.S. Pine: 'IR-spectroscopy via difference-frequency generation'. In: *Laser Spectroscopy III*, ed. by J.L. Hall, J.L. Carlsten, Springer Ser. Opt. Sci., Vol. 21 (Springer, Berlin, Heidelberg 1977) p. 376

5.291 A.S. Pine: High-resolution methane $\nu_3$-band spectra using a stabilized tunable difference-frequency laser system. J. Opt. Soc. Am. **66**, 97 (1976); A.S. Pine: J. Opt. Soc. Am. **64**, 1683 (1974)

5.292 A.H. Hilscher, C.E. Miller, D.C. Bayard, U. Simon, K.P. Smolka, R.F. Curl, F.K. Tittel: Optimization of a midinfrared high-resolution difference frequency laser spectrometer. J. Opt. Soc. Am. B **9**, 1962 (1992)

5.293 U. Simon, S. Waltman, I. Loa, L. Holberg, T.K. Tittel: External cavity difference frequency source near 3.2 μm based on mixing a tunable diode laser with a diode-pumped Nd:YAG-laser in $AgGaS_2$. J. Opt. Soc. Am. B **12**, 322 (1995)

5.294 M. Seiter, D. Keller, M.W. Sigrist: Broadly tunable difference-frequency spectrometry for trace gas detection with noncollinear critical phase-matching in $LiNbO_3$. Appl. Phys. B **67**, 351 (1998)

5.295 W. Chen, J. Buric, D. Boucher: A widely tunable cw laser difference frequency source for high resolution infrared spectroscopy. Laser Physics **10**, 521 (2000)

5.296 S. Stry, P. Hering, M. Mürtz: Portable difference-frequency laser-based cavity leak-out spectrometer for trace gas analysis. Appl. Phys. **B75**, 297 (2002)

5.297 M.H. Chou, J. Hauden, M.A. Arhore, M.M. Feger: 1.5 μm band wavelength conversion based on difference frequency generation in $LiNbO_3$ waveguide with integrated coupling structure. Opt. Lett. **23**, 1004 (1998)

5.298 R.Y. Shen (Ed.): *Nonlinear Infrared Generation*, Topics Appl. Phys., Vol. 16 (Springer, Berlin, Heidelberg 1977)

5.299 K.M. Evenson, D.A. Jennings, K.R. Leopold, L.R. Zink: 'Tunable far infrared spectroscopy'. In: *Laser Spectroscopy VII*, ed. by T.W. Hänsch, Y.R. Shen, Springer Ser. Opt. Sci., Vol. 49 (Springer, Berlin, Heidelberg 1985) p. 366

5.300 M. Inguscio: Coherent atomic and molecular spectroscopy in the far-infrared. Physica Scripta **37**, 699 (1988)

5.301 L.R. Zink, M. Prevedelti, K.M. Evenson, M. Inguscio: 'High resolution far-infrared spectroscopy'. In: *Applied Laser Spectroscopy X*, ed. by W. Demtröder, M. Inguscio (Plenum, New York 1990)

5.302 M. Inguscio, P.R. Zink, K.M. Evenson, D.A. Jennings: Sub-Doppler tunable far-infrared spectroscopy. Opt. Lett. **12**, 867 (1987)

5.303 S.E. Harris: Tunable optical parametric oscillators. Proc. IEEE **57**, 2096 (1969)

5.304 R.L. Byer: 'Parametric oscillators and nonlinear materials'. In: *Nonlinear Optics*, ed. by P.G. Harper, B.S. Wherret (Academic, London 1977)

5.305 R.L. Byer, R.L. Herbet, R.N. Fleming: 'Broadly tunable IR-source'. In: *Laser Spectroscopy II*, ed. by S. Haroche, J.C. Pebay-Peyroula, T.W. Hänsch, S.E. Harris, Lect. Notes Phys., Vol. 43 (Springer, Berlin, Heidelberg 1974) p. 207

5.306 C.L. Tang, L.K. Cheng: *Fundamentals of Optical Parametric Processes and Oscillators* (Harwood, Amsterdam 1995)

5.307 A. Yariv: 'Parametric processes'. In: *Progress in Quantum Electronics Vol. 1, Part 1*, ed. by J.H. Sanders, S. Stenholm (Pergamon, Oxford 1969)

5.308 R. Fischer: Vergleich der Eigenschaften doppelt-resonanter optischer parametrischer Oszillatoren. Exp. Technik der Physik **21**, 21 (1973)

5.309 C.L. Tang, W.R. Rosenberg, T. Ukachi, R.J. Lane, L.K. Cheng: Advanced materials aid parametric oscillator development. Laser Focus **26**, 107 (1990)

5.310 A. Fix, T. Schröder, R. Wallenstein: New sources of powerful tunable laser radiation in the ultraviolet, visible and near infrared. Laser und Optoelektronik **23**, 106 (1991)

5.311 R.L. Byer, M.K. Oshamn, J.F. Young, S.E. Harris: Visible CW parametric oscillator. Appl. Phys. Lett. **13**, 109 (1968)

5.312 J. Pinnard, J.F. Young: Interferometric stabilization of an optical parametric oscillator. Opt. Commun. **4**, 425 (1972)

5.313 J.G. Haub, M.J. Johnson, B.J. Orr, R. Wallenstein: Continuously tunable, injection-seeded β-barium borate optical parametric oscillator. Appl. Phys. Lett. **58**, 1718 (1991)

5.314 S. Schiller, J. Mlynek (Eds.): Special issue on cw optical parametric oscillators. Appl. Phys. B **25** (June 1998) and J. Opt. Soc. Am. B **12**, (11) (1995)

5.315 M.E. Klein, M. Scheidt, K.J. Boller, R. Wallenstein: Dye laser pumped, continous-wave KTP optical parametric oscillators. Appl. Phys. B **25**, 727 (1998)

5.316 R. Al-Tahtamouni, K. Bencheik, R. Sturz, K. Schneider, M. Lang, J. Mlynek, S. Schiller: Long-term stable operation and absolute frequency stability of a doubly resonant parametric oscillator. Appl. Phys. B **25**, 733 (1998)

5.317 Information leaflet Coherent Laser Group, Palo Alto, Calif.; and Linos Photonics GmbH, Göttingen, Germany

5.318 V. Wilke, W. Schmidt: Tunable coherent radiation source covering a spectral range from 185 to 880 nm. Appl. Phys. **18**, 177 (1979)

5.319 W. Hartig, W. Schmidt: A broadly tunable IR waveguide Raman laser pumped by a dye laser. Appl. Phys. **18**, 235 (1979)

5.320 J.D. Kafka, T. Baer: Fiber Raman laser pumped by a Nd:YAG laser. Hyperfine Interactions **37**, 1–4 (Dec. 1987)

5.321 V. Karpov, E.M. Dianov, V.M. Paramonov, O.I. Medvedkov: Laser-diode pumped phospho-silicate-fiber Raman laser with an output of 1 W at 1.48 μm. Opt. Lett. **24**, 1 (1999)

5.322 I.K. Ilev, H. Kumagai, K. Toyoda: A widely tunable (0.54−1.01 μm) double-pass fiber Raman laser. Appl. Phys. Lett. **69**, 1846 (1996)
S.A. Babin et al.: All-fiber widely tunable Raman fiber laser with controlled output spectrum. Optics Express **15**, 8438 (2007)

5.323 K. Zhao, S. Jackson: Highly efficient free-running cascaded Raman fiber laser that uses broadband pumping. Optics Express **13**, 4731 (2005)
C. Headley, G. Agraval (Eds.): *Raman Amplification in Fiber Optical Communication Systems* (Academic Press, New York 2004)

5.324 C. Lin, R.H. Stolen, W.G. French, T.G. Malone: A CW tunable near-infrared (1.085−1.175 μm) Raman oscillator. Opt. Lett. **1**, 96 (1977)

5.325 D.J. Brink, D. Proch: Efficient tunable ultraviolet source based on stimulated Raman scattering of an excimer-pumped dye laser. Opt. Lett. **7**, 494 (1982)

5.326 A.Z. Grasiuk, I.G. Zubarev: High power tunable IR Raman lasers. Appl. Phys. **17**, 211 (1978)

5.327 K. Suto: *Semiconductor Raman Lasers* (Boston Artech House, Boston 1994)

5.328 B. Wellegehausen, K. Ludewigt, H. Welling: Anti-Stokes Raman lasers. SPIE Proc. **492**, 10 (1985)

5.329 A. Weber (Ed.): *Raman Spectroscopy of Gases and Liquids*, Topics Curr. Phys., Vol. 11 (Springer, Berlin, Heidelberg 1979)

5.330 K. Suto, J. Nishizawa: *Semiconductor Raman Lasers* (Artech House, Boston 1994)

# 《现代物理基础丛书·典藏版》书目

| | |
|---|---|
| 1. 现代声学理论基础 | 马大猷　著 |
| 2. 物理学家用微分几何（第二版） | 侯伯元　侯伯宇　著 |
| 3. 计算物理学 | 马文淦　编著 |
| 4. 相互作用的规范理论（第二版） | 戴元本　著 |
| 5. 理论力学 | 张建树　等　编著 |
| 6. 微分几何入门与广义相对论（上册·第二版） | 梁灿彬　周　彬　著 |
| 7. 微分几何入门与广义相对论（中册·第二版） | 梁灿彬　周　彬　著 |
| 8. 微分几何入门与广义相对论（下册·第二版） | 梁灿彬　周　彬　著 |
| 9. 辐射和光场的量子统计理论 | 曹昌祺　著 |
| 10. 实验物理中的概率和统计（第二版） | 朱永生　著 |
| 11. 声学理论与工程应用 | 何　琳　等　编著 |
| 12. 高等原子分子物理学（第二版） | 徐克尊　著 |
| 13. 大气声学（第二版） | 杨训仁　陈　宇　著 |
| 14. 输运理论（第二版） | 黄祖洽　丁鄂江　著 |
| 15. 量子统计力学（第二版） | 张先蔚　编著 |
| 16. 凝聚态物理的格林函数理论 | 王怀玉　著 |
| 17. 激光光散射谱学 | 张明生　著 |
| 18. 量子非阿贝尔规范场论 | 曹昌祺　著 |
| 19. 狭义相对论（第二版） | 刘　辽　等　编著 |
| 20. 经典黑洞和量子黑洞 | 王永久　著 |
| 21. 路径积分与量子物理导引 | 侯伯元　等　编著 |
| 22. 全息干涉计量——原理和方法 | 熊秉衡　李俊昌　编著 |
| 23. 实验数据多元统计分析 | 朱永生　编著 |
| 24. 工程电磁理论 | 张善杰　著 |
| 25. 经典电动力学 | 曹昌祺　著 |
| 26. 经典宇宙和量子宇宙 | 王永久　著 |
| 27. 高等结构动力学（第二版） | 李东旭　编著 |
| 28. 粉末衍射法测定晶体结构（第二版·上、下册） | 梁敬魁　编著 |
| 29. 量子计算与量子信息原理 | Giuliano Benenti　等　著 |
| ——第一卷：基本概念 | 王文阁　李保文　译 |

30. 近代晶体学（第二版） 张克从 著
31. 引力理论（上、下册） 王永久 著
32. 低温等离子体 B. M. 弗尔曼 И. M. 扎什京 编著
——等离子体的产生、工艺、问题及前景 邱励俭 译
33. 量子物理新进展 梁九卿 韦联福 著
34. 电磁波理论 葛德彪 魏 兵 著
35. 激光光谱学 W. 戴姆特瑞德 著
——第 1 卷：基础理论 姬 扬 译
36. 激光光谱学 W. 戴姆特瑞德 著
——第 2 卷：实验技术 姬 扬 译
37. 量子光学导论（第二版） 谭维翰 著
38. 中子衍射技术及其应用 姜传海 杨传铮 编著
39. 凝聚态、电磁学和引力中的多值场论 H. 克莱纳特 著 姜 颖 译
40. 反常统计动力学导论 包景东 著
41. 实验数据分析（上册） 朱永生 著
42. 实验数据分析（下册） 朱永生 著
43. 有机固体物理 解士杰 等 著
44. 磁性物理 金汉民 著
45. 自旋电子学 翟宏如 等 编著
46. 同步辐射光源及其应用（上册） 麦振洪 等 著
47. 同步辐射光源及其应用（下册） 麦振洪 等 著
48. 高等量子力学 汪克林 著
49. 量子多体理论与运动模式动力学 王顺金 著
50. 薄膜生长（第二版） 吴自勤 等 著
51. 物理学中的数学方法 王怀玉 著
52. 物理学前沿——问题与基础 王顺金 著
53. 弯曲时空量子场论与量子宇宙学 刘 辽 黄超光 编著
54. 经典电动力学 张锡珍 张焕乔 著
55. 内应力衍射分析 姜传海 杨传铮 编著
56. 宇宙学基本原理 龚云贵 编著
57. B介子物理学 肖振军 著